线性系统理论与设计

王宏华　编著

電子工業出版社
Publishing House of Electronics Industry
北京 • BEIJING

内 容 简 介

本书力求结合工程背景和物理概念，从统一的角度由浅入深地阐述基于状态空间法和多变量频域法的线性多变量系统建模、分析及设计方法。全书共8章，主要内容包括系统的传递函数矩阵描述、矩阵分式描述、状态空间描述和多项式矩阵描述及其相互联系，系统运动的定量分析和系统结构性质(能控性、能观测性、稳定性)的定性分析，传递函数矩阵和多项式矩阵描述的实现，多变量反馈控制系统基于状态空间模型的时域综合方法和基于多项式矩阵理论的复频域综合方法。

本书注重理论联系实际，尝试避免“引理—定理—证明—推论”的写作模式，在阐述方式上力求符合理工科学生的认识规律，通过典型、丰富的例题和习题及MATLAB程序设计，培养和训练学生分析问题、解决问题的能力，巩固理论知识并加强工程实用性。

本书可作为电气信息类专业或相关专业研究生、高年级本科生的教材，也可供相关领域的工程技术人员参考。

图书在版编目(CIP)数据

线性系统理论与设计/王宏华编著. —北京：电子工业出版社，2020.10
ISBN 978-7-121-39804-9

Ⅰ.①线… Ⅱ.①王… Ⅲ.①线性系统理论—高等学校—教材 Ⅳ.①O231.1

中国版本图书馆CIP数据核字(2020)第199104号

责任编辑：凌　毅
印　　刷：中煤(北京)印务有限公司
装　　订：中煤(北京)印务有限公司
出版发行：电子工业出版社
　　　　　北京市海淀区万寿路173信箱　邮编　100036
开　　本：787×1092　1/16　印张：19.5　字数：525千字
版　　次：2020年10月第1版
印　　次：2020年10月第1次印刷
定　　价：59.00元

凡所购买电子工业出版社图书有缺损问题，请向购买书店调换。若书店售缺，请与本社发行部联系。联系及邮购电话：(010)88254888，88258888。

质量投诉请发邮件至zlts@phei.com.cn，盗版侵权举报请发邮件至dbqq@phei.com.cn。

本书咨询联系方式：(010)88254528，lingyi@phei.com.cn。

前　　言

线性多变量系统理论与设计是生产过程控制、信息处理、通信系统、网络系统等多学科领域的基础，也是电气信息类专业或相关专业研究生、高年级本科生及科技工作者必须掌握的重要基础理论。

基于时域的状态空间法和基于频域的多变量频域法是现代线性系统理论中互相促进、平行发展起来的两个最重要的分支，虽各有特点和功用，但本质上具有密切联系且是统一的。本书力求结合物理概念和工程背景，从统一的角度阐述基于状态空间法和多变量频域法的线性多变量系统建模、分析及设计方法。

全书共8章。第1章主要概述系统控制理论的发展和线性系统理论的主要分支。第2章重点介绍线性多变量定常系统的传递函数矩阵描述法、矩阵分式描述法、状态空间描述法和微分算子方程（多项式矩阵）描述法及其相互间的内在联系，以使读者对动态系统的运动规律建立起统一、深入的认识。第3章为系统的定量分析，主要阐述线性系统状态方程的解析求解，并讨论离散系统状态方程递推求解及线性连续系统数学模型等效离散化问题。第4章和第6章为系统结构性质的定性分析。其中，第4章主要介绍线性系统能控性与能观测性的概念、判别准则（包括频域形式），这两个性质之间的对偶关系，以及在状态空间模型的结构分解和等价变换中的应用，并讨论能控标准形和能观测标准形及能控性、能观测性与解耦零点的关系。第6章主要讨论李亚普诺夫稳定性分析的理论及其应用，并简要介绍外部稳定性。第5章在第3章、第4章的基础上，研究传递函数矩阵和多项式矩阵描述的实现问题，在讨论单变量系统传递函数级联分解、串联分解、并联分解3种基本实现方法的基础上，介绍传递函数矩阵的能控标准形和能观标准形实现及最小实现的方法，并分别讨论基于矩阵分式描述、多项式矩阵描述的实现问题。第7章、第8章主要讨论控制系统的综合问题。其中，第7章阐述基于状态空间模型的多变量反馈控制系统的时域综合方法，主要讨论状态反馈配置闭环系统极点及状态反馈特征结构配置的方法、状态反馈镇定和输出反馈镇定，以及采用状态反馈实现输入-输出解耦、无静差跟踪、线性二次型最优控制，并介绍全维观测器、降维观测器的设计方法和基于状态观测器的状态反馈系统设计。第8章介绍现代频域法中的多项式矩阵描述法，在建立串联、并联、反馈连接3种典型组合系统矩阵分式描述和多项式矩阵描述的基础上，在复频域分别讨论组合系统的能控性、能观测性、稳定性，重点研究基于传递函数矩阵的状态反馈增益矩阵设计、状态反馈同时配置闭环特征值及其特征向量的复频域综合问题，以及输入-输出反馈动态补偿器设计方法、单位输出反馈系统串联补偿器设计方法、具有串联补偿器的单位输出反馈动态解耦控制综合问题。

随着计算机在系统分析与控制中的广泛应用，离散时间线性系统的分析与控制已成为现代线性系统理论的时代特征之一。鉴于连续时间系统的大多数概念、方法和结论可推广应用于离散时间系统，为了避免重复，本书未平行展开针对离散时间系统的讨论，对线性离散时间系统的数学描述及其分析仅作简要介绍，并重点讨论其特殊性。

本书可作为电气信息类专业或相关专业研究生、高年级本科生的教材，也可供相关领域的工程技术人员参考。

本书所需的数学基础为矩阵代数、多项式矩阵、微分方程。为了避免将线性系统理论中的诸多重要概念和方法仅停留在数学公式上，本书尝试避免“引理—定理—证明—推论”的写作模式，在阐述方式上力求符合理工科学生的认识规律，结合工程背景和物理概念由浅入深地阐述状态空间分析法与多变量频域法，通过典型、丰富的例题和习题及 MATLAB 程序设计，培养和训练学生分析问题、解决问题的能力，巩固理论知识并加强工程实用性。

本书获河海大学研究生精品教材项目资助，特此致谢。另外，本书参阅和引用了国内外同行的相关著作、教材，得到了电子工业出版社凌毅编辑的支持和帮助，谨在此一并致谢。

由于作者水平有限，书中错误和不妥之处在所难免，恳请读者批评指正。作者的电子邮箱为 wanghonghua@263.net。

王宏华

2020 年 9 月于河海大学

目　　录

第1章　绪　　论

1.1　系统控制理论的发展

1.1.1　控制理论的研究对象

系统是控制理论的研究对象，是由相互制约的各个部分有机结合且具有一定功能的整体。

系统分为静态系统和动态系统。若对于任意时刻 t，系统的输出唯一地取决于同一时刻的输入，这类系统则称为静态系统。静态系统也称为无记忆系统，其输入、输出关系采用代数方程描述。若对任意时刻 t，系统的输出不仅与 t 时刻的输入有关，而且与 t 时刻以前的累积有关（这种累积在 t_0（$t_0<t$）时刻以初值体现出来），这类系统则称为动态系统（动力学系统）。由于 t_0时刻的初值含有过去运动的累积，故动态系统也称为有记忆系统，其输入、输出关系采用微分或差分方程描述。

动态系统与静态系统的区别在于：静态系统的输出仅取决于当前系统的瞬时输入，而动态系统的输出取决于系统当前及过去的输入信息的影响的叠加。例如，电阻的电流为当前的电压输入值与电阻值之比，故纯电阻电路为静态系统；电容两端的电压则是通过电容的当前及过去的电流的积分值与电容值之比，故含有电容的电路为动态系统。

动力学系统的实例很多，例如，含有电感和电容等储存电能量的元件的电网络系统，含有弹簧和质量体等通过位移运动来储存机械能量的刚体力学系统，存在热量和物料信息平衡关系的化工热力学系统。

系统控制理论的主要研究对象为动态系统，其按系统性能和作用时间等又有如下多种分类方法。

1. 线性系统和非线性系统

对所有可能的输入信号均具有齐次性和可加性，即满足叠加原理的系统，称为线性系统。线性系统是线性系统理论的研究对象，其采用线性数学模型 $\boldsymbol{L}$ 描述，即对任意两个输入信号 $\boldsymbol{u}_1$、$\boldsymbol{u}_2$ 及任意两个非零有限实常数 α_1、α_2，式(1-1)成立，即

$$\boldsymbol{L}(\alpha_1\boldsymbol{u}_1+\alpha_2\boldsymbol{u}_2)=\alpha_1\boldsymbol{L}(\boldsymbol{u}_1)+\alpha_2\boldsymbol{L}(\boldsymbol{u}_2) \tag{1-1}$$

若线性数学模型 $\boldsymbol{L}$ 中的参数均为常数，则称为线性定常系统；若线性数学模型 $\boldsymbol{L}$ 中的参数至少有一个为时间的函数，则称为线性时变系统。

非线性系统不满足叠加原理，这是其与线性系统的本质区别。非线性系统采用非线性方程描述，其特点是系数与变量有关，或方程中含有变量及其导数的高次幂或乘积项。非线性系统也有定常系统和时变系统之分。

应该指出，线性定常系统只是实际系统经工程近似化后的一种理想化模型。由于数学处理简便，而且为数很多的实际系统在一定条件下，均可采用线性定常系统近似而满足工程精度要求，故本书以线性定常系统的分析与综合为重点。

2. 连续时间系统和离散时间系统

若系统中各变量的作用时刻均是连续的，则称为连续（时间）系统，其一般采用微分方程作为

数学工具；若系统中输入、输出和状态变量只在某些离散（采样）时刻取值，而在两个离散时刻之间无信号，则称为离散（时间）系统，其动态性能一般采用差分方程描述。

若控制系统中既有连续信号又有离散信号，则称为采样控制系统。以数字计算机作为控制器对连续被控对象进行控制的工业计算机控制系统即为采样控制系统。

3. 单变量系统和多变量系统

若系统只有一个输入量和一个输出量，则称为单变量系统或单输入单输出（SISO）系统；输入量和（或）输出量多于一个的系统称为多输入多输出（MIMO）系统（多变量系统）。MIMO系统有 r 个输入、m 个输出，其中，r 和（或）m 大于1，通常输入、输出之间存在耦合，即每个输出受 r 个输入的影响，这是多变量系统的特点。

4. 确定型系统和非确定型系统

若系统的结构和参数均确定，其全部输入信号又均为时间的确定函数，则其输出响应亦确定，该系统就称为确定型系统。非确定型系统也称为随机型系统，其对于给定输入和初始条件，输出响应不确定，而是以某一概率出现。研究随机型系统时，需要应用概率统计理论。尽管实际系统中的信号总伴有随机干扰，但若随机干扰的影响可忽略，则该类系统仍可近似为确定型系统。本书仅讨论确定型系统。

5. 因果系统和非因果系统

若系统 t 时刻的输出仅取决于 t 时刻和 t 时刻之前的输入，而与 t 时刻以后的输入无关，则该性质称为因果性，具有该性质的系统称为因果系统或非预测系统，否则称为非因果系统或预测系统。因果性是所有实际系统均具备的固有特性。

1.1.2 控制理论发展概述

同其他一切技术科学学科一样，控制理论亦是源于实践、服务于实践，并在实践中不断发展起来的。

1. 发展初期和经典控制理论

1788年，第一次工业革命时期的重要人物、英国发明家瓦特（J. Watt）在他发明的蒸汽机上使用了自动调节进汽阀门开度以控制蒸汽机转速的离心式（飞球式）调速器，这是闭环自动控制装置在工程实践中应用的第一项重大成果。

在飞球式调速控制系统中，适当增大飞球（提高系统开环增益）有助于改善控制精度，但飞球过大则会导致系统振荡。1868年，英国物理学家麦克斯韦（J. C. Maxwell）通过建立和分析调速控制系统的线性常微分方程，揭示了瓦特蒸汽机速度控制系统剧烈振荡的原因，在论文"论调节器"（On Governors）中首次对反馈控制系统的稳定性进行了系统分析，提出了稳定性代数判据，即系统稳定性取决于系统微分方程对应的特征方程的根具有负实部，从而开辟了用数学方法研究控制系统的途径。

此后，英国数学家劳斯（E. J. Routh）和德国数学家赫尔维茨（A. Hurwitz）将麦克斯韦的思想扩展到高阶微分方程描述的更复杂的系统中，并分别在1877年和1895年提出了直接根据特征方程的系数判别系统稳定性的准则，即劳斯判据和赫尔维茨判据。

1892年，俄国数学家李亚普诺夫（Lyapunov）在博士论文"论运动稳定性的一般问题"中，建立了常微分方程运动稳定性理论，提出了稳定性理论中最具重要性和普遍性的李亚普诺夫方法。

1922年，美国科学家Nicholas首次提出了经典的比例-积分-微分（PID）控制方法，其控制量由闭环系统偏差的现状（比例P）、历史（积分I）和变化趋势（微分D）线性组合而成，兼顾了系统稳、快、准 3 个方面的要求。

1927 年，美国 Bell 实验室的工程师 Harold Stephen Black 采用高性能的负反馈放大器减小了电子管放大器的非线性引起的信号失真，首次提出了负反馈控制这一重要思想。负反馈控制系统具有抗扰性能好、控制精度高的优点，但减小稳态误差需要提高开环增益，而提高系统稳定裕度则要求降低开环增益，两者之间存在矛盾，这就涉及反馈系统的稳定性问题。

1932 年，美籍瑞典物理学家奈奎斯特(Nyquist)提出反馈系统稳定性频率判据，揭示了系统开环幅相特性和闭环系统稳定性的本质联系，标志着经典控制理论的形成。

1938 年，美国科学家伯德(Bode)对频率响应法进行了系统研究，形成了经典控制理论的频域分析法。1945 年，Bode 出版了《网络分析和反馈放大器设计》一书，提出了使频率响应法更适合工程应用的 Bode 图法。Bode 图也称为对数频率特性曲线，构成的坐标系为半对数坐标系。其横坐标按角频率 ω 的常用对数 $\lg \omega$ 分度，单位为 rad/s，便于扩大频率变化范围。设系统的频率特性为 $G(\mathrm{j}\omega)=|G(\mathrm{j}\omega)|\mathrm{e}^{\mathrm{j}\varphi(\omega)}=A(\omega)\mathrm{e}^{\mathrm{j}\varphi(\omega)}$，其对数幅频特性曲线的纵坐标按 $20\lg A(\omega)$ 线性分度，单位为分贝(dB)，从而将幅值乘除运算转换为加减运算，简化了曲线绘制；对数相频特性曲线的纵坐标按 $\varphi(\omega)$ 线性分度，单位为度(°)。

1938 年，美国数学家、电气工程师香农(Shannon)提出了继电器逻辑自动化理论，1948 年发表了《通信的数学理论》，奠定了信息论的基础。

1943 年，哈尔(A. C. Hall)基于传递函数这一描述系统动态特性的复数域数学模型，将通信工程的频率响应法和机械工程的时域方法统一为经典控制理论的复数域方法。

1948 年，美国科学家伊凡思(Evans)创立了复数域分析和设计负反馈系统的根轨迹分析方法，即直接由开环零、极点在复平面上的分布求闭环特征根随某一参数变化的轨迹，为分析系统性能随系统参数变化的规律性提供了有力工具，被广泛应用于反馈控制系统的分析、设计中。

1948 年，数学家维纳(N. Wiener)出版了自动化科学的奠基著作《控制论》，提出了控制论“三论”(信息、系统、控制)。

至此，以传递函数为动态数学模型、以频率响应法和根轨迹法两种频域方法为核心，主要研究 SISO 线性定常(LTI)反馈系统的经典控制理论基本成熟。

应用经典控制理论设计校正装置时，主要的研究工具是 Bode 图。针对最小相位开环系统，在定性分析其闭环系统性能时，通常将开环对数幅频特性的渐近线大致分成低、中、高 3 个频段，如图 1-1 所示。

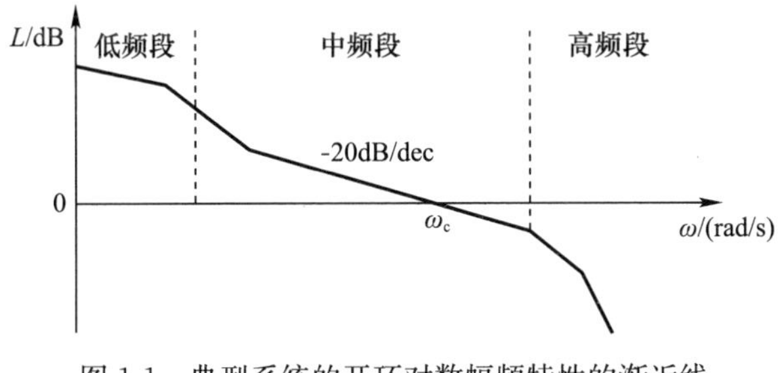

图 1-1　典型系统的开环对数幅频特性的渐近线

图 1-1 中，低频段由系统的积分环节和开环增益决定，若斜率陡、增益高，则闭环系统稳态精度高。若中频段以 $-20\mathrm{dB/dec}$ 的斜率穿越 0dB，且这一斜率覆盖足够的频宽，则系统的稳定性好。截止频率 ω_c 越高，系统的快速性越好。高频段由系统中的小惯性环节决定，其衰减越快，即高频特性负分贝值越低，系统对高频噪声干扰抑制的能力越强。

实现期望频率特性校正的方法是在输出反馈基础上的串联校正、并联（反馈）校正和复合校正，如图 1-2 和图 1-3 所示，图中，$W_1(s)$、$W_2(s)$为被控对象子系统的传递函数。串联校正和并联校正均是在系统主反馈回路内部采用的校正方法，串联校正具有结构简单、容易实现等优点，但难以在稳、快、准和抗干扰这 4 个矛盾的方面之间取得折中。为克服串联校正的局限，可在串联校正的基础上引入局部反馈（并联）校正。在高精度控制系统中，广泛采用了由前馈正向补偿控制（开环）和按偏差反馈控制（闭环）相结合的复合控制系统，可分为按扰动补偿和按给定输入补偿两种方式，如图 1-3(a)、(b)所示。

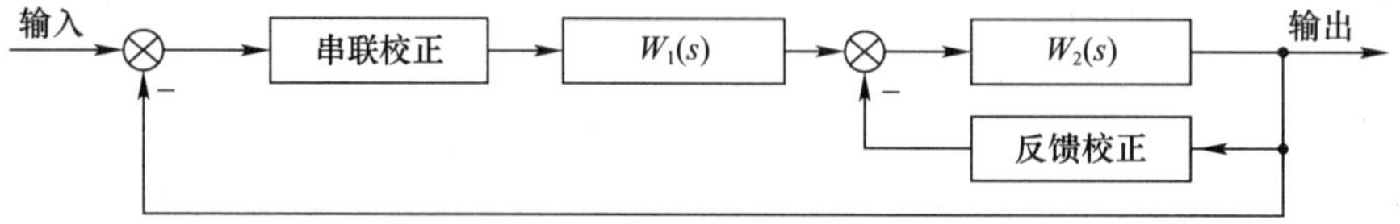

图 1-2　串联校正及并联校正

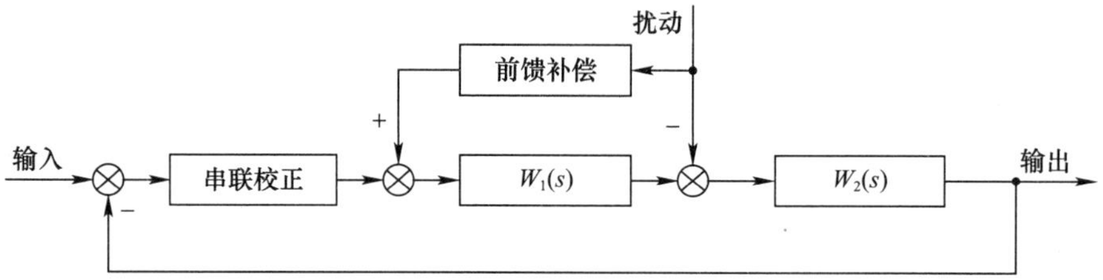

(a) 按给定输入补偿的复合控制

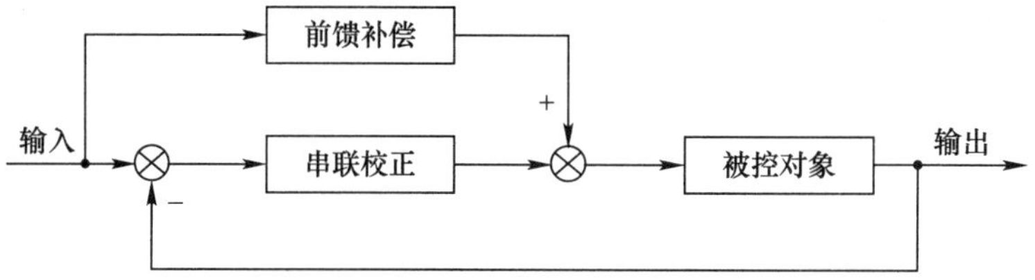

(b) 按扰动补偿的复合控制

图 1-3　复合控制系统

经典控制理论以传递函数为数学工具，对 SISO 线性定常系统的分析与设计虽已形成相当成熟的理论，但其采用作图与试凑的设计方法实现输出对输入的响应在稳、快、准之间取得折中，而并非某种意义上的最优。另外，对 MIMO 线性定常系统要用传递函数矩阵，表达式烦琐；对非线性系统或时变系统，传递函数无法应用。而且传递函数（矩阵）仅描述了线性定常系统的输入与输出之间的关系，不能全面揭示系统内部的结构特性，是一种不完全的描述，可能丢失系统某些重要的信息。下面举例说明。

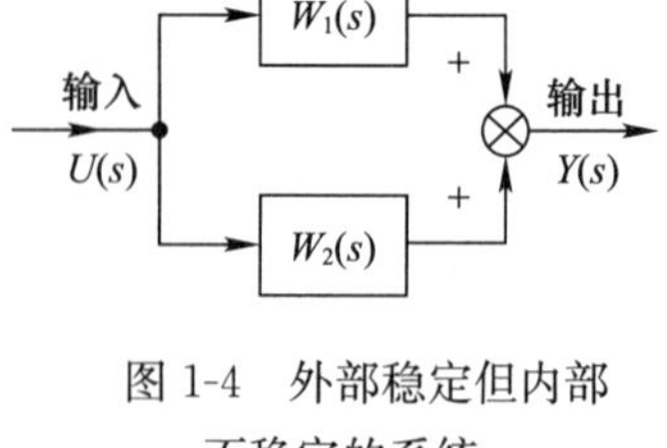

图 1-4　外部稳定但内部不稳定的系统

【例 1-1】　2 个子系统 $W_1(s)=\dfrac{s}{s-1}$，$W_2(s)=\dfrac{-1}{s-1}$ 并联组成的系统如图 1-4 所示。

显然，子系统 $W_1(s)=\dfrac{s}{s-1}$ 的极点为 1，不稳定；子系统 $W_2(s)=\dfrac{-1}{s-1}$ 的极点也为 1，也不稳定。但并联系统的传递函数为

$$W(s)=\frac{Y(s)}{U(s)}=W_1(s)+W_2(s)=\frac{s}{s-1}+\frac{-1}{s-1}=\frac{s-1}{s-1}=1 \tag{1-2}$$

并联系统的传递函数为1，没有右半平面的极点(丢失了子系统不稳定的极点信息)，为外部稳定，但子系统的运动实际上是不稳定的。系统内部不稳定，本质上属于不稳定系统。

【例 1-2】 由电压源 $u(t)$、电阻 R、电容 C_1、C_2 组成的电路如图 1-5 所示，以 $u(t)$ 为输入，C_1、C_2 串联电压 $u_C(t)$ 为输出。图中，C_1、C_2 为独立的两个储能元件，因此该电路为二阶系统，但该电路在零初始条件下的复频域等效电路如图 1-6 所示。

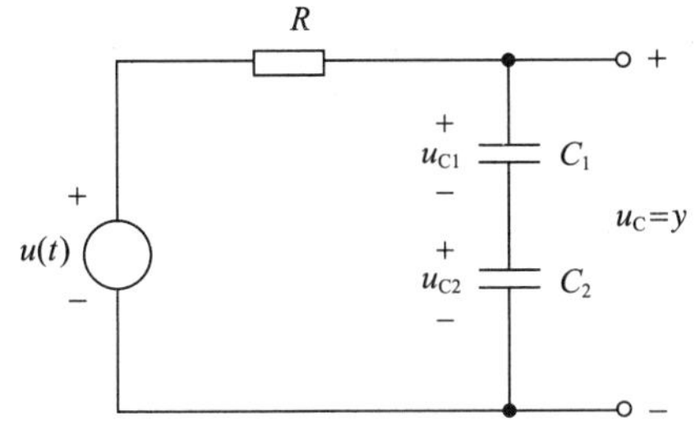

图 1-5　例 1-2 的电路

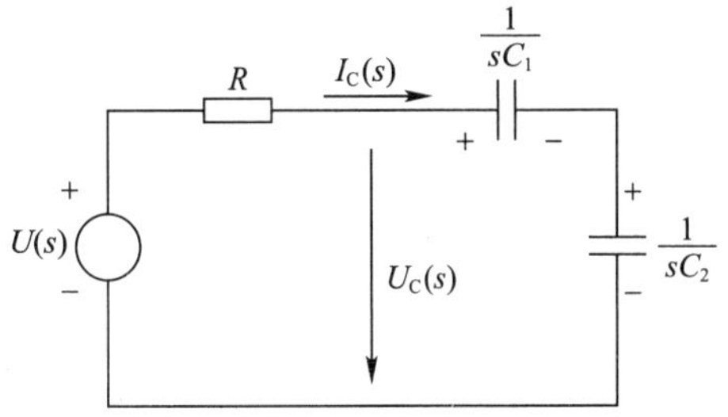

图 1-6　图 1-5 电路的复频域等效电路

由复数形式的全电路欧姆定律，有

$$I_C(s)=\frac{U(s)}{R+\dfrac{C_1+C_2}{sC_1C_2}} \tag{1-3}$$

则

$$Y(s)=U_C(s)=I_C(s)\left(\frac{1}{sC_1}+\frac{1}{sC_2}\right)=\frac{U(s)}{R+\dfrac{C_1+C_2}{sC_1C_2}}\frac{C_1+C_2}{sC_1C_2}=\frac{U(s)}{sR\dfrac{C_1C_2}{C_1+C_2}+1} \tag{1-4}$$

令

$$C=\frac{C_1C_2}{C_1+C_2} \tag{1-5}$$

得图 1-5 所示电路的传递函数(外部描述)为

$$W(s)=\frac{Y(s)}{U(s)}=\frac{1}{sRC+1} \tag{1-6}$$

式(1-6)仅表征了等效电容 C 与电阻 R 串联的一阶电路的动力学特性，丢失了图 1-5 所示电路内部 C_1、C_2 串联的结构信息，因此是不完全的描述。

2. 现代控制理论

应用推动了自动控制理论的发展。20 世纪 60 年代，随着电子计算机技术的进步，航空航天技术和综合自动化发展的需要推动了以状态空间描述为基础、以最优控制为核心，主要在时域研究 MIMO 系统的状态空间控制理论的诞生。

航天器控制系统是多输入多输出的，而且要求设计某种性能指标下的最优控制系统，用经典控制理论基于传递函数的频域方法难以解决。卡尔曼(R. E. Kalman)、贝尔曼(R. Bellman)和庞特里亚金(L. S. Pontryagin)等倡导从变换后的频域回到时域，用状态空间表达式建立 MIMO 线性/非线性、定常/时变系统的动态数学模型，并提出与经典控制理论频域法不同的状态反馈和最优控制方法，即状态空间法。

状态空间描述不仅适用于 SISO 线性定常系统，而且适用于 MIMO 系统、时变系统和非线性系统。另外，状态空间表达式是对系统的一种完全描述，易于处理系统的初始条件，不仅描述了系统输入、输出外部特性，而且揭示了系统内部的动态特性，是一种内部模型。

【例 1-3】 例 1-1 系统的等效方框图如图 1-7 所示。

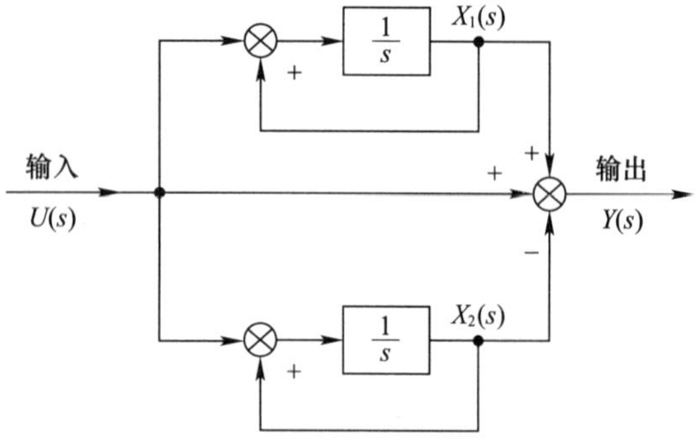

图 1-7 例 1-1 系统的等效方框图

由图 1-7，利用拉普拉斯（Laplace）反变换关系，写出系统的状态空间表达式为

$$\begin{cases}\begin{bmatrix}\dot{x}_1\\ \dot{x}_2\end{bmatrix}=\begin{bmatrix}1 & 0\\ 0 & 1\end{bmatrix}\begin{bmatrix}x_1\\ x_2\end{bmatrix}+\begin{bmatrix}1\\ 1\end{bmatrix}u\\ y=\begin{bmatrix}1 & -1\end{bmatrix}\begin{bmatrix}x_1\\ x_2\end{bmatrix}+u\end{cases} \tag{1-7}$$

系统矩阵的特征值为 $s_1=s_2=1$，故系统内部不稳定，状态空间表达式完全表征了例 1-1 系统的所有动力学行为。

【例 1-4】 若选图 1-5 电路中的电压 $u_{C1}(t)$、$u_{C2}(t)$ 为状态变量 x_1、x_2，则根据 KVL 和电容元件的伏安关系，得

$$\begin{cases}RC_1\dfrac{du_{C1}}{dt}+u_{C1}+u_{C2}=u\\ RC_2\dfrac{du_{C2}}{dt}+u_{C1}+u_{C2}=u\\ u_C=u_{C1}+u_{C2}\end{cases} \tag{1-8}$$

整理并写成向量-矩阵形式的状态空间表达式为

$$\begin{cases}\begin{bmatrix}\dot{x}_1\\ \dot{x}_2\end{bmatrix}=\begin{bmatrix}-\dfrac{1}{RC_1} & -\dfrac{1}{RC_1}\\ -\dfrac{1}{RC_2} & -\dfrac{1}{RC_2}\end{bmatrix}\begin{bmatrix}x_1\\ x_2\end{bmatrix}+\begin{bmatrix}\dfrac{1}{RC_1}\\ \dfrac{1}{RC_2}\end{bmatrix}u\\ y=\begin{bmatrix}1 & 1\end{bmatrix}\begin{bmatrix}x_1\\ x_2\end{bmatrix}\end{cases} \tag{1-9}$$

系统矩阵的特征值为 $s_1=0$，$s_2=-\dfrac{C_1+C_2}{RC_1C_2}$，状态空间表达式完全表征了图 1-5 电路的所有动力学特征。

例 1-1～例 1-4 说明，状态空间表达式具有较传递函数更全面描述系统动态行为的能力。基于状态空间描述的状态空间法为一种新的时域控制理论，性能指标直接明晰，可实现性能指标最优控制，分析、设计多为解析与优化计算而非作图与试凑，设计和实时控制易于计算机实现。

1956 年，数学家庞特里亚金发表了论文“最优过程数学理论”，并于 1961 年提出并证明了极大值原理。1957 年，数学家贝尔曼提出离散多阶段决策的最优性原理，创立了动态规划（Dynamic Programming）法。极大值原理和动态规划法为解决最优控制问题提供了理论工具。

1960 年，数学家卡尔曼提出能控性、能观测性、最佳调节器和 Kalman 滤波等状态空间法的概念，奠定了现代控制理论的基础。

1958 年以来，在研究非线性系统大范围稳定性问题的推动下，基于状态变量法的李亚普诺夫稳定性理论在自动控制中的应用成为研究热点。

最优控制依赖确定的数学模型，但环境和被控对象的结构、参数存在不确定性。1967 年，奥斯特隆姆（Astrom）提出了最小二乘辨识方法，建立了自适应控制的理论基础。

20 世纪 60 年代，英国学者罗森布罗克（H. H. Rosenbrock）和欧文斯（David H. Owens）研究了应用于计算机辅助控制系统设计的现代频域法理论，将传递函数的概念推广到多变量系统，揭示了传递函数矩阵与状态空间表达式之间的等价变换关系。1970 年，罗森布罗克出版了著作

《State Space and Multivariable Theory》。多变量频域控制理论是传统单变量频域控制理论的推广，它继承了经典控制理论物理概念强、便于设计调整等优点，不仅可设计动态性能优良的MIMO控制系统，且可有效兼顾解耦。1981年，加拿大学者詹姆斯(G. James)提出了H_∞设计理论，作为一种多变量频域控制理论，它以传递函数矩阵的H_∞范数为性能指标，可设计出鲁棒性在某种意义下为最优的控制系统。

3. 大系统理论和智能控制理论

系统的不确定性是对基于数学模型的传统控制理论的最大挑战。

20世纪70年代后期，随着综合自动化的普及，控制工程已从传统的军事、工业扩展到社会经济、能源环境、生物医学等大型系统，被控对象日趋复杂，难以获得精确的数学模型，应用经典频域控制理论和状态空间控制理论，控制效果不好，控制工程在实践上需要建立新理论。另一方面，随着人工智能技术的发展，包含人类思维的复杂操作由计算机替代的领域不断增大。由此产生了大系统理论和智能控制理论。

“大系统”是规模庞大、结构复杂、变量众多、功能综合、目标多样的过程控制与信息处理相结合的综合自动化系统。大系统理论是动态的系统工程理论，它综合了现代控制理论、图论、数学规划和决策方面的成果，采用控制和信息的观点，研究大系统的建模和模型简化、结构方案、稳定性和镇定、总体设计中的分解方法和协调等。

智能控制是针对控制系统的不确定性和复杂性产生的不依赖于或不完全依赖于数学模型，基于知识和经验，模仿人类智能的非传统控制方法。传统的自动控制理论，无论是频域理论还是时域理论，均是基于数学模型，以定量分析为主的；而智能控制则更多地基于知识，利用专家经验、逻辑推理、学习功能、遗传和进化机制等进行控制，是以定性分析为主、定量与定性相结合的控制方式，具有很强的自适应、自学习、自组织和自协调能力。1971年，傅京孙(K. S. Fu)将智能控制(Intelligent Control)概括为自动控制(Automatic Control)和人工智能(Artificial Intelligent)的交集，表明智能控制属于典型的交叉学科。智能控制的理论体系尚在建立和完善之中，目前基本上仍属于“方法”范畴。1991年，奥斯特隆姆提出“模糊逻辑控制、神经网络控制、专家控制是3种典型的智能控制方法”，较全面地概括了智能控制的几个重要分支。除此之外，学习控制(包括迭代学习控制和遗传学习控制)、仿人控制、混沌控制等则是智能控制的新兴研究方向。

1.2 线性系统理论的主要分支

基于采用的数学工具和系统描述的不同，线性系统理论已形成如下4个平行的分支。

1. 线性系统的状态空间法

线性系统的状态空间法是线性系统理论中形成最早、应用最广泛的独立分支，也是现代控制理论的基础。它基于状态空间描述(状态方程和输出方程)，采用状态空间法对线性动态系统进行定量分析(确定在不同输入控制作用下系统状态的动态响应)和定性分析(稳定性、能控性、能观测性分析)，并采用状态反馈配置闭环极点的方法控制并改善系统状态的动态响应。线性系统的状态空间法是一种时域方法，采用的主要数学工具为线性代数、矩阵论，主要包括动态系统的状态空间描述，状态方程的求解，能控性、能观测性和稳定性分析，状态反馈及状态观测器设计，各种综合目标的最优化等内容。

2. 线性系统的几何理论

20世纪70年代，加拿大学者旺纳姆(W. M. Wonham)出版《Linear Multivariable Control：A

Geometric Approach》一书，该书为线性系统几何理论的代表作。线性系统的几何理论采用的主要数学工具为几何形式的线性代数，其基本思想是将能控性、能观测性等系统的结构特性表述为不同的状态子空间的几何属性，从而将线性系统的研究化为状态空间中的几何问题，避免了状态空间法中烦琐的矩阵演算。

3. 线性系统的代数理论

代数理论起源于卡尔曼在 20 世纪 60 年代应用模论工具对域上线性系统的研究。以此为基础，在环、群、泛代数等比域更弱和更一般的代数系上，建立了相应的线性系统代数理论。线性系统的代数理论以抽象代数为工具，将系统各组变量间的关系视为代数结构之间的映射，以实现线性系统描述和分析的完全形式化及抽象化，将其转化为抽象代数问题。

4. 线性系统的多变量频域方法

在控制理论的发展过程中，时域控制理论和频域控制理论一直相互促进、平行发展。在控制理论创立初期，均以微分方程为数学工具直接在时域对控制系统进行研究。在经典控制理论发展时期，为避免直接求解高阶微分方程及分析系统参数对运动影响的困难，产生了以传递函数、频率响应为动态数学模型，在频域对控制系统进行分析与综合的频域控制理论。但经典控制理论中的频域方法不能有效处理多变量控制系统和时变系统，也不能设计最优控制系统，因此在应用的推动下，产生了以状态空间描述为基础、以最优控制为核心，在时域研究 MIMO 控制系统的状态空间法，即现代时域控制理论。与此同时，多变量频域方法（现代频域控制理论）也得到了发展，它以状态空间法为基础，采用频域的描述和计算方法对线性定常系统进行分析与综合。频域设计方法和多项式矩阵设计方法是多变量频域方法中的两类分析综合方法。

1.3 MATLAB 线性系统分析及 Simulink 简介

MATLAB 的全称为 Matrix Laboratory（矩阵实验室），是美国 Math Works 公司的产品，是一种将复数数组（阵列）作为计算基本处理单位的高级科学分析与计算软件。自 1984 年 Math Works 公司推出内核采用 C 语言编写的 MATLAB 软件以来，经过 30 多年的发展，MATLAB 已成为融“语言化”的数值和符号双重计算能力、强大的数据图形显示功能、图形化控制仿真程序设计功能（Simulink）、全方位帮助系统于一体的交互式软件系统，而且其良好的可扩展性吸引了各个领域的专家学者推出不断扩大的、附属不同学科的 MATLAB 工具箱，使之成为国际上最为流行的计算软件。

MATLAB 控制系统工具箱（Control System Toolbox）随 MATLAB 的发展不断升级，集成了在 MATLAB 环境下对线性定常（LTI）连续或离散系统建模、仿真、分析、设计的工具箱函数。这些函数多数为以 .m 作扩展名的 M 文件，包含了经典控制理论与现代控制理论中线性系统分析的大部分内容。例如，创建 LTI 系统动态模型（包括状态空间模型（ss）、传递函数模型（tf）、零极点增益模型（zpk））函数、模型转换函数、模型降阶函数、系统模型连接函数、时域响应（脉冲响应、阶跃响应等）分析函数、频域分析（Bode 图、Nyquist 图、稳定裕度、Nichols 图线）函数、根轨迹分析函数、稳定性分析（时域稳定性分析、李亚普诺夫稳定性分析等）函数、能观测性/能控性分析函数、设计函数（包括极点配置、状态估计、线性二次型最优控制器设计等）等。另外，MATLAB 控制系统工具箱还提供了 LTI 系统分析和设计的图形界面环境（GUI），即支持 10 种不同类型的系统响应分析的 LTI 观测器（LTI Viewer）和用于 SISO 反馈控制系统补偿器设计的图形设计环境（SISO Design Tool），简化了典型控制系统的分析和设计过程。而且，

MATLAB 控制系统工具箱具有可扩展性，用户可自行编写 M 文件，创建满足某种特定需要的控制函数。

随着 MATLAB 版本的不断升级，附属不同学科的 MATLAB 工具箱不断加入 MATLAB 系统，在 MATLAB 6.1 软件包中集成的与控制有关的工具箱除控制系统工具箱之外，还有基于模型化图形组态的动态系统交互式仿真集成环境 Simulink、系统辨识工具箱（System Identification Toolbox）、鲁棒控制工具箱（Robust Control Toolbox）、模型预测控制工具箱（Model Predictive Control Toolbox）、模糊逻辑工具箱（Fuzzy Logic Toolbox）、神经网络工具箱（Neural Network Toolbox）、非线性控制设计模块库（Nonlinear Control Design Blockset）等，包含的内容几乎涵盖当前控制系统建模、分析、设计的各个方面。

Simulink 由模块库、模型构造及分析指令、演示程序 3 部分组成，其文件类型为 .mdl。在 Simulink 环境中，对于由微分方程或差分方程描述的动态系统，用户无须编写文本形式的程序，而只要通过一些简单的鼠标操作就可形象地建立被研究系统的仿真模型，并进行仿真分析。

【例 1-5】 设有一个质量-弹簧-阻尼器系统，如图 1-8 所示，其中，质量 $m=1.5\text{kg}$，弹簧的弹性系数 $K=3\text{N/mm}$，阻尼器的阻尼系数 $f=3\text{N/(mm/s)}$，系统的输入量为外力 $u(t)=1(t)\text{N}$，质量的位移 $y(t)$ 为输出量（该位移是相对外力 $u(t)=0$ 时，重力与弹簧力相平衡的平衡位置的位移），试对系统的阶跃响应进行数值仿真分析。

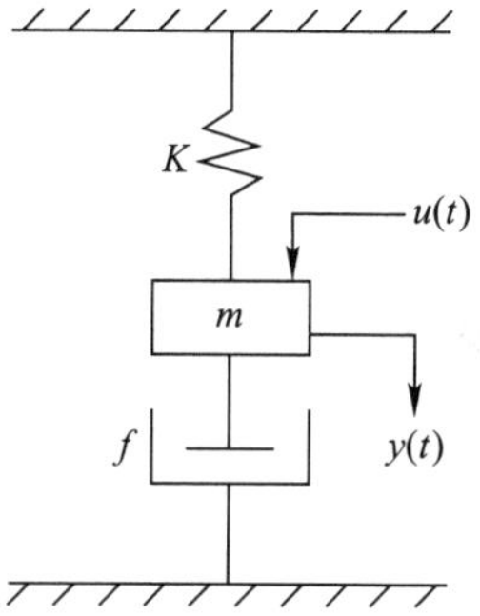

图 1-8　质量-弹簧-阻尼器系统

解　由牛顿动力学定律，描述该系统输入、输出关系的数学模型为

$$m\ddot{y}+f\dot{y}+K\dot{y}=u \tag{1-10}$$

由于计算机是用二进制数码表示数值大小的一种数字运算装置，故在数字仿真中，首先用数值计算方法（算法）将"一次模型"转换为计算机能够实现运算的仿真程序——仿真模型，然后输入计算机，由其逐条执行计算。

设 $x_1=y, x_2=\dot{y}=\dot{x}_1$，得保持式(1-10)系统输入、输出关系不变的状态空间模型为

$$\begin{bmatrix}\dot{x}_1\\ \dot{x}_2\end{bmatrix}=\begin{bmatrix}0 & 1\\ -\dfrac{K}{m} & -\dfrac{f}{m}\end{bmatrix}\begin{bmatrix}x_1\\ x_2\end{bmatrix}+\begin{bmatrix}0\\ \dfrac{1}{m}\end{bmatrix}u \tag{1-11}$$

$$y=\begin{bmatrix}1 & 0\end{bmatrix}\begin{bmatrix}x_1\\ x_2\end{bmatrix} \tag{1-12}$$

采用数值积分法中的欧拉公式，由式(1-11)、式(1-12)，得对应的离散状态方程及输出方程为

$$\begin{bmatrix}x_1((k+1)T)\\ x_2(k+1)T)\end{bmatrix}=\begin{bmatrix}x_1(kT)\\ x_2(kT)\end{bmatrix}+\left\{\begin{bmatrix}0 & 1\\ -\dfrac{k}{m} & -\dfrac{f}{m}\end{bmatrix}\begin{bmatrix}x_1(kT)\\ x_2(kT)\end{bmatrix}+\begin{bmatrix}0\\ \dfrac{1}{m}\end{bmatrix}u(kT)\right\}T \tag{1-13}$$

$$y[(k+1)T]=x_1[(k+1)T] \tag{1-14}$$

式中，T 为计算步长。

式(1-13)、式(1-14)即为图 1-8 所示系统的仿真模型。应该指出，连续系统的仿真模型既可基于其状态空间模型采用数值积分算法获得，也可采用本书 3.5 节介绍的时域离散相似算法获得。为了使式(1-13)、式(1-14)所示的仿真模型能在计算机上运行，尚需采用算法语言描述仿真模型，即编写计算机程序，并进行仿真调试。采用 MATLAB 语言编程的仿真程序为 MATLAB Program 1-1。

```
%MATLAB Program 1-1
m=1.5;K=3;f=3;                          %输入质量m、弹簧的弹性系数K、阻尼器阻尼系数f
t=0;T=0.001;                            %设置时间变量t的初值和仿真步长T
A=[0 1;-K/m -f/m];                      %输入状态矩阵
B=[0;1/m];                              %输入控制矩阵
tmax=9;                                 %设置仿真总时间 tmax=9s
x=[0;0];                                %设置状态向量初值
Y=0;                                    %设置输出初值
time=t;
for t=0:T:tmax-T
   x_k=x+(A*x+B)*T;                     %根据式(1-13),采用递推法求解离散状态方程
   y=x_k(1);                            %根据式(1-14)计算离散输出
   t=t+T;
   Y=[Y;y];time=[time;t];
   x=x_k;
end
plot(time,Y);                           %绘制输出响应曲线
grid;                                   %画网格
axis([0 tmax 0 0.4]);                   %设置横坐标、纵坐标的范围
xlabel('t(s)');ylabel('y(mm)');         %设置横坐标、纵坐标的名称和单位
```

1.4 本书综述

基于时域的状态空间法和基于频域的多变量频域法是现代线性系统理论中互相促进、平行发展起来的两个最重要的分支，虽各有特点和功用，但本质上是统一的。

另外，随着计算机在系统分析与控制中的广泛应用，离散时间线性系统的分析与控制已成为现代线性系统理论的时代特征之一。为了适应现代线性系统理论发展的形势及线性系统理论教学改革的需要，避免线性系统理论中诸多重要概念和方法仅停留在数学公式上，本书在突出工程应用背景、强调理论联系实际的前提下，从统一的角度讨论状态空间法和多变量频域法这两个具有密切联系的主题，力求形成如下特色：

① 在内容结构上，力求状态空间分析法与多变量频域法有机融合，理论分析与物理概念有机融合。鉴于连续时间系统的大多数概念、方法和结论可推广应用于离散时间系统，为了避免重复，对线性离散时间系统的数学描述仅作简要介绍，但重点讨论其特殊性。

② 虽然现代线性系统理论涉及矩阵代数、多项式矩阵、微分方程等数学基础，但在写作上，本书尝试避免"引理—定理—证明—推论"的单调模式，力求结合工程背景和物理概念由浅入深地阐述状态空间分析法与多变量频域法。对于既不能提供新的概念又不能培养思维能力的次要证明过程予以删减，必要的证明在陈述上也尽量避免烦琐，有的证明留作习题，以培养学生的思维能力。

③ 例题、习题丰富，融入 MATLAB 程序设计，利于自学，注重理论联系实际。

第 2 章　动态系统的数学描述

2.1　引　　言

建立动态系统的数学模型是对其进行分析和综合的前提，一般有机理分析建模和实验建模（系统辨识）两个途径。

根据不同的建模目的，一个实际系统可用不同的数学工具建立不同的数学模型。描述MIMO线性定常系统的方法主要分为外部描述和内部描述两大类。外部描述主要有传递函数矩阵描述法和矩阵分式描述法；内部描述有状态空间描述法和微分算子方程（多项式矩阵）描述法。

传递函数矩阵描述法和矩阵分式描述法是 SISO 系统传递函数方法在多变量系统中的推广，仅反映了系统输入与输出之间传递的线性动态特性，是一种对系统外部动态特性的描述，不能反映系统内部的动态变化特性，这一局限限制了其应用。状态空间描述不仅描述了系统输入、输出的外部特性，而且揭示了系统内部的结构特性，能反映系统全部独立变量的变化，完全表征系统的所有动力学特征，是对系统的一种完全描述，并可方便地处理初始条件。但在分析某些有冗余方程的系统时，状态空间描述有可能丢失某些系统结构的信息，多变量频域方法中的微分算子方程（多项式矩阵）描述也是系统的一种内部描述，它能较直观地保留各子系统的特征，且不丢失系统的任何信息，容易实现与其他描述之间的相互转换。

本章重点介绍线性定常系统的上述 4 种描述方法及相互之间内在的联系。2.2 节由单变量系统的传递函数推广得到多变量系统的传递函数矩阵，并定义传递函数矩阵的特征多项式和零点多项式，由此可分别求出传递函数矩阵的极点和零点。2.3 节讨论状态空间描述的内涵、建立方法（机理建模法、由系统高阶微分方程或方框图建立状态空间模型）、由状态空间模型求传递函数矩阵。2.4 节在重点介绍多项式矩阵的既约性、单模变换、互质性、Smith 标准形的基础上，讨论通过单模变换求传递函数矩阵的 Smith-McMillan 标准形的方法，以及基于Smith-McMillan标准形获得传递函数矩阵既约矩阵分式描述、求解传递函数矩阵零点和极点的方法。2.5 节通过实例引入多项式矩阵描述（PMD），定义 PMD 的系统矩阵，并给出状态空间描述和矩阵分式描述（MFD）的系统矩阵，表明对线性定常系统，PMD 是一类最一般的、统一的内部描述形式，状态空间描述和 MFD 等其他各种描述均可表示为特殊形式的一类 PMD。在导出 PMD 的传递函数矩阵的基础上，揭示解耦零点的成因，并讨论求解解耦零点和系统零点、极点的方法。2.6 节讨论系统数学描述的等价变换，重点阐述通过状态向量的线性非奇异变换将状态空间描述变换为约当（Jordan）标准形，并将状态空间描述的相似变换推广为 PMD 的严格系统等价变换。随着计算机在系统分析与控制中的广泛应用，研究离散时间系统的数学描述具有重要意义，鉴于连续系统的各种描述方法可以十分相似的形式推广到离散系统中，2.7 节仅简要介绍线性离散时间系统的各种数学描述。

2.2　多变量系统的传递函数矩阵描述

对于 SISO 线性定常连续系统，可用式（2-1）所示的高阶线性常系数微分方程描述，即

$$y^{(n)}+a_1y^{(n-1)}+\cdots+a_{n-1}\dot{y}+a_ny=b_0u^{(m)}+b_1u^{(m-1)}+\cdots+b_{m-1}\dot{u}+b_mu \tag{2-1}$$

式中，u 为输入变量，y 为输出变量，对于实际系统，有 $n\geqslant m$，且当 $n>m$ 时称为严真(Strictly Proper)系统，当 $n=m$ 时称为真(Proper)系统。

式(2-1)是在时域中描述系统输入、输出关系的一种外部模型，对系统内部变量未给出任何信息。在零初始条件下，对式(2-1)两边取拉普拉斯变换，得

$$(s^n+a_1s^{n-1}+\cdots+a_{n-1}s+a_n)Y(s)=(b_0s^m+b_1s^{m-1}+\cdots+b_{m-1}s+b_m)U(s) \tag{2-2}$$

令

$$W(s)=\frac{Y(s)}{U(s)}=\frac{b_0s^m+b_1s^{m-1}+\cdots+b_{m-1}s+b_m}{s^n+a_1s^{n-1}+\cdots+a_{n-1}s+a_n} \tag{2-3}$$

为系统的传递函数，即传递函数是在零初始条件下，输出变量 $y(t)$ 的拉普拉斯变换 $Y(s)$ 与输入变量 $u(t)$ 的拉普拉斯变换 $U(s)$ 之比。

传递函数是在频域中描述 SISO 线性定常连续系统输入、输出关系的一种外部模型，对系统内部变量未给出任何信息。由式(2-3)得

$$Y(s)=W(s)U(s) \tag{2-4}$$

若系统的输入信号为单位脉冲函数，即

$$u(t)=\delta(t)=\begin{cases}\infty, & t=0\\ 0, & t\neq 0\end{cases},\qquad \int_{-\infty}^{\infty}\delta(t)\mathrm{d}t=1,\qquad U(s)=1 \tag{2-5}$$

则系统输出的单位脉冲响应(冲激响应)函数 $g(t)$ 为

$$g(t)=y(t)=L^{-1}(Y(s))=L^{-1}(W(s)) \tag{2-6}$$

由式(2-6)，得

$$W(s)=L(g(t)) \tag{2-7}$$

式(2-6)和式(2-7)表明，SISO 线性定常连续系统输出的单位脉冲响应函数与其传递函数的关系是时域到频域的变换关系。因此，单位脉冲响应函数可视为时域中的一种非参数模型。

式(2-3)的分母多项式

$$s^n+a_1s^{n-1}+\cdots+a_{n-1}s+a_n \tag{2-8}$$

称为系统(2-1)的特征多项式，其次数称为系统的阶。代数方程

$$s^n+a_1s^{n-1}+\cdots+a_{n-1}s+a_n=0 \tag{2-9}$$

则称为系统(2-1)的特征方程。特征方程的根称为系统(2-1)的极点。式(2-3)的分子多项式

$$b_0s^m+b_1s^{m-1}+\cdots+b_{m-1}s+b_m \tag{2-10}$$

的零点称为系统(2-1)的零点。若系统(2-1)有相同的零点和极点，则式(2-3)分母和分子之间有公因式，称该系统有零、极点相消。零、极点相消后(约去传递函数分母和分子的公因式，使其成为既约/不可简约(Irreducible)有理函数，即分子多项式与分母多项式互质)剩余的系统零点和极点分别称为传递函数 $W(s)$ 的零点和极点。因此，在单变量系统中，传递函数 $W(s)$ 的极点是使 $W(s)$ 的模为∞的 s 值，表征了系统对输入作用的动态响应特征，亦有在输出端生成输入信号中所没有的模态作用；而零点是使 $W(s)$ 的模为 0 的 s 值，具有阻断输入信号中相应模态的作用，系统在零点呈现传输闭塞的特性。

可将传递函数的概念推广到多变量系统。对于如图 2-1 所示的有 r 个输入 $u_1,u_2,\cdots,u_r$，m 个输出 $y_1,y_2,\cdots,y_m$ 的 MIMO 线性定常连续系统，设系统初始条件为零，$W_{ij}(s)$ 为第 j 个输入 u_j 到第 i 个输出 y_i 的传递函数($i=1,2,\cdots,m;j=1,2,\cdots,r$)，则根据叠加原理，得

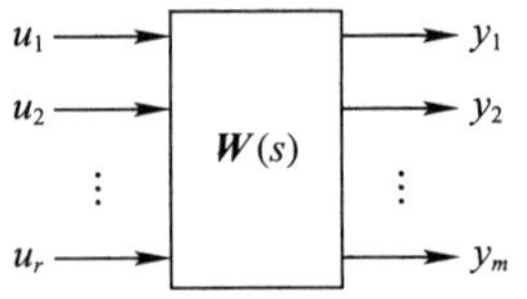

图 2-1　MIMO 线性定常连续系统

$$\begin{cases} Y_1(s) = W_{11}(s)U_1(s) + \cdots + W_{1r}(s)U_r(s) \\ \vdots \\ Y_m(s) = W_{m1}(s)U_1(s) + \cdots + W_{mr}(s)U_r(s) \end{cases} \tag{2-11}$$

将式(2-11)写成向量-矩阵方程为

$$\begin{bmatrix} Y_1(s) \\ Y_2(s) \\ \vdots \\ Y_m(s) \end{bmatrix} = \begin{bmatrix} W_{11}(s) & W_{12}(s) & \cdots & W_{1r}(s) \\ W_{21}(s) & W_{22}(s) & \cdots & W_{2r}(s) \\ \vdots & \vdots & & \vdots \\ W_{m1}(s) & W_{m2}(s) & \cdots & W_{mr}(s) \end{bmatrix} \begin{bmatrix} U_1(s) \\ U_2(s) \\ \vdots \\ U_r(s) \end{bmatrix} \tag{2-12}$$

令

$$\boldsymbol{Y}(s) = \begin{bmatrix} Y_1(s) \\ Y_2(s) \\ \vdots \\ Y_m(s) \end{bmatrix}, \boldsymbol{U}(s) = \begin{bmatrix} U_1(s) \\ U_2(s) \\ \vdots \\ U_r(s) \end{bmatrix} \tag{2-13}$$

$$\boldsymbol{W}(s) = \begin{bmatrix} W_{11}(s) & W_{12}(s) & \cdots & W_{1r}(s) \\ W_{21}(s) & W_{22}(s) & \cdots & W_{2r}(s) \\ \vdots & \vdots & & \vdots \\ W_{m1}(s) & W_{m2}(s) & \cdots & W_{mr}(s) \end{bmatrix} \tag{2-14}$$

则式(2-12)可简化表达为

$$\boldsymbol{Y}(s) = \boldsymbol{W}(s)\boldsymbol{U}(s) \tag{2-15}$$

式中，$m \times r$ 维复变量 s 的有理分式矩阵 $\boldsymbol{W}(s)$ 为 MIMO 线性定常连续系统的传递函数矩阵，如式(2-14)所示，其定义为零初始条件下由式(2-15)表征的输出拉普拉斯变换 $\boldsymbol{Y}(s)$ 与输入拉普拉斯变换 $\boldsymbol{U}(s)$ 因果关系中的 $\boldsymbol{W}(s)$。若 $\boldsymbol{W}(s)$ 中各元传递函数 $W_{ij}(s)$（$i = 1,2,\cdots,m; j = 1,2,\cdots,r$）均为严真有理分式，即各元传递函数分母多项式的幂次均高于分子多项式的幂次，则 $\boldsymbol{W}(s)$ 为严真，称此系统为严真有理系统。若 $\boldsymbol{W}(s)$ 中各元传递函数 $W_{ij}(s)$（$i = 1,2,\cdots m; j = 1,2,\cdots,r$）中除严真有理分式外，至少包含一个分母多项式幂次等于分子多项式幂次的真有理分式，则 $\boldsymbol{W}(s)$ 为真，称此系统为真有理系统。当且仅当 $\boldsymbol{W}(s)$ 为真或严真时，$\boldsymbol{W}(s)$ 物理可实现。本书只研究真有理系统或严真有理系统。作为判别准则，当且仅当

$$\lim_{s \to \infty} \boldsymbol{W}(s) = \boldsymbol{0} \tag{2-16}$$

或

$$\lim_{s \to \infty} \boldsymbol{W}(s) = \boldsymbol{D}, \boldsymbol{D} \text{ 为非零常数矩阵} \tag{2-17}$$

时，$\boldsymbol{W}(s)$ 为严真或真。

在多变量系统中，传递函数矩阵的极点和零点的概念、物理意义和计算并非单变量系统的简单推广，而是一个需要专门讨论的问题。传递函数矩阵的 Smith-McMillan（史密斯-麦克米伦）标准形为分析多变量系统传递函数矩阵的零、极点提供了重要的理论工具，但计算较烦琐，2.4 节将详细介绍。实际应用中，也可按以下传递函数矩阵的零、极点定义简化计算。定义 $m \times r$ 维真或严真传递函数矩阵 $\boldsymbol{W}(s)$ 的最小多项式 $\phi_W(s)$ 为其所有一阶子式的最小公分母。$m \times r$ 维真或严真传递函数矩阵 $\boldsymbol{W}(s)$ 所有子式（$\boldsymbol{W}(s)$ 所有一阶、二阶、…、$\min(m,r)$ 阶子式）的最小公分母称为 $\boldsymbol{W}(s)$ 的特征多项式 $\rho_W(s)$，$\rho_W(s)$ 的次数称为 $\boldsymbol{W}(s)$ 的阶次。传递函数矩阵 $\boldsymbol{W}(s)$ 的极点即为 $\boldsymbol{W}(s)$ 特征方程 $\rho_W(s) = 0$ 的根。设 $m \times r$ 维真或严真有理函数矩阵 $\boldsymbol{W}(s)$ 的秩为 p，当 $\boldsymbol{W}(s)$ 的所

有 p 阶子式以 $\rho_W(s)$ 为共同分母时，其分子的最大公因式即为$\boldsymbol{W}(s)$的零点多项式 $Z(s)$，$Z(s)=0$ 的根即为$\boldsymbol{W}(s)$的零点。

【例 2-1】 给定一个 2×2 维严真有理传递函数矩阵

$$\boldsymbol{W}(s)=\frac{1}{(s-1)(s-4)}\begin{bmatrix}2 & s-4\\ s-4 & 0\end{bmatrix}$$

解 易确定

$\boldsymbol{W}(s)$的一阶子式 $\dfrac{2}{(s-1)(s-4)}$、$\dfrac{s-4}{(s-1)(s-4)}=\dfrac{1}{s-1}$、$\dfrac{s-4}{(s-1)(s-4)}=\dfrac{1}{s-1}$、0 的最小公分母，即最小多项式 $\phi_W(s)$ 为 $(s-1)(s-4)$。

$\boldsymbol{W}(s)$的二阶子式 $-\dfrac{1}{(s-1)^2}$ 的最小公分母为 $(s-1)^2$。

$\boldsymbol{W}(s)$的所有子式的最小公分母即特征多项式为 $\rho_W(s)=(s-1)^2(s-4)$。因此该$\boldsymbol{W}(s)$的极点为 1，1，4。

又 $\mathrm{rank}\boldsymbol{W}(s)=2$，化为以 $\rho_W(s)$ 为公分母后，$\boldsymbol{W}(s)$的所有(本例仅为 1 个)二阶子式为

$$-\frac{s-4}{(s-1)^2(s-4)}$$

故$\boldsymbol{W}(s)$的零点多项式 $Z(s)=s-4$，则$\boldsymbol{W}(s)$的零点为 4。

【例 2-2】 给定一个 2×3 真有理传递函数矩阵

$$\boldsymbol{W}(s)=\begin{bmatrix}\dfrac{s}{s+1} & \dfrac{1}{(s+1)(s+2)} & \dfrac{1}{s+3}\\[2mm] \dfrac{-1}{s+1} & \dfrac{1}{(s+1)(s+2)} & \dfrac{1}{s}\end{bmatrix}$$

解 $\boldsymbol{W}(s)$的一阶子式为其各元传递函数，且已均为不可简约的形式，故不需化简，易确定一阶子式的最小公分母，即最小多项式 $\phi_W(s)$ 为 $s(s+1)(s+2)(s+3)$。

求$\boldsymbol{W}(s)$的各二阶子式，并将它们化简为不可简约形式

$$\Delta_2^{1,2}=\frac{s}{(s+1)^2(s+2)}+\frac{1}{(s+1)^2(s+2)}=\frac{s+1}{(s+1)^2(s+2)}=\frac{1}{(s+1)(s+2)}$$

$$\Delta_2^{2,3}=\frac{1}{s(s+1)(s+2)}-\frac{1}{(s+1)(s+2)(s+3)}=\frac{3}{s(s+1)(s+2)(s+3)}$$

$$\Delta_2^{1,3}=\frac{s}{s(s+1)}+\frac{1}{(s+1)(s+3)}=\frac{s(s+3)+s}{s(s+1)(s+3)}=\frac{s+4}{(s+1)(s+3)}$$

二阶子式的最小公分母为 $s(s+1)(s+2)(s+3)$。

$\boldsymbol{W}(s)$的所有子式的最小公分母即特征多项式为

$$\rho_W(s)=s(s+1)(s+2)(s+3)$$

因此该$\boldsymbol{W}(s)$的极点为 0，-1，-2，-3。

又 $\mathrm{rank}\boldsymbol{W}(s)=2$，化为以 $\rho_W(s)$ 为公分母后，$\boldsymbol{W}(s)$的所有(本例为 3 个)二阶子式为

$$\overline{\Delta}_2^{1,2}=\frac{s(s+3)}{\rho_W(s)},\overline{\Delta}_2^{2,3}=\frac{3}{\rho_W(s)},\overline{\Delta}_2^{1,3}=\frac{s(s+2)(s+4)}{\rho_W(s)}$$

其分子的最大公因子为 1，零点多项式为 $Z(s)=1$，故$\boldsymbol{W}(s)$无零点。

应该指出，在计算有理矩阵特征多项式 $\rho_W(s)$ 时，应将所有子式均简化为不可简约的形式，如例 2-1、例 2-2。

【例 2-3】 图 2-2 为采用运算放大器隔离的 3 级 RC 电路，系统以输入 u、输出 y 作为变量。设运算放大器的输入阻抗为无穷大，输出阻抗为零，即图 2-2 中的各运算放大器均用作电压跟随器。

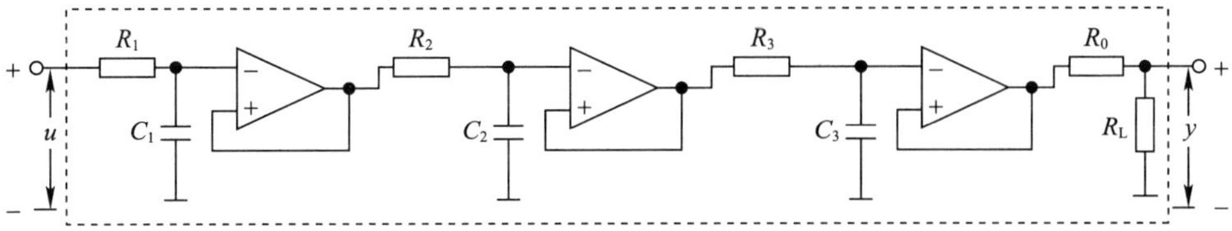

图 2-2　采用运算放大器隔离的 3 级 RC 电路

解　图 2-2 中,各级 RC 电路的时间常数分别为 $\tau_1=R_1C_1$,$\tau_2=R_2C_2$,$\tau_3=R_3C_3$。由电路知识,得

$$\begin{cases} u=u_{C1}+\tau_1\dfrac{du_{C1}}{dt} \\ u_{C1}=u_{C2}+\tau_2\dfrac{du_{C2}}{dt} \\ u_{C2}=u_{C3}+\tau_3\dfrac{du_{C3}}{dt} \end{cases} \tag{2-18}$$

将式(2-18)中的第 2 式及第 3 式代入第 1 式并整理,得

$$\frac{d^3u_{C3}}{dt^3}+\frac{\tau_1\tau_2+\tau_1\tau_3+\tau_2\tau_3}{\tau_1\tau_2\tau_3}\frac{d^2u_{C3}}{dt^2}+\frac{\tau_1+\tau_2+\tau_3}{\tau_1\tau_2\tau_3}\frac{du_{C3}}{dt}+\frac{1}{\tau_1\tau_2\tau_3}u_{C3}=\frac{1}{\tau_1\tau_2\tau_3}u \tag{2-19}$$

将 $y=\dfrac{R_L}{R_L+R_0}u_{C3}$ 代入式(2-19),得图 2-2 电路的外部描述为

$$y^{(3)}+a_1y^{(2)}+a_2y^{(1)}+a_3y=bu \tag{2-20}$$

式中

$$a_1=\frac{\tau_1\tau_2+\tau_1\tau_3+\tau_2\tau_3}{\tau_1\tau_2\tau_3},a_2=\frac{\tau_1+\tau_2+\tau_3}{\tau_1\tau_2\tau_3},a_3=\frac{1}{\tau_1\tau_2\tau_3},b=\frac{R_L}{(R_L+R_0)\tau_1\tau_2\tau_3}$$

在各电容初始电压为零,即系统零初始条件下,式(2-20)对应的传递函数为

$$W(s)=\frac{Y(s)}{U(s)}=\frac{b}{s^3+a_1s^2+a_2s+a_3} \tag{2-21}$$

基于式(2-20)、式(2-21),已知输入 u,可求出输出响应 y,但不能得知系统内部电容上的电压随时间变化的动态过程,故输入、输出描述对系统的描述不全面,有时可能丢失系统某些重要的信息,请见例 1-1 的说明。

2.3　多变量系统的状态空间描述

状态空间描述是内部描述的基本形式,这种描述是基于系统内部结构分析的一类数学模型。状态空间描述由两个数学方程组成:一个是反映系统内部状态变量 $x_1,x_2,\cdots,x_n$ 和输入变量 $u_1,u_2,\cdots,u_r$ 之间因果关系的数学表达式,称为状态方程,其数学表达式的形式对于连续时间系统为一阶微分方程组,对于离散时间系统为一阶差分方程组;另一个是表征系统内部状态变量 $x_1,x_2,\cdots,x_n$ 及输入变量 $u_1,u_2,\cdots,u_r$ 与输出变量 $y_1,y_2,\cdots,y_m$ 转换关系的数学表达式,称为输出方程,其数学表达式的形式为代数方程。

2.3.1　系统状态空间描述的基本概念

1. 动态系统的状态

动态系统的状态是完全地描述动态系统(过去、现在、将来)运动状况的信息。系统在某一时刻的运动状况可用该时刻系统运动的一组信息表征,定义系统运动信息的集合为状态。

2. 状态变量

定义完全表征动态系统时域运动行为的最小变量组中的元素为状态变量。状态变量组常用 $x_1(t), x_2(t), \cdots, x_n(t)$ 表示，且变量之间相互独立(变量的数目最小)。该最小变量组中状态变量的个数称为系统的阶数。

3. 状态向量

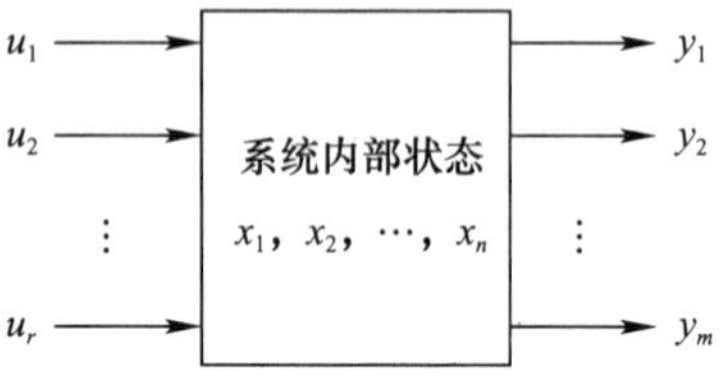

图 2-3 MIMO 线性定常系统

设 $x_1(t), x_2(t), \cdots, x_n(t)$ 是图 2-3 所示 MIMO 线性定常连续系统的一组状态变量，将这些状态变量视为向量 $\boldsymbol{x}(t)$ 的分量，则 $\boldsymbol{x}(t)$ 就称为状态向量，记为

$$\boldsymbol{x} = \begin{bmatrix} x_1 \\ x_2 \\ \vdots \\ x_n \end{bmatrix}$$

4. 状态空间

以 $x_1(t), x_2(t), \cdots, x_n(t)$ 为坐标轴构成的一个 n 维欧氏空间，称为状态空间。

5. 状态轨迹

状态向量的端点在状态空间中的位置代表了某一特定时刻系统的运动状态。系统的状态是时间 t 的函数。在不同时刻，系统状态不同，则随着 t 的变化，状态向量的端点不断移动，移动的路径称为系统的状态轨迹。

6. 状态方程

描述系统状态变量之间或状态变量与系统输入变量之间关系的一个一阶微分方程组(连续系统)或一阶差分方程组(离散系统)，称为状态方程。

7. 输出方程

在指定系统输出的情况下，该输出与状态变量及输入变量之间的函数关系式称为系统的输出方程。

【例 2-4】 对例 2-3 中采用运算放大器隔离的 3 级 RC 电路，若选各电容电压为状态变量，可得系统的状态方程和输出方程分别为

$$\begin{cases} \dfrac{\mathrm{d}u_{C1}}{\mathrm{d}t} = \dfrac{-1}{\tau_1}u_{C1} + \dfrac{1}{\tau_1}u \\ \dfrac{\mathrm{d}u_{C2}}{\mathrm{d}t} = \dfrac{-1}{\tau_2}u_{C2} + \dfrac{1}{\tau_2}u_{C1} \\ \dfrac{\mathrm{d}u_{C3}}{\mathrm{d}t} = \dfrac{-1}{\tau_3}u_{C3} + \dfrac{1}{\tau_3}u_{C2} \end{cases} \tag{2-22}$$

$$y = \frac{R_L}{R_L + R_0}u_{C3} \tag{2-23}$$

将式(2-22)、式(2-23)写成向量-矩阵形式的状态空间表达式

$$\begin{cases} \begin{bmatrix} \dfrac{\mathrm{d}u_{C1}}{\mathrm{d}t} \\ \dfrac{\mathrm{d}u_{C2}}{\mathrm{d}t} \\ \dfrac{\mathrm{d}u_{C3}}{\mathrm{d}t} \end{bmatrix} = \begin{bmatrix} \dfrac{-1}{\tau_1} & 0 & 0 \\ \dfrac{1}{\tau_2} & \dfrac{-1}{\tau_2} & 0 \\ 0 & \dfrac{1}{\tau_3} & \dfrac{-1}{\tau_3} \end{bmatrix} \begin{bmatrix} u_{C1} \\ u_{C2} \\ u_{C3} \end{bmatrix} + \begin{bmatrix} \dfrac{1}{\tau_1} \\ 0 \\ 0 \end{bmatrix} u \\ y = \begin{bmatrix} 0 & 0 & \dfrac{R_L}{R_L + R_0} \end{bmatrix} \begin{bmatrix} u_{C1} \\ u_{C2} \\ u_{C3} \end{bmatrix} \end{cases} \tag{2-24}$$

记 $\boldsymbol{x}=\begin{bmatrix}x_1\\x_2\\x_3\end{bmatrix}=\begin{bmatrix}u_{C1}\\u_{C2}\\u_{C3}\end{bmatrix}$，$\dot{\boldsymbol{x}}=\dfrac{d\boldsymbol{x}}{dt}=\begin{bmatrix}\dot{x}_1\\\dot{x}_2\\\dot{x}_3\end{bmatrix}$，式(2-24)可简写为

$$\begin{cases}\dot{\boldsymbol{x}}=\boldsymbol{Ax}+\boldsymbol{Bu}\\ y=\boldsymbol{Cx}\end{cases}\tag{2-25}$$

式中，$\boldsymbol{A}=\begin{bmatrix}\dfrac{-1}{\tau_1}&0&0\\\dfrac{1}{\tau_2}&\dfrac{-1}{\tau_2}&0\\0&\dfrac{1}{\tau_3}&\dfrac{-1}{\tau_3}\end{bmatrix}$，$\boldsymbol{B}=\begin{bmatrix}\dfrac{1}{\tau_1}\\0\\0\end{bmatrix}$，$\boldsymbol{C}=\begin{bmatrix}0&0&\dfrac{R_L}{R_L+R_0}\end{bmatrix}$。

与传递函数(矩阵)相比，状态空间描述是一种内部描述，它能更好地揭示系统内部状态的运动规律和基本特性，是对系统的一种完全描述。就本例而言，已知输入 u，解状态方程式(2-22)，可求得系统内部电容电压在任意初始条件下随时间变化的动态过程信息，而输出响应则随之可由输出方程式(2-23)求出。

2.3.2 动态系统状态空间表达式的一般形式

对于有 r 个输入 $u_1,u_2,\cdots,u_r$，m 个输出 $y_1,y_2,\cdots,y_m$ 的 n 阶 MIMO 线性定常连续系统，n 个状态变量为 $x_1(t),x_2(t),\cdots,x_n(t)$，状态方程和输出方程的一般形式分别为

$$\begin{cases}\dot{x}_1=a_{11}x_1+a_{12}x_2+\cdots+a_{1n}x_n+b_{11}u_1+b_{12}u_2+\cdots+b_{1r}u_r\\ \dot{x}_2=a_{21}x_1+a_{22}x_2+\cdots+a_{2n}x_n+b_{21}u_1+b_{22}u_2+\cdots+b_{2r}u_r\\ \vdots\\ \dot{x}_n=a_{n1}x_1+a_{n2}x_2+\cdots+a_{nn}x_n+b_{n1}u_1+b_{n2}u_2+\cdots+b_{nr}u_r\end{cases}\tag{2-26}$$

$$\begin{cases}y_1=c_{11}x_1+c_{12}x_2+\cdots+c_{1n}x_n+d_{11}u_1+d_{12}u_2+\cdots+d_{1r}u_r\\ y_2=c_{21}x_1+c_{22}x_2+\cdots+c_{2n}x_n+d_{21}u_1+d_{22}u_2+\cdots+d_{2r}u_r\\ \vdots\\ y_m=c_{m1}x_1+c_{m2}x_2+\cdots+c_{mn}x_n+d_{m1}u_1+d_{m2}u_2+\cdots+d_{mr}u_r\end{cases}\tag{2-27}$$

则其向量-矩阵方程形式的状态空间表达式为

$$\begin{cases}\begin{bmatrix}\dot{x}_1\\\dot{x}_2\\\vdots\\\dot{x}_n\end{bmatrix}=\begin{bmatrix}a_{11}&a_{12}&\cdots&a_{1n}\\a_{21}&a_{22}&\cdots&a_{2n}\\\vdots&\vdots&&\vdots\\a_{n1}&a_{n2}&\cdots&a_{nn}\end{bmatrix}\begin{bmatrix}x_1\\x_2\\\vdots\\x_n\end{bmatrix}+\begin{bmatrix}b_{11}&b_{12}&\cdots&b_{1r}\\b_{21}&b_{22}&\cdots&b_{2r}\\\vdots&\vdots&&\vdots\\b_{n1}&b_{n2}&\cdots&b_{nr}\end{bmatrix}\begin{bmatrix}u_1\\u_2\\\vdots\\u_r\end{bmatrix}\\ \begin{bmatrix}y_1\\y_2\\\vdots\\y_m\end{bmatrix}=\begin{bmatrix}c_{11}&c_{12}&\cdots&c_{1n}\\c_{21}&c_{22}&\cdots&c_{2n}\\\vdots&\vdots&&\vdots\\c_{m1}&c_{m2}&\cdots&c_{mn}\end{bmatrix}\begin{bmatrix}x_1\\x_2\\\vdots\\x_n\end{bmatrix}+\begin{bmatrix}d_{11}&d_{12}&\cdots&d_{1r}\\d_{21}&d_{22}&\cdots&d_{2r}\\\vdots&\vdots&&\vdots\\d_{m1}&d_{m2}&\cdots&d_{mr}\end{bmatrix}\begin{bmatrix}u_1\\u_2\\\vdots\\u_r\end{bmatrix}\end{cases}\tag{2-28}$$

式(2-28)简记为 $\sum(\boldsymbol{A},\boldsymbol{B},\boldsymbol{C},\boldsymbol{D})$，即

$$\begin{cases}\dot{\boldsymbol{x}}=\boldsymbol{Ax}+\boldsymbol{Bu}\\ \boldsymbol{y}=\boldsymbol{Cx}+\boldsymbol{Du}\end{cases}\tag{2-29}$$

式中，$\boldsymbol{y}=[y_1 \quad y_2 \quad \cdots \quad y_m]^{\mathrm{T}}$ 是 m 维输出向量；$\boldsymbol{u}=[u_1 \quad u_2 \quad \cdots \quad u_r]^{\mathrm{T}}$ 是 r 维输入向量；

$\boldsymbol{A}=\begin{bmatrix} a_{11} & a_{12} & \cdots & a_{1n} \\ a_{21} & a_{22} & \cdots & a_{2n} \\ \vdots & \vdots & & \vdots \\ a_{n1} & a_{n2} & \cdots & a_{nn} \end{bmatrix}$，$\boldsymbol{B}=\begin{bmatrix} b_{11} & b_{12} & \cdots & b_{1r} \\ b_{21} & b_{22} & \cdots & b_{2r} \\ \vdots & \vdots & & \vdots \\ b_{n1} & b_{n2} & \cdots & b_{nr} \end{bmatrix}$，$\boldsymbol{C}=\begin{bmatrix} c_{11} & c_{12} & \cdots & c_{1n} \\ c_{21} & c_{22} & \cdots & c_{2n} \\ \vdots & \vdots & & \vdots \\ c_{m1} & c_{m2} & \cdots & c_{mn} \end{bmatrix}$，

$\boldsymbol{D}=\begin{bmatrix} d_{11} & d_{12} & \cdots & d_{1r} \\ d_{21} & d_{22} & \cdots & d_{2r} \\ \vdots & \vdots & & \vdots \\ d_{m1} & d_{m2} & \cdots & d_{mr} \end{bmatrix}$ 分别是 $n\times n$ 维状态矩阵、$n\times r$ 维输入矩阵（或控制矩阵）、$m\times n$ 维输出矩阵、$m\times r$ 维输入/输出关联矩阵（或直接传递矩阵）。

状态空间描述也适用于时变系统、非线性系统的建模，这是其优点之一。若状态空间表达式中的系数矩阵 $\boldsymbol{A}$、$\boldsymbol{B}$、$\boldsymbol{C}$、$\boldsymbol{D}$ 的某些元素或全部元素是时间 t 的函数，对应的系统则为线性时变连续系统，其向量-矩阵方程形式的状态空间表达式为

$$\begin{cases} \dot{\boldsymbol{x}}=\boldsymbol{A}(t)\boldsymbol{x}+\boldsymbol{B}(t)\boldsymbol{u} \\ \boldsymbol{y}=\boldsymbol{C}(t)\boldsymbol{x}+\boldsymbol{D}(t)\boldsymbol{u} \end{cases} \tag{2-30}$$

式中，$\boldsymbol{A}(t)=\begin{bmatrix} a_{11}(t) & a_{12}(t) & \cdots & a_{1n}(t) \\ a_{21}(t) & a_{22}(t) & \cdots & a_{2n}(t) \\ \vdots & \vdots & & \vdots \\ a_{n1}(t) & a_{n2}(t) & \cdots & a_{nn}(t) \end{bmatrix}$，$\boldsymbol{B}(t)=\begin{bmatrix} b_{11}(t) & b_{12}(t) & \cdots & b_{1r}(t) \\ b_{21}(t) & b_{22}(t) & \cdots & b_{2r}(t) \\ \vdots & \vdots & & \vdots \\ b_{n1}(t) & b_{n2}(t) & \cdots & b_{nr}(t) \end{bmatrix}$，

$\boldsymbol{C}(t)=\begin{bmatrix} c_{11}(t) & c_{12}(t) & \cdots & c_{1n}(t) \\ c_{21}(t) & c_{22}(t) & \cdots & c_{2n}(t) \\ \vdots & \vdots & & \vdots \\ c_{m1}(t) & c_{m2}(t) & \cdots & c_{mn}(t) \end{bmatrix}$，$\boldsymbol{D}(t)=\begin{bmatrix} d_{11}(t) & d_{12}(t) & \cdots & d_{1r}(t) \\ d_{21}(t) & d_{22}(t) & \cdots & d_{2r}(t) \\ \vdots & \vdots & & \vdots \\ d_{m1}(t) & d_{m2}(t) & \cdots & d_{mr}(t) \end{bmatrix}$。

对于非线性时变系统，其状态方程是一组一阶非线性微分方程，输出方程是一组非线性代数方程，即

$$\begin{cases} \dot{x}_1=f_1(x_1,x_2,\cdots,x_n,u_1,u_2,\cdots,u_r,t) \\ \dot{x}_2=f_2(x_1,x_2,\cdots,x_n,u_1,u_2,\cdots,u_r,t) \\ \vdots \\ \dot{x}_n=f_n(x_1,x_2,\cdots,x_n,u_1,u_2,\cdots,u_r,t) \end{cases} \tag{2-31}$$

$$\begin{cases} y_1=g_1(x_1,x_2,\cdots,x_n,u_1,u_2,\cdots,u_r,t) \\ y_2=g_2(x_1,x_2,\cdots,x_n,u_1,u_2,\cdots,u_r,t) \\ \vdots \\ y_m=g_m(x_1,x_2,\cdots,x_n,u_1,u_2,\cdots,u_r,t) \end{cases} \tag{2-32}$$

若式(2-31)、式(2-32)中不显含时间 t，则为非线性定常系统的状态空间描述。

2.3.3 线性连续系统状态空间模型的模拟计算机仿真(状态变量图)

将实际系统的运动规律用数学式描述（高阶微分方程、状态方程或传递函数），然后将其第二次模型化，变成一个能够采用计算机运算求解的仿真模型（模拟计算机的模拟仿真结构图或数字计算机的源程序），并在计算机内进行解算的过程，称为计算机仿真。其中，在模拟（或数字）计算机上进行的仿真称为模拟（或数字）仿真。如 1.3 节所述，数字仿真适用于离散模型（差分方

程或离散动态方程），对连续系统的高阶微分方程、状态方程或传递函数，首先要离散化。由于在模拟计算机上进行的计算是“并行”的，且是“连续”的，因此运算速度快，且更接近实际的连续系统。

模拟计算机的核心部分是运算装置中具有各种运算功能（比例、加法、积分运算等）的模拟运算放大器。由线性连续系统状态空间模型，可排出模拟计算机上的编程图（模拟仿真结构图），对应可绘制系统的状态变量图。绘制状态变量图常用到模拟计算机中由运算放大器构成的 3 种线性运算部件：积分器、加法器、比例器，其符号如图 2-4 所示。绘制状态变量图的基本步骤为：积分器的数目应等于状态变量数，将积分器画在适当位置，各积分器的输出表示相应的某个状态变量；根据状态方程和输出方程所表达的运算关系，画出对应的加法器和比例器；最后用带箭头的传输线将各部件相连接。

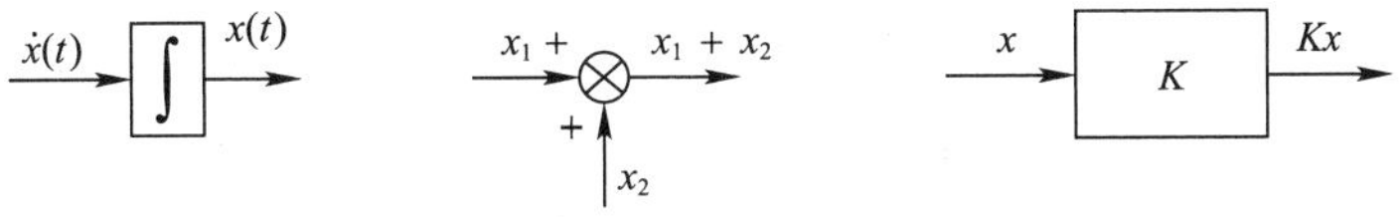

图 2-4　状态变量图中的常用运算部件的符号

【例 2-5】 由状态空间表达式(2-24)绘制图 2-2 电路的状态变量图，如图 2-5 所示。

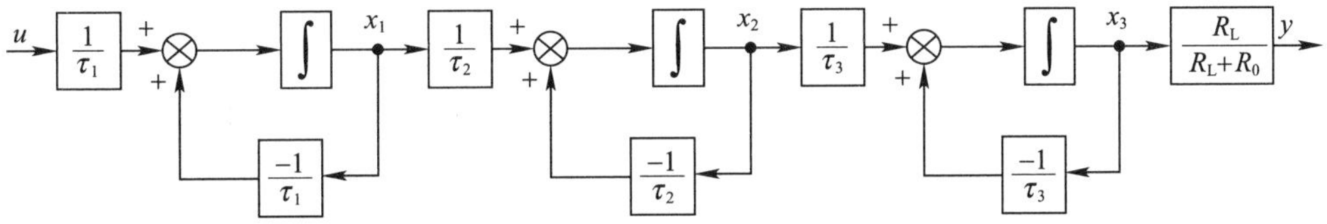

图 2-5　状态空间表达式(2-24)对应的状态变量图

状态变量图为动态系统提供了一种直观的物理图像，有助于加深对状态空间概念的理解。为了绘图简洁，状态空间表达式(2-29)所描述的 MIMO 系统也可用图 2-6 所示的矩阵方框图形象地表示系统输入与输出的因果关系，状态与输入、输出的组合关系，图中，每一方框的输入、输出关系规定为

$$\text{输出向量} = (\text{方框所示矩阵}) \times (\text{输入向量}) \tag{2-33}$$

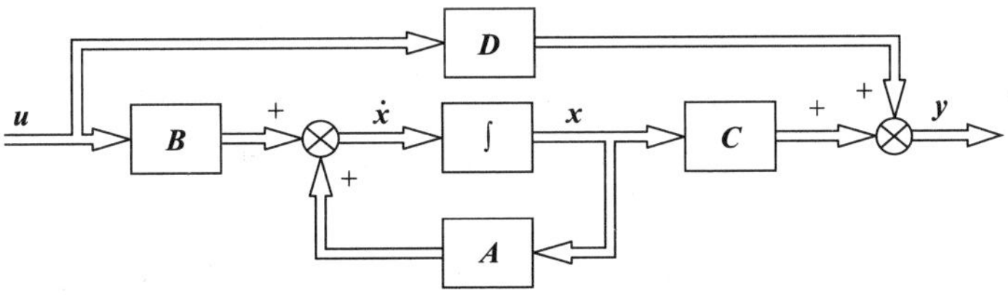

图 2-6　MIMO 线性定常连续系统方框图

2.3.4　由线性定常系统的状态空间表达式求传递函数矩阵

令系统初始条件为零，对式(2-29)中的状态方程和输出方程两端进行拉普拉斯变换，有

$$\begin{cases} s\boldsymbol{X}(s) = \boldsymbol{A}\boldsymbol{X}(s) + \boldsymbol{B}\boldsymbol{U}(s) \\ \boldsymbol{Y}(s) = \boldsymbol{C}\boldsymbol{X}(s) + \boldsymbol{D}\boldsymbol{U}(s) \end{cases} \tag{2-34}$$

所以

$$\boldsymbol{X}(s)=(s\boldsymbol{I}-\boldsymbol{A})^{-1}\boldsymbol{B}\boldsymbol{U}(s) \tag{2-35}$$

$$\boldsymbol{Y}(s)=[\boldsymbol{C}(s\boldsymbol{I}-\boldsymbol{A})^{-1}\boldsymbol{B}+\boldsymbol{D}]\boldsymbol{U}(s)=\boldsymbol{W}(s)\boldsymbol{U}(s) \tag{2-36}$$

式中

$$\boldsymbol{W}(s)=\boldsymbol{C}(s\boldsymbol{I}-\boldsymbol{A})^{-1}\boldsymbol{B}+\boldsymbol{D} \tag{2-37}$$

为系统的传递函数矩阵。

2.3.5 线性连续系统的状态空间建模示例

建立动态系统状态空间表达式的第一步是选择满足系统状态定义的变量作为状态变量；然后根据支配系统运动的基本物理定律(如机械系统的牛顿动力学定律，电路系统的 KVL、KCL)建立关于状态变量的一阶微分方程组(状态方程)和关于输出变量的代数方程(输出方程)。

正确选择状态变量，应把握“状态”定义中的 3 个要素：①完全描述，即给定描述状态的变量组在初始时刻($t=t_0$)的值和初始时刻后($t\geqslant t_0$)的输入，则系统在任何瞬时($t\geqslant t_0$)的行为即系统的状态，就可完全且唯一确定；②动态时域行为；③最小变量组，即描述系统状态的变量组的各分量是相互独立的。减少变量，描述不全；增加则一定存在线性相关的变量、冗余的变量，毫无必要。

【例 2-6】 考察图 2-7(a)、(b)所示电路。

图 2-7(a)中，电容 C_1、C_2、C_3 构成纯电容回路，由 KVL，得

$$u_{C1}=u_{C2}+u_{C3} \tag{2-38}$$

即 u_{C1}、u_{C2}、u_{C3} 线性相关，只能选择电容 C_1、C_2、C_3 中任意两个电容电压作为状态变量。

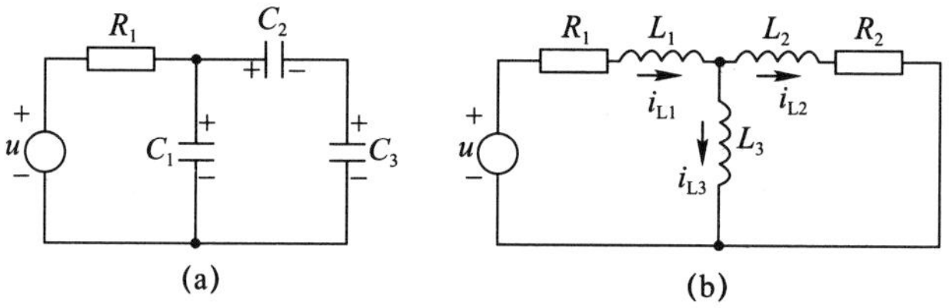

图 2-7 例 2-6 电路

图 2-7(b)中，电感 L_1、L_2、L_3 构成纯电感割集，由 KCL，得

$$i_{L1}=i_{L2}+i_{L3} \tag{2-39}$$

即 i_{L1}、i_{L2}、i_{L3} 中，只有两个电感电流独立，可选择 i_{L1}、i_{L2}、i_{L3} 中任意两个电流作为状态变量。若选择 i_{L1}、i_{L2}、i_{L3} 3 个电感电流作为状态变量，则存在冗余的变量，与状态定义不符。图 1-5 中的电容 C_1、C_2 虽然串联，但并未构成纯电容回路，C_1、C_2 为独立储能元件，$u_{C1}(t)$、$u_{C2}(t)$ 线性无关。故在例 1-4 中，可选择 $x_1=u_{C1}$、$x_2=u_{C2}$ 为状态变量。

动态系统需用微分方程描述是因为动态系统含有储能元件(也称为记忆元件或积分元件)，因而，动态系统是一个能存储输入信息的系统。对同一系统的任何一种不同的状态空间表达式而言，其状态变量的数目是唯一的，必等于系统的阶数，即系统中独立(一阶)储能元件的个数。在具体工程问题中，可选取独立储能元件的能量方程中的物理变量作为系统的状态变量，也可用被选为状态变量的物理量对时间的积分或微分作为状态变量，例如，选择机械系统中的线(角)位移和线(角)速度作为状态变量，电路中电容上的电压和流经电感的电流作为状态变量。表 2-1 列出了机电系统中的部分常见储能元件的能量方程。

表 2-1　机电系统中的部分常见储能元件的能量方程

系统	储能元件及符号	元件的基本关系式及含义	能量方程	可选状态变量
电路系统	电感 L 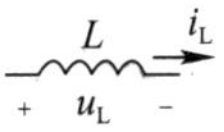	$u_L = L\dfrac{di_L}{dt}$，电感 L 为电流惯性元件	$W_L = \dfrac{1}{2}Li_L^2$	电感电流
	电容 C 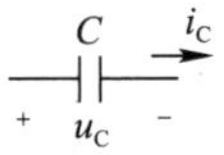	$i_C = C\dfrac{du_C}{dt}$，电容 C 为电压惯性元件	$W_C = \dfrac{1}{2}Cu_C^2$	电容电压
机械系统	质量 m 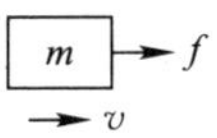	$f = m\dfrac{dv}{dt}$，质量(m)为速度(v)惯性元件	$W_m = \dfrac{1}{2}mv^2$	速度
	弹簧刚度 K 	$f = Kx$，刚度(K)为位移(x)惯性元件	$W_K = \dfrac{1}{2}Kx^2$	位移

【例 2-7】 考察图 2-8 所示电路，以电压源 $u_1(t)$、$u_2(t)$ 为输入变量，建立以电容 C 上电压、电感 L 中电流为状态变量 x_1、x_2，电阻 R_1、R_2 上的电压为输出变量 y_1、y_2 的状态空间表达式，电压和电流为关联参考方向。

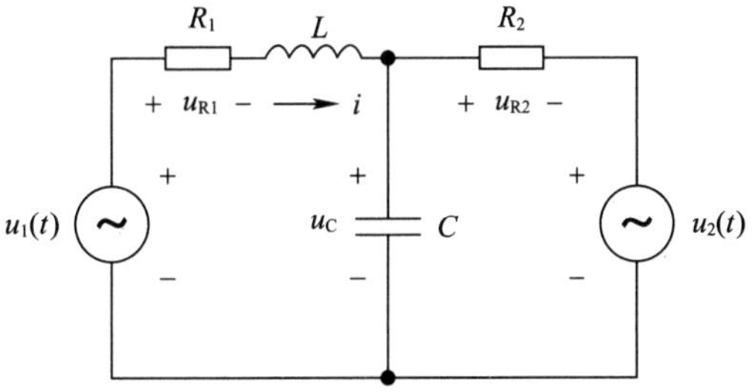

图 2-8　例 2-7 电路

解　(1)利用 KVL、KCL 和元件的伏安关系列写原始方程

$$\begin{cases} R_1 i + L\dfrac{di}{dt} + u_C = u_1 \\ (i - C\dfrac{du_C}{dt})R_2 + u_2 = u_C \end{cases} \tag{2-40}$$

(2)导出状态方程

将式(2-40)中状态变量的一阶导数写在方程的左边，其余项写在方程的右边，并整理得状态变量的一阶微分方程组，即状态方程为

$$\begin{cases} \dfrac{du_C}{dt} = -\dfrac{1}{R_2C}u_C + \dfrac{1}{C}i + \dfrac{1}{R_2C}u_2 \\ \dfrac{di}{dt} = -\dfrac{R_1}{L}i - \dfrac{1}{L}u_C + \dfrac{1}{L}u_1 \end{cases} \tag{2-41}$$

(3) 导出输出方程

由图 2-8，利用电路基本定理列写输出变量(电阻 R_1、R_2 上的电压)与状态变量、输入变量关系的代数方程，即输出方程为

$$\begin{cases} u_{R1} = iR_1 \\ u_{R2} = u_C - u_2 \end{cases} \tag{2-42}$$

(4) 列写状态空间表达式

将式(2-41)、式(2-42)合起来即为状态空间表达式，且令 $x_1 = u_C$，$x_2 = i$，$y_1 = u_{R1}$，$y_2 = u_{R2}$，则可得状态空间表达式的一般式，即

$$
\begin{cases}
\begin{bmatrix}\dot{x}_1\\ \dot{x}_2\end{bmatrix}=\begin{bmatrix}-\dfrac{1}{R_2C} & \dfrac{1}{C}\\ -\dfrac{1}{L} & -\dfrac{R_1}{L}\end{bmatrix}\begin{bmatrix}x_1\\ x_2\end{bmatrix}+\begin{bmatrix}0 & \dfrac{1}{R_2C}\\ \dfrac{1}{L} & 0\end{bmatrix}\begin{bmatrix}u_1\\ u_2\end{bmatrix}\\
\begin{bmatrix}y_1\\ y_2\end{bmatrix}=\begin{bmatrix}0 & R_1\\ 1 & 0\end{bmatrix}\begin{bmatrix}x_1\\ x_2\end{bmatrix}+\begin{bmatrix}0 & 0\\ 0 & -1\end{bmatrix}\begin{bmatrix}u_1\\ u_2\end{bmatrix}
\end{cases}
$$

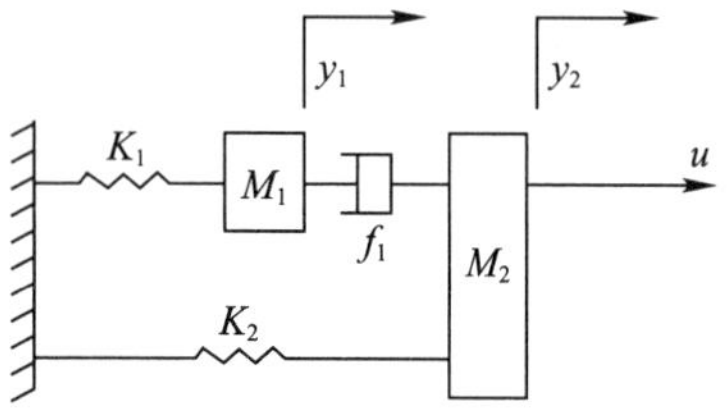

图 2-9　机械平移系统

【例 2-8】 图 2-9 所示的机械平移系统模型，滑块 M_1、M_2 的质量分别是 M_1、M_2；弹簧 K_1、K_2 的刚度分别是 K_1、K_2；阻尼器 f_1 的阻尼系数为 f_1。试建立以外力 u 为输入，滑块 M_1、M_2 的位移 y_1、y_2 为输出的状态空间表达式（忽略静摩擦与滑动摩擦）。

解　(1)选择状态变量

M_1、M_2 和 K_1、K_2 为独立储能元件，故选择 M_1、M_2 的位移 y_1、y_2 及速度 v_1、v_2 作为系统的状态变量，即

$$
x_1=y_1,\qquad x_2=v_1=\dot{x}_1,\qquad x_3=y_2,\qquad x_4=v_2=\dot{x}_3
$$

(2)列出机械运动的原始方程

由图 2-9 可见，M_1 、M_2 的位移量 y_1、y_2 分别为弹簧 K_1、K_2 的伸长量，根据牛顿运动定律，有

$$
\begin{cases}
M_1\dfrac{\mathrm{d}v_1}{\mathrm{d}t}=f_1(v_2-v_1)-K_1y_1\\
M_2\dfrac{\mathrm{d}v_2}{\mathrm{d}t}=u-K_2y_2-f_1(v_2-v_1)
\end{cases}
\tag{2-43}
$$

(3) 列写状态空间表达式

由所选状态变量和式(2-43)，则有状态空间表达式

$$
\begin{cases}
\begin{bmatrix}\dot{x}_1\\ \dot{x}_2\\ \dot{x}_3\\ \dot{x}_4\end{bmatrix}=\begin{bmatrix}0 & 1 & 0 & 0\\ -\dfrac{K_1}{M_1} & -\dfrac{f_1}{M_1} & 0 & \dfrac{f_1}{M_1}\\ 0 & 0 & 0 & 1\\ 0 & \dfrac{f_1}{M_2} & -\dfrac{K_2}{M_2} & -\dfrac{f_1}{M_2}\end{bmatrix}\begin{bmatrix}x_1\\ x_2\\ x_3\\ x_4\end{bmatrix}+\begin{bmatrix}0\\ 0\\ 0\\ \dfrac{1}{M_2}\end{bmatrix}u\\
\begin{bmatrix}y_1\\ y_2\end{bmatrix}=\begin{bmatrix}1 & 0 & 0 & 0\\ 0 & 0 & 1 & 0\end{bmatrix}\begin{bmatrix}x_1\\ x_2\\ x_3\\ x_4\end{bmatrix}
\end{cases}
$$

【例 2-9】 如图 2-10 所示，由原动机拖动直流发电机 F 实现变流，由 F 给需要调速的他励直流电动机 D 供电，调节 F 励磁绕组两端的电压 u_f 可调节 F 的励磁电流 i_f，即可改变 F 的感应电动势 e_a，从而调节电动机 D 的转速 n，这样的直流电动机调速系统是问世于 19 世纪 90 年代的 Ward-Leonard 系统。

图 2-10 中，R_a、L_a 分别为发电机和电动机电枢回路的总电阻、总电感；R_f、L_f 分别为发电机励磁绕组的电阻、电感；e 为电动机的电枢反电势；T 为电动机的电磁转矩；T_z 为折合到电动机轴上的总负载转矩。设电动机轴上的等效总转动惯量为 J；电动机轴上的黏性摩擦系数为 f；原动机拖动直流发电机 F 以恒定角速度 ω_0 旋转；他励直流电动机 D 的励磁电流恒定，不计电枢反应。试建立以发电机励磁电压 u_f、电动机总负载转矩 T_z 为输入，电动机轴的转速 n 为输出的状态空间表达式。

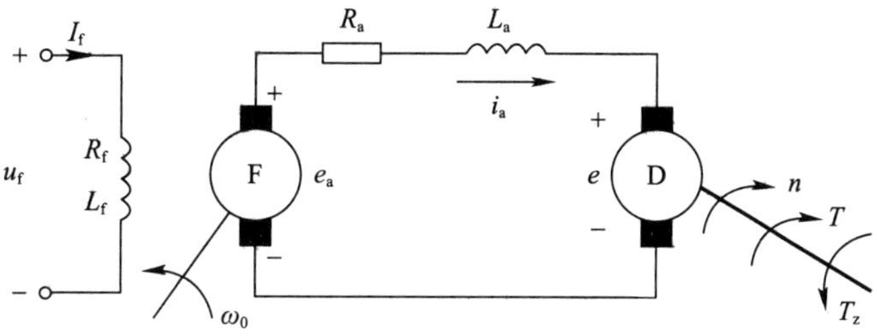

图 2-10　Ward-Leonard 系统

解　(1)选择状态变量

因电感 L_f、L_a 和转动惯量 J 为独立的储能元件，故可选相应的发电机励磁电流 i_f、发电机和电动机电枢回路电流 i_a 和电动机轴的转速 n 这 3 个独立变量为状态变量。

(2)列写原始的运动方程

由基尔霍夫电压定律，列写发电机励磁回路、发电机和电动机电枢回路电压方程分别为

$$L_f \frac{di_f}{dt} + R_f i_f = u_f \tag{2-44}$$

$$L_a \frac{di_a}{dt} + R_a i_a + e = e_a \tag{2-45}$$

设电动机轴的角速度为 ω(rad/s)，由牛顿力学定律，列写电动机转动方程为

$$T = J\frac{d\omega}{dt} + f\omega + T_z = J_n \frac{dn}{dt} + \rho n + T_z \tag{2-46}$$

式中，$J_n = \frac{\pi}{30}J$，$\rho = \frac{\pi}{30}f$。

根据电机学的知识，发电机的感应电动势为

$$e_a = C_{eF}\Phi_F n_F = \frac{30}{\pi}C_{eF}\Phi_F\omega_0 = \frac{30}{\pi}C_{eF}k_f i_f\omega_0 = K_F i_f \tag{2-47}$$

式中，$K_F = \frac{30}{\pi}C_{eF}k_f\omega_0$，$\Phi_F = k_f i_f$，$\Phi_F$ 为直流发电机 F 的每极合成磁通，C_{eF} 为由发电机结构决定的电动势常数。

直流电动机的电磁转矩及反电势分别为

$$T = C_T\Phi_D i_a = K_T i_a \tag{2-48}$$

$$e = C_e\Phi_D n = K_e n \tag{2-49}$$

式中，$K_T = C_T\Phi_D$，$K_e = C_e\Phi_D$，Φ_D 为直流电动机 D 的每极合成磁通，C_T、C_e 分别是由电动机结构决定的转矩常数、电动势常数。

(3) 导出状态方程和输出方程

整理式(2-45)～式(2-49)，得以一阶微分方程组表示的状态方程

$$\begin{cases} \dfrac{di_f}{dt} = -\dfrac{R_f}{L_f}i_f + \dfrac{1}{L_f}u_f \\ \dfrac{di_a}{dt} = \dfrac{K_F}{L_a}i_f - \dfrac{R_a}{L_a}i_a - \dfrac{K_e}{L_a}n \\ \dfrac{dn}{dt} = \dfrac{K_T}{J_n}i_a - \dfrac{\rho}{J_n}n - \dfrac{1}{J_n}T_z \end{cases} \tag{2-50}$$

输出方程为

$$y = n \tag{2-51}$$

(4) 列写状态空间表达式

令 $x_1 = i_f, x_2 = i_a, x_3 = n$，由式(2-50)、式(2-51)可得向量-矩阵形式的状态空间表达式为

$$\begin{cases}\begin{bmatrix}\dot{x}_1\\ \dot{x}_2\\ \dot{x}_3\end{bmatrix}=\begin{bmatrix}-\dfrac{R_f}{L_f} & 0 & 0\\ \dfrac{K_F}{L_a} & -\dfrac{R_a}{L_a} & -\dfrac{K_e}{L_a}\\ 0 & \dfrac{K_T}{J_n} & -\dfrac{\rho}{J_n}\end{bmatrix}\begin{bmatrix}x_1\\ x_2\\ x_3\end{bmatrix}+\begin{bmatrix}\dfrac{1}{L_f} & 0\\ 0 & 0\\ 0 & -\dfrac{1}{J_n}\end{bmatrix}\begin{bmatrix}u_f\\ T_z\end{bmatrix}\\ y=\begin{bmatrix}0 & 0 & 1\end{bmatrix}\begin{bmatrix}x_1\\ x_2\\ x_3\end{bmatrix}\end{cases} \tag{2-52}$$

2.3.6 由系统高阶微分方程或方框图建立状态空间模型

由线性定常系统的输入/输出描述(高阶微分方程、传递函数矩阵或方框图)建立其状态空间模型的问题称为实现问题，其本质是为采用输入/输出描述的系统，建立一个与其零状态外部等价的内部假想结构，即状态空间模型。显然，由于状态变量的选择不唯一，实现具有非唯一性。本书第 5 章将专门讨论传递函数矩阵实现的理论和方法。由于将微分方程中的算符 d/dt 用复变量 s 置换便得到传递函数，而方框图是传递函数的图示，因此由系统高阶微分方程或方框图建立状态空间模型的方法之一是将其转换为传递函数，然后应用第 5 章介绍的方法求状态空间表达式。为了加深对状态空间描述及其与外部描述关系的认识，本节介绍直接由高阶微分方程或方框图导出状态空间描述的方法。

1. 由微分方程导出状态空间描述

设描述 SISO 线性定常连续系统的微分方程为

$$y^{(n)}+a_1y^{(n-1)}+\cdots+a_{n-1}\dot{y}+a_ny=b_1u^{(n-1)}+\cdots+b_{n-1}\dot{u}+b_nu \tag{2-53}$$

引入中间变量 z，令

$$u=z^{(n)}+a_1z^{(n-1)}+\cdots+a_{n-1}\dot{z}+a_nz \tag{2-54}$$

则由式(2-53)，有

$$y=b_1z^{(n-1)}+\cdots+b_{n-1}\dot{z}+b_nz \tag{2-55}$$

式(2-54)、式(2-55)是式(2-53)经分解得到的两个方程，选择系统的状态变量为

$$\begin{cases}x_1=z\\ x_2=\dot{z}\\ \vdots\\ x_{n-1}=z^{(n-2)}\\ x_n=z^{(n-1)}\end{cases} \tag{2-56}$$

由式(2-54)、式(2-56)得系统的状态方程为

$$\begin{cases}\dot{x}_1=x_2\\ \dot{x}_2=x_3\\ \vdots\\ \dot{x}_{n-1}=x_n\\ \dot{x}_n=-a_nx_1-a_{n-1}x_2-\cdots-a_2x_{n-1}-a_1x_n+u\end{cases} \tag{2-57}$$

由式(2-55)、式(2-56)得系统的输出方程为

$$y = b_n x_1 + b_{n-1} x_2 + \cdots + b_1 x_n \tag{2-58}$$

由式(2-57)、式(2-58)，得式(2-53)的向量-矩阵形式的状态空间表达式为

$$\begin{cases} \begin{bmatrix} \dot{x}_1 \\ \dot{x}_2 \\ \vdots \\ \dot{x}_{n-1} \\ \dot{x}_n \end{bmatrix} = \begin{bmatrix} 0 & 1 & 0 & \cdots & 0 \\ 0 & 0 & 1 & \cdots & 0 \\ \vdots & \vdots & \vdots & & \vdots \\ 0 & 0 & 0 & \cdots & 1 \\ -a_n & -a_{n-1} & -a_{n-2} & \cdots & -a_1 \end{bmatrix} \begin{bmatrix} x_1 \\ x_2 \\ \vdots \\ x_{n-1} \\ x_n \end{bmatrix} + \begin{bmatrix} 0 \\ 0 \\ \vdots \\ 0 \\ 1 \end{bmatrix} u = \boldsymbol{A}\boldsymbol{x} + \boldsymbol{B}u \\ y = \begin{bmatrix} b_n & b_{n-1} & \cdots & b_2 & b_1 \end{bmatrix} \begin{bmatrix} x_1 \\ x_2 \\ \vdots \\ x_{n-1} \\ x_n \end{bmatrix} = \boldsymbol{C}\boldsymbol{x} \end{cases} \tag{2-59}$$

式中，状态矩阵 $\boldsymbol{A}$ 为友矩阵，控制矩阵 $\boldsymbol{B}$ 中最后一个元素为 1，其余元素为 0。对单输入系统，若其状态方程的系数矩阵 $\boldsymbol{A}$、$\boldsymbol{B}$ 具有式(2-59)中的标准形式，则称其为能控标准形。

对式(2-53)描述的系统，也可按如下规则选择另一组状态变量，即

$$\begin{cases} x_n = y \\ x_i = \dot{x}_{i+1} + a_{n-i} y - b_{n-i} u, \quad i = 1, 2, \cdots, n-1 \end{cases} \tag{2-60}$$

由式(2-60)可推得

$$\begin{aligned} x_1 &= \dot{x}_2 + a_{n-1} y - b_{n-1} u \\ &= y^{(n-1)} + a_1 y^{(n-2)} - b_1 u^{(n-2)} + a_2 y^{(n-3)} - b_2 u^{(n-3)} + \cdots + a_{n-2} \dot{y} - b_{n-2} \dot{u} + a_{n-1} y - b_{n-1} u \end{aligned} \tag{2-61}$$

及$(n-1)$个一阶微分方程

$$\begin{cases} \dot{x}_n = x_{n-1} - a_1 x_n + b_1 u \\ \dot{x}_{n-1} = x_{n-2} - a_2 x_n + b_2 u \\ \vdots \\ \dot{x}_3 = x_2 - a_{n-2} x_n + b_{n-2} u \\ \dot{x}_2 = x_1 - a_{n-1} x_n + b_{n-1} u \end{cases} \tag{2-62}$$

由式(2-61)对 x_1 求导得

$$\dot{x}_1 = y^{(n)} + a_1 y^{(n-1)} - b_1 u^{(n-1)} + a_2 y^{(n-2)} - b_2 u^{(n-2)} + \cdots + a_{n-2} \dot{y} - b_{n-2} \dot{u} + a_{n-1} \dot{y} - b_{n-1} u \tag{2-63}$$

将式(2-53)代入式(2-63)得

$$\dot{x}_1 = a_n y + b_n u = -a_n x_n + b_n u \tag{2-64}$$

由式(2-62)、式(2-64)及 $x_n = y$，可得式(2-53)系统的另一种标准形式的状态空间表达式

$$\begin{cases} \begin{bmatrix} \dot{x}_1 \\ \dot{x}_2 \\ \dot{x}_3 \\ \vdots \\ \dot{x}_n \end{bmatrix} = \begin{bmatrix} 0 & 0 & \cdots & 0 & -a_n \\ 1 & 0 & \cdots & 0 & -a_{n-1} \\ 0 & 1 & \cdots & 0 & -a_{n-2} \\ \vdots & \vdots & & \vdots & \vdots \\ 0 & 0 & \cdots & 1 & -a_1 \end{bmatrix} \begin{bmatrix} x_1 \\ x_2 \\ x_3 \\ \vdots \\ x_n \end{bmatrix} + \begin{bmatrix} b_n \\ b_{n-1} \\ b_{n-2} \\ \vdots \\ b_1 \end{bmatrix} u = \boldsymbol{A}\boldsymbol{x} + \boldsymbol{B}u \\ y = \begin{bmatrix} 0 & 0 & \cdots & 0 & 1 \end{bmatrix} \begin{bmatrix} x_1 \\ x_2 \\ x_3 \\ \vdots \\ x_n \end{bmatrix} = \boldsymbol{C}\boldsymbol{x} \end{cases} \tag{2-65}$$

式中，状态矩阵 $\boldsymbol{A}$ 为友矩阵的转置，输出矩阵 $\boldsymbol{C}$ 中最后一个元素为 1，其余元素为 0。对单输出系统，若其状态空间表达式的系数矩阵 $\boldsymbol{A}$、$\boldsymbol{C}$ 具有式(2-65)中的标准形式，则称其为能观测标准形。

由式(2-59)及式(2-65)可见，SISO 系统的能控标准形实现 $\sum_c(\boldsymbol{A}_c, \boldsymbol{B}_c, \boldsymbol{C}_c)$ 和能观测标准形实现 $\sum_o(\boldsymbol{A}_o, \boldsymbol{B}_o, \boldsymbol{C}_o)$ 中的各系数矩阵具有如式(2-66)所示的对偶关系，即

$$\boldsymbol{A}_o = \boldsymbol{A}_c^{\mathrm{T}}, \boldsymbol{B}_o = \boldsymbol{C}_c^{\mathrm{T}}, \boldsymbol{C}_o = \boldsymbol{B}_c^{\mathrm{T}} \tag{2-66}$$

【例 2-10】 已知系统的微分方程为 $\dddot{y} + 6\ddot{y} + 11\dot{y} + 5y = \ddot{u} + 9\dot{u} + 4u$，试列写其状态空间表达式。

解 由式(2-59)得系统的能控标准形实现为

$$\begin{cases} \dot{\boldsymbol{x}}_c = \boldsymbol{A}_c \boldsymbol{x}_c + \boldsymbol{B}_c u \\ y = \boldsymbol{C}_c \boldsymbol{x}_c \end{cases} \tag{2-67}$$

式中，$\boldsymbol{A}_c = \begin{bmatrix} 0 & 1 & 0 \\ 0 & 0 & 1 \\ -5 & -11 & -6 \end{bmatrix}$，$\boldsymbol{B}_c = \begin{bmatrix} 0 \\ 0 \\ 1 \end{bmatrix}$，$\boldsymbol{C}_c = [4 \quad 9 \quad 1]$。

由式(2-65)得系统的能观测标准形实现为

$$\begin{cases} \dot{\boldsymbol{x}}_o = \boldsymbol{A}_o \boldsymbol{x}_o + \boldsymbol{B}_o u \\ y = \boldsymbol{C}_o \boldsymbol{x}_o \end{cases} \tag{2-68}$$

式中，$\boldsymbol{A}_o = \begin{bmatrix} 0 & 0 & -5 \\ 1 & 0 & -11 \\ 0 & 1 & -6 \end{bmatrix}$，$\boldsymbol{B}_o = \begin{bmatrix} 4 \\ 9 \\ 1 \end{bmatrix}$，$\boldsymbol{C}_o = [0 \quad 0 \quad 1]$。

对高阶微分方程描述的系统，也可采用状态变量图方法，用高阶导数项求解法建立状态空间模型。现结合本例对此方法加以说明。由本例系统微分方程得

$$\dddot{y} = -6\ddot{y} - 11\dot{y} - 5y + \ddot{u} + 9\dot{u} + 4u \tag{2-69}$$

式(2-69)两边积分 3 次，得

$$\begin{aligned} y &= \int \left\{ \int \left[\int (-6\ddot{y} - 11\dot{y} - 5y + \ddot{u} + 9\dot{u} + 4u)\mathrm{d}t \right] \mathrm{d}t \right\} \mathrm{d}t \\ &= \int (-6y + u)\mathrm{d}t + \int \left[\int (-11y + 9u)\mathrm{d}t \right] \mathrm{d}t + \int \left\{ \int \left[\int (-5y + 4u)\mathrm{d}t \right] \mathrm{d}t \right\} \mathrm{d}t \end{aligned} \tag{2-70}$$

根据式(2-70)，绘制对应的状态变量图，如图 2-11 所示。若指定其中积分器的输出分别为状态变量 x_1、x_2、x_3，则得状态空间表达式为式(2-68)所示的能观测标准形。

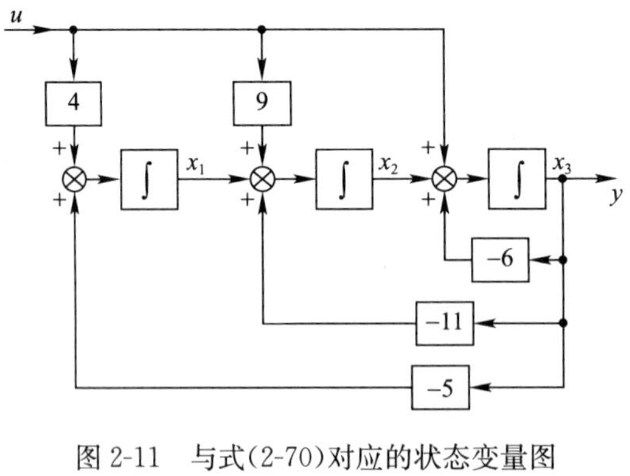

图 2-11 与式(2-70)对应的状态变量图

2. 由方框图描述导出状态空间描述

当使用模拟计算机仿真时，编程图也可根据基于传递函数的系统方框图得到。由给定方框

图建立状态空间模型的关键是将其先转换由积分环节、比例放大环节和加法器各环节组成的形式，取积分环节的输出为状态变量，利用拉普拉斯反变换关系，再画出对应的状态变量图，从而导出状态空间表达式。

【例 2-11】 设系统的方框图如图 2-12 所示，求其状态空间表达式、传递函数。

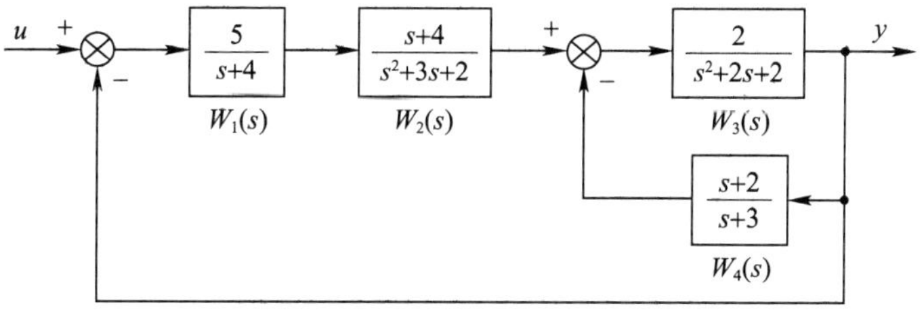

图 2-12　例 2-11 系统的方框图

解　一阶惯性环节 $W_1(s)$ 采用积分环节、比例放大环节和加法器各环节组成的等效结构图如图 2-13 所示。二阶系统 $W_2(s)$ 有 2 个实数极点，故可化为 2 个一阶惯性环节之和，即

$$W_2(s)=\frac{s+3}{s^2+3s+2}=\frac{2}{s+1}+\frac{-1}{s+2} \tag{2-71}$$

由式(2-71)，导出 $W_2(s)$ 的等效结构图如图 2-14 所示。

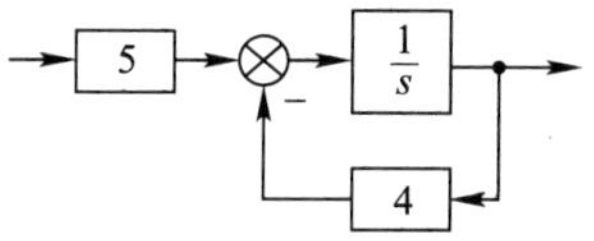

图 2-13　$W_1(s)$ 的等效结构图

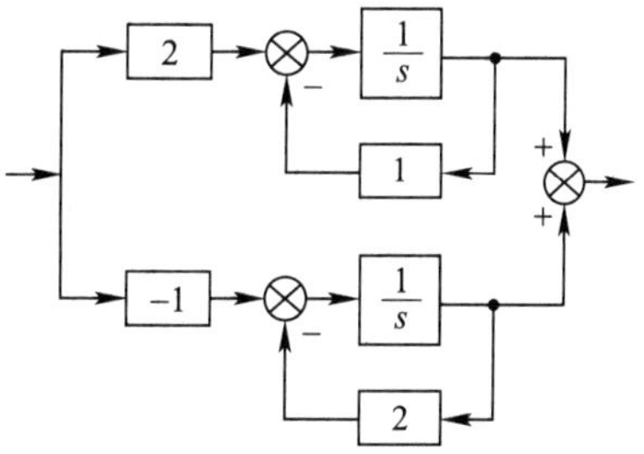

图 2-14　$W_2(s)$ 的等效结构图

欠阻尼二阶系统 $W_3(s)$ 有 2 个共轭复数极点 $-1\pm\mathrm{j}$，$W_3(s)$ 可等效为某单位负反馈系统的闭环传递函数，而该单位负反馈系统的开环传递函数为

$$W_o(s)=\frac{W_3(s)}{1-W_3(s)}=\frac{2}{s^2+2s}=2\,\frac{1}{s}\,\frac{1}{s+2} \tag{2-72}$$

由式(2-72)，导出 $W_3(s)$ 的等效结构图如图 2-15 所示。

含有零点的一阶系统 $W_4(s)$ 可化为 1 个比例环节与 1 个一阶惯性环节之和，即

$$W_4(s)=\frac{s+2}{s+3}=1+\frac{-1}{s+3} \tag{2-73}$$

由式(2-73)，导出 $W_4(s)$ 的等效结构图如图 2-16 所示。

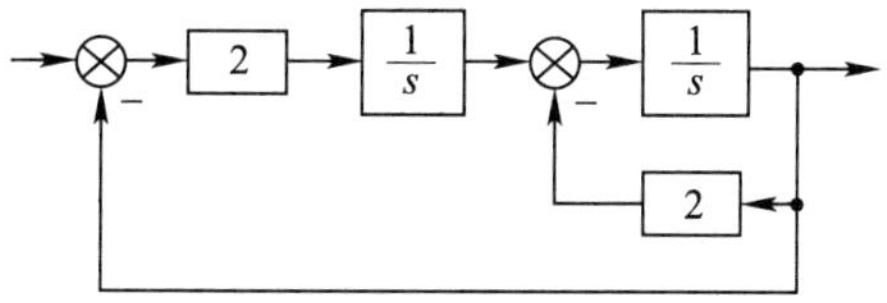

图 2-15　$W_3(s)$ 的等效结构图

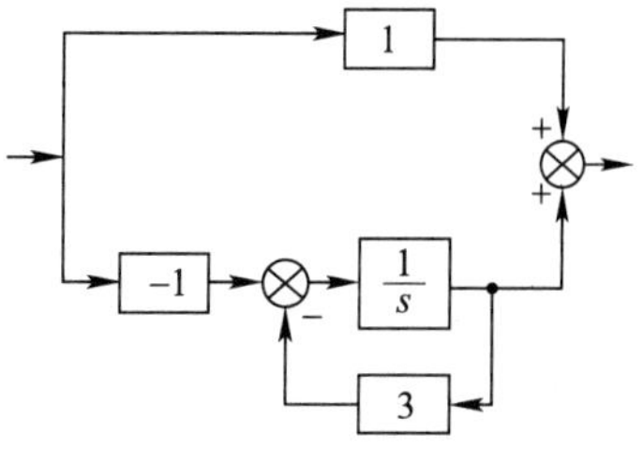

图 2-16　$W_4(s)$ 的等效结构图

在将图 2-12 中各子系统 $W_1(s)\sim W_4(s)$分别转换由积分环节、比例放大环节和加法器各环节组成的形式(见图 2-13～图 2-16)后，将各积分环节的输出取为状态变量，状态变量的序号除有特别规定外可自定，本例系统经等效转换后共有 6 个积分环节，由于无特别规定，故任意指定 $x_1\sim x_6$，再利用拉普拉斯反变换关系，画出对应的状态变量图，如图 2-17 所示。

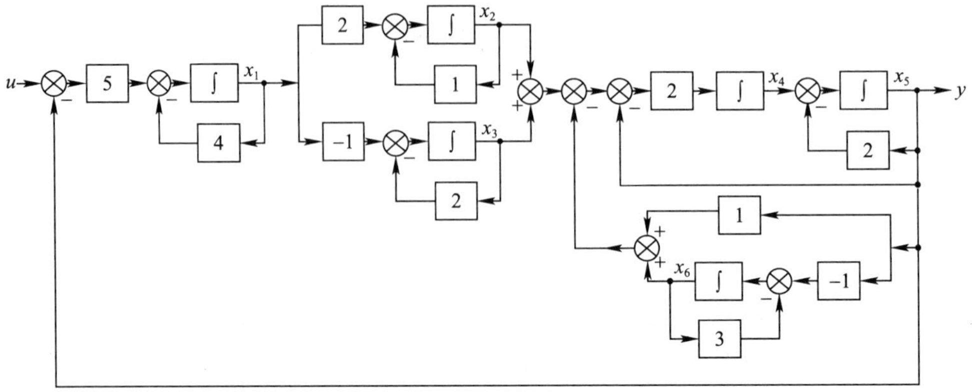

图 2-17　例 2-11 系统的状态变量图

由图 2-17 中各状态变量之间及其与外部输入 $u(t)$的关系，可列出状态方程为

$$\begin{cases}\dot{x}_1=-4x_1-5x_5+5u\\ \dot{x}_2=2x_1-x_2\\ \dot{x}_3=-x_1-2x_3\\ \dot{x}_4=2x_2+2x_3-4x_5-2x_6\\ \dot{x}_5=x_4-2x_5\\ \dot{x}_6=-x_5-3x_6\end{cases} \tag{2-74}$$

基于图 2-17，易列出输出方程为

$$y=x_5 \tag{2-75}$$

由式(2-74)、式(2-75)，得图 2-12 所示系统的向量-矩阵形式的状态空间表达式为

$$\begin{cases}\dot{\boldsymbol{x}}=\begin{bmatrix}-4 & 0 & 0 & 0 & -5 & 0\\ 2 & -1 & 0 & 0 & 0 & 0\\ -1 & 0 & -2 & 0 & 0 & 0\\ 0 & 2 & 2 & 0 & -4 & -2\\ 0 & 0 & 0 & 1 & -2 & 0\\ 0 & 0 & 0 & 0 & -1 & -3\end{bmatrix}\boldsymbol{x}+\begin{bmatrix}5\\0\\0\\0\\0\\0\end{bmatrix}u\\ \boldsymbol{y}=\begin{bmatrix}0 & 0 & 0 & 0 & 1 & 0\end{bmatrix}\boldsymbol{x}\end{cases} \tag{2-76}$$

利用 MATLAB 的模型转换函数 ss2tf()可由状态空间模型(2-76)求系统的传递函数，MATLAB Program 2-1a 为求解程序。

```
%MATLAB Program 2-1a
A=[-4 0 0 0 -5 0;2 -1 0 0 0 0;-1 0 -2 0 0 0;0 2 2 0 -4 -2;0 0 0 1 -2 0;0 0 0 0 -1 -3];
B=[5;0;0;0;0;0];C=[0 0 0 0 1 0];D=0;
[num,den]=ss2tf(A,B,C,D)%求出传递函数模型中分子、分母多项式系数行向量 num、den
W=tf(num,den)%调用建模函数 tf()建立传递函数模型 W
```

也可根据式(2-37),调用 MATLAB 符号数学工具箱的符号运算函数由式(2-76)求传递函数,MATLAB Program 2-1b 为求解程序。

```
%MATLAB Program 2-1b
syms s                                    %定义基本符号变量 s
A=[-4 0 0 0 -5 0 0;2 -1 0 0 0 0;-1 0 -2 0 0 0;0 2 2 0 -4 -2;0 0 0 1 -2 0;0 0 0 0 -1 -3];
B=[5;0;0;0;0;0];C=[0 0 0 0 1 0];D=0
W=C*inv(s*eyv(6)-A)*B+D                   %根据式(2-37)求传递函数 W(s)
```

2.4 线性定常系统的矩阵分式描述

2.4.1 数学基础:多项式矩阵理论

多项式矩阵的元素为多项式,其是对多项式的矩阵化推广。实数矩阵可视为元素均为零次多项式的一类特殊多项式矩阵,实数矩阵的许多概念和运算规则,如实数矩阵相加、相乘、转置及实数方阵的求逆、行列式和奇异、非奇异等概念,均可推广到多项式矩阵。

1. 多项式矩阵的行次数和列次数

$m\times n$ 维多项式矩阵

$$\boldsymbol{Q}(s)=\begin{bmatrix} q_{11}(s) & q_{12}(s) & \cdots & q_{1n}(s)\\ q_{21}(s) & q_{22}(s) & \cdots & q_{2n}(s)\\ \vdots & \vdots & & \vdots\\ q_{m1}(s) & q_{m2}(s) & \cdots & q_{mn}(s)\end{bmatrix} \tag{2-77}$$

各元素 $q_{ij}(s)$ 中的最高次数称为 $\boldsymbol{Q}(s)$ 的次数,记为 $\delta\boldsymbol{Q}(s)$,即

$$k=\delta\boldsymbol{Q}(s)=\max\{\deg[q_{ij}(s)],i=1,2,\cdots,m;j=1,2,\cdots,n\} \tag{2-78}$$

而 $\boldsymbol{Q}(s)$ 第 i 行元素 $q_{i1}(s),q_{i2}(s),\cdots,q_{in}(s)$ 中的次数最大值称为 $\boldsymbol{Q}(s)$ 第 i 行的行次数,记为 $\delta_{ri}\boldsymbol{Q}(s)$;$\boldsymbol{Q}(s)$ 第 j 列元素 $q_{1j}(s),q_{2j}(s),\cdots,q_{mj}(s)$ 中的次数最大值称为 $\boldsymbol{Q}(s)$ 第 j 列的列次数,记为 $\delta_{cj}\boldsymbol{Q}(s)$,即

$$\begin{cases} k_{ri}=\delta_{ri}\boldsymbol{Q}(s)=\max\{\deg[q_{ij}(s)],j=1,2,\cdots,n\}\\ k_{cj}=\delta_{cj}\boldsymbol{Q}(s)=\max\{\deg[q_{ij}(s)],i=1,2,\cdots,m\}\end{cases} \tag{2-79}$$

$\boldsymbol{Q}(s)$ 的行(列)次数系数矩阵 $\boldsymbol{Q}_{hr}(\boldsymbol{Q}_{hc})$ 为 $m\times n$ 维常数矩阵,其第 i 行(第 j 列)是由 $\boldsymbol{Q}(s)$ 第 i 行(第 j 列)中相应 $s^{k_{ri}}$($s^{k_{cj}}$)系数组成的行(列),$i=1,2,\cdots,m(j=1,2,\cdots,n)$。

2. 多项式矩阵的展开式和既约性

将多项式的系数向量概念形式上推广到多项式矩阵,可将式(2-77)所示 $\boldsymbol{Q}(s)$ 展开为

$$\boldsymbol{Q}(s)=\boldsymbol{Q}_0s^k+\boldsymbol{Q}_1s^{k-1}+\cdots+\boldsymbol{Q}_{k-1}s+\boldsymbol{Q}_k \tag{2-80}$$

式中,k 为 $\boldsymbol{Q}(s)$ 的次数,$\boldsymbol{Q}_0,\boldsymbol{Q}_1,\cdots,\boldsymbol{Q}_{k-1},\boldsymbol{Q}_k$ 均为 $m\times n$ 维常数矩阵。这时,可将 $m\times n(k+1)$ 维常数矩阵

$$[\boldsymbol{Q}_0\quad \boldsymbol{Q}_1\quad \cdots\quad \boldsymbol{Q}_{k-1}\quad \boldsymbol{Q}_k] \tag{2-81}$$

称为 $\boldsymbol{Q}(s)$ 按总幂次展开的系数矩阵,其简单直观,但不能直接表现出 $\boldsymbol{Q}(s)$ 的既约性。为了简化问题的讨论,在多变量线性定常系统复频域分析中,可按列次或行次展开 $\boldsymbol{Q}(s)$。

利用列次数系数矩阵 $\boldsymbol{Q}_{hc}$ 可将 $\boldsymbol{Q}(s)$ 分解为下列两个多项式矩阵之和,即

$$\boldsymbol{Q}(s)=\boldsymbol{Q}_{hc}\boldsymbol{S}_c(s)+\boldsymbol{Q}_{Lc}(s) \tag{2-82}$$

式中，$\boldsymbol{S}_{\mathrm{c}}(s)=\mathrm{diag}(s^{k_{c1}}, s^{k_{c2}}, \cdots, s^{k_{cn}})$，$k_{cj}$ 为 $\boldsymbol{Q}(s)$ 第 j 列的列次，$j=1,2,\cdots,n$；$\boldsymbol{Q}_{\mathrm{Lc}}(s)$ 为 $\boldsymbol{Q}(s)$ 和 $\boldsymbol{Q}_{\mathrm{hc}}\boldsymbol{S}_{\mathrm{c}}(s)$ 的差组成的列次低于 k_{cj} 的低次多项式矩阵。

类似于式(2-82)，也可按行次分解 $m\times n$ 维多项式矩阵 $\boldsymbol{Q}(s)$，即

$$\boldsymbol{Q}(s)=\boldsymbol{S}_{\mathrm{r}}(s)\boldsymbol{Q}_{\mathrm{hr}}+\boldsymbol{Q}_{\mathrm{Lr}}(s) \tag{2-83}$$

式中，$\boldsymbol{Q}_{\mathrm{hr}}$ 为行次数系数矩阵；$\boldsymbol{S}_{\mathrm{r}}(s)=\mathrm{diag}(s^{k_{r1}}, s^{k_{r2}}, \cdots, s^{k_{rm}})$，$k_{ri}$ 为 $\boldsymbol{Q}(s)$ 第 i 行的行次，$i=1,2,\cdots,m$；$\boldsymbol{Q}_{\mathrm{Lr}}(s)$ 为 $\boldsymbol{Q}(s)$ 和 $\boldsymbol{Q}_{\mathrm{hr}}\boldsymbol{S}_{\mathrm{r}}(s)$ 的差组成的行次低于 k_{ri} 的低次多项式矩阵。

对于 $n\times n$ 维多项式方阵 $\boldsymbol{Q}(s)$，由式(2-82)、式(2-83)，得

$$\det\boldsymbol{Q}(s)=(\det\boldsymbol{Q}_{\mathrm{hc}})s^{\sum_{j=1}^{n}k_{cj}}+\text{次数低于}\sum_{j=1}^{n}k_{cj}\text{ 的多项式} \tag{2-84a}$$

$$\det\boldsymbol{Q}(s)=(\det\boldsymbol{Q}_{\mathrm{hr}})s^{\sum_{i=1}^{n}k_{ri}}+\text{次数低于}\sum_{i=1}^{n}k_{ri}\text{ 的多项式} \tag{2-84b}$$

既约性是多项式矩阵的一个基本属性，它反映了多项式矩阵在次数上的不可简约属性。

给定 $n\times n$ 维非奇异多项式方阵 $Q(s)$，称 $Q(s)$ 为列既约，当且仅当

$$\deg\det\boldsymbol{Q}(s)=\sum_{j=1}^{n}\delta_{cj}\boldsymbol{Q}(s)=\sum_{j=1}^{n}k_{cj} \tag{2-85}$$

称 $Q(s)$ 为行既约，当且仅当

$$\deg\det\boldsymbol{Q}(s)=\sum_{i=1}^{n}\delta_{ri}\boldsymbol{Q}(s)=\sum_{i=1}^{n}k_{ri} \tag{2-86}$$

按列次或行次展开 $\boldsymbol{Q}(s)$ 的优点是可直接表现出 $\boldsymbol{Q}(s)$ 的既约性。由式(2-84)，对于非奇异多项式方阵 $\boldsymbol{Q}(s)$，其列(行)既约的充分必要条件为列(行)次数系数矩阵 $\boldsymbol{Q}_{\mathrm{hc}}(\boldsymbol{Q}_{\mathrm{hr}})$ 非奇异。

上述列(行)既约的概念可推广到非多项式方阵。对于 $m\times n$ 维满秩多项式矩阵 $\boldsymbol{Q}(s)$，即 $\mathrm{rank}\boldsymbol{Q}(s)=\min(m,n)$，当 $\boldsymbol{Q}_{\mathrm{hr}}$ 为行满秩时，则称 $\boldsymbol{Q}(s)$ 为行既约；当 $\boldsymbol{Q}_{\mathrm{hc}}$ 为列满秩时，则称 $\boldsymbol{Q}(s)$ 为列既约。

【例 2-12】 给定 3×3 维多项式矩阵 $\boldsymbol{Q}(s)$ 为

$$\boldsymbol{Q}(s)=\begin{bmatrix} s^2-3 & 1 & 2s \\ 4s+2 & s & 0 \\ -s^2 & s+3 & -3s+2 \end{bmatrix}$$

$$\begin{aligned}\det\boldsymbol{Q}(s)&=(s^2-3)\left(\det\begin{bmatrix} s & 0 \\ s+3 & -3s+2\end{bmatrix}\right)-\det\begin{bmatrix} 4s+2 & 0 \\ -s^2 & -3s+2\end{bmatrix}+2s\left(\det\begin{bmatrix} 4s+2 & s \\ -s^2 & s+3\end{bmatrix}\right)\\ &=(s^2-3)(-3s^2+2s)-(4s+2)(-3s+2)+2s(4s^2+14s+6+s^3)\\ &=-s^4+10s^3+49s^2+4s-4\end{aligned}$$

$\det\boldsymbol{Q}(s)$ 为有理分式域 $\Re(s)$ 上的非零元，$\mathrm{rank}\boldsymbol{Q}(s)=3$，根据定义知，$\boldsymbol{Q}(s)$ 非奇异。

又根据定义，$\boldsymbol{Q}(s)$ 的次数 $k=2$；列次分别为 $k_{c1}=2, k_{c2}=1, k_{c3}=1$；行次分别为 $k_{r1}=2, k_{r2}=1, k_{r3}=2$。列次数系数矩阵、行次数系数矩阵分别为

$$\boldsymbol{Q}_{\mathrm{hc}}=\begin{bmatrix} 1 & 0 & 2 \\ 0 & 1 & 0 \\ -1 & 1 & -3 \end{bmatrix}, \boldsymbol{Q}_{\mathrm{hr}}=\begin{bmatrix} 1 & 0 & 0 \\ 4 & 1 & 0 \\ -1 & 0 & 0 \end{bmatrix}$$

$\boldsymbol{Q}_{\mathrm{hc}}$ 非奇异，故 $\boldsymbol{Q}(s)$ 列既约；$\mathrm{rank}\boldsymbol{Q}_{\mathrm{hr}}=2<n(=3)$，$\boldsymbol{Q}_{\mathrm{hr}}$ 奇异，故 $\boldsymbol{Q}(s)$ 非行既约。本例说明，非奇异多项式矩阵的列既约和行既约一般不相关。

由 $\boldsymbol{Q}(s)$ 的次数 $k=2$，可将 $\boldsymbol{Q}(s)$ 展开为

$$\boldsymbol{Q}(s)=\begin{bmatrix}1&0&0\\0&0&0\\-1&0&0\end{bmatrix}s^2+\begin{bmatrix}0&0&2\\4&1&0\\0&1&-3\end{bmatrix}s+\begin{bmatrix}-3&1&0\\2&0&0\\0&3&2\end{bmatrix}$$

根据列(行)次数系数矩阵 $\boldsymbol{Q}_{hc}(\boldsymbol{Q}_{hr})$ 也可将 $\boldsymbol{Q}(s)$ 按列(行)次分解为

$$\boldsymbol{Q}(s)=\begin{bmatrix}1&0&2\\0&1&0\\-1&1&-3\end{bmatrix}\begin{bmatrix}s^2&0&0\\0&s&0\\0&0&s\end{bmatrix}+\begin{bmatrix}-3&1&0\\4s+2&0&0\\0&3&2\end{bmatrix}$$

$$\boldsymbol{Q}(s)=\begin{bmatrix}s^2&0&0\\0&s&0\\0&0&s^2\end{bmatrix}\begin{bmatrix}1&0&0\\4&1&0\\-1&0&0\end{bmatrix}+\begin{bmatrix}-3&1&2s\\2&0&0\\0&s+3&-3s+2\end{bmatrix}$$

3. 单模矩阵

称多项式方阵 $\boldsymbol{Q}(s)$ 为单模矩阵(unimodular matrices),当且仅当其行列式为与 s 无关的非零常数。显然,单模矩阵对复数域中所有 s 非奇异,即对复数域中所有 s,其列(或行)向量线性无关。可以证明,多项式方阵 $\boldsymbol{Q}(s)$ 为单模矩阵的充分必要条件是其逆矩阵 $\boldsymbol{Q}^{-1}(s)$ 也是多项式矩阵且是单模的。

【例 2-13】 给定 2×2 维多项式矩阵 $\boldsymbol{Q}(s)$ 为

$$\boldsymbol{Q}(s)=\begin{bmatrix}s+2&s+5\\s+1&s+4\end{bmatrix}$$

因 $\det\boldsymbol{Q}(s)=(s+2)(s+4)-(s+5)(s+1)=3$,故 $\boldsymbol{Q}(s)$ 为单模矩阵。$\boldsymbol{Q}(s)$ 的逆矩阵为

$$\boldsymbol{Q}^{-1}(s)=\frac{\mathrm{adj}\boldsymbol{Q}(s)}{\det\boldsymbol{Q}(s)}=\frac{\begin{bmatrix}s+4&-(s+5)\\-(s+1)&s+2\end{bmatrix}}{3}$$

$$\det\boldsymbol{Q}^{-1}(s)=[(s+4)(s+2)-(s+5)(s+1]/3=1$$

故 $\boldsymbol{Q}^{-1}(s)$ 也是单模矩阵。

4. 多项式矩阵的初等变换和单模变换

类似于实数矩阵初等变换,$m\times n$ 维多项式矩阵 $\boldsymbol{Q}(s)$ 的初等变换也有如下 3 种基本形式:

① 任意交换两行(列),称为第 1 种初等行(列)变换;

② 用非零常数 α 乘以某行(列),称为第 2 种初等行(列)变换;

③ 用非零多项式 $\alpha(s)$ 乘以某行(列)所得的结果加于另某行(列),称为第 3 种初等行(列)变换。

上述初等行(列)变换等价于多项式矩阵 $\boldsymbol{Q}(s)$ 左(右)乘以相应的初等矩阵。初等矩阵均由单位矩阵导出。

第 1 种初等行变换矩阵 $\boldsymbol{T}_{1r}$ 为交换 m 阶单位矩阵 $\boldsymbol{I}_m$ 的列 i 和列 j 导出的矩阵,$\boldsymbol{T}_{1r}\boldsymbol{Q}(s)$ 实现 $\boldsymbol{Q}(s)$ 交换行 i 和行 j;第 1 种初等列变换矩阵 $\boldsymbol{T}_{1c}$ 为交换 n 阶单位矩阵 $\boldsymbol{I}_n$ 的行 i 和行 j 导出的矩阵,$\boldsymbol{Q}(s)\boldsymbol{T}_{1c}$ 实现 $\boldsymbol{Q}(s)$ 交换列 i 和列 j。

第 2 种初等行变换矩阵 $\boldsymbol{T}_{2r}$ 为非零常数 α 乘以 m 阶单位矩阵 $\boldsymbol{I}_m$ 的列 i 导出的矩阵,$\boldsymbol{T}_{2r}\boldsymbol{Q}(s)$ 实现 α 乘以 $\boldsymbol{Q}(s)$ 行 i;第 2 种初等列变换矩阵 $\boldsymbol{T}_{2c}$ 为非零常数 α 乘以 n 阶单位矩阵 $\boldsymbol{I}_n$ 的行 j 导出的矩阵,$\boldsymbol{Q}(s)\boldsymbol{T}_{2c}$ 实现 α 乘以列 j。

第 3 种初等行变换矩阵 $\boldsymbol{T}_{3r}$ 为非零多项式 $\alpha(s)$ 置于 m 阶单位矩阵 $\boldsymbol{I}_m$ 的列 i 和行 j 交点处导出的矩阵,$\boldsymbol{T}_{3r}\boldsymbol{Q}(s)$ 实现 $\alpha(s)$ 乘以 $\boldsymbol{Q}(s)$ 行 i 后再加到行 j;第 3 种初等列变换矩阵 $\boldsymbol{T}_{3c}$ 为非零多项式 $\alpha(s)$ 置于 n 阶单位矩阵 $\boldsymbol{I}_n$ 的行 i 和列 j 交点处导出的矩阵,$\boldsymbol{Q}(s)\boldsymbol{T}_{3c}$ 实现 $\alpha(s)$ 乘以 $\boldsymbol{Q}(s)$ 列 i 后

再加到列 j。

【例 2-14】 给定 4×5 维多项式矩阵 $\boldsymbol{Q}(s)$ 为

$$\boldsymbol{Q}(s)=\begin{bmatrix}\boldsymbol{q}_{\mathrm{r}1}(s)\\ \boldsymbol{q}_{\mathrm{r}2}(s)\\ \boldsymbol{q}_{\mathrm{r}3}(s)\\ \boldsymbol{q}_{\mathrm{r}4}(s)\end{bmatrix}=\begin{bmatrix}\boldsymbol{q}_{\mathrm{c}1}(s) & \boldsymbol{q}_{\mathrm{c}2}(s) & \boldsymbol{q}_{\mathrm{c}3}(s) & \boldsymbol{q}_{\mathrm{c}4}(s) & \boldsymbol{q}_{\mathrm{c}5}(s)\end{bmatrix}$$

其中，$\boldsymbol{q}_{\mathrm{r}i}$、$\boldsymbol{q}_{\mathrm{c}j}$ 分别为 $\boldsymbol{Q}(s)$ 的行向量、列向量，$i=1,2,\cdots,4$；$j=1,2,\cdots,5$。

为对 $\boldsymbol{Q}(s)$ 作"列 2 交换列 5"变换，先由 5 阶单位矩阵交换行 2 和行 5，导出列初等变换矩阵

$$\boldsymbol{T}_{1\mathrm{c}}=\begin{bmatrix}1&0&0&0&0\\0&0&0&0&1\\0&0&1&0&0\\0&0&0&1&0\\0&1&0&0&0\end{bmatrix}$$

再由计算得到

$$\begin{aligned}\tilde{\boldsymbol{Q}}_{1\mathrm{c}}(s)=\boldsymbol{Q}(s)\boldsymbol{T}_{1\mathrm{c}}&=\begin{bmatrix}\boldsymbol{q}_{\mathrm{c}1}(s) & \boldsymbol{q}_{\mathrm{c}2}(s) & \boldsymbol{q}_{\mathrm{c}3}(s) & \boldsymbol{q}_{\mathrm{c}4}(s) & \boldsymbol{q}_{\mathrm{c}5}(s)\end{bmatrix}\begin{bmatrix}1&0&0&0&0\\0&0&0&0&1\\0&0&1&0&0\\0&0&0&1&0\\0&1&0&0&0\end{bmatrix}\\&=\begin{bmatrix}\boldsymbol{q}_{\mathrm{c}1}(s) & \boldsymbol{q}_{\mathrm{c}5}(s) & \boldsymbol{q}_{\mathrm{c}3}(s) & \boldsymbol{q}_{\mathrm{c}4}(s) & \boldsymbol{q}_{\mathrm{c}2}(s)\end{bmatrix}\end{aligned}$$

为对 $\boldsymbol{Q}(s)$ 作"非零常数 α 乘以行 3"变换，先由 α 乘以 4 阶单位矩阵列 3，导出行初等变换矩阵

$$\boldsymbol{T}_{2\mathrm{r}}=\begin{bmatrix}1&0&0&0\\0&1&0&0\\0&0&\alpha&0\\0&0&0&1\end{bmatrix}$$

再由计算得到

$$\tilde{\boldsymbol{Q}}_{2\mathrm{r}}(s)=\boldsymbol{T}_{2\mathrm{r}}\boldsymbol{Q}(s)=\begin{bmatrix}1&0&0&0\\0&1&0&0\\0&0&\alpha&0\\0&0&0&1\end{bmatrix}\begin{bmatrix}\boldsymbol{q}_{\mathrm{r}1}(s)\\ \boldsymbol{q}_{\mathrm{r}2}(s)\\ \boldsymbol{q}_{\mathrm{r}3}(s)\\ \boldsymbol{q}_{\mathrm{r}4}(s)\end{bmatrix}=\begin{bmatrix}\boldsymbol{q}_{\mathrm{r}1}(s)\\ \boldsymbol{q}_{\mathrm{r}2}(s)\\ \alpha\boldsymbol{q}_{\mathrm{r}3}(s)\\ \boldsymbol{q}_{\mathrm{r}4}(s)\end{bmatrix}$$

为对 $\boldsymbol{Q}(s)$ 作"非零多项式 $\alpha(s)$ 乘以行 4 后再加到行 2"变换，先将 $\alpha(s)$ 置于 4 阶单位矩阵列 4 和行 2 交点处，导出行初等变换矩阵

$$\boldsymbol{T}_{3\mathrm{r}}=\begin{bmatrix}1&0&0&0\\0&1&0&\alpha(s)\\0&0&1&0\\0&0&0&1\end{bmatrix}$$

再由计算得到

$$\tilde{\boldsymbol{Q}}_{3\mathrm{r}}(s)=\boldsymbol{T}_{3\mathrm{r}}\boldsymbol{Q}(s)=\begin{bmatrix}1&0&0&0\\0&1&0&\alpha(s)\\0&0&1&0\\0&0&0&1\end{bmatrix}\begin{bmatrix}\boldsymbol{q}_{\mathrm{r}1}(s)\\ \boldsymbol{q}_{\mathrm{r}2}(s)\\ \boldsymbol{q}_{\mathrm{r}3}(s)\\ \boldsymbol{q}_{\mathrm{r}4}(s)\end{bmatrix}=\begin{bmatrix}\boldsymbol{q}_{\mathrm{r}1}(s)\\ \alpha(s)\boldsymbol{q}_{\mathrm{r}4}(s)+\boldsymbol{q}_{\mathrm{r}2}(s)\\ \boldsymbol{q}_{\mathrm{r}3}(s)\\ \boldsymbol{q}_{\mathrm{r}4}(s)\end{bmatrix}$$

上述初等变换矩阵均为单模矩阵，而且所有单模矩阵均可表示成有限个初等变换矩阵的乘积形式。设 $\boldsymbol{T}_{\mathrm{r}}(s)$、$\boldsymbol{T}_{\mathrm{c}}(s)$ 分别为 $m\times m$ 维、$n\times n$ 维单模矩阵，对 $m\times n$ 维多项式矩阵 $\boldsymbol{Q}(s)$ 作一系列行(列)初等变换，等价于 $\boldsymbol{Q}(s)$ 左(右)乘相应单模矩阵 $\boldsymbol{T}_{\mathrm{r}}(s)$（$\boldsymbol{T}_{\mathrm{c}}(s)$），即相应左(右)单模变换，且 $\tilde{\boldsymbol{Q}}_{\mathrm{r}}(s)=\boldsymbol{T}_{\mathrm{r}}(s)\boldsymbol{Q}(s)$ 与 $\boldsymbol{Q}(s)$ 行等价，$\tilde{\boldsymbol{Q}}_{\mathrm{c}}(s)=\boldsymbol{Q}(s)\boldsymbol{T}_{\mathrm{c}}(s)$ 与 $\boldsymbol{Q}(s)$ 列等价，而单模变换 $\boldsymbol{T}_{\mathrm{r}}(s)\boldsymbol{Q}(s)\boldsymbol{T}_{\mathrm{c}}(s)$ 则等价于对 $\boldsymbol{Q}(s)$ 同时作一系列行和列初等变换，且 $\tilde{\boldsymbol{Q}}(s)=\boldsymbol{T}_{\mathrm{r}}(s)\boldsymbol{Q}(s)\boldsymbol{T}_{\mathrm{c}}(s)$ 与 $\boldsymbol{Q}(s)$ 等价。

线性定常系统复频域分析和综合的不少问题皆以既约性为条件。通过单模变换来降低非既约矩阵某些过高行次数或过高列次数是实现既约化的基本途径。

【例 2-15】 对例 2-12 给定的 3×3 维多项式矩阵 $\boldsymbol{Q}(s)$ 分析已知其为列既约，但非行既约。

对 $\boldsymbol{Q}(s)$ 进行初等行变换，将第 1 行加至第 3 行以降低第 3 行的次数，即引入单模矩阵

$$\boldsymbol{T}_{\mathrm{r}}(s)=\begin{bmatrix}1&0&0\\0&1&0\\1&0&1\end{bmatrix}$$

作左单模变换，得

$$\begin{aligned}\tilde{\boldsymbol{Q}}_{\mathrm{r}}(s)=\boldsymbol{T}_{\mathrm{r}}(s)\boldsymbol{Q}(s)&=\begin{bmatrix}1&0&0\\0&1&0\\1&0&1\end{bmatrix}\begin{bmatrix}s^2-3&1&2s\\4s+2&s&0\\-s^2&s+3&-3s+2\end{bmatrix}\\&=\begin{bmatrix}s^2-3&1&2s\\4s+2&s&0\\-3&s+4&-s+2\end{bmatrix}\end{aligned}$$

$\tilde{\boldsymbol{Q}}_{\mathrm{r}}(s)$ 的行、列次系数矩阵分别为

$$\tilde{\boldsymbol{Q}}_{\mathrm{rhr}}=\begin{bmatrix}1&0&0\\4&1&0\\0&1&-1\end{bmatrix},\tilde{\boldsymbol{Q}}_{\mathrm{rhc}}=\begin{bmatrix}1&0&2\\0&1&0\\0&1&-1\end{bmatrix}$$

$\tilde{\boldsymbol{Q}}_{\mathrm{r}}(s)$ 的行、列次系数矩阵均为非奇异，故 $\tilde{\boldsymbol{Q}}_{\mathrm{r}}(s)$ 为行既约，也为列既约。

通过单模变换实现既约化的单模矩阵并非唯一。对本例，也可将 $-s/2$ 乘以 $\boldsymbol{Q}(s)$ 第 3 列后加至第 1 列以降低第 1 行的次数，即引入单模矩阵

$$\boldsymbol{T}_{\mathrm{c}}(s)=\begin{bmatrix}1&0&0\\0&1&0\\-\dfrac{s}{2}&0&1\end{bmatrix}$$

作右单模变换，得

$$\begin{aligned}\tilde{\boldsymbol{Q}}_{\mathrm{c}}(s)=\boldsymbol{Q}(s)\boldsymbol{T}_{\mathrm{c}}(s)&=\begin{bmatrix}s^2-3&1&2s\\4s+2&s&0\\-s^2&s+3&-3s+2\end{bmatrix}\begin{bmatrix}1&0&0\\0&1&0\\-\dfrac{s}{2}&0&1\end{bmatrix}\\&=\begin{bmatrix}-3&1&2s\\4s+2&s&0\\\dfrac{s^2}{2}-s&s+3&-3s+2\end{bmatrix}\end{aligned}$$

$\tilde{\boldsymbol{Q}}_{\mathrm{c}}(s)$ 的行、列次系数矩阵分别为

$$\tilde{\boldsymbol{Q}}_{\mathrm{chr}}=\begin{bmatrix}0&0&2\\4&1&0\\\frac{1}{2}&0&0\end{bmatrix},\tilde{\boldsymbol{Q}}_{\mathrm{chc}}=\begin{bmatrix}0&0&2\\0&1&0\\\frac{1}{2}&1&-3\end{bmatrix}$$

$\tilde{\boldsymbol{Q}}_{\mathrm{c}}(s)$ 的行、列次系数矩阵均为非奇异，故 $\tilde{\boldsymbol{Q}}_{\mathrm{c}}(s)$ 为行既约，也为列既约。

5. 多项式矩阵的公因子和最大公因子

因矩阵相乘一般不能交换，故对 $m\times n$ 维多项式矩阵 $\boldsymbol{Q}(s)$，若 $\boldsymbol{Q}(s)=\overline{\boldsymbol{Q}}_{\mathrm{L}}(s)\overline{\boldsymbol{Q}}_{\mathrm{R}}(s)$，则称 m 维、n 维多项式方阵 $\overline{\boldsymbol{Q}}_{\mathrm{L}}(s)$、$\overline{\boldsymbol{Q}}_{\mathrm{R}}(s)$ 分别为 $\boldsymbol{Q}(s)$ 的左、右因子。多项式矩阵的公因子则是多项式公因子概念的推广，多项式矩阵的公因子有右公因子(crd)和左公因子(cld)之分。

设 $\boldsymbol{Q}(s)$ 和 $\boldsymbol{P}(s)$ 为两个列数相同的多项式矩阵，若存在多项式方阵 $\boldsymbol{R}_{\mathrm{R}}(s)$，使

$$\boldsymbol{Q}(s)=\overline{\boldsymbol{Q}}(s)\boldsymbol{R}_{\mathrm{R}}(s),\qquad \boldsymbol{P}(s)=\overline{\boldsymbol{P}}(s)\boldsymbol{R}_{\mathrm{R}}(s)\tag{2-87}$$

成立，则称 $\boldsymbol{R}_{\mathrm{R}}(s)$ 为 $\boldsymbol{Q}(s)$ 和 $\boldsymbol{P}(s)$ 的一个右公因子。进而，若 $\boldsymbol{Q}(s)$ 和 $\boldsymbol{P}(s)$ 的任一其他右公因子 $\tilde{\boldsymbol{R}}_{\mathrm{R}}(s)$ 均为 $\boldsymbol{R}_{\mathrm{R}}(s)$ 的右乘因子，即存在多项式方阵 $\boldsymbol{W}_{\mathrm{R}}(s)$，使

$$\boldsymbol{R}_{\mathrm{R}}(s)=\boldsymbol{W}_{\mathrm{R}}(s)\tilde{\boldsymbol{R}}_{\mathrm{R}}(s)\tag{2-88}$$

成立，则称 $\boldsymbol{R}_{\mathrm{R}}(s)$ 为 $\boldsymbol{Q}(s)$ 和 $\boldsymbol{P}(s)$ 的一个最大右公因子(gcrd)。

类似地，设 $\boldsymbol{Q}_{\mathrm{L}}(s)$ 和 $\boldsymbol{P}_{\mathrm{L}}(s)$ 为两个行数相同的多项式矩阵，若存在多项式方阵 $\boldsymbol{R}_{\mathrm{L}}(s)$，使

$$\boldsymbol{Q}_{\mathrm{L}}(s)=\boldsymbol{R}_{\mathrm{L}}(s)\overline{\boldsymbol{Q}}_{\mathrm{L}}(s),\qquad \boldsymbol{P}_{\mathrm{L}}(s)=\boldsymbol{R}_{\mathrm{L}}(s)\overline{\boldsymbol{P}}_{\mathrm{L}}(s)\tag{2-89}$$

成立，则称 $\boldsymbol{R}_{\mathrm{L}}(s)$ 为 $\boldsymbol{Q}_{\mathrm{L}}(s)$ 和 $\boldsymbol{P}_{\mathrm{L}}(s)$ 的一个左公因子。若 $\boldsymbol{Q}_{\mathrm{L}}(s)$ 和 $\boldsymbol{P}_{\mathrm{L}}(s)$ 的任一其他左公因子 $\tilde{\boldsymbol{R}}_{\mathrm{L}}(s)$ 均为 $\boldsymbol{R}_{\mathrm{L}}(s)$ 的左乘因子，即存在多项式方阵 $\boldsymbol{W}_{\mathrm{L}}(s)$，使

$$\boldsymbol{R}_{\mathrm{L}}(s)=\tilde{\boldsymbol{R}}_{\mathrm{L}}(s)\boldsymbol{W}_{\mathrm{L}}(s)\tag{2-90}$$

成立，则称 $\boldsymbol{R}_{\mathrm{L}}(s)$ 为 $\boldsymbol{Q}_{\mathrm{L}}(s)$ 和 $\boldsymbol{P}_{\mathrm{L}}(s)$ 的一个最大左公因子(gcld)。

(最大)右公因子、(最大)左公因子均具有不唯一性。可以证明，对于 $m\times n_1$ 维多项式矩阵 $\boldsymbol{Q}_{\mathrm{L}}(s)$ 和 $m\times n_2$ 维多项式矩阵 $\boldsymbol{P}_{\mathrm{L}}(s)$，若存在一个 $(n_1+n_2)\times(n_1+n_2)$ 维的单模矩阵 $\boldsymbol{T}_{\mathrm{c}}(s)$，使

$$[\boldsymbol{Q}_{\mathrm{L}}(s)\ \vdots\ \boldsymbol{P}_{\mathrm{L}}(s)]\boldsymbol{T}_{\mathrm{c}}(s)=[\boldsymbol{R}_{\mathrm{L}}(s)\ \vdots\ \boldsymbol{0}]\tag{2-91}$$

成立，则导出的 $m\times m$ 维多项式矩阵 $\boldsymbol{R}_{\mathrm{L}}(s)$ 为 $\boldsymbol{Q}_{\mathrm{L}}(s)$ 和 $\boldsymbol{P}_{\mathrm{L}}(s)$ 的一个最大左公因子。式(2-91)等号右边分块零矩阵 $\boldsymbol{0}$ 的维数为 $m\times(n_1+n_2-m)$。

式(2-91)表明，通过对 $[\boldsymbol{Q}_{\mathrm{L}}(s)\quad \boldsymbol{P}_{\mathrm{L}}(s)]$ 作一系列列初等变换化为 $[\boldsymbol{R}_{\mathrm{L}}(s)\quad \boldsymbol{0}]$ 的形式，就可求出一个最大左公因子。

同样可证明，对于 $m_1\times n$ 维多项式矩阵 $\boldsymbol{Q}(s)$ 和 $m_2\times n$ 维多项式矩阵 $\boldsymbol{P}(s)$，若存在一个 $(m_1+m_2)\times(m_1+m_2)$ 维的单模矩阵 $\boldsymbol{T}_{\mathrm{r}}(s)$，使

$$\boldsymbol{T}_{\mathrm{r}}(s)\begin{bmatrix}\boldsymbol{Q}(s)\\\hdashline\boldsymbol{P}(s)\end{bmatrix}=\begin{bmatrix}\boldsymbol{R}_{\mathrm{R}}(s)\\\hdashline\boldsymbol{0}\end{bmatrix}\tag{2-92}$$

成立，则导出的 $n\times n$ 维多项式矩阵 $\boldsymbol{R}_{\mathrm{R}}(s)$ 为 $\boldsymbol{Q}(s)$ 和 $\boldsymbol{P}(s)$ 的一个最大右公因子。式(2-92)等号右边分块零矩阵 $\boldsymbol{0}$ 的维数为 $(m_1+m_2-n)\times n$。

式(2-92)表明，通过对 $[\boldsymbol{Q}^{\mathrm{T}}(s)\quad \boldsymbol{P}^{\mathrm{T}}(s)]^{\mathrm{T}}$ 作一系列行初等变换化为 $[\boldsymbol{R}_{\mathrm{R}}{}^{\mathrm{T}}(s)\quad \boldsymbol{0}^{\mathrm{T}}]^{\mathrm{T}}$ 的形式，就可求出一个最大右公因子。

显然，最大右公因子和最大左公因子在形式上和结果上具有对偶性。

【例 2-16】 设列数相同的两个多项式矩阵

$$\boldsymbol{Q}(s)=\begin{bmatrix} s & 3s+1 \\ -1 & s^2+s-2 \end{bmatrix},\qquad \boldsymbol{P}(s)=\begin{bmatrix} -1 & s^2+2s-1 \end{bmatrix}$$

求其一个最大右公因子。

解 对以 $\boldsymbol{Q}(s)$ 和 $\boldsymbol{P}(s)$ 为子矩阵构成的矩阵 $\begin{bmatrix} \boldsymbol{Q}(s) \\ \boldsymbol{P}(s) \end{bmatrix}=\begin{bmatrix} s & 3s+1 \\ -1 & s^2+s-2 \\ -1 & s^2+2s-1 \end{bmatrix}$ 进行一系列行初等变换

$$\begin{bmatrix} \boldsymbol{Q}(s) \\ \boldsymbol{P}(s) \end{bmatrix}=\begin{bmatrix} s & 3s+1 \\ -1 & s^2+s-2 \\ -1 & s^2+2s-1 \end{bmatrix}\xrightarrow{\boldsymbol{T}_{r1}:s\times 行 2 加到行 1}\begin{bmatrix} 0 & s^3+s^2+s+1 \\ -1 & s^2+s-2 \\ -1 & s^2+2s-1 \end{bmatrix}$$

$$\xrightarrow{\boldsymbol{T}_{r2}:(-1)\times 行 2 加到行 3}\begin{bmatrix} 0 & s^3+s^2+s+1 \\ -1 & s^2+s-2 \\ 0 & s+1 \end{bmatrix}\xrightarrow{\boldsymbol{T}_{r3}:交换行 1 和行 3}\begin{bmatrix} 0 & s+1 \\ -1 & s^2+s-2 \\ 0 & s^3+s^2+s+1 \end{bmatrix}$$

$$\xrightarrow{\boldsymbol{T}_{r4}:-(s^2+1)\times 行 1 加到行 3}\begin{bmatrix} 0 & s+1 \\ -1 & s^2+s-2 \\ 0 & 0 \end{bmatrix}$$

得一个最大右公因子为

$$\boldsymbol{R}_{\mathrm{R}}(s)=\begin{bmatrix} 0 & s+1 \\ -1 & s^2+s-2 \end{bmatrix}$$

相应的单模变换矩阵为

$$\boldsymbol{T}_{r}=\boldsymbol{T}_{r4}\boldsymbol{T}_{r3}\boldsymbol{T}_{r2}\boldsymbol{T}_{r1}=\begin{bmatrix} 1 & 0 & 0 \\ 0 & 1 & 0 \\ -(s^2+1) & 0 & 1 \end{bmatrix}\begin{bmatrix} 0 & 0 & 1 \\ 0 & 1 & 0 \\ 1 & 0 & 0 \end{bmatrix}\begin{bmatrix} 1 & 0 & 0 \\ 0 & 1 & 0 \\ 0 & -1 & 1 \end{bmatrix}\begin{bmatrix} 1 & s & 0 \\ 0 & 1 & 0 \\ 0 & 0 & 1 \end{bmatrix}$$

$$=\begin{bmatrix} 0 & -1 & 1 \\ 0 & 1 & 0 \\ 1 & s^2+s+1 & -s^2-1 \end{bmatrix}$$

事实上，$\boldsymbol{Q}(s)$ 和 $\boldsymbol{P}(s)$ 可表示为

$$\boldsymbol{Q}(s)=\begin{bmatrix} s^2+1 & -s \\ 0 & 1 \end{bmatrix}\begin{bmatrix} 0 & s+1 \\ -1 & s^2+s-2 \end{bmatrix},\qquad \boldsymbol{P}(s)=\begin{bmatrix} 1 & 1 \end{bmatrix}\begin{bmatrix} 0 & s+1 \\ -1 & s^2+s-2 \end{bmatrix}$$

6. 多项式矩阵的互质性

互质性表征了两个多项式矩阵间的不可简约属性，可基于其最大公因子进行定义。对于列数相同的两个多项式矩阵 $\boldsymbol{Q}(s)$ 和 $\boldsymbol{P}(s)$，若其最大右公因子为单模矩阵，则称 $\boldsymbol{Q}(s)$ 和 $\boldsymbol{P}(s)$ 右互质。对于行数相同的两个多项式矩阵 $\boldsymbol{Q}_{\mathrm{L}}(s)$ 和 $\boldsymbol{P}_{\mathrm{L}}(s)$，若其最大左公因子为单模矩阵，则称 $\boldsymbol{Q}_{\mathrm{L}}(s)$ 和 $\boldsymbol{P}_{\mathrm{L}}(s)$ 左互质。显然，当且仅当 $\boldsymbol{Q}_{\mathrm{L}}^{\mathrm{T}}(s)$ 和 $\boldsymbol{P}_{\mathrm{L}}^{\mathrm{T}}(s)$ 右互质，$\boldsymbol{Q}_{\mathrm{L}}(s)$ 和 $\boldsymbol{P}_{\mathrm{L}}(s)$ 左互质。

设 $\boldsymbol{Q}(s)$ 为 $n\times n$ 维非奇异多项式矩阵，$\boldsymbol{P}(s)$ 为 $m\times n$ 维多项式矩阵，则下列各条等价：

① $\boldsymbol{Q}(s)$ 和 $\boldsymbol{P}(s)$ 右互质。

② 存在 $n\times n$ 维、$n\times m$ 维多项式矩阵 $\boldsymbol{X}(s)$、$\boldsymbol{Y}(s)$，使贝佐特(Bezout)等式

$$\boldsymbol{X}(s)\boldsymbol{Q}(s)+\boldsymbol{Y}(s)\boldsymbol{P}(s)=\boldsymbol{I}_n \tag{2-93}$$

成立。

③
$$\mathrm{rank}\begin{bmatrix} \boldsymbol{Q}(s) \\ \boldsymbol{P}(s) \end{bmatrix}=n,\qquad \forall s\in\mathbb{C} \tag{2-94}$$

④ 不存在 $m\times m$ 维、$m\times n$ 维多项式矩阵 $\overline{\boldsymbol{X}}(s)$、$\overline{\boldsymbol{Y}}(s)$，其中，$\deg\det(\overline{\boldsymbol{X}}(s))<\deg\det(\boldsymbol{Q}(s))$，使

$$-\overline{\boldsymbol{Y}}(s)\boldsymbol{Q}(s)+\overline{\boldsymbol{X}}(s)\boldsymbol{P}(s)=\boldsymbol{0}$$

与上述右互质判据对偶，设 $\boldsymbol{Q}_{\mathrm{L}}(s)$ 为 $m\times m$ 维非奇异多项式矩阵，$\boldsymbol{P}_{\mathrm{L}}(s)$ 为 $m\times n$ 维多项式矩阵，则下列各条等价：

① $\boldsymbol{Q}_{\mathrm{L}}(s)$ 和 $\boldsymbol{P}_{\mathrm{L}}(s)$ 左互质。

② 存在 $m\times m$ 维、$n\times m$ 维多项式矩阵 $\tilde{\boldsymbol{X}}(s)$、$\tilde{\boldsymbol{Y}}(s)$，使贝佐特(Bezout)等式

$$\boldsymbol{Q}_{\mathrm{L}}(s)\tilde{\boldsymbol{X}}(s)+\boldsymbol{P}_{\mathrm{L}}(s)\tilde{\boldsymbol{Y}}(s)=\boldsymbol{I}_m \tag{2-95}$$

成立。

③
$$\operatorname{rank}[\boldsymbol{Q}_{\mathrm{L}}(s)\ \vdots\ \boldsymbol{P}_{\mathrm{L}}(s)]=m,\qquad \forall s\in\mathbb{C} \tag{2-96}$$

④ 不存在 $m\times n$ 维、$n\times n$ 维多项式矩阵 $\hat{\boldsymbol{X}}(s)$、$\hat{\boldsymbol{Y}}(s)$，其中，$\deg\det(\hat{\boldsymbol{Y}}(s))<\deg\det(\boldsymbol{Q}_{\mathrm{L}}(s))$，使

$$-\boldsymbol{Q}_{\mathrm{L}}(s)\hat{\boldsymbol{X}}(s)+\boldsymbol{P}_{L}(s)\hat{\boldsymbol{Y}}(s)=\boldsymbol{0}$$

在例 2-16 中，所求最大右公因子 $\boldsymbol{R}_{\mathrm{R}}(s)$ 的行列式 $\det\boldsymbol{R}_{\mathrm{R}}(s)=s+1$，$\boldsymbol{R}_{\mathrm{R}}(s)$ 不是单模矩阵，故 $\boldsymbol{Q}(s)$ 和 $\boldsymbol{P}(s)$ 不为右互质。事实上，例 2-16 中的 $\boldsymbol{Q}(s)$ 非奇异（$\boldsymbol{Q}(s)$ 的行列式为有理分式域 $\Re(s)$ 上的非零元），又当 $s=-1$ 时，右互质判别矩阵

$$\left.\begin{bmatrix}\boldsymbol{Q}(s)\\ \hdashline \boldsymbol{P}(s)\end{bmatrix}\right|_{s=-1}=\left.\begin{bmatrix}s & 3s+1\\ -1 & s^2+s-2\\ \hdashline -1 & s^2+2s-1\end{bmatrix}\right|_{s=-1}=\begin{bmatrix}-1 & -2\\ -1 & -2\\ -1 & -2\end{bmatrix}$$

的秩 $=1<n=2$。可见，例 2-16 中的 $\boldsymbol{Q}(s)$、$\boldsymbol{P}(s)$ 不满足式(2-94)的秩判据条件。

7. 多项式矩阵的史密斯(Smith)标准形

设 $\boldsymbol{Q}(s)$ 为 $m\times n$ 维多项式矩阵，$\operatorname{rank}\boldsymbol{Q}(s)=p$，$0\leqslant p\leqslant\min(m,n)$，总可通过一系列行和列初等变换即通过相应维数单模矩阵对 $\{\boldsymbol{T}_{\mathrm{r}}(s),\boldsymbol{T}_{\mathrm{c}}(s)\}$ 变换导出式(2-97)所示的 Smith 标准形，即

$$\boldsymbol{T}_{\mathrm{r}}(s)\boldsymbol{Q}(s)\boldsymbol{T}_{\mathrm{c}}(s)=\boldsymbol{\Lambda}(s)=\left[\begin{array}{ccc:c}\lambda_1(s) & & & \boldsymbol{0}\\ & \ddots & & \vdots\\ & & \lambda_p(s) & \boldsymbol{0}\\ \hdashline \boldsymbol{0} & \cdots & \boldsymbol{0} & \boldsymbol{0}\end{array}\right] \tag{2-97}$$

式中，$\lambda_i(s)$ 为非零的首 1 多项式（$i=1,2,\cdots,p$），称为 $\boldsymbol{Q}(s)$ 的不变因子，其满足 $\lambda_i(s)$ 可整除 $\lambda_{i+1}(s)$，$i=1,2,\cdots,p-1$。构造 Smith 标准形 $\boldsymbol{\Lambda}(s)$ 的基本步骤如下：

① 通过行交换、列交换的初等变换，将 $\boldsymbol{Q}(s)$ 中不恒为零的元素中次数最低者变换到(1,1)位置；若(1,1)位置的元素可整除第 1 行和第 1 列的所有其余元素，则进入步骤②，否则需要通过一系列初等变换使位于(1,1)的元素降次，以满足其能够整除第 1 行和第 1 列的所有其余元素，详见例 2-18 的说明。

② 通过初等变换将第 1 行及第 1 列中除(1,1)位置之外的元素化为零。

③ 对删去第 1 行和第 1 列后的 $(m-1)\times(n-1)$ 维子矩阵重复步骤①和②。

经上述有限步骤后，$\boldsymbol{Q}(s)$ 被等价变换为

$$\boldsymbol{Q}(s)\longrightarrow\boldsymbol{\Phi}(s)=\left[\begin{array}{ccc:c}\phi_1(s) & & & \boldsymbol{0}\\ & \ddots & & \vdots\\ & & \phi_p(s) & \boldsymbol{0}\\ \hdashline \boldsymbol{0} & \cdots & \boldsymbol{0} & \boldsymbol{0}\end{array}\right] \tag{2-98}$$

进一步，若式(2-98)中的 $\phi_i(s)$ 不是首 1 多项式，则用 $\phi_i(s)$ 的首项系数的倒数乘以其所在的行，以化为首 1 多项式；若不满足 $\phi_i(s)$ 可整除 $\phi_{i+1}(s)$，则对式(2-98)所示 $\boldsymbol{\Phi}(s)$ 同时进行行和列

交换，以满足 $\phi_{i+1}(s)$ 可被 $\phi_i(s)$ 整除。

尽管将 $\boldsymbol{Q}(s)$ 变换为 Smith 标准形的单模矩阵对 $\{\boldsymbol{T}_r(s),\boldsymbol{T}_c(s)\}$ 并非唯一，但其 Smith 标准形 $\boldsymbol{\Lambda}(s)$ 为唯一，其中，$\lambda_i(s)(i=1,2,\cdots,p)$ 称为 $\boldsymbol{Q}(s)$ 不变因子的含义是指其与施加于 $\boldsymbol{Q}(s)$ 的单模变换无关。事实上，设 $\Delta_i(s)(i=1,2,\cdots,p)$ 为 $\boldsymbol{Q}(s)$ 所有 i 阶子式的首 1 最大公因式，称为 $\boldsymbol{Q}(s)$ 的 i 阶行列式因子，规定 $\Delta_0(s)=1$，因单模变换不改变行列式，故有

$$\Delta_i(s)=\lambda_1(s)\cdots\lambda_i(s),\qquad \Delta_{i-1}(s)=\lambda_1(s)\cdots\lambda_{i-1}(s)$$

则有

$$\lambda_i(s)=\frac{\Delta_i}{\Delta_{i-1}},\qquad i=1,2,\cdots,p \tag{2-99}$$

对给定 $\boldsymbol{Q}(s)$，其各阶子式的最大公因式即 $\Delta_i(s)(i=1,2,\cdots,p)$ 唯一，由式(2-99)知，$\boldsymbol{Q}(s)$ 的不变因子 $\lambda_i(s)$ 随之唯一确定，故 Smith 标准形 $\boldsymbol{\Lambda}(s)$ 唯一。

基于两个多项式矩阵互质判别矩阵的 Smith 标准形也可判别其互质性，可证明：两个列数同为 n 的多项式矩阵 $\boldsymbol{Q}(s)$、$\boldsymbol{P}(s)$ 为右互质的充分必要条件是

$$\begin{bmatrix}\boldsymbol{Q}(s)\\ \hdashline \boldsymbol{P}(s)\end{bmatrix}\text{的 Smith 标准形为}\begin{bmatrix}\boldsymbol{I}_n\\ \hdashline \boldsymbol{0}\end{bmatrix} \tag{2-100}$$

与式(2-100)判据对偶，两个行数同为 m 的多项式矩阵 $\boldsymbol{Q}_L(s)$ 和 $\boldsymbol{P}_L(s)$ 为左互质的充分必要条件是

$$[\boldsymbol{Q}_L(s) \;\vdots\; \boldsymbol{P}_L(s)]\text{ 的 Smith 标准形为 }[\boldsymbol{I}_m \;\vdots\; \boldsymbol{0}] \tag{2-101}$$

【例 2-17】 例 2-16 中的两个多项式矩阵

$$\boldsymbol{Q}(s)=\begin{bmatrix}s & 3s+1\\ -1 & s^2+s-2\end{bmatrix},\qquad \boldsymbol{P}(s)=[-1\quad s^2+2s-1]$$

其构成的右互质判别矩阵为

$$\begin{bmatrix}\boldsymbol{Q}(s)\\ \hdashline \boldsymbol{P}(s)\end{bmatrix}=\begin{bmatrix}s & 3s+1\\ -1 & s^2+s-2\\ \hdashline -1 & s^2+2s-1\end{bmatrix}$$

现通过行和列初等变换使 $\boldsymbol{Q}(s)$ 和 $\boldsymbol{P}(s)$ 右互质判别矩阵变换为 Smith 标准形 $\boldsymbol{\Lambda}(s)$，即

$$\begin{bmatrix}\boldsymbol{Q}(s)\\ \hdashline \boldsymbol{P}(s)\end{bmatrix}=\begin{bmatrix}s & 3s+1\\ -1 & s^2+s-2\\ \hdashline -1 & s^2+2s-1\end{bmatrix}\xrightarrow{\text{交换行 1 和行 2}}\begin{bmatrix}-1 & s^2+s-2\\ s & 3s+1\\ -1 & s^2+2s-1\end{bmatrix}$$

$$\xrightarrow{\text{列 }1\times(s^2+s-2)\text{ 加到列 }2}\begin{bmatrix}-1 & 0\\ s & s^3+s^2+s+1\\ -1 & s+1\end{bmatrix}\xrightarrow{\text{行 }1\times s\text{ 加到行 }2}\begin{bmatrix}-1 & 0\\ 0 & s^3+s^2+s+1\\ -1 & s+1\end{bmatrix}$$

$$\xrightarrow{\text{行 }1\times(-1)\text{ 加到行 }3}\begin{bmatrix}-1 & 0\\ 0 & s^3+s^2+s+1\\ 0 & s+1\end{bmatrix}\xrightarrow{\text{交换行 2 和行 3}}\begin{bmatrix}-1 & 0\\ 0 & s+1\\ 0 & s^3+s^2+s+1\end{bmatrix}$$

$$\xrightarrow{\text{行 }2\times(-s^2-1)\text{ 加到行 }3}\begin{bmatrix}-1 & 0\\ 0 & s+1\\ \hdashline 0 & 0\end{bmatrix}=\xrightarrow{\text{行 }1\times(-1)}\begin{bmatrix}1 & 0\\ 0 & s+1\\ \hdashline 0 & 0\end{bmatrix}=\boldsymbol{\Lambda}(s)$$

由所得的 Smith 标准形 $\boldsymbol{\Lambda}(s)$，根据式(2-100)判据，$\boldsymbol{Q}(s)$ 和 $\boldsymbol{P}(s)$ 非右互质。

2.4.2 传递函数矩阵的 Smith-McMillan 标准形

传递函数矩阵为一个有理分式矩阵。Smith-McMillan 标准形为有理分式矩阵的一种重要

标准形，其为分析传递函数矩阵的零点和极点提供了重要工具。

对 $m\times r$ 维有理分式传递函数矩阵 $\boldsymbol{W}(s)$，设 $\mathrm{rank}\boldsymbol{W}(s)=p\leqslant\min\{m,r\}$，$d(s)$ 为 $\boldsymbol{W}(s)$ 所有元有理分式的首 1 最小公分母，则必存在 m 阶和 r 阶单模矩阵 $\boldsymbol{T}_{\mathrm{r}}(s)$ 和 $\boldsymbol{T}_{\mathrm{c}}(s)$，使变换后的多项式矩阵 $d(s)\boldsymbol{W}(s)$ 化为 Smith 标准形，即

$$\boldsymbol{T}_{\mathrm{r}}(s)d(s)\boldsymbol{W}(s)\boldsymbol{T}_{\mathrm{c}}(s)=\boldsymbol{\Lambda}(s)=\left[\begin{array}{ccc:c}\lambda_1(s) & & & \mathbf{0}\\ & \ddots & & \vdots\\ & & \lambda_p(s) & \mathbf{0}\\ \hdashline \mathbf{0} & \cdots & \mathbf{0} & \mathbf{0}\end{array}\right] \tag{2-102}$$

将式(2-102)两边同乘以 $1/d(s)$，得

$$\boldsymbol{T}_{\mathrm{r}}(s)\boldsymbol{W}(s)\boldsymbol{T}_{\mathrm{c}}(s)=\frac{\boldsymbol{\Lambda}(s)}{d(s)}=\left[\begin{array}{ccc:c}\dfrac{\lambda_1(s)}{d(s)} & & & \mathbf{0}\\ & \ddots & & \vdots\\ & & \dfrac{\lambda_p(s)}{d(s)} & \mathbf{0}\\ \hdashline \mathbf{0} & \cdots & \mathbf{0} & \mathbf{0}\end{array}\right] \tag{2-103}$$

消去式(2-103)对角元有理分式

$$\frac{\lambda_i(s)}{d(s)},i=1,2,\cdots,p$$

中分子和分母的公因子，即

$$\frac{\lambda_i(s)}{d(s)}=\frac{\alpha_i(s)}{\beta_i(s)},\{\alpha_i(s),\beta_i(s)\}\text{互质},i=1,2,\cdots,p \tag{2-104}$$

将式(2-104)代入式(2-103)，得 $\boldsymbol{W}(s)$ 经单模变换导出的 Smith-McMillan 标准形为

$$\boldsymbol{W}_{\mathrm{M}}(s)=\boldsymbol{T}_{\mathrm{r}}(s)\boldsymbol{W}(s)\boldsymbol{T}_{\mathrm{c}}(s)=\left[\begin{array}{ccc:c}\dfrac{\alpha_1(s)}{\beta_1(s)} & & & \mathbf{0}\\ & \ddots & & \vdots\\ & & \dfrac{\alpha_p(s)}{\beta_p(s)} & \mathbf{0}\\ \hdashline \mathbf{0} & \cdots & \mathbf{0} & \mathbf{0}\end{array}\right] \tag{2-105}$$

式中，$\{\alpha_i(s),\beta_i(s)\}$ 互质，$\alpha_i(s)$ 可整除 $\alpha_{i+1}(s)$，$\beta_{i+1}(s)$ 可整除 $\beta_i(s)$，$i=1,2,\cdots,p-1$。

【例 2-18】 求例 2-2 中的真有理分式传递函数矩阵

$$\boldsymbol{W}(s)=\begin{bmatrix}\dfrac{s}{s+1} & \dfrac{1}{(s+1)(s+2)} & \dfrac{1}{s+3}\\ \dfrac{-1}{s+1} & \dfrac{1}{(s+1)(s+2)} & \dfrac{1}{s}\end{bmatrix}$$

的 Smith-McMillan 标准形。

解 $\boldsymbol{W}(s)$ 各元有理分式的最小公分母 $d(s)=s(s+1)(s+2)(s+3)$，则 $\boldsymbol{W}(s)$ 相应的分子多项式矩阵为

$$\boldsymbol{N}(s)=d(s)\boldsymbol{W}(s)=\begin{bmatrix}s^2(s+2)(s+3) & s^2+3s & s(s+1)(s+2)\\ -s(s+2)(s+3) & s^2+3s & (s+1)(s+2)(s+3)\end{bmatrix}$$

通过列和行初等变换，化 $\boldsymbol{N}(s)$ 为 Smith 标准形，即

$$\boldsymbol{N}(s)=d(s)\boldsymbol{W}(s)=\begin{bmatrix}s^2(s+2)(s+3) & s^2+3s & s(s+1)(s+2)\\ -s(s+2)(s+3) & s^2+3s & (s+1)(s+2)(s+3)\end{bmatrix}$$

$$\xrightarrow{(1)\boldsymbol{T}_{c1}:\text{交换列 1 和列 2}}\begin{bmatrix} s^2+3s & (s^2+2s)(s^2+3s) & s(s^2+3s)+2s \\ s^2+3s & -(s+2)(s^2+3s) & (s+3)(s^2+3s)+2s+6 \end{bmatrix}$$

$$\xrightarrow{(2)\boldsymbol{T}_{c2}:\text{列 }1\times(-s)\text{ 加到列 3}}\begin{bmatrix} s^2+3s & (s^2+2s)(s^2+3s) & 2s \\ s^2+3s & -(s+2)(s^2+3s) & 3s^2+11s+6 \end{bmatrix}$$

$$\xrightarrow{(3)\boldsymbol{T}_{c3}:\text{交换列 1 和列 3}}\begin{bmatrix} 2s & (s^2+2s)(s^2+3s) & s^2+3s \\ (\frac{3}{2}s+\frac{11}{2})2s+6 & -(s+2)(s^2+3s) & s^2+3s \end{bmatrix}$$

$$\xrightarrow{(4)\boldsymbol{T}_{r1}:\text{行 }1\times(-3s/2-11/2)\text{ 加到行 2}}\begin{bmatrix} 2s & (s^2+2s)(s^2+3s) & s^2+3s \\ 6 & -\frac{3}{2}s^5-13s^4-\frac{75}{2}s^3-\frac{76}{2}s^2-6s & -\frac{3}{2}s^3-9s^2-\frac{27}{2}s \end{bmatrix}$$

$$\xrightarrow{(5)\boldsymbol{T}_{r2}:\text{交换行 1 和行 2}}\begin{bmatrix} 6 & -\frac{3}{2}s^5-13s^4-\frac{75}{2}s^3-\frac{76}{2}s^2-6s & -\frac{3}{2}s^3-9s^2-\frac{27}{2}s \\ 2s & s^4+5s^3+6s^2 & s^2+3s \end{bmatrix}$$

$$\xrightarrow{(6)\boldsymbol{T}_{r3}:\text{行 }1\times 1/6}\begin{bmatrix} 1 & -\frac{1}{4}s^5-\frac{13}{6}s^4-\frac{75}{12}s^3-\frac{19}{3}s^2-s & -\frac{1}{4}s^3-\frac{3}{2}s^2-\frac{9}{4}s \\ 2s & s^4+5s^3+6s^2 & s^2+3s \end{bmatrix}$$

$$\xrightarrow{(7)\boldsymbol{T}_{r4}:\text{行 }1\times(-2s)\text{ 加到行 2}}\begin{bmatrix} 1 & -\frac{1}{4}s^5-\frac{13}{6}s^4-\frac{75}{12}s^3-\frac{19}{3}s^2-s & -\frac{1}{4}s^3-\frac{3}{2}s^2-\frac{9}{4}s \\ 0 & \frac{1}{2}s^6+\frac{13}{3}s^5+\frac{81}{6}s^4+\frac{53}{3}s^3+8s^2 & \frac{1}{2}s^4+3s^3+\frac{11}{2}s^2+3s \end{bmatrix}$$

$$\xrightarrow{(8)\boldsymbol{T}_{c4}:\text{列 }1\times\left(\frac{1}{4}s^5+\frac{13}{6}s^4+\frac{75}{12}s^3+\frac{19}{3}s^2+s\right)\text{加到列 2}}\begin{bmatrix} 1 & 0 & -\frac{1}{4}s^3-\frac{3}{2}s^2-\frac{9}{4}s \\ 0 & \frac{1}{2}s^6+\frac{13}{3}s^5+\frac{81}{6}s^4+\frac{53}{3}s^3+8s^2 & \frac{1}{2}s^4+3s^3+\frac{11}{2}s^2+3s \end{bmatrix}$$

$$\xrightarrow{(9)\boldsymbol{T}_{c5}:\text{列 }1\times\left(\frac{1}{4}s^3+\frac{3}{2}s^2+\frac{9}{4}s\right)\text{加到列 3}}\begin{bmatrix} 1 & 0 & 0 \\ 0 & \frac{1}{2}s^6+\frac{13}{3}s^5+\frac{81}{6}s^4+\frac{53}{3}s^3+8s^2 & \frac{1}{2}s^4+3s^3+\frac{11}{2}s^2+3s \end{bmatrix}$$

$$\xrightarrow{(10)\boldsymbol{T}_{c6}:\text{交换列 2 和列 3}}\begin{bmatrix} 1 & 0 & 0 \\ 0 & \frac{1}{2}s^4+3s^3+\frac{11}{2}s^2+3s & \frac{1}{2}s^6+\frac{13}{3}s^5+\frac{81}{6}s^4+\frac{53}{3}s^3+8s^2 \end{bmatrix}$$

$$\xrightarrow{(11)\boldsymbol{T}_{r5}:\text{行 }2\times 2}\begin{bmatrix} 1 & 0 & 0 \\ 0 & s^4+6s^3+11s^2+6s & s^6+\frac{26}{3}s^5+\frac{81}{3}s^4+\frac{106}{3}s^3+16s^2 \end{bmatrix}$$

$$\xrightarrow{(12)\boldsymbol{T}_{c7}:\text{列 }2\times\left(-s\left(s+\frac{8}{3}\right)\right)\text{加到列 3}}\begin{bmatrix} 1 & 0 & 0 \\ 0 & s^4+6s^3+11s^2+6s & 0 \end{bmatrix}=\boldsymbol{\Lambda}(s)=\boldsymbol{T}_r(s)d(s)\boldsymbol{W}(s)\boldsymbol{T}_c(s)$$

将上式两边同乘以 $1/d(s)$，并将 $\boldsymbol{\Lambda}(s)/d(s)$ 中的各元素化为既约形式，即得 $\boldsymbol{W}(s)$ 的 Smith-McMillan标准形 $\boldsymbol{W}_M(s)$ 为

$$\boldsymbol{W}_M(s)=\boldsymbol{T}_r(s)\boldsymbol{W}(s)\boldsymbol{T}_c(s)=\begin{bmatrix} \frac{1}{s^4+6s^3+11s^2+6s} & 0 & 0 \\ 0 & 1 & 0 \end{bmatrix}$$

由上述化 $\boldsymbol{N}(s)$ 为 Smith 标准形的列和行初等变换，可得相应的单模矩阵对$\{\boldsymbol{T}_r(s),\boldsymbol{T}_c(s)\}$为

$$\boldsymbol{T}_r=\boldsymbol{T}_{r5}\boldsymbol{T}_{r4}\boldsymbol{T}_{r3}\boldsymbol{T}_{r2}\boldsymbol{T}_{r1}$$

$$=\begin{bmatrix} 1 & 0 \\ 0 & 2 \end{bmatrix}\begin{bmatrix} 1 & 0 \\ -2s & 1 \end{bmatrix}\begin{bmatrix} \frac{1}{6} & 0 \\ 0 & 1 \end{bmatrix}\begin{bmatrix} 0 & 1 \\ 1 & 0 \end{bmatrix}\begin{bmatrix} 1 & 0 \\ -\frac{3}{2}s-\frac{11}{2} & 1 \end{bmatrix}=\begin{bmatrix} -\frac{1}{4}s-\frac{11}{12} & \frac{1}{6} \\ s^2+\frac{11}{3}s+2 & -\frac{2}{3}s \end{bmatrix}$$

$$\boldsymbol{T}_c=\boldsymbol{T}_{c1}\boldsymbol{T}_{c2}\boldsymbol{T}_{c3}\boldsymbol{T}_{c4}\boldsymbol{T}_{c5}\boldsymbol{T}_{c6}\boldsymbol{T}_{c7}=\begin{bmatrix} 0 & 0 & 1 \\ -s & -\frac{1}{4}s^4-\frac{3}{2}s^3-\frac{9}{4}s^2+1 & -\frac{1}{3}(s^3+6s^2+8s) \\ 1 & \frac{1}{4}(s^3+6s^2+9s) & \frac{1}{3}(s^2+3s) \end{bmatrix}$$

其中，各列初等变换矩阵分别为

$$\boldsymbol{T}_{c1}=\begin{bmatrix}0&1&0\\1&0&0\\0&0&1\end{bmatrix},\boldsymbol{T}_{c2}=\begin{bmatrix}1&0&-s\\0&1&0\\0&0&1\end{bmatrix},\boldsymbol{T}_{c3}=\begin{bmatrix}0&0&1\\0&1&0\\1&0&0\end{bmatrix},$$

$$\boldsymbol{T}_{c4}=\begin{bmatrix}1&\frac{1}{4}s^5+\frac{13}{6}s^4+\frac{75}{12}s^3+\frac{19}{3}s^2+s&0\\0&1&0\\0&0&1\end{bmatrix},\boldsymbol{T}_{c5}=\begin{bmatrix}1&0&\frac{1}{4}s^3+\frac{3}{2}s^2+\frac{9}{4}s\\0&1&0\\0&0&1\end{bmatrix},$$

$$\boldsymbol{T}_{c6}=\begin{bmatrix}1&0&0\\0&0&1\\0&1&0\end{bmatrix},\boldsymbol{T}_{c7}=\begin{bmatrix}1&0&0\\0&1&-s(s+\frac{8}{3})\\0&0&1\end{bmatrix}$$

应该指出，上述第 1 步变换后，(1,1)位置处的元素虽然是 $\boldsymbol{N}(s)$中不恒为零的元素中次数最低者，但其不能整除(1,3)位置处的元素，故需进行第 2 步、第 3 步变换，使位于(1,1)位置处的元素降次。但第 3 步变换后，(1,1)位置处的元素尚不能整除(2,1)位置处的元素，故仍需进行第 4 步、第 5 步变换，以使(1,1)位置处的元素满足整除第 1 行和第 1 列其余所有元素的要求。

本例采用单模变换求 $\boldsymbol{W}(s)$ Smith-McMillan 标准形的计算量较大。事实上，易知 $\boldsymbol{W}(s)$的分子多项式矩阵 $\boldsymbol{N}(s)=d(s)\boldsymbol{W}(s)$的一阶、二阶子式的最大公因式分别为

$$\Delta_1(s)=1,\Delta_2(s)=s(s+1)(s+2)(s+3)=s^4+6s^3+11s^2+6s$$

根据式(2-99)，可直接得到 $\boldsymbol{N}(s)=d(s)\boldsymbol{W}(s)$的 Smith 标准形为

$$\boldsymbol{T}_r(s)d(s)\boldsymbol{W}(s)\boldsymbol{T}_c(s)=\boldsymbol{\Lambda}(s)=\left[\begin{array}{cc:c}\lambda(s)_1&0&0\\0&\lambda_2(s)&0\end{array}\right]=\left[\begin{array}{cc:c}\frac{\Delta_1(s)}{\Delta_0}&0&0\\0&\frac{\Delta_2(s)}{\Delta_1(s)}&0\end{array}\right]$$

$$=\begin{bmatrix}1&0&0\\0&s^4+6s^3+11s^2+6s&0\end{bmatrix}$$

2.4.3 传递函数矩阵的矩阵分式描述

矩阵分式描述(Matrix-Fraction Description，MFD)是将有理分式矩阵形式的传递函数矩阵分解为矩阵因子的形式，以便于应用多项式矩阵理论分析和设计多变量系统，其形式上为标量有理分式形式传递函数相应表示的推广。对 $m\times r$ 维复变量 s 的有理分式矩阵 $\boldsymbol{W}(s)$，总存在 $m\times r$ 维和 $r\times r$ 维多项式矩阵 $\boldsymbol{N}_R(s)$和 $\boldsymbol{D}_R(s)$，以及 $m\times r$ 维和 $m\times m$ 维多项式矩阵 $\boldsymbol{N}_L(s)$和 $\boldsymbol{D}_L(s)$，使

$$\boldsymbol{W}(s)=\boldsymbol{N}_R(s)\boldsymbol{D}_R^{-1}(s)=\boldsymbol{D}_L^{-1}(s)\boldsymbol{N}_L(s)\tag{2-106}$$

成立，则称 $\boldsymbol{N}_R(s)\boldsymbol{D}_R^{-1}(s)$为 $\boldsymbol{W}(s)$的一个右 MFD，称 $\boldsymbol{D}_L^{-1}(s)\boldsymbol{N}_L(s)$为 $\boldsymbol{W}(s)$的一个左 MFD，且规定 $\boldsymbol{N}_R(s)\boldsymbol{D}_R^{-1}(s)$和 $\boldsymbol{D}_L^{-1}(s)\boldsymbol{N}_L(s)$的阶次分别为矩阵 $\boldsymbol{D}_R(s)$和 $\boldsymbol{D}_L(s)$行列式的次数，即

$$\begin{cases}\boldsymbol{N}_R(s)\boldsymbol{D}_R^{-1}(s)\text{ 的阶次}=\deg\det\boldsymbol{D}_R(s)\\\boldsymbol{D}_L^{-1}(s)\boldsymbol{N}_L(s)\text{ 的阶次}=\deg\det\boldsymbol{D}_L(s)\end{cases}\tag{2-107}$$

类似于单变量系统传递函数

$$W(s)=\frac{n(s)}{d(s)}=n(s)d^{-1}(s)=d^{-1}(s)n(s)$$

的分式化表示，式(2-106)所示的多变量系统传递函数矩阵 MFD 实质上是将 $\boldsymbol{W}(s)$表示为两个多

项式矩阵之"比"，但与单变量传递函数不同，式(2-106)所示的两种分解一般不唯一，而且右MFD和左MFD的阶次一般不相同。

$m\times r$维严真传递函数矩阵$\boldsymbol{W}(s)$，总可唯一地表示为

$$\boldsymbol{W}(s)=\frac{\boldsymbol{N}(s)}{d(s)} \tag{2-108}$$

式中，$d(s)$为$\boldsymbol{W}(s)$的所有元的首1最小公分母，$\boldsymbol{N}(s)$为$m\times r$维多项式矩阵，其元素为s的多项式。由式(2-106)，可将$\boldsymbol{W}(s)$写为MFD的一种标准形式，即

$$\boldsymbol{W}(s)=\boldsymbol{N}(s)[d(s)\boldsymbol{I}_r]^{-1}=[d(s)\boldsymbol{I}_m]^{-1}\boldsymbol{N}(s) \tag{2-109}$$

式中，$\boldsymbol{I}_r$、$\boldsymbol{I}_m$分别为r阶、m阶单位矩阵。

因为单模矩阵的逆存在且亦为单模矩阵，故在式(2-106)中，若$\boldsymbol{N}_{\mathrm{R}}(s)$和$\boldsymbol{D}_{\mathrm{R}}(s)$的最大右公因子为单模矩阵，即$\boldsymbol{N}_{\mathrm{R}}(s)$和$\boldsymbol{D}_{\mathrm{R}}(s)$右互质，则称$\boldsymbol{N}_{\mathrm{R}}(s)\boldsymbol{D}_{\mathrm{R}}^{-1}(s)$为$\boldsymbol{W}(s)$的右既约(或不可简约)MFD；若$\boldsymbol{N}_{\mathrm{L}}(s)$和$\boldsymbol{D}_{\mathrm{L}}(s)$的最大左公因子为单模矩阵，即$\boldsymbol{N}_{\mathrm{L}}(s)$和$\boldsymbol{D}_{\mathrm{L}}(s)$左互质，则称$\boldsymbol{D}_{\mathrm{L}}^{-1}(s)\boldsymbol{N}_{\mathrm{L}}(s)$为$\boldsymbol{W}(s)$的左既约(或不可简约)MFD。通常称互质分解下的$\boldsymbol{D}_{\mathrm{L}}(s)$、$\boldsymbol{D}_{\mathrm{R}}(s)$为$\boldsymbol{W}(s)$的左、右分母矩阵，$\boldsymbol{N}_{\mathrm{L}}(s)$、$\boldsymbol{N}_{\mathrm{R}}(s)$为$\boldsymbol{W}(s)$的左、右分子矩阵。在多变量频域控制理论中，均相对于线性定常系统传递函数矩阵的既约MFD进行分析与综合。对给定的传递函数矩阵$\boldsymbol{W}(s)$，一般情况下，其左、右既约MFD均非唯一，但若$\boldsymbol{D}_{\mathrm{L}}^{-1}(s)\boldsymbol{N}_{\mathrm{L}}(s)$、$\boldsymbol{N}_{\mathrm{R}}(s)\boldsymbol{D}_{\mathrm{R}}^{-1}(s)$分别为$\boldsymbol{W}(s)$的任一左、右既约MFD，则必有

$$\deg\det\boldsymbol{D}_{\mathrm{L}}(s)=\deg\det\boldsymbol{D}_{\mathrm{R}}(s) \tag{2-110}$$

式(2-110)称为最小阶MFD的阶次。由于既约MFD具有最小阶次，实质上是传递函数矩阵的一类最简结构MFD，故也称为最小阶MFD，其是研究最小实现问题的基础。由给定传递函数矩阵的可简约MFD确定其既约MFD的算法在第5章将进一步阐述，本节先介绍基于Smith-McMillan标准形获得既约MFD的方法。

由式(2-105)知，对于秩为p的$m\times r$维有理分式传递函数矩阵$\boldsymbol{W}(s)$，存在单模矩阵对$\{\boldsymbol{T}_{\mathrm{r}}(s),\boldsymbol{T}_{\mathrm{c}}(s)\}$，可将其化为Smith-McMillan标准形，即

$$\boldsymbol{W}_{\mathrm{M}}(s)=\boldsymbol{T}_{\mathrm{r}}(s)\boldsymbol{W}(s)\boldsymbol{T}_{\mathrm{c}}(s)=\left[\begin{array}{ccc:c}\frac{\alpha_1(s)}{\beta_1(s)} & & & \boldsymbol{0}\\ & \ddots & & \vdots\\ & & \frac{\alpha_p(s)}{\beta_p(s)} & \boldsymbol{0}\\ \hdashline \boldsymbol{0} & \cdots & \boldsymbol{0} & \boldsymbol{0}\end{array}\right] \tag{2-111}$$

若令

$$\boldsymbol{\alpha}_{\mathrm{R}}(s)=\left[\begin{array}{ccc:c}\alpha_1(s) & & & \\ & \ddots & & \boldsymbol{0}\\ & & \alpha_p(s) & \\ \hdashline & \boldsymbol{0} & & \boldsymbol{0}\end{array}\right]_{m\times r},\quad \boldsymbol{\beta}_{\mathrm{R}}(s)=\left[\begin{array}{ccc:c}\beta_1(s) & & & \\ & \ddots & & \boldsymbol{0}\\ & & \beta_p(s) & \\ \hdashline & \boldsymbol{0} & & \boldsymbol{I}_{r-p}\end{array}\right]_{r\times r} \tag{2-112}$$

则$\boldsymbol{W}_{\mathrm{M}}(s)$的一个右MFD为

$$\boldsymbol{W}_{\mathrm{M}}(s)=\boldsymbol{\alpha}_{\mathrm{R}}(s)\boldsymbol{\beta}_{\mathrm{R}}^{-1}(s) \tag{2-113}$$

与导出式(2-113)相对偶，若令

$$\boldsymbol{\alpha}_{\mathrm{L}}(s)=\left[\begin{array}{ccc:c}\alpha_1(s) & & & \\ & \ddots & & \boldsymbol{0}\\ & & \alpha_p(s) & \\ \hdashline & \boldsymbol{0} & & \boldsymbol{0}\end{array}\right]_{m\times r},\quad \boldsymbol{\beta}_{\mathrm{L}}(s)=\left[\begin{array}{ccc:c}\beta_1(s) & & & \\ & \ddots & & \boldsymbol{0}\\ & & \beta_p(s) & \\ \hdashline & \boldsymbol{0} & & \boldsymbol{I}_{m-p}\end{array}\right]_{m\times m} \tag{2-114}$$

则 $\boldsymbol{W}_{\mathrm{M}}(s)$ 的一个左 MFD 为

$$\boldsymbol{W}_{\mathrm{M}}(s)=\boldsymbol{\beta}_{\mathrm{L}}^{-1}(s)\boldsymbol{\alpha}_{\mathrm{L}}(s) \tag{2-115}$$

将式(2-113)代入式(2-111)，整理得

$$\boldsymbol{W}(s)=\boldsymbol{T}_{\mathrm{r}}^{-1}(s)\boldsymbol{\alpha}_{\mathrm{R}}(s)\boldsymbol{\beta}_{\mathrm{R}}^{-1}(s)\boldsymbol{T}_{\mathrm{c}}^{-1}(s)=\boldsymbol{N}_{\mathrm{R}}(s)\boldsymbol{D}_{\mathrm{R}}^{-1}(s) \tag{2-116}$$

式中

$$\boldsymbol{N}_{\mathrm{R}}(s)=\boldsymbol{T}_{\mathrm{r}}^{-1}(s)\boldsymbol{\alpha}_{\mathrm{R}}(s),\boldsymbol{D}_{\mathrm{R}}(s)=\boldsymbol{T}_{\mathrm{c}}(s)\boldsymbol{\beta}_{\mathrm{R}}(s) \tag{2-117}$$

由 $\{\alpha_i,\beta_i\}$ 互质，$i=1,\cdots p$，易知 $\{\boldsymbol{\alpha}_{\mathrm{R}}(s),\boldsymbol{\beta}_{\mathrm{R}}(s)\}$ 右互质，进而利用 gcrd 构造方法，可证明 $\{\boldsymbol{N}_{\mathrm{R}}(s),\boldsymbol{D}_{\mathrm{R}}(s)\}$ 右互质，因此式(2-116)所示的 $\boldsymbol{N}_{\mathrm{R}}(s)\boldsymbol{D}_{\mathrm{R}}^{-1}(s)$ 为 $\boldsymbol{W}(s)$ 的一个右既约 MFD。

与基于 Smith-McMillan 标准形 $\boldsymbol{W}(s)$ 的右既约 MFD 相对偶，若取

$$\boldsymbol{N}_{\mathrm{L}}(s)=\boldsymbol{\alpha}_{\mathrm{L}}(s)\boldsymbol{T}_{\mathrm{c}}^{-1}(s),\boldsymbol{D}_{\mathrm{L}}(s)=\boldsymbol{\beta}_{\mathrm{L}}(s)\boldsymbol{T}_{\mathrm{r}}(s) \tag{2-118}$$

则 $\boldsymbol{D}_{\mathrm{L}}^{-1}(s)\boldsymbol{N}_{\mathrm{L}}(s)$ 为 $\boldsymbol{W}(s)$ 的一个左既约 MFD。

【例 2-19】 求例 2-2 中的真有理分式传递函数矩阵

$$\boldsymbol{W}(s)=\begin{bmatrix}\dfrac{s}{s+1} & \dfrac{1}{(s+1)(s+2)} & \dfrac{1}{s+3}\\ \dfrac{-1}{s+1} & \dfrac{1}{(s+1)(s+2)} & \dfrac{1}{s}\end{bmatrix}$$

的矩阵分式描述。

解 取 $\boldsymbol{W}(s)$ 各元素的首 1 最小公分母

$$d(s)=s(s+1)(s+2)(s+3)$$

则由式(2-109)得 $\boldsymbol{W}(s)$ 的一个右 MFD 为

$$\begin{aligned}\boldsymbol{W}(s)&=\boldsymbol{N}(s)(\boldsymbol{I}_r d(s))^{-1}\\&=\begin{bmatrix}s^2(s+2)(s+3) & s(s+3) & s(s+1)(s+2)\\ -s(s+2)(s+3) & s(s+3) & (s+1)(s+2)(s+3)\end{bmatrix}\times\\&\quad\begin{bmatrix}s(s+1)(s+2)(s+3) & 0 & 0\\ 0 & s(s+1)(s+2)(s+3) & 0\\ 0 & 0 & s(s+1)(s+2)(s+3)\end{bmatrix}^{-1}\\&=\boldsymbol{N}_{\mathrm{R1}}(s)\boldsymbol{D}_{\mathrm{R1}}^{-1}(s)\end{aligned}$$

此时，$\deg\det\boldsymbol{D}_{\mathrm{R1}}(s)=12$。

若利用例 2-18 中的 Smith-McMillan 标准形，则得到一个右既约 MFD 为

$$\begin{aligned}\boldsymbol{W}(s)&=\boldsymbol{T}_{\mathrm{r}}^{-1}(s)\boldsymbol{\alpha}_{\mathrm{R}}(s)\{\boldsymbol{T}_{\mathrm{c}}(s)\boldsymbol{\beta}_{\mathrm{R}}(s)\}^{-1}\\&=\boldsymbol{T}_{\mathrm{r}}^{-1}(s)\begin{bmatrix}1 & 0 & 0\\ 0 & 1 & 0\end{bmatrix}\left\{\boldsymbol{T}_{\mathrm{c}}(s)\left[\begin{array}{cc:c}s(s+1)(s+2)(s+3) & & \\ & 1 & \\ \hdashline & & 1\end{array}\right]\right\}^{-1}\\&=\begin{bmatrix}2s & \dfrac{1}{2} & 0\\ 3s^2+11s+6 & \dfrac{3}{4}s+\dfrac{11}{4} & 0\end{bmatrix}\times\\&\quad\begin{bmatrix}0 & 0 & 1\\ -s^2(s+1)(s+2)(s+3) & -\dfrac{1}{4}s^4-\dfrac{3}{2}s^3-\dfrac{9}{4}s^2+1 & -\dfrac{1}{3}s(s^2+6s+8)\\ s(s+1)(s+2)(s+3) & \dfrac{1}{4}s(s+3)^2 & \dfrac{1}{3}s(s+3)\end{bmatrix}^{-1}\end{aligned}$$

$$= \boldsymbol{N}_{\mathrm{R}}(s)\boldsymbol{D}_{\mathrm{R}}^{-1}(s)$$

$\deg \det \boldsymbol{D}_{\mathrm{R}}(s)=4$ 是本例 $\boldsymbol{W}(s)$ 矩阵分式描述的最小阶次。

2.4.4 传递函数矩阵的零点和极点

2.4.3 节已说明，根据有理函数分子、分母多项式的概念，若式(2-106)所示的有理分式矩阵 $\boldsymbol{W}(s)$ 的分解为互质分解，则称 $\boldsymbol{D}_{\mathrm{L}}(s)$、$\boldsymbol{D}_{\mathrm{R}}(s)$ 为 $\boldsymbol{W}(s)$ 的左、右分母矩阵，$\boldsymbol{N}_{\mathrm{L}}(s)$、$\boldsymbol{N}_{\mathrm{R}}(s)$ 为 $\boldsymbol{W}(s)$ 的左、右分子矩阵，从而可将单变量系统传递函数零点、极点概念向多变量系统传递函数矩阵推广。对于秩为 p 的 $m\times r$ 维有理分式传递函数矩阵 $\boldsymbol{W}(s)$，基于式(2-105)给出的 Smith-McMillan 标准形 $\boldsymbol{W}_{\mathrm{M}}(s)$，有

$$\begin{cases}\boldsymbol{W}(s)\text{ 的极点} = \text{“}\boldsymbol{W}_{\mathrm{M}}(s)\text{ 中 }\beta_i(s)=0\text{ 的根}, i=1,2,\cdots p\text{”}\\ \boldsymbol{W}(s)\text{ 的零点} = \text{“}\boldsymbol{W}_{\mathrm{M}}(s)\text{ 中 }\alpha_i(s)=0\text{ 的根}, i=1,2,\cdots p\text{”}\end{cases} \tag{2-119}$$

式(2-119)为 Rosenbrock 基于 $\boldsymbol{W}(s)$ 的 Smith-McMillan 标准形 $\boldsymbol{W}_{\mathrm{M}}(s)$ 所提出的零、极点定义式。按照 Rosenbrock 的上述定义，由 $\boldsymbol{W}(s)$ 的 Smith-McMillan 标准形(2-105)，$\boldsymbol{W}(s)$ 的极点多项式为

$$P(s)=\prod_{i=1}^{p}\beta_i(s) \tag{2-220}$$

$\boldsymbol{W}(s)$ 的零点多项式为

$$Z(s)=\prod_{i=1}^{p}\alpha_i(s) \tag{2-221}$$

【例 2-20】 应用 Smith-McMillan 标准形求例 2-1 中的 2×2 维严真有理传递函数矩阵

$$\boldsymbol{W}(s)=\frac{1}{(s-1)(s-4)}\begin{bmatrix}2 & s-4\\ s-4 & 0\end{bmatrix}$$

的零点和极点。

解 引入单模矩阵对 $\{\boldsymbol{T}_{\mathrm{r}}(s),\boldsymbol{T}_{\mathrm{c}}(s)\}$，可将 $\boldsymbol{W}(s)$ 变换为 Smith-McMillan 标准形 $\boldsymbol{W}_{\mathrm{M}}(s)$，即

$$\boldsymbol{T}_{\mathrm{r}}(s)\boldsymbol{W}(s)\boldsymbol{T}_{\mathrm{c}}(s)=\begin{bmatrix}\frac{1}{2} & 0\\ s-4 & -2\end{bmatrix}\boldsymbol{W}(s)\begin{bmatrix}1 & -\frac{1}{2}s+2\\ 0 & 1\end{bmatrix}=\begin{bmatrix}\frac{1}{(s-1)(s-4)} & 0\\ 0 & \frac{s-4}{s-1}\end{bmatrix}=\boldsymbol{W}_{\mathrm{M}}(s)$$

则极点多项式 $$P(s)=\prod_{i=1}^{2}\beta_i(s)=(s-1)(s-4)(s-1)$$

零点多项式 $$Z(s)=\prod_{i=1}^{2}\alpha_i(s)=(s-4)$$

故例 2-1 所给传递函数矩阵 $\boldsymbol{W}(s)$ 的零点为 4，极点为 1，1，4。对照例 2-1 可知两者解答一致。本例也说明，当 $\boldsymbol{W}(s)$ 的特征多项式 $\rho_W(s)$ 和极点多项式 $P(s)$ 均取首 1 多项式时，两者相等。

由例 2-20 还可以看出传递函数矩阵 $\boldsymbol{W}(s)$ 零、极点的几个重要特点：①不同于标量传递函数，$\boldsymbol{W}(s)$ 的零点和极点可位于复数平面同一位置，而不构成对消。本例 $s=4$ 既是 $\boldsymbol{W}(s)$ 的零点，又是 $\boldsymbol{W}(s)$ 的极点，但未形成对消。②传递函数矩阵 $\boldsymbol{W}(s)$ 的零点不一定是其某个元素的零点，反之亦然。因为考察标量传递函数的零、极点，必须将其分母和分子的公因式约去，使其成为既约有理分式函数，显然本例 $\boldsymbol{W}(s)$ 的各元素无零点，但 $s=4$ 是 $\boldsymbol{W}(s)$ 的零点。③传递函数矩阵 $\boldsymbol{W}(s)$ 的极点必是其某个元素的极点，反之 $\boldsymbol{W}(s)$ 的每个元素的极点也是 $\boldsymbol{W}(s)$ 的极点，但 $\boldsymbol{W}(s)$ 的极点多项式未必就是 $\boldsymbol{W}(s)$ 各元素分母的最小公倍式。

另外，引入单模变换化 $\boldsymbol{W}(s)$ 为 Smith-McMillan 标准形 $\boldsymbol{W}_{\mathrm{M}}(s)$ 时，有可能使严真 $\boldsymbol{W}(s)$ 对应

的$\boldsymbol{W}_{\mathrm{M}}(s)$为非真或增加非真程度。例 2-20 的传递函数矩阵$\boldsymbol{W}(s)$原为严真，但其 Smith-McMillan标准形$\boldsymbol{W}_{\mathrm{M}}(s)$却为真有理传递函数矩阵。正因为按式(2-105)将$\boldsymbol{W}(s)$变换成 Smith-McMillan 标准形$\boldsymbol{W}_{\mathrm{M}}(s)$时，单模变换矩阵$\boldsymbol{T}_{\mathrm{r}}(s)$、$\boldsymbol{T}_{\mathrm{c}}(s)$在$s=\infty$处既可能有零点又可能有极点，其可能引入变换结果，故$\boldsymbol{W}_{\mathrm{M}}(s)$在$s=\infty$处的零、极点一般不能代表$\boldsymbol{W}(s)$在$s=\infty$处的零、极点。因此，基于 Smith-McMillan 标准形$\boldsymbol{W}_{\mathrm{M}}(s)$的 Rosenbrock 定义，仅适用于传递函数矩阵$\boldsymbol{W}(s)$在有限复数平面上(s为有限值)的零、极点("有限"零、极点)，并不适用于$\boldsymbol{W}(s)$在$s=\infty$处的零、极点。

【例 2-21】 应用 Smith-McMillan 标准形求例 2-2 中的有理分式传递函数矩阵

$$\boldsymbol{W}(s)=\begin{bmatrix}\dfrac{s}{s+1} & \dfrac{1}{(s+1)(s+2)} & \dfrac{1}{s+3}\\ \dfrac{-1}{s+1} & \dfrac{1}{(s+1)(s+2)} & \dfrac{1}{s}\end{bmatrix}$$

的零点和极点。

解 在例 2-18 中已求出$\boldsymbol{W}(s)$的 Smith-McMillan 标准形$\boldsymbol{W}_{\mathrm{M}}(s)$为

$$\boldsymbol{W}_{\mathrm{M}}(s)=\boldsymbol{T}_{\mathrm{r}}(s)\boldsymbol{W}(s)\boldsymbol{T}_{\mathrm{c}}(s)=\begin{bmatrix}\dfrac{1}{s^4+6s^3+11s^2+6s} & 0 & 0\\ 0 & 1 & 0\end{bmatrix}$$

则极点多项式
$$P(s)=\prod_{i=1}^{2}\beta_i(s)=(s^4+6s^3+11s^2+6s)$$

零点多项式
$$Z(s)=\prod_{i=1}^{2}\alpha_i(s)=1$$

故例 2-2 所给传递函数矩阵$\boldsymbol{W}(s)$无零点。$\boldsymbol{W}(s)$的极点为 0，-1，-2，-3，对照例 2-2 可知两者解答一致。由于为了获得$\boldsymbol{W}(s)$的 Smith-McMillan 标准形的计算量大，在计算传递函数矩阵零、极点时，应用 2.2 节给出的特征多项式$\rho_W(s)$和零点多项式定义进行计算较简便，但应强调指出，在计算$\boldsymbol{W}(s)$的特征多项式$\rho_W(s)$时，必须将各阶子式均化为不可简约即既约的形式。

另外，在 Rosenbrock 定义的基础上，对于秩为p的$m\times r$维有理分式传递函数矩阵$\boldsymbol{W}(s)$，若其任一右既约 MFD、左既约 MFD 分别为$\boldsymbol{N}_{\mathrm{R}}(s)\boldsymbol{D}_{\mathrm{R}}^{-1}(s)$、$\boldsymbol{D}_{\mathrm{L}}^{-1}(s)\boldsymbol{N}_{\mathrm{L}}(s)$，则有

$$\begin{cases}\boldsymbol{W}(s)\text{ 的极点}=\text{“}\det\boldsymbol{D}_{\mathrm{R}}(s)=0\text{ 的根” 或“}\det\boldsymbol{D}_{\mathrm{L}}(s)=0\text{ 的根”}\\ \boldsymbol{W}(s)\text{ 的零点}=\text{“rank}\boldsymbol{N}_{\mathrm{R}}(s)<p\text{ 的 }s\text{ 值” 或“rank}\boldsymbol{N}_{\mathrm{L}}(s)<p\text{ 的 }s\text{ 值”}\end{cases}\tag{2-222}$$

【例 2-22】 设有理分式传递函数矩阵$\boldsymbol{W}(s)$为

$$\boldsymbol{W}(s)=\begin{bmatrix}\dfrac{3}{s+1} & \dfrac{1}{s+2}\\ \dfrac{1}{s+1} & \dfrac{1}{s(s+2)}\end{bmatrix}=\begin{bmatrix}3 & s\\ 1 & 1\end{bmatrix}\begin{bmatrix}s+1 & 0\\ 0 & s(s+2)\end{bmatrix}^{-1}=\boldsymbol{N}_{\mathrm{R}}(s)\boldsymbol{D}_{\mathrm{R}}^{-1}(s)$$

因为$\det\boldsymbol{N}_{\mathrm{R}}(s)=3-s$为有理分式域$\Re(s)$上的非零元，故$\boldsymbol{N}_{\mathrm{R}}(s)$非奇异，$\operatorname{rank}\boldsymbol{N}_{\mathrm{R}}(s)=2$，又$\boldsymbol{N}_{\mathrm{R}}(s)$、$\boldsymbol{D}_{\mathrm{R}}(s)$的列数为 2，且

$$\operatorname{rank}\begin{bmatrix}\boldsymbol{N}_{\mathrm{R}}(s)\\ \boldsymbol{D}_{\mathrm{R}}(s)\end{bmatrix}=\operatorname{rank}\begin{bmatrix}3 & s\\ 1 & 1\\ s+1 & 0\\ 0 & s(s+2)\end{bmatrix}=2,\qquad\forall s\in\mathbb{C}$$

由右互质的秩判据(2-94)知，$\boldsymbol{N}_{\mathrm{R}}(s)$和$\boldsymbol{D}_{\mathrm{R}}(s)$右互质，$\boldsymbol{N}_{\mathrm{R}}(s)\boldsymbol{D}_{\mathrm{R}}^{-1}(s)$为$\boldsymbol{W}(s)$的一个右既约 MFD。求出满足$\det\boldsymbol{D}_{\mathrm{R}}(s)=s(s+1)(s+2)=0$的根，即极点为 0，$-1$，$-2$。

因为当 $s=3$ 时，$\begin{cases} \det \boldsymbol{N}_{\mathrm{R}}(s)\big|_{s=3} = 3-s\big|_{s=3} = 0 \\ \operatorname{rank}\boldsymbol{N}_{\mathrm{R}}(s)\big|_{s=3} = \operatorname{rank}\begin{bmatrix} 3 & 3 \\ 1 & 1 \end{bmatrix} = 1 < 2 \end{cases}$，即 $\boldsymbol{W}(s)$ 的分子矩阵 $\boldsymbol{N}_{\mathrm{R}}(s)$ 降秩，故 $\boldsymbol{W}(s)$ 的零点为 3。

式(2-222)表明，若 $s=k_0$ 为 $\boldsymbol{W}(s)$ 的零点，则有

$$\operatorname{rank}\boldsymbol{N}_{\mathrm{R}}(s)\big|_{s=k_0} < \operatorname{rank}\boldsymbol{W}(s) \text{ 和 } \operatorname{rank}\boldsymbol{N}_{\mathrm{L}}(s)\big|_{s=k_0} < \operatorname{rank}\boldsymbol{W}(s) \tag{2-223}$$

但不一定有

$$\operatorname{rank}\boldsymbol{W}(s)\big|_{s=k_0} < \operatorname{rank}\boldsymbol{W}(s)$$

例如，在例 2-20 中，$\boldsymbol{W}(s)$ 的零点 $s=4$，当 $s=4$ 时，$\operatorname{rank}\boldsymbol{W}(s)\big|_{s=4} = \operatorname{rank}\boldsymbol{W}(s) = 2$，故不应以 $\boldsymbol{W}(s)\big|_{s=k}$ 是否降秩来判断 k 是否为 $\boldsymbol{W}(s)$ 的零点。

2.5 线性定常系统的多项式矩阵描述

2.5.1 多项式矩阵描述及其系统矩阵

与系统的传递函数矩阵描述方法相比，状态空间描述的优点在于不仅描述了系统输入、输出的外部特性，而且揭示了系统内部状态的运动规律和基本特性，因此是系统内部描述的基本形式。但建立系统的状态空间模型，必须首先选择一个能完全表征其时域行为的最小内部状态变量组，这对于复杂系统有时并非易事。另外，在分析某些含非独立储能元件的系统时，状态空间描述有可能丢失某些有关系统结构的信息。

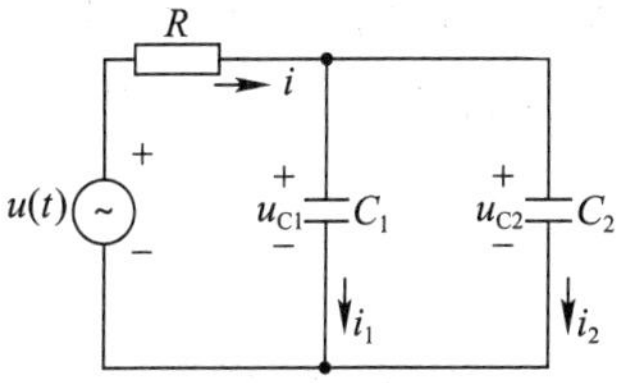

图 2-18 例 2-23 电路

【例 2-23】 对图 2-18 所示电容 C_1、C_2，电阻 R 及电压源 $u(t)$ 构成的电路，并联电容 C_1、C_2 不为独立的两个储能元件，若用状态空间描述，只能选 $u_{C1}(t)$、$u_{C2}(t)$ 中的一个为状态变量。若选 $u_{C1}(t)$ 为状态变量，输入变量为 $u(t)$，输出变量为 $u_{C1}(t)$，该电路的状态空间表达式为

$$\begin{cases} \dfrac{\mathrm{d}u_{C1}}{\mathrm{d}t} = -\dfrac{u_{C1}}{R(C_1+C_2)} + \dfrac{1}{R(C_1+C_2)}u = -\dfrac{u_{C1}}{RC} + \dfrac{1}{RC}u \\ y = u_{C1} \end{cases} \tag{2-224}$$

式中，$C=C_1+C_2$。式(2-224)表明，图 2-18 所示电路能控且能观测，但式(2-224)中丢失了电容 C_1、C_2 并联的结构信息，表征的是一个 $C=C_1+C_2$ 的电容信息，不能表征 C_1、C_2 这两个储能元件中的电流 i_1、i_2 信息。

事实上，对图 2-18 所示电路，根据机理分析，可得能保留各子系统特征及不丢失系统结构信息的方程组，即

$$\begin{cases} C_1\dfrac{\mathrm{d}u_{C1}}{\mathrm{d}t} = i_1 \\ C_2\dfrac{\mathrm{d}u_{C2}}{\mathrm{d}t} = i_2 \\ u_{C1} = u_{C2} \\ i_1 + i_2 = \dfrac{u-u_{C1}}{R} \\ y = u_{C1} \end{cases} \tag{2-225}$$

令微分算子 $p=\dfrac{\mathrm{d}}{\mathrm{d}t}$，将式(2-225)整理为向量-矩阵方程形式，即

$$\left[\begin{array}{cccc:c} C_1p & 0 & -1 & 0 & 0 \\ 0 & C_2p & 0 & -1 & 0 \\ 1 & -1 & 0 & 0 & 0 \\ \frac{1}{R} & 0 & 1 & 1 & \frac{1}{R} \\ \hdashline -1 & 0 & 0 & 0 & 0 \end{array}\right]\left[\begin{array}{c} u_{C1} \\ u_{C2} \\ i_1 \\ i_2 \\ \hdashline -u \end{array}\right]=\left[\begin{array}{c} 0 \\ 0 \\ 0 \\ 0 \\ \hdashline -y \end{array}\right] \tag{2-226}$$

式(2-226)为 Rosenbrock 提出的可表征系统所有结构性质的一种集中和简洁形式，称为系统矩阵描述，其是线性定常系统具有更广普遍性的一类内部描述。

一般对具有 r 个输入、m 个输出的 MIMO 线性定常系统，均可用微分算子方程描述，即

$$\begin{cases} \boldsymbol{P}(p)\boldsymbol{\zeta}(t)=\boldsymbol{Q}(p)\boldsymbol{u}(t) \\ \boldsymbol{y}(t)=\boldsymbol{R}(p)\boldsymbol{\zeta}(t)+\boldsymbol{V}(p)\boldsymbol{u}(t) \end{cases} \tag{2-227}$$

式中，变量 $\boldsymbol{\zeta}(t)$ 为 $q\times1$ 维列向量，称为系统的广义状态或伪状态，对其并不要求按状态定义进行严格限定，它既可以为系统的全部或部分状态，也可以为系统状态的某种线性组合，数量上可小于、等于、大于系统阶数即独立状态变量的数目；$\boldsymbol{u}(t)$、$\boldsymbol{y}(t)$分别为 $r\times1$ 维输入列向量、$m\times1$ 维输出列向量；p 为微分算子；$\boldsymbol{P}(p)$、$\boldsymbol{Q}(p)$、$\boldsymbol{R}(p)$、$\boldsymbol{V}(p)$分别为微分算子 p 的 $q\times q$、$q\times r$、$m\times q$、$m\times r$ 维多项式矩阵。

若式(2-227)中各变量的初始条件为零，取其拉普拉斯变换，则有

$$\begin{cases} \boldsymbol{P}(s)\overline{\boldsymbol{\zeta}}(s)=\boldsymbol{Q}(s)\boldsymbol{U}(s) \\ \boldsymbol{Y}(s)=\boldsymbol{R}(s)\overline{\boldsymbol{\zeta}}(s)+\boldsymbol{V}(s)\boldsymbol{U}(s) \end{cases} \tag{2-228}$$

式(2-227)或式(2-228)以多项式矩阵的形式给出了系统外部输入、输出与内部状态之间关系的全部信息，称为多项式矩阵描述(Polynomial Matrix Descriptions，PMD)。将式(2-228)整理为式(2-229)所示增广变量方程形式，即系统矩阵描述形式，有

$$\left[\begin{array}{c:c} \boldsymbol{P}(s) & \boldsymbol{Q}(s) \\ \hdashline -\boldsymbol{R}(s) & \boldsymbol{V}(s) \end{array}\right]\left[\begin{array}{c} \overline{\boldsymbol{\zeta}}(s) \\ \hdashline -\boldsymbol{U}(s) \end{array}\right]=\left[\begin{array}{c} \boldsymbol{0} \\ \hdashline -\boldsymbol{Y}(s) \end{array}\right] \tag{2-229}$$

式中，系数矩阵称为系统矩阵。状态空间描述中的状态矩阵 $\boldsymbol{A}$ 亦常被称为系统矩阵，故有时为了区别，称式(2-229)的系数矩阵为多项式系统矩阵，本书简称为系统矩阵。即定义线性定常系统 PMD 的系统矩阵为

$$\boldsymbol{S}(s)=\left[\begin{array}{c:c} \boldsymbol{P}(s) & \boldsymbol{Q}(s) \\ \hdashline -\boldsymbol{R}(s) & \boldsymbol{V}(s) \end{array}\right] \tag{2-230}$$

式中，$\boldsymbol{P}(s)$称为系统的特征矩阵。系统的特征多项式为

$$\Delta(s)=\det\boldsymbol{P}(s) \tag{2-231}$$

其 s 的最高次数 n 即为系统的阶数。

对于大多数实际系统，特征矩阵 $\boldsymbol{P}(s)$可逆，则由式(2-228)的第 1 式，得

$$\overline{\boldsymbol{\zeta}}(s)=\boldsymbol{P}^{-1}(s)\boldsymbol{Q}(s)\boldsymbol{U}(s) \tag{2-232}$$

将式(2-232)代入式(2-228)的第 2 式，得

$$\boldsymbol{Y}(s)=(\boldsymbol{R}(s)\boldsymbol{P}^{-1}(s)\boldsymbol{Q}(s)+\boldsymbol{V}(s))\boldsymbol{U}(s) \tag{2-233}$$

由式(2-233)，得系统多项式矩阵描述的传递函数矩阵 $\boldsymbol{W}(s)$为

$$\boldsymbol{W}(s)=\boldsymbol{R}(s)\boldsymbol{P}^{-1}(s)\boldsymbol{Q}(s)+\boldsymbol{V}(s) \tag{2-234}$$

2.5.2 其他描述的系统矩阵

1. 状态空间描述的系统矩阵

若线性定常系统的状态空间表达式为

$$\begin{cases}\dot{\boldsymbol{x}} = \boldsymbol{A}\boldsymbol{x} + \boldsymbol{B}\boldsymbol{u} \\ \boldsymbol{y} = \boldsymbol{C}\boldsymbol{x} + \boldsymbol{D}\boldsymbol{u}\end{cases} \tag{2-235}$$

则系统的微分算子描述为

$$\left[\begin{array}{c:c} p\boldsymbol{I} - \boldsymbol{A} & \boldsymbol{B} \\ \hdashline -\boldsymbol{C} & \boldsymbol{D}\end{array}\right]\left[\begin{array}{c} \boldsymbol{x} \\ \hdashline -\boldsymbol{u}\end{array}\right] = \left[\begin{array}{c} \boldsymbol{0} \\ \hdashline -\boldsymbol{y}\end{array}\right] \tag{2-236}$$

式(2-236)写成 PMD 描述形式，则为

$$\left[\begin{array}{c:c} s\boldsymbol{I} - \boldsymbol{A} & \boldsymbol{B} \\ \hdashline -\boldsymbol{C} & \boldsymbol{D}\end{array}\right]\left[\begin{array}{c} \boldsymbol{X}(s) \\ \hdashline -\boldsymbol{U}(s)\end{array}\right] = \left[\begin{array}{c} \boldsymbol{0} \\ \hdashline -\boldsymbol{Y}(s)\end{array}\right] \tag{2-237}$$

则式(2-235)的系统矩阵为

$$\boldsymbol{S}(s) = \left[\begin{array}{c:c} s\boldsymbol{I} - \boldsymbol{A} & \boldsymbol{B} \\ \hdashline -\boldsymbol{C} & \boldsymbol{D}\end{array}\right] \tag{2-238}$$

2. 矩阵分式描述的系统矩阵

将式(2-106)所示的$\boldsymbol{W}(s)$右 MFD 和$\boldsymbol{W}(s)$左 MFD

$$\boldsymbol{W}(s) = \boldsymbol{N}_{\mathrm{R}}(s)\boldsymbol{D}_{\mathrm{R}}^{-1}(s) = \boldsymbol{D}_{\mathrm{L}}^{-1}(s)\boldsymbol{N}_{\mathrm{L}}(s)$$

与式(2-334)所示的 PMD 传递函数矩阵

$$\boldsymbol{W}(s) = \boldsymbol{R}(s)\boldsymbol{P}^{-1}(s)\boldsymbol{Q}(s) + \boldsymbol{V}(s)$$

相对照，分别将右 MFD 视为$\boldsymbol{Q}(s)=\boldsymbol{I}_r, \boldsymbol{V}(s)=\boldsymbol{0}$，左 MFD 视为$\boldsymbol{R}(s)=\boldsymbol{I}_m, \boldsymbol{V}(s)=\boldsymbol{0}$的特例，则得右 MFD $\boldsymbol{N}_{\mathrm{R}}(s)\boldsymbol{D}_{\mathrm{R}}^{-1}(s)$ 的系统矩阵为

$$\boldsymbol{S}(s) = \left[\begin{array}{c:c} \boldsymbol{D}_{\mathrm{R}}(s) & \boldsymbol{I}_r \\ \hdashline -\boldsymbol{N}_{\mathrm{R}}(s) & \boldsymbol{0}\end{array}\right] \tag{2-239}$$

左 MFD $\boldsymbol{D}_{\mathrm{L}}^{-1}(s)\boldsymbol{N}_{\mathrm{L}}(s)$ 的系统矩阵为

$$\boldsymbol{S}(s) = \left[\begin{array}{c:c} \boldsymbol{D}_{\mathrm{L}}(s) & \boldsymbol{N}_{\mathrm{L}} \\ \hdashline -\boldsymbol{I}_m & \boldsymbol{0}\end{array}\right] \tag{2-240}$$

若$\boldsymbol{W}(s)$的 MFD 为式(2-109)的标准形式，即

$$\boldsymbol{W}(s) = \boldsymbol{N}(s)[d(s)\boldsymbol{I}_r]^{-1} = [d(s)\boldsymbol{I}_m]^{-1}\boldsymbol{N}(s)$$

则对应的系统矩阵分别为能控标准形

$$\boldsymbol{S}_{\mathrm{c}}(s) = \left[\begin{array}{c:c} d(s)\boldsymbol{I}_r & \boldsymbol{I}_r \\ \hdashline -\boldsymbol{N}(s) & \boldsymbol{0}\end{array}\right] \tag{2-241}$$

和能观测标准形

$$\boldsymbol{S}_{\mathrm{o}}(s) = \left[\begin{array}{c:c} d(s)\boldsymbol{I}_m & \boldsymbol{N}(s) \\ \hdashline -\boldsymbol{I}_m & \boldsymbol{0}\end{array}\right] \tag{2-242}$$

由此可见，式(2-230)给出的线性定常系统 PMD 的系统矩阵$\boldsymbol{S}(s)$不仅以集中简洁的形式表征了系统的所有结构性质，而且容易建立与其他描述之间的简明关系，引入线性定常系统的等价变换。

2.5.3 系统的零点和极点

系统的零点和极点与传递函数矩阵的零点和极点一般不等同，后者是前者的一个子集。对于 PMD 描述的系统式(2-229)，系统的极点为

$$\det \boldsymbol{P}(s) = 0 \tag{2-243}$$

的根。若系统式(2-229)对应的状态空间表达式为式(2-235)，则系统的极点为

$$\det(s\boldsymbol{I} - \boldsymbol{A}) = 0 \tag{2-244}$$

的根。式(2-243)和式(2-244)的根一般并不等同于该系统传递函数矩阵的极点，这是因为在按式(2-234)形成传递函数矩阵时，可能会因零点与极点相消而失去一些零点，而失去的零点集合也就是失去的极点集合，Rosenbrock 将生成 PMD 传递函数矩阵过程中对消的极点、零点统称为解耦零点(记为 d. z)。解耦零点分为输入解耦零点(记为 i. d. z)、输出解耦零点(记为 o. d. z)、输入-输出解耦零点(记为 i. o. d. z)。

1. 输入解耦零点

若式(2-229)所描述的系统，$\boldsymbol{P}(s)$与$\boldsymbol{Q}(s)$非左互质，则存在非单模矩阵的最大左公因子$\boldsymbol{Z}_{\mathrm{L}}(s)$，有

$$\boldsymbol{P}(s)=\boldsymbol{Z}_{\mathrm{L}}(s)\boldsymbol{P}_{\mathrm{L}}(s),\boldsymbol{Q}(s)=\boldsymbol{Z}_{\mathrm{L}}(s)\boldsymbol{Q}_{\mathrm{L}}(s) \tag{2-245}$$

设$\boldsymbol{Z}_{\mathrm{L}}(s)$非奇异，将式(2-245)代入式(2-234)，得系统的传递函数矩阵为

$$\begin{aligned}\boldsymbol{W}(s)&=\boldsymbol{R}(s)[\boldsymbol{Z}_{\mathrm{L}}(s)\boldsymbol{P}_{\mathrm{L}}(s)]^{-1}[\boldsymbol{Z}_{\mathrm{L}}(s)\boldsymbol{Q}_{\mathrm{L}}(s)]+\boldsymbol{V}(s)\\&=\boldsymbol{R}(s)\boldsymbol{P}_{\mathrm{L}}^{-1}(s)\boldsymbol{Q}_{\mathrm{L}}(s)+\boldsymbol{V}(s)\end{aligned} \tag{2-246}$$

且因为$\boldsymbol{Z}_{\mathrm{L}}(s)$为非单模矩阵，则有

$$\deg\det\boldsymbol{Z}_{\mathrm{L}}(s)\geqslant 1,\deg\det\boldsymbol{P}_{\mathrm{L}}(s)<\deg\det\boldsymbol{P}(s) \tag{2-247}$$

式(2-246)和式(2-247)表明，在生成$\boldsymbol{W}(s)$的过程中，$\boldsymbol{Z}_{\mathrm{L}}^{-1}(s)$与$\boldsymbol{Z}_{\mathrm{L}}(s)$构成零、极点对消，非单模矩阵的最大左公因子$\boldsymbol{Z}_{\mathrm{L}}(s)$在传递函数矩阵中被消去了，这时系统的动态方程等效为

$$\boldsymbol{P}_{\mathrm{L}}(s)\overline{\boldsymbol{\zeta}}(s)=\boldsymbol{Q}_{\mathrm{L}}(s)\boldsymbol{U}(s) \tag{2-248}$$

$\boldsymbol{Z}_{\mathrm{L}}(s)$在动态方程中消失，即输入对$\det\boldsymbol{Z}_{\mathrm{L}}(s)=0$的根对应的运动模态没有影响，故定义

$$输入解耦零点=“\det\boldsymbol{Z}_{\mathrm{L}}(s)=0\text{ 的根}” \tag{2-249}$$

另外，由式(2-245)得

$$[\boldsymbol{P}(s)\ \vdots\ \boldsymbol{Q}(s)]=[\boldsymbol{Z}_{\mathrm{L}}(s)\boldsymbol{P}_{\mathrm{L}}(s)\ \vdots\ \boldsymbol{Z}_{\mathrm{L}}(s)\boldsymbol{Q}_{\mathrm{L}}(s)]=\boldsymbol{Z}_{\mathrm{L}}(s)[\boldsymbol{P}_{\mathrm{L}}(s)\ \vdots\ \boldsymbol{Q}_{\mathrm{L}}(s)] \tag{2-250}$$

式(2-250)表明，$\det\boldsymbol{Z}_{\mathrm{L}}(s)=0$的根$s_i$不仅是使$\boldsymbol{Z}_{\mathrm{L}}(s)$降秩的$s$值，也是使$[\boldsymbol{P}(s)\quad\boldsymbol{Q}(s)]$降秩的$s$值。故又可定义

$$输入解耦零点=“使[\boldsymbol{P}(s)\quad\boldsymbol{Q}(s)]降秩的所有\ s\ 值” \tag{2-251}$$

2. 输出解耦零点

若式(2-229)所描述的系统，$\boldsymbol{P}(s)$与$\boldsymbol{R}(s)$非右互质，则存在非单模矩阵的最大右公因子$\boldsymbol{Z}_{\mathrm{R}}(s)$，有

$$\boldsymbol{P}(s)=\boldsymbol{P}_{\mathrm{R}}(s)\boldsymbol{Z}_{\mathrm{R}}(s),\boldsymbol{R}(s)=\boldsymbol{R}_{\mathrm{R}}(s)\boldsymbol{Z}_{\mathrm{R}}(s) \tag{2-252}$$

设$\boldsymbol{Z}_{\mathrm{R}}(s)$非奇异，将式(2-252)代入式(2-234)，得系统的传递函数矩阵为

$$\begin{aligned}\boldsymbol{W}(s)&=[\boldsymbol{R}_{\mathrm{R}}(s)\boldsymbol{Z}_{\mathrm{R}}(s)][\boldsymbol{P}_{\mathrm{R}}(s)\boldsymbol{Z}_{\mathrm{R}}(s)]^{-1}\boldsymbol{Q}(s)+\boldsymbol{V}(s)\\&=\boldsymbol{R}_{\mathrm{R}}(s)\boldsymbol{P}_{\mathrm{R}}^{-1}(s)\boldsymbol{Q}(s)+\boldsymbol{V}(s)\end{aligned} \tag{2-253}$$

且因为$\boldsymbol{Z}_{\mathrm{R}}(s)$为非单模矩阵，则有

$$\deg\det\boldsymbol{Z}_{\mathrm{R}}(s)\geqslant 1,\deg\det\boldsymbol{P}_{\mathrm{R}}(s)<\deg\det\boldsymbol{P}(s) \tag{2-254}$$

式(2-253)和式(2-254)表明，在生成$\boldsymbol{W}(s)$的过程中，$\boldsymbol{Z}_{\mathrm{R}}^{-1}(s)$与$\boldsymbol{Z}_{\mathrm{R}}(s)$构成零、极点对消，非单模矩阵的最大右公因子$\boldsymbol{Z}_{\mathrm{R}}(s)$在传递函数矩阵中被消去了，这时系统的输出方程等效为

$$\boldsymbol{Y}(s)=\boldsymbol{R}_{\mathrm{R}}(s)\overline{\boldsymbol{\zeta}}(s)+\boldsymbol{V}(s)\boldsymbol{U}(s) \tag{2-255}$$

$\boldsymbol{Z}_{\mathrm{R}}(s)$在输出方程中消失，即$\det\boldsymbol{Z}_{\mathrm{R}}(s)=0$的根对应的运动模态不能在输出中反映，故定义

$$输出解耦零点=“\det\boldsymbol{Z}_{\mathrm{R}}(s)=0\text{ 的根}” \tag{2-256}$$

与输入解耦零点的分析类似，也可定义

$$输出解耦零点=“使\begin{bmatrix}\boldsymbol{P}(s)\\ \cdots\cdots\\ \boldsymbol{R}(s)\end{bmatrix}降秩的所有 s 值” \tag{2-257}$$

3. 输入-输出解耦零点

$$输入\text{-}输出解耦零点=“同时使[\boldsymbol{P}(s)\quad \boldsymbol{Q}(s)]和\begin{bmatrix}\boldsymbol{P}(s)\\ \cdots\cdots\\ \boldsymbol{R}(s)\end{bmatrix}降秩的所有 s 值” \tag{2-258}$$

显然,输入-输出解耦零点集合既是输入解耦零点的子集,也是输出解耦零点的子集。

设
$$\boldsymbol{P}_{\mathrm{L}}(s)=\boldsymbol{P}_{\mathrm{LR}}(s)\boldsymbol{Z}_{\mathrm{LR}}(s),\boldsymbol{R}(s)=\boldsymbol{R}_{\mathrm{LR}}(s)\boldsymbol{Z}_{\mathrm{LR}}(s) \tag{2-259}$$
式中,$\boldsymbol{P}_{\mathrm{L}}(s)$的定义见式(2-245),$\boldsymbol{Z}_{\mathrm{LR}}(s)$为 $\boldsymbol{P}_{\mathrm{L}}(s)$和 $\boldsymbol{R}(s)$的非单模矩阵的最大右公因子,即$\boldsymbol{P}_{\mathrm{L}}(s)$和 $\boldsymbol{R}(s)$非右互质。在式(2-245)和式(2-259)联合成立的条件下,式(2-229)所描述系统的输入解耦零点集合由 $\det\boldsymbol{Z}_{\mathrm{L}}(s)=0$ 的根构成,$\det\boldsymbol{Z}_{\mathrm{LR}}(s)=0$ 的根为输出解耦零点但非输入解耦零点。若输入解耦零点的集合中有部分 s 值也是输出解耦零点,这些输出解耦零点则为输入-输出解耦零点。

类似地,设
$$\boldsymbol{P}_{\mathrm{R}}(s)=\boldsymbol{Z}_{\mathrm{RL}}(s)\boldsymbol{P}_{\mathrm{RL}}(s),\boldsymbol{Q}(s)=\boldsymbol{Z}_{\mathrm{RL}}(s)\boldsymbol{Q}_{\mathrm{RL}}(s) \tag{2-260}$$
式中,$\boldsymbol{P}_{\mathrm{R}}(s)$的定义见式(2-252),$\boldsymbol{Z}_{\mathrm{RL}}(s)$为 $\boldsymbol{P}_{\mathrm{R}}(s)$和 $\boldsymbol{Q}(s)$的非单模矩阵的最大左公因子,即$\boldsymbol{P}_{\mathrm{R}}(s)$和 $\boldsymbol{Q}(s)$非左互质。在式(2-252)和式(2-260)联合成立的条件下,式(2-229)所描述系统的输出解耦零点集合由 $\det\boldsymbol{Z}_{\mathrm{R}}(s)=0$ 的根构成,$\det\boldsymbol{Z}_{\mathrm{RL}}(s)=0$ 的根为输入解耦零点但非输出解耦零点。若输出解耦零点的集合中有部分 s 值也是输入解耦零点,这些输入解耦零点则为输入-输出解耦零点。

综上所述,解耦零点的集合应为

$$\{解耦零点集合\}=\{输入解耦零点集合\}+\{输出解耦零点集合\}-\{输入\text{-}输出解耦零点集合\} \tag{2-261}$$

将式(2-245)和式(2-259)代入式(2-234),得系统的传递函数矩阵为

$$\begin{aligned}\boldsymbol{W}(s)&=[\boldsymbol{R}_{\mathrm{LR}}(s)\boldsymbol{Z}_{\mathrm{LR}}(s)][\boldsymbol{Z}_{\mathrm{L}}(s)\boldsymbol{P}_{\mathrm{LR}}(s)\boldsymbol{Z}_{\mathrm{LR}}(s)]^{-1}[\boldsymbol{Z}_{\mathrm{L}}(s)\boldsymbol{Q}_{\mathrm{L}}(s)]+\boldsymbol{V}(s)\\&=\boldsymbol{R}_{\mathrm{LR}}(s)\boldsymbol{P}_{\mathrm{LR}}^{-1}(s)\boldsymbol{Q}_{\mathrm{L}}(s)+\boldsymbol{V}(s)\end{aligned} \tag{2-262}$$

式中,$\boldsymbol{P}_{\mathrm{LR}}(s)$和 $\boldsymbol{Q}_{\mathrm{L}}(s)$左互质,且 $\boldsymbol{P}_{\mathrm{LR}}(s)$和 $\boldsymbol{R}_{\mathrm{LR}}(s)$右互质,故其最后一个等式是不可简约的,已不存在任何解耦零点,对应一个最小阶系统。即式(2-262)最后一个等式不再是 PMD 的传递函数矩阵而是系统的传递函数矩阵,$\det\boldsymbol{P}_{\mathrm{LR}}(s)=0$ 的根即为系统的传递函数矩阵的极点。

类似地,将式(2-252)和式(2-260)代入式(2-234),得系统的传递函数矩阵为

$$\begin{aligned}\boldsymbol{W}(s)&=[\boldsymbol{R}_{\mathrm{R}}(s)\boldsymbol{Z}_{\mathrm{R}}(s)][\boldsymbol{Z}_{\mathrm{RL}}(s)\boldsymbol{P}_{\mathrm{RL}}(s)\boldsymbol{Z}_{\mathrm{R}}(s)]^{-1}[\boldsymbol{Z}_{\mathrm{RL}}(s)\boldsymbol{Q}_{\mathrm{RL}}(s)]+\boldsymbol{V}(s)\\&=\boldsymbol{R}_{\mathrm{R}}(s)\boldsymbol{P}_{\mathrm{RL}}^{-1}(s)\boldsymbol{Q}_{\mathrm{RL}}(s)+\boldsymbol{V}(s)\end{aligned} \tag{2-263}$$

式中,$\boldsymbol{P}_{\mathrm{RL}}(s)$和 $\boldsymbol{R}_{\mathrm{R}}(s)$右互质,且 $\boldsymbol{P}_{\mathrm{RL}}(s)$和 $\boldsymbol{Q}_{\mathrm{RL}}(s)$左互质,故其最后一个等式是不可简约的,已不存在任何解耦零点,对应一个最小阶系统。即式(2-263)最后一个等式不再是 PMD 的传递函数矩阵而是系统的传递函数矩阵,$\det\boldsymbol{P}_{\mathrm{RL}}(s)=0$ 的根即为系统的传递函数矩阵的极点。

综上所述,解耦零点是系统内部结构特性的某种表征,其揭示了 PMD 的传递函数矩阵和系统的传递函数矩阵的区别与联系。PMD 的传递函数矩阵实质上是系统的一种内部描述,能够描述系统的解耦零点;而系统的传递函数矩阵为系统的外部描述,不能给出解耦零点的信息。在利用式(2-230)所示的 PMD 的系统矩阵求系统的传递函数矩阵时,应当如式(2-262)或(2-263)所示消去 $\boldsymbol{P}(s)$与 $\boldsymbol{R}(s)$的右公因子和 $\boldsymbol{P}(s)$与 $\boldsymbol{Q}(s)$的左公因子,使系统的传递函数矩阵不含解耦零点。为了明确起见,系统的传递函数矩阵的零点、极点分别称为传输(递)零点、传输(递)极点。显然,有

$$\{系统的极点集合\}=\{传输极点集合\}+\{解耦零点集合\} \tag{2-264}$$

$$\{系统的零点集合\}=\{传输零点集合\}+\{解耦零点集合\} \tag{2-265}$$

系统的状态空间描述也是一种内部描述，而且是系统 PMD 的一种特例，故当系统采用状态空间描述$\Sigma(\boldsymbol{A},\boldsymbol{B},\boldsymbol{C},\boldsymbol{D})$时，只要令 $s\boldsymbol{I}-\boldsymbol{A}=\boldsymbol{P}(s)$，$\boldsymbol{B}=\boldsymbol{Q}(s)$，$\boldsymbol{C}=\boldsymbol{R}(s)$，$\boldsymbol{D}=\boldsymbol{V}(s)$，上述基于系统 PMD 对系统零点、极点的分析方法及结论即适用于状态空间描述的系统。显然，当$\Sigma(\boldsymbol{A},\boldsymbol{B},\boldsymbol{C},\boldsymbol{D})$描述的系统不是既约即不是最小阶时，系统的极点集合（$\det(s\boldsymbol{I}-\boldsymbol{A})=0$ 的根的集合，即状态矩阵 $\boldsymbol{A}$ 的特征值的集合）中将包含解耦零点，则系统的传递函数矩阵的极点集合只是状态矩阵 $\boldsymbol{A}$ 的特征值集合的子集。

若多项式矩阵描述的系统既约，则该系统为最小阶系统，不存在任何解耦零点，这时系统的零、极点才与其传递函数矩阵的零、极点完全相同。

【例 2-24】 已知 SISO 线性定常系统 PMD 的系统矩阵为

$$\boldsymbol{S}(s)=\left[\begin{array}{cccc:c}1 & 0 & 0 & 0 & 0\\ 0 & 1 & 0 & 0 & 0\\ 0 & 0 & s^2(s+1) & s(s+2) & -s\\ 0 & 0 & 0 & s+2 & 1\\ \hdashline 0 & 0 & 0 & -1 & 0\end{array}\right]=\left[\begin{array}{c:c}\boldsymbol{P}(s) & \boldsymbol{Q}(s)\\ \hdashline -\boldsymbol{R}(s) & \boldsymbol{V}(s)\end{array}\right]$$

求系统的解耦零点、系统的零点和极点、传输零点和传输极点。

解 (1)求系统极点。求解 $\det\boldsymbol{P}(s)=s^2(s+1)(s+2)=0$ 的根，得系统极点集合为

$$\{系统极点集合\}=\{0,0,-1,-2\}$$

(2)求输入解耦零点。为求出 $\boldsymbol{P}(s)$和 $\boldsymbol{Q}(s)$的最大左公因子 $\boldsymbol{Z}_{\mathrm{L}}(s)$，对$[\boldsymbol{P}(s)\quad \boldsymbol{Q}(s)]$作一系列列初等变换，得

$$[\boldsymbol{P}(s) \vdots \boldsymbol{Q}(s)]=\left[\begin{array}{cccc:c}1 & 0 & 0 & 0 & 0\\ 0 & 1 & 0 & 0 & 0\\ 0 & 0 & s^2(s+1) & s(s+2) & -s\\ 0 & 0 & 0 & s+2 & 1\end{array}\right]\xrightarrow{\text{一系列列初等变换}}\left[\begin{array}{cccc:c}1 & 0 & 0 & 0 & 0\\ 0 & 1 & 0 & 0 & 0\\ 0 & 0 & s & -s & 0\\ 0 & 0 & 0 & 1 & 0\end{array}\right]=[\boldsymbol{Z}_{\mathrm{L}}(s) \vdots \boldsymbol{0}]$$

则 $\boldsymbol{Z}_{\mathrm{L}}(s)=\begin{bmatrix}1 & 0 & 0 & 0\\ 0 & 1 & 0 & 0\\ 0 & 0 & s & -s\\ 0 & 0 & 0 & 1\end{bmatrix}$，$\det\boldsymbol{Z}_{\mathrm{L}}(s)=s$，$\boldsymbol{Z}_{\mathrm{L}}(s)$为非单模矩阵，$\boldsymbol{P}(s)$和 $\boldsymbol{Q}(s)$非左互质。且有

$$\boldsymbol{P}(s)=\begin{bmatrix}1 & 0 & 0 & 0\\ 0 & 1 & 0 & 0\\ 0 & 0 & s^2(s+1) & s(s+2)\\ 0 & 0 & 0 & s+2\end{bmatrix}=\begin{bmatrix}1 & 0 & 0 & 0\\ 0 & 1 & 0 & 0\\ 0 & 0 & s & -s\\ 0 & 0 & 0 & 1\end{bmatrix}\begin{bmatrix}1 & 0 & 0 & 0\\ 0 & 1 & 0 & 0\\ 0 & 0 & s(s+1) & 2(s+2)\\ 0 & 0 & 0 & s+2\end{bmatrix}$$

$$=\boldsymbol{Z}_{\mathrm{L}}(s)\boldsymbol{P}_{\mathrm{L}}(s)$$

$$\boldsymbol{Q}(s)=\begin{bmatrix}0\\ 0\\ -s\\ 1\end{bmatrix}=\begin{bmatrix}1 & 0 & 0 & 0\\ 0 & 1 & 0 & 0\\ 0 & 0 & s & -s\\ 0 & 0 & 0 & 1\end{bmatrix}\begin{bmatrix}0\\ 0\\ 0\\ 1\end{bmatrix}=\boldsymbol{Z}_{\mathrm{L}}(s)\boldsymbol{Q}_{\mathrm{L}}(s)$$

令 $\det\boldsymbol{Z}_{\mathrm{L}}(s)=0$，解得 $s_{\mathrm{i.d.z}}=0$，$\{输入解耦零点集合\}=\{0\}$。

实际上，当 $s=0$ 时，$[\boldsymbol{P}(s)\quad \boldsymbol{Q}(s)]$的第 3 行元素全为 0，即 $s=0$，$[\boldsymbol{P}(s)\quad \boldsymbol{Q}(s)]$降秩，同样解得$\{输入解耦零点集合\}=\{0\}$。

(3) 求输出解耦零点。为求出 $\boldsymbol{P}(s)$和 $\boldsymbol{R}(s)$的最大右公因子 $\boldsymbol{Z}_{\mathrm{R}}(s)$，对$[\boldsymbol{P}^{\mathrm{T}}(s)\quad \boldsymbol{R}^{\mathrm{T}}(s)]^{\mathrm{T}}$作一系列行初等变换，得

$$\begin{bmatrix}\boldsymbol{P}(s)\\ \hdashline \boldsymbol{R}(s)\end{bmatrix}=\begin{bmatrix}1&0&0&0\\0&1&0&0\\0&0&s^2(s+1)&s(s+2)\\0&0&0&s+2\\ \hdashline 0&0&0&1\end{bmatrix}\xrightarrow{\text{一系列行初等变换}}\begin{bmatrix}1&0&0&0\\0&1&0&0\\0&0&s^2(s+1)&s(s+2)\\0&0&0&1\\ \hdashline 0&0&0&0\end{bmatrix}=\begin{bmatrix}\boldsymbol{Z}_R(s)\\ \hdashline \boldsymbol{0}\end{bmatrix}$$

则 $\boldsymbol{Z}_R(s)=\begin{bmatrix}1&0&0&0\\0&1&0&0\\0&0&s^2(s+1)&s(s+2)\\0&0&0&1\end{bmatrix}$，$\det\boldsymbol{Z}_R(s)=s^2(s+1)$，$\boldsymbol{Z}_R(s)$为非单模矩阵，$\boldsymbol{P}(s)$和$\boldsymbol{R}(s)$非右互质。

令 $\det\boldsymbol{Z}_R(s)=0$，解得{输出解耦零点集合}={0,0,−1}。

实际上，当 $s=0,0,-1$ 时，$[\boldsymbol{P}^T(s)\quad \boldsymbol{R}^T(s)]^T$ 的第 3 列元素全为 0，即 $s=0,0,-1$ 时，$[\boldsymbol{P}^T(s)\quad \boldsymbol{R}^T(s)]^T$ 降秩，同样解得{输出解耦零点集合}={0,0,−1}。

(4) 求输入-输出解耦零点。由本例求解步骤(2)知，当$\boldsymbol{P}(s)$和$\boldsymbol{Q}(s)$分别约去最大左公因子$\boldsymbol{Z}_L(s)$后，已成为左互质的$\boldsymbol{P}_L(s)$和$\boldsymbol{Q}_L(s)$，$\boldsymbol{P}_L(s)$中已不含输入解耦零点。为求出$\boldsymbol{P}_L(s)$和$\boldsymbol{R}(s)$的最大右公因子$\boldsymbol{Z}_{LR}(s)$，对$[\boldsymbol{P}_L^T(s)\quad \boldsymbol{R}^T(s)]^T$作一系列行初等变换，得

$$\begin{bmatrix}\boldsymbol{P}_L(s)\\ \hdashline \boldsymbol{R}(s)\end{bmatrix}=\begin{bmatrix}1&0&0&0\\0&1&0&0\\0&0&s(s+1)&2(s+2)\\0&0&0&s+2\\ \hdashline 0&0&0&1\end{bmatrix}\xrightarrow{\text{一系列行初等变换}}\begin{bmatrix}1&0&0&0\\0&1&0&0\\0&0&s(s+1)&2(s+2)\\0&0&0&1\\ \hdashline 0&0&0&0\end{bmatrix}=\begin{bmatrix}\boldsymbol{Z}_{LR}(s)\\ \hdashline \boldsymbol{0}\end{bmatrix}$$

则 $\boldsymbol{Z}_{LR}(s)=\begin{bmatrix}1&0&0&0\\0&1&0&0\\0&0&s(s+1)&2(s+2)\\0&0&0&1\end{bmatrix}$，$\det\boldsymbol{Z}_{LR}(s)=s(s+1)$，$\boldsymbol{Z}_{LR}(s)$为非单模矩阵，$\boldsymbol{P}_L(s)$和$\boldsymbol{R}(s)$非右互质。且有

$$\boldsymbol{P}_L(s)=\begin{bmatrix}1&0&0&0\\0&1&0&0\\0&0&s(s+1)&2(s+2)\\0&0&0&s+2\end{bmatrix}=\begin{bmatrix}1&0&0&0\\0&1&0&0\\0&0&1&0\\0&0&0&s+2\end{bmatrix}\begin{bmatrix}1&0&0&0\\0&1&0&0\\0&0&s(s+1)&2(s+2)\\0&0&0&1\end{bmatrix}=\boldsymbol{P}_{LR}(s)\boldsymbol{Z}_{LR}(s)$$

$$\boldsymbol{R}(s)=[0\quad 0\quad 0\quad 1]=[0\quad 0\quad 0\quad 1]\begin{bmatrix}1&0&0&0\\0&1&0&0\\0&0&s(s+1)&2(s+2)\\0&0&0&1\end{bmatrix}=\boldsymbol{R}_{LR}(s)\boldsymbol{Z}_{LR}(s)$$

令 $\det\boldsymbol{Z}_{LR}(s)=0$，解得 $s_1=0$，$s_2=-1$，显然其为输出解耦零点但非输入解耦零点。本例求解步骤(3)中，在$\boldsymbol{P}(s)$保留最大左公因子$\boldsymbol{Z}_L(s)$即没有消去输入解耦零点 $s_{\mathrm{i.d.z}}=0$ 的情况下，通过求解$\boldsymbol{P}(s)$和$\boldsymbol{R}(s)$的最大右公因子$\boldsymbol{Z}_R(s)$行列式等于零的根，得到{输出解耦零点集合}={0,0,−1}，由此可见输入-输出解耦零点的集合为

{输入-输出解耦零点的集合}={0}

实际上，当 $s=0$ 时，$[\boldsymbol{P}(s)\quad \boldsymbol{Q}(s)]$和$[\boldsymbol{P}^T(s)\quad \boldsymbol{R}^T(s)]^T$同时降秩，也可得出 0 为输入-输出解耦零点的结论。

根据式(2-261)得

{解耦零点集合}={输入解耦零点集合}+{输出解耦零点集合}−{输入-输出解耦零点集合}
={0}+{0,0,−1}−{0}={0,0,−1}

(5) 求传输零点和传输极点。由式(2-262),系统的传递函数矩阵为

$$\boldsymbol{W}(s)=\boldsymbol{R}_{\mathrm{LR}}(s)\boldsymbol{P}_{\mathrm{LR}}^{-1}(s)\boldsymbol{Q}_{\mathrm{L}}(s)+\boldsymbol{V}(s)=\begin{bmatrix}0 & 0 & 0 & 1\end{bmatrix}\begin{bmatrix}1 & 0 & 0 & 0\\0 & 1 & 0 & 0\\0 & 0 & 1 & 0\\0 & 0 & 0 & s+2\end{bmatrix}^{-1}\begin{bmatrix}0\\0\\0\\1\end{bmatrix}=\frac{1}{s+2}$$

显然,系统无传输零点,即传输零点的集合为空集。系统的{传输极点集合}={-2}。

由式(2-264),得

{系统极点集合}={传输极点集合}+{解耦零点集合}={-2}+{0,0,-1}={0,0,-1,-2}
与本例步骤(1)求解结果一致。

由式(2-265),得

{系统的零点集合}={传输零点集合}+{解耦零点集合}={0,0,-1}

2.6 等价动态系统

为了简化对系统的分析和综合,常需要将系统的数学描述形式等价变换为某种标准形(也称为规范形),以清晰和直观地揭示系统的某些固有性质。而所谓的等价变换,是指不改变传递函数矩阵 $\boldsymbol{W}(s)$ 和系统阶数 n 的各种变换,其实质是系统的数学描述经这些变换后,不改变其内部动态特性或输出特性,或二者均不改变。

2.6.1 状态空间描述的相似变换

1. 状态向量的线性变换

设给定线性定常系统的状态空间表达式为

$$\begin{cases}\dot{\boldsymbol{x}}=\boldsymbol{A}\boldsymbol{x}+\boldsymbol{B}\boldsymbol{u}\\ \boldsymbol{y}=\boldsymbol{C}\boldsymbol{x}+\boldsymbol{D}\boldsymbol{u}\end{cases} \tag{2-266}$$

若引入线性非奇异变换

$$\boldsymbol{x}=\boldsymbol{T}\bar{\boldsymbol{x}} \text{ 或 } \bar{\boldsymbol{x}}=\boldsymbol{T}^{-1}\boldsymbol{x} \tag{2-267}$$

则系统在新的状态向量 $\bar{\boldsymbol{x}}$ 下的状态空间表达式为

$$\begin{cases}\dot{\bar{\boldsymbol{x}}}=\boldsymbol{T}^{-1}\boldsymbol{A}\boldsymbol{T}\bar{\boldsymbol{x}}+\boldsymbol{T}^{-1}\boldsymbol{B}\boldsymbol{u}=\overline{\boldsymbol{A}}\bar{\boldsymbol{x}}+\overline{\boldsymbol{B}}\boldsymbol{u}\\ \boldsymbol{y}=\boldsymbol{C}\boldsymbol{T}\bar{\boldsymbol{x}}+\boldsymbol{D}\boldsymbol{u}=\overline{\boldsymbol{C}}\bar{\boldsymbol{x}}+\overline{\boldsymbol{D}}\boldsymbol{u}\end{cases} \tag{2-268}$$

式中,$\boldsymbol{T}$ 为线性非奇异变换矩阵,$\boldsymbol{T}^{-1}$ 为 $\boldsymbol{T}$ 的逆矩阵,$\overline{\boldsymbol{A}}=\boldsymbol{T}^{-1}\boldsymbol{A}\boldsymbol{T}$,$\overline{\boldsymbol{B}}=\boldsymbol{T}^{-1}\boldsymbol{B}$,$\overline{\boldsymbol{C}}=\boldsymbol{C}\boldsymbol{T}$,$\overline{\boldsymbol{D}}=\boldsymbol{D}$。

式(2-268)称为式(2-266)的等价动态方程,由线性代数知,$\boldsymbol{A}$ 与 $\overline{\boldsymbol{A}}$ 是相似矩阵,这种代数等价变换也称为相似变换。为了简化基于状态空间描述的系统分析和综合,常通过式(2-267)所示的状态向量非奇异变换,将系统的状态空间描述等价变换为某种规范形,例如,能控标准形、能观测标准形、约当标准形等。

2. 系统的特征多项式和特征值

n 阶线性定常系统(2-266)的特征多项式 $\alpha(s)$ 定义为

$$\alpha(s)=|s\boldsymbol{I}-\boldsymbol{A}|=s^n+a_1s^{n-1}+\cdots+a_{n-1}s+a_n \tag{2-269}$$

式中,s 为复变量,$\boldsymbol{A}$ 为 $n\times n$ 维实数方阵,$\boldsymbol{I}$ 为 n 阶的单位矩阵。

作为多项式矩阵,系统的特征矩阵$(s\boldsymbol{I}-\boldsymbol{A})$必为非奇异的。系统的特征值即为其状态矩阵 $\boldsymbol{A}$

的特征值，即特征方程

$$|s\boldsymbol{I}-\boldsymbol{A}|=0 \tag{2-270}$$

的根。对实际物理系统而言，状态矩阵 $\boldsymbol{A}$ 为实数矩阵，故其特征值或为实数，或为共轭复数对。易证，系统经线性非奇异变换后，其特征多项式不变，即系统特征值不变。

由式(2-270)求得的特征值 s_i 的重数称为特征值 s_i 的代数重数 m_i。特征值 s_i 的独立特征向量数称为特征值 s_i 的几何重数 α_i，其等于 s_i 对应的特征向量方程

$$(s_i\boldsymbol{I}-\boldsymbol{A})\boldsymbol{p}_i=0 \tag{2-271}$$

基础解系所含解的个数，即

$$\alpha_i=n-\mathrm{rank}(s_i\boldsymbol{I}-\boldsymbol{A}) \tag{2-272}$$

特征值 s_i 的几何重数 α_i 与代数重数 m_i 之间必有

$$1\leqslant\alpha_i\leqslant m_i \tag{2-273}$$

3. 状态矩阵的特征向量和广义特征向量

设 s_i 是 n 阶方阵 $\boldsymbol{A}$ 的一个特征值，若存在一个 n 维非零向量 $\boldsymbol{p}_i$，满足式(2-271)，则称 $\boldsymbol{p}_i$ 为方阵 $\boldsymbol{A}$ 对应于特征值 s_i 的特征向量。因为特征值 s_i 是使特征矩阵 $(s\boldsymbol{I}-\boldsymbol{A})$ 降秩的 s 值，故 $(s_i\boldsymbol{I}-\boldsymbol{A})$ 奇异，式(2-271)的非零解向量 $\boldsymbol{p}_i$ 不唯一。由线性代数知，伴随不同特征值的特征向量线性无关，故若 n 阶方阵 $\boldsymbol{A}$ 的特征值 $s_1,s_2,\cdots,s_n$ 互异，则对应 $s_1,s_2,\cdots,s_n$ 的特征向量 $\boldsymbol{p}_1,\boldsymbol{p}_2,\cdots,\boldsymbol{p}_n$ 线性无关。

当 n 阶方阵 $\boldsymbol{A}$ 具有代数重数为 $m_i(m_i>1)$、几何重数为 α_i 的重特征值 s_i 时，由式(2-271)可解出对应重特征值 s_i 的 α_i 个独立特征向量 $\boldsymbol{p}_{ij}$，$j=1,2,\cdots,\alpha_i$。若 $\alpha_i<m_i$，则 n 阶方阵 $\boldsymbol{A}$ 全部特征值所对应的线性无关的特征向量数目之和小于 n。为此，需要推广特征向量的定义，引入 n 阶方阵 $\boldsymbol{A}$ 的广义特征向量及广义特征向量链的概念。伴随重特征值 s_i 的 k 级广义特征向量定义为满足

$$\begin{cases}(s_i\boldsymbol{I}-\boldsymbol{A})^k\boldsymbol{p}_i=\boldsymbol{0}\\(s_i\boldsymbol{I}-\boldsymbol{A})^{k-1}\boldsymbol{p}_i\neq\boldsymbol{0}\end{cases} \tag{2-274}$$

的非零列向量 $\boldsymbol{p}_i$。则由 k 级广义特征向量 $\boldsymbol{p}_i$，按式(2-275)定义的 k 个非零列向量必线性无关，即

$$\begin{cases}\boldsymbol{p}_i^{(k)}=\boldsymbol{p}_i\\\boldsymbol{p}_i^{(k-1)}=-(s_i\boldsymbol{I}-\boldsymbol{A})\boldsymbol{p}_i\\\vdots\\\boldsymbol{p}_i^{(1)}=(-1)^{k-1}(s_i\boldsymbol{I}-\boldsymbol{A})^{k-1}\boldsymbol{p}_i\end{cases} \tag{2-275}$$

并称此组非零列向量为重特征值 s_i 的长度为 k 的广义特征向量链(约当链)。

在式(2-275)最后一式两边同乘 $(s_i\boldsymbol{I}-\boldsymbol{A})$，且根据式(2-274)，得

$$(s_i\boldsymbol{I}-\boldsymbol{A})\boldsymbol{p}_i^{(1)}=\boldsymbol{0} \tag{2-276}$$

式(2-276)表明，对于代数重数为 $m_i(m_i>1)$、几何重数为 α_i 的重特征值 s_i，按式(2-275)定义的广义特征向量链中的 $\boldsymbol{p}_i^{(1)}$ 正是 s_i 对应的 α_i 个独立特征向量中的某一个，因此，伴随 s_i 的广义特征向量链共有 α_i 个，其长度分别为 k_{ij}，$j=1,2,\cdots,\alpha_i$，且有

$$\sum_{j=1}^{\alpha_i}k_{ij}=m_i \tag{2-277}$$

求解伴随 s_i 的 m_i 个线性无关的特征向量和广义特征向量的基本步骤：根据式(2-274)先确定 α_i 个 k_{ij} 级广义特征向量，然后根据式(2-275)分别求出相应广义特征向量链中的特征向量和其余广义特征向量。也可先求出伴随 s_i 的 α_i 个独立特征向量 $\boldsymbol{p}_{ij}$，然后分别求解式(2-275)的等价方程组

$$
\begin{cases}
(s_i\boldsymbol{I}-\boldsymbol{A})\boldsymbol{p}_{ij}=\boldsymbol{0},\boldsymbol{p}_{ij}^{(1)}=\boldsymbol{p}_{ij} \\
(s_i\boldsymbol{I}-\boldsymbol{A})\boldsymbol{p}_{ij}^{(2)}=-\boldsymbol{p}_{ij}^{(1)} \\
\vdots \\
(s_i\boldsymbol{I}-\boldsymbol{A})\boldsymbol{p}_{ij}^{(k_{ij})}=-\boldsymbol{p}_{ij}^{(k_{ij}-1)}
\end{cases}
,j=1,2,\cdots,\alpha_i \tag{2-278}
$$

直至无解为止，从而得到特征向量 p_{ij} 所对应的所有广义特征向量，$j=1,2,\cdots,\alpha_i$。应该指出，上述特征向量及广义特征向量的确定有一定的自由度，求解结果虽不唯一，但对代数重数为 m_i 的重特征值 s_i，应保证所求得的 m_i 个特征向量及广义特征向量为线性无关组。

4. 状态方程的约当标准形

对于 n 阶线性定常系统

$$
\begin{cases}
\dot{\boldsymbol{x}}=\boldsymbol{A}\boldsymbol{x}+\boldsymbol{B}\boldsymbol{u} \\
\boldsymbol{y}=\boldsymbol{C}\boldsymbol{x}
\end{cases} \tag{2-279}
$$

若状态矩阵 $\boldsymbol{A}$ 的特征值 $s_1,s_2,\cdots,s_n$ 互异，则必存在非奇异矩阵 $\boldsymbol{T}$，经 $\boldsymbol{x}=\boldsymbol{T}\bar{\boldsymbol{x}}$ 的线性变换，将状态空间表达式变换为对角线标准形，即

$$
\begin{cases}
\dot{\bar{\boldsymbol{x}}}=\boldsymbol{T}^{-1}\boldsymbol{A}\boldsymbol{T}\bar{\boldsymbol{x}}+\boldsymbol{T}^{-1}\boldsymbol{B}\boldsymbol{u}=\begin{bmatrix} s_1 & & & \boldsymbol{0} \\ & s_2 & & \\ & & \ddots & \\ \boldsymbol{0} & & & s_n \end{bmatrix}\bar{\boldsymbol{x}}+\overline{\boldsymbol{B}}\boldsymbol{u} \\
\boldsymbol{y}=\boldsymbol{C}\boldsymbol{T}\bar{\boldsymbol{x}}=\overline{\boldsymbol{C}}\bar{\boldsymbol{x}}
\end{cases} \tag{2-280}
$$

式中，变换矩阵 $\boldsymbol{T}$ 由 $\boldsymbol{A}$ 的 n 个互异特征值 $s_1,s_2,\cdots,s_n$ 所对应的 n 个独立特征向量 $\boldsymbol{p}_1,\boldsymbol{p}_2,\cdots,\boldsymbol{p}_n$ 构造，即

$$
\boldsymbol{T}=[\boldsymbol{p}_1 \quad \boldsymbol{p}_2 \quad \cdots \quad \boldsymbol{p}_n] \tag{2-281}
$$

对于 n 阶线性定常系统式(2-279)，当其 n 阶状态矩阵 $\boldsymbol{A}$ 具有重特征值时，若重特征值的几何重数与代数重数相等，即 $\boldsymbol{A}$ 的所有特征值仍然对应存在 n 个独立的特征向量，则仍可由这 n 个独立的特征向量为列向量构造非奇异变换矩阵 $\boldsymbol{T}$，将 $\boldsymbol{A}$ 化为对角线形矩阵。若 $\boldsymbol{A}$ 的重特征值的几何重数小于代数重数，则经相似变换，只能将 $\boldsymbol{A}$ 变换为约当标准形。

设 n 阶状态矩阵 $\boldsymbol{A}$ 的特征值为

$$
s_1(m_1\text{ 重},\alpha_1\text{ 重}),s_2(m_2\text{ 重},\alpha_2\text{ 重}),\cdots,s_l(m_l\text{ 重},\alpha_l\text{ 重})
$$
$$
s_i\neq s_j,\forall i\neq j
$$

其中，m_i、α_i 分别为特征值 s_i 的代数重数、几何重数，$i=1,2,\cdots,l$，$\sum\limits_{i=1}^{l}m_i=n$。则基于伴随各特征值的线性无关特征向量和广义特征向量所构成的非奇异变换矩阵 $\boldsymbol{T}$，经 $\boldsymbol{x}=\boldsymbol{T}\bar{\boldsymbol{x}}$ 的线性变换，将状态空间表达式变换为约当标准形，即

$$
\begin{cases}
\dot{\bar{\boldsymbol{x}}}=\boldsymbol{T}^{-1}\boldsymbol{A}\boldsymbol{T}\bar{\boldsymbol{x}}+\boldsymbol{T}^{-1}\boldsymbol{B}\boldsymbol{u}=\begin{bmatrix} \boldsymbol{J}_1 & & & \boldsymbol{0} \\ & \boldsymbol{J}_2 & & \\ & & \ddots & \\ \boldsymbol{0} & & & \boldsymbol{J}_l \end{bmatrix}\bar{\boldsymbol{x}}+\overline{\boldsymbol{B}}\boldsymbol{u} \\
\boldsymbol{y}=\boldsymbol{C}\boldsymbol{T}\bar{\boldsymbol{x}}=\overline{\boldsymbol{C}}\bar{\boldsymbol{x}}
\end{cases} \tag{2-282}
$$

式中，$\boldsymbol{J}_i$ 为对应于重特征值 s_i 的约当块，其是由 α_i 个约当子块组成的 m_i 阶对角线分块矩阵，即

$$
\underset{(m_i\times m_i)}{\boldsymbol{J}_i}=\begin{bmatrix} \boldsymbol{J}_{i1} & & \\ & \ddots & \\ & & \boldsymbol{J}_{i\alpha_i} \end{bmatrix},i=1,2,\cdots,l \tag{2-283}
$$

其中，$\boldsymbol{J}_{ij}$是与s_i的特征向量$\boldsymbol{p}_{ij}$所在约当链长度k_{ij}对应的k_{ij}阶约当子块，其主对角线上的元素为s_i、主对角线上方的次对角线上的元素均为1、其余元素均为零，即

$$\underset{(k_{ij}\times k_{ij})}{\boldsymbol{J}_{ij}}=\begin{bmatrix} s_i & 1 & & \boldsymbol{0} \\ & s_i & \ddots & \\ & & \ddots & 1 \\ \boldsymbol{0} & & & s_i \end{bmatrix},j=1,2,\cdots,\alpha_i,\sum_{j=1}^{\alpha_i}k_{ij}=m_i \tag{2-284}$$

式(2-282)中的非奇异变换矩阵$\boldsymbol{T}$可按式(2-285)构造，即

$$\boldsymbol{T}=[\boldsymbol{P}_1 \quad \boldsymbol{P}_2 \quad \cdots \quad \boldsymbol{P}_l] \tag{2-285}$$

式中，$\boldsymbol{P}_i$为由重特征值s_i对应的m_i个线性无关的特征向量及广义特征向量为列向量构成的子矩阵，$i=1,2,\cdots,l$，即

$$\boldsymbol{P}_i=[\boldsymbol{p}_{i1}^{(1)} \quad \cdots \quad \boldsymbol{p}_{i1}^{(k_{i1})} \vdots \cdots \vdots \boldsymbol{p}_{i\alpha_i}^{(1)} \quad \cdots \quad \boldsymbol{p}_{i\alpha_i}^{(k_{i\alpha_i})}] \tag{2-286}$$

其中，特征向量$\boldsymbol{p}_{ij}$对应的长度为k_{ij}的广义特征向量链可由式(2-278)确定，$j=1,2,\cdots,\alpha_i$。

可以看出，约当标准形是相应于状态矩阵具有重特征值情况下状态变量之间可能的最简耦合形式，在该形式下，各状态变量至多和下一序号的状态变量发生联系。

应该指出，由于任意一个一阶矩阵可视为一阶约当块，因此对角线标准形也可视为由n个一阶约当块组成的约当标准形。

【例 2-25】 给定一个线性定常系统的状态方程为

$$\dot{\boldsymbol{x}}=\begin{bmatrix} 3 & -1 & 1 & 1 & 0 & 0 \\ 1 & 1 & -1 & -1 & 0 & 0 \\ 0 & 0 & 2 & 0 & 1 & 1 \\ 0 & 0 & 0 & 2 & -1 & -1 \\ 0 & 0 & 0 & 0 & 1 & 1 \\ 0 & 0 & 0 & 0 & 1 & 1 \end{bmatrix}\boldsymbol{x}+\begin{bmatrix} 1 & 0 \\ -1 & 1 \\ 2 & 1 \\ 0 & -1 \\ 0 & 2 \\ 1 & 0 \end{bmatrix}\boldsymbol{u}$$

将其变换为约当标准形。

解 (1)计算特征值及其几何重数。由矩阵$\boldsymbol{A}$的特征多项式$\det(s\boldsymbol{I}-\boldsymbol{A})=s(s-2)^5$，求得其特征值为

$$s_1=2(m_1=5),s_2=0(m_2=1)$$

显然，$\alpha_2=1$，又$\mathrm{rank}(s_1\boldsymbol{I}-\boldsymbol{A})=4$，则$\alpha_1=n-\mathrm{rank}(s_1\boldsymbol{I}-\boldsymbol{A})=6-4=2$。

(2)计算$m_1=5$重特征值$s_1=2$对应的$\alpha_1=2$个独立特征向量。解特征向量方程

$$(s_1\boldsymbol{I}-\boldsymbol{A})\boldsymbol{p}_1=\begin{bmatrix} -1 & 1 & -1 & -1 & 0 & 0 \\ -1 & 1 & 1 & 1 & 0 & 0 \\ 0 & 0 & 0 & 0 & -1 & -1 \\ 0 & 0 & 0 & 0 & 1 & 1 \\ 0 & 0 & 0 & 0 & 1 & -1 \\ 0 & 0 & 0 & 0 & -1 & 1 \end{bmatrix}\boldsymbol{p}_1=\begin{bmatrix} 0 \\ 0 \\ 0 \\ 0 \\ 0 \\ 0 \end{bmatrix} \tag{2-287}$$

确定2个线性无关的特征向量分别为

$$\boldsymbol{p}_{11}=\begin{bmatrix} 1 \\ 1 \\ 0 \\ 0 \\ 0 \\ 0 \end{bmatrix},\boldsymbol{p}_{12}=\begin{bmatrix} 0 \\ 0 \\ -1 \\ 1 \\ 0 \\ 0 \end{bmatrix}$$

(3) 根据式(2-278)确定特征向量 $\boldsymbol{p}_{11}$ 对应的广义特征向量链,解广义特征向量方程

$$(s_1\boldsymbol{I}-\boldsymbol{A})\boldsymbol{p}_{11}^{(2)}=\begin{bmatrix}-1&1&-1&-1&0&0\\-1&1&1&1&0&0\\0&0&0&0&-1&-1\\0&0&0&0&1&1\\0&0&0&0&1&-1\\0&0&0&0&-1&1\end{bmatrix}\boldsymbol{p}_{11}^{(2)}=-\boldsymbol{p}_{11}^{(1)}=-\boldsymbol{p}_{11}=-\begin{bmatrix}1\\1\\0\\0\\0\\0\end{bmatrix}\qquad(2\text{-}288)$$

得

$$\boldsymbol{p}_{11}^{(2)}=\begin{bmatrix}0\\-1\\0\\0\\0\\0\end{bmatrix}$$

继续求解广义特征向量方程

$$(s_1\boldsymbol{I}-\boldsymbol{A})\boldsymbol{p}_{11}^{(3)}=\begin{bmatrix}-1&1&-1&-1&0&0\\-1&1&1&1&0&0\\0&0&0&0&-1&-1\\0&0&0&0&1&1\\0&0&0&0&1&-1\\0&0&0&0&-1&1\end{bmatrix}\boldsymbol{p}_{11}^{(3)}=-\boldsymbol{p}_{11}^{(2)}=\begin{bmatrix}0\\1\\0\\0\\0\\0\end{bmatrix}\qquad(2\text{-}289)$$

得

$$\boldsymbol{p}_{11}^{(3)}=\begin{bmatrix}0\\1/2\\0\\1/2\\0\\0\end{bmatrix}$$

继续求解广义特征向量方程

$$(s_1\boldsymbol{I}-\boldsymbol{A})\boldsymbol{p}_{11}^{(4)}=\begin{bmatrix}-1&1&-1&-1&0&0\\-1&1&1&1&0&0\\0&0&0&0&-1&-1\\0&0&0&0&1&1\\0&0&0&0&1&-1\\0&0&0&0&-1&1\end{bmatrix}\boldsymbol{p}_{11}^{(4)}=-\boldsymbol{p}_{11}^{(3)}=\begin{bmatrix}0\\-1/2\\0\\-1/2\\0\\0\end{bmatrix}\qquad(2\text{-}290)$$

因为 $\text{rank}([s_1\boldsymbol{I}-\boldsymbol{A}\ \vdots\ -\boldsymbol{p}_{11}^{(3)}])=5\neq\text{rank}(s_1\boldsymbol{I}-\boldsymbol{A})$,故方程式(2-290)无解。表明特征向量 $\boldsymbol{p}_{11}$ 对应的约当链长度 $k_{11}=3$,由此根据式(2-277)知,特征向量 $\boldsymbol{p}_{12}$ 对应的约当链长度 $k_{12}=m_1-k_{11}=5-3=2$。

(4) 根据式(2-278)确定特征向量 $\boldsymbol{p}_{12}$ 对应的广义特征向量链,解广义特征向量方程

$$(s_1\boldsymbol{I}-\boldsymbol{A})\boldsymbol{p}_{12}^{(2)}=\begin{bmatrix}-1&1&-1&-1&0&0\\-1&1&1&1&0&0\\0&0&0&0&-1&-1\\0&0&0&0&1&1\\0&0&0&0&1&-1\\0&0&0&0&-1&1\end{bmatrix}\boldsymbol{p}_{12}^{(2)}=-\boldsymbol{p}_{12}^{(1)}=-\boldsymbol{p}_{12}=-\begin{bmatrix}0\\0\\-1\\1\\0\\0\end{bmatrix}$$

得

$$\boldsymbol{p}_{12}^{(2)}=-\begin{bmatrix}0\\0\\0\\0\\1/2\\1/2\end{bmatrix}$$

检查所求得的对应 $m_1=5$ 重特征值 $s_1=2$ 的特征向量 $\boldsymbol{p}_{11}$、$\boldsymbol{p}_{12}$ 和广义特征向量 $\boldsymbol{p}_{11}^{(2)}$、$\boldsymbol{p}_{11}^{(3)}$、$\boldsymbol{p}_{12}^{(2)}$，其构成线性无关组，因此，上述求解步骤(2)、(3)、(4)所确定的 $\alpha_1=2$ 个独立特征向量及其广义特征向量链是合适的。

(5) 求 $s_2=0$ 对应的特征向量。解特征向量方程

$$(s_2\boldsymbol{I}-\boldsymbol{A})\boldsymbol{p}_2=\boldsymbol{0}$$

得

$$\boldsymbol{p}_2=[0\quad 0\quad 0\quad 0\quad 1\quad -1]^{\mathrm{T}}$$

(6) 构成非奇异变换矩阵 $\boldsymbol{T}$，经 $\boldsymbol{x}=\boldsymbol{T}\bar{\boldsymbol{x}}$ 的线性变换，将状态方程变换为约当标准形。根据式(2-285)，得

$$\boldsymbol{T}=[\boldsymbol{p}_{11}\quad \boldsymbol{p}_{11}^{(2)}\quad \boldsymbol{p}_{11}^{(3)}\ \vdots\ \boldsymbol{p}_{12}\quad \boldsymbol{p}_{12}^{(2)}\ \vdots\ \boldsymbol{p}_2]=\left[\begin{array}{ccc:cc:c}1&0&0&0&0&0\\1&-1&1/2&0&0&0\\0&0&0&-1&0&0\\0&0&1/2&1&0&0\\0&0&0&0&-1/2&1\\0&0&0&0&-1/2&-1\end{array}\right]$$

则

$$\boldsymbol{T}^{-1}=\begin{bmatrix}1&0&0&0&0&0\\1&-1&1&1&0&0\\0&0&2&2&0&0\\0&0&-1&0&0&0\\0&0&0&0&-1&-1\\0&0&0&0&1/2&-1/2\end{bmatrix}$$

引入 $\boldsymbol{x}=\boldsymbol{T}\bar{\boldsymbol{x}}$ 的线性变换，得

$$\dot{\bar{\boldsymbol{x}}}=\boldsymbol{T}^{-1}\boldsymbol{A}\boldsymbol{T}\bar{\boldsymbol{x}}+\boldsymbol{T}^{-1}\boldsymbol{B}\boldsymbol{u}=\left[\begin{array}{ccc:cc:c}2&1&0&0&0&0\\0&2&1&0&0&0\\0&0&2&0&0&0\\\hdashline 0&0&0&2&1&0\\0&0&0&0&2&0\\\hdashline 0&0&0&0&0&0\end{array}\right]\bar{\boldsymbol{x}}+\begin{bmatrix}1&0\\4&-1\\4&0\\-2&-1\\-1&-2\\-1/2&1\end{bmatrix}\boldsymbol{u}$$

MATLAB Program 2-2 为求解本题的程序。

```
% %MATLAB Program 2-2
A=[3 -1 1 1 0 0;1 1 -1 -1 0 0;0 0 2 0 1 1;0 0 0 2 -1 -1;0 0 0 0 1 1;0 0 0 0 1 1];
B=[1 0;-1 1;2 1;0 -1;0 2;1 0];
[T,J]=jordan(A)%调用约当标准形函数 jordan()，求变换矩阵 T 及变换后的约当矩阵 J=T^-1AT
inv(T) * B  %求变换后的控制矩阵 T^-1B
```

2.6.2 严格等价变换

可将上述状态空间描述下的相似变换推广到多项式矩阵描述。设动态系统的 PMD 描述为式(2-229),即

$$\begin{bmatrix} \boldsymbol{P}(s) & \boldsymbol{Q}(s) \\ -\boldsymbol{R}(s) & \boldsymbol{V}(s) \end{bmatrix}\begin{bmatrix} \overline{\boldsymbol{\zeta}}(s) \\ -\boldsymbol{U}(s) \end{bmatrix} = \begin{bmatrix} \boldsymbol{0} \\ -\boldsymbol{Y}(s) \end{bmatrix} \tag{2-291}$$

如 2.5 节所述,广义状态向量 $\boldsymbol{\zeta}(t)$ 的维数可小于、等于、大于系统独立状态变量的数目,因此,同一系统的 PMD 不仅不唯一,且各 PMD 的广义状态向量维数也可能不同,则其系统矩阵的规模也随之不同。而在状态空间描述下的等价动态方程维数必须相同,为此,引入扩展系统矩阵 $\tilde{\boldsymbol{S}}(s)$ 的定义,即

$$\tilde{\boldsymbol{S}}(s) = \begin{bmatrix} \tilde{\boldsymbol{P}}(s) & \tilde{\boldsymbol{Q}}(s) \\ -\tilde{\boldsymbol{R}}(s) & \tilde{\boldsymbol{V}}(s) \end{bmatrix} \overset{\text{def}}{=} \begin{bmatrix} \boldsymbol{I} & \boldsymbol{0} & \boldsymbol{0} \\ \boldsymbol{0} & \boldsymbol{P}(s) & \boldsymbol{Q}(s) \\ \boldsymbol{0} & -\boldsymbol{R}(s) & \boldsymbol{V}(s) \end{bmatrix} \tag{2-292}$$

其对应的 PMD 为

$$\begin{bmatrix} \boldsymbol{I} & \boldsymbol{0} & \boldsymbol{0} \\ \boldsymbol{0} & \boldsymbol{P}(s) & \boldsymbol{Q}(s) \\ \boldsymbol{0} & -\boldsymbol{R}(s) & \boldsymbol{V}(s) \end{bmatrix}\begin{bmatrix} \boldsymbol{0} \\ \overline{\boldsymbol{\zeta}}(s) \\ -\boldsymbol{U}(s) \end{bmatrix} = \begin{bmatrix} \boldsymbol{0} \\ \boldsymbol{0} \\ -\boldsymbol{Y}(s) \end{bmatrix} \tag{2-293}$$

显然有 $\tilde{\boldsymbol{V}}(s) = \boldsymbol{V}(s)$,且有

$$\det\tilde{\boldsymbol{P}}(s) = \det\boldsymbol{P}(s) \tag{2-294}$$

$$\tilde{\boldsymbol{W}}(s) = \tilde{\boldsymbol{R}}(s)\tilde{\boldsymbol{P}}^{-1}(s)\tilde{\boldsymbol{Q}}(s) + \tilde{\boldsymbol{V}}(s) = \boldsymbol{R}(s)\boldsymbol{P}^{-1}(s)\boldsymbol{Q}(s) + \boldsymbol{V}(s) = \boldsymbol{W}(s) \tag{2-295}$$

式(2-294)、式(2-295)表明,将系统矩阵扩展不会改变系统的固有性质,系统矩阵 $\boldsymbol{S}(s)$ 和其扩展形式 $\tilde{\boldsymbol{S}}(s)$ 具有相同的输入、输出特性,不仅如此,它们还表达着相同的整个动态特性(外部特性和内部特性),故今后对系统矩阵和其扩展形式一般不予区分,均记为 $\boldsymbol{S}(s)$。

设具有相同输入和相同输出的两个 PMD 的系统矩阵

$$\boldsymbol{S}_1(s) = \begin{bmatrix} \boldsymbol{P}_1(s) & \boldsymbol{Q}_1(s) \\ -\boldsymbol{R}_1(s) & \boldsymbol{V}_1(s) \end{bmatrix} \quad \text{和} \quad \boldsymbol{S}_2(s) = \begin{bmatrix} \boldsymbol{P}_2(s) & \boldsymbol{Q}_2(s) \\ -\boldsymbol{R}_2(s) & \boldsymbol{V}_2(s) \end{bmatrix} \tag{2-296}$$

式中,$\boldsymbol{P}_i(s)$、$\boldsymbol{Q}_i(s)$、$\boldsymbol{R}_i(s)$、$\boldsymbol{V}_i(s)$分别为 $q\times q$、$q\times r$、$m\times q$、$m\times r$ 维多项式矩阵,且 $\boldsymbol{P}_i(s)$非奇异,$i=1,2$。称系统矩阵 $\boldsymbol{S}_1(s)$和 $\boldsymbol{S}_2(s)$为严格系统等价,当且仅当存在 $q\times q$ 维单模矩阵 $\boldsymbol{M}(s)$、$\boldsymbol{N}(s)$ 及任意 $m\times q$ 维和 $q\times r$ 维多项式矩阵 $\boldsymbol{X}(s)$和 $\boldsymbol{Y}(s)$,使

$$\begin{bmatrix} \boldsymbol{M}(s) & \boldsymbol{0} \\ \boldsymbol{X}(s) & \boldsymbol{I}_m \end{bmatrix}\begin{bmatrix} \boldsymbol{P}_1(s) & \boldsymbol{Q}_1(s) \\ -\boldsymbol{R}_1(s) & \boldsymbol{V}_1(s) \end{bmatrix}\begin{bmatrix} \boldsymbol{N}(s) & \boldsymbol{Y}(s) \\ \boldsymbol{0} & \boldsymbol{I}_r \end{bmatrix} = \begin{bmatrix} \boldsymbol{P}_2(s) & \boldsymbol{Q}_2(s) \\ -\boldsymbol{R}_2(s) & \boldsymbol{V}_2(s) \end{bmatrix} \tag{2-297}$$

成立,记为 $\boldsymbol{S}_1(s)\sim\boldsymbol{S}_2(s)$。

因为 $\boldsymbol{M}(s)$、$\boldsymbol{N}(s)$均为单模矩阵,故

$$\begin{bmatrix} \boldsymbol{M}(s) & \boldsymbol{0} \\ \boldsymbol{X}(s) & \boldsymbol{I}_m \end{bmatrix} \text{和} \begin{bmatrix} \boldsymbol{N}(s) & \boldsymbol{Y}(s) \\ \boldsymbol{0} & \boldsymbol{I}_r \end{bmatrix}$$

也均为单模矩阵。因此,两个严格系统等价系统矩阵 $\boldsymbol{S}_1(s)$和 $\boldsymbol{S}_2(s)$之间的等价变换是一类特定的左、右单模变换,且严格系统等价变换具有如下基本性质。

(1) 对称性:若 $\boldsymbol{S}_1(s)\sim\boldsymbol{S}_2(s)$,则 $\boldsymbol{S}_2(s)\sim\boldsymbol{S}_1(s)$。

(2) 自反性:$\boldsymbol{S}_1(s)\sim\boldsymbol{S}_1(s)$。

(3) 传递性：若 $\boldsymbol{S}_1(s)\sim\boldsymbol{S}_2(s)$，$\boldsymbol{S}_2(s)\sim\boldsymbol{S}_3(s)$，则 $\boldsymbol{S}_1(s)\sim\boldsymbol{S}_3(s)$。

严格系统等价的系统广义状态向量彼此由可逆变换相联系，其动态行为完全等价。

将式(2-297)的左边相乘得

$$\left[\begin{array}{c:c}\boldsymbol{M}(s)\boldsymbol{P}_1(s)\boldsymbol{N}(s) & \boldsymbol{M}(s)(\boldsymbol{P}_1(s)\boldsymbol{Y}(s)+\boldsymbol{Q}_1(s)) \\ \hdashline -(\boldsymbol{R}_1(s)-\boldsymbol{X}(s)\boldsymbol{P}_1(s))\boldsymbol{N}(s) & (\boldsymbol{X}(s)\boldsymbol{P}_1(s)-\boldsymbol{R}_1(s))\boldsymbol{Y}(s)+\boldsymbol{X}(s)\boldsymbol{Q}_1(s)+\boldsymbol{V}_1(s)\end{array}\right]=\left[\begin{array}{c:c}\boldsymbol{P}_2(s) & \boldsymbol{Q}_2(s) \\ \hdashline -\boldsymbol{R}_2(s) & \boldsymbol{V}_2(s)\end{array}\right] \tag{2-298}$$

故有

$$\boldsymbol{M}(s)\boldsymbol{P}_1(s)\boldsymbol{N}(s)=\boldsymbol{P}_2(s) \tag{2-299}$$

由系统的特征多项式定义式(2-231)及单模矩阵的性质，得

$$k\det(\boldsymbol{P}_1(s))=\det(\boldsymbol{P}_2(s)) \tag{2-300}$$

式中，k 为非零常数。

式(2-300)表明，若 $\boldsymbol{S}_1(s)\sim\boldsymbol{S}_2(s)$ 即严格系统等价，则两者的系统阶数相同，且具有相同的系统极点集。

由式(2-298)及 PMD 的传递函数矩阵定义式(2-234)，得

$$\begin{aligned}\boldsymbol{W}_2(s)&=\boldsymbol{R}_2(s)\boldsymbol{P}_2^{-1}(s)\boldsymbol{Q}_2(s)+\boldsymbol{V}_2(s)\\&=(\boldsymbol{R}_1(s)-\boldsymbol{X}(s)\boldsymbol{P}_1(s))\boldsymbol{N}(s)(\boldsymbol{M}(s)\boldsymbol{P}_1(s)\boldsymbol{N}(s))^{-1}\boldsymbol{M}(s)(\boldsymbol{P}_1(s)\boldsymbol{Y}(s)+\boldsymbol{Q}_1(s))+\\&\quad(\boldsymbol{X}(s)\boldsymbol{P}_1(s)-\boldsymbol{R}_1(s))\boldsymbol{Y}(s)+\boldsymbol{X}(s)\boldsymbol{Q}_1(s)+\boldsymbol{V}_1(s)\\&=\boldsymbol{R}_1(s)\boldsymbol{P}_1^{-1}(s)\boldsymbol{Q}_1(s)+\boldsymbol{V}_1(s)=\boldsymbol{W}_1(s)\end{aligned} \tag{2-301}$$

式(2-301)表明，严格系统等价变换下传递函数矩阵保持不变。另外，由 $\boldsymbol{S}_1(s)\sim\boldsymbol{S}_2(s)$ 的定义式，也可证明 PMD 的互质性在严格系统等价变换下保持不变，进而可断定在严格系统等价变换下系统各类解耦零点均保持不变。

应该指出，式(2-297)也称为 Rosenbrock 意义下的系统严格等价，其要求 $\boldsymbol{M}(s)$、$\boldsymbol{N}(s)$ 同维且是单模矩阵。在实际应用中，还有一种较式(2-297)更为一般的等价变换关系，放宽了 $\boldsymbol{M}(s)$、$\boldsymbol{N}(s)$ 为单模矩阵的要求，这就是富尔曼意义下的严格系统等价(将在第 5 章介绍)。

2.6.1 节介绍了状态空间描述的代数等价变换，PMD 的严格系统等价是这一概念的推广。事实上，两个状态空间描述 $\Sigma(\boldsymbol{A}_i,\boldsymbol{B}_i,\boldsymbol{C}_i,\boldsymbol{D}_i)$ 代数等价的充分必要条件为其系统矩阵 $\boldsymbol{S}_i(s)$ 严格系统等价，$i=1,2$。

证明 必要性。由两个状态空间描述 $\Sigma(\boldsymbol{A}_i,\boldsymbol{B}_i,\boldsymbol{C}_i,\boldsymbol{D}_i)(i=1,2)$ 代数等价知，存在非奇异变换矩阵 $\boldsymbol{T}$，使

$$\boldsymbol{A}_2=\boldsymbol{T}^{-1}\boldsymbol{A}_1\boldsymbol{T},\boldsymbol{B}_2=\boldsymbol{T}^{-1}\boldsymbol{B}_1,\boldsymbol{C}_2=\boldsymbol{C}_1\boldsymbol{T},\boldsymbol{D}_2=\boldsymbol{D}_1 \tag{2-302}$$

成立，进而导出

$$\left[\begin{array}{c:c}s\boldsymbol{I}-\boldsymbol{A}_2 & \boldsymbol{B}_2\\ \hdashline -\boldsymbol{C}_2 & \boldsymbol{D}_2\end{array}\right]=\left[\begin{array}{c:c}s\boldsymbol{I}-\boldsymbol{T}^{-1}\boldsymbol{A}_1\boldsymbol{T} & \boldsymbol{T}^{-1}\boldsymbol{B}_1\\ \hdashline -\boldsymbol{C}_1\boldsymbol{T} & \boldsymbol{D}_1\end{array}\right]=\left[\begin{array}{c:c}\boldsymbol{T}^{-1} & \boldsymbol{0}\\ \hdashline \boldsymbol{0} & \boldsymbol{I}\end{array}\right]\left[\begin{array}{c:c}s\boldsymbol{I}-\boldsymbol{A}_1 & \boldsymbol{B}_1\\ \hdashline -\boldsymbol{C}_1 & \boldsymbol{D}_1\end{array}\right]\left[\begin{array}{c:c}\boldsymbol{T} & \boldsymbol{0}\\ \hdashline \boldsymbol{0} & \boldsymbol{I}\end{array}\right] \tag{2-303}$$

由定义知，$\boldsymbol{S}_1(s)\sim\boldsymbol{S}_2(s)$。

充分性的证明留作习题。

需要指出，凡是严格系统等价的 PMD 型系统矩阵具有相同的传递函数矩阵，但反之不然。另一方面，凡具有相同传递函数矩阵的所有的既约状态空间描述，所有的既约 MFD 和所有的既约 PMD 均是严格系统等价的，必有

$$\Delta(\boldsymbol{W}(s))\sim\det(s\boldsymbol{I}-\boldsymbol{A})\sim\det\boldsymbol{D}_{\mathrm{R}}(s)\sim\det\boldsymbol{D}_{\mathrm{L}}(s)\sim\det\boldsymbol{P}(s) \tag{2-304}$$

式中，等价符号"～"表示彼此仅相差一个非零常数；$\Delta(\boldsymbol{W}(s))$ 为传递函数矩阵 $\boldsymbol{W}(s)$ 的特征多项式；$\boldsymbol{A}$，$\boldsymbol{D}_{\mathrm{R}}(s)$，$\boldsymbol{D}_{\mathrm{L}}(s)$，$\boldsymbol{P}(s)$ 为相应描述的系数矩阵。上述 3 种描述若具有相同的传递函数矩阵

且满足式(2-304)，其必定均是既约的。在既约的前提下，线性定常系统的状态空间描述、右或左MFD以及PMD可完全等价地用于分析和综合系统，而不会丢失任何本质的结构信息。

2.7 线性离散系统的数学描述

离散时间系统是系统的输入、输出和状态变量只在某些离散时刻取值的系统。和连续时间系统的各种描述方法相似，离散时间系统的输入、输出描述(外部描述)有差分方程和系统脉冲传递函数(阵)、矩阵分式描述，内部描述有状态空间表达式描述、多项式矩阵描述。因为只要对连续时间系统的大多数概念、方法和结果稍加修正即可应用于离散时间系统，故本节仅简要介绍离散时间系统的数学描述，且主要阐述离散时间系统的特殊性。在采样系统中，离散信号出现的时刻称为采样时刻，相邻采样时刻的时间间隔称为采样周期。本书仅讨论采样周期为常数的情况。为了简便，采用简写的 $\boldsymbol{x}(k)$、$\boldsymbol{u}(k)$、$\boldsymbol{y}(k)$表示 $t = kT$ 采样时刻的状态向量、输入向量、输出向量，其中，$k=0,1,2,\cdots$；T 为采样周期。

2.7.1 线性离散系统的输入、输出描述

对于 n 阶线性定常 SISO 离散系统，u 为输入变量，y 为输出变量，可用式(2-305)所示的 n 阶常系数差分方程描述，即

$$\begin{aligned}&y(k+n)+a_1y(k+n-1)+\cdots+a_{n-1}y(k+1)+a_ny(k)\\&=b_0u(k+n)+b_1u(k+n-1)+\cdots+b_{n-1}u(k+1)+b_nu(k)\end{aligned} \tag{2-305}$$

在零初始条件下，对式(2-305)两边取 Z 变换，得系统的脉冲传递函数为

$$W(z)=\frac{Y(z)}{U(z)}=\frac{b_0z^n+b_1z^{n-1}+\cdots+b_{n-1}z+b_n}{z^n+a_1z^{n-1}+\cdots+a_{n-1}z+a_n} \tag{2-306}$$

即离散系统的脉冲传递函数是在零初始条件下，输出序列的 Z 变换与输入序列的 Z 变换之比。

由式(2-306)得

$$Y(z)=W(z)U(z) \tag{2-307}$$

设 $k=0$ 时，系统的输入信号为单位脉冲函数，即 $U(z)=1$，则系统输出的单位脉冲响应(冲激响应)序列 $g(k)$ 为

$$g(k)=y(k)=Z^{-1}(Y(z))=Z^{-1}(W(z)) \tag{2-308}$$

由式(2-308)，得

$$W(z)=Z(g(k)) \tag{2-309}$$

即类似于线性定常连续系统冲激响应函数与其传递函数的关系，离散系统冲激响应序列的 Z 变换就是脉冲传递函数。

可将 SISO 脉冲传递函数的概念推广到多变量系统，得到线性定常 MIMO 离散系统的脉冲传递函数矩阵。

2.7.2 线性离散系统的状态空间表达式

线性定常离散系统的状态空间表达式的一般形式为

$$\begin{cases}\boldsymbol{x}(k+1)=\boldsymbol{G}\boldsymbol{x}(k)+\boldsymbol{H}\boldsymbol{u}(k)\\\boldsymbol{y}(k)=\boldsymbol{C}\boldsymbol{x}(k)+\boldsymbol{D}\boldsymbol{u}(k)\end{cases} \tag{2-310}$$

式中，$\boldsymbol{x}(k)$、$\boldsymbol{u}(k)$、$\boldsymbol{y}(k)$分别为系统的 n 维状态向量、r 维输入向量、m 维输出向量；常数系数矩阵 $\boldsymbol{G}$、$\boldsymbol{H}$、$\boldsymbol{C}$、$\boldsymbol{D}$ 分别为 $n\times n$ 维状态矩阵、$n\times r$ 维输入矩阵、$m\times n$ 维输出矩阵、$m\times r$ 维直接传递矩

阵。若系数矩阵 $\boldsymbol{G}$、$\boldsymbol{H}$、$\boldsymbol{C}$、$\boldsymbol{D}$ 中的元素至少有一个随节拍 k 变化，则为线性时变离散系统。

与连续系统类似，线性离散系统状态空间表达式的方框图如图 2-19 所示。图 2-19(a)中，$\boldsymbol{T}$ 为单位延迟器，其将输入的信号延迟一个采样周期输出。由 Z 变换的实数位移定理知，z^{-1} 为单位延迟算子，它将采样信号延迟一个采样周期输出，故线性离散系统状态空间表达式的方框图也可用图 2-19(b)表示。

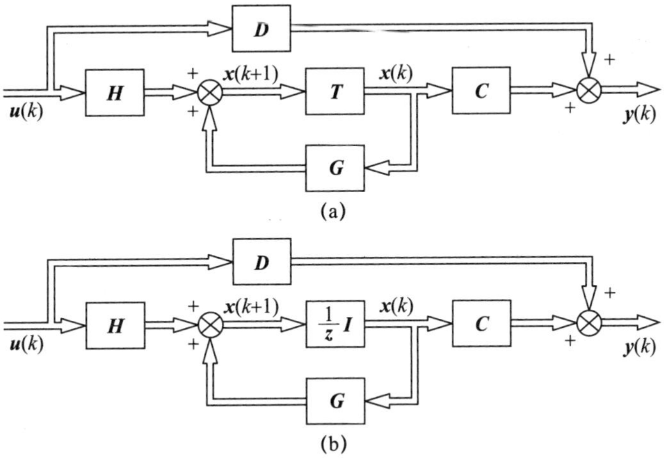

图 2-19　线性离散系统的方框图

类似于线性定常连续系统状态空间表达式求传递函数矩阵的推导过程，对式(2-310)进行 Z 变换，得

$$\begin{cases} z\boldsymbol{X}(z) - z\boldsymbol{x}(0) = \boldsymbol{G}\boldsymbol{X}(z) + \boldsymbol{H}\boldsymbol{U}(z) \\ \boldsymbol{Y}(z) = \boldsymbol{C}\boldsymbol{X}(z) + \boldsymbol{D}\boldsymbol{U}(z) \end{cases} \tag{2-311}$$

令系统初始条件为零，由式(2-311)得

$$\boldsymbol{X}(z) = (z\boldsymbol{I} - \boldsymbol{G})^{-1}\boldsymbol{H}\boldsymbol{U}(z) \tag{2-312}$$

$$\boldsymbol{Y}(z) = [\boldsymbol{C}(z\boldsymbol{I} - \boldsymbol{G})^{-1}\boldsymbol{H} + \boldsymbol{D}]\boldsymbol{U}(z) = \boldsymbol{W}(z)\boldsymbol{U}(z) \tag{2-313}$$

式中

$$\boldsymbol{W}(z) = \boldsymbol{C}(z\boldsymbol{I} - \boldsymbol{G})^{-1}\boldsymbol{H} + \boldsymbol{D} \tag{2-314}$$

为 $m \times r$ 维的脉冲传递函数矩阵，与式(2-106)类似，其同样可表示成左、右矩阵分式的形式，即

$$\boldsymbol{W}(z) = \boldsymbol{D}_{\mathrm{L}}^{-1}(z)\boldsymbol{N}_{\mathrm{L}}(z) = \boldsymbol{N}_{\mathrm{R}}(z)\boldsymbol{D}_{\mathrm{R}}^{-1}(z) \tag{2-315}$$

由线性定常连续系统的输入、输出描述(高阶微分方程、传递函数矩阵或方框图)建立其状态空间模型的方法可以相似的形式推广应用于线性定常离散系统。例如，若线性定常 SISO 离散系统的高阶差分方程为

$$\begin{aligned} & y(k+n) + a_1 y(k+n-1) + \cdots + a_{n-1} y(k+1) + a_n y(k) \\ & = b_1 u(k+n-1) + \cdots + b_{n-1} u(k+1) + b_n u(k) \end{aligned} \tag{2-316}$$

则可参照式(2-59)，直接得式(2-316)的能控标准形实现为

$$\begin{cases} \begin{bmatrix} x_1(k+1) \\ x_2(k+1) \\ \vdots \\ x_{n-1}(k+1) \\ x_n(k+1) \end{bmatrix} = \begin{bmatrix} 0 & 1 & 0 & \cdots & 0 \\ 0 & 0 & 1 & \cdots & 0 \\ \vdots & \vdots & \vdots & & \vdots \\ 0 & 0 & 0 & \cdots & 1 \\ -a_n & -a_{n-1} & -a_{n-2} & \cdots & -a_1 \end{bmatrix} \begin{bmatrix} x_1(k) \\ x_2(k) \\ \vdots \\ x_{n-1}(k) \\ x_n(k) \end{bmatrix} + \begin{bmatrix} 0 \\ 0 \\ \vdots \\ 0 \\ 1 \end{bmatrix} u(k) \\ y = [b_n \quad b_{n-1} \quad \cdots \quad b_2 \quad b_1] \begin{bmatrix} x_1(k) \\ x_2(k) \\ \vdots \\ x_{n-1}(k) \\ x_n(k) \end{bmatrix} \end{cases} \tag{2-317}$$

2.7.3 离散系统的多项式矩阵描述

与线性定常 MIMO 连续系统微分算子描述式(2-227)相似，对具有 r 个输入、m 个输出的线性定常离散系统可用延迟算子多项式矩阵描述，即

$$\begin{cases}\boldsymbol{P}(d)\boldsymbol{\zeta}(k)=\boldsymbol{Q}(d)\boldsymbol{u}(k)\\ \boldsymbol{y}(k)=\boldsymbol{R}(d)\boldsymbol{\zeta}(k)+\boldsymbol{V}(d)\boldsymbol{u}(k)\end{cases} \tag{2-318}$$

式中，$\boldsymbol{\zeta}(k)$ 为 $q\times 1$ 维广义状态向量；d 为单位延迟算子；$\boldsymbol{P}(d)$、$\boldsymbol{Q}(d)$、$\boldsymbol{R}(d)$、$\boldsymbol{V}(d)$分别为单位延迟算子 d 的 $q\times q$、$q\times r$、$m\times q$、$m\times r$ 维多项式矩阵。若式(2-318)中各变量的初始条件为零，取其 Z 变换，则可得到线性定常离散系统频域中的 PMD 及相应的系统矩阵。

小　　结

本章重点讨论了线性定常 MIMO 连续系统的 4 种数学描述方法(传递函数矩阵描述法、MFD 法、状态空间描述法及 PMD 法)及其等效变换。其中，传递函数矩阵描述法、MFD 法是以系统的输出、输入特性为研究依据的外部模型，仅描述了系统输入、输出之间的外部特性，不能揭示系统内部各物理量的运动规律，是系统的一种不完全描述；状态空间描述法及 PMD 法属于由系统结构导出的内部模型，能完全表征系统的所有动力学特征及结构特性，是对系统的一种完全描述。

MFD 是标量有理分式形式传递函数相应表示的推广，其将传递函数矩阵分解为矩阵因子的形式，正如状态空间描述在时域方法中有重要应用一样，MFD 在多变量频域方法中具有重要作用。表征 MFD 的一个基本特性是不可简约性，本章介绍了基于 Smith-McMillan 标准形求既约 MFD 及传递函数矩阵的零、极点方法。

PMD 是线性定常系统具有更广普遍性的一类内部描述，状态空间描述是系统 PMD 的一种特例。时域 PMD(式(2-227))也称为微分算子方程描述，其直接利用高阶向量微分方程为系统的数学模型。在零初始条件下对时域 PMD 取拉普拉斯变换，即得频域 PMD(式(2-228))，由频域 PMD 进一步得到系统 PMD 的系统矩阵(式(2-230))和系统 PMD 的传递函数矩阵(式(2-234))。

解耦零点是系统内部结构特性的某种表征。PMD 的传递函数矩阵实质上是系统在频域的一种内部描述，其能够揭示系统解耦零点的信息，克服了传递函数矩阵这类外部模型的局限。正因为传递函数矩阵不能描述系统的解耦零点，故传递函数矩阵的零点(或极点)一般为系统的零点(或极点)集合的子集。

PMD 的系统矩阵集中表征了系统的所有结构性质，由状态空间描述和 MFD 可分别导出对应的系统矩阵，系统矩阵概念的引入建立了沟通 PMD 与系统其他描述之间简明关系的桥梁，便于引入不同描述的等价变换。

状态空间描述坐标变换的代数实质是线性非奇异变换，线性定常系统的特征多项式、能控性、能观测性、传递函数矩阵、极点等固有特性在这种代数等价变换下保持不变。通过线性非奇异变换，可将系统的状态空间描述等价变换为能够体现系统结构特征的某种规范形，如能控标准形、能观测标准形、约当标准形等，以简化分析与综合。本章仅讨论变换为约当标准形的方法，在第 4 章将讨论能控标准形和能观测标准形的变换方法。

PMD 的严格系统等价变换是状态空间描述代数等价变换的推广。在既约的前提下，线性定常系统的状态空间描述、MFD 及 PMD 可完全等价地应用于系统的分析与综合。

由外部模型和 PMD 建立状态空间模型的等价变换称为实现，第 5 章将专题讨论。本章仅讨论了由高阶微分方程、基于传递函数的方框图导出状态空间描述，以加深对状态空间描述及其与输入、输出描述关系的认识。

线性定常离散时间系统固然有其特殊性，但其各种数学描述与线性定常连续时间系统对应的数学描述在结构形式上相似，连续时间系统的大多数概念、方法和结论可推广应用于离散时间系统，为了避免重复，本章未平行展开离散时间系统数学模型的讨论。

习　　题

2-1　如图 2-20 所示电路，电压源 $u_1(t)$、$u_2(t)$ 为输入量，以电感电流 i 为状态变量 x_1、电容电压 u_C 为状态

变量 x_2，R_1、R_2 两端电压 u_{R1}、u_{R2} 为输出量 y_1、y_2，试求该电路的状态空间表达式和传递函数矩阵。

2-2　如图 2-21 所示电路，电压源 U_1、U_2 为输入，以 i_L、U_C 为状态变量 x_1、x_2，a、b 两端电压 U_{ab} 为输出变量 y，试求该电路的状态空间表达式和传递函数。

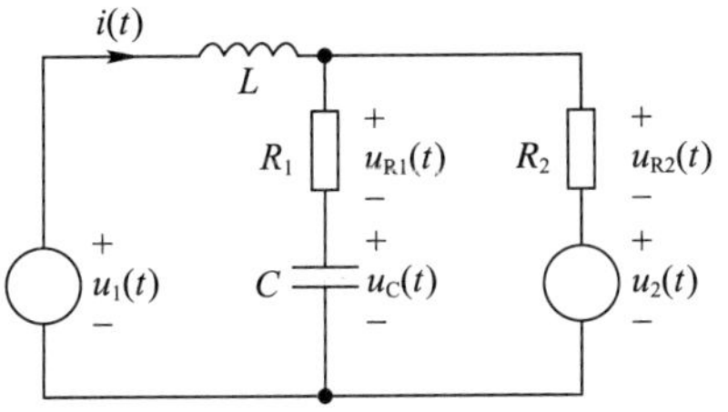

图 2-20　习题 2-1 图

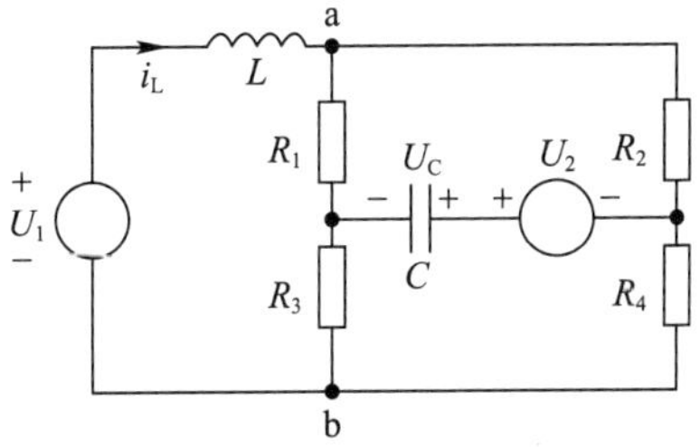

图 2-21　习题 2-2 图

2-3　如图 2-22 所示电路，电流源 u 为输入量，$L=1\text{H}$，$C=1\text{F}$，$R_1=1\Omega$，$R_2=2\Omega$，以电感电流 i_L、电容电压 u_C 为状态变量 x_1、x_2，u_C 为输出变量 y。(1)求该电路的状态空间表达式和传递函数；(2)求系统的解耦零点、极点和传递函数的极点；(3)该电路能否完全由其传递函数表征？

2-4　如图 2-23 所示为带有输入滤波器的 PI 调节器电路，u_i 为输入，u_0 为输出，设有源放大器为理想运算放大器，试建立该调节器的状态空间模型和传递函数模型。

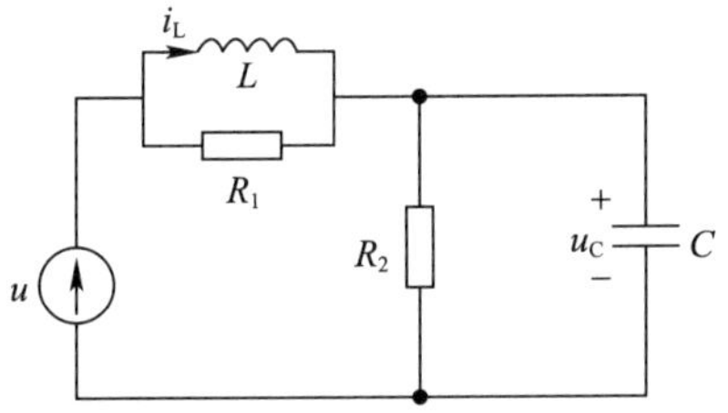

图 2-22　习题 2-3 图

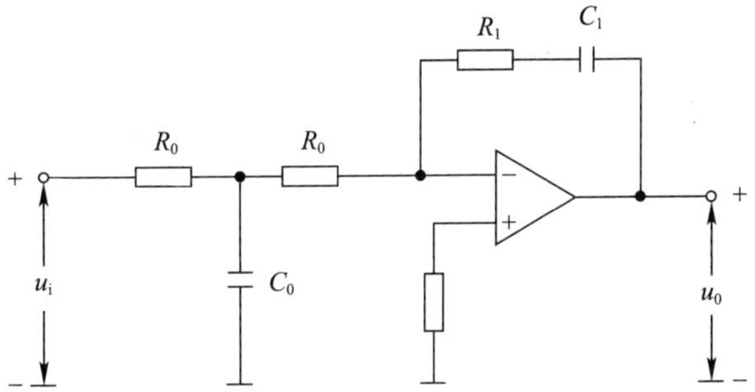

图 2-23　习题 2-4 图

2-5　由质量（M_1、M_2）、阻尼（ρ）、弹簧（K_1、K_2）组成的机械系统如图 2-24 所示，外力 f_1、f_2 为输入量，$\overline{y}_1$、$\overline{y}_2$ 分别为 M_1、M_2 在重力作用后相对于平衡位置的位移，求以 $\overline{y}_1$、$\overline{y}_2$ 为输出量的系统状态空间表达式和传递函数矩阵。

2-6　采用调节电枢电压 u_a 进行调速控制的他励直流电动机拖动系统如图 2-25 所示，其中，R_a、L_a 分别为电枢回路的总电阻、总电感，E 为电枢反电动势，i_a 为电枢电流，i_f 为额定励磁电流，n 为电动机轴的转速，T_z 为折合到电动机轴上的总负载转矩。已知电动机的电动势常数、转矩常数分别为 C_e、C_T，每极额定磁通为 Φ_N，电动机轴上的等效总转动惯量为 J，不计电枢反应，忽略摩擦，试建立以 u_a、T_z 为输入量、以 n 为输出量的状态空间表达式，并求传递函数矩阵。

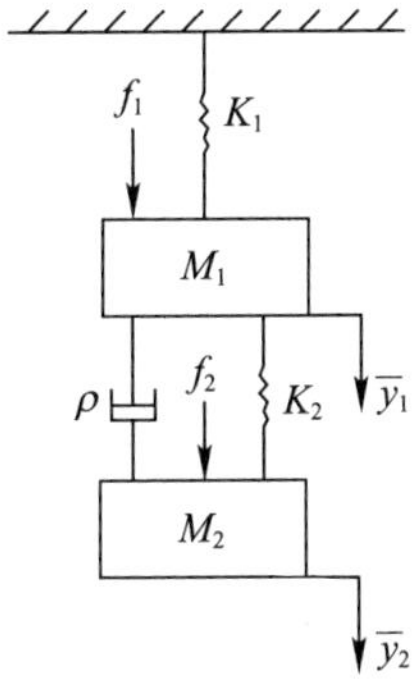

图 2-24　习题 2-5 图

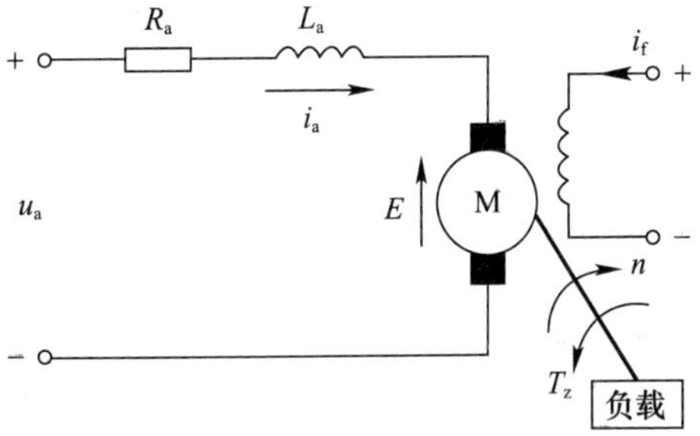

图 2-25　习题 2-6 图

2-7　设系统的方框图如图 2-26 所示。(1)画出系统的状态变量图,并建立其状态空间表达式;(2)应用 MATLAB 求系统的传递函数;(3)求系统的解耦零点、极点和传递函数的极点。

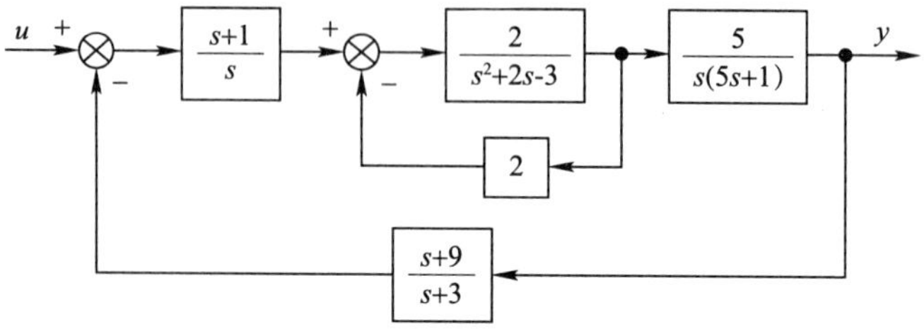

图 2-26　习题 2-7 图

2-8　求下列各输入、输出描述的能控标准形、能观测标准形状态空间描述,并画出相应的状态变量图。

(1) $\dddot{y}+2\ddot{y}+3\dot{y}+7y=\ddot{u}+5u$

(2) $2\dddot{y}+4\ddot{y}+12\dot{y}+6y=4\ddot{u}+6\dot{u}+2u$

(3) $y(k+3)+5y(k+2)+2y(k+1)+3y(k)=3u(k+1)+2u(k)$

2-9　设离散系统的差分方程为

$$3y(k+3)+6y(k+2)+9y(k+1)+3y(k)=u(k+2)+6u(k+1)+3u(k)$$

求输出矩阵 $\boldsymbol{C}=[0\quad 0\quad 1]$ 的状态空间表达式。

2-10　已知离散系统状态空间表达式为

$$\begin{cases}\boldsymbol{x}(k+1)=\begin{bmatrix}0 & 0 & -1\\1 & 0 & 0\\0 & 1 & -1\end{bmatrix}\boldsymbol{x}(k)+\begin{bmatrix}1 & 0\\0 & 1\\0 & 0\end{bmatrix}\boldsymbol{u}(k)\\y(k)=[0\quad 0\quad 1]\boldsymbol{x}(k)\end{cases}$$

试求其脉冲传递函数矩阵。

2-11　判断下列各多项式矩阵是否为单模矩阵。若为单模矩阵,试将其表示为初等变换矩阵的乘积。

(1) $\boldsymbol{Q}_1(s)=\begin{bmatrix}s+3 & s+4 & 2\\0 & s^2+s & s^2\\1 & 1 & s+1\end{bmatrix}$　(2) $\boldsymbol{Q}_2(s)=\begin{bmatrix}s+2 & 1 & s+2\\0 & s+2 & 2\\s+1 & 1 & s+1\end{bmatrix}$

2-12　求习题 2-11 中各多项式矩阵的行次数系数矩阵和列次数系数矩阵,并判断其是否为行既约、列既约;若不为列既约,试分别求出通过左单模变换或右单模变换将其变换成列既约的单模矩阵。

2-13　分别求下列多项式矩阵对的一个最大左公因子和一个最大右公因子,由此判断其是否左互质、右互质;并分别应用两个多项式矩阵互质的秩判据和两个多项式矩阵互质判别矩阵的 Smith 标准形判别其互质性。

(1) $\boldsymbol{Q}_1(s)=\begin{bmatrix}s & 0\\0 & s\end{bmatrix}$,$\boldsymbol{Q}_2(s)=\begin{bmatrix}s+1 & s\\1 & s\end{bmatrix}$　(2) $\boldsymbol{Q}_1(s)=\begin{bmatrix}s & 0\\1 & 2\end{bmatrix}$,$\boldsymbol{Q}_2(s)=\begin{bmatrix}0 & s\\1 & 1\end{bmatrix}$

2-14　求下列各传递函数矩阵的一个左 MFD 和一个右 MFD,并求其 Smith-McMillan 标准形,由此求传递函数矩阵的零点、极点、左既约 MFD 及右既约 MFD。

(1) $\boldsymbol{W}(s)=\begin{bmatrix}\dfrac{1}{(s+1)^2} & \dfrac{2}{s+1}\\\dfrac{3}{s+1} & \dfrac{4s}{s+1}\end{bmatrix}$　(2) $\boldsymbol{W}(s)=\begin{bmatrix}\dfrac{1}{s+1} & 0 & \dfrac{1}{s^2+3s+2}\\-\dfrac{1}{s+1} & \dfrac{1}{s+2} & \dfrac{1}{s+2}\end{bmatrix}$

2-15　如图 2-27 所示电路,电压源 $u(t)$ 为输入量,电容电压 u_C 为输出变量,试建立其状态空间描述、传递函数描述及多项式矩阵描述,并说明其是否能完全表征该电路。

2-16　如图 2-28 所示电路,$L_1=L_2=2\text{H}$,$C_1=3\text{F}$,$C_2=1\text{F}$,$R=1\Omega$,电压源 $u(t)$ 为输入量,电感 L_2 两端电压 $y(t)$ 为输出变量,选取回路电流 i_1、i_2 为广义状态变量 $\zeta_1(t)$、$\zeta_2(t)$,试建立该电路的多项式矩阵描述,并判断该多项式矩阵描述是否既约?

2-17　已知线性定常系统的 PMD 为

$$\begin{cases}\begin{bmatrix} s^2+2s+1 & 3 \\ 0 & s+1\end{bmatrix}\overline{\boldsymbol{\zeta}}(s)=\begin{bmatrix} s+2 & s \\ 1 & s+1\end{bmatrix}\boldsymbol{U}(s) \\ \boldsymbol{Y}(s)=\begin{bmatrix} s+1 & 1 \\ 2 & s\end{bmatrix}\overline{\boldsymbol{\zeta}}(s)\end{cases}$$

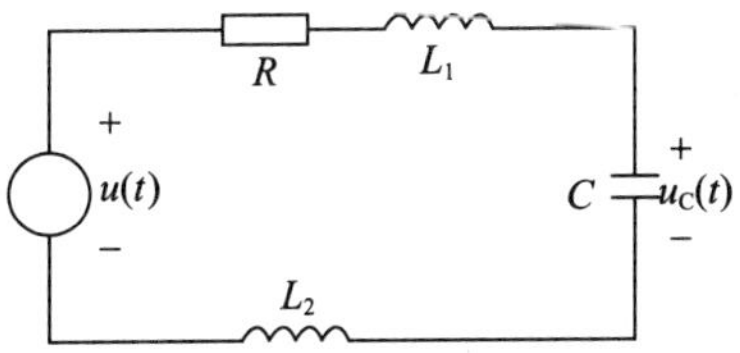

图 2-27　习题 2-15 图

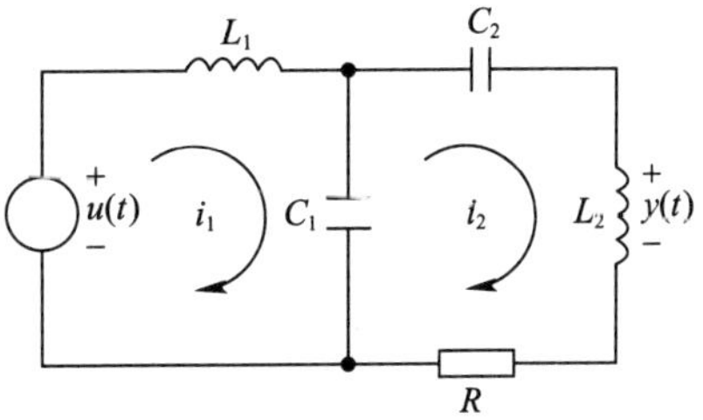

图 2-28　习题 2-16 图

(1) 判断该 PMD 是否既约;(2)求系统的解耦零点、系统的零点和极点;(3)求系统传递函数矩阵的零点和极点。

2-18　已知线性定常系统的状态空间描述为

$$\begin{cases}\dot{\boldsymbol{x}}=\begin{bmatrix} 1 & 1 & 0 & 0 & 0 & 0 \\ 0 & 1 & 0 & 0 & 0 & 0 \\ 0 & 0 & 0 & 0 & 0 & 0 \\ 0 & 0 & 0 & -1 & 1 & 0 \\ 0 & 0 & 0 & 0 & -1 & 0 \\ 0 & 0 & 0 & 0 & 0 & -2\end{bmatrix}\boldsymbol{x}+\begin{bmatrix} 1 & 0 \\ 0 & 0 \\ 0 & 0 \\ 0 & 0 \\ 1 & 1 \\ 1 & 0\end{bmatrix}\boldsymbol{u} \\ \boldsymbol{y}=\begin{bmatrix} 0 & 1 & 0 & 0 & 1 & 0 \\ 1 & 0 & 0 & 0 & 1 & 1\end{bmatrix}\boldsymbol{x}\end{cases}$$

(1) 求其系统矩阵,判断该系统是否既约;(2)求系统的解耦零点、系统的零点和极点;(3)求系统传递函数矩阵的零点和极点。

2-19　将下列各状态空间表达式变换为对角线标准形或约当标准形。

$$(1)\begin{cases}\dot{\boldsymbol{x}}=\begin{bmatrix} 1 & 0 & 0 & 0 & 0 \\ -1 & -3 & -2 & -4 & -5 \\ 1 & -9 & -11 & -17 & -23 \\ 1 & -5 & -8 & -10 & -15 \\ -1 & 9 & 12 & 17 & 24\end{bmatrix}\boldsymbol{x}+\begin{bmatrix} 1 & 0 \\ 0 & 1 \\ 1 & 1 \\ 2 & 0 \\ 1 & 1\end{bmatrix}\boldsymbol{u} \\ \boldsymbol{y}=\begin{bmatrix} 1 & 1 & 0 & 2 & 1 \\ 0 & 1 & 1 & 0 & 1\end{bmatrix}\boldsymbol{x}\end{cases}\qquad (2)\begin{cases}\dot{\boldsymbol{x}}=\begin{bmatrix} 0 & 1 & 0 \\ 0 & 0 & 1 \\ 0 & 2 & -1\end{bmatrix}\boldsymbol{x}+\begin{bmatrix} 0 \\ 0 \\ 1\end{bmatrix}u \\ y=\begin{bmatrix} -1 & 1 & 0\end{bmatrix}\boldsymbol{x}\end{cases}$$

2-20　设 n 阶方阵 $\boldsymbol{A}$ 为友矩阵,且其 n 个特征值 $s_1,s_2,\cdots,s_n$ 互异,试证以范德蒙德矩阵 $\boldsymbol{T}=\begin{bmatrix} 1 & 1 & \cdots & 1 \\ s_1 & s_2 & \cdots & s_n \\ \vdots & \vdots & & \vdots \\ s_1^{n-1} & s_2^{n-1} & \cdots & s_n^{n-1}\end{bmatrix}$ 为变换矩阵,可将矩阵 $\boldsymbol{A}$ 变换为对角线标准形,即

$$\boldsymbol{T}^{-1}\boldsymbol{A}\boldsymbol{T}=\begin{bmatrix} s_1 & & & \boldsymbol{0} \\ & s_2 & & \\ & & \ddots & \\ \boldsymbol{0} & & & s_n\end{bmatrix}$$

2-21　证明:两个状态空间描述 $\sum(\boldsymbol{A}_i,\boldsymbol{B}_i,\boldsymbol{C}_i,\boldsymbol{D}_i)$ 代数等价的充分必要条件为其系统矩阵 $\boldsymbol{S}_i(s)$ 严格系统等价($i=1,2$)。

第3章　线性控制系统的动态响应

3.1 引　　言

在建立动态系统数学模型的基础上，可对系统进行定量和定性的分析。定量分析主要研究系统对初始条件和给定输入信号的动态响应；定性分析主要研究系统的结构性质，如能控性、能观测性、稳定性等。

系统动态响应定量分析的实质是求解其动态数学模型并分析解的性质，对线性定常系统有传递函数法和状态空间分析法两种方法。对于复杂系统或非线性系统，一般难以求得解析解，甚至不存在解析解，可采用计算机求数值解。

对于如式(2-3)所示严真传递函数描述的线性定常系统，即

$$W(s)=\frac{Y(s)}{U(s)}=\frac{b_0s^m+b_1s^{m-1}+\cdots+b_{m-1}s+b_m}{s^n+a_1s^{n-1}+\cdots+a_{n-1}s+a_n} \tag{3-1}$$

若给定输入信号 $u(t)$ 的拉普拉斯变换 $U(s)$ 也是 s 的有理函数，则输出响应的拉普拉斯变换 $Y(s)$ 可写为

$$Y(s)=W(s)U(s)=\frac{N(s)}{\prod_{i=1}^{p}(s-s_i)^{\alpha_i}} \tag{3-2}$$

式中，s_i 为 $W(s)U(s)$ 的相异极点，可为实数或复数，若为复数极点，必然共轭成对；α_i 为极点 s_i 的重数。

对 $Y(s)$ 用部分分式展开，得

$$Y(s)=\sum_{i=1}^{p}\left[\frac{k_{i1}}{s-s_i}+\frac{k_{i2}}{(s-s_i)^2}+\cdots+\frac{k_{i\alpha_i}}{(s-s_i)^{\alpha_i}}\right] \tag{3-3}$$

式中，部分分式系数为

$$\begin{cases} k_{i\alpha_i}=\lim\limits_{s\to s_i}(s-s_i)^{\alpha_i}W(s)U(s) \\ k_{i(\alpha_i-1)}=\lim\limits_{s\to s_i}\dfrac{\mathrm{d}}{\mathrm{d}s}\left[(s-s_i)^{\alpha_i}W(s)U(s)\right] \\ \vdots \\ k_{i1}=\lim\limits_{s\to s_i}\dfrac{1}{(\alpha_i-1)!}\dfrac{\mathrm{d}^{\alpha_i-1}}{\mathrm{d}s^{\alpha_i-1}}\left[(s-s_i)^{\alpha_i}W(s)U(s)\right] \end{cases}\quad i=1,2,\cdots,p \tag{3-4}$$

对式(3-3)的 $Y(s)$ 取拉普拉斯反变换，得输出响应 $y(t)$ 为

$$y(t)=\sum_{i=1}^{p}\left[k_{i1}\mathrm{e}^{s_it}+k_{i2}t\mathrm{e}^{s_it}+\cdots+k_{i\alpha_i}t^{\alpha_i-1}\mathrm{e}^{s_it}\right] \tag{3-5}$$

式(3-5)表明，输出响应各项的性质由 $W(s)U(s)$ 的极点所决定，而其大小还与 $W(s)U(s)$ 的零点有关。需要指出，由于传递函数是在零初始条件下定义的，故根据其所求得的输出响应仅为系统零初始条件下的响应。另外，传递函数不适于计算机求解运算。

状态空间分析法运用矩阵方法求解系统的状态方程，可确定系统对初始条件和给定输入信号的动态响应，而且状态空间表达式便于计算机求解运算、实时处理和运算放大电路实施。

本章主要阐述线性系统(包括定常连续、离散系统和时变连续系统)状态方程的解析求解,并讨论离散系统状态方程递推求解及线性连续系统数学模型等效离散化问题。3.2 节在求解线性定常连续系统齐次状态方程的基础上,引入矩阵指数函数的定义,介绍矩阵指数函数的运算性质、计算方法,讨论线性定常连续系统非齐次状态方程的解,说明对线性定常连续系统而言,矩阵指数函数即为状态转移矩阵,并进一步导出状态转移矩阵和齐次状态方程基本解阵的关系式。3.3 节将线性定常连续系统状态转移矩阵的概念推广到线性时变连续系统,介绍时变系统状态转移矩阵和齐次状态方程基本解阵的关系式,由此证明时变系统状态转移矩阵的主要性质,导出以状态转移矩阵表达的时变非齐次状态方程的解。3.4 节将线性定常连续系统状态转移矩阵的概念、性质、计算方法推广到线性定常离散系统,讨论求解线性定常离散系统状态响应的递推法和 Z 变换法。3.5 节讨论采用时域中采样保持的方法对线性定常连续系统等效离散化,以控制输入端采用零阶保持器为例,导出连续系统状态空间描述的等效离散系统状态空间描述。

3.2 线性定常连续系统的运动分析

3.2.1 线性定常齐次状态方程的解

线性定常连续系统由初始状态引起的自由运动,可用式(3-6)所示的齐次状态方程描述,即

$$\begin{cases}\dot{\boldsymbol{x}} = \boldsymbol{A}\boldsymbol{x} \\ \boldsymbol{x}(t)\big|_{t=t_0} = \boldsymbol{x}(t_0)\end{cases} \tag{3-6}$$

式中,$\boldsymbol{A}$ 为 $n\times n$ 维状态矩阵;$\boldsymbol{x}(t_0)$ 为 n 维状态向量 $\boldsymbol{x}$ 在初始时刻 $t=t_0$ 的初值。

仿照标量微分方程的解,设式(3-6)的解为式(3-7)所示的向量幂级数,即

$$\boldsymbol{x}(t) = \boldsymbol{b}_0 + \boldsymbol{b}_1(t-t_0) + \boldsymbol{b}_2(t-t_0)^2 + \cdots + \boldsymbol{b}_k(t-t_0)^k + \cdots \tag{3-7}$$

将式(3-7)代入式(3-6),得

$$\begin{aligned}&\boldsymbol{b}_1 + 2\boldsymbol{b}_2(t-t_0) + 3\boldsymbol{b}_3(t-t_0)^2\cdots + k\boldsymbol{b}_k(t-t_0)^{k-1} + \cdots \\ &\quad = \boldsymbol{A}(\boldsymbol{b}_0 + \boldsymbol{b}_1(t-t_0) + \boldsymbol{b}_2(t-t_0)^2 + \cdots + \boldsymbol{b}_k(t-t_0)^k + \cdots)\end{aligned} \tag{3-8}$$

比较式(3-8)两边同幂次项系数,得

$$\begin{cases}\boldsymbol{b}_1 = \boldsymbol{A}\boldsymbol{b}_0 \\ \boldsymbol{b}_2 = \dfrac{1}{2}\boldsymbol{A}\boldsymbol{b}_1 = \dfrac{1}{2!}\boldsymbol{A}^2\boldsymbol{b}_0 \\ \boldsymbol{b}_3 = \dfrac{1}{3}\boldsymbol{A}\boldsymbol{b}_2 = \dfrac{1}{3!}\boldsymbol{A}^3\boldsymbol{b}_0 \\ \vdots \\ \boldsymbol{b}_k = \dfrac{1}{k!}\boldsymbol{A}^k\boldsymbol{b}_0\end{cases} \tag{3-9}$$

将 $\boldsymbol{x}(t)\big|_{t=t_0} = \boldsymbol{x}(t_0)$ 代入式(3-7),得 $\boldsymbol{b}_0 = \boldsymbol{x}(t_0)$,则式(3-6)的解,即系统状态的零输入响应为

$$\boldsymbol{x}(t) = \left(\boldsymbol{I} + \boldsymbol{A}(t-t_0) + \frac{1}{2!}\boldsymbol{A}^2(t-t_0)^2 + \cdots + \frac{1}{k!}\boldsymbol{A}^k(t-t_0)^k + \cdots\right)\boldsymbol{x}(t_0) \overset{\Delta}{=} \mathrm{e}^{\boldsymbol{A}(t-t_0)}\boldsymbol{x}(t_0) \tag{3-10}$$

式中,$\boldsymbol{I}$ 为 n 阶单位矩阵,$\mathrm{e}^{\boldsymbol{A}(t-t_0)}$ 定义为常数方阵 $\boldsymbol{A}$ 的矩阵指数函数,即

$$\mathrm{e}^{\boldsymbol{A}(t-t_0)} \overset{\Delta}{=} \boldsymbol{I} + \boldsymbol{A}(t-t_0) + \frac{1}{2!}\boldsymbol{A}^2(t-t_0)^2 + \cdots + \frac{1}{k!}\boldsymbol{A}^k(t-t_0)^k + \cdots = \sum_{k=0}^{\infty}\frac{1}{k!}\boldsymbol{A}^k(t-t_0)^k \tag{3-11}$$

式中，规定 $\boldsymbol{A}^0=\boldsymbol{I}$。

若 $t_0=0$，则对应初始状态为 $\boldsymbol{x}(0)$，自由运动的解为

$$\boldsymbol{x}(t)=\mathrm{e}^{\boldsymbol{A}t}\boldsymbol{x}(0) \tag{3-12}$$

3.2.2 矩阵指数函数的性质及其计算方法

1. 矩阵指数函数 $\mathrm{e}^{\boldsymbol{A}t}$ 的运算性质

如表 3-1 所示，矩阵指数函数 $\mathrm{e}^{\boldsymbol{A}t}$ 的诸多运算性质与标量指数函数 e^{at}（a 为常数标量）基本相似，但标量相乘满足交换律，矩阵相乘不满足交换律，故涉及标量指数函数相乘的运算性质不可简单推广至矩阵指数函数。

表 3-1 $\mathrm{e}^{\boldsymbol{A}t}$ 与 e^{at} 运算性质对比

序号	e^{at} 的运算性质	$\mathrm{e}^{\boldsymbol{A}t}$ 的运算性质及备注
1	$\dfrac{\mathrm{d}\mathrm{e}^{at}}{\mathrm{d}t}=a\mathrm{e}^{at}=\mathrm{e}^{at}a$	$\dfrac{\mathrm{d}\mathrm{e}^{\boldsymbol{A}t}}{\mathrm{d}t}=\boldsymbol{A}\mathrm{e}^{\boldsymbol{A}t}=\mathrm{e}^{\boldsymbol{A}t}\boldsymbol{A}$ 该性质表明，$\mathrm{e}^{\boldsymbol{A}t}$ 满足齐次状态方程 $\dot{\boldsymbol{x}}=\boldsymbol{A}\boldsymbol{x}$，且 $\boldsymbol{A}$ 与 $\mathrm{e}^{\boldsymbol{A}t}$ 相乘满足交换律
2	$\mathrm{e}^{at}\big\|_{t=0}=1$	$\mathrm{e}^{\boldsymbol{A}t}\big\|_{t=0}=\boldsymbol{I}$ 结合性质 1，有 $\left.\dfrac{\mathrm{d}\mathrm{e}^{\boldsymbol{A}t}}{\mathrm{d}t}\right\|_{t=0}=\boldsymbol{A}$
3	$\mathrm{e}^{a(t+\tau)}=\mathrm{e}^{at}\mathrm{e}^{a\tau}=\mathrm{e}^{a\tau}\mathrm{e}^{at}$	$\mathrm{e}^{\boldsymbol{A}(t+\tau)}=\mathrm{e}^{\boldsymbol{A}t}\mathrm{e}^{\boldsymbol{A}\tau}=\mathrm{e}^{\boldsymbol{A}\tau}\mathrm{e}^{\boldsymbol{A}t}$ 该性质表明，状态转移矩阵具有分解性。由此易推知： ① 若 k 为 0,1,2,…，则 $(\mathrm{e}^{\boldsymbol{A}t})^k=\mathrm{e}^{\boldsymbol{A}(kt)}$ ② $\mathrm{e}^{\boldsymbol{A}(t_2-t_1)}\mathrm{e}^{\boldsymbol{A}(t_1-t_0)}=\mathrm{e}^{\boldsymbol{A}(t_2-t_0)}$，$t_0<t_1<t_2$
4	$(\mathrm{e}^{at})^{-1}=\mathrm{e}^{-at}$	$(\mathrm{e}^{\boldsymbol{A}t})^{-1}=\mathrm{e}^{-\boldsymbol{A}t}$
5	$\mathrm{e}^{a_1t}\mathrm{e}^{a_2t}=\mathrm{e}^{(a_1+a_2)t}$	一般情况下，$\mathrm{e}^{\boldsymbol{A}_1t}\mathrm{e}^{\boldsymbol{A}_2t}\neq\mathrm{e}^{(\boldsymbol{A}_1+\boldsymbol{A}_2)t}$。只有满足 $\boldsymbol{A}_1\boldsymbol{A}_2=\boldsymbol{A}_2\boldsymbol{A}_1$ 时，$\mathrm{e}^{\boldsymbol{A}_1t}\mathrm{e}^{\boldsymbol{A}_2t}=\mathrm{e}^{(\boldsymbol{A}_1+\boldsymbol{A}_2)t}$ 才成立

2. 矩阵指数函数 $\mathrm{e}^{\boldsymbol{A}t}$ 的计算方法

（1）级数展开法

直接根据矩阵指数函数的定义计算，即

$$\mathrm{e}^{\boldsymbol{A}t}=\boldsymbol{I}+\boldsymbol{A}t+\frac{1}{2!}\boldsymbol{A}^2t^2+\cdots+\frac{1}{k!}\boldsymbol{A}^kt^k+\cdots=\sum_{k=0}^{\infty}\frac{1}{k!}\boldsymbol{A}^kt^k \tag{3-13}$$

级数展开法因需对无穷级数求和，难以获得解析表达式，但具有编程简单、适合计算机迭代求数值解的优点，且为了便于编程，$\mathrm{e}^{\boldsymbol{A}t}$ 可写成递推关系式

$$\mathrm{e}^{\boldsymbol{A}t}=\boldsymbol{I}+\boldsymbol{A}t\left(\boldsymbol{I}+\frac{\boldsymbol{A}}{2}t\left(\boldsymbol{I}+\frac{\boldsymbol{A}}{3}t\left(\cdots\left(\boldsymbol{I}+\frac{\boldsymbol{A}}{k-1}t\left(\boldsymbol{I}+\frac{\boldsymbol{A}}{k}t\right)\right)\cdots\right)\right)\right) \tag{3-14}$$

赋 k 为有限值的计算结果满足给定精确要求时，则 $\mathrm{e}^{\boldsymbol{A}t}$ 可表示为 $k+1$ 项之和。

（2）拉普拉斯变换法

由
$$(s\boldsymbol{I}-\boldsymbol{A})[L(\mathrm{e}^{\boldsymbol{A}t})]=(s\boldsymbol{I}-\boldsymbol{A})\left(\frac{\boldsymbol{I}}{s}+\frac{\boldsymbol{A}}{s^2}+\frac{\boldsymbol{A}^2}{s^3}+\cdots\right)=\boldsymbol{I}$$

知 $(s\boldsymbol{I}-\boldsymbol{A})$ 的逆存在，且

$$(s\boldsymbol{I}-\boldsymbol{A})^{-1}=\frac{\boldsymbol{I}}{s}+\frac{\boldsymbol{A}}{s^2}+\frac{\boldsymbol{A}^2}{s^3}+\cdots$$

则有

$$\boldsymbol{L}^{-1}[(s\boldsymbol{I}-\boldsymbol{A})^{-1}]=\boldsymbol{I}+\boldsymbol{A}t+\frac{\boldsymbol{A}^2}{2!}t^2+\cdots+\frac{\boldsymbol{A}^k}{k!}t^k+\cdots=\mathrm{e}^{\boldsymbol{A}t} \tag{3-15}$$

式(3-15)给出了应用拉普拉斯变换求解 $\mathrm{e}^{\boldsymbol{A}t}$ 闭合形式的方法。

(3) 利用特征值标准形及相似变换计算

① 先证明矩阵指数函数的一个性质，即若存在非奇异矩阵 $\boldsymbol{T}$，则有

$$\boldsymbol{T}^{-1}\mathrm{e}^{\boldsymbol{A}t}\boldsymbol{T}=\mathrm{e}^{(\boldsymbol{T}^{-1}\boldsymbol{A}\boldsymbol{T})t} \tag{3-16}$$

根据矩阵指数函数的定义式(3-11)，有

$$\mathrm{e}^{(\boldsymbol{T}^{-1}\boldsymbol{A}\boldsymbol{T})t}=\boldsymbol{I}+(\boldsymbol{T}^{-1}\boldsymbol{A}\boldsymbol{T})t+\frac{1}{2!}(\boldsymbol{T}^{-1}\boldsymbol{A}\boldsymbol{T})^2t^2+\cdots+\frac{1}{k!}(\boldsymbol{T}^{-1}\boldsymbol{A}\boldsymbol{T})^kt^k+\cdots \tag{3-17}$$

$$\boldsymbol{T}^{-1}\boldsymbol{A}^2\boldsymbol{T}=\boldsymbol{T}^{-1}\boldsymbol{A}\boldsymbol{A}\boldsymbol{T}=\boldsymbol{T}^{-1}\boldsymbol{A}\boldsymbol{I}\boldsymbol{A}\boldsymbol{T}=\boldsymbol{T}^{-1}\boldsymbol{A}\boldsymbol{T}\boldsymbol{T}^{-1}\boldsymbol{A}\boldsymbol{T}=(\boldsymbol{T}^{-1}\boldsymbol{A}\boldsymbol{T})^2$$

推广得

$$\boldsymbol{T}^{-1}\boldsymbol{A}^k\boldsymbol{T}=(\boldsymbol{T}^{-1}\boldsymbol{A}\boldsymbol{T})^k \tag{3-18}$$

将式(3-18)代入式(3-17)，证得

$$\begin{aligned}\mathrm{e}^{(\boldsymbol{T}^{-1}\boldsymbol{A}\boldsymbol{T})t}&=\boldsymbol{I}+(\boldsymbol{T}^{-1}\boldsymbol{A}\boldsymbol{T})t+\frac{1}{2!}\boldsymbol{T}^{-1}\boldsymbol{A}^2\boldsymbol{T}t^2+\cdots+\frac{1}{k!}\boldsymbol{T}^{-1}\boldsymbol{A}^k\boldsymbol{T}t^k+\cdots\\&=\boldsymbol{T}^{-1}\left(\boldsymbol{I}+\boldsymbol{A}t+\frac{1}{2!}\boldsymbol{A}^2t^2+\cdots+\frac{1}{k!}\boldsymbol{A}^kt^k+\cdots\right)\boldsymbol{T}=\boldsymbol{T}^{-1}\mathrm{e}^{\boldsymbol{A}t}\boldsymbol{T}\end{aligned}$$

式(3-16)表明，对方阵 $\boldsymbol{A}$ 进行相似变换所得相似矩阵 $\boldsymbol{T}^{-1}\boldsymbol{A}\boldsymbol{T}$ 的矩阵指数函数等于对 $\boldsymbol{A}$ 的矩阵指数函数作相同的相似变换。由此性质，可利用特征值标准形及相似变换简化计算。

② 若 n 阶状态矩阵 $\boldsymbol{A}$ 的特征值 $s_1,s_2,\cdots,s_n$ 互异，由式(2-280)、式(2-281)知，存在非奇异变换矩阵

$$\boldsymbol{T}=[\boldsymbol{p}_1\quad \boldsymbol{p}_2\quad \cdots\quad \boldsymbol{p}_n] \tag{3-19}$$

将 $\boldsymbol{A}$ 变换为对角线标准形，即

$$\boldsymbol{T}^{-1}\boldsymbol{A}\boldsymbol{T}=\boldsymbol{\Lambda}=\begin{bmatrix}s_1 & & & \boldsymbol{0}\\ & s_2 & & \\ & & \ddots & \\ \boldsymbol{0} & & & s_n\end{bmatrix} \tag{3-20}$$

式中，$\boldsymbol{p}_1,\boldsymbol{p}_2,\cdots,\boldsymbol{p}_n$ 为 n 个互异特征值 $s_1,s_2,\cdots,s_n$ 所对应的 n 个独立特征向量。

根据矩阵指数函数的定义式(3-11)，有

$$\begin{aligned}\mathrm{e}^{(\boldsymbol{T}^{-1}\boldsymbol{A}\boldsymbol{T})t}=\mathrm{e}^{\boldsymbol{\Lambda}t}&=\begin{bmatrix}1 & & \boldsymbol{0}\\ & 1 & \\ & & \ddots \\ \boldsymbol{0} & & & 1\end{bmatrix}+\begin{bmatrix}s_1t & & & \boldsymbol{0}\\ & s_2t & & \\ & & \ddots & \\ \boldsymbol{0} & & & s_nt\end{bmatrix}+\cdots+\frac{1}{k!}\begin{bmatrix}s_1^kt^k & & & \boldsymbol{0}\\ & s_2^kt^k & & \\ & & \ddots & \\ \boldsymbol{0} & & & s_n^kt^k\end{bmatrix}+\cdots\\&=\begin{bmatrix}\mathrm{e}^{s_1t} & & & \boldsymbol{0}\\ & \mathrm{e}^{s_2t} & & \\ & & \ddots & \\ \boldsymbol{0} & & & \mathrm{e}^{s_nt}\end{bmatrix}\end{aligned} \tag{3-21}$$

则根据式(3-16)，得

$$\mathrm{e}^{\boldsymbol{A}t}=\boldsymbol{T}\mathrm{e}^{(\boldsymbol{T}^{-1}\boldsymbol{A}\boldsymbol{T})t}\boldsymbol{T}^{-1}=\boldsymbol{T}\mathrm{e}^{\boldsymbol{\Lambda}t}\boldsymbol{T}^{-1}=\boldsymbol{T}\begin{bmatrix}\mathrm{e}^{s_1t} & & & \boldsymbol{0}\\ & \mathrm{e}^{s_2t} & & \\ & & \ddots & \\ \boldsymbol{0} & & & \mathrm{e}^{s_nt}\end{bmatrix}\boldsymbol{T}^{-1} \tag{3-22}$$

③ 当 n 阶状态矩阵 $\boldsymbol{A}$ 的 n 个特征值中有重特征值时，由 2.6.1 节可知，若重特征值的几何重数与代数重数相等，则 $\boldsymbol{A}$ 的所有特征值仍然对应存在 n 个独立的特征向量，仍可由这 n 个独立的特征向量为列向量构造非奇异变换矩阵 $\boldsymbol{T}$，将 $\boldsymbol{A}$ 化为对角线形矩阵，从而按式(3-22)简化 $e^{\boldsymbol{A}t}$ 的计算。否则，基于如式(2-285)所示的伴随各特征值的线性无关特征向量和广义特征向量组所构成的非奇异变换矩阵 $\boldsymbol{T}$，只能将 $\boldsymbol{A}$ 变换为约当标准形 $\boldsymbol{J}$，即

$$\boldsymbol{J}=\boldsymbol{T}^{-1}\boldsymbol{A}\boldsymbol{T} \tag{3-23}$$

以重特征值的几何重数均为 1 为例，则

$$\boldsymbol{J}=\begin{bmatrix}\boldsymbol{J}_1 & & & \boldsymbol{0}\\ & \boldsymbol{J}_2 & & \\ & & \ddots & \\ \boldsymbol{0} & & & \boldsymbol{J}_l\end{bmatrix} \tag{3-24}$$

式中，$\boldsymbol{J}_i\ (i=1,2,\cdots,l)$ 为形如式(3-25)所示的 m_i 阶约当块，即

$$\boldsymbol{J}_i=\begin{bmatrix}s_i & 1 & & & \boldsymbol{0}\\ & s_i & 1 & & \\ & & \ddots & \ddots & \\ & & & s_i & 1\\ \boldsymbol{0} & & & & s_i\end{bmatrix}_{m_i\times m_i} \tag{3-25}$$

式中，$s_i\ (i=1,2,\cdots,l)$ 为方阵 $\boldsymbol{A}$ 的 m_i 重特征值，其几何重数 $\alpha_i=n-\mathrm{rank}(s_i\boldsymbol{I}-\boldsymbol{A})=1$，且 $\sum_{i=1}^{l}m_i=n$，若 $m_i=1$，则 $\boldsymbol{J}_i=s_i$ 为一阶约当块。对应于式(3-23)，由式(3-16)，有

$$e^{\boldsymbol{A}t}=\boldsymbol{T}e^{\boldsymbol{J}t}\boldsymbol{T}^{-1}=\boldsymbol{T}\begin{bmatrix}e^{\boldsymbol{J}_1t} & & & \boldsymbol{0}\\ & e^{\boldsymbol{J}_2t} & & \\ & & \ddots & \\ \boldsymbol{0} & & & e^{\boldsymbol{J}_lt}\end{bmatrix}\boldsymbol{T}^{-1} \tag{3-26}$$

式中，m_i 阶子矩阵 $e^{\boldsymbol{J}_it}\ (i=1,2,\cdots,l)$ 为式(3-25)所示约当块 $\boldsymbol{J}_i$ 的矩阵指数函数，根据矩阵指数函数的定义式(3-11)，可证明 $e^{\boldsymbol{J}_it}$ 为

$$e^{\boldsymbol{J}_it}=e^{s_it}\begin{bmatrix}1 & t & \dfrac{t^2}{2!} & \cdots & \dfrac{t^{m_i-1}}{(m_i-1)!}\\ & 1 & t & \cdots & \dfrac{t^{m_i-2}}{(m_i-2)!}\\ & & \ddots & \ddots & \vdots\\ & \boldsymbol{0} & & 1 & t\\ & & & & 1\end{bmatrix}_{m_i\times m_i} \tag{3-27}$$

(4) 化为 $\boldsymbol{A}$ 的有限项多项式计算 $e^{\boldsymbol{A}t}$

由凯莱-哈密顿(Cayley-Hamilton)定理知，n 阶方阵 $\boldsymbol{A}$ 的特征多项式为 $\boldsymbol{A}$ 的 1 个零化多项式，即设 n 阶方阵 $\boldsymbol{A}$ 的特征方程为

$$\alpha(s)=|s\boldsymbol{I}-\boldsymbol{A}|=s^n+a_1s^{n-1}+\cdots+a_{n-1}s+a_n=0$$

则

$$\alpha(\boldsymbol{A})=\boldsymbol{A}^n+a_1\boldsymbol{A}^{n-1}+\cdots+a_{n-1}\boldsymbol{A}+a_n\boldsymbol{I}=\boldsymbol{0}$$

但特征多项式不一定为 $\boldsymbol{A}$ 的最小阶次零化多项式。定义 n 阶方阵 $\boldsymbol{A}$ 的最小多项式为满足

$$\phi(\boldsymbol{A})=\boldsymbol{A}^m+\beta_1\boldsymbol{A}^{m-1}+\cdots+\beta_{m-1}\boldsymbol{A}+\beta_m\boldsymbol{I}=\boldsymbol{0}\qquad(m\leqslant n)$$

的阶次最低的首 1 多项式 $\phi(s)=s^m+\beta_1s^{m-1}+\cdots+\beta_{m-1}s+\beta_m$。正如相似变换不改变特征多项式，

相似变换也不改变最小多项式。可以证明,特征多项式与最小多项式具有如下的关系

$$\phi(s)=\frac{|s\boldsymbol{I}-\boldsymbol{A}|}{d(s)} \tag{3-28}$$

式中,d(s)为($s\boldsymbol{I}-\boldsymbol{A}$)的伴随矩阵 adj($s\boldsymbol{I}-\boldsymbol{A}$)的各元素的最大公因式。

根据凯莱-哈密顿定理,$k\geqslant n$ 的 $\boldsymbol{A}^k$ 均可表示为 $\boldsymbol{I},\boldsymbol{A},\cdots,\boldsymbol{A}^{n-1}$ 的线性组合,故 $e^{\boldsymbol{A}t}$ 可用 $\boldsymbol{A}$ 的 ($n-1$)次多项式表示,即

$$e^{\boldsymbol{A}t}=\alpha_0(t)\boldsymbol{I}+\alpha_1(t)\boldsymbol{A}+\cdots+\alpha_{n-1}(t)\boldsymbol{A}^{n-1} \tag{3-29}$$

式中,$\alpha_0(t),\cdots,\alpha_{n-1}(t)$ 为待定的 n 个关于 t 的标量函数。

若 n 阶方阵 $\boldsymbol{A}$ 的最小多项式阶次为 m ($m\leqslant n$),则 $k\geqslant m$ 的 $\boldsymbol{A}^k$ 均可表示为 $\boldsymbol{I},\boldsymbol{A},\cdots,\boldsymbol{A}^{m-1}$ 的线性组合,$e^{\boldsymbol{A}t}$ 就可用 $\boldsymbol{A}$ 的($m-1$)次多项式表示,即

$$e^{\boldsymbol{A}t}=\alpha_0(t)\boldsymbol{I}+\alpha_1(t)\boldsymbol{A}+\cdots+\alpha_{m-1}(t)\boldsymbol{A}^{m-1} \tag{3-30}$$

式中,$\alpha_0(t),\cdots,\alpha_{m-1}(t)$ 为待定的 m 个关于 t 的标量函数。

应用式(3-29)或式(3-30)计算 $e^{\boldsymbol{A}t}$,计算结果一致,计算的关键均是计算式中的待定系数,只是在 $n>m$ 时,前者的计算量较大。下面对方阵 $\boldsymbol{A}$ 是否有重特征值分两种情况讨论。

① 若 n 阶方阵 $\boldsymbol{A}$ 的特征值为 $s_1,s_2,\cdots,s_n$,且互异,则采用式(3-19)所示的矩阵 $\boldsymbol{T}$ 对式(3-29)作相似变换,得

$$\boldsymbol{T}^{-1}e^{\boldsymbol{A}t}\boldsymbol{T}=\sum_{i=0}^{n-1}\boldsymbol{T}^{-1}\boldsymbol{A}^i\boldsymbol{T}\alpha_i(t) \tag{3-31}$$

由式(3-16)、式(3-18)、式(3-21),式(3-31)化简为

$$\begin{bmatrix} e^{s_1t} & & \boldsymbol{0} \\ & e^{s_2t} & \\ & & \ddots & \\ \boldsymbol{0} & & & e^{s_nt}\end{bmatrix}=\sum_{i=0}^{n-1}\boldsymbol{A}^i\alpha_i(t)=\sum_{i=0}^{n-1}\alpha_i(t)\begin{bmatrix} s_1^i & & & \boldsymbol{0} \\ & s_2^i & & \\ & & \ddots & \\ \boldsymbol{0} & & & s_n^i\end{bmatrix} \tag{3-32}$$

将式(3-32)展开,得关于 n 个待定系数 $\alpha_0(t),\cdots,\alpha_{n-1}(t)$ 的 n 个独立方程,即

$$\begin{cases}\alpha_0(t)+\alpha_1(t)s_1+\cdots+\alpha_{n-1}(t)s_1^{n-1}=e^{s_1t}\\ \alpha_0(t)+\alpha_1(t)s_2+\cdots+\alpha_{n-1}(t)s_2^{n-1}=e^{s_2t}\\ \vdots\\ \alpha_0(t)+\alpha_1(t)s_n+\cdots+\alpha_{n-1}(t)s_n^{n-1}=e^{s_nt}\end{cases} \tag{3-33}$$

应该指出,当 n 阶方阵 $\boldsymbol{A}$ 的 n 个特征值互异时,其最小多项式等于特征多项式。

② 若 n 阶方阵 $\boldsymbol{A}$ 有重特征值,这时式(3-33)的独立方程数将小于 n。不失一般性,设 $\boldsymbol{A}$ 有一个代数重数为 m_0 的重特征值 s_0,其余 $n-m_0$ 个特征值 $s_1,s_2,\cdots,s_{n-m_0}$ 为单特征值,这时由式(3-33)构成的关于 $\alpha_0(t),\cdots,\alpha_{n-1}(t)$ 的独立方程数为 $n-m_0+1$ 个,需对下式

$$e^{st}=\alpha_0(t)+\alpha_1(t)s+\alpha_2(t)s^2+\cdots+\alpha_{n-1}(t)s^{n-1} \tag{3-34}$$

两边在 $s=s_0$ 处从一阶到 m_0-1 阶逐阶求导(m_0-1)次,以补充(m_0-1)个求解待定系数的独立方程,即

$$\begin{cases}te^{s_0t}=\alpha_1(t)+2\alpha_2(t)s_0+\cdots+(n-1)\alpha_{n-1}(t)s_0^{n-2}\\ t^2e^{s_0t}=2!\alpha_2(t)+3!\alpha_3(t)s_0+\cdots+(n-1)(n-2)\alpha_{n-1}(t)s_0^{n-3}\\ \vdots\\ t^{m_0-1}e^{s_0t}=(m_0-1)!\alpha_{m_0-1}(t)+m_0!\alpha_{m_0}(t)s_0+\cdots+(n-1)(n-2)\cdots(n-m_0+1)\alpha_{n-1}(t)s_0^{n-m_0}\end{cases} \tag{3-35}$$

【例 3-1】 已知 $\boldsymbol{A}=\begin{bmatrix}0 & 1\\ -4 & -5\end{bmatrix}$，求 $\mathrm{e}^{\boldsymbol{A}t}$ 。

解 方法 1：运用级数展开法求解

$$\begin{aligned}\mathrm{e}^{\boldsymbol{A}t}&=\boldsymbol{I}+\boldsymbol{A}t+\frac{1}{2!}\boldsymbol{A}^2t^2+\cdots\\&=\begin{bmatrix}1 & 0\\ 0 & 1\end{bmatrix}+\begin{bmatrix}0 & 1\\ -4 & -5\end{bmatrix}t+\frac{1}{2!}\begin{bmatrix}0 & 1\\ -4 & -5\end{bmatrix}^2t^2+\frac{1}{3!}\begin{bmatrix}0 & 1\\ -4 & -5\end{bmatrix}^3t^3+\cdots\\&=\begin{bmatrix}1-2t^2+\frac{10}{3}t^3+\cdots & t-\frac{5}{2}t^2+\frac{7}{2}t^3+\cdots\\ -4t+10t^2-14t^3+\cdots & 1-5t+\frac{21}{2}t^2-\frac{85}{6}t^3+\cdots\end{bmatrix}\end{aligned}$$

方法 2：运用拉普拉斯变换法求解

$$(s\boldsymbol{I}-\boldsymbol{A})=\begin{bmatrix}s & -1\\ 4 & s+5\end{bmatrix}$$

$$\begin{aligned}(s\boldsymbol{I}-\boldsymbol{A})^{-1}&=\frac{1}{(s+1)(s+4)}\begin{bmatrix}s+5 & 1\\ -4 & s\end{bmatrix}\\&=\begin{bmatrix}\frac{4}{3(s+1)}-\frac{1}{3(s+4)} & \frac{1}{3(s+1)}-\frac{1}{3(s+4)}\\ -\frac{4}{3(s+1)}+\frac{4}{3(s+4)} & -\frac{1}{3(s+1)}+\frac{4}{3(s+4)}\end{bmatrix}\end{aligned}$$

$$\begin{aligned}\mathrm{e}^{\boldsymbol{A}t}&=L^{-1}[(s\boldsymbol{I}-\boldsymbol{A})^{-1}]\\&=\frac{1}{3}\begin{bmatrix}4\mathrm{e}^{-t}-\mathrm{e}^{-4t} & \mathrm{e}^{-t}-\mathrm{e}^{-4t}\\ -4\mathrm{e}^{-t}+4\mathrm{e}^{-4t} & -\mathrm{e}^{-t}+4\mathrm{e}^{-4t}\end{bmatrix}\end{aligned}$$

方法 3：利用特征值标准形及相似变换求解

矩阵 $\boldsymbol{A}$ 为友矩阵，其特征方程

$$|s\boldsymbol{I}-\boldsymbol{A}|=s^2+5s+4=0$$

的特征值 $s_1=-1$ 和 $s_2=-4$ 互异，则由习题 2-20 知，以范德蒙德矩阵

$$\boldsymbol{T}=\begin{bmatrix}1 & 1\\ s_1 & s_2\end{bmatrix}=\begin{bmatrix}1 & 1\\ -1 & -4\end{bmatrix}$$

为变换矩阵，可将友矩阵 $\boldsymbol{A}$ 化为对角线标准形，即

$$\boldsymbol{T}^{-1}\boldsymbol{A}\boldsymbol{T}=\begin{bmatrix}1 & 1\\ -1 & -4\end{bmatrix}^{-1}\begin{bmatrix}0 & 1\\ -4 & -5\end{bmatrix}\begin{bmatrix}1 & 1\\ -1 & -4\end{bmatrix}=\begin{bmatrix}-1 & 0\\ 0 & -4\end{bmatrix}=\boldsymbol{\Lambda}$$

则

$$\begin{aligned}\mathrm{e}^{\boldsymbol{A}t}&=\boldsymbol{T}\mathrm{e}^{(\boldsymbol{T}^{-1}\boldsymbol{A}\boldsymbol{T})t}\boldsymbol{T}^{-1}=\boldsymbol{T}\mathrm{e}^{\boldsymbol{\Lambda}t}\boldsymbol{T}^{-1}=\boldsymbol{T}\begin{bmatrix}\mathrm{e}^{-t} & 0\\ 0 & \mathrm{e}^{-4t}\end{bmatrix}\boldsymbol{T}^{-1}=\begin{bmatrix}1 & 1\\ -1 & -4\end{bmatrix}\begin{bmatrix}\mathrm{e}^{-t} & 0\\ 0 & \mathrm{e}^{-4t}\end{bmatrix}\begin{bmatrix}1 & 1\\ -1 & -4\end{bmatrix}^{-1}\\&=\frac{1}{3}\begin{bmatrix}4\mathrm{e}^{-t}-\mathrm{e}^{-4t} & \mathrm{e}^{-t}-\mathrm{e}^{-4t}\\ -4\mathrm{e}^{-t}+4\mathrm{e}^{-4t} & -\mathrm{e}^{-t}+4\mathrm{e}^{-4t}\end{bmatrix}\end{aligned}$$

方法 4：待定系数法计算

$$\mathrm{e}^{\boldsymbol{A}t}=\alpha_0(t)\boldsymbol{I}+\alpha_1(t)\boldsymbol{A}$$

式中

$$\begin{bmatrix}\alpha_0(t)\\ \alpha_1(t)\end{bmatrix}=\begin{bmatrix}1 & s_1\\ 1 & s_2\end{bmatrix}^{-1}\begin{bmatrix}\mathrm{e}^{s_1t}\\ \mathrm{e}^{s_2t}\end{bmatrix}=\begin{bmatrix}1 & -1\\ 1 & -4\end{bmatrix}^{-1}\begin{bmatrix}\mathrm{e}^{-t}\\ \mathrm{e}^{-4t}\end{bmatrix}=\frac{1}{3}\begin{bmatrix}4 & -1\\ 1 & -1\end{bmatrix}\begin{bmatrix}\mathrm{e}^{-t}\\ \mathrm{e}^{-4t}\end{bmatrix}=\frac{1}{3}\begin{bmatrix}4\mathrm{e}^{-t}-\mathrm{e}^{-4t}\\ \mathrm{e}^{-t}-\mathrm{e}^{-4t}\end{bmatrix}$$

则

$$
\begin{aligned}
e^{\boldsymbol{A}t} &= \alpha_0(t)\boldsymbol{I}+\alpha_1(t)\boldsymbol{A}\\
&=\frac{1}{3}\begin{bmatrix}4e^{-t}-e^{-4t} & 0\\ 0 & 4e^{-t}-e^{-4t}\end{bmatrix}+\frac{1}{3}\begin{bmatrix}0 & e^{-t}-e^{-4t}\\ -4e^{-t}+4e^{-4t} & -5e^{-t}+5e^{-4t}\end{bmatrix}\\
&=\frac{1}{3}\begin{bmatrix}4e^{-t}-e^{-4t} & e^{-t}-e^{-4t}\\ -4e^{-t}+4e^{-4t} & -e^{-t}+4e^{-4t}\end{bmatrix}
\end{aligned}
$$

【例 3-2】 已知 $\boldsymbol{A}=\begin{bmatrix}-2 & -2 & 0 & 0\\ 0 & -1 & 0 & 0\\ 0 & 0 & -1 & 0\\ 0 & 0 & 0 & -1\end{bmatrix}$，应用待定系数法求 $e^{\boldsymbol{A}t}$。

解 矩阵 $\boldsymbol{A}$ 的特征多项式

$$\alpha(s)=|s\boldsymbol{I}-\boldsymbol{A}|=(s+2)(s+1)^3 \tag{3-36}$$

特征值为 $s_1=-2, s_2=s_3=s_4=-1$。3 重特征值 -1 的几何重数为 3。$\mathrm{adj}(s\boldsymbol{I}-\boldsymbol{A})$的各元素的最大公因式 $d(s)=(s+1)^2$，由式(3-28)，$\boldsymbol{A}$ 的最小多项式为

$$\phi(s)=\frac{|s\boldsymbol{I}-\boldsymbol{A}|}{d(s)}=(s+2)(s+1)=s^2+3s+2 \tag{3-37}$$

方法 1:基于特征多项式计算

由矩阵 $\boldsymbol{A}$ 的特征多项式(3-36)，根据式(3-29)，得

$$e^{\boldsymbol{A}t}=\alpha_0(t)\boldsymbol{I}+\alpha_1(t)\boldsymbol{A}+\alpha_2(t)\boldsymbol{A}^2+\alpha_3(t)\boldsymbol{A}^3 \tag{3-38}$$

由式(3-33)，得关于式(3-38)中 4 个待定系数的 2 个独立方程，即

$$\begin{cases}e^{-2t}=\alpha_0(t)-2\alpha_1(t)+4\alpha_2(t)-8\alpha_3(t)\\ e^{-t}=\alpha_0(t)-\alpha_1(t)+\alpha_2(t)-\alpha_3(t)\end{cases} \tag{3-39}$$

根据式(3-34)，对

$$e^{st}=\alpha_0(t)+\alpha_1(t)s+\alpha_2(t)s^2+\alpha_3(t)s^3$$

两边在 $s=-1$ 处分别求一阶、二阶导数，得到求解待定系数的 2 个补充的独立方程，即

$$\begin{cases}te^{-t}=\alpha_1(t)-2\alpha_2(t)+3\alpha_3(t)\\ t^2e^{-t}=2\alpha_2(t)-6\alpha_3(t)\end{cases} \tag{3-40}$$

联立式(3-39)、式(3-40)，得

$$\begin{bmatrix}1 & -2 & 4 & -8\\ 1 & -1 & 1 & -1\\ 0 & 1 & -2 & 3\\ 0 & 0 & 2 & -6\end{bmatrix}\begin{bmatrix}\alpha_0(t)\\ \alpha_1(t)\\ \alpha_2(t)\\ \alpha_3(t)\end{bmatrix}=\begin{bmatrix}e^{-2t}\\ e^{-t}\\ te^{-t}\\ t^2e^{-t}\end{bmatrix} \tag{3-41}$$

求解式(3-41)，得

$$\begin{bmatrix}\alpha_0(t)\\ \alpha_1(t)\\ \alpha_2(t)\\ \alpha_3(t)\end{bmatrix}=\begin{bmatrix}-e^{-2t}+2e^{-t}+t^2e^{-t}\\ -3e^{-2t}+3e^{-t}-2te^{-t}+2.5t^2e^{-t}\\ -3e^{-2t}+3e^{-t}-3te^{-t}+2t^2e^{-t}\\ -e^{-2t}+e^{-t}-te^{-t}+0.5t^2e^{-t}\end{bmatrix} \tag{3-42}$$

将式(3-42)代入式(3-38)，得

$$e^{\boldsymbol{A}t}=\begin{bmatrix}e^{-2t} & 2e^{-2t}-2e^{-t} & 0 & 0\\ 0 & e^{-t} & 0 & 0\\ 0 & 0 & e^{-t} & 0\\ 0 & 0 & 0 & e^{-t}\end{bmatrix}$$

方法 2:基于最小多项式计算

由矩阵 $\boldsymbol{A}$ 的最小多项式(3-37),根据式(3-30),得

$$e^{\boldsymbol{A}t}=\alpha_0(t)\boldsymbol{I}+\alpha_1(t)\boldsymbol{A} \tag{3-43}$$

由式(3-33),得关于式(3-43)中 2 个待定系数的 2 个独立方程,即

$$\begin{cases}e^{-2t}=\alpha_0(t)-2\alpha_1(t)\\ e^{-t}=\alpha_0(t)-\alpha_1(t)\end{cases} \tag{3-44}$$

求解式(3-44),得

$$\begin{bmatrix}\alpha_0(t)\\ \alpha_1(t)\end{bmatrix}=\begin{bmatrix}-e^{-2t}+2e^{-t}\\ -e^{-2t}+e^{-t}\end{bmatrix} \tag{3-45}$$

将式(3-45)代入式(3-43),得

$$e^{\boldsymbol{A}t}=\begin{bmatrix}e^{-2t} & 2e^{-2t}-2e^{-t} & 0 & 0\\ 0 & e^{-t} & 0 & 0\\ 0 & 0 & e^{-t} & 0\\ 0 & 0 & 0 & e^{-t}\end{bmatrix}$$

与方法 1 的计算结果一致,但计算量较小。

对于本例给定的常数方阵 $\boldsymbol{A}$,也可根据式(3-15),调用 MATLAB 符号数学工具箱中的符号运算函数先算出预解矩阵 $(s\boldsymbol{I}-\boldsymbol{A})^{-1}$,然后对 $(s\boldsymbol{I}-\boldsymbol{A})^{-1}$ 进行拉普拉斯反变换,即求得 $e^{\boldsymbol{A}t}$,MATLAB Program 3-1a 为其 MATLAB 求解程序。另外,也可调用 MATLAB 符号数学工具箱中矩阵指数函数的计算指令 expm()求 $e^{\boldsymbol{A}t}$,MATLAB Program 3-1b 为相应的 MATLAB 求解程序。

```
%MATLAB Program 3-1a
syms s t                                  %定义基本符号变量 s 和 t
A=[-2 -2 0 0;0 -1 0 0;0 0 -1 0;0 0 0 -1];
FS=inv(s*eye(4)-A);                       %求预解矩阵 FS=(sI-A)^-1
eAt=ilaplace(FS,s,t)                      %根据式(3-15)求 e^At=L^-1[(sI-A)^-1]

%MATLAB Program 3-1b
syms t                                    %定义基本符号变量 t
A=[-2 -2 0 0;0 -1 0 0;0 0 -1 0;0 0 0 -1];
eAt=expm(A*t)                             %调用 expm()求 e^At
```

3.2.3 线性定常非齐次状态方程的解

非齐次状态方程

$$\begin{cases}\dot{\boldsymbol{x}}=\boldsymbol{Ax}+\boldsymbol{Bu}\\ \boldsymbol{x}(t)\big|_{t=t_0}=\boldsymbol{x}(t_0)\end{cases} \tag{3-46}$$

可改写为

$$\dot{\boldsymbol{x}}(t)-\boldsymbol{Ax}(t)=\boldsymbol{Bu}(t) \tag{3-47}$$

式(3-47)两边左乘 $e^{-\boldsymbol{A}t}$,并由矩阵指数的性质 1,得

$$\frac{d[e^{-\boldsymbol{A}t}\boldsymbol{x}(t)]}{dt}=e^{-\boldsymbol{A}t}\boldsymbol{Bu}(t) \tag{3-48}$$

在区间$[t_0,t]$内对式(3-48)两边积分,并整理得

$$\mathrm{e}^{-\boldsymbol{A}t}\boldsymbol{x}(t)=\mathrm{e}^{-\boldsymbol{A}t_0}\boldsymbol{x}(t_0)+\int_{t_0}^{t}\mathrm{e}^{-\boldsymbol{A}\tau}\boldsymbol{Bu}(\tau)\mathrm{d}\tau \tag{3-49}$$

式(3-49)两边左乘 $\mathrm{e}^{\boldsymbol{A}t}$，由矩阵指数性质 4 及性质 3 得式(3-41)的解为

$$\boldsymbol{x}(t)=\mathrm{e}^{\boldsymbol{A}(t-t_0)}\boldsymbol{x}(t_0)+\int_{t_0}^{t}\mathrm{e}^{\boldsymbol{A}(t-\tau)}\boldsymbol{Bu}(\tau)\mathrm{d}\tau \tag{3-50}$$

式(3-50)表明,线性定常非齐次状态方程的解 $\boldsymbol{x}(t)$ 由源于系统初始状态 $\boldsymbol{x}_0$ 的自由运动项(零输入响应)和源于系统输入 $\boldsymbol{u}(t)$ 的受控运动项(零状态响应)两部分构成,这是叠加原理的体现。

当初始时刻 $t_0=0$，对应初始状态为 $\boldsymbol{x}(0)$，则非齐次状态方程式(3-46)的解为

$$\boldsymbol{x}(t)=\mathrm{e}^{\boldsymbol{A}t}\boldsymbol{x}(0)+\int_{0}^{t}\mathrm{e}^{\boldsymbol{A}(t-\tau)}\boldsymbol{Bu}(\tau)\mathrm{d}\tau \tag{3-51}$$

式(3-51)也可由拉普拉斯变换法求得。当 $t_0=0$ 时,对式(3-46)两边取拉普拉斯变换,并移项整理得

$$(s\boldsymbol{I}-\boldsymbol{A})\boldsymbol{x}(s)=\boldsymbol{x}(0)+\boldsymbol{Bu}(s) \tag{3-52}$$

式(3-52)两边左乘预解矩阵 $(s\boldsymbol{I}-\boldsymbol{A})^{-1}$，得

$$\boldsymbol{x}(s)=(s\boldsymbol{I}-\boldsymbol{A})^{-1}\boldsymbol{x}(0)+(s\boldsymbol{I}-\boldsymbol{A})^{-1}\boldsymbol{Bu}(s) \tag{3-53}$$

式(3-53)两边取拉普拉斯反变换得

$$\boldsymbol{x}(t)=L^{-1}[(s\boldsymbol{I}-\boldsymbol{A})^{-1}]\boldsymbol{x}(0)+L^{-1}[(s\boldsymbol{I}-\boldsymbol{A})^{-1}\boldsymbol{Bu}(s)] \tag{3-54}$$

因为 $(s\boldsymbol{I}-\boldsymbol{A})^{-1}=L[\mathrm{e}^{\boldsymbol{A}t}]$,$\boldsymbol{u}(s)=L[\boldsymbol{u}(t)]$，由卷积定理得

$$(s\boldsymbol{I}-\boldsymbol{A})^{-1}\boldsymbol{Bu}(s)=L\left[\int_{0}^{t}\mathrm{e}^{\boldsymbol{A}(t-\tau)}\boldsymbol{Bu}(\tau)\mathrm{d}\tau\right] \tag{3-55}$$

则

$$L^{-1}[(s\boldsymbol{I}-\boldsymbol{A})^{-1}\boldsymbol{Bu}(s)]=\int_{0}^{t}\mathrm{e}^{\boldsymbol{A}(t-\tau)}\boldsymbol{Bu}(\tau)\mathrm{d}\tau \tag{3-56}$$

将式(3-15)、式(3-56)代入式(3-54),即求得式(3-51)。式(3-54)给出了应用拉普拉斯变换法求解非齐次状态方程的方法。

【例 3-3】 已知线性定常系统状态空间描述为

$$\begin{cases}\begin{bmatrix}\dot{x}_1\\ \dot{x}_2\end{bmatrix}=\begin{bmatrix}0 & -3\\ 1 & -4\end{bmatrix}\begin{bmatrix}x_1\\ x_2\end{bmatrix}+\begin{bmatrix}0\\ 1\end{bmatrix}u\\ y=\begin{bmatrix}2 & -1\end{bmatrix}\begin{bmatrix}x_1\\ x_2\end{bmatrix}\end{cases}$$

设初始时刻 $t_0=0$ 时 $\boldsymbol{x}(0)=\begin{bmatrix}0\\ 1\end{bmatrix}$, 试求 $u(t)=1(t)$ 时系统的状态响应和输出响应。

解 方法 1:应用式(3-51)直接求解

$$(s\boldsymbol{I}-\boldsymbol{A})^{-1}=\begin{bmatrix}\dfrac{3}{2(s+1)}-\dfrac{1}{2(s+3)} & -\dfrac{3}{2(s+1)}+\dfrac{3}{2(s+3)}\\ \dfrac{1}{2(s+1)}-\dfrac{1}{2(s+3)} & -\dfrac{1}{2(s+1)}+\dfrac{3}{2(s+3)}\end{bmatrix}$$

由式(3-15),得系统的状态转移矩阵

$$\boldsymbol{\Phi}(t)=\mathrm{e}^{\boldsymbol{A}t}=L^{-1}[(s\boldsymbol{I}-\boldsymbol{A})^{-1}]=\frac{1}{2}\begin{bmatrix}3\mathrm{e}^{-t}-\mathrm{e}^{-3t} & -3\mathrm{e}^{-t}+3\mathrm{e}^{-3t}\\ \mathrm{e}^{-t}-\mathrm{e}^{-3t} & -\mathrm{e}^{-t}+3\mathrm{e}^{-3t}\end{bmatrix}$$

则根据式(3-51)得系统的状态响应为

$$\boldsymbol{x}(t)=\mathrm{e}^{\boldsymbol{A}t}\boldsymbol{x}(0)+\int_{0}^{t}\mathrm{e}^{\boldsymbol{A}(t-\tau)}\boldsymbol{Bu}(\tau)\mathrm{d}\tau$$

$$= \frac{1}{2}\begin{bmatrix} 3e^{-t}-e^{-3t} & -3e^{-t}+3e^{-3t} \\ e^{-t}-e^{-3t} & -e^{-t}+3e^{-3t} \end{bmatrix}\begin{bmatrix} 0 \\ 1 \end{bmatrix} + \frac{1}{2}\int_0^t \begin{bmatrix} 3e^{-(t-\tau)}-e^{-3(t-\tau)} & -3e^{-(t-\tau)}+3e^{-3(t-\tau)} \\ e^{-(t-\tau)}-e^{-3(t-\tau)} & -e^{-(t-\tau)}+3e^{-3(t-\tau)} \end{bmatrix}\begin{bmatrix} 0 \\ 1 \end{bmatrix} d\tau$$

$$= \frac{1}{2}\begin{bmatrix} -3e^{-t}+3e^{-3t} \\ -e^{-t}+3e^{-3t} \end{bmatrix} + \frac{1}{2}\int_0^t \begin{bmatrix} -3e^{-(t-\tau)}+3e^{-3(t-\tau)} \\ -e^{-(t-\tau)}+3e^{-3(t-\tau)} \end{bmatrix} d\tau$$

$$= \begin{bmatrix} -1+e^{-3t} \\ e^{-3t} \end{bmatrix}$$

由输出方程得输出响应

$$y(t) = 2x_1 - x_2 = -2 + e^{-3t}$$

方法 2:应用拉普拉斯变换法求解

由式(3-54)得

$$\begin{aligned}
\boldsymbol{x}(t) &= L^{-1}[(s\boldsymbol{I}-\boldsymbol{A})^{-1}]\boldsymbol{x}(0) + L^{-1}[(s\boldsymbol{I}-\boldsymbol{A})^{-1}\boldsymbol{B}\boldsymbol{u}(s)] \\
&= L^{-1}\left(\begin{bmatrix} \frac{3}{2(s+1)}-\frac{1}{2(s+3)} & -\frac{3}{2(s+1)}+\frac{3}{2(s+3)} \\ \frac{1}{2(s+1)}-\frac{1}{2(s+3)} & -\frac{1}{2(s+1)}+\frac{3}{2(s+3)} \end{bmatrix}\begin{bmatrix} 0 \\ 1 \end{bmatrix}\right) + \\
&\quad L^{-1}\left(\begin{bmatrix} \frac{3}{2(s+1)}-\frac{1}{2(s+3)} & -\frac{3}{2(s+1)}+\frac{3}{2(s+3)} \\ \frac{1}{2(s+1)}-\frac{1}{2(s+3)} & -\frac{1}{2(s+1)}+\frac{3}{2(s+3)} \end{bmatrix}\begin{bmatrix} 0 \\ 1 \end{bmatrix}\frac{1}{s}\right) \\
&= L^{-1}\left(\begin{bmatrix} -\frac{3}{2(s+1)}+\frac{3}{2(s+3)} \\ -\frac{1}{2(s+1)}+\frac{3}{2(s+3)} \end{bmatrix}\right) + L^{-1}\left(\begin{bmatrix} -\frac{3}{2s(s+1)}+\frac{3}{2s(s+3)} \\ -\frac{1}{2s(s+1)}+\frac{3}{2s(s+3)} \end{bmatrix}\right) \\
&= L^{-1}\begin{pmatrix} -\frac{1}{s}+\frac{1}{s+3} \\ \frac{1}{s+3} \end{pmatrix} = \begin{bmatrix} -1+e^{-3t} \\ e^{-3t} \end{bmatrix}
\end{aligned}$$

本题也可调用 MATLAB 符号数学工具箱中的常微分方程解析求解指令 dsolve()求，MATLAB Program 3-2 为相应的 MATLAB 求解程序。

```
%MATLAB Program 3-2
S=dsolve('Dxl=-3*x2,Dx2=x1-4*x2+1','x1(0)=0,x2(0)=1');
  %t 为独立变量,Dx1、Dx2 分别代表 dx1/dt、dx2/dt,S 为存放微分方程解析解的构架数组
x1=s.x1;x1=simplify(x1)%由 s.x1 援引出状态 x1 求解结果;化简 x1 的表达式
x2=s.x2;x2=simplify(x2)%由 s.x2 援引出状态 x2 求解结果;化简 x2 的表达式
y=2*x1-x2%由输出方程求 y
```

3.2.4 线性定常连续系统的状态转移矩阵和基本解阵

式(3-10)表明,线性定常连续系统(3-6)在任一时刻 t,由初始状态 $\boldsymbol{x}(t_0)$ 引起的自由运动(零输入响应)是由 $\boldsymbol{x}(t_0)$ 在 $t-t_0$ 时间内经矩阵指数函数 $e^{\boldsymbol{A}(t-t_0)}$ 转移而来的,故称矩阵指数函数 $e^{\boldsymbol{A}(t-t_0)}$ 为状态转移矩阵,记作

$$e^{\boldsymbol{A}(t-t_0)} = \boldsymbol{\Phi}(t-t_0) \tag{3-57}$$

基于状态转移矩阵,式(3-46)所示非齐次状态方程的解也可写为

$$x(t)=\Phi(t-t_0)x(t_0)+\int_{t_0}^{t}\Phi(t-\tau)Bu(\tau)d\tau \tag{3-58}$$

由矩阵指数函数的性质 1 和性质 2,线性定常连续系统状态转移矩阵为基于式(3-46)构造的矩阵方程

$$\begin{cases}\dot{\Phi}(t-t_0)=A\Phi(t-t_0)\\ \Phi(0)=I\end{cases} \tag{3-59}$$

的解阵。因系统为 n 维,故式(3-46)对应的式(3-6)有且仅有 n 个线性无关的解向量。任意选取式(3-6)的 n 个线性无关的解向量为列构成 $n\times n$ 维非奇异矩阵 $\Psi(t)$,称 $\Psi(t)$ 为式(3-6)的一个基本解阵。显然,基本解阵 $\Psi(t)$ 为基于式(3-46)构造的矩阵方程

$$\begin{cases}\dot{\Psi}(t)=A\Psi(t)\\ \Psi(t_0)=H\end{cases},\qquad t\geqslant t_0 \tag{3-60}$$

的解阵,其中,H 为非奇异实常数矩阵。因矩阵指数函数 e^{At} 不仅满足式(3-60),且满足式(3-59),故其是式(3-6)的一个基本解阵,且是状态转移矩阵。由式(3-6)的任意一个基本解阵 $\Psi(t)$,可确定系统唯一的状态转移矩阵 $\Phi(t-t_0)$,即有

$$\Phi(t-t_0)=\Psi(t)\Psi^{-1}(t_0),\qquad t\geqslant t_0 \tag{3-61}$$

为证明式(3-61),对其求导并利用式(3-60),得

$$\dot{\Phi}(t-t_0)=\dot{\Psi}(t)\Psi^{-1}(t_0)=A\Psi(t)\Psi^{-1}(t_0)=A\Phi(t-t_0) \tag{3-62}$$

又在式(3-61)中令 $t=t_0$,得

$$\Phi(t_0-t_0)=\Phi(0)=\Psi(t_0)\Psi^{-1}(t_0)=I \tag{3-63}$$

式(3-62)、式(3-63)表明,$\Psi(t)\Psi^{-1}(t_0)$ 是满足式(3-59)所示状态转移矩阵方程和初始条件的解阵,故状态转移矩阵和基本解阵的关系式(3-61)得证。

【例 3-4】 线性定常系统齐次状态方程为:$\dot{x}=Ax$,其中 A 为 2×2 维的常数矩阵。已知当 $x(0)=\begin{bmatrix}1\\-4\end{bmatrix}$时,状态方程的解为 $x=\begin{bmatrix}e^{-3t}\\-4e^{-3t}\end{bmatrix}$;当 $x(0)=\begin{bmatrix}2\\-1\end{bmatrix}$时,状态方程的解为 $x=\begin{bmatrix}2e^{-2t}\\-e^{-2t}\end{bmatrix}$。求系统状态转移矩阵 $\Phi(t)$ 及系统矩阵 A。

解 方法 1:对应初始状态 $x(0)$,自由运动的解为 $x(t)=\Phi(t)x(0)$。由题意,得

$$\begin{bmatrix}e^{-3t}\\-4e^{-3t}\end{bmatrix}=\Phi(t)\begin{bmatrix}1\\-4\end{bmatrix},\qquad \begin{bmatrix}2e^{-2t}\\-e^{-2t}\end{bmatrix}=\Phi(t)\begin{bmatrix}2\\-1\end{bmatrix}$$

即

$$\begin{bmatrix}e^{-3t}&2e^{-2t}\\-4e^{-3t}&-e^{-2t}\end{bmatrix}=\Phi(t)\begin{bmatrix}1&2\\-4&-1\end{bmatrix}$$

则

$$\Phi(t)=\begin{bmatrix}e^{-3t}&2e^{-2t}\\-4e^{-3t}&-e^{-2t}\end{bmatrix}\begin{bmatrix}1&2\\-4&-1\end{bmatrix}^{-1}=\frac{1}{7}\begin{bmatrix}-e^{-3t}+8e^{-2t}&-2e^{-3t}+2e^{-2t}\\4e^{-3t}-4e^{-2t}&8e^{-3t}-e^{-2t}\end{bmatrix}$$

$$A=\dot{\Phi}(t)\big|_{t=0}=\frac{1}{7}\begin{bmatrix}-13&2\\-4&-22\end{bmatrix}$$

方法 2:因为 $x(0)=\begin{bmatrix}1\\-4\end{bmatrix}$与 $x(0)=\begin{bmatrix}2\\-1\end{bmatrix}$线性无关,则由题意,系统的一个基本解阵为

$$\boldsymbol{\Psi}(t)=\begin{bmatrix} e^{-3t} & 2e^{-2t} \\ -4e^{-3t} & -e^{-2t} \end{bmatrix}$$

由式(3-61)，得系统的状态转移矩阵为

$$\boldsymbol{\Phi}(t)=\boldsymbol{\Psi}(t)\boldsymbol{\Psi}^{-1}(0)=\begin{bmatrix} e^{-3t} & 2e^{-2t} \\ -4e^{-3t} & -e^{-2t} \end{bmatrix}\begin{bmatrix} 1 & 2 \\ -4 & -1 \end{bmatrix}^{-1}=\frac{1}{7}\begin{bmatrix} -e^{-3t}+8e^{-2t} & -2e^{-3t}+2e^{-2t} \\ 4e^{-3t}-4e^{-2t} & 8e^{-3t}-e^{-2t} \end{bmatrix}$$

3.2.5 线性定常系统的脉冲响应矩阵

对线性定常系统

$$\begin{cases} \dot{\boldsymbol{x}}=\boldsymbol{A}\boldsymbol{x}+\boldsymbol{B}\boldsymbol{u} \\ \boldsymbol{y}=\boldsymbol{C}\boldsymbol{x}+\boldsymbol{D}\boldsymbol{u} \end{cases} \tag{3-64}$$

设初始状态为零，则系统的脉冲响应矩阵为

$$\boldsymbol{G}(t)=\boldsymbol{C}e^{\boldsymbol{A}t}\boldsymbol{B}+\boldsymbol{D}\delta(t) \tag{3-65}$$

式中，$\delta(t)$ 为单位脉冲函数，如式(2-5)所示。

脉冲响应矩阵从时域表征了系统输入与输出间的动态传递关系。显然，两个代数等价的线性定常连续系统应具有相同的脉冲响应矩阵。若已知系统的脉冲响应矩阵 $\boldsymbol{G}(t)$，设初始状态为零，则系统在任意输入 $\boldsymbol{u}(t)$作用下的输出响应为

$$\boldsymbol{y}(t)=\int_{t_0}^{t}\boldsymbol{G}(t-\tau)\boldsymbol{u}(\tau)\mathrm{d}\tau \quad \text{或} \quad \boldsymbol{y}(t)=\int_{t_0}^{t}\boldsymbol{G}(\tau)\boldsymbol{u}(t-\tau)\mathrm{d}\tau \tag{3-66}$$

在第 2 章，曾说明单变量系统输出的单位脉冲响应函数与其传递函数的关系是时域到频域的变换关系，这一结论可推广到多变量系统，由式(3-65)，得

$$L(\boldsymbol{G}(t))=L(\boldsymbol{C}e^{\boldsymbol{A}t}\boldsymbol{B})+L(\boldsymbol{D}\delta(t))=\boldsymbol{C}(s\boldsymbol{I}-\boldsymbol{A})^{-1}\boldsymbol{B}+\boldsymbol{D}=\boldsymbol{W}(s) \tag{3-67}$$

3.3 线性时变连续系统的运动分析

3.3.1 线性时变系统的状态转移矩阵

线性时变系统的结构参数随时间变化，其一般形式的状态方程为时变非齐次状态方程，即

$$\begin{cases} \dot{\boldsymbol{x}}=\boldsymbol{A}(t)\boldsymbol{x}+\boldsymbol{B}(t)\boldsymbol{u} \\ \boldsymbol{x}(t)\big|_{t=t_0}=\boldsymbol{x}(t_0) \end{cases} \tag{3-68}$$

若输入控制 $\boldsymbol{u}=\boldsymbol{0}$，式(3-68)则变为时变齐次状态方程，即

$$\begin{cases} \dot{\boldsymbol{x}}=\boldsymbol{A}(t)\boldsymbol{x} \\ \boldsymbol{x}(t)\big|_{t=t_0}=\boldsymbol{x}(t_0) \end{cases} \tag{3-69}$$

类似于线性定常系统，时变系统齐次状态方程的解表示了系统自由运动的特性，也代表了初始状态 $\boldsymbol{x}(t_0)$的转移，即式(3-69)的解为

$$\boldsymbol{x}(t)=\boldsymbol{\Phi}(t,t_0)\boldsymbol{x}(t_0) \tag{3-70}$$

式中，$\boldsymbol{\Phi}(t,t_0)$ 为时变系统式(3-68)的状态转移矩阵。将式(3-70)代入式(3-69)得

$$\dot{\boldsymbol{\Phi}}(t,t_0)\boldsymbol{x}(t_0)=\boldsymbol{A}(t)\boldsymbol{\Phi}(t,t_0)\boldsymbol{x}(t_0) \tag{3-71}$$

由式(3-70)及式(3-71)可知，时变系统式(3-68)的状态转移矩阵 $\boldsymbol{\Phi}(t,t_0)$ 为满足如下矩阵方程和初始条件

$$\begin{cases} \dot{\boldsymbol{\Phi}}(t,t_0)=\boldsymbol{A}(t)\boldsymbol{\Phi}(t,t_0) \\ \boldsymbol{\Phi}(t_0,t_0)=\boldsymbol{I} \end{cases} \tag{3-72}$$

的解阵。类似于式(3-61)的证明，可证明时变系统式(3-68)的状态转移矩阵 $\boldsymbol{\Phi}(t,t_0)$ 和基本解阵的关系为

$$\boldsymbol{\Phi}(t,t_0)=\boldsymbol{\Psi}(t)\boldsymbol{\Psi}^{-1}(t_0) \tag{3-73}$$

式中，$\boldsymbol{\Psi}(t)$ 是以时变齐次状态方程式(3-69)的任意 n 个线性无关的解向量为列构成的一个基本解阵。

采用状态空间分析法的优点之一在于可将线性定常系统的求解方法推广到线性时变系统，且应用状态转移矩阵的概念和性质，可使时变系统的解在形式上与定常系统统一，即自由运动均可视为初始状态的转移。但时变系统状态转移矩阵用 $\boldsymbol{\Phi}(t,t_0)$ 表示，反映其为“绝对时间”t 和 t_0 的函数；而定常系统状态转移矩阵用 $\boldsymbol{\Phi}(t-t_0)$ 表示，反映其为“相对时间”($t-t_0$)的函数。时变系统状态转移矩阵 $\boldsymbol{\Phi}(t,t_0)$ 一般不能采用简便方法求解，且通常难以得到闭合形式表达式。对某些时变齐次状态方程，可任取 n 组线性无关的初始条件，获得相应的 n 个线性无关解向量，构成一个基本解阵 $\boldsymbol{\Psi}(t)$，根据式(3-73)求出状态转移矩阵 $\boldsymbol{\Phi}(t,t_0)$ 的解析式。

由时变系统状态转移矩阵 $\boldsymbol{\Phi}(t,t_0)$ 和基本解阵的关系式(3-73)，易证 $\boldsymbol{\Phi}(t,t_0)$ 具有如下重要性质。

(1) 传递性

$$\boldsymbol{\Phi}(t_2,t_1)\boldsymbol{\Phi}(t_1,t_0)=\boldsymbol{\Psi}(t_2)\boldsymbol{\Psi}^{-1}(t_1)\boldsymbol{\Psi}(t_1)\boldsymbol{\Psi}^{-1}(t_0)=\boldsymbol{\Psi}(t_2)\boldsymbol{\Psi}^{-1}(t_0)=\boldsymbol{\Phi}(t_2,t_0) \tag{3-74}$$

(2) 可逆性

$$\boldsymbol{\Phi}^{-1}(t_1,t_0)=[\boldsymbol{\Psi}(t_1)\boldsymbol{\Psi}^{-1}(t_0)]^{-1}=\boldsymbol{\Psi}(t_0)\boldsymbol{\Psi}^{-1}(t_1)=\boldsymbol{\Phi}(t_0,t_1) \tag{3-75}$$

(3) 状态转移矩阵逆求导

$$\frac{\mathrm{d}}{\mathrm{d}t}\boldsymbol{\Phi}^{-1}(t,t_0)=-\boldsymbol{\Phi}(t_0,t)\boldsymbol{A}(t) \tag{3-76}$$

式(3-76)可由

$$\boldsymbol{\Phi}(t,t_0)\boldsymbol{\Phi}^{-1}(t,t_0)=\boldsymbol{\Phi}(t,t_0)\boldsymbol{\Phi}(t_0,t)=\boldsymbol{I} \tag{3-77}$$

及式(3-72)证明。对式(3-77)两边求导，得

$$\ddot{\boldsymbol{\Phi}}(t,t_0)\boldsymbol{\Phi}(t_0,t)+\boldsymbol{\Phi}(t,t_0)\ddot{\boldsymbol{\Phi}}(t_0,t)=\boldsymbol{0} \tag{3-78}$$

将式(3-72)及式(3-77)代入式(3-78)，整理得

$$\boldsymbol{\Phi}(t,t_0)\ddot{\boldsymbol{\Phi}}(t_0,t)=-\boldsymbol{A}(t) \tag{3-79}$$

式(3-79)两边左乘 $\boldsymbol{\Phi}(t,t_0)$ 的逆矩阵 $\boldsymbol{\Phi}(t_0,t)$，得

$$\ddot{\boldsymbol{\Phi}}(t_0,t)=\frac{\mathrm{d}}{\mathrm{d}t}\boldsymbol{\Phi}^{-1}(t,t_0)=-\boldsymbol{\Phi}(t_0,t)\boldsymbol{A}(t)$$

3.3.2 线性时变非齐次状态方程的解

设线性时变非齐次状态方程式(3-68)的解为

$$\boldsymbol{x}(t)=\boldsymbol{\Phi}(t,t_0)\boldsymbol{\xi}(t) \tag{3-80}$$

将式(3-80)代入式(3-68)，并由式(3-72)得

$$\dot{\boldsymbol{\Phi}}(t,t_0)\boldsymbol{\xi}(t)+\boldsymbol{\Phi}(t,t_0)\dot{\boldsymbol{\xi}}(t)=\boldsymbol{A}(t)\boldsymbol{\Phi}(t,t_0)\boldsymbol{\xi}(t)+\boldsymbol{B}(t)\boldsymbol{u}(t)=\ddot{\boldsymbol{\Phi}}(t,t_0)\boldsymbol{\xi}(t)+\boldsymbol{B}(t)\boldsymbol{u}(t)$$

则有

$$\boldsymbol{\Phi}(t,t_0)\dot{\boldsymbol{\xi}}(t)=\boldsymbol{B}(t)\boldsymbol{u}(t)$$

故

$$\boldsymbol{\xi}(t)=\boldsymbol{\xi}(t_0)+\int_{t_0}^{t}\boldsymbol{\Phi}^{-1}(\tau,t_0)\boldsymbol{B}(\tau)\boldsymbol{u}(\tau)\mathrm{d}\tau=\boldsymbol{\xi}(t_0)+\int_{t_0}^{t}\boldsymbol{\Phi}(t_0,\tau)\boldsymbol{B}(\tau)\boldsymbol{u}(\tau)\mathrm{d}\tau$$

其中，$\boldsymbol{\xi}(t_0)$ 根据式(3-80)求得，即

$$\boldsymbol{\xi}(t_0)=\boldsymbol{\Phi}^{-1}(t_0,t_0)\boldsymbol{x}(t_0)=\boldsymbol{x}(t_0)$$

则式(3-68)的解为

$$\begin{aligned}\boldsymbol{x}(t) &= \boldsymbol{\Phi}(t,t_0)\boldsymbol{x}(t_0)+\boldsymbol{\Phi}(t,t_0)\int_{t_0}^{t}\boldsymbol{\Phi}(t_0,\tau)\boldsymbol{B}(\tau)\boldsymbol{u}(\tau)\mathrm{d}\tau \\ &= \boldsymbol{\Phi}(t,t_0)\boldsymbol{x}(t_0)+\int_{t_0}^{t}\boldsymbol{\Phi}(t,\tau)\boldsymbol{B}(\tau)\boldsymbol{u}(\tau)\mathrm{d}\tau\end{aligned} \tag{3-81}$$

式(3-81)表明，线性时变系统状态的全响应 $\boldsymbol{x}(t)$ 由源于系统初始状态 $\boldsymbol{x}(t_0)$ 的零输入响应 $\boldsymbol{\Phi}(t,t_0)\boldsymbol{x}(t_0)$ 和源于系统输入 $\boldsymbol{u}(t)$ 作用的零状态响应 $\int_{t_0}^{t}\boldsymbol{\Phi}(t,\tau)\boldsymbol{B}(\tau)\boldsymbol{u}(\tau)\mathrm{d}\tau$ 两部分叠加组成，这也是叠加原理的体现。

【例 3-5】 已知线性时变系统状态空间表达式为

$$\begin{cases}\dot{\boldsymbol{x}}=\begin{bmatrix}1 & 0\\ 0 & 2t\end{bmatrix}\boldsymbol{x}(t)+\begin{bmatrix}1\\ t\end{bmatrix}u(t)\\ y(t)=\begin{bmatrix}0 & 1\end{bmatrix}\boldsymbol{x}(t)\end{cases}$$

试求初始时刻 $t_0=0$、初始状态 $\boldsymbol{x}(t_0)=\begin{bmatrix}1\\ 1\end{bmatrix}$ 时，输入为单位阶跃信号 $u(t)=1(t)$，系统的输出响应。

解 首先应用基本解阵求 $\boldsymbol{\Phi}(t,t_0)$。通过求解对应齐次状态方程 $\begin{cases}\dot{x}_1=x_1\\ \dot{x}_2=2tx_2\end{cases}$ 得

$$\begin{cases}\dot{x}_1=x_1\ \text{满足初始条件的解}:x_1(t)=x_1(t_0)\mathrm{e}^{t-t_0}\\ \dot{x}_2=2tx_2\ \text{满足初始条件的解}:x_2(t)=x_2(t_0)\mathrm{e}^{t^2-t_0^2}\end{cases}$$

再任取 2 组线性无关的初始状态向量

$$\boldsymbol{x}_{(1)}(t_0)=\begin{bmatrix}0\\ 1\end{bmatrix},\ \boldsymbol{x}_{(2)}(t_0)=\begin{bmatrix}1\\ 0\end{bmatrix}$$

求出齐次状态方程 2 个线性无关的解向量

$$\boldsymbol{x}_{(1)}(t)=\begin{bmatrix}0\\ \mathrm{e}^{t^2-t_0^2}\end{bmatrix},\ \boldsymbol{x}_{(2)}(t)=\begin{bmatrix}\mathrm{e}^{t-t_0}\\ 0\end{bmatrix}$$

基于此，得到齐次状态方程的一个基本解阵

$$\boldsymbol{\Psi}(t)=\begin{bmatrix}0 & \mathrm{e}^{t-t_0}\\ \mathrm{e}^{t^2-t_0^2} & 0\end{bmatrix}$$

则

$$\boldsymbol{\Psi}(t_0)=\begin{bmatrix}0 & 1\\ 1 & 0\end{bmatrix}$$

由时变系统状态转移矩阵 $\boldsymbol{\Phi}(t,t_0)$ 和基本解阵的关系式(3-73)，求出 $\boldsymbol{\Phi}(t,t_0)$ 为

$$\boldsymbol{\Phi}(t,t_0)=\boldsymbol{\Psi}(t)\boldsymbol{\Psi}^{-1}(t_0)=\begin{bmatrix}\mathrm{e}^{t-t_0} & 0\\ 0 & \mathrm{e}^{t^2-t_0^2}\end{bmatrix}$$

由式(3-81)及 $t_0=0$、$\boldsymbol{x}(t_0)=\begin{bmatrix}1\\ 1\end{bmatrix}$、$u(t)=1(t)$，求出系统状态的全响应为

$$\begin{aligned}\boldsymbol{x}(t) &= \boldsymbol{\Phi}(t,0)\boldsymbol{x}(0)+\int_0^t\boldsymbol{\Phi}(t,\tau)\boldsymbol{B}(\tau)\boldsymbol{u}(\tau)\mathrm{d}\tau\\ &= \begin{bmatrix}\mathrm{e}^{t} & 0\\ 0 & \mathrm{e}^{t^2}\end{bmatrix}\begin{bmatrix}1\\ 1\end{bmatrix}+\int_0^t\begin{bmatrix}\mathrm{e}^{t-\tau} & 0\\ 0 & \mathrm{e}^{t^2-\tau^2}\end{bmatrix}\begin{bmatrix}1\\ \tau\end{bmatrix}\mathrm{d}\tau=\begin{bmatrix}\mathrm{e}^{t}\\ \mathrm{e}^{t^2}\end{bmatrix}+\int_0^t\begin{bmatrix}\mathrm{e}^{t-\tau}\\ \tau\mathrm{e}^{t^2-\tau^2}\end{bmatrix}\mathrm{d}\tau\end{aligned}$$

$$= \begin{bmatrix} e^t \\ e^{t^2} \end{bmatrix} + \begin{bmatrix} e^t - 1 \\ \frac{1}{2}e^{t^2} - \frac{1}{2} \end{bmatrix} = \begin{bmatrix} 2e^t - 1 \\ \frac{3}{2}e^{t^2} - \frac{1}{2} \end{bmatrix}$$

则系统的输出响应为

$$y = [0 \quad 1]\boldsymbol{x}(t) = \frac{3}{2}e^{t^2} - \frac{1}{2}$$

3.4 线性离散时间系统的状态转移矩阵及其运动分析

线性定常离散系统式(2-310)的非齐次状态方程

$$\begin{cases} \boldsymbol{x}(k+1) = \boldsymbol{Gx}(k) + \boldsymbol{Hu}(k) \\ \boldsymbol{x}(k)\big|_{k=k_0} = \boldsymbol{x}(k_0) \end{cases} \tag{3-82}$$

与线性定常连续非齐次状态方程式(3-46)相似,其揭示了两者本质上的相似。式(3-82)可采用递推法和 Z 变换法求解。

3.4.1 递推法求解状态响应

在式(3-82)中,依次令 $k = k_0, k_0+1, k_0+2, \cdots$, 递推求得

$$\begin{aligned} \boldsymbol{x}(k_0+1) &= \boldsymbol{Gx}(k_0) + \boldsymbol{Hu}(k_0) \\ \boldsymbol{x}(k_0+2) &= \boldsymbol{Gx}(k_0+1) + \boldsymbol{Hu}(k_0+1) = \boldsymbol{G}^2\boldsymbol{x}(k_0) + \boldsymbol{GHu}(k_0) + \boldsymbol{Hu}(k_0+1) \\ \boldsymbol{x}(k_0+3) &= \boldsymbol{Gx}(k_0+2) + \boldsymbol{Hu}(k_0+2) \\ &= \boldsymbol{G}^3\boldsymbol{x}(k_0) + \boldsymbol{G}^2\boldsymbol{Hu}(k_0) + \boldsymbol{GHu}(k_0+1) + \boldsymbol{Hu}(k_0+2) \\ &\ \ \vdots \end{aligned}$$

由上述递推求解步骤,可得式(3-82)的递推求解公式为

$$\boldsymbol{x}(k) = \boldsymbol{G}^{k-k_0}\boldsymbol{x}(k_0) + \sum_{i=k_0}^{k-1}\boldsymbol{G}^{k-i-1}\boldsymbol{Hu}(i) \tag{3-83}$$

式(3-83)表明,离散非齐次状态方程(3-82)的全解 $\boldsymbol{x}(k)$ 由源于系统初始状态的自由运动项 $\boldsymbol{G}^{k-k_0}\boldsymbol{x}(k_0)$ 和源于输入作用的受控运动项 $\sum\limits_{i=k_0}^{k-1}\boldsymbol{G}^{k-i-1}\boldsymbol{Hu}(i)$ 两部分叠加组成,这也是叠加原理的体现。

若 $k_0 = 0$, 对应初始状态为 $\boldsymbol{x}(0)$, 则式(3-82)的解为

$$\boldsymbol{x}(k) = \boldsymbol{G}^{k}\boldsymbol{x}(0) + \sum_{i=0}^{k-1}\boldsymbol{G}^{k-i-1}\boldsymbol{Hu}(i) \tag{3-84}$$

将式(3-83)、式(3-84)分别与式(3-50)、式(3-51)对照,定义式(3-82)所示离散系统对应初始时刻 $t_0 = k_0T \neq 0$、$t_0 = k_0T = 0$(T 为采样周期)的状态转移矩阵分别为

$$\boldsymbol{\Phi}(k-k_0) = \boldsymbol{G}^{k-k_0} \tag{3-85}$$

$$\boldsymbol{\Phi}(k) = \boldsymbol{G}^{k} \tag{3-86}$$

对应于连续系统状态转移矩阵的运算性质,离散系统状态转移矩阵具有如下性质:

① $\boldsymbol{\Phi}(k+1) = \boldsymbol{G\Phi}(k)$;

② $\boldsymbol{\Phi}(0) = \boldsymbol{I}$;

③ 若 $\boldsymbol{G}$ 非奇异,则 $\boldsymbol{\Phi}^{-1}(k) = \boldsymbol{\Phi}(-k)$;

④ $\boldsymbol{\Phi}(k-k_2) = \boldsymbol{\Phi}(k-k_1)\boldsymbol{\Phi}(k_1-k_2), k > k_1 > k_2$ 。

与矩阵指数函数的4种求解方法相对应，离散系统状态转移矩阵的计算方法也有4种，即根据定义式(3-85)或式(3-86)直接迭代计算法、Z变换法、利用特征值标准形及相似变换计算法、化$\boldsymbol{G}^k$为$\boldsymbol{G}$的有限项多项式计算法。

递推法的优点是适合计算机迭代运算，而且也适用于解线性时变离散状态方程。设$t_0 = k_0 T = 0$，线性时变离散非齐次状态方程为

$$\begin{cases} \boldsymbol{x}(k+1) = \boldsymbol{G}(k)\boldsymbol{x}(k) + \boldsymbol{H}(k)\boldsymbol{u}(k) \\ \boldsymbol{x}(k_0) = \boldsymbol{x}(0) \end{cases} \tag{3-87}$$

依次令$k = 0,1,2,\cdots$，递推求解式(3-87)，得

$$\boldsymbol{x}(1) = \boldsymbol{G}(0)\boldsymbol{x}(0) + \boldsymbol{H}(0)\boldsymbol{u}(0)$$

$$\boldsymbol{x}(2) = \boldsymbol{G}(1)\boldsymbol{x}(1) + \boldsymbol{H}(1)\boldsymbol{u}(1) = \boldsymbol{G}(1)\boldsymbol{G}(0)\boldsymbol{x}(0) + \boldsymbol{G}(1)\boldsymbol{H}(0)\boldsymbol{u}(0) + \boldsymbol{H}(1)\boldsymbol{u}(1)$$

$$\boldsymbol{x}(3) = \boldsymbol{G}(2)\boldsymbol{x}(2) + \boldsymbol{H}(2)\boldsymbol{u}(2) = \boldsymbol{G}(2)\boldsymbol{G}(1)\boldsymbol{G}(0)\boldsymbol{x}(0) + \boldsymbol{G}(2)\boldsymbol{G}(1)\boldsymbol{H}(0)\boldsymbol{u}(0) + \boldsymbol{G}(2)\boldsymbol{H}(1)\boldsymbol{u}(1) + \boldsymbol{H}(2)\boldsymbol{u}(2)$$

$$\vdots$$

设$k > k_1$，定义线性时变离散系统状态转移矩阵$\boldsymbol{\Phi}(k,k_1)$为

$$\boldsymbol{\Phi}(k,k_1) = \prod_{i=k_1}^{k-1} \boldsymbol{G}(i) = \boldsymbol{G}(k-1)\boldsymbol{G}(k-2)\cdots\boldsymbol{G}(k_1+1)\boldsymbol{G}(k_1)$$

$$\boldsymbol{\Phi}(k_1,k_1) = \prod_{i=k_1}^{k_1-1} \boldsymbol{G}(i) = \boldsymbol{I} \tag{3-88}$$

则式(3-87)的递推求解公式为

$$\boldsymbol{x}(k) = \boldsymbol{\Phi}(k,0)\boldsymbol{x}(0) + \sum_{j=0}^{k-1} \boldsymbol{\Phi}(k,j+1)\boldsymbol{H}(j)\boldsymbol{u}(j) \tag{3-89}$$

3.4.2 Z变换法求解状态响应

设$k_0=0$，对式(3-87)两边作Z变换，整理得

$$\boldsymbol{X}(z) = (z\boldsymbol{I} - \boldsymbol{G})^{-1} z\boldsymbol{X}(0) + (z\boldsymbol{I} - \boldsymbol{G})^{-1}\boldsymbol{H}\boldsymbol{U}(z) \tag{3-90}$$

式(3-90)两边取Z反变换，得采用Z变换法解析求解状态离散序列的公式为

$$\boldsymbol{x}(k) = Z^{-1}[(z\boldsymbol{I} - \boldsymbol{G})^{-1} z]\boldsymbol{x}(0) + Z^{-1}[(z\boldsymbol{I} - \boldsymbol{G})^{-1}\boldsymbol{H}\boldsymbol{U}(z)] \tag{3-91}$$

对比式(3-91)和式(3-84)，得采用Z变换法解析求解线性定常离散系统状态转移矩阵的方法，即

$$\boldsymbol{\Phi}(k) = \boldsymbol{G}^k = Z^{-1}[(z\boldsymbol{I} - \boldsymbol{G})^{-1} z] \tag{3-92}$$

【例 3-6】 已知线性定常离散系统状态方程为

$$\begin{cases} \boldsymbol{x}(k+1) = \begin{bmatrix} 0 & 1 \\ -0.03 & -0.4 \end{bmatrix}\boldsymbol{x}(k) + \begin{bmatrix} 1 \\ 1 \end{bmatrix} u(k) \\ \boldsymbol{x}(k_0) = \boldsymbol{x}(0) = \begin{bmatrix} 1 \\ -1 \end{bmatrix} \end{cases}$$

$u(k)$为单位脉冲序列$1(k)$，即当$k=0,1,2,\cdots$时，$u(k)=1$。求：(1)状态转移矩阵$\boldsymbol{\Phi}(k)$；(2)状态响应。

解 (1)与连续系统矩阵指数求解方法类似，线性定常离散系统状态转移矩阵$\boldsymbol{\Phi}(k)$也可采用4种方法计算。

方法1：直接法(根据定义式求)

$$\boldsymbol{\Phi}(k)=\boldsymbol{G}^k=\begin{bmatrix}0 & 1\\ -0.03 & -0.4\end{bmatrix}^k$$

则各采样时刻 $\boldsymbol{\Phi}(k)$ 的数值解为

$$\boldsymbol{\Phi}(1)=\boldsymbol{G}=\begin{bmatrix}0 & 1\\ -0.03 & -0.4\end{bmatrix},\boldsymbol{\Phi}(2)=\boldsymbol{\Phi}(1)\boldsymbol{G}=\begin{bmatrix}-0.03 & -0.4\\ 0.012 & 0.13\end{bmatrix},$$

$$\boldsymbol{\Phi}(3)=\boldsymbol{\Phi}(2)\boldsymbol{G}=\begin{bmatrix}0.012 & 0.13\\ -0.0039 & -0.04\end{bmatrix}\cdots$$

方法 2:Z 变换法

$$(z\boldsymbol{I}-\boldsymbol{G})^{-1}=\begin{bmatrix}z & -1\\ 0.03 & z+0.4\end{bmatrix}^{-1}=\begin{bmatrix}\dfrac{z+0.4}{(z+0.1)(z+0.3)} & \dfrac{1}{(z+0.1)(z+0.3)}\\ \dfrac{-0.03}{(z+0.1)(z+0.3)} & \dfrac{z}{(z+0.1)(z+0.3)}\end{bmatrix}$$

$$=\begin{bmatrix}\dfrac{\frac{3}{2}}{(z+0.1)}+\dfrac{-\frac{1}{2}}{(z+0.3)} & \dfrac{5}{(z+0.1)}+\dfrac{-5}{(z+0.3)}\\ \dfrac{-\frac{3}{20}}{(z+0.1)}+\dfrac{\frac{3}{20}}{(z+0.3)} & \dfrac{-\frac{1}{2}}{(z+0.1)}+\dfrac{\frac{3}{2}}{(z+0.3)}\end{bmatrix}$$

故由式(3-92)得

$$\boldsymbol{\Phi}(k)=\boldsymbol{G}^k=Z^{-1}[(z\boldsymbol{I}-\boldsymbol{G})^{-1}z]=\begin{bmatrix}\frac{3}{2}(-0.1)^k-\frac{1}{2}(-0.3)^k & 5(-0.1)^k-5(-0.3)^k\\ -\frac{3}{20}(-0.1)^k+\frac{3}{20}(-0.3)^k & -\frac{1}{2}(-0.1)^k+\frac{3}{2}(-0.3)^k\end{bmatrix}$$

方法 3:利用特征值标准形及相似变换计算

$\boldsymbol{G}$ 为友矩阵,其特征值 $s_1=-0.1,s_2=-0.3$ 互异,应用范德蒙德矩阵

$$\boldsymbol{T}=\begin{bmatrix}1 & 1\\ s_1 & s_2\end{bmatrix}=\begin{bmatrix}1 & 1\\ -0.1 & -0.3\end{bmatrix}$$

可将其变换为对角线形矩阵,即

$$\boldsymbol{T}^{-1}\boldsymbol{G}\boldsymbol{T}=\begin{bmatrix}1 & 1\\ -0.1 & -0.3\end{bmatrix}^{-1}\begin{bmatrix}0 & 1\\ -0.03 & -0.4\end{bmatrix}\begin{bmatrix}1 & 1\\ -0.1 & -0.3\end{bmatrix}=\begin{bmatrix}-0.1 & 0\\ 0 & -0.3\end{bmatrix}=\boldsymbol{\Lambda}$$

则对照式(3-26)有

$$\boldsymbol{\Phi}(k)=\boldsymbol{G}^k=\boldsymbol{T}\boldsymbol{\Lambda}^k\boldsymbol{T}^{-1}=\begin{bmatrix}1 & 1\\ -0.1 & -0.3\end{bmatrix}\begin{bmatrix}-0.1 & 0\\ 0 & -0.3\end{bmatrix}^k\begin{bmatrix}1 & 1\\ -0.1 & -0.3\end{bmatrix}^{-1}$$

$$=\begin{bmatrix}1 & 1\\ -0.1 & -0.3\end{bmatrix}\begin{bmatrix}(-0.1)^k & 0\\ 0 & (-0.3)^k\end{bmatrix}\begin{bmatrix}1.5 & 5\\ -0.5 & -5\end{bmatrix}$$

$$=\begin{bmatrix}\frac{3}{2}(-0.1)^k-\frac{1}{2}(-0.3)^k & 5(-0.1)^k-5(-0.3)^k\\ -\frac{3}{20}(-0.1)^k+\frac{3}{20}(-0.3)^k & -\frac{1}{2}(-0.1)^k+\frac{3}{2}(-0.3)^k\end{bmatrix}$$

方法 4: 化 $\boldsymbol{G}^k$ 为 $\boldsymbol{G}$ 的有限项多项式计算

根据凯莱-哈密顿定理,对 n 阶方阵 $\boldsymbol{G}$,当 $k\geqslant n$ 时,$\boldsymbol{G}^k$ 可用 $\boldsymbol{G}$ 的 $(n-1)$ 次多项式表示,即

$$\boldsymbol{G}^k=\alpha_0(k)\boldsymbol{I}+\alpha_1(k)\boldsymbol{G}+\cdots+\alpha_{n-1}(k)\boldsymbol{G}^{n-1}$$

式中,$\alpha_0(k),\cdots,\alpha_{n-1}(k)$ 为待定的一组关于 k 的标量函数,可参照连续系统的求解公式来求。本题系统矩阵 $\boldsymbol{G}$ 的特征值为 $s_1=-0.1,s_2=-0.3$, 参照式(3-33)有

$$\begin{bmatrix}\alpha_0(k)\\\alpha_1(k)\end{bmatrix}=\begin{bmatrix}1 & s_1\\1 & s_2\end{bmatrix}^{-1}\begin{bmatrix}s_1^k\\s_2^k\end{bmatrix}=\begin{bmatrix}1 & -0.1\\1 & -0.3\end{bmatrix}^{-1}\begin{bmatrix}(-0.1)^k\\(-0.3)^k\end{bmatrix}$$

$$=\begin{bmatrix}1.5 & -0.5\\5 & -5\end{bmatrix}\begin{bmatrix}(-0.1)^k\\(-0.3)^k\end{bmatrix}=\begin{bmatrix}1.5(-0.1)^k-0.5(-0.3)^k\\5(-0.1)^k-5(-0.3)^k\end{bmatrix}$$

则

$$\boldsymbol{G}^k=\alpha_0(k)\boldsymbol{I}+\alpha_1(k)\boldsymbol{G}=(1.5(-0.1)^k-0.5(-0.3)^k)\begin{bmatrix}1 & 0\\0 & 1\end{bmatrix}+$$

$$(5(-0.1)^k-5(-0.3)^k)\begin{bmatrix}0 & 1\\-0.03 & -0.4\end{bmatrix}$$

$$=\begin{bmatrix}\frac{3}{2}(-0.1)^k-\frac{1}{2}(-0.3)^k & 5(-0.1)^k-5(-0.3)^k\\-\frac{3}{20}(-0.1)^k+\frac{3}{20}(-0.3)^k & -\frac{1}{2}(-0.1)^k+\frac{3}{2}(-0.3)^k\end{bmatrix}$$

(2) 分别采用递推法和 Z 变换法求状态响应

方法 1：递推法

$$\boldsymbol{x}(1)=\boldsymbol{Gx}(0)+\boldsymbol{Hu}(0)=\begin{bmatrix}0 & 1\\-0.03 & -0.4\end{bmatrix}\begin{bmatrix}1\\-1\end{bmatrix}+\begin{bmatrix}1\\1\end{bmatrix}=\begin{bmatrix}0\\1.37\end{bmatrix}$$

$$\boldsymbol{x}(2)=\boldsymbol{Gx}(1)+\boldsymbol{Hu}(1)=\begin{bmatrix}0 & 1\\-0.03 & -0.4\end{bmatrix}\begin{bmatrix}0\\1.37\end{bmatrix}+\begin{bmatrix}1\\1\end{bmatrix}=\begin{bmatrix}2.37\\0.452\end{bmatrix}$$

$$\boldsymbol{x}(3)=\boldsymbol{Gx}(2)+\boldsymbol{Hu}(2)=\begin{bmatrix}0 & 1\\-0.03 & -0.4\end{bmatrix}\begin{bmatrix}2.37\\0.452\end{bmatrix}+\begin{bmatrix}1\\1\end{bmatrix}=\begin{bmatrix}1.452\\0.7481\end{bmatrix}$$

$$\vdots$$

方法 2：Z 变换法

$u(k)$ 为单位脉冲序列 $1(k)$，则 $U(z)=z/(z-1)$

由式(3-90)，得

$$\boldsymbol{X}(z)=(z\boldsymbol{I}-\boldsymbol{G})^{-1}z\boldsymbol{X}(0)+(z\boldsymbol{I}-\boldsymbol{G})^{-1}\boldsymbol{H}U(z)$$

$$=\begin{bmatrix}\dfrac{z+0.4}{(z+0.1)(z+0.3)} & \dfrac{1}{(z+0.1)(z+0.4)}\\\dfrac{-0.03}{(z+0.1)(z+0.3)} & \dfrac{z}{(z+0.1)(z+0.3)}\end{bmatrix}\left\{\begin{bmatrix}z\\-z\end{bmatrix}+\begin{bmatrix}\dfrac{z}{z-1}\\\dfrac{z}{z-1}\end{bmatrix}\right\}$$

$$=\begin{bmatrix}\dfrac{z^3-0.6z^2+2z}{(z+0.1)(z+0.3)(z-1)}\\\dfrac{-z^3+1.97z^2}{(z+0.1)(z+0.3)(z-1)}\end{bmatrix}=\begin{bmatrix}\dfrac{-\frac{207}{22}z}{(z+0.1)}+\dfrac{\frac{227}{26}z}{(z+0.3)}+\dfrac{\frac{240}{143}z}{(z-1)}\\\dfrac{\frac{207}{220}z}{(z+0.1)}+\dfrac{-\frac{681}{260}z}{(z+0.3)}+\dfrac{\frac{97}{143}z}{(z-1)}\end{bmatrix}$$

则

$$\boldsymbol{x}(k)=Z^{-1}(\boldsymbol{X}(z))=\begin{bmatrix}-\frac{207}{22}(-0.1)^k+\frac{227}{26}(-0.3)^k+\frac{240}{143}\\\frac{207}{220}(-0.1)^k-\frac{681}{260}(-0.3)^k+\frac{97}{143}\end{bmatrix}$$

3.5 线性连续系统的时间离散化

对于采用数字计算机控制连续被控对象的采样控制系统，其状态变量及输入、输出变量既有连续时间型的模拟量，又有离散时间型的离散量。为了运用离散控制系统理论对采样控制系统进行分析与综合，需要对连续被控对象的状态空间表达式等效离散化，以建立整个系统的离散状态空间模型。另外，在计算机仿真、计算机辅助设计中，利用数字计算机分析求解连续系统的状态方程，也面临将连续时间系统化为等价离散时间系统的问题。

典型的采样控制系统结构框图如图 3-1 所示，这是既有连续信号又有离散信号的混合系统，系统按采样周期 T 重复工作，只有在采样时刻，数字控制器才有输出，完成一次控制作用。

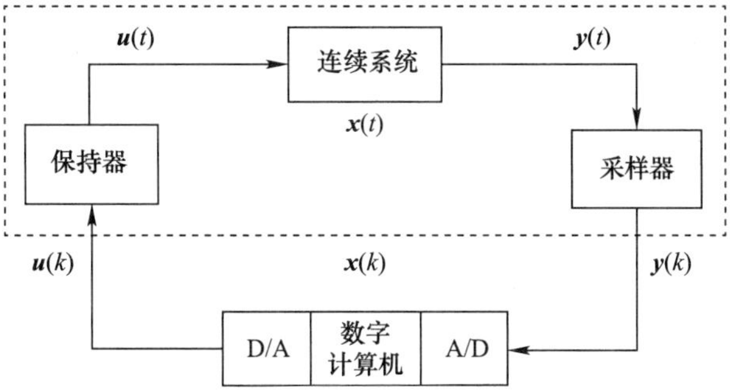

图 3-1　采样控制系统结构框图

线性连续系统的时间离散化问题的数学实质是在一定的采样方式和保持方式下，由图 3-1 中的连续系统状态空间模型

$$\begin{cases}\dot{\boldsymbol{x}} = \boldsymbol{A}\boldsymbol{x} + \boldsymbol{B}\boldsymbol{u} \\ \boldsymbol{y} = \boldsymbol{C}\boldsymbol{x} + \boldsymbol{D}\boldsymbol{u}\end{cases} \tag{3-93}$$

推导出对离散控制装置（数字控制器）等价的离散状态空间模型

$$\begin{cases}\boldsymbol{x}(k+1) = \boldsymbol{G}(T)\boldsymbol{x}(k) + \boldsymbol{H}(T)\boldsymbol{u}(k) \\ \boldsymbol{y}(k) = \boldsymbol{C}\boldsymbol{x}(k) + \boldsymbol{D}\boldsymbol{u}(k)\end{cases} \tag{3-94}$$

并建立起式(3-93)和式(3-94)各系数矩阵之间的关系式。

为了将式(3-93)描述的线性定常连续系统离散化成式(3-94)描述的等效离散系统，在系统的输入、输出端人为地加上理想采样器，且在输入采样器后加保持器以使采样输入信号 $\boldsymbol{u}(kT)$ 复原为连续信号，如图 3-2 所示，并假设采用周期采样，采样周期 T 的选择满足香农采样定理。

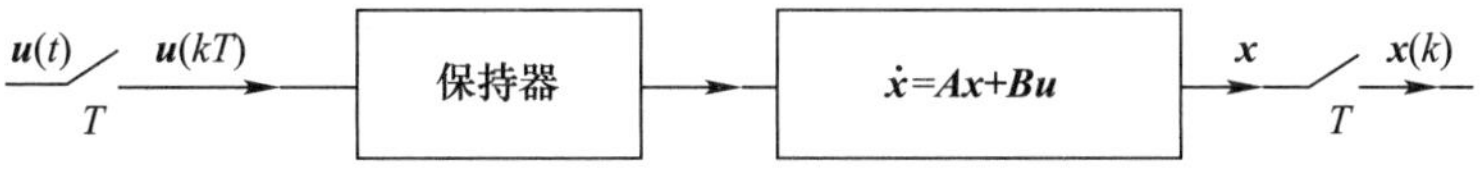

图 3-2　线性连续系统的离散化

以连续系统的输入为零阶保持器的输出为例，推导其等效离散化公式。由式(3-50)，连续系统状态方程的解为

$$\boldsymbol{x}(t) = \mathrm{e}^{\boldsymbol{A}(t-t_0)}\boldsymbol{x}(t_0) + \int_{t_0}^{t} \mathrm{e}^{\boldsymbol{A}(t-\tau)}\boldsymbol{B}\boldsymbol{u}(\tau)\mathrm{d}\tau \tag{3-95}$$

令 $t_0 = kT, t = (k+1)T$，代入式(3-95)，得

$$\boldsymbol{x}(k+1) = \mathrm{e}^{\boldsymbol{A}T}\boldsymbol{x}(k) + \int_{kT}^{(k+1)T} \mathrm{e}^{\boldsymbol{A}[(k+1)T-\tau]}\boldsymbol{B}\boldsymbol{u}(\tau)\mathrm{d}\tau \tag{3-96}$$

基于输入采用零阶保持器的前提条件，即连续系统的输入在一个采样周期内保持不变，则式(3-96)中的 $\boldsymbol{u}(\tau) = \boldsymbol{u}(k)$ 且可提到积分号外，并与式(3-94)中的等效离散状态方程比较得

$$\begin{aligned}\boldsymbol{x}(k+1) &= \mathrm{e}^{\boldsymbol{A}T}\boldsymbol{x}(k) + \left[\int_{kT}^{(k+1)T} \mathrm{e}^{\boldsymbol{A}[(k+1)T-\tau]}\boldsymbol{B}\mathrm{d}\tau\right]\boldsymbol{u}(k) \\ &= \boldsymbol{G}(T)\boldsymbol{x}(k) + \boldsymbol{H}(T)\boldsymbol{u}(k)\end{aligned} \tag{3-97}$$

式中

$$G(T)=e^{AT} \tag{3-98}$$

$$H(T)=\int_{kT}^{(k+1)T}e^{A[(k+1)T-\tau]}B\mathrm{d}\tau=\left[\int_0^T e^{At}\mathrm{d}t\right]B \tag{3-99}$$

式(3-97)为在连续系统的输入是零阶保持器的输出这一前提下推出的状态方程离散化公式。需要说明的是，输出方程所描述的输出变量与状态变量、输入变量的转换关系并不因离散化而改变，故离散化后的输出矩阵 **C**、关联矩阵 **D** 均保持不变。

仿照定常系统，线性时变连续状态方程离散化仍采用周期采样的离散方式，采样周期为 T，同时采用零阶保持器。

根据式(3-81)，线性时变连续系统

$$\begin{cases}\dot{x}=A(t)x+B(t)u\\ y=C(t)x(t)+D(t)u\\ x(t)\big|_{t=t_0}=x(t_0)\end{cases} \tag{3-100}$$

的状态响应为

$$x(t)=\Phi(t,t_0)x(t_0)+\int_{t_0}^{t}\Phi(t,\tau)B(\tau)u(\tau)\mathrm{d}\tau \tag{3-101}$$

令 $t_0=kT,t=(k+1)T$，且基于输入是零阶保持器输出的假设，有

$$\begin{aligned}x(k+1)&=\Phi[(k+1)T,kT)]x(kT)+\left\{\int_{kT}^{(k+1)T}\Phi[(k+1)T,\tau)]B(\tau)\mathrm{d}\tau\right\}u(kT)\\&=G(kT)x(kT)+H(kT)u(kT)\end{aligned} \tag{3-102}$$

式中

$$G(kT)=\Phi[(k+1)T,kT)] \tag{3-103}$$

$$H(kT)=\int_{kT}^{(k+1)T}\Phi[(k+1)T,\tau)]B(\tau)\mathrm{d}\tau \tag{3-104}$$

【例 3-7】 系统结构图如图 3-3 所示。图中，连续被控对象 $W(s)$ 的状态空间表达式为

$$\begin{cases}\begin{bmatrix}\dot{x}_1\\ \dot{x}_2\end{bmatrix}=\begin{bmatrix}0 & 1\\ -4 & -5\end{bmatrix}\begin{bmatrix}x_1\\ x_2\end{bmatrix}+\begin{bmatrix}0\\ 1\end{bmatrix}u\\ y=\begin{bmatrix}2 & 1\end{bmatrix}\begin{bmatrix}x_1\\ x_2\end{bmatrix}\end{cases}$$

(1) 试求系统离散化的状态空间表达式。

(2) 试求当采样周期 $T=0.1$s，输入为单位阶跃函数，且初始状态为零时的离散输出 $y(k)$。

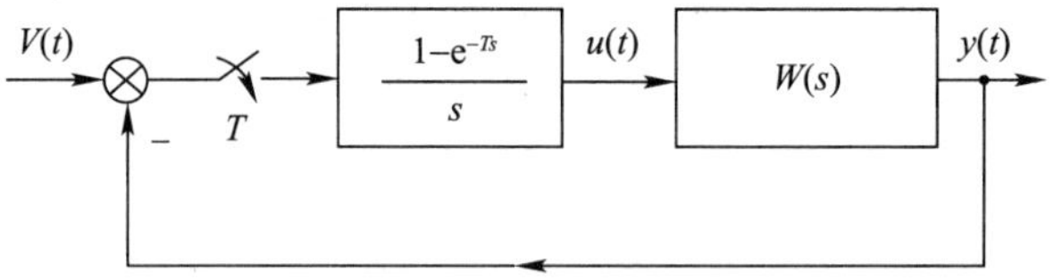

图 3-3 例 3-7 系统结构图

解 (1)由例 3-1 知，连续被控对象的状态转移矩阵为

$$e^{At}=\frac{1}{3}\begin{bmatrix}4e^{-t}-e^{-4t} & e^{-t}-e^{-4t}\\ -4e^{-t}+4e^{-4t} & -e^{-t}+4e^{-4t}\end{bmatrix}$$

由图 3-3 知，连续被控对象的输入是零阶保持器 $G_h(s)=(1-e^{-Ts})/s$ 的输出，满足式(3-97)的假定前提，则根据式(3-98)、式(3-99)得

$$G(T)=e^{AT}=\frac{1}{3}\begin{bmatrix}4e^{-T}-e^{-4T} & e^{-T}-e^{-4T}\\ -4e^{-T}+4e^{-4T} & -e^{-T}+4e^{-4T}\end{bmatrix}$$

$$H(T)=\left[\int_0^T e^{At}\,dt\right]B=\frac{1}{3}\begin{bmatrix}-4e^{-t}+\frac{1}{4}e^{-4t} & -e^{-t}+\frac{1}{4}e^{-4t}\\ 4e^{-t}-e^{-4t} & e^{-t}-e^{-4t}\end{bmatrix}\Bigg|_0^T\begin{bmatrix}0\\1\end{bmatrix}$$

$$=\frac{1}{3}\begin{bmatrix}-4e^{-T}+\frac{1}{4}e^{-4T}+\frac{15}{4} & -e^{-T}+\frac{1}{4}e^{-4T}+\frac{3}{4}\\ 4e^{-T}-e^{-4T}-3 & e^{-T}-e^{-4T}\end{bmatrix}\begin{bmatrix}0\\1\end{bmatrix}=\frac{1}{3}\begin{bmatrix}-e^{-T}+\frac{1}{4}e^{-4T}+\frac{3}{4}\\ e^{-T}-e^{-4T}\end{bmatrix}$$

故连续被控对象的离散化状态空间表达式为

$$\begin{cases}\begin{bmatrix}x_1((k+1))\\x_2((k+1))\end{bmatrix}=\frac{1}{3}\begin{bmatrix}4e^{-T}-e^{-4T} & e^{-T}-e^{-4T}\\ -4e^{-T}+4e^{-4T} & -e^{-T}+4e^{-4T}\end{bmatrix}\begin{bmatrix}x_1(k)\\x_2(k)\end{bmatrix}+\frac{1}{3}\begin{bmatrix}-e^{-T}+\frac{1}{4}e^{-4T}+\frac{3}{4}\\ e^{-T}-e^{-4T}\end{bmatrix}u(k)\\ y(k)=\begin{bmatrix}2 & 1\end{bmatrix}\begin{bmatrix}x_1(k)\\x_2(k)\end{bmatrix}\end{cases}\tag{3-105}$$

由图 3-3 可见，$u(k)=v(k)-y(k)$，又 $y(k)=2x_1(k)+x_2(k)$，则 $u(k)=v(k)-2x_1(k)-x_2(k)$，代入式(3-105)，得闭环系统离散化的状态空间表达式为

$$\begin{cases}\begin{bmatrix}x_1((k+1))\\x_2((k+1))\end{bmatrix}=\begin{bmatrix}2e^{-T}-\frac{1}{2}e^{-4T}-\frac{1}{2} & \frac{2}{3}e^{-T}-\frac{5}{12}e^{-4T}-\frac{1}{4}\\ -2e^{-T}+2e^{-4T} & -\frac{2}{3}e^{-T}+\frac{5}{3}e^{-4T}\end{bmatrix}\begin{bmatrix}x_1(k)\\x_2(k)\end{bmatrix}+\frac{1}{3}\begin{bmatrix}-e^{-T}+\frac{1}{4}e^{-4T}+\frac{3}{4}\\ e^{-T}-e^{-4T}\end{bmatrix}v(k)\\ y(k)=\begin{bmatrix}2 & 1\end{bmatrix}\begin{bmatrix}x_1(k)\\x_2(k)\end{bmatrix}\end{cases}\tag{3-106}$$

(2) 采样周期 $T=0.1\text{s}$ 时，闭环系统离散化的状态空间表达式为

$$\begin{cases}\begin{bmatrix}x_1((k+1))\\x_2((k+1))\end{bmatrix}=\begin{bmatrix}0.9745 & 0.0739\\ -0.4690 & 0.5140\end{bmatrix}\begin{bmatrix}x_1(k)\\x_2(k)\end{bmatrix}+\begin{bmatrix}0.0042\\0.0782\end{bmatrix}v(k)\\ y(k)=\begin{bmatrix}2 & 1\end{bmatrix}\begin{bmatrix}x_1(k)\\x_2(k)\end{bmatrix}\end{cases}\tag{3-107}$$

由题意，$v(kT)$ 为单位脉冲序列 $1(k)$，初始状态为零，采用递推法求得状态方程的序列解为

$$\begin{bmatrix}x_1(0.1)\\x_2(0.1)\end{bmatrix}=\begin{bmatrix}0.9745 & 0.0739\\ -0.4690 & 0.5140\end{bmatrix}\begin{bmatrix}0\\0\end{bmatrix}+\begin{bmatrix}0.0042\\0.0782\end{bmatrix}=\begin{bmatrix}0.0042\\0.0782\end{bmatrix}$$

$$\begin{bmatrix}x_1(0.2)\\x_2(0.2)\end{bmatrix}=\begin{bmatrix}0.9745 & 0.0739\\ -0.4690 & 0.5140\end{bmatrix}\begin{bmatrix}0.0042\\0.0782\end{bmatrix}+\begin{bmatrix}0.0042\\0.0782\end{bmatrix}=\begin{bmatrix}0.0142\\0.1164\end{bmatrix}$$

$$\begin{bmatrix}x_1(0.3)\\x_2(0.3)\end{bmatrix}=\begin{bmatrix}0.9745 & 0.0739\\ -0.4690 & 0.5140\end{bmatrix}\begin{bmatrix}0.0142\\0.1164\end{bmatrix}+\begin{bmatrix}0.0042\\0.0782\end{bmatrix}=\begin{bmatrix}0.0267\\0.1313\end{bmatrix}$$

$$\begin{bmatrix}x_1(0.4)\\x_2(0.4)\end{bmatrix}=\begin{bmatrix}0.9745 & 0.0739\\ -0.4690 & 0.5140\end{bmatrix}\begin{bmatrix}0.0267\\0.1313\end{bmatrix}+\begin{bmatrix}0.0042\\0.0782\end{bmatrix}=\begin{bmatrix}0.0399\\0.1332\end{bmatrix}$$

$\vdots$

由输出方程，得离散输出 $y(k)$ 为

$y(0)=0$，$y(0.1)=0.0867$，$y(0.2)=0.1447$，$y(0.3)=0.1846$，$y(0.4)=0.2130$，…

本题的离散输出 $y(k)$ 也可用闭环系统脉冲传递函数来求，即

$$W_{cl}(z)=\frac{Y(z)}{V(z)}=\frac{W_o(z)}{1+W_o(z)} \tag{3-108}$$

式中，开环脉冲传递函数 $W_o(z)$ 为

$$W_o(z)=(1-z^{-1})Z\left(\frac{W(s)}{s}\right) \tag{3-109}$$

由已知被控对象状态空间表达式的系数矩阵，根据式(2-37)，得

$$\boldsymbol{W}(s)=\boldsymbol{C}(s\boldsymbol{I}-\boldsymbol{A})^{-1}\boldsymbol{B}=\frac{s+2}{s^2+5s+4} \tag{3-110}$$

将式(3-110)代入式(3-109)，得

$$\begin{aligned}W_o(z)&=(1-z^{-1})Z\left(\frac{s+2}{s^3+5s^2+4s}\right)=(1-z^{-1})Z\left(\frac{-\frac{1}{6}}{s+4}+\frac{-\frac{1}{3}}{s+1}+\frac{\frac{1}{2}}{s}\right)\\&=\frac{z-1}{z}\left(\frac{-\frac{1}{6}z}{z-e^{-4T}}+\frac{-\frac{1}{3}z}{z-e^{-T}}+\frac{\frac{1}{2}z}{z-1}\right)=-\frac{1}{6}\frac{z-1}{z-e^{-4T}}-\frac{1}{3}\frac{z-1}{z-e^{-T}}+\frac{1}{2}\end{aligned} \tag{3-111}$$

将采样周期 $T=0.1\text{s}$ 代入式(3-111)，得

$$W_o(z)=\frac{0.5201z-0.4259}{6z^2-9.4506z+3.6389}$$

则

$$W_{cl}(z)=\frac{Y(z)}{V(z)}=\frac{W_o(z)}{1+W_o(z)}=\frac{0.0867z-0.071}{z^2-1.4884z+0.5355}$$

又因为输入 $v(t)$ 为单位阶跃函数，得

$$V(z)=z/(z-1)$$

则

$$\begin{aligned}Y(z)=W_{cl}(z)V(z)&=\frac{0.0867z^2-0.071z}{(z^2-1.4884z+0.5355)(z-1)}\\&=\frac{0.0867z^2-0.071z}{z^3-2.4884z^2+2.0239z-0.5355}\\&=\frac{0.0867z^{-1}-0.071z^{-2}}{1-2.4884z^{-1}+2.0239z^{-2}-0.5355z^{-3}}\\&=0.0867z^{-1}+0.1447z^{-2}+0.1846z^{-3}+0.2129z^{-4}+\cdots\end{aligned}$$

则离散输出 $y(k)$ 为

$$y(0)=0,y(0.1)=0.0867,y(0.2)=0.1447,y(0.3)=0.1846,y(0.4)=0.2129,\cdots$$

小　　结

本章重点基于状态空间模型对线性系统运动进行了定量分析，其数学实质是运用矩阵方法求解系统在给定输入和初始条件下的状态方程。其中，状态转移矩阵概念的引入，使时变系统和定常系统状态方程的解在形式上得以统一。线性系统非齐次状态方程的解均由初始状态的转移(零输入响应)和输入作用下的状态转移(零状态响应)两部分构成，其物理意义满足叠加原理。

对线性定常连续系统，状态转移矩阵 $\boldsymbol{\Phi}(t-t_0)$ 即为状态矩阵 $\boldsymbol{A}$ 的矩阵指数函数 $e^{\boldsymbol{A}(t-t_0)}$，其诸多运算性质与标量指数函数基本相似，除了可根据定义式采用级数展开法计算 $e^{\boldsymbol{A}t}$，还有拉普拉斯变换法、利用特征值标准形及相似变换计算、化为 $\boldsymbol{A}$ 的有限项多项式计算 3 种求解 $e^{\boldsymbol{A}t}$ 闭合形式解析式的方法。与线性定常连续系统状态转移矩阵 $\boldsymbol{\Phi}(t)=e^{\boldsymbol{A}t}$ 的 4 种计算方法相对应，线性定常离散系统状态转移矩阵 $\boldsymbol{\Phi}(k)$ 也有根据定义式直接迭代计算、Z 变换法等 4 种计算方法。但与连续系统不同，离散系统的状态转移矩阵不保证必为非奇异的。

状态转移矩阵与齐次状态方程基本解阵的关系式表明，状态转移矩阵包含了系统自由运动的全部信息。对

线性时变连续系统，状态转移矩阵 $\boldsymbol{\Phi}(t,t_0)$ 为 t 和 t_0 的函数，一般难以得到闭合形式的表达式，可应用基本解阵求 $\boldsymbol{\Phi}(t,t_0)$。对线性时变离散系统，可采用递推法求其状态响应序列。

连续状态方程等效时间离散化源于数字控制系统分析、综合及采用数字计算机求连续状态方程数值解的需要，有求系统脉冲传递函数的频域离散化方法和时域中采样保持的离散化方法，鉴于零阶保持器在工程中应用广泛，本章介绍了时域中采样加零阶保持器的连续状态方程离散化方法。

习　题

3-1　设 $\boldsymbol{A}_1$ 和 $\boldsymbol{A}_2$ 为同维常数方阵，证明：仅当 $\boldsymbol{A}_1\boldsymbol{A}_2=\boldsymbol{A}_2\boldsymbol{A}_1$ 时，$e^{(\boldsymbol{A}_1+\boldsymbol{A}_2)t}=e^{\boldsymbol{A}_1 t}e^{\boldsymbol{A}_2 t}$ 才成立。

3-2　已知方阵 $\boldsymbol{A}=\begin{bmatrix}0 & \omega\\ -\omega & 0\end{bmatrix}$，试应用拉普拉斯变换法证明：$e^{\boldsymbol{A}t}=\begin{bmatrix}\cos\omega t & \sin\omega t\\ -\sin\omega t & \cos\omega t\end{bmatrix}$。

3-3　设方阵 $\boldsymbol{A}=\begin{bmatrix}\sigma & \omega\\ -\omega & \sigma\end{bmatrix}$，试引用习题 3-1 和习题 3-2 的结论，证明：$e^{\boldsymbol{A}t}=\begin{bmatrix}e^{\sigma t}\cos\omega t & e^{\sigma t}\sin\omega t\\ -e^{\sigma t}\sin\omega t & e^{\sigma t}\cos\omega t\end{bmatrix}$。

3-4　判断下列矩阵是否满足状态转移矩阵的条件。若不满足，说明理由；若满足，试求与之对应的状态矩阵 $\boldsymbol{A}$。

(1) $\boldsymbol{\Phi}(t)=\begin{bmatrix}6e^{-t}-5e^{-2t} & 4e^{-t}-4e^{-2t}\\ -3e^{-t}+3e^{-2t} & -2e^{-t}+3e^{-2t}\end{bmatrix}$　(2) $\boldsymbol{\Phi}(t)=\begin{bmatrix}4e^{-t}-3e^{-2t} & 4e^{-t}-4e^{-2t}\\ -3e^{-t}+3e^{-2t} & -3e^{-t}+4e^{-2t}\end{bmatrix}$

(3) $\boldsymbol{\Phi}(t)=\dfrac{1}{4}\begin{bmatrix}-e^{-5t}+5e^{-t} & 5e^{-5t}-5e^{-t}\\ -e^{-5t}+e^{-t} & 5e^{-5t}-e^{-t}\end{bmatrix}$　(4) $\boldsymbol{\Phi}(t)=\begin{bmatrix}e^{-t}-te^{-t} & -te^{-t}\\ te^{-t} & e^{-t}+te^{-t}\end{bmatrix}$

3-5　采用除定义算法外的 3 种方法，计算以下矩阵 $\boldsymbol{A}$ 的矩阵指数 $e^{\boldsymbol{A}t}$。

(1) $\boldsymbol{A}=\begin{bmatrix}0 & -3\\ 1 & -4\end{bmatrix}$　(2) $\boldsymbol{A}=\begin{bmatrix}0 & 1\\ -6 & -5\end{bmatrix}$　(3) $\boldsymbol{A}=\begin{bmatrix}0 & 1 & 0\\ 0 & 0 & 1\\ 0 & 1 & 0\end{bmatrix}$

3-6　分别应用特征值标准形、待定系数法求以下矩阵 $\boldsymbol{A}$ 的矩阵指数 $e^{\boldsymbol{A}t}$。

(1) $\boldsymbol{A}=\begin{bmatrix}-2 & 2 & 1\\ 0 & -1 & 0\\ 0 & 0 & -1\end{bmatrix}$　(2) $\boldsymbol{A}=\dfrac{1}{4}\begin{bmatrix}0 & 0 & -8\\ 1 & -6 & -1\\ 2 & 4 & 10\end{bmatrix}$　(3) $\boldsymbol{A}=\begin{bmatrix}-1 & 1 & 0\\ 0 & -1 & 0\\ 0 & 0 & -1\end{bmatrix}$

3-7　给定一个二阶连续时间线性定常系统 $\dot{\boldsymbol{x}}=\boldsymbol{A}\boldsymbol{x}$，$t\geqslant 0$，其中 $\boldsymbol{A}$ 为 2×2 维的实常数矩阵。已知对应于两个不同初态的状态响应为

$$\text{对 }\boldsymbol{x}(0)=\begin{bmatrix}4\\ 0\end{bmatrix},\boldsymbol{x}(t)=\begin{bmatrix}-e^{-5t}+5e^{-t}\\ -e^{-5t}+e^{-t}\end{bmatrix};\text{对 }\boldsymbol{x}(0)=\begin{bmatrix}0\\ 4\end{bmatrix},\boldsymbol{x}(t)=\begin{bmatrix}5e^{-5t}-5e^{-t}\\ 5e^{-5t}-e^{-t}\end{bmatrix}$$

试用两种方法求系统状态转移矩阵 $\boldsymbol{\Phi}(t)$ 及状态矩阵 $\boldsymbol{A}$。

3-8　给定一个二阶连续时间线性定常系统 $\dot{\boldsymbol{x}}=\boldsymbol{A}\boldsymbol{x}$，$t\geqslant 0$，其中 $\boldsymbol{A}$ 为 2×2 维的实常数矩阵。已知对应于两个不同初态的状态响应为

$$\text{对 }\boldsymbol{x}(0)=\begin{bmatrix}1\\ -1\end{bmatrix},\boldsymbol{x}(t)=\begin{bmatrix}e^{-2t}\\ -e^{-2t}\end{bmatrix};\text{对 }\boldsymbol{x}(0)=\begin{bmatrix}1\\ 1\end{bmatrix},\boldsymbol{x}(t)=\begin{bmatrix}4e^{-t}-3e^{-2t}\\ -2e^{-t}+3e^{-2t}\end{bmatrix}$$

求当 $\boldsymbol{x}(0)=\begin{bmatrix}3\\ -2\end{bmatrix}$ 时的状态响应。

3-9　设线性定常系统齐次状态方程为 $\dot{\boldsymbol{x}}=\begin{bmatrix}0 & 1\\ 0 & -1\end{bmatrix}\boldsymbol{x}$，已知 $t=2\text{s}$ 时的状态为 $\boldsymbol{x}(2)=\begin{bmatrix}1.8647\\ 0.1353\end{bmatrix}$，求 $t=0$、4s、6s 时的状态 $\boldsymbol{x}(0)$、$\boldsymbol{x}(4)$、$\boldsymbol{x}(6)$。

3-10　已知系统状态方程为 $\begin{bmatrix}\dot{x}_1\\ \dot{x}_2\end{bmatrix}=\begin{bmatrix}0 & -2\\ 1 & -3\end{bmatrix}\begin{bmatrix}x_1\\ x_2\end{bmatrix}+\begin{bmatrix}0\\ 1\end{bmatrix}u$，$\boldsymbol{x}(0)=\begin{bmatrix}1\\ -1\end{bmatrix}$，试分别求下列输入时系统的状态全响应。

(1) $u(t)=1(t)$　　(2) $u(t)=\mathrm{e}^{-t}, t\geqslant 0$

3-11　证明：若对于任意时间变量 t_1、t_2，时变系统(3-68)中的状态矩阵 $\boldsymbol{A}(t)$ 满足

$$\boldsymbol{A}(t_1)\boldsymbol{A}(t_2)=\boldsymbol{A}(t_2)\boldsymbol{A}(t_1)$$

则其状态转移矩阵 $\boldsymbol{\Phi}(t,t_0)$ 可用如下矩阵指数及其幂级数展开式表示，即

$$\boldsymbol{\Phi}(t,t_0)=\mathrm{e}^{\int_{t_0}^{t}\boldsymbol{A}(\tau)\mathrm{d}\tau}=\boldsymbol{I}+\int_{t_0}^{t}\boldsymbol{A}(\tau)\mathrm{d}\tau+\frac{1}{2!}\left(\int_{t_0}^{t}\boldsymbol{A}(\tau)\mathrm{d}\tau\right)^2+\frac{1}{3!}\left(\int_{t_0}^{t}\boldsymbol{A}(\tau)\mathrm{d}\tau\right)^3+\cdots$$

3-12　证明时变系统(3-68)的状态转移矩阵 $\boldsymbol{\Phi}(t,t_0)$ 和基本解阵的关系式(3-73)。

3-13　求下列线性时变系统的状态转移矩阵 $\boldsymbol{\Phi}(t,0)$。

(1) $\dot{\boldsymbol{x}}(t)=\begin{bmatrix}0 & 3t^2\\ 0 & 0\end{bmatrix}\boldsymbol{x}(t)$　(2) $\dot{\boldsymbol{x}}(t)=\begin{bmatrix}-2t & 1\\ 1 & -2t\end{bmatrix}\boldsymbol{x}(t)$　(3) $\dot{\boldsymbol{x}}(t)=\begin{bmatrix}0 & \mathrm{e}^{-2t}\\ -\mathrm{e}^{-2t} & 0\end{bmatrix}\boldsymbol{x}(t)$

3-14　已知线性定常离散系统状态空间表达式为

$$\begin{cases}\boldsymbol{x}(k+1)=\begin{bmatrix}0.5 & 1\\ 0 & 0.1\end{bmatrix}\boldsymbol{x}(k)+\begin{bmatrix}1 & 0\\ 0 & 1\end{bmatrix}\begin{bmatrix}u_1(k)\\ u_2(k)\end{bmatrix}\\ y(k)=\begin{bmatrix}1 & 2\end{bmatrix}\boldsymbol{x}(k)\end{cases}$$

设 $\boldsymbol{x}(k_0)=\boldsymbol{x}(0)=\begin{bmatrix}-0.5\\ 0.5\end{bmatrix}$，$u_1(k)$ 为函数 t 的采样序列，$u_2(k)$ 为函数 e^{-t} 的同步采样序列，采样周期为 0.1s。求：(1)状态转移矩阵 $\boldsymbol{\Phi}(k)$；(2)状态响应及输出响应。

3-15　已知线性定常离散系统差分方程为

$$y(k+2)+5y(k+1)+4y(k)=3u(k+1)+u(k)$$

设 $u(k)$ 为单位阶跃序列，即 $u(k)=1$，初始条件为 $y(0)=0$，$y(1)=1$，试：

(1) 分别采用迭代法和 Z 变换法解差分方程，求系统的输出响应；

(2) 求离散系统状态空间表达式，并通过求解离散状态方程求系统的输出响应。

3-16　已知线性定常连续系统状态空间表达式为

$$\begin{cases}\dot{\boldsymbol{x}}=\begin{bmatrix}0 & -3\\ 1 & -4\end{bmatrix}\boldsymbol{x}+\begin{bmatrix}1\\ 0\end{bmatrix}u\\ y=\begin{bmatrix}0 & 1\end{bmatrix}\boldsymbol{x}\end{cases}$$

取采样周期 $T=0.5$s，试求其离散化状态空间表达式。

3-17　系统结构图如图 3-3 所示，图中，连续被控对象 $W(s)$的状态空间表达式为

$$\begin{cases}\begin{bmatrix}\dot{x}_1\\ \dot{x}_2\end{bmatrix}=\begin{bmatrix}0 & 1\\ 0 & -3\end{bmatrix}\begin{bmatrix}x_1\\ x_2\end{bmatrix}+\begin{bmatrix}0\\ 1\end{bmatrix}u\\ y=\begin{bmatrix}1 & 1\end{bmatrix}\begin{bmatrix}x_1\\ x_2\end{bmatrix}\end{cases}$$

(1) 求系统离散化的状态空间表达式；

(2) 若采样周期 $T=0.2$s，输入为单位阶跃函数，且初始状态为零，求离散输出 $y(k)$。

3-18　已知系统状态空间表达式为

$$\begin{cases}\dot{\boldsymbol{x}}=\begin{bmatrix}-7 & -14 & -8\\ 1 & 0 & 0\\ 0 & 1 & 0\end{bmatrix}\boldsymbol{x}+\begin{bmatrix}1\\ 0\\ 0\end{bmatrix}u\\ y=\begin{bmatrix}0 & 0 & 8\end{bmatrix}\boldsymbol{x}\end{cases}$$

试应用 MATLAB，(1)求系统的状态转移矩阵 $\boldsymbol{\Phi}(t)$；(2)求系统阶跃响应的解析解；(3)分别使用解微分方程方法、控制工具箱、Simulink 求系统阶跃响应的数值解及阶跃响应曲线(包括状态响应和输出响应)。

3-19　系统结构图如图 3-4 所示，其中，$K=5$，采样周期 $T=0.2$s，$v(t)=1(t)+t+\frac{1}{2}t^2$，系统初始状态为零。试应用 MATLAB，(1)求离散误差 $e(kT)$ 脉冲序列波形、$t=3$s 时的误差值、系统稳态误差；(2)若采样周期增大为 $T=0.5$s，系统能否稳定？

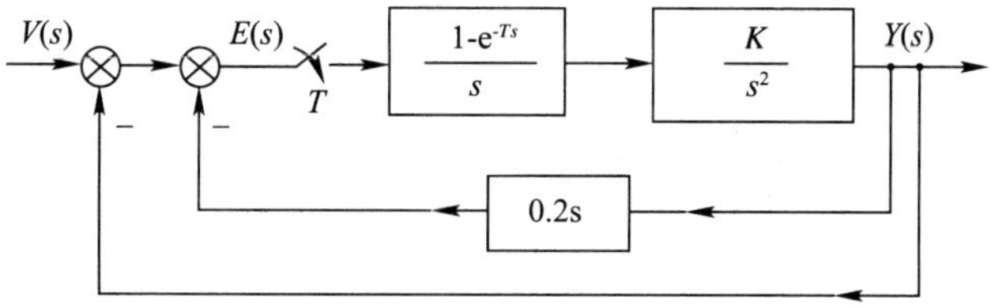

图 3-4　习题 3-19 图

3-20　已知系统状态空间表达式为

$$\begin{cases} \dot{\boldsymbol{x}} = \begin{bmatrix} -6 & -10 & -20 & -15 \\ 1 & 0 & 0 & 0 \\ 0 & 1 & 0 & 0 \\ 0 & 0 & 1 & 0 \end{bmatrix} \boldsymbol{x} + \begin{bmatrix} 1 & 0 \\ 0 & 0.5 \\ 0 & 0 \\ 0 & 0.1 \end{bmatrix} \begin{bmatrix} u_1 \\ u_2 \end{bmatrix} \\ \boldsymbol{y} = \begin{bmatrix} 0 & 0 & 0 & 15 \end{bmatrix} \boldsymbol{x} \end{cases}$$

试应用 MATLAB,(1)设采样周期为 $T=0.1$s,求系统离散化后的状态空间表达式及离散系统状态转移矩阵;(2)设系统初始状态为零,$u_1(t)=1(t)$,$u_2(t)=1(t)$,求系统状态响应和输出响应。

第 4 章　线性系统的能控性与能观测性

4.1 引　　言

线性系统的状态能控性、能观测性是采用状态空间模型引申出来的系统结构特性，分别揭示系统所有状态变量的运动是否受外部输入控制信号任意支配、外部输出信号能否完全反映系统所有状态变量任意形式的运动。

首先通过一个简单的例子来直观地说明状态能控性、能观测性的物理概念及其与系统解耦零点的关系。针对图 1-5 所示 RC 电路，例 1-4 推导了其状态空间表达式(1-9)，即

$$\begin{cases} \begin{bmatrix} \dot{x}_1 \\ \dot{x}_2 \end{bmatrix} = \begin{bmatrix} -\dfrac{1}{RC_1} & -\dfrac{1}{RC_1} \\ -\dfrac{1}{RC_2} & -\dfrac{1}{RC_2} \end{bmatrix} \begin{bmatrix} x_1 \\ x_2 \end{bmatrix} + \begin{bmatrix} \dfrac{1}{RC_1} \\ \dfrac{1}{RC_2} \end{bmatrix} u \\ y = \begin{bmatrix} 1 & 1 \end{bmatrix} \begin{bmatrix} x_1 \\ x_2 \end{bmatrix} \end{cases} \tag{4-1}$$

式(4-1)对应的状态变量图如图 4-1 所示。

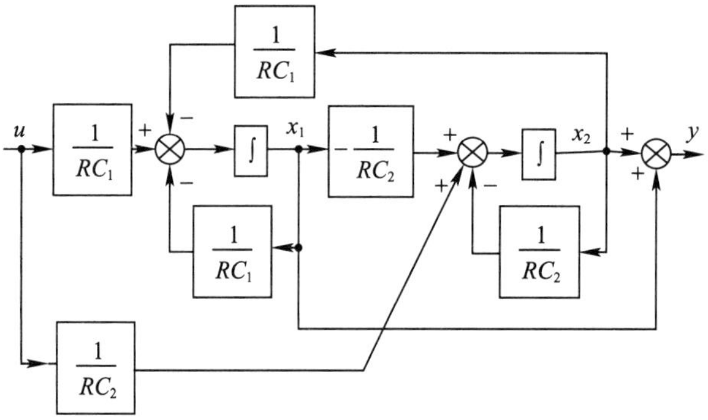

图 4-1　状态空间表达式(4-1)对应的状态变量图

由图 4-1 可见，x_1、x_2 与外部输入 u 和外部输出 y 均有联系，但这并不足以表明 x_1、x_2 就完全能控和完全能观测。事实上，引入线性非奇异变换

$$\boldsymbol{x}=\boldsymbol{T}\bar{\boldsymbol{x}},\boldsymbol{T}=\frac{1}{C_1+C_2}\begin{bmatrix} C_1 & C_2 \\ -C_1 & C_1 \end{bmatrix},\boldsymbol{T}^{-1}=\begin{bmatrix} 1 & -\dfrac{C_2}{C_1} \\ 1 & 1 \end{bmatrix} \tag{4-2}$$

得到与式(4-1)代数等价的状态空间表达式为

$$\begin{cases} \dot{\bar{\boldsymbol{x}}} = \begin{bmatrix} 0 & 0 \\ 0 & -\dfrac{C_1+C_2}{RC_1C_2} \end{bmatrix} \bar{\boldsymbol{x}} + \begin{bmatrix} 0 \\ \dfrac{C_1+C_2}{RC_1C_2} \end{bmatrix} u \\ y = \begin{bmatrix} 0 & 1 \end{bmatrix} \bar{\boldsymbol{x}} \end{cases} \tag{4-3}$$

显然，与特征值 $s=0$ 子系统对应的状态 $\bar{x}_1$ 不能控且不能观测。而与特征值 $s=-(C_1+C_2)/$

(RC_1C_2)子系统对应的状态 $\bar{\boldsymbol{x}}_2$ 可通过选择输入 u，在有限的时间内由任意非零初始状态控制到状态空间原点，故 $\bar{\boldsymbol{x}}_2$ 能控；另一方面，输出 y 包含状态 $\bar{\boldsymbol{x}}_2$ 的全部信息，通过输出 y 的测量，可唯一获取其初值，故 $\bar{\boldsymbol{x}}_2$ 也能观测。因此，图 1-5 所示 RC 电路状态不完全能控也不完全能观测。又根据式(2-238)，得式(4-1)所表示的系统矩阵为

$$\boldsymbol{S}(s)=\left[\begin{array}{c:c}\boldsymbol{P}(s) & \boldsymbol{Q}(s)\\ \hdashline -\boldsymbol{R}(s) & \boldsymbol{V}(s)\end{array}\right]=\left[\begin{array}{c:c}s\boldsymbol{I}-\boldsymbol{A} & \boldsymbol{B}\\ \hdashline -\boldsymbol{C} & 0\end{array}\right]=\left[\begin{array}{cc:c}s+\dfrac{1}{RC_1} & \dfrac{1}{RC_1} & \dfrac{1}{RC_1}\\ \dfrac{1}{RC_2} & s+\dfrac{1}{RC_2} & \dfrac{1}{RC_2}\\ \hdashline -1 & -1 & 0\end{array}\right] \tag{4-4}$$

由式(2-92)，求得 $\boldsymbol{P}(s)$和 $\boldsymbol{R}(s)$的一个最大右公因子

$$\boldsymbol{Z}_{\mathrm{R}}(s)=\begin{bmatrix}1 & 1\\ s & 0\end{bmatrix}$$

为非单模矩阵，故 $\boldsymbol{P}(s)$和 $\boldsymbol{R}(s)$非右互质，且

$$\boldsymbol{P}(s)=s\boldsymbol{I}-\boldsymbol{A}=\begin{bmatrix}\dfrac{1}{RC_1} & 1\\ s+\dfrac{1}{RC_2} & -1\end{bmatrix}\begin{bmatrix}1 & 1\\ s & 0\end{bmatrix}=\boldsymbol{P}_{\mathrm{R}}(s)\boldsymbol{Z}_{\mathrm{R}}(s)$$

$$\boldsymbol{R}(s)=\boldsymbol{C}=[1\quad 0]\begin{bmatrix}1 & 1\\ s & 0\end{bmatrix}=\boldsymbol{R}_{\mathrm{R}}(s)\boldsymbol{Z}_{\mathrm{R}}(s)$$

由式(2-256)，系统的输出解耦零点为 $s=0$。根据式(2-91)，求得 $\boldsymbol{P}(s)$和 $\boldsymbol{Q}(s)$的一个最大左公因子

$$\boldsymbol{Z}_{\mathrm{L}}(s)=\begin{bmatrix}\dfrac{1}{RC_1} & s\\ \dfrac{1}{RC_2} & 0\end{bmatrix}$$

为非单模矩阵，故 $\boldsymbol{P}(s)$和 $\boldsymbol{Q}(s)$非左互质，且

$$\boldsymbol{P}(s)=\begin{bmatrix}\dfrac{1}{RC_1} & s\\ \dfrac{1}{RC_2} & 0\end{bmatrix}\begin{bmatrix}1 & RC_2s+1\\ 1 & -\dfrac{C_2}{C_1}\end{bmatrix}=\boldsymbol{Z}_{\mathrm{L}}(s)\boldsymbol{P}_{\mathrm{L}}(s),\boldsymbol{Q}(s)=\boldsymbol{B}=\begin{bmatrix}\dfrac{1}{RC_1} & s\\ \dfrac{1}{RC_2} & 0\end{bmatrix}\begin{bmatrix}1\\ 0\end{bmatrix}=\boldsymbol{Z}_{\mathrm{L}}(s)\boldsymbol{Q}_{\mathrm{L}}(s)$$

由式(2-249)，系统的输入解耦零点为 $s=0$。综上所述，$s=0$ 为系统的输入-输出解耦零点，即为系统既不能控又不能观测子系统的特征值。

易知 $\boldsymbol{P}_{\mathrm{L}}(s)$与 $\boldsymbol{R}(s)$右互质且 $\boldsymbol{P}_{\mathrm{R}}(s)$与 $\boldsymbol{Q}(s)$左互质，故由式(2-262)、式(2-263)，得图 1-5 所示电路的传递函数

$$\begin{aligned}W(s)&=\boldsymbol{R}(s)\boldsymbol{P}_{\mathrm{L}}^{-1}(s)\boldsymbol{Q}_{\mathrm{L}}(s)=[1\quad 1]\begin{bmatrix}1 & RC_2s+1\\ 1 & -\dfrac{C_2}{C_1}\end{bmatrix}^{-1}\begin{bmatrix}1\\ 0\end{bmatrix}\\ &=\boldsymbol{R}_{\mathrm{R}}(s)\boldsymbol{P}_{\mathrm{R}}^{-1}(s)\boldsymbol{Q}(s)=[1\quad 0]\begin{bmatrix}\dfrac{1}{RC_1} & 1\\ s+\dfrac{1}{RC_2} & -1\end{bmatrix}^{-1}\begin{bmatrix}\dfrac{1}{RC_1}\\ \dfrac{1}{RC_2}\end{bmatrix}\\ &=\frac{1}{R\dfrac{C_1C_2}{C_1+C_2}s+1}\end{aligned}$$

与式(1-6)一致。可见，传递函数(矩阵)不能描述系统的解耦零点，其仅描述了系统能控且能观测子系统的输入、输出动态关系。

能控性和能观测性是系统控制和估计问题研究的重要基础。本章主要介绍线性系统能控性与能观测性的概念、判别准则(包括频域形式)，这两个性质之间的对偶关系，以及在状态空间模型的结构分解和等价变换中的应用，并讨论能控标准形和能观测标准形，以及能控性、能观测性与解耦零点的关系。4.2 节、4.3 节分别给出线性连续系统状态能控性、能观测性的严格定义及判据；4.4 节介绍对偶原理，在此基础上，4.6 节介绍输出能控性、输出函数能控性和输入函数能观测性；4.5 节和 4.7 节分别讨论线性定常连续系统的能控性指数、能观测性指数和结构分解；4.9 节分别讨论 SISO、MIMO 线性定常连续系统的能控标准形和能观测标准形；4.10 节讨论能控性、能观测性的频域形式；4.8 节讨论线性离散系统的能控性与能观测性。

4.2 线性连续系统能控性的定义及判据

4.2.1 能控性的定义

对 n 阶线性时变连续系统

$$\dot{\boldsymbol{x}}(t)=\boldsymbol{A}(t)\boldsymbol{x}+\boldsymbol{B}(t)\boldsymbol{u}\,,\qquad \boldsymbol{x}(t_0)=\boldsymbol{x}_0\,,\ t\in T_{\mathrm{d}} \tag{4-5}$$

式中，T_{d} 为时间定义区间，$\boldsymbol{A}(t)$ 和 $\boldsymbol{B}(t)$ 分别为 $n\times n$ 维和 $n\times r$ 维时变矩阵。若对给定初始时刻 $t_0\in T_{\mathrm{d}}$ 的一个非零初始状态 $\boldsymbol{x}(t_0)=\boldsymbol{x}_0$，存在有限时刻 $t_{\mathrm{f}}\in T_{\mathrm{d}}, t_{\mathrm{f}}>t_0$，和一个无约束的容许控制 $\boldsymbol{u}(t), t\in[t_0, t_{\mathrm{f}}]$，能使状态由 $\boldsymbol{x}(t_0)=\boldsymbol{x}_0$ 转移到 $\boldsymbol{x}(t_{\mathrm{f}})=\boldsymbol{0}$，则称状态 $\boldsymbol{x}_0$ 在 t_0 时刻能控。若状态空间的所有非零状态在 t_0 时刻均能控，则称系统(4-5)在 t_0 时刻状态完全能控，简称系统在 t_0 时刻能控。进一步，若系统的能控性与初始时刻 $t_0\in T_{\mathrm{d}}$ 的选取无关，则称系统一致能控。

若在状态空间存在一个或一个以上非零状态在 t_0 时刻不能控，则称系统(4-5)在 t_0 时刻的状态不完全能控，简称系统不能控。

线性时变系统的能控性与初始时刻 t_0 的选取有关。而线性定常系统的能控性与 t_0 选取无关，故系统能控则一致能控。

除了能控性，揭示系统内部状态在外部输入控制下能到达任意目标状态的另一种结构属性是能达性。对于线性时变系统(4-5)和给定初始时刻 $t_0\in T_{\mathrm{d}}$，若存在能将初始状态 $\boldsymbol{x}(t_0)=\boldsymbol{0}$ 转移到 $\boldsymbol{x}(t_{\mathrm{f}})=\boldsymbol{x}_{\mathrm{f}}\neq\boldsymbol{0}$ 的无约束容许控制 $\boldsymbol{u}(t), t\in[t_0, t_{\mathrm{f}}]$，$t_{\mathrm{f}}\in T_{\mathrm{d}}, t_{\mathrm{f}}>t_0$，则称状态 $\boldsymbol{x}_{\mathrm{f}}$ 在 t_0 时刻为能达。若系统对于状态空间中的所有非零状态在 t_0 时刻均为能达，则称系统在 t_0 时刻完全能达。同样，若系统的能达性与初始时刻 $t_0\in T_{\mathrm{d}}$ 的选取无关，则称系统一致能达。线性定常系统的能达性与 t_0 选取无关。

应该指出，对线性连续系统而言，定常系统的能控性与能达性必为等价的，而对时变系统而言二者一般不等价。对定常或时变的线性离散系统而言，若状态矩阵非奇异，则系统的能控性与能达性为等价的。

4.2.2 线性定常连续系统能控性判据

1. 秩判据

设 $\boldsymbol{A}$、$\boldsymbol{B}$ 分别为 $n\times n$、$n\times r$ 维常数矩阵，n 阶线性定常连续系统

$$\dot{\boldsymbol{x}}=\boldsymbol{A}\boldsymbol{x}+\boldsymbol{B}\boldsymbol{u} \tag{4-6}$$

的状态完全能控的充分必要条件是能控性判别矩阵

$$\boldsymbol{Q}_{\mathrm{c}}=[\boldsymbol{B}\quad\boldsymbol{AB}\quad\boldsymbol{A}^2\boldsymbol{B}\quad\cdots\quad\boldsymbol{A}^{n-1}\boldsymbol{B}] \tag{4-7}$$

满秩，即

$$\operatorname{rank}\boldsymbol{Q}_{\mathrm{c}}=\operatorname{rank}[\boldsymbol{B}\quad\boldsymbol{AB}\quad\boldsymbol{A}^2\boldsymbol{B}\quad\cdots\quad\boldsymbol{A}^{n-1}\boldsymbol{B}]=n \tag{4-8}$$

2. 约当标准形判据

由于线性非奇异变换为等价变换，因此线性系统经线性非奇异变换后不改变其能控性，可由线性非奇异变换导出的约当标准形，采用如下约当标准形判据分析判断系统的能控性。

(1) 若系统(4-6)状态矩阵 $\boldsymbol{A}$ 的特征值 $s_1,s_2,\cdots,s_n$ 互异，由线性非奇异变换 $\boldsymbol{x}=\boldsymbol{T}\bar{\boldsymbol{x}}$ 可将式(4-6)变换为如下对角线标准形

$$\dot{\bar{\boldsymbol{x}}}=\boldsymbol{T}^{-1}\boldsymbol{AT}\bar{\boldsymbol{x}}+\boldsymbol{T}^{-1}\boldsymbol{B}\boldsymbol{u}=\bar{\boldsymbol{A}}\bar{\boldsymbol{x}}+\bar{\boldsymbol{B}}\boldsymbol{u}=\begin{bmatrix}s_1&&&\\&s_2&&\\&&\ddots&\\&&&s_n\end{bmatrix}\bar{\boldsymbol{x}}+\bar{\boldsymbol{B}}\boldsymbol{u} \tag{4-9}$$

则系统能控的充分必要条件是式(4-9)中，$\bar{\boldsymbol{B}}$矩阵没有零行向量。

(2) 若系统(4-6)状态矩阵 $\boldsymbol{A}$ 具有重特征值 s_1(m_1 重)，s_2(m_2 重)，$\cdots$，s_l(m_l 重)，其中 m_i 为 s_i 的代数重数，$\sum_{i=1}^{l}m_i=n$，$s_i\neq s_j(i\neq j)$，且各重特征值的几何重数均为 1，由线性非奇异变换 $\boldsymbol{x}=\boldsymbol{T}\bar{\boldsymbol{x}}$ 可将式(4-6)变换为如下约当标准形

$$\dot{\bar{\boldsymbol{x}}}=\boldsymbol{T}^{-1}\boldsymbol{AT}\bar{\boldsymbol{x}}+\boldsymbol{T}^{-1}\boldsymbol{B}\boldsymbol{u}=\bar{\boldsymbol{A}}\bar{\boldsymbol{x}}+\bar{\boldsymbol{B}}\boldsymbol{u}=\begin{bmatrix}\boldsymbol{J}_1&&&\\&\boldsymbol{J}_2&&\\&&\ddots&\\&&&\boldsymbol{J}_l\end{bmatrix}\bar{\boldsymbol{x}}+\bar{\boldsymbol{B}}\boldsymbol{u} \tag{4-10}$$

式中，$\boldsymbol{J}_i(i=1,2,\cdots,l)$ 为与重特征值 s_i 对应的 m_i 阶约当块。则系统能控的充分必要条件是 $\bar{\boldsymbol{B}}$ 矩阵与各约当块 $\boldsymbol{J}_i(i=1,2,\cdots,l)$ 最后一行相对应的各行均为非零行向量。

若重特征值 s_i 的几何重数 $\alpha_i\neq1$，这时约当阵 $\bar{\boldsymbol{A}}=\boldsymbol{T}^{-1}\boldsymbol{AT}$ 中将出现 α_i 个与 s_i 对应的约当子块，则系统能控的充分必要条件是 $\bar{\boldsymbol{B}}=\boldsymbol{T}^{-1}\boldsymbol{B}$ 中与各约当子块最后一行相对应的各行均为非零行向量，且 $\bar{\boldsymbol{B}}$ 中与 $\bar{\boldsymbol{A}}$ 中重特征值 s_i 的 α_i 个约当子块最后一行相对应的 α_i 个行向量线性独立。

3. 格拉姆(Gram)矩阵判据

系统(4-6)状态完全能控的充分必要条件是存在时刻 $t_{\mathrm{f}}>0$，使能控性格拉姆矩阵

$$\boldsymbol{W}_{\mathrm{c}}(0,t_{\mathrm{f}})=\int_0^{t_{\mathrm{f}}}\mathrm{e}^{-\boldsymbol{A}t}\boldsymbol{B}\boldsymbol{B}^{\mathrm{T}}\mathrm{e}^{-\boldsymbol{A}^{\mathrm{T}}t}\mathrm{d}t \tag{4-11}$$

非奇异。

4. PBH 判据

系统(4-6)状态完全能控的充分必要条件是对于系统的所有特征值 $s_i(i=1,2,\cdots,n)$，有

$$\operatorname{rank}[s_i\boldsymbol{I}-\boldsymbol{A}\quad\boldsymbol{B}]=n \tag{4-12}$$

或

$$\operatorname{rank}[s\boldsymbol{I}-\boldsymbol{A}\quad\boldsymbol{B}]=n,\qquad\forall s\in\mathbb{C} \tag{4-13}$$

其中，$\mathbb{C}$ 为复数域。

这一判据由波波夫(Popov)、贝尔维奇(Belevitch)和豪塔斯(Hautus)提出，故简称 PBH 判据。

由式(4-13)及多项式矩阵左互质的充分必要条件(2-96)，可得推论：线性定常连续系统(4-6)状态完全能控的充分必要条件是 $s\boldsymbol{I}-\boldsymbol{A}$ 和 $\boldsymbol{B}$ 左互质，即系统没有输入解耦零点。

以上 4 种能控性判据是基于状态空间模型判断能控性的常用准则，其中，秩判据、约当标准形判据分别因计算简便、直观而在具体判别时应用广泛，PBH 判据和格拉姆矩阵判据则主要用于理论分析。

【例 4-1】 线性定常连续系统的状态方程为

$$\dot{\boldsymbol{x}}=\begin{bmatrix}0&1&0&0\\0&0&1&0\\0&0&0&1\\-a_4&-a_3&-a_2&-a_1\end{bmatrix}\boldsymbol{x}+\begin{bmatrix}0\\0\\0\\1\end{bmatrix}u$$

证明:不论 a_1,a_2,a_3,a_4 取何值,系统总是状态完全能控的。

证明 能控性 PBH 判别矩阵为

$$\boldsymbol{Q}_{\mathrm{c}}(s)=[s\boldsymbol{I}-\boldsymbol{A}\quad \boldsymbol{B}]=\begin{bmatrix}s&-1&0&0&0\\0&s&-1&0&0\\0&0&s&-1&0\\a_4&a_3&a_2&s+a_1&1\end{bmatrix}$$

因为不论 a_1,a_2,a_3,a_4 取何值,多项式矩阵 $\boldsymbol{Q}_{\mathrm{c}}(s)$均可通过一系列行和列初等变换,等价变换为如下的 Smith 标准形

$$\boldsymbol{T}_{\mathrm{r}}(s)\boldsymbol{Q}_{\mathrm{c}}(s)\boldsymbol{T}_{\mathrm{c}}(s)=\boldsymbol{T}_{\mathrm{r}}(s)[s\boldsymbol{I}-\boldsymbol{A}\quad \boldsymbol{B}]\boldsymbol{T}_{\mathrm{c}}(s)=\begin{bmatrix}1&0&0&0&0\\0&1&0&0&0\\0&0&1&0&0\\0&0&0&1&0\end{bmatrix}$$

则由式(2-101)知,$s\boldsymbol{I}-\boldsymbol{A}$ 和 $\boldsymbol{B}$ 左互质,又由式(2-96),得

$$\operatorname{rank}[s\boldsymbol{I}-\boldsymbol{A}\quad \boldsymbol{B}]=4=n,\qquad \forall s\in\mathbb{C}$$

故由能控性 PBH 判据可知,系统状态完全能控。

对照式(2-59)知,本例系统状态方程为能控标准形,故本例说明能控标准形总是能控的。

【例 4-2】 证明:线性定常连续系统(4-6)能控的充分必要条件是系统能达。

证明 必要条件证明。系统能控,则对任意的非零初始状态 $\boldsymbol{x}(0)$,有

$$\boldsymbol{x}(t_{\mathrm{f}})=\boldsymbol{\Phi}(t_{\mathrm{f}})\boldsymbol{x}(0)+\int_0^{t_{\mathrm{f}}}\boldsymbol{\Phi}(t_{\mathrm{f}}-\tau)\boldsymbol{Bu}(\tau)\mathrm{d}\tau=\boldsymbol{0}\tag{4-14}$$

将式(4-14)的积分项移到方程右边且方程两边左乘 $\boldsymbol{\Phi}(t_{\mathrm{f}})$ 的逆矩阵 $\boldsymbol{\Phi}(-t_{\mathrm{f}})$ 得

$$-\int_0^{t_{\mathrm{f}}}\boldsymbol{\Phi}(-\tau)\boldsymbol{Bu}(\tau)\mathrm{d}\tau\neq\boldsymbol{0}\tag{4-15}$$

又由式(3-51),令 $\boldsymbol{x}(0)=\boldsymbol{0},t=t_{\mathrm{f}}$,并根据式(4-15),得

$$\boldsymbol{x}_{\mathrm{f}}=\int_0^{t_{\mathrm{f}}}\boldsymbol{\Phi}(t_{\mathrm{f}}-\tau)\boldsymbol{Bu}(\tau)\mathrm{d}\tau=\boldsymbol{\Phi}(t_{\mathrm{f}})\int_0^{t_{\mathrm{f}}}\boldsymbol{\Phi}(-\tau)\boldsymbol{Bu}(\tau)\mathrm{d}\tau\neq\boldsymbol{0}\tag{4-16}$$

则由能达的定义知系统能达。必要条件得证。

充分条件证明。用反证法,已知能达,反设状态不完全能控。

若系统能达,则

$$\boldsymbol{x}_{\mathrm{f}}=\int_0^{t_{\mathrm{f}}}\boldsymbol{\Phi}(t_{\mathrm{f}}-\tau)\boldsymbol{Bu}(\tau)\mathrm{d}\tau\neq\boldsymbol{0}\tag{4-17}$$

成立,即

$$\int_0^{t_{\mathrm{f}}}\boldsymbol{\Phi}(-\tau)\boldsymbol{Bu}(\tau)\mathrm{d}\tau\neq\boldsymbol{0}\tag{4-18}$$

成立。

而式(4-18)正是系统能控成立的条件式(4-15),这就表明反设和已知导出的结论相矛盾,反设不成立。故若系统能达,则系统能控。充分条件得证。

本例表明,线性定常连续系统的能控性与能达性等价,故上述能控性的判据均适用于能

达性。

【例 4-3】 RC 电路如图 4-2 所示。其中，电压源 u 为输入，电容 C_1、C_2上的电压 u_{C1}、u_{C2}分别为状态变量 x_1、x_2，若电阻 $R_0=R_1=R_2=R$，试求系统状态完全能控的 C_1、C_2取值条件。

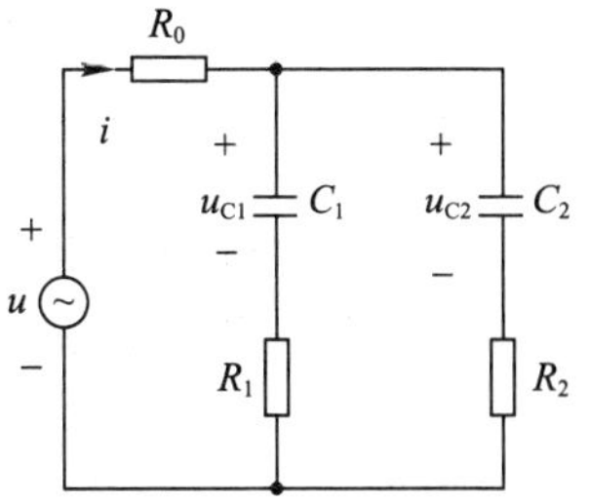

图 4-2 RC 电路

解 电路的原始方程为

$$\begin{cases} R_1C_1\dfrac{\mathrm{d}u_{C1}}{\mathrm{d}t}+u_{C1}=R_2C_2\dfrac{\mathrm{d}u_{C2}}{\mathrm{d}t}+u_{C2} \\ R_2C_2\dfrac{\mathrm{d}u_{C2}}{\mathrm{d}t}+u_{C2}=u-R_0\left(C_1\dfrac{\mathrm{d}u_{C1}}{\mathrm{d}t}+C_2\dfrac{\mathrm{d}u_{C2}}{\mathrm{d}t}\right) \end{cases}$$

令 $x_1=u_{C1}$，$x_2=u_{C2}$，且将 $R_0=R_1=R_2=R$ 代入以上电路的原始方程并整理，则向量-矩阵形式的系统状态方程为

$$\begin{bmatrix}\dot{x}_1\\ \dot{x}_2\end{bmatrix}=\begin{bmatrix}-\dfrac{2}{3RC_1} & \dfrac{1}{3RC_1}\\ \dfrac{1}{3RC_2} & -\dfrac{2}{3RC_2}\end{bmatrix}\begin{bmatrix}x_1\\ x_2\end{bmatrix}+\begin{bmatrix}\dfrac{1}{3RC_1}\\ \dfrac{1}{3RC_2}\end{bmatrix}u$$

其能控性判别矩阵

$$\boldsymbol{Q}_c=[\boldsymbol{B}\quad \boldsymbol{AB}]=\begin{bmatrix}\dfrac{1}{3RC_1} & \dfrac{C_1-2C_2}{9R^2C_1^2C_2}\\ \dfrac{1}{3RC_2} & \dfrac{C_2-2C_1}{9R^2C_1C_2^2}\end{bmatrix}$$

$\boldsymbol{Q}_c$的行列式为

$$|\boldsymbol{Q}_c|=\frac{C_2-C_1}{9R^3C_1^2C_2^2}$$

故当满足 $C_1\neq C_2$ 时，$\boldsymbol{Q}_c$ 满秩，系统状态完全能控。

从物理概念上分析，虽然 x_1、x_2与控制输入 u 均有联系，但因为 $R_1=R_2$，故若 $C_1=C_2$，则两条并联阻容支路的时间常数相等，对于 $x_1(t_0)=x_2(t_0)$ 的非零初始状态，虽然存在一个控制 u，可在有限时间内使系统的状态转移到状态空间原点；但对于 $x_1(t_0)\neq x_2(t_0)$ 的非零初始状态，则不存在能使系统的状态运动在有限时间内转移到原点的控制 u，因此系统状态不完全能控。

【例 4-4】 线性定常连续系统的状态方程为

$$\dot{\boldsymbol{x}}=\begin{bmatrix}1&1&0&0&0&0&0\\0&1&0&0&0&0&0\\0&0&1&0&0&0&0\\0&0&0&-1&1&0&0\\0&0&0&0&-1&0&0\\0&0&0&0&0&1&0\\0&0&0&0&0&0&-2\end{bmatrix}\boldsymbol{x}+\begin{bmatrix}0&0&0\\1&0&0\\0&-1&2\\0&0&0\\1&0&0\\0&1&-2\\0&1&-2\end{bmatrix}\boldsymbol{u}$$

试判断其能控性。

解 应用约当标准形判据求解。2 重特征值−1 的几何重数为 1，其二阶约当子块最后一行对应 $\boldsymbol{B}$ 中的行向量为 $[1\quad 0\quad 0]\neq\boldsymbol{0}$，故 2 重特征值−1 对应的 2 个子系统能控；特征值−2 对应的子系统也能控；4 重特征值 1 的几何重数为 3，其分布在 3 个约当子块 $\begin{bmatrix}1&1\\0&1\end{bmatrix}$、$[1]$、$[1]$ 中，这 3 个约当子块最后一行对应 $\boldsymbol{B}$ 中的 3 个行向量$[1\quad 0\quad 0]$、$[0\quad -1\quad 2]$、$[0\quad 1\quad -2]$线性相

关，故 4 重特征值 1 对应的 4 个子系统不完全能控。综上所述，该系统状态不完全能控。

4.2.3 线性时变连续系统能控性判据

1. 格拉姆矩阵判据

线性时变连续系统

$$\dot{\boldsymbol{x}}=\boldsymbol{A}(t)\boldsymbol{x}+\boldsymbol{B}(t)\boldsymbol{u},\qquad \boldsymbol{x}(t_0)=\boldsymbol{x}_0,\quad t,t_0\in T_{\mathrm{d}} \tag{4-19}$$

在初始时刻 t_0 完全能控的充分必要条件是存在 $t_{\mathrm{f}}\in T_{\mathrm{d}}, t_{\mathrm{f}}>t_0$，使能控性格拉姆矩阵

$$\boldsymbol{W}_{\mathrm{c}}(t_0,t_{\mathrm{f}})\overset{\Delta}{=}\int_{t_0}^{t_{\mathrm{f}}}\boldsymbol{\Phi}(t_0,t)\boldsymbol{B}(t)\boldsymbol{B}^{\mathrm{T}}(t)\boldsymbol{\Phi}^{\mathrm{T}}(t_0,t)\mathrm{d}t \tag{4-20}$$

为非奇异的。

2. 秩判据

若 n 阶线性时变连续系统(4-19)的状态矩阵、控制矩阵各元素对 t 为 $(n-1)$ 阶可微函数，则系统在初始时刻 t_0 完全能控的充分条件是存在 $t_{\mathrm{f}}\in T_{\mathrm{d}}, t_{\mathrm{f}}>t_0$，使

$$\operatorname{rank}[\boldsymbol{M}_0(t_{\mathrm{f}})\quad \boldsymbol{M}_1(t_{\mathrm{f}})\quad\cdots\quad \boldsymbol{M}_{n-1}(t_{\mathrm{f}})]=n \tag{4-21}$$

式中，$\boldsymbol{M}_0(t_{\mathrm{f}})=\boldsymbol{B}(t_{\mathrm{f}})$

$$\boldsymbol{M}_1(t_{\mathrm{f}})=\left[-\boldsymbol{A}(t)\boldsymbol{M}_0(t)+\frac{\mathrm{d}}{\mathrm{d}t}\boldsymbol{M}_0(t)\right]_{t=t_{\mathrm{f}}}$$

$$\boldsymbol{M}_2(t_{\mathrm{f}})=\left[-\boldsymbol{A}(t)\boldsymbol{M}_1(t)+\frac{\mathrm{d}}{\mathrm{d}t}\boldsymbol{M}_1(t)\right]_{t=t_{\mathrm{f}}}$$

$$\vdots$$

$$\boldsymbol{M}_{n-1}(t_{\mathrm{f}})=\left[-\boldsymbol{A}(t)\boldsymbol{M}_{n-2}(t)+\frac{\mathrm{d}}{\mathrm{d}t}\boldsymbol{M}_{n-2}(t)\right]_{t=t_{\mathrm{f}}}$$

【例 4-5】 试判断线性时变连续系统

$$\dot{\boldsymbol{x}}=\begin{bmatrix}0 & 0\\ 2t & 0\end{bmatrix}\boldsymbol{x}+\begin{bmatrix}1\\0\end{bmatrix}u,\qquad t>0$$

在时刻 $t_0=0$ 的能控性。

解 方法 1：采用格拉姆矩阵判据

求出系统齐次状态方程的一个基本解阵为

$$\boldsymbol{\Psi}(t)=\begin{bmatrix}1 & 0\\ t^2-t_0^2 & 1\end{bmatrix}$$

根据式(3-73)，得系统的状态转移矩阵 $\boldsymbol{\Phi}(t,t_0)$ 为

$$\boldsymbol{\Phi}(t,t_0)=\boldsymbol{\Psi}(t)\boldsymbol{\Psi}^{-1}(t_0)=\begin{bmatrix}1 & 0\\ t^2-t_0^2 & 1\end{bmatrix}$$

将 $t_0=0$ 代入，得

$$\boldsymbol{\Phi}(t,0)=\begin{bmatrix}1 & 0\\ t^2 & 1\end{bmatrix},\boldsymbol{\Phi}(0,t)=\begin{bmatrix}1 & 0\\ -t^2 & 1\end{bmatrix}$$

则能控性格拉姆矩阵 $\boldsymbol{W}_{\mathrm{c}}(0,t_{\mathrm{f}})$ 为

$$\boldsymbol{W}_{\mathrm{c}}(0,t_{\mathrm{f}})=\int_0^{t_{\mathrm{f}}}\boldsymbol{\Phi}(0,t)\boldsymbol{B}(t)\boldsymbol{B}^{\mathrm{T}}(t)\boldsymbol{\Phi}^{\mathrm{T}}(0,t)\mathrm{d}t=\int_0^{t_{\mathrm{f}}}\begin{bmatrix}1 & -t^2\\ -t^2 & t^4\end{bmatrix}\mathrm{d}t=\begin{bmatrix}t_{\mathrm{f}} & -\frac{1}{3}t_{\mathrm{f}}^3\\ -\frac{1}{3}t_{\mathrm{f}}^3 & \frac{1}{5}t_{\mathrm{f}}^5\end{bmatrix}$$

因为

$$\det \boldsymbol{W}_{\mathrm{c}}(0,t_{\mathrm{f}})=\frac{4}{45}t_{\mathrm{f}}^6$$

当 $t_{\mathrm{f}}>0$ 时，$\det \boldsymbol{W}_{\mathrm{c}}(0,t_{\mathrm{f}})>0$，能控性格拉姆矩阵 $\boldsymbol{W}_{\mathrm{c}}(0,t_{\mathrm{f}})$ 非奇异，故系统在时刻 $t_0=0$ 的状态

完全能控。

方法 2:应用秩判据

取 $t_f = 1 > 0$，计算

$$\boldsymbol{M}_0(t_f)=\boldsymbol{B}(t_f)=\begin{bmatrix}1\\0\end{bmatrix},\boldsymbol{M}_1(t_f)=\left[-\boldsymbol{A}(t)\boldsymbol{M}_0(t)+\frac{\mathrm{d}}{\mathrm{d}t}\boldsymbol{M}_0(t)\right]_{t=t_f}=\begin{bmatrix}0\\-2t\end{bmatrix}_{t=1}=\begin{bmatrix}0\\-2\end{bmatrix}$$

$$\operatorname{rank}\left[\boldsymbol{M}_0(t_f)\quad \boldsymbol{M}_1(t_f)\right]_{t_f=1}=\operatorname{rank}\begin{bmatrix}1 & 0\\0 & -2\end{bmatrix}=2$$

故系统在时刻 $t_0 = 0$ 的状态完全能控。

应该指出，虽然秩判据(4-21)避免了求时变系统状态转移矩阵 $\boldsymbol{\Phi}(t,t_0)$ 及计算能控性格拉姆矩阵的困难，但式(4-21)仅是系统能控的充分条件。

4.3 线性连续系统能观测性的定义及判据

4.3.1 能观测性定义

能观测性表征输出信号能否完全反映系统所有状态变量任意形式的运动，这一结构性质与控制输入 $\boldsymbol{u}$ 无关，故分析能观测性，只需考察系统的齐次状态方程和输出方程。对 n 阶线性时变连续系统

$$\begin{cases}\dot{\boldsymbol{x}} = \boldsymbol{A}(t)\boldsymbol{x}, \qquad \boldsymbol{x}(t_0) = \boldsymbol{x}_0, t_0, t \in T_d\\ \boldsymbol{y} = \boldsymbol{C}(t)\boldsymbol{x}\end{cases} \tag{4-22}$$

式中，T_d 为时间定义区间。对给定初始时刻 $t_0 \in T_d$，存在有限时刻 $t_f \in T_d, t_f > t_0$，对于所有的 $t \in [t_0, t_f]$，若系统的输出 $\boldsymbol{y}(t)$ 能唯一确定一个非零的初始状态向量 $\boldsymbol{x}_0$，则称该 $\boldsymbol{x}_0$ 在 t_0 时刻能观测；若系统的输出 $\boldsymbol{y}(t)$ 能唯一确定任意非零的初始状态向量 $\boldsymbol{x}_0$，则称系统在 t_0 时刻状态完全能观测，简称系统在 t_0 时刻能观测。进一步，若系统的能观测性与初始时刻 $t_0 \in T_d$ 的选取无关，则称系统一致能观测。若系统的输出 $\boldsymbol{y}(t)$不能唯一确定 t_0 时刻的任意非零的初始状态向量 $\boldsymbol{x}_0$，则称系统在 t_0 时刻状态不完全能观测，简称系统不能观测。

线性定常系统的能观测性与初始时刻 t_0 选取无关，故系统能观测则一致能观测。

4.3.2 线性定常连续系统能观测性判据

1. 秩判据

设 n 阶线性定常连续系统的齐次状态方程和输出方程分别为

$$\begin{cases}\dot{\boldsymbol{x}} = \boldsymbol{A}\boldsymbol{x}, \quad \boldsymbol{x}(0) = \boldsymbol{x}_0, t \geqslant 0\\ \boldsymbol{y} = \boldsymbol{C}\boldsymbol{x}\end{cases} \tag{4-23}$$

式中，$\boldsymbol{A}$、$\boldsymbol{C}$ 分别为 $n\times n$、$m\times n$ 维常数矩阵。则系统状态完全能观测的充分必要条件是能观测性判别矩阵

$$\boldsymbol{Q}_o = \begin{bmatrix}\boldsymbol{C}\\ \boldsymbol{CA}\\ \vdots\\ \boldsymbol{CA}^{n-1}\end{bmatrix} \tag{4-24}$$

满秩，即

$$\mathrm{rank}\boldsymbol{Q}_{\mathrm{o}} = \mathrm{rank}\begin{bmatrix} \boldsymbol{C} \\ \boldsymbol{CA} \\ \vdots \\ \boldsymbol{CA}^{n-1} \end{bmatrix} = n \tag{4-25}$$

2. 约当标准形判据

同样,由于线性非奇异变换为等价变换,因此线性系统经线性非奇异变换后也不改变其能观测性,可由线性非奇异变换导出的约当标准形,采用如下约当标准形判据分析判断系统的能观测性。

(1) 若系统(4-23)状态矩阵 $\boldsymbol{A}$ 的特征值 $s_1, s_2, \cdots, s_n$ 互异,由线性非奇异变换 $\boldsymbol{x} = \boldsymbol{T}\bar{\boldsymbol{x}}$ 可将式(4-23)变换为如下对角线标准形

$$\begin{cases} \dot{\bar{\boldsymbol{x}}} = \boldsymbol{T}^{-1}\boldsymbol{AT}\bar{\boldsymbol{x}} = \bar{\boldsymbol{A}}\bar{\boldsymbol{x}} = \begin{bmatrix} s_1 & & & \\ & s_2 & & \\ & & \ddots & \\ & & & s_n \end{bmatrix}\bar{\boldsymbol{x}} \\ \boldsymbol{y} = \boldsymbol{CT}\bar{\boldsymbol{x}} = \bar{\boldsymbol{C}}\bar{\boldsymbol{x}} \end{cases} \tag{4-26}$$

则系统状态完全能观测的充分必要条件是式(4-26)中 $\bar{\boldsymbol{C}}$ 矩阵没有零列向量。

(2) 若系统(4-23)状态矩阵 $\boldsymbol{A}$ 具有重特征值 $s_1(m_1$ 重$), s_2(m_2$ 重$), \cdots, s_l(m_l$ 重$)$,其中 m_i 为 s_i 的代数重数,$\sum_{i=1}^{l} m_i = n, s_i \neq s_j (i \neq j)$,且各重特征值的几何重数均为 1,由线性非奇异变换 $\boldsymbol{x} = \boldsymbol{T}\bar{\boldsymbol{x}}$ 可将式(4-23)变换为如下约当标准形

$$\begin{cases} \dot{\bar{\boldsymbol{x}}} = \boldsymbol{T}^{-1}\boldsymbol{AT}\bar{\boldsymbol{x}} = \bar{\boldsymbol{A}}\bar{\boldsymbol{x}} = \begin{bmatrix} \boldsymbol{J}_1 & & & \\ & \boldsymbol{J}_2 & & \\ & & \ddots & \\ & & & \boldsymbol{J}_n \end{bmatrix}\bar{\boldsymbol{x}} \\ \boldsymbol{y} = \boldsymbol{CT}\bar{\boldsymbol{x}} = \bar{\boldsymbol{C}}\bar{\boldsymbol{x}} \end{cases} \tag{4-27}$$

式中,$\boldsymbol{J}_i (i = 1, 2, \cdots, l)$ 为与重特征值 s_i 对应的 m_i 阶约当块。则系统状态完全能观测的充分必要条件,是式(4-27)中 $\bar{\boldsymbol{C}}$ 矩阵与各约当块 $\boldsymbol{J}_i (i = 1, 2, \cdots, l)$ 第一列相对应的各列均为非零列向量。

若重特征值 s_i 的几何重数 $\alpha_i \neq 1$,这时约当阵 $\bar{\boldsymbol{A}} = \boldsymbol{T}^{-1}\boldsymbol{AT}$ 中将出现 α_i 个与 s_i 对应的约当子块,则系统能观测的充分必要条件是 $\bar{\boldsymbol{C}} = \boldsymbol{CT}$ 中与各约当子块第一列相对应的各列均为非零列向量,且 $\bar{\boldsymbol{C}}$ 中与 $\bar{\boldsymbol{A}}$ 中重特征值 s_i 的 α_i 个约当子块第一列相对应的 α_i 个列向量线性独立。

3. 格拉姆矩阵判据

系统(4-23)状态完全能观测的充分必要条件是存在时刻 $t_{\mathrm{f}} > 0$,使能观测性格拉姆矩阵

$$\boldsymbol{W}_{\mathrm{o}}(0, t_{\mathrm{f}}) = \int_0^{t_{\mathrm{f}}} \mathrm{e}^{\boldsymbol{A}^{\mathrm{T}}t}\boldsymbol{C}^{\mathrm{T}}\boldsymbol{C}\mathrm{e}^{\boldsymbol{A}t}\mathrm{d}t \tag{4-28}$$

非奇异。

4. PBH 秩判据

系统(4-23)状态完全能观测的充分必要条件是对于系统的所有特征值 $s_i (i = 1, 2, \cdots, n)$,有

$$\mathrm{rank}\begin{bmatrix} s_i\boldsymbol{I} - \boldsymbol{A} \\ \boldsymbol{C} \end{bmatrix} = n \tag{4-29}$$

或
$$\operatorname{rank}\begin{bmatrix} s\boldsymbol{I}-\boldsymbol{A} \\ \boldsymbol{C} \end{bmatrix} = n, \qquad \forall s \in \mathbb{C} \tag{4-30}$$

其中，$\mathbb{C}$ 为复数域。

由式(4-30)及多项式矩阵右互质的充分必要条件(2-94)，可得推论：线性定常连续系统(4-23)状态完全能观测的充分必要条件是 $s\boldsymbol{I}-\boldsymbol{A}$ 和 $\boldsymbol{C}$ 右互质，即系统没有输出解耦零点。

【例 4-6】 例 4-3 中的 RC 电路，以流经 R_0 的电流 i 为输出，u_{C1}、u_{C2} 分别为状态变量 x_1、x_2，若电阻 $R_0=R_1=R_2=R$，试求系统状态完全能观测的 C_1、C_2 取值条件。

解 将 $y=i=C_1\dot{x}_1+C_2\dot{x}_2=-\dfrac{1}{3R}x_1-\dfrac{1}{3R}x_2$ 与例 4-3 建立的状态方程联立，得向量-矩阵形式的系统状态空间表达式为

$$\begin{cases} \begin{bmatrix} \dot{x}_1 \\ \dot{x}_2 \end{bmatrix} = \begin{bmatrix} -\dfrac{2}{3RC_1} & \dfrac{1}{3RC_1} \\ \dfrac{1}{3RC_2} & -\dfrac{2}{3RC_2} \end{bmatrix} \begin{bmatrix} x_1 \\ x_2 \end{bmatrix} + \begin{bmatrix} \dfrac{1}{3RC_1} \\ \dfrac{1}{3RC_2} \end{bmatrix} u \\ y = \begin{bmatrix} -\dfrac{1}{3R} & -\dfrac{1}{3R} \end{bmatrix} \begin{bmatrix} x_1 \\ x_2 \end{bmatrix} \end{cases}$$

其能观测性判别矩阵为
$$\boldsymbol{Q}_o = \begin{bmatrix} \boldsymbol{C} \\ \boldsymbol{CA} \end{bmatrix} = \begin{bmatrix} -\dfrac{1}{3R} & -\dfrac{1}{3R} \\ \dfrac{2C_2-C_1}{9R^2C_1C_2} & \dfrac{2C_1-C_2}{9R^2C_1C_2} \end{bmatrix}$$

$\boldsymbol{Q}_o$ 的行列式为
$$|\boldsymbol{Q}_o| = \frac{3(C_2-C_1)}{27R^3C_1C_2}$$

故当满足 $C_1 \neq C_2$ 时，$\boldsymbol{Q}_o$ 满秩，系统状态完全能观测。

从物理概念上分析，虽然 x_1、x_2 与输出 y 均有联系，但因为 $R_1=R_2$，故若 $C_1=C_2$，则两条并联阻容支路的时间常数相等，对于 $x_1(t_0)=-x_2(t_0)$ 的非零初始状态，$y(t)\equiv 0$，故不能由输出 $y(t)$ 确定 $x_1(t_0)$、$x_2(t_0)$，系统状态不完全能观测。

【例 4-7】 设例 4-4 系统的输出方程为
$$\boldsymbol{y} = \begin{bmatrix} 1 & 1 & 0 & 0 & 0 & 0 & 0 \\ 0 & 0 & 1 & 1 & 0 & 0 & 0 \\ 0 & 0 & 0 & 0 & 0 & 1 & 1 \end{bmatrix} \boldsymbol{x}$$

试判断其能观测性。

解 应用约当标准形判据求解。2 重特征值 -1、特征值 -2 分别分布在一个二阶、一阶约当子块中，该二阶、一阶约当子块第一列对应 $\boldsymbol{C}$ 中的列向量分别为 $[0\ \ 1\ \ 0]^{\mathrm{T}}$、$[0\ \ 0\ \ 1]^{\mathrm{T}}$，均为非零列向量，故 2 重特征值 -1、特征值 -2 对应的子系统能观测；4 重特征值 1 分布在 3 个约当子块 $\begin{bmatrix} 1 & 1 \\ 0 & 1 \end{bmatrix}$、$[1]$、$[1]$ 中，这 3 个约当子块第一列对应 $\boldsymbol{C}$ 中的 3 个列向量 $[1\ \ 0\ \ 0]^{\mathrm{T}}$、$[0\ \ 1\ \ 0]^{\mathrm{T}}$、$[0\ \ 0\ \ 1]^{\mathrm{T}}$ 为非零列向量，且线性独立，故 4 重特征值 1 对应的子系统能观测。综上所述，该系统状态完全能观测。

4.3.3 线性时变连续系统能观测性判据

1. 格拉姆矩阵判据

n 阶线性时变连续系统(4-22)在初始时刻 t_0 完全能观测的充分必要条件是存在时刻 $t_f \in$

$T_d, t_f > t_0$，使能观测性格拉姆矩阵

$$\boldsymbol{W}_o(t_0,t_f) \overset{\Delta}{=} \int_{t_0}^{t_f} \boldsymbol{\Phi}^T(t,t_0)\boldsymbol{C}^T(t)\boldsymbol{C}(t)\boldsymbol{\Phi}(t,t_0)\mathrm{d}t \tag{4-31}$$

非奇异。

2. 秩判据

若 n 阶线性时变连续系统(4-22)的状态矩阵、输出矩阵各元素对 t 为 $(n-1)$ 阶可微函数，则系统在初始时刻 t_0 完全能观测的充分条件是存在 $t_f \in T_d, t_f > t_0$，使

$$\text{rank}\begin{bmatrix} \boldsymbol{N}_0(t_f) \\ \boldsymbol{N}_1(t_f) \\ \vdots \\ \boldsymbol{N}_{n-1}(t_f) \end{bmatrix} = n \tag{4-32}$$

式中，$\boldsymbol{N}_0(t_f) = \boldsymbol{C}(t_f)$

$$\boldsymbol{N}_1(t_f) = \left[\boldsymbol{N}_0(t)\boldsymbol{A}(t) + \frac{\mathrm{d}}{\mathrm{d}t}\boldsymbol{N}_0(t)\right]_{t=t_f}$$

$$\vdots$$

$$\boldsymbol{N}_{n-1}(t_f) = \left[\boldsymbol{N}_{n-2}(t)\boldsymbol{A}(t) + \frac{\mathrm{d}}{\mathrm{d}t}\boldsymbol{N}_{n-2}(t)\right]_{t=t_f}$$

【例 4-8】 已知线性时变连续系统的状态空间表达式为

$$\begin{cases} \dot{\boldsymbol{x}} = \begin{bmatrix} t & -1 \\ 0 & 2t \end{bmatrix}\boldsymbol{x}, \quad T_d = [0,5] \\ \boldsymbol{y} = [1 \quad 1]\boldsymbol{x} \end{cases}$$

分析该系统在 $t_0 = 0.5$ 时的能观测性。

解 应用秩判据判断。试取 $t_f = 1 > t_0$，且 $t_f \in T_d$，计算得

$$\boldsymbol{N}_0(t_f) = \boldsymbol{C}(t_f) = [1 \quad 1]$$

$$\boldsymbol{N}_1(t_f) = \left[\boldsymbol{N}_0(t)\boldsymbol{A}(t) + \frac{\mathrm{d}}{\mathrm{d}t}\boldsymbol{N}_0(t)\right]_{t=t_f=1} = [t \quad -1+2t]_{t=1} = [1 \quad 1]$$

$$\text{rank}\begin{bmatrix} \boldsymbol{N}_0(t_f) \\ \boldsymbol{N}_1(t_f) \end{bmatrix} = \text{rank}\begin{bmatrix} 1 & 1 \\ 1 & 1 \end{bmatrix} = 1 < n$$

由于式(4-32)只是一个充分条件，故取 $t_f = 1$ 所得结果虽然不满足式(4-32)，并不能判定系统不能观测。改选 $t_f = 2 > t_0$，且 $t_f \in T_d$，计算得

$$\boldsymbol{N}_0(t_f) = \boldsymbol{C}(t_f) = [1 \quad 1]$$

$$\boldsymbol{N}_1(t_f) = \left[\boldsymbol{N}_0(t)\boldsymbol{A}(\mathrm{t}) + \frac{\mathrm{d}}{\mathrm{d}t}\boldsymbol{N}_0(t)\right]_{t=t_f=2} = [t \quad -1+2t]_{t=2} = [2 \quad 3]$$

$$\text{rank}\begin{bmatrix} \boldsymbol{N}_0(t_f) \\ \boldsymbol{N}_1(t_f) \end{bmatrix} = \text{rank}\begin{bmatrix} 1 & 1 \\ 2 & 3 \end{bmatrix} = 2 = n$$

由式(4-32)，判定系统在时刻 $t_0 = 0.5$ 状态完全能观测。

4.4 系统能控性和能观测性的对偶原理

4.4.1 对偶系统

对比线性连续系统的能控性和能观测性格拉姆矩阵，可见其在结构上存在某些相似之处，这

实质上体现了对偶系统能控性和能观测性的对偶原理。

对线性时变连续系统Σ

$$\begin{cases}\dot{\boldsymbol{x}} = \boldsymbol{A}(t)\boldsymbol{x} + \boldsymbol{B}(t)\boldsymbol{u} \\ \boldsymbol{y} = \boldsymbol{C}(t)\boldsymbol{x}(t)\end{cases} \tag{4-33}$$

定义线性时变连续系统Σ_d

$$\begin{cases}\dot{\bar{\boldsymbol{x}}} = -\boldsymbol{A}^T(t)\bar{\boldsymbol{x}} + \boldsymbol{C}^T(t)\bar{\boldsymbol{u}} \\ \bar{\boldsymbol{y}} = \boldsymbol{B}^T(t)\bar{\boldsymbol{x}}(t)\end{cases} \tag{4-34}$$

为原构系统Σ的对偶系统。

按上述对偶系统的定义，可推导对偶系统Σ_d的状态转移矩阵$\boldsymbol{\Phi}_d(t,t_0)$与原构系统$\Sigma$的状态转移矩阵$\boldsymbol{\Phi}(t,t_0)$的对偶属性。

由式(3-76)，得

$$\dot{\boldsymbol{\Phi}}(t_0,t) = -\boldsymbol{\Phi}(t_0,t)\boldsymbol{A}(t) \tag{4-35}$$

则有

$$\dot{\boldsymbol{\Phi}}^T(t_0,t) = -\boldsymbol{A}^T(t)\boldsymbol{\Phi}^T(t_0,t), \boldsymbol{\Phi}^T(t_0,t_0) = \boldsymbol{I} \tag{4-36}$$

由式(3-72)，对偶系统Σ_d的状态转移矩阵$\boldsymbol{\Phi}_d(t,t_0)$应满足的矩阵方程和初始条件为

$$\dot{\boldsymbol{\Phi}}_d(t,t_0) = -\boldsymbol{A}^T(t)\boldsymbol{\Phi}_d(t,t_0), \boldsymbol{\Phi}_d(t_0,t_0) = \boldsymbol{I} \tag{4-37}$$

比较式(4-37)和式(4-36)，得

$$\boldsymbol{\Phi}_d(t,t_0) = \boldsymbol{\Phi}^T(t_0,t) \tag{4-38}$$

式(4-38)表明，对偶系统Σ_d的状态转移矩阵为原构系统Σ的状态转移矩阵逆的转置。

4.4.2 对偶原理

若线性连续系统$\Sigma_1(\boldsymbol{A}_1,\boldsymbol{B}_1,\boldsymbol{C}_1)$和$\Sigma_2(\boldsymbol{A}_2,\boldsymbol{B}_2,\boldsymbol{C}_2)$互为对偶，则$\Sigma_1(\boldsymbol{A}_1,\boldsymbol{B}_1,\boldsymbol{C}_1)$的能控性等价于$\Sigma_2(\boldsymbol{A}_2,\boldsymbol{B}_2,\boldsymbol{C}_2)$的能观测性，$\Sigma_1(\boldsymbol{A}_1,\boldsymbol{B}_1,\boldsymbol{C}_1)$的能观测性等价于$\Sigma_2(\boldsymbol{A}_2,\boldsymbol{B}_2,\boldsymbol{C}_2)$的能控性。

以线性时变连续系统Σ(式(4-33))为例，由其对偶系统Σ_d的定义(式(4-34))及格拉姆矩阵判据可证明对偶原理。

由式(4-20)，系统Σ的能控性格拉姆矩阵为

$$\begin{aligned}\boldsymbol{W}_{c\Sigma}(t_0,t_f) &= \int_{t_0}^{t_f}\boldsymbol{\Phi}(t_0,t)\boldsymbol{B}(t)\boldsymbol{B}^T(t)\boldsymbol{\Phi}^T(t_0,t)dt \\ &= \int_{t_0}^{t_f}[\boldsymbol{\Phi}^T(t_0,t)]^T[\boldsymbol{B}^T(t)]^T\boldsymbol{B}^T(t)\boldsymbol{\Phi}^T(t_0,t)dt\end{aligned} \tag{4-39}$$

将式(4-38)代入式(4-39)，并由Σ和Σ_d的系数矩阵对应关系及能观测性格拉姆矩阵定义式(4-31)，得

$$\boldsymbol{W}_{c\Sigma}(t_0,t_f) = \int_{t_0}^{t_f}\boldsymbol{\Phi}_d^T(t,t_0)[\boldsymbol{B}^T(t)]^T\boldsymbol{B}^T(t)\boldsymbol{\Phi}_d(t,t_0)dt = \boldsymbol{W}_{o\Sigma_d}(t_0,t_f) \tag{4-40}$$

式(4-40)表明，系统Σ的能控性格拉姆矩阵与对偶系统Σ_d的能观测性格拉姆矩阵相等，因此，系统Σ状态完全能控的充分必要条件为系统Σ_d状态完全能观测。

又由式(4-31)，系统Σ的能观测性格拉姆矩阵为

$$\begin{aligned}\boldsymbol{W}_{o\Sigma}(t_0,t_f) &= \int_{t_0}^{t_f}\boldsymbol{\Phi}^T(t,t_0)\boldsymbol{C}^T(t)\boldsymbol{C}(t)\boldsymbol{\Phi}(t,t_0)dt \\ &= \int_{t_0}^{t_f}\boldsymbol{\Phi}^T(t,t_0)\boldsymbol{C}^T(t)[\boldsymbol{C}^T(t)]^T[\boldsymbol{\Phi}^T(t,t_0)]^T dt\end{aligned} \tag{4-41}$$

将式(4-38)代入式(4-41)，并由Σ和Σ_d的系数矩阵对应关系及能控性格拉姆矩阵定义式(4-20)，得

$$\boldsymbol{W}_{o\Sigma}(t_0,t_f)=\int_{t_0}^{t_f}\boldsymbol{\Phi}_d(t_0,t)\boldsymbol{C}^T(t)[\boldsymbol{C}^T(t)]^T\boldsymbol{\Phi}_d^T(t_0,t)dt=\boldsymbol{W}_{c\Sigma_d}(t_0,t_f) \tag{4-42}$$

式(4-42)表明，系统Σ的能观测性格拉姆矩阵与对偶系统Σ_d的能控性格拉姆矩阵相等，因此，系统Σ状态完全能观测的充分必要条件为系统Σ_d状态完全能控。

应该指出，对于线性定常连续系统$\Sigma(\boldsymbol{A},\boldsymbol{B},\boldsymbol{C})$

$$\begin{cases}\dot{\boldsymbol{x}}=\boldsymbol{A}\boldsymbol{x}+\boldsymbol{B}\boldsymbol{u}\\ \boldsymbol{y}=\boldsymbol{C}\boldsymbol{x}\end{cases} \tag{4-43}$$

通常定义线性定常连续系统$\Sigma_d(\boldsymbol{A}^T,\boldsymbol{C}^T,\boldsymbol{B}^T)$

$$\begin{cases}\dot{\bar{\boldsymbol{x}}}=\boldsymbol{A}^T\bar{\boldsymbol{x}}+\boldsymbol{C}^T\bar{\boldsymbol{u}}\\ \bar{\boldsymbol{y}}=\boldsymbol{B}^T\bar{\boldsymbol{x}}(t)\end{cases} \tag{4-44}$$

为原构系统(4-43)的对偶系统。按此定义，SISO能控标准形(2-59)和能观测标准形(2-65)互为对偶系统；另外，定常系统Σ和对偶系统Σ_d的特征值相等、传递函数矩阵互为转置，状态转移矩阵之间的对偶关系并非矩阵逆的转置，而是互为转置，但原构系统和对偶系统之间仍满足上述对偶原理。

4.5 线性定常连续系统的能控性指数和能观测性指数

4.5.1 能控性指数和能观测性指数

考察具有r个输入变量、m个输出变量的n阶线性定常连续系统

$$\Sigma(\boldsymbol{A},\boldsymbol{B},\boldsymbol{C}):\begin{cases}\dot{\boldsymbol{x}}=\boldsymbol{A}\boldsymbol{x}+\boldsymbol{B}\boldsymbol{u}\\ \boldsymbol{y}=\boldsymbol{C}\boldsymbol{x}\end{cases} \tag{4-45}$$

其中，$\boldsymbol{A}$、$\boldsymbol{B}$、$\boldsymbol{C}$分别为$n\times n$、$n\times r$、$m\times n$维常数矩阵。若$\Sigma(\boldsymbol{A},\boldsymbol{B},\boldsymbol{C})$能控，称使

$$\text{rank}\boldsymbol{Q}_\mu=\text{rank}[\boldsymbol{B}\quad \boldsymbol{A}\boldsymbol{B}\quad \boldsymbol{A}^2\boldsymbol{B}\quad \cdots\quad \boldsymbol{A}^{\mu-1}\boldsymbol{B}]=n \tag{4-46}$$

成立的最小正整数μ为该系统的能控性指数；若$\Sigma(\boldsymbol{A},\boldsymbol{B},\boldsymbol{C})$能观测，称使

$$\text{rank}\boldsymbol{Q}_\upsilon=\text{rank}\begin{bmatrix}\boldsymbol{C}\\ \boldsymbol{C}\boldsymbol{A}\\ \vdots\\ \boldsymbol{C}\boldsymbol{A}^{\upsilon-1}\end{bmatrix}=n \tag{4-47}$$

成立的最小正整数υ为该系统的能观测性指数。

若$\Sigma(\boldsymbol{A},\boldsymbol{B},\boldsymbol{C})$能控，且$\text{rank}\boldsymbol{B}=p\leqslant r$，可证能控性指数满足

$$\frac{n}{r}\leqslant\mu\leqslant n-p+1 \tag{4-48}$$

因此，若$\text{rank}\boldsymbol{B}=p$，$\Sigma(\boldsymbol{A},\boldsymbol{B},\boldsymbol{C})$能控的充分必要条件(4-8)简化为

$$\text{rank}[\boldsymbol{B}\quad \boldsymbol{A}\boldsymbol{B}\quad \boldsymbol{A}^2\boldsymbol{B}\quad \cdots\quad \boldsymbol{A}^{n-p}\boldsymbol{B}]=n \tag{4-49}$$

应用对偶原理，若$\Sigma(\boldsymbol{A},\boldsymbol{B},\boldsymbol{C})$能观测，且$\text{rank}\boldsymbol{C}=q\leqslant m$，则

$$\frac{n}{m}\leqslant\upsilon\leqslant n-q+1 \tag{4-50}$$

成立。因此，若$\text{rank}\boldsymbol{C}=q$，$\Sigma(\boldsymbol{A},\boldsymbol{B},\boldsymbol{C})$能观测的充分必要条件(4-25)简化为

$$\operatorname{rank}\begin{bmatrix} \boldsymbol{C} \\ \boldsymbol{CA} \\ \vdots \\ \boldsymbol{CA}^{n-q} \end{bmatrix} = n \tag{4-51}$$

4.5.2 能控性指数集和能观测性指数集

若系统(4-45)能控，且 $\operatorname{rank}(\boldsymbol{B}) = p \leqslant r$，能控性指数为 μ，可由 $\boldsymbol{Q}_\mu$ 中从左到右依次搜索出 n 个线性无关的列向量，并将其重新排列如下

$$\boldsymbol{b}_1, \cdots, \boldsymbol{A}^{\mu_1-1}\boldsymbol{b}_1; \boldsymbol{b}_2, \cdots, \boldsymbol{A}^{\mu_2-1}\boldsymbol{b}_2; \cdots; \boldsymbol{b}_p, \cdots, \boldsymbol{A}^{\mu_p-1}\boldsymbol{b}_p \tag{4-52}$$

其中，$\sum_{i=1}^{p}\mu_i = n$，则称 $\{\mu_1, \mu_2, \cdots, \mu_p\}$ 为$\sum(\boldsymbol{A},\boldsymbol{B},\boldsymbol{C})$的能控性指数集，且有

$$\mu = \max\{\mu_1, \mu_2, \cdots, \mu_p\} \tag{4-53}$$

应用对偶原理，若系统(4-45)能观测，且 $\operatorname{rank}(\boldsymbol{C}) = q \leqslant m$，能观测性指数为 υ，可由 $\boldsymbol{Q}_\upsilon$ 中从上到下依次搜索出 n 个线性无关的行向量，并将其重新排列如下

$$\begin{matrix} \boldsymbol{c}_1 \\ \vdots \\ \boldsymbol{c}_1\boldsymbol{A}^{\upsilon_1-1} \\ \vdots \\ \boldsymbol{c}_q \\ \vdots \\ \boldsymbol{c}_q\boldsymbol{A}^{\upsilon_q-1} \end{matrix} \tag{4-54}$$

其中，$\sum_{i=1}^{q}\upsilon_i = n$，则称 $\{\upsilon_1, \upsilon_2, \cdots, \upsilon_q\}$ 为$\sum(\boldsymbol{A},\boldsymbol{B},\boldsymbol{C})$的能观测性指数集，且有

$$\upsilon = \max\{\upsilon_1, \upsilon_2, \cdots, \upsilon_q\} \tag{4-55}$$

由于线性非奇异变换为等价变换，因此对$\sum(\boldsymbol{A},\boldsymbol{B},\boldsymbol{C})$进行线性非奇异变换，将不改变其能控性指数、能控性指数集、能观测性指数、能观测性指数集。

【例 4-9】 线性定常连续系统的状态空间表达式为

$$\begin{cases} \dot{\boldsymbol{x}} = \begin{bmatrix} -1 & -1 & 0 \\ 0 & 3 & -1 \\ 1 & 0 & 1 \end{bmatrix}\boldsymbol{x} + \begin{bmatrix} 1 & 0 \\ 0 & 1 \\ 1 & 1 \end{bmatrix}\boldsymbol{u} \\ \boldsymbol{y} = \begin{bmatrix} 1 & 0 & 0 \\ 0 & 1 & 1 \end{bmatrix}\boldsymbol{x} \end{cases}$$

计算系统的能控性指数和能观测性指数。

解 $\operatorname{rank}(\boldsymbol{B}) = 2 = p$，根据式(4-49)，得

$$\operatorname{rank}[\boldsymbol{B} \quad \cdots \quad \boldsymbol{A}^{n-p}\boldsymbol{B}] = \operatorname{rank}[\boldsymbol{B} \quad \boldsymbol{AB}] = \operatorname{rank}\begin{bmatrix} 1 & 0 & -1 & -1 \\ 0 & 1 & -1 & 2 \\ 1 & 1 & 2 & 1 \end{bmatrix} = 3 = n$$

故系统能控。且 $(\boldsymbol{b}_1, \boldsymbol{Ab}_1; \boldsymbol{b}_2) = \left(\begin{bmatrix} 1 \\ 0 \\ 1 \end{bmatrix}, \begin{bmatrix} -1 \\ -1 \\ 2 \end{bmatrix}; \begin{bmatrix} 0 \\ 1 \\ 1 \end{bmatrix}\right)$ 为 3 个线性无关的列向量，故系统的能控性指数集为 $\{\mu_1 = 2, \mu_2 = 1\}$，能控性指数为

$$\mu = \max\{\mu_1 = 2, \mu_2 = 1\} = 2$$

又 $\operatorname{rank}(\boldsymbol{C}) = 2 = q$，根据式(4-51)，得

$$\operatorname{rank}\begin{bmatrix} \boldsymbol{C} \\ \vdots \\ \boldsymbol{CA}^{n-q} \end{bmatrix} = \operatorname{rank}\begin{bmatrix} \boldsymbol{C} \\ \boldsymbol{CA} \end{bmatrix} = \operatorname{rank}\begin{bmatrix} 1 & 0 & 0 \\ 0 & 1 & 1 \\ -1 & -1 & 0 \\ 1 & 3 & 0 \end{bmatrix} = 3 = n$$

故系统能观测。且 $\boldsymbol{c}_1 = [1 \quad 0 \quad 0]$、$\boldsymbol{c}_1\boldsymbol{A} = [-1 \quad -1 \quad 0]$、$\boldsymbol{c}_2 = [0 \quad 1 \quad 1]$ 为 3 个线性无关的行向量，故系统的能观测性指数集为 $\{\upsilon_1 = 2, \upsilon_2 = 1\}$，能观测性指数为

$$\upsilon = \max\{\upsilon_1 = 2, \upsilon_2 = 1\} = 2$$

4.6 线性定常连续系统的输出能控性和输入能观测性

对于伺服控制系统，其输出能否实现对给定时间函数的跟踪及能否确定实现跟踪所需的控制输入至关重要，这就需要研究输出能控性和输入能观测性。

4.6.1 线性定常连续系统输出能控性

对于具有 r 个输入变量、m 个输出变量的 n 阶线性定常连续系统

$$\begin{cases} \dot{\boldsymbol{x}} = \boldsymbol{Ax} + \boldsymbol{Bu} \\ \boldsymbol{y} = \boldsymbol{Cx} + \boldsymbol{Du} \end{cases} \tag{4-56}$$

若存在无约束的容许控制 $\boldsymbol{u}(t)$，在有限的时间间隔 $[t_0, t_f]$ 内，能将任意给定的初始输出 $\boldsymbol{y}(t_0)$ 转移到任意给定的输出 $\boldsymbol{y}(t_f)$，则称系统输出完全能控。可证系统(4-56)输出完全能控的充分必要条件是输出能控性判别矩阵

$$\boldsymbol{Q}_{\mathrm{m}} = [\boldsymbol{CB} \quad \boldsymbol{CAB} \quad \cdots \quad \boldsymbol{CA}^{n-1}\boldsymbol{B} \quad \boldsymbol{D}]$$

的秩等于输出向量的维数 m，即

$$\operatorname{rank}\boldsymbol{Q}_{\mathrm{m}} = \operatorname{rank}[\boldsymbol{CB} \quad \boldsymbol{CAB} \quad \cdots \quad \boldsymbol{CA}^{n-1}\boldsymbol{B} \quad \boldsymbol{D}] = m \tag{4-57}$$

应该指出，虽然输出能控是仿照状态能控的概念定义的，但两者在概念上不仅存在差异，而且不存在任何必然联系。

【例 4-10】 判断下列线性定常连续系统是否输出完全能控与状态完全能控。

(1) $\begin{cases} \dot{\boldsymbol{x}} = \begin{bmatrix} -1 & 2 \\ 0 & 1 \end{bmatrix}\boldsymbol{x} + \begin{bmatrix} 1 \\ 1 \end{bmatrix}u \\ \boldsymbol{y} = \begin{bmatrix} 1 & 0 \\ 1 & 1 \end{bmatrix}\boldsymbol{x} + \begin{bmatrix} 0 \\ 1 \end{bmatrix}u \end{cases}$　　(2) $\begin{cases} \dot{\boldsymbol{x}} = \begin{bmatrix} 0 & 0 \\ 0 & -1 \end{bmatrix}\boldsymbol{x} + \begin{bmatrix} -1 \\ 1 \end{bmatrix}u \\ \boldsymbol{y} = \begin{bmatrix} -1 & 1 \\ 1 & -1 \end{bmatrix}\boldsymbol{x} \end{cases}$

(3) $\begin{cases} \dot{\boldsymbol{x}} = \begin{bmatrix} 0 & 0 \\ 0 & -1 \end{bmatrix}\boldsymbol{x} + \begin{bmatrix} -1 \\ 1 \end{bmatrix}u \\ \boldsymbol{y} = \begin{bmatrix} 1 & 0 \\ 1 & -1 \end{bmatrix}\boldsymbol{x} \end{cases}$

解 (1)输出能控性判别矩阵的秩为

$$\operatorname{rank}[\boldsymbol{CB} \quad \boldsymbol{CAB} \quad \boldsymbol{D}] = \operatorname{rank}\begin{bmatrix} 1 & 1 & 0 \\ 2 & 2 & 1 \end{bmatrix} = 2 = m$$

故系统输出完全能控。

而系统状态能控性判别矩阵的秩为

$$\text{rank}[\boldsymbol{B}\quad \boldsymbol{AB}]=\text{rank}\begin{bmatrix}1 & 1\\ 1 & 1\end{bmatrix}=1<n$$

故系统状态不完全能控。

(2) 由约当标准形判据,系统状态完全能控。而输出能控性判别矩阵的秩为

$$\text{rank}[\boldsymbol{CB}\quad \boldsymbol{CAB}\quad \boldsymbol{D}] = \text{rank}\begin{bmatrix}2 & -1 & 0\\ -2 & 1 & 0\end{bmatrix} = 1 < m$$

故系统输出不完全能控。

(3) 由约当标准形判据,系统状态完全能控。又输出能控性判别矩阵的秩为

$$\text{rank}[\boldsymbol{CB}\quad \boldsymbol{CAB}\quad \boldsymbol{D}] = \text{rank}\begin{bmatrix}-1 & 0 & 0\\ -2 & 1 & 0\end{bmatrix} = 2 = m$$

故系统输出完全能控。

4.6.2 线性定常连续系统的输出函数能控性

在实际伺服控制系统中,不仅要求系统的输出能在有限的时间内达到某一期望值(要求输出能控),还要求系统输出能够按任意给定的函数曲线变化,即要求输出函数能控。

若系统由 $m\times r$ 维真有理分式传递函数矩阵 $\boldsymbol{W}(s)$ 描述,其输出函数能控的充分必要条件是在有理分式函数域上有

$$\text{rank}\,\boldsymbol{W}(s)=m \tag{4-58}$$

系统输出函数能控的频域判据(4-58)可证明如下:

若系统为零初始条件,则有

$$\boldsymbol{Y}(s) = \boldsymbol{W}(s)\boldsymbol{U}(s) \tag{4-59}$$

若 $\text{rank}\,\boldsymbol{W}(s)=m$,即在有理分式函数域上,$\boldsymbol{W}(s)$ 的所有行线性无关,则选择 $r\times m$ 维矩阵 $\boldsymbol{W}^{\mathrm{T}}(s)$,可使 m 维方阵

$$\boldsymbol{W}(s)\boldsymbol{W}^{\mathrm{T}}(s)$$

非奇异。故对于任意的 $\boldsymbol{Y}(s)$,若选

$$\boldsymbol{U}(s) = \boldsymbol{W}^{\mathrm{T}}(s)[\boldsymbol{W}(s)\boldsymbol{W}^{\mathrm{T}}(s)]^{-1}\boldsymbol{Y}(s) \tag{4-60}$$

则式(4-59)成立。故若式(4-58)成立,则系统为输出函数能控。充分性得证。

又若 $\text{rank}\,\boldsymbol{W}(s)<m$,则存在 $1\times m$ 维有理分式函数行向量 $\boldsymbol{\alpha}(s)$,使

$$\boldsymbol{\alpha}(s)\boldsymbol{W}(s) = \boldsymbol{0} \tag{4-61}$$

式(4-59)两边同乘 $\boldsymbol{\alpha}(s)$,并将式(4-61)代入,得

$$\boldsymbol{\alpha}(s)\boldsymbol{Y}(s) = \boldsymbol{\alpha}(s)\boldsymbol{W}(s)\boldsymbol{U}(s) \overset{\text{def}}{=} \sum_{i=1}^{m}\alpha_i(s)Y_i(s) = 0 \tag{4-62}$$

式(4-62)表明,对应任何输入 $\boldsymbol{U}(s)$ 的输出 $\boldsymbol{Y}(s)$ 中的 m 个分量 $Y_i(s)$ 线性相关,系统输出不能按任意给定的函数曲线变化,即系统不为输出函数能控。

【例 4-11】 设双输入单输出系统的传递函数矩阵为

$$\boldsymbol{W}(s) = \begin{bmatrix}\dfrac{s}{(s+1)(s+2)} & \dfrac{1}{s+1}\end{bmatrix}$$

若希望系统的输出 $y(t)$ 按给定的时间函数

$$y_{\mathrm{d}}(t) = 2 - \mathrm{e}^{-t} - \mathrm{e}^{-2t}$$

变化,求所需的控制函数。

解 由于 $\text{rank}\,\boldsymbol{W}(s)=1=m$,故系统为输出函数能控,可通过选择控制函数 $\boldsymbol{u}(t)$ 实现任意的

希望输出函数。根据式(4-60)，得

$$\begin{aligned}\boldsymbol{U}(s) &= \boldsymbol{W}^{\mathrm{T}}(s)[\boldsymbol{W}(s)\boldsymbol{W}^{\mathrm{T}}(s)]^{-1}Y_{\mathrm{d}}(s)\\ &= \begin{bmatrix}\dfrac{s}{(s+1)(s+2)}\\ \dfrac{1}{s+1}\end{bmatrix}\left\{\begin{bmatrix}\dfrac{s}{(s+1)(s+2)} & \dfrac{1}{s+1}\end{bmatrix}\begin{bmatrix}\dfrac{s}{(s+1)(s+2)}\\ \dfrac{1}{s+1}\end{bmatrix}\right\}^{-1}Y_{\mathrm{d}}(s)\\ &= \begin{bmatrix}\dfrac{s(s+1)(s+2)}{2(s^2+2s+2)}\\ \dfrac{(s+1)(s+2)^2}{2(s^2+2s+2)}\end{bmatrix}Y_{\mathrm{d}}(s)\end{aligned}$$

将 $Y_{\mathrm{d}}(s)=\dfrac{2}{s}-\dfrac{1}{s+1}-\dfrac{1}{s+2}=\dfrac{3s+4}{s(s+1)(s+2)}$ 代入，得

$$\boldsymbol{U}(s)=\begin{bmatrix}\dfrac{3s+4}{2(s^2+2s+2)}\\ \dfrac{(3s+4)(s+2)}{2s(s^2+2s+2)}\end{bmatrix}$$

对应的时域控制函数为

$$\boldsymbol{u}(t)=\begin{bmatrix}3\mathrm{e}^{-t}(\cos(t)+\sin(t)/3)/2\\ 2-\mathrm{e}^{-t}(\cos(t)-3\sin(t))/2\end{bmatrix}$$

应该指出，由式(4-60)求所需控制函数 $\boldsymbol{U}(s)$，要求选择 $\boldsymbol{W}^{\mathrm{T}}(s)$ 使 $\boldsymbol{W}(s)\boldsymbol{W}^{\mathrm{T}}(s)$ 非奇异。因为 $\boldsymbol{W}(s)$ 的列数 $\geqslant$ 行数，故使 $\boldsymbol{W}(s)\boldsymbol{W}^{\mathrm{T}}(s)$ 非奇异的 $\boldsymbol{W}^{\mathrm{T}}(s)$ 并非唯一。对本例，若另选 $\boldsymbol{W}^{\mathrm{T}}(s)$ 为

$$\boldsymbol{W}^{\mathrm{T}}(s)=\begin{bmatrix}s+2\\ 1\end{bmatrix}$$

则有

$$\begin{aligned}\bar{\boldsymbol{U}}(s) &= \boldsymbol{W}^{\mathrm{T}}(s)[\boldsymbol{W}(s)\boldsymbol{W}^{\mathrm{T}}(s)]^{-1}Y_{\mathrm{d}}(s)\\ &= \begin{bmatrix}s+2\\ 1\end{bmatrix}\left\{\begin{bmatrix}\dfrac{s}{(s+1)(s+2)} & \dfrac{1}{s+1}\end{bmatrix}\begin{bmatrix}s+2\\ 1\end{bmatrix}\right\}^{-1}Y_{\mathrm{d}}(s)\\ &= \begin{bmatrix}s+2\\ 1\end{bmatrix}\dfrac{3s+4}{s(s+1)(s+2)}=\begin{bmatrix}\dfrac{3s+4}{s(s+1)}\\ \dfrac{3s+4}{s(s+1)(s+2)}\end{bmatrix}\end{aligned}$$

对应的时域控制函数为

$$\bar{\boldsymbol{u}}(t)=\begin{bmatrix}4-\mathrm{e}^{-t}\\ 2-\mathrm{e}^{-t}-\mathrm{e}^{-2t}\end{bmatrix}$$

上述两个不同的输入 $\boldsymbol{u}(t)$ 和 $\bar{\boldsymbol{u}}(t)$，均可使系统的输出 $y(t)$ 按给定的 $y_{\mathrm{d}}(t)$ 变化。

4.6.3 线性定常连续系统的输入函数能观测性

与输出函数能控对偶，在任给的某时间区间内，若根据给定系统的一个输出函数和初始条件，能唯一确定其输入函数，则称系统输入函数能观测。

若系统由 $m\times r$ 维真有理分式传递函数矩阵 $\boldsymbol{W}(s)$ 描述，其输入函数能观测的充分必要条件是在有理分式函数域上有

$$\mathrm{rank}\,\boldsymbol{W}(s)=r \tag{4-63}$$

对于输入函数的能观测性，直接与传递函数矩阵的逆有关。对于 $m\times r$ 维真有理分式矩阵 $\boldsymbol{W}(s)$，若存在 $r\times m$ 维有理分式矩阵 $\boldsymbol{W}_{\mathrm{R}}^{*}(s)$（或 $\boldsymbol{W}_{\mathrm{L}}^{*}(s)$），使

$$\boldsymbol{W}(s)\boldsymbol{W}_{\mathrm{R}}^{*}(s)=\boldsymbol{I}_m,\quad \boldsymbol{W}_{\mathrm{L}}^{*}(s)\boldsymbol{W}(s)=\boldsymbol{I}_r \tag{4-64}$$

成立，则称 $\boldsymbol{W}_{\mathrm{R}}^{*}(s)$（$\boldsymbol{W}_{\mathrm{L}}^{*}(s)$）为 $\boldsymbol{W}(s)$ 的右（左）逆矩阵。$\boldsymbol{W}(s)$ 具有右、左逆矩阵的充分必要条件分别为式(4-58)、式(4-63)。

系统输入函数能观测的频域判据(4-63)可证明如下：

若系统为零初始条件，则有

$$\boldsymbol{Y}(s)=\boldsymbol{W}(s)\boldsymbol{U}(s) \tag{4-65}$$

若 $\mathrm{rank}\boldsymbol{W}(s)=r$，即在有理分式函数域上，$\boldsymbol{W}(s)$ 的所有列线性无关，则选择 $\boldsymbol{W}(s)$ 的左逆矩阵 $\boldsymbol{W}_{\mathrm{L}}^{*}(s)$，有

$$\boldsymbol{W}_{\mathrm{L}}^{*}(s)\boldsymbol{W}(s)=\boldsymbol{I}_r$$

非奇异。式(4-65)两边左乘 $\boldsymbol{W}_{\mathrm{L}}^{*}(s)$，得

$$\boldsymbol{W}_{\mathrm{L}}^{*}(s)\boldsymbol{Y}(s)=\boldsymbol{W}_{\mathrm{L}}^{*}(s)\boldsymbol{W}(s)\boldsymbol{U}(s)=\boldsymbol{U}(s) \tag{4-66}$$

式(4-66)表明，用系统 $\boldsymbol{W}(s)$ 的输出作为其左逆系统 $\boldsymbol{W}_{\mathrm{L}}^{*}(s)$ 的输入，左逆系统 $\boldsymbol{W}_{\mathrm{L}}^{*}(s)$ 的输出即为与系统 $\boldsymbol{W}(s)$ 输出相对应的输入，即由给定输出 $\boldsymbol{Y}(s)$ 及 $\boldsymbol{W}_{\mathrm{L}}^{*}(s)$，根据式(4-66)可确定给定系统 $\boldsymbol{W}(s)$ 的输入 $\boldsymbol{U}(s)$。又设系统 $\boldsymbol{W}(s)$ 的另一输入 $\bar{\boldsymbol{U}}(s)$ 也产生同一输出 $\boldsymbol{Y}(s)$，则由式(4-66)得

$$\bar{\boldsymbol{U}}(s)=\bar{\boldsymbol{W}}_{\mathrm{L}}^{*}(s)\boldsymbol{Y}(s) \tag{4-67}$$

式中，$\bar{\boldsymbol{W}}_{\mathrm{L}}^{*}(s)$ 为 $\boldsymbol{W}(s)$ 的任意左逆矩阵。将式(4-65)代入式(4-67)，得

$$\bar{\boldsymbol{U}}(s)=\bar{\boldsymbol{W}}_{\mathrm{L}}^{*}(s)\boldsymbol{W}(s)\boldsymbol{U}(s)=\boldsymbol{I}_r\boldsymbol{U}(s)=\boldsymbol{U}(s) \tag{4-68}$$

式(4-46)和式(4-68)表明，只要式(4-63)成立（$\boldsymbol{W}(s)$ 的左逆矩阵存在），由给定输出函数就能唯一确定其输入函数，故系统输入函数能观测。充分性得证。

必要性的证明可采用反证法，请读者自行完成。

【例 4-12】 设 MIMO 系统的传递函数矩阵为

$$\boldsymbol{W}(s)=\begin{bmatrix}\dfrac{1}{s} & \dfrac{1}{s}\\ \dfrac{1}{s+1} & 0\\ \dfrac{1}{s+2} & \dfrac{2}{s+2}\end{bmatrix}$$

给定系统的输出为 $\boldsymbol{Y}(s)=\begin{bmatrix}\dfrac{1}{s^2}\\ \dfrac{1}{(s+1)^2}\\ \dfrac{1}{s(s+1)}\end{bmatrix}$，求对应的输入函数。

解 在有理分式函数域上，$\boldsymbol{W}(s)$ 存在不恒等于零的 2×2 维子式，故 $\mathrm{rank}(\boldsymbol{W}(s))=2=r$，系统的输入函数能观测。选取 $\boldsymbol{W}(s)$ 的一个左逆矩阵 $\boldsymbol{W}_{\mathrm{L1}}^{*}(s)$ 为

$$\boldsymbol{W}_{\mathrm{L1}}^{*}(s)=\begin{bmatrix}0 & s+1 & 0\\ 0 & -\dfrac{s+1}{2} & \dfrac{s+2}{2}\end{bmatrix}$$

根据式(4-66),得

$$\boldsymbol{U}(s)=\boldsymbol{W}_{\mathrm{L1}}^{*}(s)\boldsymbol{Y}(s)=\begin{bmatrix}0 & s+1 & 0\\ 0 & -\dfrac{s+1}{2} & \dfrac{s+2}{2}\end{bmatrix}\begin{bmatrix}\dfrac{1}{s^2}\\ \dfrac{1}{(s+1)^2}\\ \dfrac{1}{s(s+1)}\end{bmatrix}=\begin{bmatrix}\dfrac{1}{s+1}\\ \dfrac{1}{s(s+1)}\end{bmatrix}$$

因为系统的输入函数能观测,故对应于给定输出函数的输入函数唯一,与$\boldsymbol{W}(s)$的左逆矩阵选取无关。对本例,选取$\boldsymbol{W}(s)$的另一个左逆矩阵$\boldsymbol{W}_{\mathrm{L2}}^{*}(s)$为

$$\boldsymbol{W}_{\mathrm{L2}}^{*}(s)=\begin{bmatrix}2s & 0 & -(s+2)\\ s & -(s+1) & 0\end{bmatrix}$$

根据式(4-66),得

$$\bar{\boldsymbol{U}}(s)=\boldsymbol{W}_{\mathrm{L2}}^{*}(s)\boldsymbol{Y}(s)=\begin{bmatrix}2s & 0 & -(s+2)\\ s & -(s+1) & 0\end{bmatrix}\begin{bmatrix}\dfrac{1}{s^2}\\ \dfrac{1}{(s+1)^2}\\ \dfrac{1}{s(s+1)}\end{bmatrix}=\begin{bmatrix}\dfrac{1}{s+1}\\ \dfrac{1}{s(s+1)}\end{bmatrix}$$

可见,对$\boldsymbol{W}_{\mathrm{L1}}^{*}(s)$、$\boldsymbol{W}_{\mathrm{L2}}^{*}(s)$均有

$$\boldsymbol{U}(s)=\bar{\boldsymbol{U}}(s)=\begin{bmatrix}\dfrac{1}{s+1}\\ \dfrac{1}{s(s+1)}\end{bmatrix}$$

相应的唯一时域控制函数为

$$\boldsymbol{u}(t)=\begin{bmatrix}\mathrm{e}^{-t}\\ 1-\mathrm{e}^{-t}\end{bmatrix}$$

4.7 线性定常连续系统的结构分解

对于状态不完全能控或不完全能观测或不完全能控且不完全能观测的线性系统,可通过非奇异变换将其状态空间按能控性和能观测性进行结构分解,得到能控且能观测、能控不能观测、不能控能观测、不能控且不能观测 4 个子空间,以揭示状态空间描述与传递函数矩阵描述的本质差异,并有助于研究最小实现、状态反馈镇定等问题。

由状态能控性和能观测性的约当标准形判据,可通过 2.6 节所述的状态空间描述相似变换得到约当标准形,再分析各状态变量的能控性和能观测性,将其分别归入 4 个子空间,相应重新排列系数矩阵的行和列,这是实现结构分解的途径之一。

本节主要讨论基于不完全能控、不完全能观测特征的特定相似变换下的结构分解途径和形式。

4.7.1 按能控性分解

若具有 r 个输入变量、m 个输出变量的 n 阶线性定常系统

$$\begin{cases}\dot{\boldsymbol{x}}=\boldsymbol{A}\boldsymbol{x}+\boldsymbol{B}\boldsymbol{u}\\ \boldsymbol{y}=\boldsymbol{C}\boldsymbol{x}\end{cases}\tag{4-69}$$

的能控性判别矩阵

$$\boldsymbol{Q}_{\mathrm{c}}=[\boldsymbol{B}\quad \boldsymbol{AB}\quad \cdots\quad \boldsymbol{A}^{n-1}\boldsymbol{B}] \tag{4-70}$$

的秩 $\mathrm{rank}\boldsymbol{Q}_{\mathrm{c}}=k<n$，则通过引入线性非奇异变换

$$\boldsymbol{x}=\boldsymbol{T}_{\mathrm{cd}}\hat{\boldsymbol{x}} \tag{4-71}$$

可使系统(4-69)实现按能控性的结构分解，即

$$\begin{cases}\dot{\hat{\boldsymbol{x}}}=\hat{\boldsymbol{A}}\hat{\boldsymbol{x}}+\hat{\boldsymbol{B}}\boldsymbol{u}\\ \boldsymbol{y}=\hat{\boldsymbol{C}}\hat{\boldsymbol{x}}\end{cases} \tag{4-72}$$

式中，$\hat{\boldsymbol{x}}=\begin{bmatrix}\hat{\boldsymbol{x}}_{\mathrm{c}}\\ \hat{\boldsymbol{x}}_{\bar{\mathrm{c}}}\end{bmatrix}$，其中，$\hat{\boldsymbol{x}}_{\mathrm{c}}$ 为 k 维能控分状态向量；$\hat{\boldsymbol{x}}_{\bar{\mathrm{c}}}$ 为 $(n-k)$ 维不能控分状态向量。

$$\hat{\boldsymbol{A}}=\boldsymbol{T}_{\mathrm{cd}}^{-1}\boldsymbol{A}\boldsymbol{T}_{\mathrm{cd}}=\begin{bmatrix}\hat{\boldsymbol{A}}_{\mathrm{c}} & \hat{\boldsymbol{A}}_{12}\\ \boldsymbol{0} & \hat{\boldsymbol{A}}_{\bar{\mathrm{c}}}\end{bmatrix},\ \hat{\boldsymbol{B}}=\boldsymbol{T}_{\mathrm{cd}}^{-1}\boldsymbol{B}=\begin{bmatrix}\hat{\boldsymbol{B}}_{\mathrm{c}}\\ \boldsymbol{0}\end{bmatrix},\ \hat{\boldsymbol{C}}=\boldsymbol{C}\boldsymbol{T}_{\mathrm{cd}}=[\hat{\boldsymbol{C}}_{\mathrm{c}}\ \vdots\ \hat{\boldsymbol{C}}_{\bar{\mathrm{c}}}] \tag{4-73}$$

式中，$\hat{\boldsymbol{A}}_{\mathrm{c}}$、$\hat{\boldsymbol{B}}_{\mathrm{c}}$ 分别为 $k\times k$、$k\times r$ 维子矩阵，$\{\hat{\boldsymbol{A}}_{\mathrm{c}},\hat{\boldsymbol{B}}_{\mathrm{c}}\}$ 为能控对；$\hat{\boldsymbol{A}}_{\bar{\mathrm{c}}}$ 为 $(n-k)\times(n-k)$ 维子矩阵。而实现按能控性结构分解的变换矩阵 $\boldsymbol{T}_{\mathrm{cd}}$ 为

$$\boldsymbol{T}_{\mathrm{cd}}=[\boldsymbol{P}_1\quad \boldsymbol{P}_2\quad \cdots\quad \boldsymbol{P}_k\quad \boldsymbol{P}_{k+1}\quad \cdots\quad \boldsymbol{P}_n] \tag{4-74}$$

式中，前 k 个列向量 $\boldsymbol{P}_1,\boldsymbol{P}_2,\cdots,\boldsymbol{P}_k$ 是式(4-70)所示能控性判别矩阵 $\boldsymbol{Q}_{\mathrm{c}}$ 中的任意 k 个线性无关的列；后 $(n-k)$ 个列向量 $\boldsymbol{P}_{k+1},\cdots,\boldsymbol{P}_n$ 在保证 $\boldsymbol{T}_{\mathrm{cd}}$ 非奇异的条件下，可在 n 维实数空间任意选择。

系统(4-69)相似变换为式(4-72)后，分解为能控的 k 阶子系统

$$\begin{cases}\dot{\hat{\boldsymbol{x}}}_{\mathrm{c}}=\hat{\boldsymbol{A}}_{\mathrm{c}}\hat{\boldsymbol{x}}_{\mathrm{c}}+\hat{\boldsymbol{A}}_{12}\hat{\boldsymbol{x}}_{\bar{\mathrm{c}}}+\hat{\boldsymbol{B}}_{\mathrm{c}}\boldsymbol{u}\\ \boldsymbol{y}_1=\hat{\boldsymbol{C}}_{\mathrm{c}}\hat{\boldsymbol{x}}_{\mathrm{c}}\end{cases} \tag{4-75}$$

和不能控的 $(n-k)$ 阶子系统

$$\begin{cases}\dot{\hat{\boldsymbol{x}}}_{\bar{\mathrm{c}}}=\hat{\boldsymbol{A}}_{\bar{\mathrm{c}}}\hat{\boldsymbol{x}}_{\bar{\mathrm{c}}}\\ \boldsymbol{y}_2=\hat{\boldsymbol{C}}_{\bar{\mathrm{c}}}\hat{\boldsymbol{x}}_{\bar{\mathrm{c}}}\end{cases} \tag{4-76}$$

而 $\boldsymbol{y}=\boldsymbol{y}_1+\boldsymbol{y}_2$。

根据式(4-72)，系统按能控性分解后的结构图如图 4-3 所示。由图 4-3 可见，不能控子系统(4-76)与控制 $\boldsymbol{u}$ 既无直接联系也无间接联系，传递函数矩阵不能反映系统内部不能控子系统的动力学特性。

由于相似变换为等价变换，故

$$\det(s\boldsymbol{I}-\boldsymbol{A})=\det(s\boldsymbol{I}-\hat{\boldsymbol{A}})=\det(s\boldsymbol{I}-\hat{\boldsymbol{A}}_{\mathrm{c}})\cdot\det(s\boldsymbol{I}-\hat{\boldsymbol{A}}_{\bar{\mathrm{c}}}) \tag{4-77}$$

成立。可见，系统的特征值由子矩阵 $\hat{\boldsymbol{A}}_{\mathrm{c}}$ 的特征值和子矩阵 $\hat{\boldsymbol{A}}_{\bar{\mathrm{c}}}$ 的特征值两部分组成。$\hat{\boldsymbol{A}}_{\mathrm{c}}$ 的 k 个特征值对应的模态均为能控模态，$\hat{\boldsymbol{A}}_{\bar{\mathrm{c}}}$ 的 $(n-k)$ 个特征值对应的模态均为不能控模态。尽管变换矩阵 $\boldsymbol{T}_{\mathrm{cd}}$ 的构造并非唯一，结构分解的结果也非唯一，但能控模态、不能控模态不会因 $\boldsymbol{T}_{\mathrm{cd}}$ 的选择不同而改变。

【例 4-13】 线性定常系统的状态空间表达式为

$$\begin{cases}\dot{\boldsymbol{x}}=\begin{bmatrix}1&1&0\\1&1&1\\0&1&1\end{bmatrix}\boldsymbol{x}+\begin{bmatrix}1&0\\0&1\\1&0\end{bmatrix}\boldsymbol{u}\\ y=\begin{bmatrix}\frac{1}{4}&\frac{1}{2\sqrt{2}}&-\frac{3}{4}\end{bmatrix}\boldsymbol{x}\end{cases}$$

判别其能控性；若状态不完全能控，将该系统按能控性进行分解。

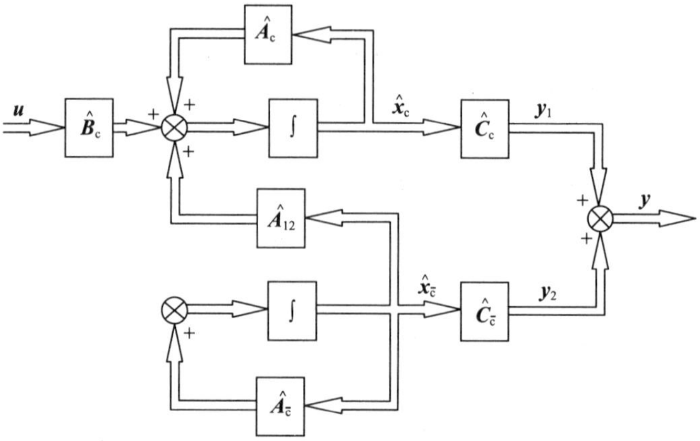

图 4-3　系统按能控性分解后的结构图

解　由 rank($\boldsymbol{B}$)=2，根据式(4-49)，有

$$\operatorname{rank}[\boldsymbol{B}\quad \boldsymbol{AB}] = \operatorname{rank}\begin{bmatrix}1 & 0 & 1 & 1\\0 & 1 & 2 & 1\\1 & 0 & 1 & 1\end{bmatrix} = 2 < n = 3$$

可知系统状态不完全能控，且能控子空间为 $k=2$ 维，不能控子空间为 1 维。

根据式(4-74)，在能控性判别矩阵 $\boldsymbol{Q}_c$ 中任取 2 个线性无关的列 $\boldsymbol{P}_1$、$\boldsymbol{P}_2$，在三维实数空间中任意选择一个列向量与 $\boldsymbol{P}_1$、$\boldsymbol{P}_2$线性无关，即

$$\boldsymbol{P}_1 = \begin{bmatrix}1\\0\\1\end{bmatrix},\boldsymbol{P}_2 = \begin{bmatrix}0\\1\\0\end{bmatrix},\boldsymbol{P}_3 = \begin{bmatrix}0\\0\\1\end{bmatrix}$$

由此线性无关列向量 $\boldsymbol{P}_1$、$\boldsymbol{P}_2$、$\boldsymbol{P}_3$ 构成非奇异变换矩阵 $\boldsymbol{T}_{cd}$，并求出 $\boldsymbol{T}_{cd}$ 的逆矩阵 $\boldsymbol{T}_{cd}^{-1}$，即

$$\boldsymbol{T}_{cd} = \begin{bmatrix}1 & 0 & 0\\0 & 1 & 0\\1 & 0 & 1\end{bmatrix},\boldsymbol{T}_{cd}^{-1} = \begin{bmatrix}1 & 0 & 0\\0 & 1 & 0\\-1 & 0 & 1\end{bmatrix}$$

则引入 $\boldsymbol{x} = \boldsymbol{T}_{cd}\hat{\boldsymbol{x}}$ 变换，得系统按能控性分解的状态空间表达式为

$$\begin{cases}\dot{\hat{\boldsymbol{x}}} = \begin{bmatrix}\dot{\hat{\boldsymbol{x}}}_c\\ \dot{\hat{x}}_{\bar{c}}\end{bmatrix} = \boldsymbol{T}_{cd}^{-1}\boldsymbol{A}\boldsymbol{T}_{cd}\hat{\boldsymbol{x}} + \boldsymbol{T}_{cd}^{-1}\boldsymbol{B}\boldsymbol{u} = \left[\begin{array}{cc:c}1 & 1 & 0\\2 & 1 & 1\\ \hdashline 0 & 0 & 1\end{array}\right]\begin{bmatrix}\hat{\boldsymbol{x}}_c\\ \hat{x}_{\bar{c}}\end{bmatrix} + \left[\begin{array}{c:c}1 & 0\\0 & 1\\ \hdashline 0 & 0\end{array}\right]\boldsymbol{u}\\ y = \boldsymbol{C}\boldsymbol{T}_{cd}\hat{\boldsymbol{x}} = \left[\begin{array}{cc:c}-\frac{1}{2} & \frac{1}{2\sqrt{2}} & -\frac{3}{4}\end{array}\right]\begin{bmatrix}\hat{\boldsymbol{x}}_c\\ \hat{x}_{\bar{c}}\end{bmatrix}\end{cases}$$

4.7.2　按能观测性分解

应用对偶原理，系统按能观测性分解的问题对偶于系统按能控性分解的问题。

若具有 r 个输入变量、m 个输出变量的 n 阶线性定常系统

$$\begin{cases}\dot{\boldsymbol{x}} = \boldsymbol{Ax} + \boldsymbol{Bu}\\ \boldsymbol{y} = \boldsymbol{Cx}\end{cases} \tag{4-78}$$

的能观测性判别矩阵

$$\boldsymbol{Q}_o = \begin{bmatrix}\boldsymbol{C}\\ \boldsymbol{CA}\\ \vdots\\ \boldsymbol{CA}^{n-1}\end{bmatrix} \tag{4-79}$$

的秩 $\operatorname{rank}\boldsymbol{Q}_o = k < n$，则通过引入线性非奇异变换

$$\boldsymbol{x}=\boldsymbol{T}_{od}\hat{\boldsymbol{x}} \tag{4-80}$$

可使系统(4-78)实现按能观测性的结构分解，即

$$\begin{cases}\dot{\hat{\boldsymbol{x}}} = \hat{\boldsymbol{A}}\hat{\boldsymbol{x}} + \hat{\boldsymbol{B}}\boldsymbol{u} \\ \boldsymbol{y} = \hat{\boldsymbol{C}}\hat{\boldsymbol{x}}\end{cases} \tag{4-81}$$

式中，$\hat{\boldsymbol{x}} = \begin{bmatrix}\hat{\boldsymbol{x}}_o \\ \cdots \\ \hat{\boldsymbol{x}}_{\bar{o}}\end{bmatrix}$，其中，$\hat{\boldsymbol{x}}_o$ 为 k 维能观测分状态向量；$\hat{\boldsymbol{x}}_{\bar{o}}$ 为$(n-k)$维不能观测分状态向量。

$$\hat{\boldsymbol{A}}=\boldsymbol{T}_{od}^{-1}\boldsymbol{A}\boldsymbol{T}_{od}=\begin{bmatrix}\hat{\boldsymbol{A}}_o & \boldsymbol{0} \\ \hat{\boldsymbol{A}}_{21} & \hat{\boldsymbol{A}}_{\bar{o}}\end{bmatrix},\ \hat{\boldsymbol{B}}=\boldsymbol{T}_{od}^{-1}\boldsymbol{B}=\begin{bmatrix}\hat{\boldsymbol{B}}_o \\ \hat{\boldsymbol{B}}_{\bar{o}}\end{bmatrix},\ \hat{\boldsymbol{C}}=\boldsymbol{C}\boldsymbol{T}_{od}=[\hat{\boldsymbol{C}}_o \quad \boldsymbol{0}] \tag{4-82}$$

式中，$\hat{\boldsymbol{A}}_o$、$\hat{\boldsymbol{C}}_o$分别为 $k\times k$、$m\times k$ 维子矩阵，$\{\hat{\boldsymbol{A}}_o,\hat{\boldsymbol{C}}_o\}$为能观测对；$\hat{\boldsymbol{A}}_{\bar{o}}$为$(n-k)\times(n-k)$维子矩阵。而实现按能观测性结构分解的变换矩阵 $\boldsymbol{T}_{od}$的逆矩阵 $\boldsymbol{T}_{od}^{-1}$ 为

$$\boldsymbol{T}_{od}^{-1}=\begin{bmatrix}\boldsymbol{t}_1 \\ \vdots \\ \boldsymbol{t}_k \\ \cdots \\ \boldsymbol{t}_{k+1} \\ \vdots \\ \boldsymbol{t}_n\end{bmatrix} \tag{4-83}$$

式中，前 k 个行向量 $\boldsymbol{t}_1,\boldsymbol{t}_2,\cdots,\boldsymbol{t}_k$是式(4-79)所示能观测性判别矩阵 $\boldsymbol{Q}_o$中的任意 k 个线性无关的行；后$(n-k)$个行向量在保证 $\boldsymbol{T}_{od}^{-1}$非奇异的条件下，可在 n 维实数空间任意选择。

系统(4-78)相似变换为式(4-81)后，分解为能观测的 k 阶子系统

$$\begin{cases}\dot{\hat{\boldsymbol{x}}}_o=\hat{\boldsymbol{A}}_o\hat{\boldsymbol{x}}_o+\hat{\boldsymbol{B}}_o\boldsymbol{u} \\ \boldsymbol{y}_1=\hat{\boldsymbol{C}}_o\hat{\boldsymbol{x}}_o=\boldsymbol{y}\end{cases} \tag{4-84}$$

和不能观测的$(n-k)$阶子系统

$$\begin{cases}\dot{\hat{\boldsymbol{x}}}_{\bar{o}} = \hat{\boldsymbol{A}}_{\bar{o}}\hat{\boldsymbol{x}}_{\bar{o}} + \hat{\boldsymbol{B}}_{\bar{o}}\boldsymbol{u} + \hat{\boldsymbol{A}}_{21}\hat{\boldsymbol{x}}_o \\ \boldsymbol{y}_2 = \boldsymbol{0}\end{cases} \tag{4-85}$$

根据式(4-81)，系统按能观测性分解后的结构图如图 4-4 所示。由图 4-4 可见，不能观测子系统(4-85)与输出既无直接信息传递也无间接信息传递，传递函数矩阵不能反映系统内部不能观测子系统的动力学特性。能观测性分解有与能控性分解相对偶的结论，系统的特征值由子矩阵 $\hat{\boldsymbol{A}}_o$ 的特征值和子矩阵 $\hat{\boldsymbol{A}}_{\bar{o}}$ 的特征值两部分组成。$\hat{\boldsymbol{A}}_o$ 的 k 个特征值对应的模态均为能观测模态，$\hat{\boldsymbol{A}}_{\bar{o}}$ 的$(n-k)$个特征值对应的模态均为不能观测模态。同样，由于变换矩阵的构造非唯一，结构分解的结果也非唯一，但能观测模态、不能观测模态不变。

4.7.3　系统结构的规范分解

若具有 r 个输入变量、m 个输出变量的 n 阶线性定常系统

$$\begin{cases}\dot{\boldsymbol{x}}=\boldsymbol{A}\boldsymbol{x}+\boldsymbol{B}\boldsymbol{u} \\ \boldsymbol{y}=\boldsymbol{C}\boldsymbol{x}\end{cases} \tag{4-86}$$

状态不完全能控和不完全能观测。则通过引入线性非奇异变换

$$\boldsymbol{x}=\boldsymbol{T}\hat{\boldsymbol{x}} \tag{4-87}$$

可使系统(4-86)实现按能控性和能观测性的结构分解，即

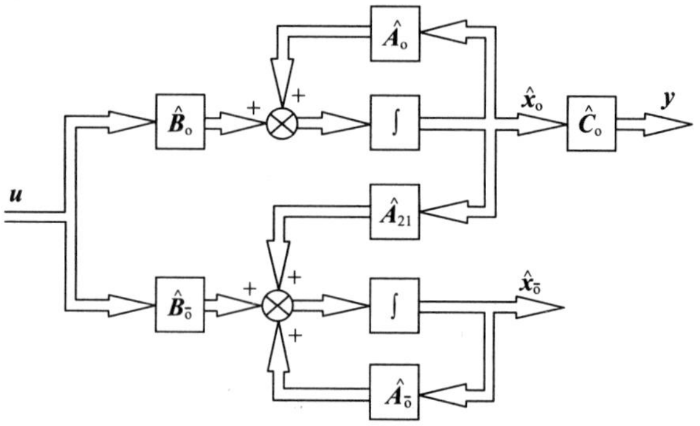

图 4-4　系统按能观测性分解结构图

$$\begin{cases}\dot{\hat{\boldsymbol{x}}}=\hat{\boldsymbol{A}}\hat{\boldsymbol{x}}+\hat{\boldsymbol{B}}\boldsymbol{u}\\ \boldsymbol{y}=\hat{\boldsymbol{C}}\hat{\boldsymbol{x}}\end{cases} \tag{4-88}$$

式中，$\hat{\boldsymbol{x}}=\begin{bmatrix}\hat{\boldsymbol{x}}_{co}\\ \hat{\boldsymbol{x}}_{c\bar{o}}\\ \cdots\\ \hat{\boldsymbol{x}}_{\bar{c}o}\\ \hat{\boldsymbol{x}}_{\bar{c}\bar{o}}\end{bmatrix}$，其中，$\boldsymbol{x}_{co}$、$\boldsymbol{x}_{c\bar{o}}$、$\boldsymbol{x}_{\bar{c}o}$、$\boldsymbol{x}_{\bar{c}\bar{o}}$分别为能控且能观测、能控不能观测、不能控能观测、不能控且不能观测 4 个子系统的状态向量。

$$\hat{\boldsymbol{A}}=\boldsymbol{T}^{-1}\boldsymbol{A}\boldsymbol{T}=\begin{bmatrix}\boldsymbol{A}_{co} & \boldsymbol{0} & \boldsymbol{A}_{13} & \boldsymbol{0}\\ \boldsymbol{A}_{21} & \boldsymbol{A}_{c\bar{o}} & \boldsymbol{A}_{23} & \boldsymbol{A}_{24}\\ \boldsymbol{0} & \boldsymbol{0} & \boldsymbol{A}_{\bar{c}o} & \boldsymbol{0}\\ \boldsymbol{0} & \boldsymbol{0} & \boldsymbol{A}_{43} & \boldsymbol{A}_{\bar{c}\bar{o}}\end{bmatrix} \tag{4-89}$$

$$\hat{\boldsymbol{B}}=\boldsymbol{T}^{-1}\boldsymbol{B}=\begin{bmatrix}\boldsymbol{B}_{co}\\ \boldsymbol{B}_{c\bar{o}}\\ \boldsymbol{0}\\ \boldsymbol{0}\end{bmatrix},\ \hat{\boldsymbol{C}}=\boldsymbol{C}\boldsymbol{T}=[\boldsymbol{C}_{co}\quad \boldsymbol{0}\quad \boldsymbol{C}_{\bar{c}o}\quad \boldsymbol{0}] \tag{4-90}$$

根据式(4-88)，系统按能控性和观测性分解后的结构图如图 4-5 所示。

由图 4-5 可见，$\boldsymbol{A}_{co}$、$\boldsymbol{A}_{c\bar{o}}$、$\boldsymbol{A}_{\bar{c}o}$、$\boldsymbol{A}_{\bar{c}\bar{o}}$ 特征值对应的模态分别为能控且能观测、能控不能观测、不能控能观测、不能控且不能观测模态，在系统的输入 $\boldsymbol{u}$ 和输出 $\boldsymbol{y}$ 之间仅存在 $\boldsymbol{u}\rightarrow\boldsymbol{B}_{co}\rightarrow\boldsymbol{A}_{co}\rightarrow\boldsymbol{C}_{co}\rightarrow\boldsymbol{y}$ 的唯一传递通道，因此，传递函数矩阵作为一种外部描述，一般而言仅是对系统结构的一种不完全描述，它只能反映系统中能控且能观测子系统的动力学特性，不能表征其余 3 个子系统的特性。实际上，由于相似变换不改变传递函数矩阵，因此，系统(4-86)的传递函数矩阵与其能控且能观测子系统的传递函数矩阵相同，即

$$\boldsymbol{W}(s)=\boldsymbol{C}(s\boldsymbol{I}-\boldsymbol{A})^{-1}\boldsymbol{B}=\boldsymbol{C}_{co}(s\boldsymbol{I}-\boldsymbol{A}_{co})^{-1}\boldsymbol{B}_{co} \tag{4-91}$$

式(4-91)表明，当且仅当系统能控且能观测即系统既约时，传递函数矩阵才是系统的完全描述，也才与状态空间描述等价。

式(4-88)所示分解结果是先按能控性分解后按能观测性分解得到的，若先按能观测性分解后按能控性分解，将得到不同的分解结果，但能控且能观测、能控不能观测、不能控能观测、不能控且不能观测模态不会改变。

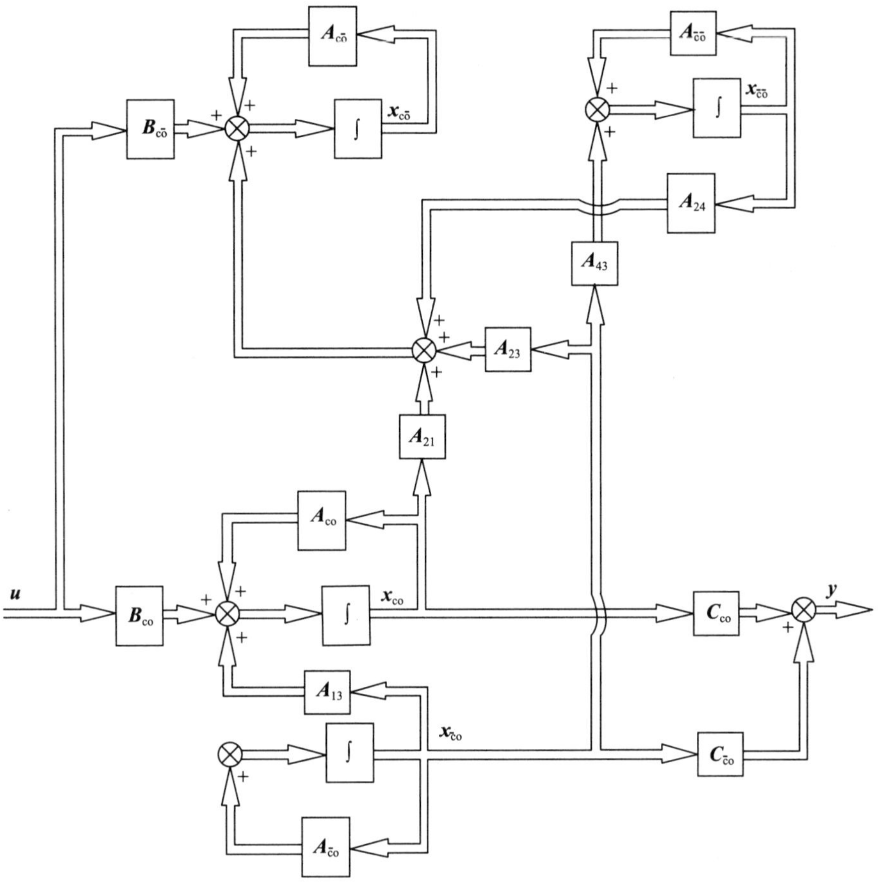

图 4-5　系统按能控性和能观测性分解后的结构图

【例 4-14】 已知例 4-13 系统

$$\begin{cases}\dot{\boldsymbol{x}} = \begin{bmatrix}1 & 1 & 0\\1 & 1 & 1\\0 & 1 & 1\end{bmatrix}\boldsymbol{x} + \begin{bmatrix}1 & 0\\0 & 1\\1 & 0\end{bmatrix}\boldsymbol{u}\\ y = \begin{bmatrix}\dfrac{1}{4} & \dfrac{1}{2\sqrt{2}} & -\dfrac{3}{4}\end{bmatrix}\boldsymbol{x}\end{cases}$$

不能控，判别其能观测性；若不能观测，试将系统按能控性和能观测性进行结构分解。

解　因 $\operatorname{rank}\boldsymbol{Q}_{\mathrm{o}} = \operatorname{rank}\begin{bmatrix}\boldsymbol{C}\\ \boldsymbol{CA}\\ \boldsymbol{CA}^2\end{bmatrix} = 2 < n = 3$，故系统状态不完全能观测，且能观测子空间为 $k=2$ 维，不能观测子空间为 1 维。

在例 4-13 中，已引入线性非奇异变换 $\boldsymbol{x} = \boldsymbol{T}_{\mathrm{cd}}\begin{bmatrix}\boldsymbol{x}_{\mathrm{c}}\\ x_{\bar{\mathrm{c}}}\end{bmatrix} = \begin{bmatrix}1 & 0 & 0\\0 & 1 & 0\\1 & 0 & 1\end{bmatrix}\begin{bmatrix}\boldsymbol{x}_{\mathrm{c}}\\ x_{\bar{\mathrm{c}}}\end{bmatrix}$，将系统 $\sum(\boldsymbol{A},\boldsymbol{B},\boldsymbol{C})$ 按能控性分解为

$$\begin{cases}\begin{bmatrix}\dot{\boldsymbol{x}}_{\mathrm{c}}\\ \dot{x}_{\bar{\mathrm{c}}}\end{bmatrix} = \left[\begin{array}{cc|c}1 & 1 & 0\\2 & 1 & 1\\ \hline 0 & 0 & 1\end{array}\right]\begin{bmatrix}\boldsymbol{x}_{\mathrm{c}}\\ x_{\bar{\mathrm{c}}}\end{bmatrix} + \left[\begin{array}{cc}1 & 0\\0 & 1\\ \hline 0 & 0\end{array}\right]\boldsymbol{u}\\ y = \left[\begin{array}{cc|c}-\dfrac{1}{2} & \dfrac{1}{2\sqrt{2}} & -\dfrac{3}{4}\end{array}\right]\begin{bmatrix}\boldsymbol{x}_{\mathrm{c}}\\ x_{\bar{\mathrm{c}}}\end{bmatrix}\end{cases} \tag{4-92}$$

由式(4-92)，能控子系统Σ_c的状态空间表达式为

$$\begin{cases}\dot{\boldsymbol{x}}_c=\begin{bmatrix}1 & 1\\2 & 1\end{bmatrix}\boldsymbol{x}_c+\begin{bmatrix}0\\1\end{bmatrix}x_{\bar{c}}+\begin{bmatrix}1 & 0\\0 & 1\end{bmatrix}\boldsymbol{u}\\ y_1=\begin{bmatrix}-\dfrac{1}{2} & \dfrac{1}{2\sqrt{2}}\end{bmatrix}\boldsymbol{x}_c\end{cases}\tag{4-93}$$

则Σ_c的能观测性判别矩阵为 $\boldsymbol{Q}_{o1}=\begin{bmatrix}-\dfrac{1}{2} & \dfrac{1}{2\sqrt{2}}\\ \dfrac{2-\sqrt{2}}{2\sqrt{2}} & \dfrac{1-\sqrt{2}}{2\sqrt{2}}\end{bmatrix}$

其 $\mathrm{rank}\boldsymbol{Q}_{o1}=1$，表明二阶能控子系统$\Sigma_c$中能观测状态维数为1。因 $\mathrm{rank}\boldsymbol{Q}_o=2$，故可推断一阶不能控子系统$\Sigma_{\bar{c}}$能观测，即 $x_{\bar{c}}=x_{\bar{c}o}$，不能控子系统的状态空间表达式为

$$\begin{cases}\dot{x}_{\bar{c}}=\dot{x}_{\bar{c}o}=x_{\bar{c}}=x_{\bar{c}o}\\ y_2=x_{\bar{c}}=x_{\bar{c}o}\end{cases}\tag{4-94}$$

对能控分状态向量$\boldsymbol{x}_c$引入

$$\boldsymbol{x}_c=\boldsymbol{T}_{od1}\begin{bmatrix}x_{co}\\x_{c\bar{o}}\end{bmatrix}\tag{4-95}$$

线性非奇异变换，其中$\boldsymbol{T}_{od1}$的逆矩阵$\boldsymbol{T}_{od1}^{-1}$根据式(4-83)构造为

$$\boldsymbol{T}_{od1}^{-1}=\begin{bmatrix}-\dfrac{1}{2} & \dfrac{1}{2\sqrt{2}}\\ 0 & 1\end{bmatrix}$$

则Σ_c按能观测性分解的状态方程和输出方程分别为

$$\begin{aligned}\begin{bmatrix}\dot{x}_{co}\\ \dot{x}_{c\bar{o}}\end{bmatrix}&=\begin{bmatrix}-\dfrac{1}{2} & \dfrac{1}{2\sqrt{2}}\\ 0 & 1\end{bmatrix}\begin{bmatrix}1 & 1\\2 & 1\end{bmatrix}\begin{bmatrix}-\dfrac{1}{2} & \dfrac{1}{2\sqrt{2}}\\ 0 & 1\end{bmatrix}^{-1}\begin{bmatrix}x_{co}\\x_{c\bar{o}}\end{bmatrix}+\begin{bmatrix}-\dfrac{1}{2} & \dfrac{1}{2\sqrt{2}}\\ 0 & 1\end{bmatrix}\begin{bmatrix}0\\1\end{bmatrix}x_{\bar{c}o}+\\&\quad\begin{bmatrix}-\dfrac{1}{2} & \dfrac{1}{2\sqrt{2}}\\ 0 & 1\end{bmatrix}\begin{bmatrix}1 & 0\\0 & 1\end{bmatrix}\boldsymbol{u}\\&=\begin{bmatrix}\dfrac{-2+\sqrt{2}}{\sqrt{2}} & 0\\ -4 & \dfrac{2+\sqrt{2}}{\sqrt{2}}\end{bmatrix}\begin{bmatrix}x_{co}\\x_{c\bar{o}}\end{bmatrix}+\begin{bmatrix}\dfrac{1}{2\sqrt{2}}\\1\end{bmatrix}x_{\bar{c}o}+\begin{bmatrix}-\dfrac{1}{2} & \dfrac{1}{2\sqrt{2}}\\ 0 & 1\end{bmatrix}\boldsymbol{u}\end{aligned}\tag{4-96}$$

$$y_1=\begin{bmatrix}-\dfrac{1}{2} & \dfrac{1}{2\sqrt{2}}\end{bmatrix}\begin{bmatrix}-\dfrac{1}{2} & \dfrac{1}{2\sqrt{2}}\\ 0 & 1\end{bmatrix}^{-1}\begin{bmatrix}x_{co}\\x_{c\bar{o}}\end{bmatrix}=[1\quad 0]\begin{bmatrix}x_{co}\\x_{c\bar{o}}\end{bmatrix}\tag{4-97}$$

合并式(4-94)和式(4-96)、式(4-97)，得系统按能控性和能观测性分解的状态空间表达式为

$$\begin{cases}\begin{bmatrix}\dot{x}_{co}\\ \dot{x}_{c\bar{o}}\\ \dot{x}_{\bar{c}o}\end{bmatrix}=\begin{bmatrix}\dfrac{-2+\sqrt{2}}{\sqrt{2}} & 0 & \dfrac{1}{2\sqrt{2}}\\ -4 & \dfrac{2+\sqrt{2}}{\sqrt{2}} & 1\\ 0 & 0 & 1\end{bmatrix}\begin{bmatrix}x_{co}\\x_{c\bar{o}}\\x_{\bar{c}o}\end{bmatrix}+\begin{bmatrix}-\dfrac{1}{2} & \dfrac{1}{2\sqrt{2}}\\ 0 & 1\\ 0 & 0\end{bmatrix}\boldsymbol{u}\\ y=y_1+y_2=[1\quad 0\quad 1]\begin{bmatrix}x_{co}\\x_{c\bar{o}}\\x_{\bar{c}o}\end{bmatrix}\end{cases}\tag{4-98}$$

由式(4-98)，得系统能控且能观测子系统的状态空间表达式为

$$\begin{cases}\dot{x}_{co}=(1-\sqrt{2})x_{co}+\dfrac{1}{2\sqrt{2}}x_{\bar{c}o}+\begin{bmatrix}-\dfrac{1}{2} & \dfrac{1}{2\sqrt{2}}\end{bmatrix}\boldsymbol{u}\\ y_1=x_{co}\end{cases} \tag{4-99}$$

而能控且能观测子系统的传递函数矩阵即为系统的传递函数矩阵，即

$$\begin{aligned}\boldsymbol{W}(s)&=\boldsymbol{C}(s\boldsymbol{I}-\boldsymbol{A})^{-1}\boldsymbol{B}=\boldsymbol{C}_{co}(s\boldsymbol{I}-\boldsymbol{A}_{co})^{-1}\boldsymbol{B}_{co}\\&=\frac{1}{s+(\sqrt{2}-1)}\begin{bmatrix}-\dfrac{1}{2} & \dfrac{1}{2\sqrt{2}}\end{bmatrix}\end{aligned}$$

以上采用逐步分解方法实现了系统按能控性和能观测性分解。实际上，本题也可通过相似变换将待分解系统$\sum(\boldsymbol{A},\boldsymbol{B},\boldsymbol{C})$先等价变换为约当标准形，再判别各状态变量的能控性和能观测性，并将其分类排列，相应地重新排列系数矩阵。

对$\sum(\boldsymbol{A},\boldsymbol{B},\boldsymbol{C})$，引入非奇异变换 $\boldsymbol{x}=\boldsymbol{T}\hat{\boldsymbol{x}}=\begin{bmatrix}-1 & 1 & 1\\ 0 & -\sqrt{2} & \sqrt{2}\\ 1 & 1 & 1\end{bmatrix}\hat{\boldsymbol{x}}$，得

$$\begin{cases}\dot{\hat{\boldsymbol{x}}}=\boldsymbol{T}^{-1}\boldsymbol{A}\boldsymbol{T}\hat{\boldsymbol{x}}+\boldsymbol{T}^{-1}\boldsymbol{B}\boldsymbol{u}=\begin{bmatrix}1 & 0 & 0\\ 0 & 1-\sqrt{2} & 0\\ 0 & 0 & 1+\sqrt{2}\end{bmatrix}\hat{\boldsymbol{x}}+\begin{bmatrix}0 & 0\\ \dfrac{1}{2} & -\dfrac{1}{2\sqrt{2}}\\ \dfrac{1}{2} & \dfrac{1}{2\sqrt{2}}\end{bmatrix}\boldsymbol{u}\\ y=\boldsymbol{C}\boldsymbol{T}\hat{\boldsymbol{x}}=\begin{bmatrix}-1 & -1 & 0\end{bmatrix}\hat{\boldsymbol{x}}\end{cases} \tag{4-100}$$

式(4-100)表明，特征值 $s_1=1$、$s_2=1-\sqrt{2}$、$s_3=1+\sqrt{2}$ 分别对应不能控能观测、能控且能观测、能控不能观测模态，相应的状态变量分别记为 $x_{\bar{c}o}$、x_{co}、$x_{c\bar{o}}$，重新排列式(4-100)中的各系数矩阵，得结构分解后的状态空间表达式为

$$\begin{cases}\begin{bmatrix}\dot{x}_{co}\\ \dot{x}_{c\bar{o}}\\ \dot{x}_{\bar{c}o}\end{bmatrix}=\begin{bmatrix}1-\sqrt{2} & 0 & 0\\ 0 & 1+\sqrt{2} & 0\\ 0 & 0 & 1\end{bmatrix}\begin{bmatrix}x_{co}\\ x_{c\bar{o}}\\ x_{\bar{c}o}\end{bmatrix}+\begin{bmatrix}\dfrac{1}{2} & -\dfrac{1}{2\sqrt{2}}\\ \dfrac{1}{2} & \dfrac{1}{2\sqrt{2}}\\ 0 & 0\end{bmatrix}\boldsymbol{u}\\ y=\begin{bmatrix}-1 & 0 & -1\end{bmatrix}\begin{bmatrix}x_{co}\\ x_{c\bar{o}}\\ x_{\bar{c}o}\end{bmatrix}\end{cases} \tag{4-101}$$

4.8 线性离散系统的能控性与能观测性

线性离散系统的能控性和能观测性问题在概念上与线性连续系统相同，在判据上与线性连续系统相类似。

4.8.1 线性定常离散系统能控性的秩判据

n 阶线性定常离散系统

$$\begin{cases}\boldsymbol{x}(k+1)=\boldsymbol{G}\boldsymbol{x}(k)+\boldsymbol{H}\boldsymbol{u}(k),\quad k=0,1,\cdots\\ \boldsymbol{y}(k)=\boldsymbol{C}\boldsymbol{x}(k)\end{cases} \tag{4-102}$$

若状态矩阵 $\boldsymbol{G}$ 非奇异，则系统状态完全能控的充分必要条件是能控性判别矩阵

$$Q_{ck} = [\boldsymbol{H} \quad \boldsymbol{GH} \quad \boldsymbol{G}^2\boldsymbol{H} \quad \cdots \quad \boldsymbol{G}^{n-1}\boldsymbol{H}] \tag{4-103}$$

满秩，即

$$\text{rank}\boldsymbol{Q}_{ck} = n \tag{4-104}$$

上述秩判据可基于离散系统状态方程的递推求解公式证明。由式(3-84)，令第 n 步采样时刻的状态为零，即

$$\boldsymbol{x}(n) = \boldsymbol{G}^n\boldsymbol{x}(0) + \sum_{k=0}^{n-1}\boldsymbol{G}^{n-k-1}\boldsymbol{H}\boldsymbol{u}(k) = \boldsymbol{0} \tag{4-105}$$

式中，$\boldsymbol{x}(0)$为任意非零初始状态。由式(4-105)，得

$$[\boldsymbol{H} \quad \boldsymbol{GH} \quad \cdots \quad \boldsymbol{G}^{n-1}\boldsymbol{H}]\begin{bmatrix} u(n-1) \\ u(n-2) \\ \vdots \\ u(0) \end{bmatrix} = -\boldsymbol{G}^n\boldsymbol{x}(0) \tag{4-106}$$

式(4-106)有解，即存在控制输入 $\boldsymbol{u}$，使系统由任意 $\boldsymbol{x}(0) \neq \boldsymbol{0}$ 在第 n 步转移到状态空间原点的充分必要条件为

$$\text{rank}[\boldsymbol{H} \quad \boldsymbol{GH} \quad \cdots \quad \boldsymbol{G}^{n-1}\boldsymbol{H}] = \text{rank}[\boldsymbol{H} \quad \boldsymbol{GH} \quad \cdots \quad \boldsymbol{G}^{n-1}\boldsymbol{H} \mid -\boldsymbol{G}^n\boldsymbol{x}(0)] \tag{4-107}$$

若 $\boldsymbol{G}$ 非奇异，则 $\boldsymbol{G}^n\boldsymbol{x}(0) \neq \boldsymbol{0}$，故只有

$$\text{rank}[\boldsymbol{H} \quad \boldsymbol{GH} \quad \cdots \quad \boldsymbol{G}^{n-1}\boldsymbol{H}] = n \tag{4-108}$$

式(4-107)才能成立。证明完成。

对于单输入 n 阶线性定常离散系统

$$\boldsymbol{x}(k+1) = \boldsymbol{G}\boldsymbol{x}(k) + \boldsymbol{H}u(k), \boldsymbol{x}(0) \neq \boldsymbol{0}, k = 0, 1, \cdots \tag{4-109}$$

若状态矩阵 $\boldsymbol{G}$ 非奇异，且系统状态完全能控，则由式(4-106)，得到使系统由任意 $\boldsymbol{x}(0) \neq \boldsymbol{0}$ 在第 n 步转移到状态空间原点的输入控制序列为

$$\begin{bmatrix} u(0) \\ u(1) \\ \vdots \\ u(n-1) \end{bmatrix} = -[\boldsymbol{G}^{-1}\boldsymbol{H} \quad \cdots \quad \boldsymbol{G}^{-n+1}\boldsymbol{H} \quad \boldsymbol{G}^{-n}\boldsymbol{H}]^{-1}\boldsymbol{x}(0) \tag{4-110}$$

式(4-110)也称为最小拍控制。

应该指出，若状态矩阵 $\boldsymbol{G}$ 奇异，则式(4-104)只是系统(4-102)能控的充分条件；而无论 $\boldsymbol{G}$ 是否非奇异，式(4-104)均为系统(4-102)能达的充分必要条件。因此，若系统(4-102)能达，则必为能控；但系统(4-102)能控，则未必能达；只有当状态矩阵 $\boldsymbol{G}$ 非奇异时，系统(4-102)的能控性与能达性等价，这是与线性定常连续系统的不同之处。

【例 4-15】 设单输入线性定常离散系统状态方程为

$$\boldsymbol{x}(k+1) = \begin{bmatrix} 1 & 0 & 0 \\ 0 & 2 & -2 \\ -1 & 1 & 0 \end{bmatrix}\boldsymbol{x}(k) + \begin{bmatrix} 1 \\ 0 \\ 1 \end{bmatrix}u(k)$$

试判断系统的能控性与能达性；若初始状态 $\boldsymbol{x}(0) = [0 \quad 1 \quad 1]^{\mathrm{T}}$，确定使 $\boldsymbol{x}(3) = \boldsymbol{0}$ 的控制序列 $u(0)$、$u(1)$、$u(2)$。

解 系统能控性判别矩阵的秩为

$$\text{rank}\boldsymbol{Q}_{ck} = \text{rank}[\boldsymbol{H} \quad \boldsymbol{GH} \quad \boldsymbol{G}^2\boldsymbol{H}] = \text{rank}\begin{bmatrix} 1 & 1 & 1 \\ 0 & -2 & -2 \\ 1 & -1 & -3 \end{bmatrix} = 3 = n$$

故系统能控、能达。

又因为系统的状态矩阵 $\boldsymbol{G}$ 非奇异，且有

$$\boldsymbol{G}^{-1}=\begin{bmatrix}1&0&0\\0&2&-2\\-1&1&0\end{bmatrix}^{-1}=\begin{bmatrix}1&0&0\\1&0&0\\1&-\dfrac{1}{2}&1\end{bmatrix},\boldsymbol{G}^{-1}\boldsymbol{H}=\begin{bmatrix}1\\2\\2\end{bmatrix}$$

$$\boldsymbol{G}^{-2}=(\boldsymbol{G}^{2})^{-1}=\boldsymbol{G}^{-1}\boldsymbol{G}^{-1}=\begin{bmatrix}1&0&0\\2&-0.5&1\\1.5&-0.5&0.5\end{bmatrix},\boldsymbol{G}^{-2}\boldsymbol{H}=\begin{bmatrix}1\\3\\2\end{bmatrix}$$

$$\boldsymbol{G}^{-3}=(\boldsymbol{G}^{3})^{-1}=\boldsymbol{G}^{-2}\boldsymbol{G}^{-1}=\boldsymbol{G}^{-1}\boldsymbol{G}^{-2}=\begin{bmatrix}1&0&0\\2.5&-0.5&0.5\\1.5&-0.25&0\end{bmatrix},\boldsymbol{G}^{-3}\boldsymbol{H}=\begin{bmatrix}1\\3\\1.5\end{bmatrix}$$

故根据式(4-110)，得

$$\begin{bmatrix}u(0)\\u(1)\\u(2)\end{bmatrix}=-[\boldsymbol{G}^{-1}\boldsymbol{H}\quad\boldsymbol{G}^{-2}\boldsymbol{H}\quad\boldsymbol{G}^{-3}\boldsymbol{H}]^{-1}\boldsymbol{x}(0)=-\begin{bmatrix}1&1&1\\2&3&3\\2&2&1.5\end{bmatrix}^{-1}\begin{bmatrix}0\\1\\1\end{bmatrix}=\begin{bmatrix}1\\-3\\2\end{bmatrix}$$

4.8.2 线性定常离散系统能观测性的秩判据

n 阶线性定常离散系统(4-102)状态完全能观测的充分必要条件是能观测性判别矩阵

$$\boldsymbol{Q}_{\mathrm{ok}}=\begin{bmatrix}\boldsymbol{C}\\\boldsymbol{CG}\\\vdots\\\boldsymbol{CG}^{n-1}\end{bmatrix}\tag{4-111}$$

满秩，即

$$\mathrm{rank}\boldsymbol{Q}_{\mathrm{ok}}=\mathrm{rank}\begin{bmatrix}\boldsymbol{C}\\\boldsymbol{CG}\\\vdots\\\boldsymbol{CG}^{n-1}\end{bmatrix}=n\tag{4-112}$$

因为线性系统的控制输入不影响其能观测性，故可由系统(4-102)的齐次状态方程递推求解式和输出方程，得

$$\begin{aligned}\boldsymbol{y}(0)&=\boldsymbol{Cx}(0)\\\boldsymbol{y}(1)&=\boldsymbol{Cx}(1)=\boldsymbol{CGx}(0)\\&\vdots\\\boldsymbol{y}(n-1)&=\boldsymbol{Cx}(n-1)=\boldsymbol{CG}^{n-1}\boldsymbol{x}(0)\end{aligned}\tag{4-113}$$

式中，$\boldsymbol{x}(0)$为任意非零初始状态。式(4-113)写成向量-矩阵形式为

$$\begin{bmatrix}\boldsymbol{C}\\\boldsymbol{CG}\\\vdots\\\boldsymbol{CG}^{n-1}\end{bmatrix}\boldsymbol{x}(0)=\begin{bmatrix}\boldsymbol{y}(0)\\\boldsymbol{y}(1)\\\vdots\\\boldsymbol{y}(n-1)\end{bmatrix}\tag{4-114}$$

显然，根据测量的 $\boldsymbol{y}(0),\boldsymbol{y}(1),\cdots,\boldsymbol{y}(n-1)$ 唯一地确定 $\boldsymbol{x}(0)$，即式(4-114)有唯一解的充分

必要条件为 $\text{rank}\boldsymbol{Q}_{\text{ok}}=\text{rank}\begin{bmatrix}\boldsymbol{C}\\ \boldsymbol{CG}\\ \vdots\\ \boldsymbol{CG}^{n-1}\end{bmatrix}=n$。

与最小拍控制相对偶，由式(4-114)，对于状态完全能观测的单输出 n 阶线性定常离散系统，可由测量的 n 步输出 $\boldsymbol{y}(0),\boldsymbol{y}(1),\cdots,\boldsymbol{y}(n-1)$，构造相应的 $\boldsymbol{x}(0)\neq\boldsymbol{0}$ 初始状态为

$$\boldsymbol{x}(0)=\begin{bmatrix}\boldsymbol{C}\\ \boldsymbol{CG}\\ \vdots\\ \boldsymbol{CG}^{n-1}\end{bmatrix}^{-1}\begin{bmatrix}\boldsymbol{y}(0)\\ \boldsymbol{y}(1)\\ \vdots\\ \boldsymbol{y}(n-1)\end{bmatrix} \tag{4-115}$$

式(4-115)也称为最小拍观测。

应该指出，与连续系统不同，线性定常离散系统的能观测性和能达性对偶。

4.8.3 离散化线性定常系统的能控性与能观测性

如 3.5 节所述，采用时域中采样保持的离散化方法（取采样周期为 T 和零阶保持器），可将线性定常连续系统

$$\begin{cases}\dot{\boldsymbol{x}}=\boldsymbol{Ax}+\boldsymbol{Bu}\\ \boldsymbol{y}=\boldsymbol{Cx}\end{cases},\qquad t\geqslant 0 \tag{4-116}$$

离散化为离散系统

$$\begin{cases}\boldsymbol{x}(k+1)=\boldsymbol{Gx}(k)+\boldsymbol{Hu}(k)=\mathrm{e}^{\boldsymbol{A}T}\boldsymbol{x}(k)+\left[\left(\int_0^T\mathrm{e}^{\boldsymbol{A}t}\,\mathrm{d}t\right)\boldsymbol{B}\right]\boldsymbol{u}(k)\\ \boldsymbol{y}(k)=\boldsymbol{Cx}(k)\end{cases} \tag{4-117}$$

可以证明，若连续系统(4-116)不能控（或不能观测），则无论采样周期如何选择，离散化后的系统(4-117)均不能控（或不能观测）。若连续系统(4-116)能控（能观测），则对应的离散化系统保持能控（能观测）的充分条件为：设状态矩阵 $\boldsymbol{A}$ 的单特征值或重特征值为 $s_1,s_2,\cdots,s_l$，$\forall i\neq j$，$l\leqslant n$，对于

$$\text{Re}[s_i-s_j]=0,\qquad \forall i,j=1,2,\cdots,l \tag{4-118}$$

的一切特征值，采样周期 T 满足

$$T\neq\frac{2q\pi}{\text{Im}(s_i-s_j)},\qquad q=\pm1,\pm2,\cdots \tag{4-119}$$

式中，符号 Re、Im 分别表示实部、虚部。

【例 4-16】 分析连续系统

$$\begin{cases}\dot{\boldsymbol{x}}=\begin{bmatrix}0&1&0\\0&0&1\\-2&-4&-3\end{bmatrix}\boldsymbol{x}+\begin{bmatrix}0\\0\\1\end{bmatrix}u\\ y=\begin{bmatrix}1&0&0\end{bmatrix}\boldsymbol{x}\end{cases}$$

离散化前、后的能控性与能观测性。

解 连续系统的状态空间表达式为能控标准形，故能控；连续系统的能观测性判别矩阵及秩分别为

$$\boldsymbol{Q}_{\text{o}}=\begin{bmatrix}\boldsymbol{C}\\ \boldsymbol{CA}\\ \boldsymbol{CA}^2\end{bmatrix}=\begin{bmatrix}1&0&0\\0&1&0\\0&0&1\end{bmatrix},\text{rank}\boldsymbol{Q}_{\text{o}}=3=n$$

故该连续系统也能观测。连续系统的状态矩阵为友矩阵,可直接列写其特征多项式为

$$\det(s\boldsymbol{I}-\boldsymbol{A}) = s^3+3s^2+4s+2$$

连续系统状态矩阵 $\boldsymbol{A}$ 的特征值为 $s_1=-1, s_2=-1+\mathrm{j}, s_3=-1-\mathrm{j}$。这 3 个特征值的实部相同,而虚部之差为 1 和 2。因此,根据式(4-119),若选择采样周期 T 满足

$$T \neq \frac{2q\pi}{1} = 2q\pi \quad 及 \quad T \neq \frac{2q\pi}{2} = q\pi,\ q=1,2,\cdots$$

即

$$T \neq q\pi, q=1,2,\cdots$$

则离散化系统能控且能观测。可以应用 MATLAB 控制系统工具箱中的能控性、能观测性分析函数 ctrb()、obsv()来检验采样周期分别选为 $T_1=\pi$、$T_2=2\pi$ 及 $T_3=3\neq q\pi$ ($q=1,2,\cdots$)时的结果,以验证上述结论。MATLAB Program 4-1 为相应的 MATLAB 程序。

```
% MATLAB Program 4-1
A=[0 1 0;0 0 1;-2 -4 -3];B=[0;0;1];C=[1 0 0];
T1=pi;%采样周期 T1=π
[G1,H1]=c2d(A,B,T1);%调用 c2d( )函数求离散化后的状态矩阵 G1、控制矩阵 H1,采样周期为 T1
Qc1=ctrb(G1,H1);rank_Qc1=rank(Qc1)%调用 ctrb( )、rank( )函数求离散化系统的能控性判别矩阵及其秩
Qo1=obsv(G1,C);rank_Qo1=rank(Qo1)%调用 obsv( )、rank( )求离散化系统的能观测性判别矩阵及其秩
T2=2*pi;%采样周期 T2=2π
[G2,H2]=c2d(A,B,T2);%调用 c2d( )函数求离散化后的状态矩阵 G2、控制矩阵 H2,采样周期为 T2
Qc2=ctrb(G2,H2);rank_Qc2=rank(Qc2)%求离散化系统的能控性判别矩阵及其秩
Qo2=obsv(G2,C);rank_Qo2=rank(Qo2)%求离散化系统的能观测性判别矩阵及其秩
T3=3;%采样周期 T3=3
[G3,H3]=c2d(A,B,T3);%调用 c2d( )函数求离散化后的状态矩阵 G3、控制矩阵 H3,采样周期为 T3
Qc3=ctrb(G3,H3);rank_Qc3=rank(Qc3)%求离散化系统的能控性判别矩阵及其秩
Qo3=obsv(G3,C);rank_Qo3=rank(Qo3)%求离散化系统的能观测性判别矩阵及其秩
```

4.9 线性定常系统的能控标准形与能观测标准形

在 2.6.1 节,讨论了系统以 n 个线性无关特征向量和广义特征向量为状态空间基底时的约当标准形状态空间描述,其清晰揭示了系统的能控性、能观测性及特征值等信息。本节讨论能控标准形与能观测标准形,其在状态反馈系统极点配置和状态观测器设计的综合问题中有重要应用。由于能控标准形、能观测标准形分别为状态完全能控、能观测,而线性非奇异变换是等价变换,不改变系统的能控性与能观测性,因此,只有状态完全能控(能观测)的系统才能化为能控(能观测)标准形。

4.9.1 SISO 线性定常连续系统的能控标准形与能观测标准形

1. 单输入系统的能控标准形

若状态完全能控的单输入 n 阶线性定常系统

$$\begin{cases}\dot{\boldsymbol{x}} = \boldsymbol{A}\boldsymbol{x}+\boldsymbol{B}u \\ \boldsymbol{y} = \boldsymbol{C}\boldsymbol{x}\end{cases} \tag{4-120}$$

的特征多项式为

$$|s\boldsymbol{I}-\boldsymbol{A}| = s^n + a_1 s^{n-1} + \cdots + a_{n-1}s + a_n \tag{4-121}$$

则可通过非奇异变换

$$x = T_{cc}\bar{x} \tag{4-122}$$

变换为能控标准形

$$\begin{cases} \dot{\bar{x}} = T_{cc}^{-1}AT_{cc}\bar{x} + T_{cc}^{-1}Bu = \begin{bmatrix} 0 & 1 & 0 & \cdots & 0 \\ 0 & 0 & 1 & \cdots & 0 \\ \vdots & \vdots & \vdots & \ddots & \vdots \\ 0 & 0 & 0 & \cdots & 1 \\ -a_n & -a_{n-1} & -a_{n-2} & \cdots & -a_1 \end{bmatrix}\bar{x} + \begin{bmatrix} 0 \\ 0 \\ \vdots \\ 0 \\ 1 \end{bmatrix}u \\ y = CT_{cc}\bar{x} = [\beta_n \quad \beta_{n-1} \quad \beta_{n-2} \quad \cdots \quad \beta_1]\bar{x} \end{cases} \tag{4-123}$$

式中，变换矩阵为

$$T_{cc} = [B \quad AB \quad \cdots \quad A^{n-1}B]\begin{bmatrix} a_{n-1} & \cdots & a_1 & 1 \\ \vdots & \cdot^{\cdot^{\cdot}} & \cdot^{\cdot^{\cdot}} & \\ a_1 & 1 & & \\ 1 & & & \mathbf{0} \end{bmatrix} \tag{4-124}$$

证明 根据式(4-121)和凯莱-哈密顿定理，有

$$A^nB = -\sum_{j=0}^{n-1} a_{n-j}A^jB \tag{4-125}$$

因单输入 n 阶系统(4-120)能控，故其能控性判别矩阵 Q_c 中 n 个列向量 $B, AB, \cdots, A^{n-1}B$ 线性无关，则基于式(4-125)定义 n 个独立的基向量组 $e_1, e_2, \cdots, e_n$ 为

$$\begin{cases} e_1 = A^{n-1}B + a_1A^{n-2}B + \cdots + a_{n-1}B \\ e_2 = A^{n-2}B + a_1A^{n-3}B + \cdots + a_{n-2}B \\ \vdots \\ e_{n-1} = AB + a_1B \\ e_n = B \end{cases} \tag{4-126}$$

显然，以基向量组 $e_1, e_2, \cdots, e_n$ 为列构造的非奇异矩阵即为式(4-124)所示的变换矩阵 T_{cc}，即

$$T_{cc} = [e_1 \quad e_2 \quad \cdots \quad e_n] = [B \quad AB \quad \cdots \quad A^{n-1}B]\begin{bmatrix} a_{n-1} & \cdots & a_1 & 1 \\ \vdots & \cdot^{\cdot^{\cdot}} & \cdot^{\cdot^{\cdot}} & \\ a_1 & 1 & & \\ 1 & & & \mathbf{0} \end{bmatrix} \tag{4-127}$$

对式(4-120)引入非奇异变换 $x = T_{cc}\bar{x}$，变换后的状态矩阵为

$$\bar{A}_c = T_{cc}^{-1}AT_{cc} \tag{4-128}$$

则有

$$T_{cc}\bar{A}_c = AT_{cc} = [Ae_1 \quad Ae_2 \quad \cdots \quad Ae_n] \tag{4-129}$$

根据式(4-125)及式(4-126)，得

$$\begin{cases} Ae_1 = -a_nB = -a_ne_n \\ Ae_2 = e_1 - a_{n-1}B = e_1 - a_{n-1}e_n \\ \vdots \\ Ae_{n-1} = e_{n-2} - a_2B = e_{n-2} - a_2e_n \\ Ae_n = e_{n-1} - a_1B = e_{n-1} - a_1e_n \end{cases} \tag{4-130}$$

将式(4-130)代入式(4-129),并由式(4-127),得

$$\begin{aligned}\boldsymbol{T}_{cc}\bar{\boldsymbol{A}}_c &= [-a_n\boldsymbol{e}_n \quad \boldsymbol{e}_1-a_{n-1}\boldsymbol{e}_n \quad \cdots \quad \boldsymbol{e}_{n-2}-a_2\boldsymbol{e}_n \quad \boldsymbol{e}_{n-1}-a_1\boldsymbol{e}_n] \\ &= [\boldsymbol{e}_1 \quad \boldsymbol{e}_2 \quad \cdots \quad \boldsymbol{e}_{n-1} \quad \boldsymbol{e}_n]\begin{bmatrix} 0 & 1 & 0 & \cdots & 0 \\ 0 & 0 & 1 & \cdots & 0 \\ \vdots & \vdots & \vdots & \ddots & \vdots \\ 0 & 0 & 0 & \cdots & 1 \\ -a_n & -a_{n-1} & -a_{n-2} & \cdots & -a_1 \end{bmatrix} \\ &= \boldsymbol{T}_{cc}\begin{bmatrix} 0 & 1 & 0 & \cdots & 0 \\ 0 & 0 & 1 & \cdots & 0 \\ \vdots & \vdots & \vdots & \ddots & \vdots \\ 0 & 0 & 0 & \cdots & 1 \\ -a_n & -a_{n-1} & -a_{n-2} & \cdots & -a_1 \end{bmatrix}\end{aligned} \tag{4-131}$$

由式(4-131),证得

$$\bar{\boldsymbol{A}}_c = \boldsymbol{T}_{cc}^{-1}\boldsymbol{A}\boldsymbol{T}_{cc} = \begin{bmatrix} 0 & 1 & 0 & \cdots & 0 \\ 0 & 0 & 1 & \cdots & 0 \\ \vdots & \vdots & \vdots & \ddots & \vdots \\ 0 & 0 & 0 & \cdots & 1 \\ -a_n & -a_{n-1} & -a_{n-2} & \cdots & -a_1 \end{bmatrix}$$

又变换后的输入矩阵 $\bar{\boldsymbol{B}}_c = \boldsymbol{T}_{cc}^{-1}\boldsymbol{B}$

则 $$\boldsymbol{T}_{cc}\bar{\boldsymbol{B}}_c = \boldsymbol{B} = \boldsymbol{e}_n = [\boldsymbol{e}_1 \quad \boldsymbol{e}_2 \quad \cdots \quad \boldsymbol{e}_n]\begin{bmatrix} 0 \\ 0 \\ \vdots \\ 1 \end{bmatrix} = \boldsymbol{T}_{cc}\begin{bmatrix} 0 \\ 0 \\ \vdots \\ 1 \end{bmatrix}$$

故证得 $$\bar{\boldsymbol{B}}_c = \boldsymbol{T}_{cc}^{-1}\boldsymbol{B} = \begin{bmatrix} 0 \\ 0 \\ \vdots \\ 1 \end{bmatrix}$$

证毕。

化能控单输入系统(4-120)为能控标准形的关键为构造非奇异变换矩阵,式(4-124)只是一种构造方法。可证明,变换矩阵 $\boldsymbol{T}_{cc}$ 的逆矩阵也可按式(4-132)构造,即

$$\boldsymbol{T}_{cc}^{-1} = \begin{bmatrix} \boldsymbol{T}_m \\ \boldsymbol{T}_m\boldsymbol{A} \\ \vdots \\ \boldsymbol{T}_m\boldsymbol{A}^{n-1} \end{bmatrix} \tag{4-132}$$

式中,$\boldsymbol{T}_m$ 为系统(4-120)能控性判别矩阵的逆矩阵的最后一行,即

$$\boldsymbol{T}_m = [0 \quad 0 \quad \cdots \quad 1][\boldsymbol{B} \quad \boldsymbol{AB} \quad \cdots \quad \boldsymbol{A}^{n-1}\boldsymbol{B}]^{-1} \tag{4-133}$$

2. 单输出系统的能观测标准形

若状态完全能观测的单输出 n 阶线性定常系统

$$\begin{cases} \dot{\boldsymbol{x}} = \boldsymbol{Ax} + \boldsymbol{Bu} \\ y = \boldsymbol{Cx} \end{cases} \tag{4-134}$$

的特征多项式为

$$|s\boldsymbol{I} - \boldsymbol{A}| = s^n + a_1 s^{n-1} + \cdots + a_{n-1}s + a_n \tag{4-135}$$

则可通过非奇异变换

$$x = T_{oc}\bar{x} \tag{4-136}$$

变换为能观测标准形

$$\begin{cases}\dot{\bar{x}} = T_{oc}^{-1}AT_{oc}\bar{x} + T_{oc}^{-1}Bu = \begin{bmatrix} 0 & 0 & \cdots & 0 & -a_n \\ 1 & 0 & \cdots & 0 & -a_{n-1} \\ 0 & 1 & \vdots & 0 & -a_{n-2} \\ \vdots & \vdots & \ddots & \vdots & \vdots \\ 0 & 0 & \cdots & 1 & -a_1 \end{bmatrix}\bar{x} + \begin{bmatrix} \boldsymbol{\beta}_n \\ \boldsymbol{\beta}_{n-1} \\ \boldsymbol{\beta}_{n-2} \\ \vdots \\ \boldsymbol{\beta}_1 \end{bmatrix}u \\ y = CT_{oc}\bar{x} = [0 \quad 0 \quad \cdots \quad 0 \quad 1]\bar{x} \end{cases} \tag{4-137}$$

式中，变换矩阵 T_{oc} 的逆矩阵为

$$T_{oc}^{-1} = \begin{bmatrix} a_{n-1} & a_{n-2} & \cdots & a_1 & 1 \\ a_{n-2} & a_{n-3} & \dot{} \cdot \dot{} & 1 & \\ \vdots & \dot{} \cdot \dot{} & \dot{} \cdot \dot{} & & \\ a_1 & 1 & & \mathbf{0} & \\ 1 & & & & \end{bmatrix}\begin{bmatrix} C \\ CA \\ \vdots \\ CA^{n-2} \\ CA^{n-1} \end{bmatrix} \tag{4-138}$$

式(4-137)可由式(4-123)应用对偶原理证明，请读者自行完成。

同样由对偶原理，根据式(4-132)，可证变换矩阵 T_{oc} 也可按式(4-139)构造，即

$$T_{oc} = [T_1 \quad AT_1 \quad \cdots \quad A^{n-1}T_1] \tag{4-139}$$

式中，T_1 为系统(4-134)能观测性判别矩阵的逆矩阵的最后一列，即

$$T_1 = \begin{bmatrix} C \\ CA \\ \vdots \\ CA^{n-1} \end{bmatrix}^{-1}\begin{bmatrix} 0 \\ \vdots \\ 0 \\ 1 \end{bmatrix} \tag{4-140}$$

因为相似变换不改变系统的传递函数矩阵，而由能控标准形(4-123)或能观测标准形(4-137)易求出系统的传递函数为

$$W(s) = \frac{Y(s)}{U(s)} = \frac{\beta_1 s^{n-1} + \beta_2 s^{n-2} + \cdots + \beta_{n-1}s + \beta_n}{s^n + a_1 s^{n-1} + \cdots + a_{n-1}s + a_n} \tag{4-141}$$

由式(4-141)可见，SISO 系统的能控(能观测)标准形状态矩阵 $\bar{A}_c$（$\bar{A}_o$）最后一行(一列)元素为其传递函数分母多项式相应项系数的负值，而输出矩阵 $\bar{C}_c$（输入矩阵 $\bar{B}_o$）各元素则为传递函数分子多项式的各相应项系数。

【例 4-17】 试将下列状态空间描述变换为能观测标准形，并求系统的传递函数矩阵。

$$\begin{cases}\dot{x} = \begin{bmatrix} 1 & 1 & 1 \\ 1 & -1 & 1 \\ 0 & 1 & 0 \end{bmatrix}x + \begin{bmatrix} 1 & 0 \\ 0 & 0 \\ 1 & 1 \end{bmatrix}u \\ y = [1 \quad 1 \quad 0]x \end{cases}$$

解 因为系统能观测性判别矩阵的秩

$$\text{rank}Q_o = \text{rank}\begin{bmatrix} C \\ CA \\ CA^2 \end{bmatrix} = \text{rank}\begin{bmatrix} 1 & 1 & 0 \\ 2 & 0 & 2 \\ 2 & 4 & 2 \end{bmatrix} = 3 = n$$

故系统能观测，可化为能观测标准形。

系统的特征多项式为

$$|sI-A| = s^3 - 3s$$

故 $a_1=0, a_2=-3, a_3=0$。则由式(4-138)，得变换矩阵 T_{oc} 的逆矩阵 T_{oc}^{-1} 为

$$T_{oc}^{-1} = \begin{bmatrix} a_2 & a_1 & 1 \\ a_1 & 1 & 0 \\ 1 & 0 & 0 \end{bmatrix} \begin{bmatrix} C \\ CA \\ CA^2 \end{bmatrix} = \begin{bmatrix} -3 & 0 & 1 \\ 0 & 1 & 0 \\ 1 & 0 & 0 \end{bmatrix} \begin{bmatrix} 1 & 1 & 0 \\ 2 & 0 & 2 \\ 2 & 4 & 2 \end{bmatrix} = \begin{bmatrix} -1 & 1 & 2 \\ 2 & 0 & 2 \\ 1 & 1 & 0 \end{bmatrix}$$

则

$$T_{oc} = (T_{oc}^{-1})^{-1} = \begin{bmatrix} -1 & 1 & 2 \\ 2 & 0 & 2 \\ 1 & 1 & 0 \end{bmatrix}^{-1} = \frac{1}{4}\begin{bmatrix} -1 & 1 & 1 \\ 1 & -1 & 3 \\ 1 & 1 & -1 \end{bmatrix}$$

也可根据式(4-139)确定变换矩阵 T_{oc}，由式(4-140)，得

$$T_1 = \begin{bmatrix} C \\ CA \\ CA^2 \end{bmatrix}^{-1} \begin{bmatrix} 0 \\ 0 \\ 1 \end{bmatrix} = \begin{bmatrix} 1 & 1 & 0 \\ 2 & 0 & 2 \\ 2 & 4 & 2 \end{bmatrix}^{-1} \begin{bmatrix} 0 \\ 0 \\ 1 \end{bmatrix} = \frac{1}{4}\begin{bmatrix} 4 & 1 & -1 \\ 0 & -1 & 1 \\ -4 & 1 & 1 \end{bmatrix} \begin{bmatrix} 0 \\ 0 \\ 1 \end{bmatrix} = \frac{1}{4}\begin{bmatrix} -1 \\ 1 \\ 1 \end{bmatrix}$$

则

$$T_{oc} = [T_1 \quad AT_1 \quad A^2T_1] = \frac{1}{4}\begin{bmatrix} -1 & 1 & 1 \\ 1 & -1 & 3 \\ 1 & 1 & -1 \end{bmatrix}$$

变换后所得能观测标准形为

$$\begin{cases} \dot{\bar{x}} = T_{oc}^{-1}AT_{oc}\bar{x} + T_{oc}^{-1}Bu = \bar{A}_o\bar{x} + \bar{B}_o u = \begin{bmatrix} 0 & 0 & 0 \\ 1 & 0 & 3 \\ 0 & 1 & 0 \end{bmatrix}\bar{x} + \begin{bmatrix} 1 & 2 \\ 4 & 2 \\ 1 & 0 \end{bmatrix}u \\ y = CT_{oc}\bar{x} = \bar{C}_o\bar{x} = [0 \quad 0 \quad 1]\bar{x} \end{cases} \tag{4-142}$$

由能观测标准形(4-142)，可直接写出系统的传递函数矩阵为

$$W(s) = \begin{bmatrix} \dfrac{s^2+4s+1}{s^3-3s} & \dfrac{2s+2}{s^3-3s} \end{bmatrix}$$

4.9.2 MIMO 线性定常连续系统的能控标准形和能观测标准形

单变量系统能控标准形和能观测标准形的概念及变换方法可扩展到 MIMO 系统。但 MIMO系统能控标准形和能观测标准形的变换矩阵不唯一且计算复杂，而对应不同的变换矩阵，则对应不同的能控标准形和能观测标准形的形式。本节仅讨论应用较广的旺纳姆(Wonham)标准形和龙伯格(Luenberger)标准形，其变换矩阵的构造分别为式(4-124)、式(4-138)和式(4-132)、式(4-139)的推广。

考虑具有 r 个输入、m 个输出的 n 阶 MIMO 线性定常连续系统

$$\begin{cases} \dot{x} = Ax + Bu \\ y = Cx \end{cases} \tag{4-143}$$

其中，A、B、C 分别为 $n\times n$、$n\times r$、$m\times n$ 维常数矩阵。若系统(4-143)能控，则

$$\text{rank}Q_c = \text{rank}[B \quad AB \quad A^2B \quad \cdots \quad A^{n-1}B] = n \tag{4-144}$$

成立，即 $n\times m$ 维判别矩阵 Q_c 中有且仅有 n 个线性无关的 n 维列向量。若系统(4-143)能观测，则

$$\text{rank}Q_o = \text{rank}\begin{bmatrix} C \\ CA \\ \vdots \\ CA^{n-1} \end{bmatrix} = n \tag{4-145}$$

成立，即 $mn \times n$ 维判别矩阵 $\boldsymbol{Q}_o$ 中有且仅有 n 个线性无关的 n 维行向量。

采用不同的搜索方法，搜索出 $\boldsymbol{Q}_c$ 中 n 个线性无关的列向量，并以此为基础构造出不同的非奇异变换矩阵，从而变换得到不同形式的能控标准形。与能控标准形问题相对偶，以不同搜索方法搜索出 $\boldsymbol{Q}_o$ 中 n 个线性无关的行向量，进而构造不同的变换矩阵，得到不同形式的能观测标准形。

1. Wonham 能控标准形

若系统(4-143)能控，设 $n \times r$ 维输入矩阵 $\boldsymbol{B} = [\boldsymbol{b}_1 \quad \boldsymbol{b}_2 \quad \cdots \quad \boldsymbol{b}_r]$，不失一般性，采用"列向搜索方案"搜索出 $\boldsymbol{Q}_c$ 中 n 个线性无关的列向量为

$$\boldsymbol{b}_1, \boldsymbol{A}\boldsymbol{b}_1, \cdots, \boldsymbol{A}^{V_1-1}\boldsymbol{b}_1; \boldsymbol{b}_2, \boldsymbol{A}\boldsymbol{b}_2, \cdots, \boldsymbol{A}^{V_2-1}\boldsymbol{b}_2; \cdots; \boldsymbol{b}_l, \boldsymbol{A}\boldsymbol{b}_l, \cdots, \boldsymbol{A}^{V_l-1}\boldsymbol{b}_l \tag{4-146}$$

且

$$V_1 + V_2 + \cdots + V_l = n \tag{4-147}$$

将单输入系统能控标准形变换矩阵的构造式(4-124)推广至多输入系统(4-143)，按如下步骤构造变换为 Wonham 能控标准形的变换矩阵。

(1) 因为 $\{\boldsymbol{b}_1, \boldsymbol{A}\boldsymbol{b}_1, \cdots, \boldsymbol{A}^{V_1-1}\boldsymbol{b}_1\}$ 线性无关，而 $\{\boldsymbol{b}_1, \boldsymbol{A}\boldsymbol{b}_1, \cdots, \boldsymbol{A}^{V_1-1}\boldsymbol{b}_1, \boldsymbol{A}^{V_1}\boldsymbol{b}_1\}$ 线性相关，则参照式(4-125)，得

$$\boldsymbol{A}^{V_1}\boldsymbol{b}_1 = -\sum_{j=0}^{V_1-1} \alpha_{1,V_1-j}\boldsymbol{A}^j\boldsymbol{b}_1 \tag{4-148}$$

参照式(4-126)，其相应的基向量组为

$$\begin{cases} \boldsymbol{e}_{11} = \boldsymbol{A}^{V_1-1}\boldsymbol{b}_1 + \alpha_{11}\boldsymbol{A}^{V_1-2}\boldsymbol{b}_1 + \cdots + \alpha_{1,V_1-1}\boldsymbol{b}_1 \\ \boldsymbol{e}_{12} = \boldsymbol{A}^{V_1-2}\boldsymbol{b}_1 + \alpha_{11}\boldsymbol{A}^{V_1-3}\boldsymbol{b}_1 + \cdots + \alpha_{1,V_1-2}\boldsymbol{b}_1 \\ \vdots \\ \boldsymbol{e}_{1V_1} = \boldsymbol{b}_1 \end{cases} \tag{4-149}$$

(2) 因为 $\{\boldsymbol{b}_1, \boldsymbol{A}\boldsymbol{b}_1, \cdots, \boldsymbol{A}^{V_1-1}\boldsymbol{b}_1; \boldsymbol{b}_2, \boldsymbol{A}\boldsymbol{b}_2, \cdots, \boldsymbol{A}^{V_2-1}\boldsymbol{b}_2\}$ 线性无关，而 $\{\boldsymbol{b}_1, \boldsymbol{A}\boldsymbol{b}_1, \cdots, \boldsymbol{A}^{V_1-1}\boldsymbol{b}_1; \boldsymbol{b}_2, \boldsymbol{A}\boldsymbol{b}_2, \cdots, \boldsymbol{A}^{V_2-1}\boldsymbol{b}_2, \boldsymbol{A}^{V_2}\boldsymbol{b}_2\}$ 线性相关，故 $\boldsymbol{A}^{V_2}\boldsymbol{b}_2$ 可表示为

$$\boldsymbol{A}^{V_2}\boldsymbol{b}_2 = -\sum_{j=0}^{V_2-1} \alpha_{2,V_2-j}\boldsymbol{A}^j\boldsymbol{b}_2 + \sum_{j=1}^{V_1} \gamma_{2j1}\boldsymbol{e}_{1j} \tag{4-150}$$

式中，将对 $\{\boldsymbol{b}_1, \boldsymbol{A}\boldsymbol{b}_1, \cdots, \boldsymbol{A}^{V_1-1}\boldsymbol{b}_1\}$ 的线性组合关系等价转换为对式(4-149)所示基向量组的线性组合关系。则相应的基向量组为

$$\begin{cases} \boldsymbol{e}_{21} = \boldsymbol{A}^{V_2-1}\boldsymbol{b}_2 + \alpha_{21}\boldsymbol{A}^{V_2-2}\boldsymbol{b}_2 + \cdots + \alpha_{2,V_2-1}\boldsymbol{b}_2 \\ \boldsymbol{e}_{22} = \boldsymbol{A}^{V_2-2}\boldsymbol{b}_2 + \alpha_{21}\boldsymbol{A}^{V_2-3}\boldsymbol{b}_2 + \cdots + \alpha_{2,V_2-2}\boldsymbol{b}_2 \\ \vdots \\ \boldsymbol{e}_{2V_2} = \boldsymbol{b}_2 \end{cases} \tag{4-151}$$

$$\boldsymbol{A}^{V_l}\boldsymbol{b}_l = -\sum_{j=0}^{V_l-1} \alpha_{l,V_l-j}\boldsymbol{A}^j\boldsymbol{b}_l + \sum_{i=1}^{l-1}\sum_{j=1}^{V_i} \gamma_{lji}\boldsymbol{e}_{ij} \tag{4-152}$$

则相应的基向量组为

$$\begin{cases} \boldsymbol{e}_{l1} = \boldsymbol{A}^{V_l-1}\boldsymbol{b}_l + \alpha_{l1}\boldsymbol{A}^{V_l-2}\boldsymbol{b}_l + \cdots + \alpha_{l,V_l-1}\boldsymbol{b}_l \\ \boldsymbol{e}_{l2} = \boldsymbol{A}^{V_l-2}\boldsymbol{b}_l + \alpha_{l1}\boldsymbol{A}^{V_l-3}\boldsymbol{b}_l + \cdots + \alpha_{l,V_l-2}\boldsymbol{b}_l \\ \vdots \\ \boldsymbol{e}_{lV_l} = \boldsymbol{b}_l \end{cases} \tag{4-153}$$

在求得上述各基向量组的基础上，构造非奇异变换矩阵

$$\boldsymbol{T}_{cw}=\begin{bmatrix}\boldsymbol{e}_{11} & \boldsymbol{e}_{12} & \cdots & \boldsymbol{e}_{1V_1} & \boldsymbol{e}_{21} & \boldsymbol{e}_{22} & \cdots & \boldsymbol{e}_{2V_2} & \cdots & \boldsymbol{e}_{l-1,V_{l-1}} & \boldsymbol{e}_{l1} & \boldsymbol{e}_{l2} & \cdots & \boldsymbol{e}_{lV_l}\end{bmatrix} \tag{4-154}$$

引入状态变换

$$\boldsymbol{x}=\boldsymbol{T}_{cw}\bar{\boldsymbol{x}} \tag{4-155}$$

可将系统(4-143)变换为 Wonham 能控标准形，即

$$\begin{cases}\dot{\bar{\boldsymbol{x}}}=\bar{\boldsymbol{A}}_c\bar{\boldsymbol{x}}+\bar{\boldsymbol{B}}_c\boldsymbol{u}\\ \boldsymbol{y}=\bar{\boldsymbol{C}}_c\bar{\boldsymbol{x}}\end{cases} \tag{4-156}$$

式中

$$\bar{\boldsymbol{A}}_c=\boldsymbol{T}_{cw}^{-1}\boldsymbol{A}\boldsymbol{T}_{cw}=\begin{bmatrix}\bar{\boldsymbol{A}}_{11} & \bar{\boldsymbol{A}}_{12} & \cdots & \bar{\boldsymbol{A}}_{1l}\\ & \bar{\boldsymbol{A}}_{22} & \cdots & \bar{\boldsymbol{A}}_{2l}\\ & & \ddots & \vdots\\ & & & \bar{\boldsymbol{A}}_{ll}\end{bmatrix} \tag{4-157}$$

$$\bar{\boldsymbol{A}}_{ii}=\left[\begin{array}{c:ccc}0 & 1 & & \\ \vdots & & \ddots & \\ 0 & & & 1\\ \hdashline -\alpha_{i,V_i} & -\alpha_{i,V_i-1} & \cdots & -\alpha_{i1}\end{array}\right]_{V_i\times V_i},\quad i=1,2,\cdots,l \tag{4-158}$$

$$\bar{\boldsymbol{A}}_{ij}=\begin{bmatrix}\gamma_{j1i} & 0 & \cdots & 0\\ \vdots & \vdots & & \vdots\\ \gamma_{jV_li} & 0 & \cdots & 0\end{bmatrix}_{V_i\times V_j},\quad j=i+1,\cdots,l \tag{4-159}$$

$$\bar{\boldsymbol{B}}_c=\boldsymbol{T}_{cw}^{-1}\boldsymbol{B}=\underbrace{\left[\begin{array}{c:c:c}0 & & \\ \vdots & & \\ 0 & & \\ 1 & & \\ \hdashline & \ddots & \\ \hdashline & & 0\\ & & \vdots\\ & & 0\\ & & 1\end{array}\right.}_{l列}\underbrace{\left.\begin{array}{ccc}* & \cdots & *\\ & & \\ \vdots & & \vdots\\ & & \\ & & \\ & & \\ \vdots & & \vdots\\ & & \\ * & & *\end{array}\right]}_{r-l列}\begin{array}{l}\left.\begin{array}{l}\\ \\ \\ \\ \end{array}\right\}V_1行\\ \\ \left.\begin{array}{l}\\ \\ \\ \\ \end{array}\right\}V_l行\end{array} \tag{4-160}$$

$$\bar{\boldsymbol{C}}_c=\boldsymbol{C}\boldsymbol{T}_{cw}\ (无特殊形式) \tag{4-161}$$

式(4-160)中，用 * 表示的元素为可能的非零元素。

【例 4-18】 将例 4-17 的系统状态空间表达式变换为 Wonham 能控标准形。

解 系统的能控性判别矩阵为

$$\boldsymbol{Q}_c=[\boldsymbol{B}\quad \boldsymbol{A}\boldsymbol{B}\quad \boldsymbol{A}^2\boldsymbol{B}]=\left[\begin{array}{cc:cc:cc}1 & 0 & 2 & 1 & 4 & 2\\ 0 & 0 & 2 & 1 & 0 & 0\\ 1 & 1 & 0 & 0 & 2 & 1\end{array}\right]$$

$\mathrm{rank}\boldsymbol{Q}_c=3$，按列向搜索方案，搜索出 $\boldsymbol{Q}_c$ 中 3 个线性无关列

$$\boldsymbol{b}_1=\begin{bmatrix}1\\0\\1\end{bmatrix},\quad \boldsymbol{A}\boldsymbol{b}_1=\begin{bmatrix}2\\2\\0\end{bmatrix},\quad \boldsymbol{A}^2\boldsymbol{b}_1=\begin{bmatrix}4\\0\\2\end{bmatrix}$$

故 $l=1,V_1=3$ 。则根据式(4-148)，得

$$\boldsymbol{A}^3\boldsymbol{b}_1=\begin{bmatrix}6\\6\\0\end{bmatrix}=-(\alpha_{13}\boldsymbol{b}_1+\alpha_{12}\boldsymbol{A}\boldsymbol{b}_1+\alpha_{11}\boldsymbol{A}^2\boldsymbol{b}_1)=-\alpha_{13}\begin{bmatrix}1\\0\\1\end{bmatrix}-\alpha_{12}\begin{bmatrix}2\\2\\0\end{bmatrix}-\alpha_{11}\begin{bmatrix}4\\0\\2\end{bmatrix}$$

$$\begin{bmatrix}1 & 2 & 4\\0 & 2 & 0\\1 & 0 & 2\end{bmatrix}\begin{bmatrix}\alpha_{13}\\\alpha_{12}\\\alpha_{11}\end{bmatrix}=-\begin{bmatrix}6\\6\\0\end{bmatrix}$$

解上述方程，得

$$\begin{bmatrix}\alpha_{13}\\\alpha_{12}\\\alpha_{11}\end{bmatrix}=\begin{bmatrix}0\\-3\\0\end{bmatrix}$$

则根据式(4-149)，得

$$\begin{cases}\boldsymbol{e}_{11}=\boldsymbol{A}^2\boldsymbol{b}_1+\alpha_{11}\boldsymbol{A}\boldsymbol{b}_1+\alpha_{12}\boldsymbol{b}_1=\begin{bmatrix}1\\0\\-1\end{bmatrix}\\ \boldsymbol{e}_{12}=\boldsymbol{A}\boldsymbol{b}_1+\alpha_{11}\boldsymbol{b}_1=\begin{bmatrix}2\\2\\0\end{bmatrix}\\ \boldsymbol{e}_{13}=\boldsymbol{b}_1=\begin{bmatrix}1\\0\\1\end{bmatrix}\end{cases}$$

则根据式(4-154)，变换矩阵为

$$\boldsymbol{T}_{cw}=[\boldsymbol{e}_{11}\quad\boldsymbol{e}_{12}\quad\boldsymbol{e}_{13}]=\begin{bmatrix}1 & 2 & 1\\0 & 2 & 0\\-1 & 0 & 1\end{bmatrix}$$

则求得变换矩阵的逆矩阵为

$$\boldsymbol{T}_{cw}^{-1}=\frac{1}{2}\begin{bmatrix}1 & -1 & -1\\0 & 1 & 0\\1 & -1 & 1\end{bmatrix}$$

则引入 $\boldsymbol{x}=\boldsymbol{T}_{cw}\bar{\boldsymbol{x}}$ 变换，将例 4-17 的系统状态空间表达式变换为 Wonham 能控标准形，即

$$\begin{cases}\dot{\bar{\boldsymbol{x}}}=\bar{\boldsymbol{A}}_c\bar{\boldsymbol{x}}+\bar{\boldsymbol{B}}_c\boldsymbol{u}\\ y=\bar{\boldsymbol{C}}_c\bar{\boldsymbol{x}}\end{cases}$$

其中

$$\bar{\boldsymbol{A}}_c=\boldsymbol{T}_{cw}^{-1}\boldsymbol{A}\boldsymbol{T}_{cw}=\left[\begin{array}{c:cc}0 & 1 & 0\\0 & 0 & 1\\\hdashline-\alpha_{13} & -\alpha_{12} & -\alpha_{11}\end{array}\right]=\left[\begin{array}{c:cc}0 & 1 & 0\\0 & 0 & 1\\\hdashline 0 & 3 & 0\end{array}\right]$$

$$\bar{\boldsymbol{B}}_c=\boldsymbol{T}_{cw}^{-1}\boldsymbol{B}=\left[\begin{array}{c:c}0 & -0.5\\0 & 0\\1 & 0.5\end{array}\right],\bar{\boldsymbol{C}}_c=\boldsymbol{C}\boldsymbol{T}_{cw}=[1\quad 4\quad 1]$$

2. Luenberger 能控标准形

若系统(4-143)能控，$n\times r$ 维输入矩阵 $\boldsymbol{B}=[\boldsymbol{b}_1\quad\boldsymbol{b}_2\quad\cdots\quad\boldsymbol{b}_r]$ 的秩 $\mathrm{rank}\boldsymbol{B}=p\leqslant r$，不失一般性，设 $\boldsymbol{b}_1,\boldsymbol{b}_2,\cdots,\boldsymbol{b}_p$ 为 p 个线性无关列向量，采用“行向搜索方案”搜索出 $\boldsymbol{Q}_c$ 中 n 个线性无关的列向量，并构造非奇异矩阵

$$\boldsymbol{P}^{-1}=[\boldsymbol{b}_1\quad\boldsymbol{A}\boldsymbol{b}_1\quad\cdots\quad\boldsymbol{A}^{\mu_1-1}\boldsymbol{b}_1 \vdots \boldsymbol{b}_2\quad\boldsymbol{A}\boldsymbol{b}_2\quad\cdots\quad\boldsymbol{A}^{\mu_2-1}\boldsymbol{b}_2\vdots\cdots\vdots\boldsymbol{b}_p\quad\boldsymbol{A}\boldsymbol{b}_p\quad\cdots\quad\boldsymbol{A}^{\mu_p-1}\boldsymbol{b}_p]\quad(4\text{-}162)$$

式中，$\sum_{i=1}^{p}\mu_i = n$，$\{\mu_1,\mu_2,\cdots,\mu_p\}$ 为系统(4-143)的能控性指数集。显然，若为单输入系统，则式(4-162)所示矩阵 $\boldsymbol{P}^{-1}$ 即为系统的能控性判别矩阵。

可将单输入系统能控标准形变换矩阵的逆矩阵的构造式(4-132)推广应用于 MIMO 系统(4-143)Luenberger 能控标准形变换矩阵的逆矩阵构造。

先求得 $\boldsymbol{P}^{-1}$ 的逆矩阵为

$$\boldsymbol{P}=(\boldsymbol{P}^{-1})^{-1}=\begin{bmatrix}\boldsymbol{e}_{11}^{\mathrm{T}}\\ \vdots\\ \boldsymbol{e}_{1\mu_1}^{\mathrm{T}}\\ \hdashline \vdots\\ \hdashline \boldsymbol{e}_{p1}^{\mathrm{T}}\\ \vdots\\ \boldsymbol{e}_{p\mu_p}^{\mathrm{T}}\end{bmatrix} \tag{4-163}$$

式中，共有 p 个子矩阵，其行数分别为 μ_i 行，$i=1,2,\cdots,p$。

再将矩阵 $\boldsymbol{P}$ 中的 p 个子矩阵的最后一行分别取出，并按式(4-164)构造变换矩阵的逆矩阵，即

$$\boldsymbol{T}_{\mathrm{cL}}^{-1}=\begin{bmatrix}\boldsymbol{e}_{1\mu_1}^{\mathrm{T}}\\ \boldsymbol{e}_{1\mu_1}^{\mathrm{T}}\boldsymbol{A}\\ \vdots\\ \boldsymbol{e}_{1\mu_1}^{\mathrm{T}}\boldsymbol{A}^{\mu_1-1}\\ \hdashline \vdots\\ \hdashline \boldsymbol{e}_{p\mu_p}^{\mathrm{T}}\\ \boldsymbol{e}_{p\mu_p}^{\mathrm{T}}\boldsymbol{A}\\ \vdots\\ \boldsymbol{e}_{p\mu_p}^{\mathrm{T}}\boldsymbol{A}^{\mu_p-1}\end{bmatrix} \tag{4-164}$$

引入状态变换

$$\boldsymbol{x}=\boldsymbol{T}_{\mathrm{cL}}\bar{\boldsymbol{x}} \tag{4-165}$$

可将系统(4-143)变换为 Luenberger 能控标准形，即

$$\begin{cases}\dot{\bar{\boldsymbol{x}}}=\bar{\boldsymbol{A}}_{\mathrm{c}}\bar{\boldsymbol{x}}+\bar{\boldsymbol{B}}_{\mathrm{c}}\boldsymbol{u}\\ \boldsymbol{y}=\bar{\boldsymbol{C}}_{\mathrm{c}}\bar{\boldsymbol{x}}\end{cases} \tag{4-166}$$

其中

$$\bar{\boldsymbol{A}}_{\mathrm{c}}=\boldsymbol{T}_{\mathrm{cL}}^{-1}\boldsymbol{A}\boldsymbol{T}_{\mathrm{cL}}=\begin{bmatrix}\bar{\boldsymbol{A}}_{11} & \cdots & \bar{\boldsymbol{A}}_{1p}\\ \vdots & & \vdots\\ \bar{\boldsymbol{A}}_{p1} & \cdots & \bar{\boldsymbol{A}}_{pp}\end{bmatrix} \tag{4-167}$$

$$\bar{\boldsymbol{A}}_{ii}=\begin{bmatrix}0 & 1 & & \\ \vdots & & \ddots & \\ 0 & & & 1\\ \hline * & * & \cdots & *\end{bmatrix}_{\mu_i\times\mu_i},\quad i=1,2,\cdots,p \tag{4-168}$$

$$\bar{\boldsymbol{A}}_{ij}=\begin{bmatrix}0 & \cdots & 0\\ \vdots & & \vdots\\ 0 & \cdots & 0\\ * & \cdots & *\end{bmatrix}_{\mu_i\times\mu_j},\quad i\neq j \tag{4-169}$$

$$\overline{B}_c = T_{cL}^{-1} B = \left[\begin{array}{c:c:c:ccc} 0 & & & * & \cdots & * \\ \vdots & & & & & \\ 0 & & & \vdots & & \vdots \\ 1 & * & & & & \\ \hdashline & \ddots & & & & \\ \hdashline & & 0 & & & \\ & & \vdots & \vdots & & \vdots \\ & & 0 & & & \\ & & 1 & * & & * \end{array}\right] \begin{array}{l} \left.\vphantom{\begin{array}{c}0\\0\\0\\0\end{array}}\right\} \mu_1\text{行} \\ \\ \left.\vphantom{\begin{array}{c}0\\0\\0\\0\end{array}}\right\} \mu_p\text{行} \end{array} \tag{4-170}$$

$$\underbrace{\qquad\qquad}_{p\text{列}} \quad \underbrace{\qquad\qquad}_{r-l\text{列}}$$

$$\overline{C}_c = CT_{cL}\text{（无特殊形式）} \tag{4-171}$$

式中，用 * 表示的元素为可能的非零元素。

【例 4-19】 将例 4-17 的系统状态空间表达式变换为 Luenberger 能控标准形。

解 对行满秩的

$$Q_c = [B \mid AB \mid A^2B] = \left[\begin{array}{cc:cc:cc} 1 & 0 & 2 & 1 & 4 & 2 \\ 0 & 0 & 2 & 1 & 0 & 0 \\ 1 & 1 & 0 & 0 & 2 & 1 \end{array}\right]$$

按行向搜索，搜索出 3 个线性无关列

$$b_1 = \begin{bmatrix} 1 \\ 0 \\ 1 \end{bmatrix}, \quad b_2 = \begin{bmatrix} 0 \\ 0 \\ 1 \end{bmatrix}, \quad Ab_1 = \begin{bmatrix} 2 \\ 2 \\ 0 \end{bmatrix}$$

故 $\mu_1 = 2, \mu_2 = 1$ 。则根据式(4-162)，构造非奇异矩阵

$$P^{-1} = [b_1 \quad Ab_1 \mid b_2] = \left[\begin{array}{cc:c} 1 & 2 & 0 \\ 0 & 2 & 0 \\ 1 & 0 & 1 \end{array}\right]$$

则

$$P = (P^{-1})^{-1} = \begin{bmatrix} 1 & -1 & 0 \\ 0 & 0.5 & 0 \\ -1 & 1 & 1 \end{bmatrix}$$

取 P 矩阵中 2 个子矩阵的最后一行 $e_{1\mu_1}^{T} = [0 \quad 0.5 \quad 0]$和 $e_{2\mu_2}^{T} = [-1 \quad 1 \quad 1]$，按式(4-164)构造变换矩阵的逆矩阵为

$$T_{cL}^{-1} = \left[\begin{array}{c} e_{1\mu_1}^{T} \\ e_{1\mu_1}^{T} A \\ \hdashline e_{2\mu_2}^{T} \end{array}\right] = \left[\begin{array}{ccc} 0 & 0.5 & 0 \\ 0.5 & -0.5 & 0.5 \\ \hdashline -1 & 1 & 1 \end{array}\right]$$

则变换矩阵为

$$T_{cL} = (T_{cL}^{-1})^{-1} = \left[\begin{array}{ccc} 0 & 0.5 & 0 \\ 0.5 & -0.5 & 0.5 \\ \hdashline -1 & 1 & 1 \end{array}\right]^{-1} = \begin{bmatrix} 2 & 1 & -0.5 \\ 2 & 0 & 0 \\ 0 & 1 & 0.5 \end{bmatrix}$$

引入 $x = T_{cL}\bar{x}$ 变换，将例 4-17 的系统状态空间表达式变换为 Luenberger 能控标准形，即

$$\begin{cases} \dot{\bar{x}} = \overline{A}_c \bar{x} + \overline{B}_c u \\ y = \overline{C}_c \bar{x} \end{cases}$$

其中

$$\bar{\boldsymbol{A}}_c = \boldsymbol{T}_{cL}^{-1}\boldsymbol{A}\boldsymbol{T}_{cL} = \begin{bmatrix} 0 & 1 & 0 \\ 3 & 0 & 0 \\ -2 & 0 & 0 \end{bmatrix}, \quad \bar{\boldsymbol{B}}_c = \boldsymbol{T}_{cL}^{-1}\boldsymbol{B} = \begin{bmatrix} 0 & 0 \\ 1 & 0.5 \\ 0 & 1 \end{bmatrix},$$

$$\bar{\boldsymbol{C}}_c = \boldsymbol{C}\boldsymbol{T}_{cL} = \begin{bmatrix} 4 & 1 & -0.5 \end{bmatrix}$$

3. Wonham 能观测标准形和 Luenberger 能观测标准形

应用对偶原理，若系统(4-143)能观测，则其 Wonham 能观测标准形、Luenberger 能观测标准形在形式上分别对偶于 Wonham 能控标准形(4-156)、Luenberger 能控标准形(4-166)。例如，若 rank$\boldsymbol{C}=q$，$\{v_1, v_2, \cdots, v_q\}$ 为能观测系统(4-143)的能观测性指数集，$\sum_{i=1}^{q} v_i = n$，则系统的 Luenberger 能观测标准形为

$$\begin{cases} \dot{\bar{\boldsymbol{x}}} = \breve{\bar{\boldsymbol{A}}}_o \bar{\boldsymbol{x}} + \breve{\bar{\boldsymbol{B}}}_o \boldsymbol{u} \\ \boldsymbol{y} = \breve{\bar{\boldsymbol{C}}}_o \bar{\boldsymbol{x}} \end{cases} \tag{4-172}$$

式中

$$\breve{\bar{\boldsymbol{A}}}_o = \begin{bmatrix} \breve{\bar{\boldsymbol{A}}}_{11} & \cdots & \breve{\bar{\boldsymbol{A}}}_{1q} \\ \vdots & & \vdots \\ \breve{\bar{\boldsymbol{A}}}_{q1} & \cdots & \breve{\bar{\boldsymbol{A}}}_{qq} \end{bmatrix} \tag{4-173}$$

$$\breve{\bar{\boldsymbol{A}}}_{ii} = \begin{bmatrix} 0 & \cdots & 0 & * \\ 1 & & & * \\ & \ddots & & \vdots \\ & & 1 & * \end{bmatrix}_{v_i \times v_i}, \quad i = 1, 2, \cdots, q \tag{4-174}$$

$$\breve{\bar{\boldsymbol{A}}}_{ij} = \begin{bmatrix} 0 & \cdots & 0 & * \\ \vdots & \vdots & \vdots & \vdots \\ 0 & \cdots & 0 & * \end{bmatrix}_{v_i \times v_j}, \quad i \neq j \tag{4-175}$$

$$\breve{\bar{\boldsymbol{C}}}_o = \begin{bmatrix} \overbrace{0 \cdots 0\ 1}^{v_1 列} & & \overbrace{}^{v_q 列} \\ & * & \ddots & \\ & & & 0 \cdots 0\ 1 \\ * & \cdots & \cdots & * \\ \vdots & & & \vdots \\ * & \cdots & \cdots & * \end{bmatrix} \left.\begin{matrix} \\ \\ \\ \\ \\ \end{matrix}\right\} q 行 \atop \left.\begin{matrix} \\ \\ \end{matrix}\right\} m-q 行 \tag{4-176}$$

$$\breve{\bar{\boldsymbol{B}}}_o\ 无特殊形式 \tag{4-177}$$

式中，用 * 表示的元素为可能的非零元素。

4.10 能控性与能观测性的频域判据

系统的传递函数矩阵描述为外部描述，其等于系统中能控且能观测子系统的传递函数矩阵，不能给出系统解耦零点的信息。状态空间描述和多项式矩阵描述（包括 PMD 的传递函数矩阵）均是内部描述，因能够描述解耦零点，故不仅能反映能控且能观测子系统的动力学特性，而且可

表征能控不能观测、能观测不能控、不能控且不能观测子系统的动力学特性。严格系统等价的同一系统状态空间描述的状态与 PMD 的广义状态具有一一对应关系，故 PMD 广义状态的能控性、能观测性与状态的这些性质一致。

如 2.5 节所述，MIMO 线性定常系统

$$\begin{cases}\dot{\boldsymbol{x}} = \boldsymbol{A}\boldsymbol{x} + \boldsymbol{B}\boldsymbol{u} \\ \boldsymbol{y} = \boldsymbol{C}\boldsymbol{x}\end{cases} \tag{4-178}$$

的系统矩阵为

$$\boldsymbol{S}(s) = \left[\begin{array}{c:c} s\boldsymbol{I} - \boldsymbol{A} & \boldsymbol{B} \\ \hdashline -\boldsymbol{C} & \boldsymbol{0}\end{array}\right] \tag{4-179}$$

设与 $\boldsymbol{S}(s)$ 严格系统等价的另一系统矩阵为

$$\widetilde{\boldsymbol{S}}(s) = \left[\begin{array}{c:c} \boldsymbol{P}(s) & \boldsymbol{Q}(s) \\ \hdashline -\boldsymbol{R}(s) & \boldsymbol{0}\end{array}\right] \tag{4-180}$$

则可以证明：系统(4-178)状态完全能控的充分必要条件是 $\{\boldsymbol{P}(s),\boldsymbol{Q}(s)\}$ 左互质，即系统没有输入解耦零点；系统状态完全能观测的充分必要条件是 $\{\boldsymbol{P}(s),\boldsymbol{R}(s)\}$ 右互质，即系统没有输出解耦零点；系统状态完全能控且完全能观测的充分必要条件是 $\{\boldsymbol{P}(s),\boldsymbol{Q}(s)\}$ 左互质且 $\{\boldsymbol{P}(s),\boldsymbol{R}(s)\}$ 右互质，即系统没有解耦零点，为最小阶系统。

由式(2-251)和式(2-257)知，输入解耦零点、输出解耦零点是分别使矩阵 $[\boldsymbol{P}(s) \quad \boldsymbol{Q}(s)]$、$[\boldsymbol{P}^{\mathrm{T}}(s) \quad \boldsymbol{R}^{\mathrm{T}}(s)]^{\mathrm{T}}$ 降秩的那些 s 值，又因为式(4-179)和式(4-180)为严格系统等价，故输入解耦零点、输出解耦零点也是分别使矩阵 $[(s\boldsymbol{I}-\boldsymbol{A}) \quad \boldsymbol{B}]$、$[(s\boldsymbol{I}-\boldsymbol{A})^{\mathrm{T}} \quad \boldsymbol{C}^{\mathrm{T}}]^{\mathrm{T}}$ 降秩的那些 s 值，这与式(4-13)、式(4-30)所示的 PBH 秩判据本质上一致。如 4.7 节所述，不能控系统(4-69)按能控性的结构分解，得

$$\begin{cases}\begin{bmatrix}\dot{\hat{\boldsymbol{x}}}_{\mathrm{c}} \\ \dot{\hat{\boldsymbol{x}}}_{\bar{\mathrm{c}}}\end{bmatrix} = \begin{bmatrix}\hat{\boldsymbol{A}}_{\mathrm{c}} & \hat{\boldsymbol{A}}_{12} \\ \boldsymbol{0} & \hat{\boldsymbol{A}}_{\bar{\mathrm{c}}}\end{bmatrix}\begin{bmatrix}\hat{\boldsymbol{x}}_{\mathrm{c}} \\ \hat{\boldsymbol{x}}_{\bar{\mathrm{c}}}\end{bmatrix} + \begin{bmatrix}\hat{\boldsymbol{B}}_{\mathrm{c}} \\ \boldsymbol{0}\end{bmatrix}\boldsymbol{u} \\ \boldsymbol{y} = [\hat{\boldsymbol{C}}_{\mathrm{c}} \quad \hat{\boldsymbol{C}}_{\bar{\mathrm{c}}}]\begin{bmatrix}\hat{\boldsymbol{x}}_{\mathrm{c}} \\ \hat{\boldsymbol{x}}_{\bar{\mathrm{c}}}\end{bmatrix}\end{cases} \tag{4-181}$$

式中，$\{\hat{\boldsymbol{A}}_{\mathrm{c}},\hat{\boldsymbol{B}}_{\mathrm{c}},\hat{\boldsymbol{C}}_{\mathrm{c}}\}$ 为 k 阶能控子系统（k 为能控性判别矩阵的秩），由能控性的 PBH 秩判据式(4-13)及多项式矩阵左互质的充分必要条件式(2-96)、式(2-101)，矩阵

$$[s\boldsymbol{I}_k - \hat{\boldsymbol{A}}_{\mathrm{c}} \quad \hat{\boldsymbol{B}}_{\mathrm{c}}]$$

经初等变换化为的 Smith 标准形为 $[\boldsymbol{I}_k \quad \boldsymbol{0}]$。则由严格系统等价及等价变换，得

$$[\boldsymbol{P}(s) \quad \boldsymbol{Q}(s)] \sim [s\boldsymbol{I} - \hat{\boldsymbol{A}} \,\vdots\, \hat{\boldsymbol{B}}] = \left[\begin{array}{cc:c} s\boldsymbol{I}_k - \hat{\boldsymbol{A}}_{\mathrm{c}} & -\hat{\boldsymbol{A}}_{12} & \hat{\boldsymbol{B}}_{\mathrm{c}} \\ \hdashline \boldsymbol{0} & s\boldsymbol{I}_{n-k} - \hat{\boldsymbol{A}}_{\bar{\mathrm{c}}} & \boldsymbol{0}\end{array}\right] \sim \left[\begin{array}{cc:c} \boldsymbol{I}_k & \boldsymbol{0} & \boldsymbol{0} \\ \hdashline \boldsymbol{0} & s\boldsymbol{I}_{n-k} - \hat{\boldsymbol{A}}_{\bar{\mathrm{c}}} & \boldsymbol{0}\end{array}\right] \tag{4-182}$$

式(4-182)表明，使矩阵 $[\boldsymbol{P}(s) \quad \boldsymbol{Q}(s)]$ 降秩的 s 值为

$$\det(s\boldsymbol{I}_{n-k} - \hat{\boldsymbol{A}}_{\bar{\mathrm{c}}}) = 0 \tag{4-183}$$

的根，即

$$\text{输入解耦零点} = \text{不能控子系统的特征值} \tag{4-184}$$

由于为等价变换，故系统(4-69)分解前后的极点、零点和传递函数矩阵不变，故得

$$\boldsymbol{W}(s) = \boldsymbol{C}(s\boldsymbol{I}_n - \boldsymbol{A})^{-1}\boldsymbol{B} = \hat{\boldsymbol{C}}_{\mathrm{c}}(s\boldsymbol{I}_k - \hat{\boldsymbol{A}}_{\mathrm{c}})^{-1}\hat{\boldsymbol{B}}_{\mathrm{c}} \tag{4-185}$$

即

$$\boldsymbol{C}\frac{\operatorname{adj}(s\boldsymbol{I}_n - \boldsymbol{A})}{\det(s\boldsymbol{I}_n - \boldsymbol{A})}\boldsymbol{B} = \hat{\boldsymbol{C}}_{\mathrm{c}}\frac{\operatorname{adj}(s\boldsymbol{I}_k - \hat{\boldsymbol{A}}_{\mathrm{c}})}{\det(s\boldsymbol{I}_k - \hat{\boldsymbol{A}}_{\mathrm{c}})}\hat{\boldsymbol{B}}_{\mathrm{c}} \tag{4-186}$$

若系统(4-69)能观测，其传递函数矩阵等于 k 阶能控子系统 $\{\hat{\boldsymbol{A}}_c,\hat{\boldsymbol{B}}_c,\hat{\boldsymbol{C}}_c\}$ 的传递函数矩阵，而式(4-77)表明，式(4-186)左边的分子、分母含有公因式 $\det(s\boldsymbol{I}_{n-k}-\hat{\boldsymbol{A}}_{\bar{c}})$。$\det(s\boldsymbol{I}_{n-k}-\hat{\boldsymbol{A}}_{\bar{c}})=0$ 的根，即系统的输入解耦零点既是系统的极点也是系统的零点，其在形成传递函数矩阵时发生了对消，导致 $\hat{\boldsymbol{A}}_{\bar{c}}$ 的$(n-k)$个特征值对应的模态为不能控模态。由于状态的能控性只与系数矩阵对$\{\boldsymbol{A},\boldsymbol{B}\}$有关，这种系统的零点和极点的对消只可能发生在 $(s\boldsymbol{I}-\boldsymbol{A})^{-1}\boldsymbol{B}$ 中。

与上述讨论的问题对偶，不能观测系统(4-78)按能观测性的结构分解，得

$$\begin{cases}\begin{bmatrix}\dot{\hat{\boldsymbol{x}}}_o\\ \dot{\hat{\boldsymbol{x}}}_{\bar{o}}\end{bmatrix}=\begin{bmatrix}\hat{\boldsymbol{A}}_o & \boldsymbol{0}\\ \hat{\boldsymbol{A}}_{21} & \hat{\boldsymbol{A}}_{\bar{o}}\end{bmatrix}\begin{bmatrix}\hat{\boldsymbol{x}}_o\\ \hat{\boldsymbol{x}}_{\bar{o}}\end{bmatrix}+\begin{bmatrix}\hat{\boldsymbol{B}}_o\\ \hat{\boldsymbol{B}}_{\bar{o}}\end{bmatrix}\boldsymbol{u}\\ \boldsymbol{y}=\begin{bmatrix}\hat{\boldsymbol{C}}_o & \boldsymbol{0}\end{bmatrix}\begin{bmatrix}\hat{\boldsymbol{x}}_o\\ \hat{\boldsymbol{x}}_{\bar{o}}\end{bmatrix}\end{cases}\tag{4-187}$$

式中，$\{\hat{\boldsymbol{A}}_o,\hat{\boldsymbol{B}}_o,\hat{\boldsymbol{C}}_o\}$ 为 k 阶能观测子系统(k 为能观测性判别矩阵的秩)，由能观测性的 PBH 秩判据式(4-30)及多项式矩阵右互质的充分必要条件式(2-94)、式(2-100)，矩阵

$$\begin{bmatrix}s\boldsymbol{I}_k-\hat{\boldsymbol{A}}_o\\ \hdashline \hat{\boldsymbol{C}}_o\end{bmatrix}$$

经初等变换化为的 Smith 标准形为$\begin{bmatrix}\boldsymbol{I}_k\\ \hdashline \boldsymbol{0}\end{bmatrix}$。则由严格系统等价及等价变换，得

$$\begin{bmatrix}\boldsymbol{P}(s)\\ \boldsymbol{R}(s)\end{bmatrix}\sim\begin{bmatrix}s\boldsymbol{I}-\hat{\boldsymbol{A}}\\ \hdashline \hat{\boldsymbol{C}}\end{bmatrix}=\begin{bmatrix}s\boldsymbol{I}_k-\hat{\boldsymbol{A}}_o & \boldsymbol{0}\\ -\hat{\boldsymbol{A}}_{21} & s\boldsymbol{I}_{n-k}-\hat{\boldsymbol{A}}_{\bar{o}}\\ \hdashline \hat{\boldsymbol{C}}_o & \boldsymbol{0}\end{bmatrix}\sim\begin{bmatrix}\boldsymbol{I}_k & \boldsymbol{0}\\ \boldsymbol{0} & s\boldsymbol{I}_{n-k}-\hat{\boldsymbol{A}}_{\bar{o}}\\ \hdashline \boldsymbol{0} & \boldsymbol{0}\end{bmatrix}\tag{4-188}$$

式(4-188)表明，使矩阵$[\boldsymbol{P}^{\mathrm{T}}(s)\quad \boldsymbol{R}^{\mathrm{T}}(s)]^{\mathrm{T}}$降秩的 s 值为

$$\det(s\boldsymbol{I}_{n-k}-\hat{\boldsymbol{A}}_{\bar{o}})=0\tag{4-189}$$

的根，即

$$\text{输出解耦零点}=\text{不能观测子系统的特征值}\tag{4-190}$$

对应于式(4-185)、式(4-186)，有

$$\boldsymbol{W}(s)=\boldsymbol{C}(s\boldsymbol{I}_n-\boldsymbol{A})^{-1}\boldsymbol{B}=\boldsymbol{C}\frac{\operatorname{adj}(s\boldsymbol{I}_n-\boldsymbol{A})}{\det(s\boldsymbol{I}_n-\boldsymbol{A})}\boldsymbol{B}=\hat{\boldsymbol{C}}_o\frac{\operatorname{adj}(s\boldsymbol{I}_k-\hat{\boldsymbol{A}}_o)}{\det(s\boldsymbol{I}_k-\hat{\boldsymbol{A}}_o)}\hat{\boldsymbol{B}}_o\tag{4-191}$$

若系统(4-78)能控，其传递函数矩阵仅反映 k 阶能观测子系统 $\{\hat{\boldsymbol{A}}_o,\hat{\boldsymbol{B}}_o,\hat{\boldsymbol{C}}_o\}$，$\det(s\boldsymbol{I}_{n-k}-\hat{\boldsymbol{A}}_{\bar{o}})=0$ 的根，即系统的输出解耦零点既是系统的极点又是系统的零点，其在形成传递函数矩阵时发生了对消，导致 $\hat{\boldsymbol{A}}_{\bar{o}}$ 的$(n-k)$个特征值对应的模态为不能观测模态。由于状态的能观测性只与系数矩阵对$\{\boldsymbol{A},\boldsymbol{C}\}$有关，这种系统的零点和极点的对消只可能发生在 $\boldsymbol{C}(s\boldsymbol{I}-\boldsymbol{A})^{-1}$ 中。

对不能控不能观测系统(4-86)按能控性和能观测性的结构分解，得

$$\begin{cases}\begin{bmatrix}\dot{\hat{\boldsymbol{x}}}_{co}\\ \dot{\hat{\boldsymbol{x}}}_{c\bar{o}}\\ \dot{\hat{\boldsymbol{x}}}_{\bar{c}o}\\ \dot{\hat{\boldsymbol{x}}}_{\bar{c}\bar{o}}\end{bmatrix}=\begin{bmatrix}\boldsymbol{A}_{co} & \boldsymbol{0} & \boldsymbol{A}_{13} & \boldsymbol{0}\\ \boldsymbol{A}_{21} & \boldsymbol{A}_{c\bar{o}} & \boldsymbol{A}_{23} & \boldsymbol{A}_{24}\\ \boldsymbol{0} & \boldsymbol{0} & \boldsymbol{A}_{\bar{c}o} & \boldsymbol{0}\\ \boldsymbol{0} & \boldsymbol{0} & \boldsymbol{A}_{43} & \boldsymbol{A}_{\bar{c}\bar{o}}\end{bmatrix}\begin{bmatrix}\hat{\boldsymbol{x}}_{co}\\ \hat{\boldsymbol{x}}_{c\bar{o}}\\ \hat{\boldsymbol{x}}_{\bar{c}o}\\ \hat{\boldsymbol{x}}_{\bar{c}\bar{o}}\end{bmatrix}+\begin{bmatrix}\boldsymbol{B}_{co}\\ \boldsymbol{B}_{c\bar{o}}\\ \boldsymbol{0}\\ \boldsymbol{0}\end{bmatrix}\boldsymbol{u}\\ \boldsymbol{y}=\begin{bmatrix}\boldsymbol{C}_{co} & \boldsymbol{0} & \boldsymbol{C}_{\bar{c}o} & \boldsymbol{0}\end{bmatrix}\begin{bmatrix}\hat{\boldsymbol{x}}_{co}\\ \hat{\boldsymbol{x}}_{c\bar{o}}\\ \hat{\boldsymbol{x}}_{\bar{c}o}\\ \hat{\boldsymbol{x}}_{\bar{c}\bar{o}}\end{bmatrix}\end{cases}\tag{4-192}$$

式中，$\left\{\begin{bmatrix}\boldsymbol{A}_{co} & \boldsymbol{0}\\ \boldsymbol{A}_{21} & \boldsymbol{A}_{c\bar{o}}\end{bmatrix},\begin{bmatrix}\boldsymbol{B}_{co}\\ \boldsymbol{B}_{c\bar{o}}\end{bmatrix},\begin{bmatrix}\boldsymbol{C}_{co} & \boldsymbol{0}\end{bmatrix}\right\}$为能控子系统，$\left\{\begin{bmatrix}\boldsymbol{A}_{co} & \boldsymbol{A}_{13}\\ \boldsymbol{0} & \boldsymbol{A}_{\bar{c}o}\end{bmatrix},\begin{bmatrix}\boldsymbol{B}_{co}\\ \boldsymbol{0}\end{bmatrix},\begin{bmatrix}\boldsymbol{C}_{co} & \boldsymbol{C}_{\bar{c}o}\end{bmatrix}\right\}$为能观

测子系统，则由能控性、能观测性的 PBH 秩判据及多项式矩阵左互质、右互质的充分必要条件，可推断使矩阵$[(s\boldsymbol{I}-\boldsymbol{A}) \quad \boldsymbol{B}]$、$[(s\boldsymbol{I}-\boldsymbol{A})^{\mathrm{T}} \quad \boldsymbol{C}^{\mathrm{T}}]^{\mathrm{T}}$同时降秩的 s 值为

$$\det(s\boldsymbol{I}-\hat{\boldsymbol{A}}_{\bar{c}\bar{o}})=0 \tag{4-193}$$

的根，即

$$\text{输入-输出解耦零点}=\text{不能控不能观测子系统的特征值} \tag{4-194}$$

式(4-193)决定的系统零点和极点的对消说明，$\boldsymbol{C}(s\boldsymbol{I}-\boldsymbol{A})^{-1}$ 分子矩阵和分母矩阵有一非单模矩阵的右公因式，该公因式也是 $(s\boldsymbol{I}-\boldsymbol{A})^{-1}\boldsymbol{B}$ 的左公因式，其若在 $\boldsymbol{C}(s\boldsymbol{I}-\boldsymbol{A})^{-1}$ 中被消去，则不在 $(s\boldsymbol{I}-\boldsymbol{A})^{-1}\boldsymbol{B}$ 中被消去，反之亦然。

在上述讨论的基础上，可讨论能控性和能观测性与传递函数矩阵的关系。

n 阶 SISO 线性定常系统

$$\begin{cases}\dot{\boldsymbol{x}}=\boldsymbol{A}\boldsymbol{x}+\boldsymbol{B}u\\ y=\boldsymbol{C}\boldsymbol{x}\end{cases} \tag{4-195}$$

状态完全能控且能观测的充分必要条件是其传递函数

$$W(s)=\boldsymbol{C}(s\boldsymbol{I}-\boldsymbol{A})^{-1}\boldsymbol{B}=\frac{\boldsymbol{C}\mathrm{adj}(s\boldsymbol{I}-A)\boldsymbol{B}}{\det(s\boldsymbol{I}-\boldsymbol{A})}=\frac{N(s)}{D(s)} \tag{4-196}$$

的分子多项式 $N(s)=\boldsymbol{C}\mathrm{adj}(s\boldsymbol{I}-\boldsymbol{A})\boldsymbol{B}$ 和分母多项式 $D(s)=\det(s\boldsymbol{I}-\boldsymbol{A})$ 仅有常数公因子。

由于 $N(s)=\boldsymbol{C}\mathrm{adj}(s\boldsymbol{I}-\boldsymbol{A})\boldsymbol{B}$ 和 $D(s)=\det(s\boldsymbol{I}-\boldsymbol{A})$ 若仅有常数公因子，即没有相消的公因式，则$\{(s\boldsymbol{I}-\boldsymbol{A}),\boldsymbol{B}\}$左互质且$\{(s\boldsymbol{I}-\boldsymbol{A}),\boldsymbol{C}\}$右互质，故 $N(s)$ 和 $D(s)$ 仅有常数公因子是单变量系统(4-195)能控且能观测的充分必要条件。事实上，若 $N(s)$ 和 $D(s)$ 仅有常数公因子，表明传递函数的极点即为系统的极点，即系统无解耦零点。

然而，n 阶 MIMO 线性定常系统

$$\begin{cases}\dot{\boldsymbol{x}}=\boldsymbol{A}\boldsymbol{x}+\boldsymbol{B}\boldsymbol{u}\\ \boldsymbol{y}=\boldsymbol{C}\boldsymbol{x}\end{cases} \tag{4-197}$$

状态完全能控且能观测的充分条件是其传递函数矩阵

$$\boldsymbol{W}(s)=\boldsymbol{C}(s\boldsymbol{I}-\boldsymbol{A})^{-1}\boldsymbol{B}=\frac{\boldsymbol{C}\mathrm{adj}(s\boldsymbol{I}-A)\boldsymbol{B}}{\det(s\boldsymbol{I}-\boldsymbol{A})} \tag{4-198}$$

中的系统特征式 $\det(s\boldsymbol{I}-\boldsymbol{A})$ 与 $\boldsymbol{C}\mathrm{adj}(s\boldsymbol{I}-\boldsymbol{A})\boldsymbol{B}$ 之间没有非常数公因式。

上述结论中的条件仅是 MIMO 系统能控且能观测的充分条件而非充分必要条件，这是与单变量系统的不同之处。实际上，对多变量系统而言，即使 $\det(s\boldsymbol{I}-\boldsymbol{A})$ 与 $\boldsymbol{C}\mathrm{adj}(s\boldsymbol{I}-\boldsymbol{A})\boldsymbol{B}$ 存在相消的公因式，也可能满足$\{(s\boldsymbol{I}-\boldsymbol{A}),\boldsymbol{B}\}$左互质且$\{(s\boldsymbol{I}-\boldsymbol{A}),\boldsymbol{C}\}$右互质的条件，这时传递函数矩阵的极点就不会因 $\det(s\boldsymbol{I}-\boldsymbol{A})$ 与 $\boldsymbol{C}\mathrm{adj}(s\boldsymbol{I}-\boldsymbol{A})\boldsymbol{B}$ 存在相消的公因式而减少，传递函数矩阵的极点集合就会与系统的极点集合相等，系统就是能控且能观测的。

【例 4-20】 试求图 4-6(a)、(b)、(c)所示各系统的状态空间表达式和传递函数，并判别其能控性和能观测性。

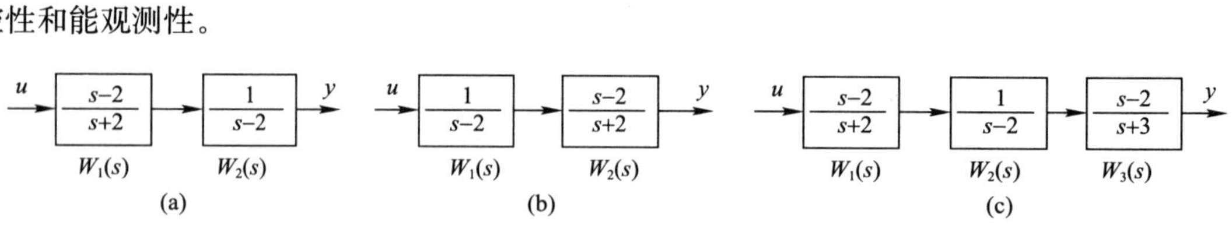

图 4-6　例 4-20 图

解　由图 4-6，画出各系统对应的状态变量图，分别如图 4-7(a)、(b)、(c)所示。

(1) 由图 4-7(a)，系统(a)的状态空间表达式为

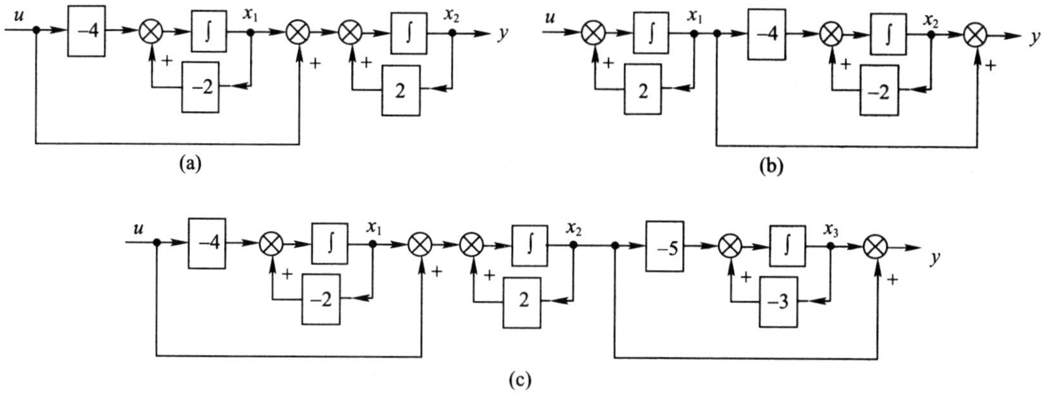

图 4-7　图 4-6 系统对应的状态变量图

$$\begin{cases}\dot{\boldsymbol{x}}=\begin{bmatrix}-2 & 0\\ 1 & 2\end{bmatrix}\boldsymbol{x}+\begin{bmatrix}-4\\ 1\end{bmatrix}u\\ y=\begin{bmatrix}0 & 1\end{bmatrix}\boldsymbol{x}\end{cases}$$

因 $\operatorname{rank}\boldsymbol{Q}_c=\operatorname{rank}\begin{bmatrix}-4 & 8\\ 1 & -2\end{bmatrix}=1<2=n$，$\operatorname{rank}\boldsymbol{Q}_o=\operatorname{rank}\begin{bmatrix}0 & 1\\ 1 & 2\end{bmatrix}=2=n$，故系统能观测，但不能控。控制 u 到状态向量 $\boldsymbol{x}$ 的传递函数矩阵

$$(s\boldsymbol{I}-\boldsymbol{A})^{-1}\boldsymbol{B}=\frac{1}{(s+2)(s-2)}\begin{bmatrix}s-2\\ s-2\end{bmatrix}$$

中发生了系统的零点 2 和极点 2 相消，即输入解耦零点为 2，对照图 4-6(a)，可认为相消的系统零点 2 堵塞了控制 u 对相应极点 2 的信息传输通道，极点 2 成为系统不能控的极点。

系统的传递函数

$$W(s)=\boldsymbol{C}(s\boldsymbol{I}-\boldsymbol{A})^{-1}\boldsymbol{B}=\frac{s-2}{(s+2)(s-2)}=\frac{1}{s+2}$$

只反映系统能控且能观测子系统。系统(a)的极点为 2、-2，传递函数的极点为 -2。

(2) 由图 4-7(b)，系统(b)的状态空间表达式为

$$\begin{cases}\dot{\boldsymbol{x}}=\begin{bmatrix}2 & 0\\ -4 & -2\end{bmatrix}\boldsymbol{x}+\begin{bmatrix}1\\ 0\end{bmatrix}u\\ y=\begin{bmatrix}1 & 1\end{bmatrix}\boldsymbol{x}\end{cases}$$

因 $\operatorname{rank}\boldsymbol{Q}_c=\operatorname{rank}\begin{bmatrix}1 & 2\\ 0 & -4\end{bmatrix}=2=n$，$\operatorname{rank}\boldsymbol{Q}_o=\operatorname{rank}\begin{bmatrix}1 & 1\\ -2 & -2\end{bmatrix}=1<2=n$，故系统能控，但不能观测。由初始状态向量 $\boldsymbol{x}(0)$ 到输出的传递函数矩阵

$$\boldsymbol{C}(s\boldsymbol{I}-\boldsymbol{A})^{-1}=\frac{\begin{bmatrix}s-2 & s-2\end{bmatrix}}{(s+2)(s-2)}$$

中发生了系统的零点 2 和极点 2 相消，即输出解耦零点为 2，对照图 4-6(b)，可认为相消的系统零点 2 堵塞了相应极点 2 的模态信息 e^{2t} 向输出传送的通道，极点 2 成为系统不能观测的极点。

系统的传递函数

$$W(s)=\boldsymbol{C}(s\boldsymbol{I}-\boldsymbol{A})^{-1}\boldsymbol{B}=\frac{s-2}{(s+2)(s-2)}=\frac{1}{s+2}$$

只反映系统能控且能观测子系统。

(3) 由图 4-7(c)，系统(c)的状态空间表达式为

$$\begin{cases}\dot{\boldsymbol{x}}=\begin{bmatrix}-2 & 0 & 0\\ 1 & 2 & 0\\ 0 & -5 & -3\end{bmatrix}\boldsymbol{x}+\begin{bmatrix}-4\\ 1\\ 0\end{bmatrix}\boldsymbol{u}\\ y=\begin{bmatrix}0 & 1 & 1\end{bmatrix}\boldsymbol{x}\end{cases}$$

因 $\text{rank}\boldsymbol{Q}_c=\text{rank}\begin{bmatrix}-4 & 8 & -16\\ 1 & -2 & 4\\ 0 & -5 & 25\end{bmatrix}=2<3=n$，故系统不能控；

$\text{rank}\boldsymbol{Q}_o=\text{rank}\begin{bmatrix}0 & 1 & 1\\ 1 & -3 & -3\\ -5 & 9 & 9\end{bmatrix}=2<3=n$，故系统不能观测。

显然，$s=2$ 同时使$[s\boldsymbol{I}-\boldsymbol{A}\quad \boldsymbol{B}]$和$[(s\boldsymbol{I}-\boldsymbol{A})^{\mathrm{T}}\quad \boldsymbol{C}^{\mathrm{T}}]^{\mathrm{T}}$降秩，故系统的输入-输出解耦零点为 2，对照图 4-6(c)，可认为位于相消的极点 2 之前的对应零点堵塞了控制 u 对极点 2 的信息传输，而位于相消的极点 2 之后的对应零点又堵塞了极点 2 的模态信息 e^{2t} 向输出传送的通道，极点 2 成为系统不能控且不能观测的极点。

【例 4-21】 试求下列多变量系统的传递函数矩阵，并分析其能控性和能观测性。

$$(1)\begin{cases}\dot{\boldsymbol{x}}=\begin{bmatrix}1 & 0 & 0\\ 0 & 1 & 1\\ 0 & 0 & 1\end{bmatrix}\boldsymbol{x}+\begin{bmatrix}1 & 0\\ 0 & 1\\ 0 & 1\end{bmatrix}\boldsymbol{u}\\ \boldsymbol{y}=\begin{bmatrix}1 & 0 & 0\\ 0 & 1 & 0\end{bmatrix}\boldsymbol{x}\end{cases}\qquad (2)\begin{cases}\dot{\boldsymbol{x}}=\begin{bmatrix}1 & 0 & 0\\ 0 & 1 & 1\\ 0 & 0 & 1\end{bmatrix}\boldsymbol{x}+\begin{bmatrix}1 & 0\\ 0 & 1\\ 1 & 0\end{bmatrix}\boldsymbol{u}\\ \boldsymbol{y}=\begin{bmatrix}1 & 0 & 0\\ 0 & 1 & 0\end{bmatrix}\boldsymbol{x}\end{cases}$$

解 (1)系统的传递函数矩阵为

$$\boldsymbol{W}(s)=\boldsymbol{C}(s\boldsymbol{I}-\boldsymbol{A})^{-1}\boldsymbol{B}=\frac{1}{(s-1)^3}\begin{bmatrix}(s-1)^2 & 0\\ 0 & s(s-1)\end{bmatrix}=\begin{bmatrix}\frac{1}{s-1} & 0\\ 0 & \frac{s}{(s-1)^2}\end{bmatrix}$$

虽然 $\det(s\boldsymbol{I}-\boldsymbol{A})$与 $\boldsymbol{C}\text{adj}(s\boldsymbol{I}-\boldsymbol{A})\boldsymbol{B}$ 存在相消的公因式$(s-1)$，但系统传递函数矩阵 $\boldsymbol{W}(s)$的极点集为$\{1,1,1\}$，与系统的极点集一致，故系统无解耦零点，状态完全能控且能观测，这一结论也可由约当标准形判据直接得出，或由$\{(s\boldsymbol{I}-\boldsymbol{A}),\boldsymbol{B}\}$左互质且$\{(s\boldsymbol{I}-\boldsymbol{A}),\boldsymbol{C}\}$右互质得出。

(2) 系统的传递函数矩阵为

$$\boldsymbol{W}(s)=\boldsymbol{C}(s\boldsymbol{I}-\boldsymbol{A})^{-1}\boldsymbol{B}=\frac{1}{(s-1)^3}\begin{bmatrix}(s-1)^2 & 0\\ s-1 & (s-1)^2\end{bmatrix}=\begin{bmatrix}\frac{1}{s-1} & 0\\ s-1 & \frac{1}{s-1}\end{bmatrix}$$

可见，$\det(s\boldsymbol{I}-\boldsymbol{A})$与 $\boldsymbol{C}\text{adj}(s\boldsymbol{I}-\boldsymbol{A})\boldsymbol{B}$ 也存在相消的公因式$(s-1)$，但系统传递函数矩阵 $\boldsymbol{W}(s)$的极点集为$\{1,1\}$，是系统极点集$\{1,1,1\}$的子集，系统有一个 $s=1$ 的解耦零点。而且由初始状态向量 $\boldsymbol{x}(0)$到输出的传递函数矩阵

$$\boldsymbol{C}(s\boldsymbol{I}-\boldsymbol{A})^{-1}=\frac{1}{(s-1)^3}\begin{bmatrix}(s-1)^2 & 0 & 0\\ 0 & (s-1)^2 & (s-1)\end{bmatrix}=\begin{bmatrix}\frac{1}{s-1} & 0 & 0\\ 0 & \frac{1}{s-1} & \frac{1}{(s-1)^2}\end{bmatrix}$$

的极点集仍为$\{1,1,1\}$，表明系统的零点和极点对消并未发生在 $\boldsymbol{C}(s\boldsymbol{I}-\boldsymbol{A})^{-1}$中。由控制 $\boldsymbol{u}$ 到状态向量 $\boldsymbol{x}$ 的传递函数矩阵

$$(s\boldsymbol{I}-\boldsymbol{A})^{-1}\boldsymbol{B}=\frac{1}{(s-1)^3}\begin{bmatrix}(s-1)^2 & 0\\ s-1 & (s-1)^2\\ (s-1)^2 & 0\end{bmatrix}=\begin{bmatrix}\frac{1}{s-1} & 0\\ \frac{1}{(s-1)^2} & \frac{1}{s-1}\\ \frac{1}{s-1} & 0\end{bmatrix}$$

的极点集为{1,1},表明系统的零点和极点对消发生在$(s\boldsymbol{I}-\boldsymbol{A})^{-1}\boldsymbol{B}$中,故上述解耦零点为输入解耦零点。综上分析,系统状态能观测但不能控,这一结论也可由约当标准形判据直接得出,或由$\{(s\boldsymbol{I}-\boldsymbol{A}),\boldsymbol{C}\}$右互质,但$\{(s\boldsymbol{I}-\boldsymbol{A}),\boldsymbol{B}\}$非左互质得出。

小　　结

状态能控性、能观测性是分别对应系统控制、系统估计问题的两个基本结构特性,分别表征了外部控制输入对内部运动的支配能力、外部测量输出反映内部运动的能力,其不仅均与系统结构、参数有关,而且分别与输入施加点、输出引出点有关。对偶原理揭示了两者之间的内在联系,为简化系统分析与综合提供了依据。

在自动调节系统中,需考察当给定值改变时,输出是否具有由原平衡状态转移到所需新平衡状态的能力,这就涉及系统的输出能控性;而在伺服控制系统中,则需考察输出能否实现对给定时间函数的跟踪及能否确定实现跟踪所需的控制输入,这就涉及输出函数能控性和输入函数能观测性。这类问题与状态能控性和能观测性不同,故其没有必然联系。

能控标准形和能观测标准形在基于状态空间描述的控制器、观测器设计中有重要应用。单变量系统的能控标准形和能观测标准形互为对偶系统,其显式反映了系统的传递函数。多变量系统常用的能控标准形和能观测标准形有 Wonham 标准形和 Luenberger 标准形,其变换矩阵可视为单变量系统能控标准形和能观测标准形变换矩阵的推广。

通过对线性定常连续系统结构的规范分解,显式揭示了系统能控且能观测、能控不能观测、能观测不能控、不能控且不能观测 4 个子系统的结构特性,表明传递函数矩阵只能反映能控且能观测子系统的动力学特性。在此基础上,能控性与能观测性的频域判据,表明系统输入解耦零点、输出解耦零点、输入-输出解耦零点分别为系统不能控、不能观测、不能控且不能观测极点,且揭示了在由非既约内部模型(状态空间描述、PMD)形成传递函数矩阵的过程中,系统因存在对消的零、极点(解耦零点)而使传递函数矩阵的极点减少,这正是传递函数矩阵这一外部模型只能反映能控且能观测子系统的原因。

线性离散系统的能控性、能观测性问题在概念上与线性连续系统相同,在判据上与线性连续系统相类似,但也有一些区别。线性定常连续系统的状态能控性与能达性虽然定义不同,但判据是等价的。线性定常离散系统的能控性与能达性,只有当状态矩阵$\boldsymbol{G}$非奇异时才等价。对线性定常离散系统,能达性对偶于能观测性。

习　　题

4-1　证明线性定常连续系统能控性的秩判据。

4-2　证明下列线性定常连续系统

$$\begin{cases}\dot{\boldsymbol{x}}=\begin{bmatrix}4&0&0\\0&3&1\\0&1&3\end{bmatrix}\boldsymbol{x}+\begin{bmatrix}\alpha_1\\\alpha_2\\\alpha_3\end{bmatrix}u\\ y=\begin{bmatrix}\beta_1&\beta_2&\beta_3\end{bmatrix}\boldsymbol{x}\end{cases}$$

无论参数α_1、α_2、α_3和β_1、β_2、β_3取何值,系统均为不能控且不能观测。

4-3　图 4-8 所示电路中,电压源u为输入,流经电压源u的电流i为输出,流经电感L的电流i_L和电容C上的电压u_C为状态变量。(1)试求系统能控且能观测的R_1、R_2、L、C取值条件,并从系统时间常数的角度解释所求出的条件;(2)求系统的传递函数;(3)证明若满足(1)中求出的条件,系统则无解耦零点。

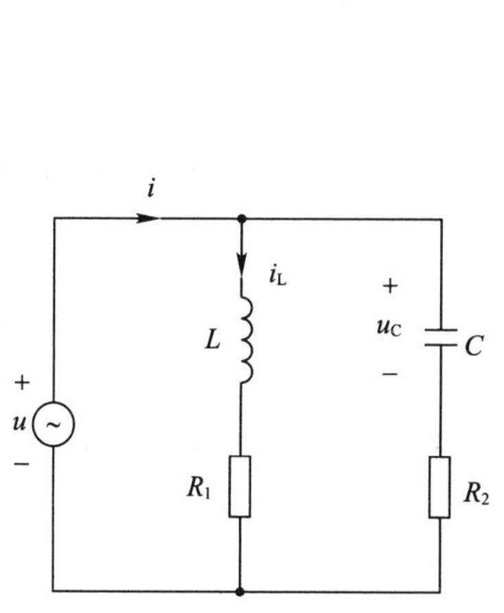

图 4-8　习题 4-3 图

4-4　判断下列线性定常连续系统的能控性和能观测性。

(1) $\begin{cases}\dot{\boldsymbol{x}}=\begin{bmatrix}0 & 1 & 0\\ 0 & 0 & 1\\ -8 & -12 & -6\end{bmatrix}\boldsymbol{x}+\begin{bmatrix}1\\ 0\\ 1\end{bmatrix}u\\ y=\begin{bmatrix}8 & 6 & 1\end{bmatrix}\boldsymbol{x}\end{cases}$ (2) $\begin{cases}\dot{\boldsymbol{x}}=\begin{bmatrix}0 & 1 & 0\\ 0 & 0 & 1\\ -8 & -12 & -6\end{bmatrix}\boldsymbol{x}+\begin{bmatrix}3\\ -4\\ 4\end{bmatrix}u\\ y=\begin{bmatrix}0 & 0 & 1\end{bmatrix}\boldsymbol{x}\end{cases}$

(3) $\begin{cases}\dot{\boldsymbol{x}}=\begin{bmatrix}0 & 1 & 1\\ -2 & -3 & -1\\ -2 & -1 & -3\end{bmatrix}\boldsymbol{x}+\begin{bmatrix}1\\ 1\\ 1\end{bmatrix}u\\ y=\begin{bmatrix}1 & 1 & 1\end{bmatrix}\boldsymbol{x}\end{cases}$ (4) $\begin{cases}\dot{\boldsymbol{x}}=\begin{bmatrix}0 & 1 & 1\\ -2 & -3 & -1\\ -2 & -1 & -3\end{bmatrix}\boldsymbol{x}+\begin{bmatrix}1 & 0\\ 1 & 1\\ 1 & 0\end{bmatrix}\boldsymbol{u}\\ \boldsymbol{y}=\begin{bmatrix}1 & 1 & 1\\ 0 & 0 & 1\end{bmatrix}\boldsymbol{x}\end{cases}$

(5) $\begin{cases}\dot{\boldsymbol{x}}=\begin{bmatrix}1 & 1 & 0 & 0\\ 0 & 1 & 0 & 0\\ 0 & 0 & 1 & 0\\ 0 & 0 & 0 & 0\end{bmatrix}\boldsymbol{x}+\begin{bmatrix}0 & 0\\ 1 & 1\\ 0 & 1\\ 0 & 1\end{bmatrix}\boldsymbol{u}\\ \boldsymbol{y}=\begin{bmatrix}1 & 0 & 1 & 1\\ 1 & 0 & 0 & 0\end{bmatrix}\boldsymbol{x}\end{cases}$ (6) $\begin{cases}\dot{\boldsymbol{x}}=\begin{bmatrix}1 & 0 & 0 & 0\\ 0 & -1 & 0 & 0\\ 0 & 0 & 1 & 1\\ 0 & 0 & 0 & 1\end{bmatrix}\boldsymbol{x}+\begin{bmatrix}1 & 1\\ 1 & 0\\ 0 & 1\\ 1 & 1\end{bmatrix}\boldsymbol{u}\\ \boldsymbol{y}=\begin{bmatrix}0 & 0 & 1 & 1\\ 1 & 1 & 0 & 0\end{bmatrix}\boldsymbol{x}\end{cases}$

4-5 试判断线性时变连续系统

$$\begin{cases}\dot{\boldsymbol{x}}=\begin{bmatrix}t & 1 & 1\\ 0 & 2t & 0\\ 0 & 0 & t^2\end{bmatrix}\boldsymbol{x}+\begin{bmatrix}0\\ 1\\ 1\end{bmatrix}u, \qquad T_{\rm d}=[0,5]\\ y=\begin{bmatrix}1 & 0 & 0\end{bmatrix}\boldsymbol{x}\end{cases}$$

在时刻 $t_0=1$ 的能控性和能观测性。

4-6 已知单输入能控标准形一定能控,试应用对偶原理证明单输出能观测标准形一定能观测。

4-7 由线性定常连续系统能控性的秩判据,应用对偶原理证明线性定常连续系统能观测性的秩判据。

4-8 计算线性定常连续系统

$$\begin{cases}\dot{\boldsymbol{x}}=\begin{bmatrix}1 & 1 & 0\\ 0 & 1 & 1\\ -1 & -2 & -3\end{bmatrix}\boldsymbol{x}+\begin{bmatrix}0 & 1\\ 1 & 0\\ 0 & 1\end{bmatrix}\boldsymbol{u}\\ \boldsymbol{y}=\begin{bmatrix}1 & 0 & 1\\ 0 & 1 & 0\end{bmatrix}\boldsymbol{x}\end{cases}$$

的能控性指数集、能控性指数和能观测性指数集、能观测性指数。

4-9 判断下列线性定常连续系统是否输出完全能控与状态完全能控。

(1) $\begin{cases}\dot{\boldsymbol{x}}=\begin{bmatrix}-2 & 1\\ 1 & 0\end{bmatrix}\boldsymbol{x}+\begin{bmatrix}1\\ 1\end{bmatrix}u\\ \boldsymbol{y}=\begin{bmatrix}0 & 1\\ 1 & 1\end{bmatrix}\boldsymbol{x}\end{cases}$ (2) $\begin{cases}\dot{\boldsymbol{x}}=\begin{bmatrix}1 & 1\\ 0 & 1\end{bmatrix}\boldsymbol{x}+\begin{bmatrix}0\\ 1\end{bmatrix}u\\ \boldsymbol{y}=\begin{bmatrix}1 & -1\\ -1 & 1\end{bmatrix}\boldsymbol{x}\end{cases}$ (3) $\begin{cases}\dot{\boldsymbol{x}}=\begin{bmatrix}1 & 1\\ 0 & 1\end{bmatrix}\boldsymbol{x}+\begin{bmatrix}1\\ 0\end{bmatrix}u\\ \boldsymbol{y}=\begin{bmatrix}1 & -1\\ -1 & 1\end{bmatrix}\boldsymbol{x}+\begin{bmatrix}0\\ 1\end{bmatrix}u\end{cases}$

4-10 设双输入单输出系统的传递函数矩阵为

$$\boldsymbol{W}(s)=\begin{bmatrix}\dfrac{2s+1}{(s+1)(s+3)} & \dfrac{1}{s+1}\end{bmatrix}$$

若希望系统的输出 $y(t)$ 按给定的时间函数

$$y_{\rm d}(t)=3-2{\rm e}^{-t}-{\rm e}^{-3t}$$

变化,求所需的输入函数,并说明输入函数是否唯一。

4-11 设 MIMO 系统的传递函数矩阵为 $\boldsymbol{W}(s)=\begin{bmatrix}\dfrac{1}{s+1} & \dfrac{1}{s+1}\\ \dfrac{1}{s} & 0\\ \dfrac{1}{s+3} & \dfrac{2}{s+3}\end{bmatrix}$,给定系统的输出为 $\boldsymbol{Y}(s)=$

$$\begin{bmatrix} \dfrac{s^2+3s+4}{s(s+2)(s+1)^2} \\ \dfrac{1}{s(s+2)} \\ \dfrac{s^2+5s+8}{s(s+1)(s+2)(s+3)} \end{bmatrix}$$，求对应的输入函数，并说明输入函数是否唯一。

4-12　试将习题 4-4(3)的系统按能控性和能观测性进行结构分解。

4-13　已知状态不完全能控的系统按能控性分解的状态空间表达式为

$$\begin{cases} \dot{\boldsymbol{x}} = \begin{bmatrix} 1 & 1 & 0 \\ 2 & 1 & 1 \\ 0 & 0 & 1 \end{bmatrix}\boldsymbol{x} + \begin{bmatrix} 1 & 0 \\ 0 & 1 \\ 0 & 0 \end{bmatrix}\boldsymbol{u} \\ y = [2 \quad 1 \quad 1]\boldsymbol{x} \end{cases}$$

试判断其不能控子系统是否能观测。

4-14　已知线性定常连续系统的状态空间表达式为

$$\begin{cases} \dot{\boldsymbol{x}} = \begin{bmatrix} 2 & -1 & -1 & 3 \\ 4 & -2 & 0 & 4 \\ -4 & 1 & -1 & -3 \\ 0 & 1 & 1 & -1 \end{bmatrix}\boldsymbol{x} + \begin{bmatrix} 0 \\ -1 \\ 2 \\ 0 \end{bmatrix}u \\ y = [2 \quad 0 \quad 1 \quad 1]\boldsymbol{x} \end{cases}$$

(1) 求系统能控且能观测、能控不能观测、不能控能观测、不能控且不能观测的极点，并求系统的解耦零点；

(2) 求系统的传递函数和传递函数的极点。

4-15　判断下列线性定常离散系统的能达性、能控性和能观测性。

(1) $\begin{cases} \boldsymbol{x}(k+1) = \begin{bmatrix} 0 & 1 \\ 0 & 0 \end{bmatrix}\boldsymbol{x}(k) + \begin{bmatrix} 1 \\ 0 \end{bmatrix}u(k) \\ y = [1 \quad 1]\boldsymbol{x}(k) \end{cases}$　　(2) $\begin{cases} \boldsymbol{x}(k+1) = \begin{bmatrix} 0 & 1 \\ 1 & 1 \end{bmatrix}\boldsymbol{x}(k) + \begin{bmatrix} 1 \\ 0 \end{bmatrix}u(k) \\ y = [1 \quad 1]\boldsymbol{x}(k) \end{cases}$

(3) $\begin{cases} \boldsymbol{x}(k+1) = \begin{bmatrix} 1 & 1 & 0 \\ 0 & 1 & 0 \\ 0 & 0 & -1 \end{bmatrix}\boldsymbol{x}(k) + \begin{bmatrix} 0 \\ 1 \\ 1 \end{bmatrix}u(k) \\ y = [0 \quad 1 \quad 1]\boldsymbol{x}(k) \end{cases}$　　(4) $\begin{cases} \boldsymbol{x}(k+1) = \begin{bmatrix} 1 & 1 & 0 \\ 0 & 1 & 0 \\ 0 & 0 & 1 \end{bmatrix}\boldsymbol{x}(k) + \begin{bmatrix} 1 & 1 \\ 1 & 1 \\ 0 & 1 \end{bmatrix}\boldsymbol{u}(k) \\ \boldsymbol{y} = \begin{bmatrix} 1 & 0 & 0 \\ 0 & 0 & 1 \end{bmatrix}\boldsymbol{x}(k) \end{cases}$

4-16　线性定常连续系统的状态空间表达式为

$$\begin{cases} \dot{\boldsymbol{x}} = \begin{bmatrix} -1 & 0 & 0 \\ 0 & 0 & 1 \\ 0 & -1 & 0 \end{bmatrix}\boldsymbol{x} + \begin{bmatrix} 1 \\ 1 \\ 0 \end{bmatrix}u \\ y = [1 \quad 0 \quad 1]\boldsymbol{x} \end{cases}$$

(1) 采用时域中采样保持的离散化方法(采样周期为 T，保持器为零阶保持器)，求离散化系统的状态空间表达式。

(2) 确定存在 $u(k)$，使在不超过 $3T$ 时间内将任意非零初始状态转移到原点的采样周期取值条件。

4-17　设单输入线性定常离散系统的状态方程为

$$\boldsymbol{x}(k+1) = \begin{bmatrix} 0 & 1 & 0 \\ 1 & 2 & 3 \\ 1 & 0 & 1 \end{bmatrix}\boldsymbol{x}(k) + \begin{bmatrix} 1 \\ 0 \\ 0 \end{bmatrix}u(k)$$

试判断系统的能控性；若初始状态 $\boldsymbol{x}(0)=[1 \quad 1 \quad 0]^{\mathrm{T}}$，确定使 $\boldsymbol{x}(3)=\boldsymbol{0}$ 的控制序列 $u(0)$、$u(1)$、$u(2)$；分析使 $\boldsymbol{x}(2)=\boldsymbol{0}$ 的可能性。

4-18　试将下列状态空间描述变换为能控标准形，并求系统的传递函数矩阵。

$$\begin{cases}\dot{\boldsymbol{x}}=\begin{bmatrix}0 & -1 & -1\\ 2 & 3 & 1\\ 0 & 1 & 1\end{bmatrix}\boldsymbol{x}+\begin{bmatrix}1\\ 0\\ 0\end{bmatrix}u\\ \boldsymbol{y}=\begin{bmatrix}1 & 0 & 1\\ 0 & 1 & 1\end{bmatrix}\boldsymbol{x}\end{cases}$$

4-19　试将下列状态空间描述变换为能观测标准形，并求系统的传递函数矩阵。

$$\begin{cases}\dot{\boldsymbol{x}}=\begin{bmatrix}0 & -1 & -1\\ 2 & 3 & 1\\ 0 & 1 & 1\end{bmatrix}\boldsymbol{x}+\begin{bmatrix}1 & 0\\ 0 & 1\\ 1 & 1\end{bmatrix}\boldsymbol{u}\\ y=\begin{bmatrix}1 & 1 & 1\end{bmatrix}\boldsymbol{x}\end{cases}$$

4-20　线性定常连续系统状态空间表达式为

$$\begin{cases}\dot{\boldsymbol{x}}=\begin{bmatrix}0 & -1 & -1\\ 2 & 3 & 1\\ 0 & 1 & 1\end{bmatrix}\boldsymbol{x}+\begin{bmatrix}1 & 0\\ 0 & 1\\ 1 & 1\end{bmatrix}\boldsymbol{u}\\ \boldsymbol{y}=\begin{bmatrix}1 & 0 & 1\\ 0 & 1 & 1\end{bmatrix}\boldsymbol{x}\end{cases}$$

(1) 将其变换为 Wonham 能控标准形和 Luenberger 能控标准形。

(2) 将其变换为 Wonham 能观测标准形和 Luenberger 能观测标准形。

4-21　由将能控的单输入系统变换为能控标准形的变换矩阵式(4-124)，应用对偶原理证明将能观测的单输出系统变换为能观测标准形的变换矩阵的逆矩阵为式(4-138)。

4-22　线性定常连续系统状态空间表达式为

$$\begin{cases}\dot{\boldsymbol{x}}=\begin{bmatrix}0 & 0 & -1\\ 1 & 0 & -3\\ 0 & 1 & -3\end{bmatrix}\boldsymbol{x}+\begin{bmatrix}\alpha\\ 1\\ 0\end{bmatrix}u\\ y=\begin{bmatrix}0 & 0 & 1\end{bmatrix}\boldsymbol{x}\end{cases}$$

(1) 求系统的传递函数；

(2) α 取何值时，系统能观测但不能控？

4-23　由习题 2-18 所求各种类型的解耦零点，确定系统能观测不能控、能控不能观测、不能控且不能观测的极点，并应用约当标准形判据进行验证。

第5章　传递函数矩阵和多项式矩阵描述的状态空间实现

5.1　引　　言

实现的本质是对采用传递函数矩阵描述或多项式矩阵描述的实际系统，在状态空间中寻找一个与其零状态外部等价的状态空间描述。研究实现问题的意义在于，建立动态系统传递函数矩阵描述和多项式矩阵描述与状态空间描述的转换关系，以沟通系统复频域结构特性和时域结构特性之间的关系，充分应用建立在状态空间模型基础上的分析、综合方法。另外，将传递函数矩阵转换为状态空间表达式后，则可借助运放电路实现该传递函数矩阵；而对于采用传递函数矩阵描述的系统，找到其一个状态空间实现也是进行数值仿真分析的关键步骤之一。

实现问题的复杂性在于，根据传递函数矩阵或PMD求得的状态空间表达式并非唯一，因为会有无数个不同的状态空间结构均能与传递函数矩阵或PMD零状态外部等价。对于传递函数矩阵或PMD，不仅其状态空间实现的结果不唯一，而且其实现维数也不唯一。在所有的实现中，状态矩阵维数最低的实现称为最小实现。最小实现的状态完全能控且能观测，不同的最小实现之间为代数等价。最小实现的结构复杂程度最低，进行系统动态仿真时所用积分器最少，故最小实现有工程实用价值。

5.2节针对单变量系统的传递函数，讨论级联分解、串联分解、并联分解3种基本实现方法。5.3节将单变量系统传递函数级联分解实现方法推广应用于多变量系统，介绍传递函数矩阵的能控标准形和能观测标准形实现。5.4节讨论传递函数矩阵最小实现的方法。5.5节、5.6节分别讨论基于矩阵分式描述、多项式矩阵描述的实现问题。

5.2　传递函数的基本实现方法

设SISO线性定常连续系统的传递函数为

$$W(s)=\frac{\beta_0 s^m+\beta_1 s^{m-1}+\cdots+\beta_{m-1}s+\beta_m}{s^n+a_1 s^{n-1}+\cdots+a_{n-1}s+a_n} \tag{5-1}$$

式中，若 $n>m$，$W(s)$为严真有理分式，则状态空间实现中的直接传递矩阵 $\boldsymbol{D}=\boldsymbol{0}$；若 $m=n$，$W(s)$为真有理分式，可由式(5-2)先求出状态空间实现中的直接传递系数 $D=d$，即

$$d=\lim_{s\to\infty}W(s) \tag{5-2}$$

然后求严真有理传递函数，通过长除法将式(5-1)改写为

$$\overline{W}(s)=W(s)-d=\frac{b_1 s^{n-1}+b_2 s^{n-2}+\cdots+b_{n-1}s+b_n}{s^n+a_1 s^{n-1}+\cdots+a_{n-1}s+a_n} \tag{5-3}$$

若严真有理传递函数 $\overline{W}(s)$既约，即其分子和分母没有非常数公因式，则其 n 阶状态空间实现为能控且能观测，即为最小实现。下面讨论将级联法、串联法和并联法3种典型分解方法用于求 $\overline{W}(s)$状态空间实现中的系数矩阵 $\boldsymbol{A}$、$\boldsymbol{B}$、$\boldsymbol{C}$。

5.2.1 传递函数实现的级联法

将式(5-3)改写为

$$\overline{W}(s)=\frac{Y(s)}{U(s)}=\frac{b_1s^{-1}+b_2s^{-2}+\cdots+b_{n-1}s^{-(n-1)}+b_ns^{-n}}{1+a_1s^{-1}+\cdots+a_{n-1}s^{-(n-1)}+a_ns^{-n}} \tag{5-4}$$

在分子和分母上同乘以辅助变量 $M(s)$，得

$$\overline{W}(s)=\frac{Y(s)}{U(s)}=\frac{(b_1s^{-1}+b_2s^{-2}+\cdots+b_{n-1}s^{-(n-1)}+b_ns^{-n})M(s)}{(1+a_1s^{-1}+\cdots+a_{n-1}s^{-(n-1)}+a_ns^{-n})M(s)} \tag{5-5}$$

展开式(5-5)，得

$$\begin{cases}M(s)=U(s)-a_1s^{-1}M(s)-\cdots-a_{n-1}s^{-(n-1)}M(s)-a_ns^{-n}M(s)\\ Y(s)=b_1s^{-1}M(s)+b_2s^{-2}M(s)+\cdots+b_{n-1}s^{-(n-1)}M(s)+b_ns^{-n}M(s)\end{cases} \tag{5-6}$$

由式(5-6)，画出传递函数(5-4)采用级联法分解后的方框图，如图 5-1 所示，指定图中每个积分器的输出为相应状态变量，可写出传递函数(5-3)形如式(4-123)所示的能控标准形实现，即

$$\begin{cases}\begin{bmatrix}\dot{x}_1\\ \dot{x}_2\\ \vdots\\ \dot{x}_{n-1}\\ \dot{x}_n\end{bmatrix}=\begin{bmatrix}0 & 1 & 0 & \cdots & 0\\ 0 & 0 & 1 & \cdots & 0\\ \vdots & \vdots & \vdots & & \vdots\\ 0 & 0 & 0 & \cdots & 1\\ -a_n & -a_{n-1} & -a_{n-2} & \cdots & -a_1\end{bmatrix}\begin{bmatrix}x_1\\ x_2\\ \vdots\\ x_{n-1}\\ x_n\end{bmatrix}+\begin{bmatrix}0\\ 0\\ \vdots\\ 0\\ 1\end{bmatrix}u\\ y=\begin{bmatrix}b_n & b_{n-1} & \cdots & b_2 & b_1\end{bmatrix}\begin{bmatrix}x_1\\ x_2\\ \vdots\\ x_{n-1}\\ x_n\end{bmatrix}\end{cases} \tag{5-7}$$

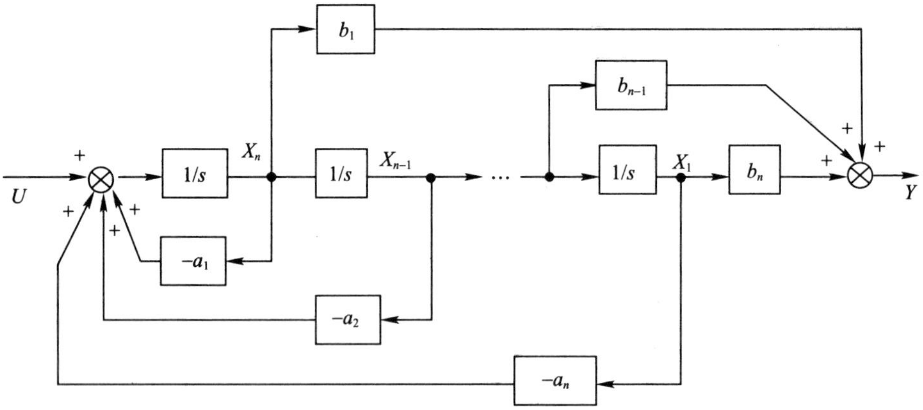

图 5-1 采用级联法分解后的方框图

由式(5-7)，应用对偶原理，可写出传递函数(5-3)形如式(4-137)所示的能观测标准形实现，即

$$
\begin{cases}
\begin{bmatrix}\dot{x}_1\\ \dot{x}_2\\ \dot{x}_3\\ \vdots\\ \dot{x}_n\end{bmatrix}=\begin{bmatrix}0&0&\cdots&0&-a_n\\1&0&\cdots&0&-a_{n-1}\\0&1&\cdots&0&-a_{n-2}\\ \vdots&\vdots&&\vdots&\vdots\\0&0&\cdots&1&-a_1\end{bmatrix}\begin{bmatrix}x_1\\x_2\\x_3\\ \vdots\\x_n\end{bmatrix}+\begin{bmatrix}b_n\\b_{n-1}\\b_{n-2}\\ \vdots\\b_1\end{bmatrix}u \\
y=\begin{bmatrix}0&0&\cdots&0&1\end{bmatrix}\begin{bmatrix}x_1\\x_2\\x_3\\ \vdots\\x_n\end{bmatrix}
\end{cases}
\tag{5-8}
$$

【例 5-1】 已知系统传递函数为 $W(s)=\dfrac{s^3+5s^2+5s+3}{s^3+4s^2+5s+2}$，试求其能控标准形、能观测标准形实现。

解 由式(5-2)，得 $d=\lim\limits_{s\to\infty}W(s)=1$。由式(5-3)，得

$$
\overline{W}(s)=W(s)-d=\frac{s^2+1}{s^3+4s^2+5s+2}
$$

由式(5-7)得系统的能控标准形实现为

$$
\begin{cases}\dot{\boldsymbol{x}}_c=\boldsymbol{A}_c\boldsymbol{x}_c+\boldsymbol{B}_c u\\ y=\boldsymbol{C}_c\boldsymbol{x}_c+du\end{cases}
$$

其中，$\boldsymbol{A}_c=\begin{bmatrix}0&1&0\\0&0&1\\-2&-5&-4\end{bmatrix}$，$\boldsymbol{B}_c=\begin{bmatrix}0\\0\\1\end{bmatrix}$，$\boldsymbol{C}_c=\begin{bmatrix}1&0&1\end{bmatrix}$，$d=1$。

由式(5-8)得系统的能观测标准形实现为

$$
\begin{cases}\dot{\boldsymbol{x}}_o=\boldsymbol{A}_o\boldsymbol{x}_o+\boldsymbol{B}_o u\\ y=\boldsymbol{C}_o\boldsymbol{x}_o+du\end{cases}
$$

其中，$\boldsymbol{A}_o=\begin{bmatrix}0&0&-2\\1&0&-5\\0&1&-4\end{bmatrix}$，$\boldsymbol{B}_o=\begin{bmatrix}1\\0\\1\end{bmatrix}$，$\boldsymbol{C}_o=\begin{bmatrix}0&0&1\end{bmatrix}$，$d=1$。

5.2.2 传递函数实现的串联法

串联实现的方法是先将传递函数 $W(s)$ 的分子、分母多项式分别进行因式分解，从而将 $W(s)$ 表达成典型一阶、二阶真或严真传递函数的乘积，然后分别求各一阶、二阶子系统的实现，再将其串联，得到系统模拟结构图，指定图中各积分器的输出为相应状态变量，进而写出状态空间表达式。

【例 5-2】 已知系统传递函数为

$$
W(s)=\frac{2(s+3)(s+4)}{(s+1)(s+2)(s^2+2s+2)}
$$

试用串联分解法求其状态空间表达式。

解 将系统传递函数改写为

$$
W(s)=\frac{2}{(s+1)}\times\frac{(s+3)}{(s+2)}\times\frac{(s+4)}{(s^2+2s+2)}=W_1(s)\times W_2(s)\times W_3(s) \tag{5-9}
$$

根据 2.3.6 节中的方框图描述导出状态空间描述的方法，分别得到式(5-9)中 $W_1(s)$、$W_2(s)$、

$W_3(s)$的实现，再将其串联，得系统的模拟结构图，如图 5-2 所示。

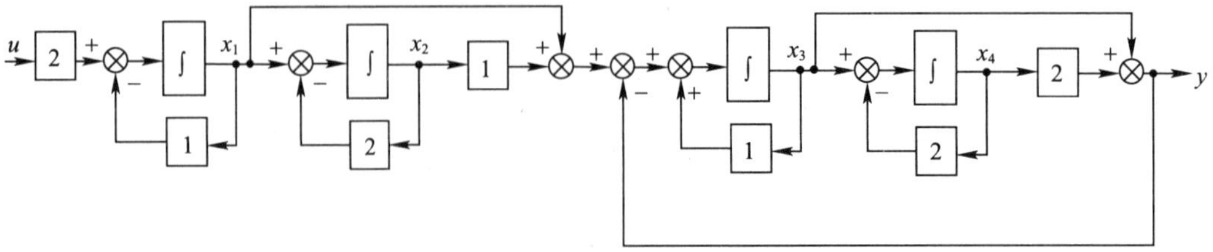

图 5-2　例 5-2 系统串联分解的模拟结构图

选图 5-2 中的各积分器的输出为系统状态变量，则由图 5-2 写出系统的状态空间表达式为

$$
\begin{cases}
\dot{\boldsymbol{x}}=\begin{bmatrix}-1 & 0 & 0 & 0\\ 1 & -2 & 0 & 0\\ 1 & 1 & 0 & -2\\ 0 & 0 & 1 & -2\end{bmatrix}\boldsymbol{x}+\begin{bmatrix}2\\0\\0\\0\end{bmatrix}u\\
y=\begin{bmatrix}0 & 0 & 1 & 2\end{bmatrix}\boldsymbol{x}
\end{cases}
$$

5.2.3　传递函数实现的并联法

并联实现的方法是先将传递函数 $W(s)$采用部分分式法分解为典型一阶、二阶真或严真传递函数之和，然后分别求各一阶、二阶子系统的实现，再将其并联，得到系统模拟结构图，指定图中各积分器的输出为相应状态变量，进而写出状态空间表达式。为简单起见，仅限于讨论传递函数极点为实数的情况，并分极点互异和有重极点两种情况讨论。

1. 传递函数只含互异实极点时

当式(5-3)所示传递函数 $\overline{W}(s)$的 n 个极点 $-p_i(i=1,2,\cdots,n)$为互异实极点时，$\overline{W}(s)$可展开成部分分式之和，即

$$\overline{W}(s)=\frac{Y(s)}{U(s)}=\frac{c_1}{(s+p_1)}+\frac{c_2}{(s+p_2)}+\cdots+\frac{c_n}{(s+p_n)} \tag{5-10}$$

式中，待定系数 $c_i(i=1,2,\cdots,n)$由留数法求，即

$$c_i=\lim_{s\to -p_i}(s+p_i)\overline{W}(s)\qquad i=1,2,\cdots,n \tag{5-11}$$

由式(5-10)，写出式(5-3)所示传递函数 $\overline{W}(s)$仅含互异实极点时的并联实现为

$$
\begin{cases}
\begin{bmatrix}\dot{x}_1\\ \dot{x}_2\\ \vdots\\ \dot{x}_n\end{bmatrix}=\begin{bmatrix}-p_1 & 0 & \cdots & 0\\ 0 & -p_2 & \cdots & 0\\ \vdots & \vdots & & \vdots\\ 0 & 0 & \cdots & -p_n\end{bmatrix}\begin{bmatrix}x_1\\ x_2\\ \vdots\\ x_n\end{bmatrix}+\begin{bmatrix}1\\1\\ \vdots\\1\end{bmatrix}u\\
y=\begin{bmatrix}c_1 & c_2 & \cdots & c_n\end{bmatrix}\begin{bmatrix}x_1\\ x_2\\ \vdots\\ x_n\end{bmatrix}
\end{cases} \tag{5-12}
$$

2. 传递函数含重实极点时

当式(5-3)所示传递函数 $\overline{W}(s)$含重实极点时，不失一般性，设

$$\overline{W}(s)=\frac{Y(s)}{U(s)}=\frac{N(s)}{(s+p_1)^q(s+p_{q+1})\cdots(s+p_n)} \tag{5-13}$$

式中，$-p_1$ 为 q 重实极点，其他 $-p_i(i=q+1,q+2,\cdots,n)$ 为单实极点。

则由留数法，$\overline{W}(s)$ 分解为

$$\overline{W}(s)=\frac{Y(s)}{U(s)}=\frac{c_{11}}{(s+p_1)^q}+\frac{c_{12}}{(s+p_1)^{q-1}}+\cdots+\frac{c_{1q}}{s+p_1}+\frac{c_{q+1}}{s+p_{q+1}}+\cdots+\frac{c_n}{s+p_n} \tag{5-14}$$

式中，单实极点 $-p_i(i=q+1,q+2,\cdots,n)$ 对应的部分分式系数仍按式(5-11)计算；而 q 重实极点 $-p_1$ 对应的部分分式系数 $c_{1j}(j=1,2,\cdots,q)$ 为

$$c_{1j}=\lim_{s\to -p_1}\frac{1}{(j-1)!}\frac{\mathrm{d}^{(j-1)}}{\mathrm{d}s^{(j-1)}}\left[(s+p_1)^q\overline{W}(s)\right] \tag{5-15}$$

若将式(5-14)中的 n 个部分分式各自实现后再并联，则因 q 重实极点所对应的 q 个部分分式的实现共需要 $\frac{q(q+1)}{2}(>q)$ 个积分器，传递函数(5-13)实现所需的积分器数量将超过 n。为此，对 q 重实极点所对应的 q 个部分分式采用只需 q 个积分器的 q 阶约当标准形实现，将其再与 $(n-q)$ 个单实极点对应的部分分式实现并联，如图 5-3 所示。

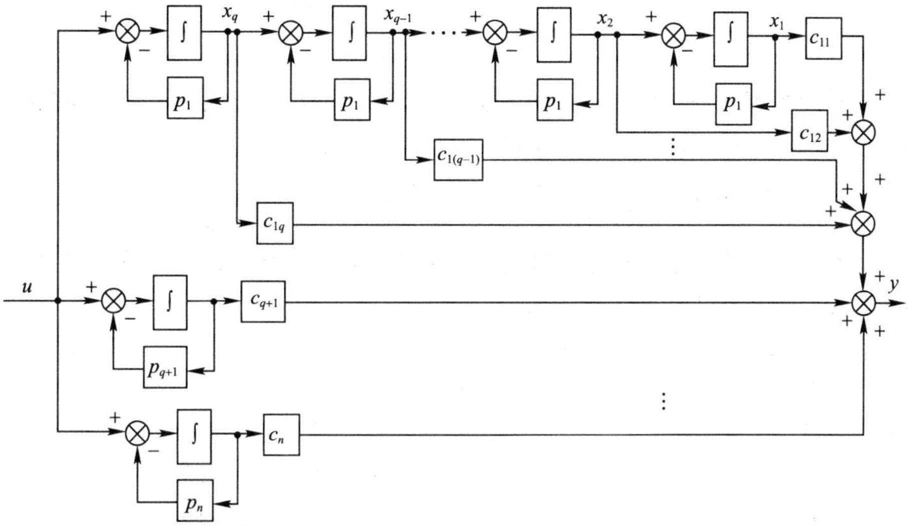

图 5-3　传递函数含重实极点的约当标准形实现

指定图 5-3 中各积分器的输出为相应状态变量，得式(5-13)所示传递函数的状态空间表达式为

$$\begin{cases}\begin{bmatrix}\dot{x}_1\\ \dot{x}_2\\ \vdots\\ \dot{x}_{q-1}\\ \dot{x}_q\\ \dot{x}_{q+1}\\ \vdots\\ \dot{x}_n\end{bmatrix}=\left[\begin{array}{ccccc:ccc}-p_1 & 1 & & & \mathbf{0} & & & \mathbf{0}\\ & -p_1 & 1 & & & & & \\ & & \ddots & \ddots & & & & \\ & & & -p_1 & 1 & & & \\ \mathbf{0} & & & & -p_1 & & & \\ \hdashline & & & & & -p_{q+1} & & \\ & & & & & & \ddots & \\ \mathbf{0} & & & & & & & -p_n\end{array}\right]\begin{bmatrix}x_1\\ x_2\\ \vdots\\ x_{q-1}\\ x_q\\ x_{q+1}\\ \vdots\\ x_n\end{bmatrix}+\begin{bmatrix}0\\ 0\\ \vdots\\ 0\\ 1\\ 1\\ \vdots\\ 1\end{bmatrix}u\\ y=\left[\begin{array}{cccc:ccc}c_{11} & c_{12} & \cdots & c_{1(q-1)} \quad c_{1q} & c_{q+1} & \cdots & c_n\end{array}\right]\boldsymbol{x}\end{cases} \tag{5-16}$$

【例 5-3】 求传递函数 $W(s)=\frac{s^3+4s^2+4s+3}{s^3+4s^2+5s+2}$ 的并联实现。

解 由式(5-2)，得 $d=\lim\limits_{s\to\infty}W(s)=1$。由式(5-3)，得

$$\overline{W}(s)=W(s)-d=\frac{1-s}{s^3+4s^2+5s+2}=\frac{1-s}{(s+1)^2(s+2)}$$

$$=\frac{c_{11}}{(s+1)^2}+\frac{c_{12}}{s+1}+\frac{c_3}{s+2}$$

其中

$$c_{11}=\lim_{s\to -1}(s+1)^2\overline{W}(s)=2$$

$$c_{12}=\frac{1}{(2-1)!}\lim_{s\to -1}\frac{\mathrm{d}^{(2-1)}}{\mathrm{d}s^{(2-1)}}[(s+1)^2\overline{W}(s)]=\lim_{s\to -1}\frac{\mathrm{d}}{\mathrm{d}s}\left[\frac{1-s}{(s+2)}\right]=-3$$

$$c_3=\lim_{s\to -2}(s+2)\overline{W}(s)=3$$

则并联实现为

$$\begin{cases}\dot{\boldsymbol{x}}=\begin{bmatrix}-1 & 1 & 0\\ 0 & -1 & 0\\ 0 & 0 & -2\end{bmatrix}\boldsymbol{x}+\begin{bmatrix}0\\1\\1\end{bmatrix}u\\ y=\begin{bmatrix}2 & -3 & 3\end{bmatrix}\boldsymbol{x}+u\end{cases}$$

上述连续时间系统传递函数状态空间实现的 3 种方法可推广应用于离散时间系统脉冲传递函数的实现。离散时间系统的脉冲传递函数

$$\overline{W}(z)=\frac{Y(z)}{U(z)}=\frac{b_1z^{n-1}+b_2z^{n-2}+\cdots+b_{n-1}z+b_n}{z^n+a_1z^{n-1}+\cdots+a_{n-1}z+a_n} \tag{5-17}$$

的状态空间实现可仿照连续系统传递函数的实现方法进行。例如，式(5-17)的能控标准形、能观测标准形实现分别为式(5-18)、式(5-19)，即

$$\begin{cases}\begin{bmatrix}x_1(k+1)\\x_2(k+1)\\\vdots\\x_{n-1}(k+1)\\x_n(k+1)\end{bmatrix}=\begin{bmatrix}0 & 1 & 0 & \cdots & 0\\ 0 & 0 & 1 & \cdots & 0\\ \vdots & \vdots & \vdots & & \vdots\\ 0 & 0 & 0 & \cdots & 1\\ -a_n & -a_{n-1} & -a_{n-2} & \cdots & -a_1\end{bmatrix}\begin{bmatrix}x_1(k)\\x_2(k)\\\vdots\\x_{n-1}(k)\\x_n(k)\end{bmatrix}+\begin{bmatrix}0\\0\\\vdots\\0\\1\end{bmatrix}u(k)\\ y=\begin{bmatrix}b_n & b_{n-1} & \cdots & b_2 & b_1\end{bmatrix}\begin{bmatrix}x_1(k)\\x_2(k)\\\vdots\\x_{n-1}(k)\\x_n(k)\end{bmatrix}\end{cases} \tag{5-18}$$

$$\begin{cases}\begin{bmatrix}x_1(k+1)\\x_2(k+1)\\\vdots\\x_{n-1}(k+1)\\x_n(k+1)\end{bmatrix}=\begin{bmatrix}0 & 1 & 0 & \cdots & 0\\ 0 & 0 & 1 & \cdots & 0\\ \vdots & \vdots & \vdots & & \vdots\\ 0 & 0 & 0 & \cdots & 1\\ -a_n & -a_{n-1} & -a_{n-2} & \cdots & -a_1\end{bmatrix}^{\mathrm{T}}\begin{bmatrix}x_1(k)\\x_2(k)\\\vdots\\x_{n-1}(k)\\x_n(k)\end{bmatrix}+\begin{bmatrix}b_n\\b_{n-1}\\\vdots\\b_2\\b_1\end{bmatrix}u(k)\\ y=\begin{bmatrix}0 & 0 & \cdots & 0 & 1\end{bmatrix}\begin{bmatrix}x_1(k)\\x_2(k)\\\vdots\\x_{n-1}(k)\\x_n(k)\end{bmatrix}\end{cases} \tag{5-19}$$

【例 5-4】 已知离散时间系统的脉冲传递函数为

$$W(z)=\frac{Y(z)}{U(z)}=\frac{0.368z-0.264}{z^2+1.368z+0.368}$$

试写出其能观测标准形、对角线标准形状态空间表达式。

解 将 $W(z)$ 用部分分式展开为

$$W(z)=\frac{0.368z-0.264}{z^2+1.368z+0.368}=\frac{1}{z+1}+\frac{-0.632}{z+0.368}$$

则对角线标准形实现为

$$\begin{cases}\begin{bmatrix}x_1(k+1)\\x_2(k+1)\end{bmatrix}=\begin{bmatrix}-1 & 0\\0 & -0.368\end{bmatrix}\begin{bmatrix}x_1(k)\\x_2(k)\end{bmatrix}+\begin{bmatrix}1\\1\end{bmatrix}u(k)\\ y(k)=\begin{bmatrix}1 & -0.632\end{bmatrix}\begin{bmatrix}x_1(k)\\x_2(k)\end{bmatrix}\end{cases}$$

能观测标准形实现为

$$\begin{cases}\begin{bmatrix}x_1(k+1)\\x_2(k+1)\end{bmatrix}=\begin{bmatrix}0 & -0.368\\1 & -1.368\end{bmatrix}\begin{bmatrix}x_1(k)\\x_2(k)\end{bmatrix}+\begin{bmatrix}-0.264\\0.368\end{bmatrix}u(k)\\ y(k)=\begin{bmatrix}0 & 1\end{bmatrix}\begin{bmatrix}x_1(k)\\x_2(k)\end{bmatrix}\end{cases}$$

5.3 传递函数矩阵的能控标准形和能观测标准形实现

对于给定传递函数矩阵 $\boldsymbol{W}(s)$，若找到状态空间描述

$$\begin{cases}\dot{\boldsymbol{x}}=\boldsymbol{A}\boldsymbol{x}+\boldsymbol{B}\boldsymbol{u}\\ \boldsymbol{y}=\boldsymbol{C}\boldsymbol{x}+\boldsymbol{D}\boldsymbol{u}\end{cases} \tag{5-20}$$

使

$$\boldsymbol{W}(s)=\boldsymbol{C}(s\boldsymbol{I}-\boldsymbol{A})^{-1}\boldsymbol{B}+\boldsymbol{D} \tag{5-21}$$

成立，则称此状态空间描述(5-20)为传递函数矩阵 $\boldsymbol{W}(s)$ 的一个实现。当 $\boldsymbol{W}(s)$ 为严真有理函数矩阵时，直接传递矩阵 $\boldsymbol{D}=\boldsymbol{0}$；当 $\boldsymbol{W}(s)$ 为真有理函数矩阵时，其实现(5-20)中的直接传递矩阵 $\boldsymbol{D}$ 为

$$\boldsymbol{D}=\lim_{s\to\infty}\boldsymbol{W}(s) \tag{5-22}$$

对应的严真传递函数矩阵

$$\overline{\boldsymbol{W}}(s)=\boldsymbol{W}(s)-\boldsymbol{D} \tag{5-23}$$

为了将 SISO 系统传递函数能控标准形实现(5-7)和能观测标准形实现(5-8)推广到具有 r 个输入、m 个输出的 MIMO 系统，首先将 $m\times r$ 维严真传递函数矩阵 $\overline{\boldsymbol{W}}(s)$ 表示为与式(5-3)类似的有理分式矩阵描述形式，即

$$\overline{\boldsymbol{W}}(s)=\frac{\boldsymbol{\beta}(s)}{\alpha(s)}=\frac{\boldsymbol{\beta}_1 s^{l-1}+\boldsymbol{\beta}_2 s^{l-2}+\cdots+\boldsymbol{\beta}_{l-1}s+\boldsymbol{\beta}_l}{s^l+\alpha_1 s^{l-1}+\cdots+\alpha_{l-1}s+\alpha_l} \tag{5-24}$$

式中，$\alpha(s)$ 为 $\overline{\boldsymbol{W}}(s)$ 所有元素的首 1 最小公分母，$\boldsymbol{\beta}_j(j=1,2,\cdots,l)$ 为 $m\times r$ 维常数矩阵。

则式(5-24)所示严真传递函数矩阵 $\overline{\boldsymbol{W}}(s)$ 的能控标准形实现 $\sum_c(\boldsymbol{A}_c,\boldsymbol{B}_c,\boldsymbol{C}_c)$、能观测标准形实现 $\sum_o(\boldsymbol{A}_o,\boldsymbol{B}_o,\boldsymbol{C}_o)$ 分别具有式(5-25)、式(5-26)所示的形式，即

$$
\boldsymbol{A}_{\mathrm{c}}=\begin{bmatrix} \boldsymbol{0} & \boldsymbol{I}_r & \boldsymbol{0} & \cdots & \boldsymbol{0} \\ \boldsymbol{0} & \boldsymbol{0} & \boldsymbol{I}_r & \cdots & \boldsymbol{0} \\ \vdots & \vdots & \vdots & \ddots & \vdots \\ \boldsymbol{0} & \boldsymbol{0} & \boldsymbol{0} & \cdots & \boldsymbol{I}_r \\ -\alpha_l \boldsymbol{I}_r & -\alpha_{l-1}\boldsymbol{I}_r & -\alpha_{l-2}\boldsymbol{I}_r & \cdots & -\alpha_1 \boldsymbol{I}_r \end{bmatrix}_{rl\times rl},\boldsymbol{B}_{\mathrm{c}}=\begin{bmatrix} \boldsymbol{0} \\ \boldsymbol{0} \\ \vdots \\ \boldsymbol{0} \\ \boldsymbol{I}_r \end{bmatrix}_{rl\times r}
$$

$$
\boldsymbol{C}_{\mathrm{c}}=[\boldsymbol{\beta}_l \quad \boldsymbol{\beta}_{l-1} \quad \cdots \quad \boldsymbol{\beta}_2 \quad \boldsymbol{\beta}_1]_{m\times rl} \tag{5-25}
$$

$$
\boldsymbol{A}_{\mathrm{o}}=\begin{bmatrix} \boldsymbol{0} & \boldsymbol{0} & \cdots & \boldsymbol{0} & -\alpha_l \boldsymbol{I}_m \\ \boldsymbol{I}_m & \boldsymbol{0} & \cdots & \boldsymbol{0} & -\alpha_{l-1}\boldsymbol{I}_m \\ \boldsymbol{0} & \boldsymbol{I}_m & \cdots & \boldsymbol{0} & -\alpha_{l-2}\boldsymbol{I}_m \\ \vdots & \vdots & \ddots & \vdots & \vdots \\ \boldsymbol{0} & \boldsymbol{0} & \cdots & \boldsymbol{I}_m & -\alpha_1 \boldsymbol{I}_m \end{bmatrix}_{ml\times ml},\boldsymbol{B}_{\mathrm{o}}=\begin{bmatrix} \boldsymbol{\beta}_l \\ \boldsymbol{\beta}_{l-1} \\ \vdots \\ \boldsymbol{\beta}_2 \\ \boldsymbol{\beta}_1 \end{bmatrix}_{ml\times r}
$$

$$
\boldsymbol{C}_{\mathrm{o}}=[\boldsymbol{0} \quad \boldsymbol{0} \quad \cdots \quad \boldsymbol{0} \quad \boldsymbol{I}_m]_{m\times ml} \tag{5-26}
$$

式中，$\boldsymbol{I}_r$、$\boldsymbol{I}_m$分别为r阶、m阶单位矩阵。

能控标准形实现(5-25)能控但一般不保证能观测，能观测标准形实现(5-26)能观测但一般不保证能控，故其一般并不能保证为最小实现。为降低实现的维数，当$m>r$、$m<r$时，可分别取能控标准形、能观测标准形实现。另外，不同于 SISO 系统能控标准形与能观测标准形互为对偶，MIMO 系统的能控标准形实现(5-25)和能观测标准形实现(5-26)仅是形式上具有对偶关系。

【例 5-5】 已知单输入双输出线性定常连续系统的传递函数矩阵为

$$
\boldsymbol{W}(s)=\begin{bmatrix} \dfrac{s+3}{(s+1)(s+2)} \\ \dfrac{s+2}{s+1} \end{bmatrix}
$$

分别求其能控标准形实现和能观测标准形实现。

解 $\boldsymbol{W}(s)$为真有理函数矩阵，其实现$\sum(\boldsymbol{A},\boldsymbol{B},\boldsymbol{C},\boldsymbol{D})$中的直接传递矩阵$\boldsymbol{D}$为

$$
\boldsymbol{D}=\lim_{s\to\infty}\boldsymbol{G}(s)=\begin{bmatrix} 0 \\ 1 \end{bmatrix}
$$

则对应的严真传递函数矩阵为

$$
\overline{\boldsymbol{W}}(s)=\boldsymbol{W}(s)-\boldsymbol{D}=\begin{bmatrix} \dfrac{s+3}{(s+1)(s+2)} \\ \dfrac{1}{s+1} \end{bmatrix}=\frac{1}{(s+1)(s+2)}\begin{bmatrix} s+3 \\ s+2 \end{bmatrix}=\frac{\begin{bmatrix} 1 \\ 1 \end{bmatrix}s+\begin{bmatrix} 3 \\ 2 \end{bmatrix}}{s^2+3s+2}
$$

对照式(5-24)，知

$$
m=2,r=1,l=2,\alpha_1=3,\alpha_2=2,\boldsymbol{\beta}_1=\begin{bmatrix} 1 \\ 1 \end{bmatrix},\boldsymbol{\beta}_2=\begin{bmatrix} 3 \\ 2 \end{bmatrix}
$$

$\boldsymbol{W}(s)$的能控标准形实现$\sum_{\mathrm{c}}(\boldsymbol{A}_{\mathrm{c}},\boldsymbol{B}_{\mathrm{c}},\boldsymbol{C}_{\mathrm{c}},\boldsymbol{D}_{\mathrm{c}})$为

$$
\boldsymbol{A}_{\mathrm{c}}=\begin{bmatrix} 0 & 1 \\ -2 & -3 \end{bmatrix},\boldsymbol{B}_{\mathrm{c}}=\begin{bmatrix} 0 \\ 1 \end{bmatrix},\boldsymbol{C}_{\mathrm{c}}=[\boldsymbol{\beta}_2 \quad \boldsymbol{\beta}_1]=\begin{bmatrix} 3 & 1 \\ 2 & 1 \end{bmatrix},\boldsymbol{D}_{\mathrm{c}}=\boldsymbol{D}=\begin{bmatrix} 0 \\ 1 \end{bmatrix}
$$

$\boldsymbol{W}(s)$的能观测标准形实现$\sum_{\mathrm{o}}(\boldsymbol{A}_{\mathrm{o}},\boldsymbol{B}_{\mathrm{o}},\boldsymbol{C}_{\mathrm{o}},\boldsymbol{D}_{\mathrm{o}})$为

$$
\boldsymbol{A}_{\mathrm{o}}=\begin{bmatrix} \boldsymbol{0} & -\alpha_2\boldsymbol{I}_2 \\ \boldsymbol{I}_2 & -\alpha_1\boldsymbol{I}_2 \end{bmatrix}=\begin{bmatrix} 0 & 0 & -2 & 0 \\ 0 & 0 & 0 & -2 \\ 1 & 0 & -3 & 0 \\ 0 & 1 & 0 & -3 \end{bmatrix},\boldsymbol{B}_{\mathrm{o}}=\begin{bmatrix} \boldsymbol{\beta}_2 \\ \boldsymbol{\beta}_1 \end{bmatrix}=\begin{bmatrix} 3 \\ 2 \\ 1 \\ 1 \end{bmatrix}
$$

$$C_o=[\mathbf{0}\ \vdots\ I_2]=\begin{bmatrix}0 & 0 & \vdots & 1 & 0\\0 & 0 & \vdots & 0 & 1\end{bmatrix},D_o=D=\begin{bmatrix}0\\1\end{bmatrix}$$

本例的输出维数大于输入维数，采用能观测标准形实现的维数较高。

5.4 传递函数矩阵最小实现的方法

5.4.1 降阶法

最小实现也称为既约实现。严真传递函数矩阵 $\overline{W}(s)$的一个实现$\sum(A,B,C)$为最小实现的充分必要条件是$\sum(A,B,C)$能控且能观测。求最小实现的一般方法为降阶法，即先求 $\overline{W}(s)$的能控（或能观测）标准形实现，再检查其能观测性（或能控性），若实现是能控且能观测的，则为最小实现；否则，对能控标准形实现（或能观测标准形实现）按能观测性（或按能控性）进行结构分解，由此找出能控且能观测子系统，即为最小实现。严真传递函数矩阵 $\overline{W}(s)$的任意两个最小实现之间必代数等价。

【例 5-6】 求例 5-5 传递函数矩阵 $W(s)$的最小实现。

解 例 5-5 已分别求出 $W(s)$的能控标准形实现$\sum_c(A_c,B_c,C_c,D_c)$和能观测标准形实现$\sum_o(A_o,B_o,C_o,D_o)$。

$\sum_c(A_c,B_c,C_c,D_c)$的系数矩阵为

$$A_c=\begin{bmatrix}0 & 1\\-2 & -3\end{bmatrix},B_c=\begin{bmatrix}0\\1\end{bmatrix},C_c=\begin{bmatrix}3 & 1\\2 & 1\end{bmatrix},D_c=D=\begin{bmatrix}0\\1\end{bmatrix}$$

显然能控。再应用秩判据检查其能观测性，可知其能观测，因此，$\sum_c(A_c,B_c,C_c,D_c)$即为 $W(s)$的一个最小实现。

$\sum_o(A_o,B_o,C_o,D_o)$显然能观测，但其能控性判别矩阵的秩为

$$\operatorname{rank}[B_o\quad A_oB_o\quad A_o^2B_o\quad A_o^3B_o]=\operatorname{rank}\begin{bmatrix}3 & -2 & 0 & 4\\2 & -2 & 2 & -2\\1 & 0 & -2 & 6\\1 & -1 & 1 & -1\end{bmatrix}=2<n=4$$

因此，$\sum_o(A_o,B_o,C_o,D_o)$不能控，为 $W(s)$的非最小实现。

对$\sum_o(A_o,B_o,C_o)$按能控性进行结构分解，以寻求 $W(s)$的另一个最小实现。根据式(4-74)构造非奇异变换矩阵为

$$T_{cd}=\begin{bmatrix}3 & -2 & 1 & 0\\2 & -2 & 0 & 1\\1 & 0 & 0 & 0\\1 & -1 & 0 & 0\end{bmatrix}$$

则以 T_{cd}为变换矩阵将$\sum_o(A_o,B_o,C_o)$变换为按能控性进行分解的规范形$\sum_o(\hat{A}_o,\hat{B}_o,\hat{C}_o)$，其中，各系数矩阵为

$$\hat{A}_o=T_{cd}^{-1}A_oT_{cd}=\left[\begin{array}{cc:cc}0 & -2 & 1 & 0\\1 & -3 & 1 & -1\\\hdashline 0 & 0 & -1 & -2\\0 & 0 & 0 & -2\end{array}\right],\hat{B}_o=T_{cd}^{-1}B_o=\left[\begin{array}{c}1\\0\\\hdashline 0\\0\end{array}\right]$$

$$\hat{\boldsymbol{C}}_o=\boldsymbol{C}_o\boldsymbol{T}_{cd}=\left[\begin{array}{cc:cc}1 & 0 & 0 & 0\\ 1 & -1 & 0 & 0\end{array}\right]$$

则 $\boldsymbol{W}(s)$ 的另一个最小实现为 $\sum_{\bar{c}\bar{o}}(\hat{\boldsymbol{A}}_{co},\hat{\boldsymbol{B}}_{co},\hat{\boldsymbol{C}}_{co},\boldsymbol{D})$，其中，系数矩阵为

$$\hat{\boldsymbol{A}}_{co}=\begin{bmatrix}0 & -2\\ 1 & -3\end{bmatrix},\hat{\boldsymbol{B}}_{co}=\begin{bmatrix}1\\ 0\end{bmatrix},\hat{\boldsymbol{C}}_{co}=\begin{bmatrix}1 & 0\\ 1 & -1\end{bmatrix},\boldsymbol{D}=\begin{bmatrix}0\\ 1\end{bmatrix}$$

令非奇异变换矩阵 $\boldsymbol{T}=\begin{bmatrix}-2 & 0\\ 0 & 1\end{bmatrix}$，本例的两个最小实现系数矩阵之间有

$$\boldsymbol{A}_c=\begin{bmatrix}0 & 1\\ -2 & -3\end{bmatrix}=\boldsymbol{T}^{-1}\hat{\boldsymbol{A}}_{co}\boldsymbol{T}=\boldsymbol{T}^{-1}\begin{bmatrix}0 & -2\\ 1 & -3\end{bmatrix}\boldsymbol{T},\boldsymbol{B}_c=\begin{bmatrix}0\\ 1\end{bmatrix}=\boldsymbol{T}^{-1}\hat{\boldsymbol{B}}_{co}=\boldsymbol{T}^{-1}\begin{bmatrix}1\\ 0\end{bmatrix}$$

$$\boldsymbol{C}_c=\begin{bmatrix}3 & 1\\ 2 & 1\end{bmatrix}=\hat{\boldsymbol{C}}_{co}\boldsymbol{T}=\begin{bmatrix}1 & 0\\ 1 & -1\end{bmatrix}\boldsymbol{T},\boldsymbol{D}_c=\boldsymbol{D}=\begin{bmatrix}0\\ 1\end{bmatrix}$$

可见，两个最小实现之间为代数等价。

4.10 节的分析表明，若单变量系统的传递函数的分子多项式和分母多项式有相消的公因式，即系统存在传递函数不能反映的解耦零点，则根据状态变量的选择不同，系统的状态空间实现或为不能控，或为不能观测，或为既不能控又不能观测。只有约去分子多项式和分母多项式相消的公因式，使传递函数既约，相应的实现才能控且能观测，即才为最小实现。

【例 5-7】 已知系统的传递函数为

$$W(s)=\frac{s+\alpha}{(s+9)(s^2+1)}$$

(1) α 取何值时，使系统的 3 阶状态空间实现为非最小实现。

(2) 在上述 α 取值下，求使系统能观测但不能控的 3 阶状态空间实现。

(3) 在上述 α 取值下，求系统的最小实现。

解 (1) $\alpha=9$ 时，分子多项式和分母多项式有相消的公因式，系统的 3 阶状态空间实现为非最小实现，不可能能控且能观测。

(2) $\alpha=9$ 时，求得系统的能观测标准形实现 $\sum_o(\boldsymbol{A}_o,\boldsymbol{B}_o,\boldsymbol{C}_o)$，其中

$$\boldsymbol{A}_o=\begin{bmatrix}0 & 0 & -9\\ 1 & 0 & -1\\ 0 & 1 & -9\end{bmatrix},\boldsymbol{B}_o=\begin{bmatrix}9\\ 1\\ 0\end{bmatrix},\boldsymbol{C}_o=\begin{bmatrix}0 & 0 & 1\end{bmatrix}$$

$\sum_o(\boldsymbol{A}_o,\boldsymbol{B}_o,\boldsymbol{C}_o)$ 必能观测，但由于 3 阶状态空间实现为非最小实现，故 $\sum_o(\boldsymbol{A}_o,\boldsymbol{B}_o,\boldsymbol{C}_o)$ 不能控。

(3) $\alpha=9$ 时，将传递函数分子多项式和分母多项式的公因式 $(s+9)$ 约去，得既约传递函数为

$$W(s)=\frac{1}{s^2+1}$$

由此得能控且能观测的实现，即一个最小实现为 $\sum(\boldsymbol{A}_{co},\boldsymbol{B}_{co},\boldsymbol{C}_{co})$，其中

$$\boldsymbol{A}_{co}=\begin{bmatrix}0 & 1\\ -1 & 0\end{bmatrix},\boldsymbol{B}_{co}=\begin{bmatrix}0\\ 1\end{bmatrix},\boldsymbol{C}_{co}=\begin{bmatrix}1 & 0\end{bmatrix}$$

5.4.2 传递函数矩阵的约当标准形最小实现

采用降阶法求传递函数矩阵最小实现的思路清晰，但计算量一般较大。当 $m\times r$ 维严真传递函数矩阵 $\overline{\boldsymbol{W}}(s)$ 的各元素仅含单实极点时，可推广应用仅含单实极点的既约传递函数并联分解实现方法，按以下步骤求 $\overline{\boldsymbol{W}}(s)$ 的约当标准形最小实现：

(1) 对 $\overline{\boldsymbol{W}}(s)$的各元素应用留数法分别进行部分分式展开，进而将 $\overline{\boldsymbol{W}}(s)$表示为

$$\overline{\boldsymbol{W}}(s)=\sum_{i=1}^{l}\frac{\boldsymbol{K}_i}{s+p_i} \tag{5-27}$$

式中，$\boldsymbol{K}_i$为 $m\times r$ 维实常数矩阵。

(2) 确定各 $\boldsymbol{K}_i$的秩 $q_i=\mathrm{rank}\boldsymbol{K}_i, i=1,2,\cdots,l$。

(3) 依据各 $\boldsymbol{K}_i$的秩 q_i，将其分解成 q_i个外积项之和，即

$$\boldsymbol{K}_i=\sum_{j=1}^{q_i}\boldsymbol{c}_{ij}\times\boldsymbol{b}_{ij} \tag{5-28}$$

式中，m 维向量$\boldsymbol{\alpha}=(\alpha_1,\alpha_2,\cdots,\alpha_m)^{\mathrm{T}}$与 r 维向量$\boldsymbol{\beta}=(\beta_1,\beta_2,\cdots,\beta_r)$的外积为 $m\times r$ 维矩阵，其定义为

$$\boldsymbol{\alpha}\times\boldsymbol{\beta}\overset{\Delta}{=}\begin{bmatrix}\alpha_1\\ \alpha_2\\ \vdots\\ \alpha_m\end{bmatrix}[\beta_1\quad\beta_2\quad\cdots\quad\beta_r] \tag{5-29}$$

(4) 得 $\overline{\boldsymbol{W}}(s)$的约当标准形最小实现$\sum_{\mathrm{J}}(\boldsymbol{A}_{\mathrm{J}},\boldsymbol{B}_{\mathrm{J}},\boldsymbol{C}_{\mathrm{J}})$，其中，系数矩阵为

$$\boldsymbol{A}_{\mathrm{J}}=\begin{bmatrix}-p_1\boldsymbol{I}_{q_1} & & \boldsymbol{0}\\ & \ddots & \\ \boldsymbol{0} & & -p_l\boldsymbol{I}_{q_l}\end{bmatrix},\boldsymbol{B}_{\mathrm{J}}=\begin{bmatrix}\boldsymbol{b}_{11}\\ \vdots\\ \boldsymbol{b}_{1q_1}\\ \vdots\\ \boldsymbol{b}_{l1}\\ \vdots\\ \boldsymbol{b}_{lq_l}\end{bmatrix}$$

$$\boldsymbol{C}_{\mathrm{J}}=[\boldsymbol{c}_{11}\quad\cdots\quad\boldsymbol{c}_{1q_1}\quad\cdots\quad\boldsymbol{c}_{l1}\quad\cdots\quad\boldsymbol{c}_{lq_l}] \tag{5-30}$$

式中，$\boldsymbol{I}_{q_i}(i=1,2,\cdots,l)$为 q_i阶单位矩阵，$\boldsymbol{A}_{\mathrm{J}}$为维数等于 $\sum_{i=1}^{l}q_i$的约当标准形对角分块阵。因为$-p_i$为 $\overline{\boldsymbol{W}}(s)$元素的单实极点，$i=1,2,\cdots,l$，故若 $q_i=1$，与$-p_i$对应的$\boldsymbol{B}_{\mathrm{J}}$、$\boldsymbol{C}_{\mathrm{J}}$中的行向量、列向量均为非零向量；若 $q_i=\mathrm{rank}(\boldsymbol{K}_i)>1$，$-p_i$分布在$q_i$个一阶约当块中，与其对应的$\boldsymbol{B}_{\mathrm{J}}$、$\boldsymbol{C}_{\mathrm{J}}$中的 q_i个行向量线性无关、q_i个列向量线性无关，故$\sum_{\mathrm{J}}(\boldsymbol{A}_{\mathrm{J}},\boldsymbol{B}_{\mathrm{J}},\boldsymbol{C}_{\mathrm{J}})$能控且能观测。

【例 5-8】 求严真传递函数矩阵

$$\boldsymbol{W}(s)=\begin{bmatrix}\dfrac{1}{s(s+3)} & \dfrac{1}{s(s+4)}\\ \dfrac{1}{s+4} & \dfrac{1}{(s+2)(s+4)}\end{bmatrix}$$

的极点及最小实现。

解 $\boldsymbol{W}(s)$的各元素均为既约传递函数，其一阶子式的最小公分母为 $s(s+2)(s+3)(s+4)$。

二阶子式$\dfrac{-(s^2+4s+2)}{s(s+2)(s+3)(s+4)^2}$的最小公分母为 $s(s+2)(s+3)(s+4)^2$。

则$\boldsymbol{W}(s)$的特征多项式为

$$\rho_W(s)=s(s+2)(s+3)(s+4)^2$$

令 $\rho_W(s)=0$，求得$\boldsymbol{W}(s)$的极点共有 5 个，分别为 $0,-2,-3,-4,-4$。传递函数矩阵的极

点（传输极点）集合是系统极点集合减去解耦零点集合所得到的子集（参见式（2-264）），即为能控且能观测子系统的极点。由此可见，$\boldsymbol{W}(s)$的最小实现应为 5 阶。

本题$\boldsymbol{W}(s)$共有 4 个元素，即 3 个二阶传递函数$W_{11}(s)$、$W_{12}(s)$、$W_{22}(s)$和 1 个一阶传递函数$W_{21}(s)$，若采用直接实现方法，分别求各元素的实现，然后再依据$\boldsymbol{W}(s)$所表征的输入、输出关系，将各元素的实现进行连接，则共需要 7 个独立积分器，并非最小实现。若采用降阶法，先求$\boldsymbol{W}(s)$的能控（或能观测）标准形实现，所得 8 维状态空间实现也并非最小实现。需要按能观测性（或能控性）进行结构分解，分离出 5 维能控且能观测子系统，才能得到最小实现，计算量较大。本题$\boldsymbol{W}(s)$各元素仅含单实极点，故可采用上述直接获得约当标准形最小实现的步骤求解。

将$\boldsymbol{W}(s)$中各元素按部分分式展开，得

$$\boldsymbol{W}(s)=\begin{bmatrix}\dfrac{\frac{1}{3}}{s}+\dfrac{-\frac{1}{3}}{s+3} & \dfrac{\frac{1}{4}}{s}+\dfrac{-\frac{1}{4}}{s+4}\\ \dfrac{1}{s+4} & \dfrac{\frac{1}{2}}{s+2}+\dfrac{-\frac{1}{2}}{s+4}\end{bmatrix}$$

再将$\boldsymbol{W}(s)$表示为式（5-27）的形式，即

$$\begin{aligned}\boldsymbol{W}(s)&=\frac{1}{s}\begin{bmatrix}\frac{1}{3} & \frac{1}{4}\\ 0 & 0\end{bmatrix}+\frac{1}{s+2}\begin{bmatrix}0 & 0\\ 0 & \frac{1}{2}\end{bmatrix}+\frac{1}{s+3}\begin{bmatrix}-\frac{1}{3} & 0\\ 0 & 0\end{bmatrix}+\frac{1}{s+4}\begin{bmatrix}0 & -\frac{1}{4}\\ 1 & -\frac{1}{2}\end{bmatrix}\\ &=\frac{\boldsymbol{K}_1}{s}+\frac{\boldsymbol{K}_2}{s+2}+\frac{\boldsymbol{K}_3}{s+3}+\frac{\boldsymbol{K}_4}{s+4}\end{aligned}$$

求取各$\boldsymbol{K}_i$的秩q_i，分别为

$$q_1=\mathrm{rank}\boldsymbol{K}_1=1,q_2=\mathrm{rank}\boldsymbol{K}_2=1,q_3=\mathrm{rank}\boldsymbol{K}_3=1,q_4=\mathrm{rank}\boldsymbol{K}_4=2$$

将$\boldsymbol{K}_i$分解成q_i个外积项之和（$i=1,2,3,4$）。外积项不唯一，一种分解结果为

$$\boldsymbol{K}_1=\begin{bmatrix}1\\0\end{bmatrix}\begin{bmatrix}\frac{1}{3} & \frac{1}{4}\end{bmatrix}=\boldsymbol{c}_{11}\times\boldsymbol{b}_{11},\boldsymbol{K}_2=\begin{bmatrix}0\\1\end{bmatrix}\begin{bmatrix}0 & \frac{1}{2}\end{bmatrix}=\boldsymbol{c}_{21}\times\boldsymbol{b}_{21}$$

$$\boldsymbol{K}_3=\begin{bmatrix}1\\0\end{bmatrix}\begin{bmatrix}-\frac{1}{3} & 0\end{bmatrix}=\boldsymbol{c}_{31}\times\boldsymbol{b}_{31},\boldsymbol{K}_4=\begin{bmatrix}0\\1\end{bmatrix}\begin{bmatrix}1 & 0\end{bmatrix}+\begin{bmatrix}-\frac{1}{4}\\ -\frac{1}{2}\end{bmatrix}\begin{bmatrix}0 & 1\end{bmatrix}=\boldsymbol{c}_{41}\times\boldsymbol{b}_{41}+\boldsymbol{c}_{42}\times\boldsymbol{b}_{42}$$

根据式（5-30）得$\boldsymbol{W}(s)$的约当标准形最小实现为$\sum_{\mathrm{J}}(\boldsymbol{A}_{\mathrm{J}},\boldsymbol{B}_{\mathrm{J}},\boldsymbol{C}_{\mathrm{J}})$，其中

$$\boldsymbol{A}_{\mathrm{J}}=\begin{bmatrix}-p_1\boldsymbol{I}_{q_1} & & & \boldsymbol{0}\\ & -p_2\boldsymbol{I}_{q_2} & & \\ & & -p_3\boldsymbol{I}_{q_3} & \\ \boldsymbol{0} & & & -p_4\boldsymbol{I}_{q_4}\end{bmatrix}=\begin{bmatrix}0 & 0 & 0 & 0 & 0\\ 0 & -2 & 0 & 0 & 0\\ 0 & 0 & -3 & 0 & 0\\ 0 & 0 & 0 & -4 & 0\\ 0 & 0 & 0 & 0 & -4\end{bmatrix}$$

$$\boldsymbol{B}_{\mathrm{J}}=\begin{bmatrix}\boldsymbol{b}_{11}\\ \boldsymbol{b}_{21}\\ \boldsymbol{b}_{31}\\ \boldsymbol{b}_{41}\\ \boldsymbol{b}_{42}\end{bmatrix}=\begin{bmatrix}\frac{1}{3} & \frac{1}{4}\\ 0 & \frac{1}{2}\\ -\frac{1}{3} & 0\\ 1 & 0\\ 0 & 1\end{bmatrix},\boldsymbol{C}_{\mathrm{J}}=\begin{bmatrix}\boldsymbol{c}_{11} & \boldsymbol{c}_{21} & \boldsymbol{c}_{31} & \boldsymbol{c}_{41} & \boldsymbol{c}_{42}\end{bmatrix}=\begin{bmatrix}1 & 0 & 1 & 0 & -\frac{1}{4}\\ 0 & 1 & 0 & 1 & -\frac{1}{2}\end{bmatrix}$$

可验证 $C_J(sI-A_J)^{-1}B_J=W(s)$。实际上，由于 $\sum_J(A_J,B_J,C_J)$ 为 $W(s)$ 的最小实现，A_J 的特征值即为 $W(s)$ 的极点。

若传递函数矩阵 $W(s)$ 的元素含重实极点，求其约当标准形最小实现，不仅需要推广应用含重实极点的既约传递函数并联分解实现方法，而且还需对上述约当标准形最小实现的算法进行修正，当阶次较高时，计算也较复杂。实际应用中，还有其他求最小实现的方法，如通过对 Hankel 矩阵进行奇异值分解的直接法等。

5.5 基于矩阵分式描述的状态空间实现

为了研究以 MFD 的传递函数矩阵的状态空间实现，也是为了通过 MFD 的状态空间实现研究 PMD 的状态空间实现，本节研究以右 MFD 和左 MFD 严真有理传递函数矩阵的实现。

5.5.1 矩阵分式描述的真性和严真性

式(2-16)、式(2-17)分别给出了传递函数矩阵 $W(s)$ 为严真、真的定义。称 MFD 为严真(或真)，当且仅当其导出的传递函数矩阵 $W(s)$ 为严真(或真)。当传递函数矩阵以 MFD 形式给出时，基于上述定义不便于判断真性和严真性，本节介绍用 MFD 判断传递函数矩阵 $W(s)$ 真性和严真性的方法。

对 $m\times r$ 维右 MFD $W(s)=N_R(s)D_R^{-1}(s)$，设 $r\times r$ 维非奇异矩阵 $D_R(s)$ 列既约，$N_R(s)$ 为 $m\times r$ 维矩阵，则 $W(s)=N_R(s)D_R^{-1}(s)$ 为真，当且仅当

$$\delta_{cj}N_R(s)\leqslant\delta_{cj}D_R(s),\qquad j=1,2,\cdots,r \tag{5-31}$$

$W(s)=N_R(s)D_R^{-1}(s)$ 为严真，当且仅当

$$\delta_{cj}N_R(s)<\delta_{cj}D_R(s),\qquad j=1,2,\cdots,r \tag{5-32}$$

式中，δ_{cj} 为所示矩阵第 j 列的列次数。

与上述右 MFD 判断真性和严真性的方法对偶，对 $m\times r$ 维左 MFD $W(s)=D_L^{-1}(s)N_L(s)$，设 $m\times m$ 维非奇异矩阵 $D_L(s)$ 行既约，$N_L(s)$ 为 $m\times r$ 维矩阵，则 $W(s)=D_L^{-1}(s)N_L(s)$ 为真，当且仅当

$$\delta_{ri}N_L(s)\leqslant\delta_{ri}D_L(s),\qquad i=1,2,\cdots,m \tag{5-33}$$

$W(s)=D_L^{-1}(s)N_L(s)$ 为严真，当且仅当

$$\delta_{ri}N_L(s)<\delta_{ri}D_L(s),\qquad i=1,2,\cdots,m \tag{5-34}$$

式中，δ_{ri} 为所示矩阵第 i 行的行次数。

在上述右、左 MFD 判断真性和严真性的方法中，分别以 $D_R(s)$ 列既约、$D_L(s)$ 行既约为前提。若 $D_R(s)$ 非列既约，则可通过引入 $r\times r$ 维单模变换矩阵 $T_c(s)$，使 $\bar{D}_R(s)=D_R(s)T_c(s)$ 为列既约，并对 $N_R(s)$ 作同样的右单模变换，即 $\bar{N}_R(s)=N_R(s)T_c(s)$，则 $N_R(s)D_R^{-1}(s)$ 与 $\bar{N}_R(s)\bar{D}_R^{-1}(s)$ 具有相同的真性和严真性；若 $D_L(s)$ 非行既约，则可通过引入 $m\times m$ 维单模变换矩阵 $T_r(s)$，使 $\bar{D}_L(s)=T_r(s)D_L(s)$ 为行既约，并对 $N_L(s)$ 作同样的左单模变换，即 $\bar{N}_L(s)=T_r(s)N_L(s)$，则 $D_L^{-1}(s)N_L(s)$ 与 $\bar{D}_L^{-1}(s)\bar{N}_L(s)$ 具有相同的真性和严真性。

在复频域方法中，常需要由非真 MFD 导出严真 MFD。若 $m\times r$ 维右 MFD $N_R(s)D_R^{-1}(s)$ 非真，则可先计算乘积 $N_R(s)D_R^{-1}(s)$，得到有理分式矩阵 $W(s)$；对 $W(s)$ 中各非真和真元有理分式 $W_{ij}(s)$，由多项式除法得

$$W_{ij}(s)=q_{ij}(s)+(W_{ij}(s))_{sp} \tag{5-35}$$

式中，$q_{ij}(s)$为多项式或常数，$(W_{ij}(s))_{sp}$为严真有理分式；对$\boldsymbol{W}(s)$中各严真元有理分式$\boldsymbol{W}_{ij}(s)$，则记

$$W_{ij}(s)=0+(W_{ij}(s))_{sp} \tag{5-36}$$

分别以$(W_{ij}(s))_{sp}$为元素、$q_{ij}(s)$或0为元素构成$m\times r$维严真有理分式矩阵$\boldsymbol{W}_{sp}(s)$、多项式矩阵$\boldsymbol{Q}(s)$；计算$\boldsymbol{R}(s)=\boldsymbol{W}_{sp}(s)\boldsymbol{D}_R(s)$，则非真右MFD $\boldsymbol{N}_R(s)\boldsymbol{D}_R^{-1}(s)$分解为

$$\boldsymbol{N}_R(s)\boldsymbol{D}_R^{-1}(s)=\boldsymbol{R}(s)\boldsymbol{D}_R^{-1}(s)+\boldsymbol{Q}(s) \tag{5-37}$$

式中，$\boldsymbol{R}(s)\boldsymbol{D}_R^{-1}(s)$为$\boldsymbol{N}_R(s)\boldsymbol{D}_R^{-1}(s)$中的严真右MFD，$\boldsymbol{Q}(s)$为多项式矩阵部分。

基于上述由非真右MFD确定其中的严真右MFD的方法，应用对偶原理，可导出由非真左MFD确定其中的严真左MFD的方法。

【例5-9】 给定1×2维右MFD

$$\boldsymbol{W}(s)=\boldsymbol{N}_R(s)\boldsymbol{D}_R^{-1}(s)=\begin{bmatrix}s^2+1 & 2s\end{bmatrix}\begin{bmatrix}s^3+s^2+s+1 & s^2+s\\ 1 & s\end{bmatrix}^{-1}$$

因$\boldsymbol{D}_R(s)$的列次数系数矩阵$\boldsymbol{D}_{hc}=\begin{bmatrix}1 & 1\\ 0 & 0\end{bmatrix}$奇异，故$\boldsymbol{D}_R(s)$非列既约。为此，用$-s$乘以$\boldsymbol{D}_R(s)$的第2列所得结果加于第1列，即引入2×2维单模变换矩阵$\boldsymbol{T}_c(s)=\begin{bmatrix}1 & 0\\ -s & 1\end{bmatrix}$，对$\boldsymbol{D}_R(s)$作右单模变换，得

$$\bar{\boldsymbol{D}}_R(s)=\boldsymbol{D}_R(s)\boldsymbol{T}_c(s)=\begin{bmatrix}s^3+s^2+s+1 & s^2+s\\ 1 & s\end{bmatrix}\begin{bmatrix}1 & 0\\ -s & 1\end{bmatrix}=\begin{bmatrix}s+1 & s^2+s\\ -s^2+1 & s\end{bmatrix}$$

因$\bar{\boldsymbol{D}}_R(s)$的列次数系数矩阵$\bar{\boldsymbol{D}}_{hc}=\begin{bmatrix}0 & 1\\ -1 & 0\end{bmatrix}$非奇异，故$\bar{\boldsymbol{D}}_R(s)$列既约。

对$\boldsymbol{N}_R(s)$作同样的右单模变换，得

$$\bar{\boldsymbol{N}}_R(s)=\boldsymbol{N}_R(s)\boldsymbol{T}_c(s)=\begin{bmatrix}s^2+1 & 2s\end{bmatrix}\begin{bmatrix}1 & 0\\ -s & 1\end{bmatrix}=\begin{bmatrix}-s^2+1 & 2s\end{bmatrix}$$

因为

$$2=\delta_{c1}\bar{\boldsymbol{N}}_R(s)=\delta_{c1}\bar{\boldsymbol{D}}_R(s)=2,\ 1=\delta_{c2}\bar{\boldsymbol{N}}_R(s)<\delta_{c2}\bar{\boldsymbol{D}}_R(s)=2$$

故给定右MFD $\boldsymbol{N}_R(s)\boldsymbol{D}_R^{-1}(s)$为真但非严真。

应该指出，由于$\boldsymbol{D}_R(s)$非列既约，故尽管

$$2=\delta_{c1}\boldsymbol{N}_R(s)<\delta_{c1}\boldsymbol{D}_R(s)=3,\ 1=\delta_{c2}\boldsymbol{N}_R(s)<\delta_{c2}\boldsymbol{D}_R(s)=2$$

满足式(5-32)所示的条件，也不能得到$\boldsymbol{N}_R(s)\boldsymbol{D}_R^{-1}(s)$为严真的结论。

【例5-10】 给定2×1维左MFD

$$\boldsymbol{W}(s)=\boldsymbol{D}_L^{-1}(s)\boldsymbol{N}_L(s)=\begin{bmatrix}s^2+5s+4 & s+4\\ s+1 & s+4\end{bmatrix}^{-1}\begin{bmatrix}s^3+6s^2+9s+4\\ s^2+8s+16\end{bmatrix}$$

易知$\boldsymbol{D}_L(s)$行既约，$\boldsymbol{D}_L^{-1}(s)\boldsymbol{N}_L(s)$非真。首先，确定出$\boldsymbol{D}_L^{-1}(s)\boldsymbol{N}_L(s)$的有理分式矩阵$\boldsymbol{W}(s)$，即

$$\boldsymbol{W}(s)=\boldsymbol{D}_L^{-1}(s)\boldsymbol{N}_L(s)=\begin{bmatrix}\dfrac{s^3+5s^2+s-12}{s^2+4s+3}\\[2ex] \dfrac{6s+15}{s+3}\end{bmatrix}$$

再对有理分式矩阵$\boldsymbol{W}(s)$中的各元传递函数应用多项式除法，将$\boldsymbol{W}(s)$分解为多项式矩阵$\boldsymbol{Q}_L(s)$与严真有理分式矩阵$\boldsymbol{W}_{sp}(s)$之和，即

$$\boldsymbol{W}(s)=\begin{bmatrix}(s+1)+\dfrac{-6s-15}{s^2+4s+3}\\ 6+\dfrac{-3}{s+3}\end{bmatrix}=\begin{bmatrix}s+1\\6\end{bmatrix}+\begin{bmatrix}\dfrac{-6s-15}{s^2+4s+3}\\ \dfrac{-3}{s+3}\end{bmatrix}=\boldsymbol{Q}_{\mathrm{L}}(s)+\boldsymbol{W}_{\mathrm{sp}}(s)$$

则
$$\boldsymbol{R}_{\mathrm{L}}(s)=\boldsymbol{D}_{\mathrm{L}}(s)\boldsymbol{W}_{\mathrm{sp}}(s)=\begin{bmatrix}s^2+5s+4 & s+4\\ s+1 & s+4\end{bmatrix}\begin{bmatrix}\dfrac{-6s-15}{s^2+4s+3}\\ \dfrac{-3}{s+3}\end{bmatrix}=\begin{bmatrix}-6s-24\\-9\end{bmatrix}$$

从而确定出非真左 MFD $\boldsymbol{D}_{\mathrm{L}}^{-1}(s)\boldsymbol{N}_{\mathrm{L}}(s)$中的严真左 MFD 为

$$\boldsymbol{D}_{\mathrm{L}}^{-1}(s)\boldsymbol{R}_{\mathrm{L}}(s)=\begin{bmatrix}s^2+5s+4 & s+4\\ s+1 & s+4\end{bmatrix}^{-1}\begin{bmatrix}-6s-24\\-9\end{bmatrix}$$

5.5.2 右 MFD 的控制器形实现

设 $m\times r$ 维严真右 MFD

$$\boldsymbol{W}(s)=\boldsymbol{N}_{\mathrm{R}}(s)\boldsymbol{D}_{\mathrm{R}}^{-1}(s),\qquad 设\ \boldsymbol{D}_{\mathrm{R}}(s)列既约 \tag{5-38}$$

称满足

$$\boldsymbol{C}_{\mathrm{c}}(s\boldsymbol{I}-\boldsymbol{A}_{\mathrm{c}})^{-1}\boldsymbol{B}_{\mathrm{c}}=\boldsymbol{N}_{\mathrm{R}}(s)\boldsymbol{D}_{\mathrm{R}}^{-1}(s),且\{\boldsymbol{A}_{\mathrm{c}},\boldsymbol{B}_{\mathrm{c}}\}完全能控 \tag{5-39}$$

的状态空间表达式

$$\begin{cases}\dot{\boldsymbol{x}}=\boldsymbol{A}_{\mathrm{c}}\boldsymbol{x}+\boldsymbol{B}_{\mathrm{c}}\boldsymbol{u}\\ \boldsymbol{y}=\boldsymbol{C}_{\mathrm{c}}\boldsymbol{x}\end{cases} \tag{5-40}$$

为右 MFD(5-38)的控制器形实现。

显然，对于单变量系统的严真传递函数

$$\overline{W}(s)=\frac{b_1s^{n-1}+b_2s^{n-2}+\cdots+b_{n-1}s+b_n}{s^n+a_1s^{n-1}+\cdots+a_{n-1}s+a_n}=\frac{N(s)}{D(s)}=N(s)D^{-1}(s) \tag{5-41}$$

的能控标准形实现(5-7)为上述右 MFD 控制器形实现的特例。对 $m\times r$ 维严真右 MFD (5-38)，将列既约的 $\boldsymbol{D}_{\mathrm{R}}(s)$按式(2-82)分解为

$$\boldsymbol{D}_{\mathrm{R}}(s)=\boldsymbol{D}_{\mathrm{hc}}\boldsymbol{H}_{\mathrm{c}}(s)+\boldsymbol{D}_{\mathrm{Lc}}\boldsymbol{L}_{\mathrm{c}}(s) \tag{5-42}$$

式中，$\boldsymbol{D}_{\mathrm{hc}}$为$\boldsymbol{D}_{\mathrm{R}}(s)$的列次数系数矩阵，因为$\boldsymbol{D}_{\mathrm{R}}(s)$列既约，故 $r\times r$ 维矩阵 $\boldsymbol{D}_{\mathrm{hc}}$ 非奇异；若 k_{cj} 为 $\boldsymbol{D}_{\mathrm{R}}(s)$第 j 列的列次，$j=1,2,\cdots,r$，$n=\sum_{j=1}^{r}k_{cj}$，$\boldsymbol{H}_{\mathrm{c}}(s)$为

$$\boldsymbol{H}_{\mathrm{c}}(s)=\begin{bmatrix}s^{k_{c1}} & & \\ & \ddots & \\ & & s^{k_{cr}}\end{bmatrix} \tag{5-43}$$

$\boldsymbol{D}_{\mathrm{Lc}}$为$\boldsymbol{D}_{\mathrm{R}}(s)$的低次系数矩阵($r\times n$ 维)，$\boldsymbol{L}_{\mathrm{c}}(s)$为如式(5-44)所示的 $n\times r$ 维矩阵，即

$$\boldsymbol{L}_{\mathrm{c}}(s)=\left[\begin{array}{c:c:c:c}\begin{matrix}1\\s\\\vdots\\s^{k_{c1}-1}\end{matrix} & \boldsymbol{0} & \boldsymbol{0} & \\ \hdashline \boldsymbol{0} & \begin{matrix}1\\s\\\vdots\\s^{k_{c2}-1}\end{matrix} & & \boldsymbol{0}\\ \hdashline & \vdots & \ddots & \\ \hdashline \boldsymbol{0} & \boldsymbol{0} & & \begin{matrix}1\\s\\\vdots\\s^{k_{cr}-1}\end{matrix}\end{array}\right] \tag{5-44}$$

式中，若 $k_{cj}=0$，$\boldsymbol{L}_c(s)$中的第 j 列则为零列。

因为 $m\times r$ 维右 MFD(5-38)为严真，故 $m\times r$ 维 $\boldsymbol{N}_R(s)$可表示为

$$\boldsymbol{N}_R(s)=\boldsymbol{N}_{Lc}\boldsymbol{L}_c(s) \tag{5-45}$$

式中，$\boldsymbol{N}_{Lc}$为 $m\times n$ 维系数矩阵。令 $r\times 1$ 列向量 $\boldsymbol{V}(s)=\boldsymbol{D}_R^{-1}(s)\boldsymbol{U}(s)$，则

$$\boldsymbol{D}_R(s)\boldsymbol{V}(s)=\boldsymbol{U}(s) \tag{5-46}$$

$$\boldsymbol{Y}(s)=\boldsymbol{N}_R(s)\boldsymbol{D}_R^{-1}(s)\boldsymbol{U}(s)=\boldsymbol{N}_R(s)\boldsymbol{V}(s) \tag{5-47}$$

将式(5-42)、式(5-45)代入式(5-46)、式(5-47)，得

$$(\boldsymbol{D}_{hc}\boldsymbol{H}_c(s)+\boldsymbol{D}_{Lc}\boldsymbol{L}_c(s))\boldsymbol{V}(s)=\boldsymbol{U}(s) \tag{5-48}$$

$$\boldsymbol{Y}(s)=\boldsymbol{N}_{Lc}\boldsymbol{L}_c(s)\boldsymbol{V}(s) \tag{5-49}$$

由式(5-48)，得

$$\boldsymbol{H}_c(s)\boldsymbol{V}(s)=-\boldsymbol{D}_{hc}^{-1}\boldsymbol{D}_{Lc}\boldsymbol{L}_c(s)\boldsymbol{V}(s)+\boldsymbol{D}_{hc}^{-1}\boldsymbol{U}(s) \tag{5-50}$$

定义

$$\boldsymbol{x}(s)\overset{\Delta}{=}\boldsymbol{L}_c(s)\boldsymbol{V}(s) \tag{5-51}$$

且在时域中表示为

$$\begin{aligned} &x_{ji_j}(t)=\frac{\mathrm{d}^{i_j-1}v_j(t)}{\mathrm{d}t^{i_j-1}} \quad j=1,2,\cdots,r;i_j=1,2,\cdots,k_{cj} \\ &\dot{x}_{ji_j}(t)=x_{j(i_j+1)}(t) \quad j=1,2,\cdots,r;i_j=1,2,\cdots,k_{cj}-1 \end{aligned} \tag{5-52}$$

由 $\boldsymbol{H}_c(s)$的定义式(5-43)及 $\boldsymbol{x}(s)$的定义式(5-52)，式(5-50)可表示为

$$\begin{bmatrix} \dot{x}_{1k_{c1}} \\ \dot{x}_{2k_{c2}} \\ \vdots \\ \dot{x}_{rk_{cr}} \end{bmatrix}=-\boldsymbol{D}_{hc}^{-1}\boldsymbol{D}_{Lc}\boldsymbol{x}(t)+\boldsymbol{D}_{hc}^{-1}\boldsymbol{u}(t)\overset{\Delta}{=}\begin{bmatrix} -\boldsymbol{a}_{1k_{c1}} \\ -\boldsymbol{a}_{2k_{c2}} \\ \vdots \\ -\boldsymbol{a}_{rk_{cr}} \end{bmatrix}\boldsymbol{x}(t)+\begin{bmatrix} \boldsymbol{b}_{1k_{c1}} \\ \boldsymbol{b}_{2k_{c2}} \\ \vdots \\ \boldsymbol{b}_{rk_{cr}} \end{bmatrix}\boldsymbol{u}(t) \tag{5-53}$$

式中，$-\boldsymbol{a}_{jk_{cj}}$、$\boldsymbol{b}_{jk_{cj}}$ 分别为 $-\boldsymbol{D}_{hc}^{-1}\boldsymbol{D}_{Lc}$、$\boldsymbol{D}_{hc}^{-1}$ 的第 j 行，$j=1,2,\cdots,r$。由式(5-52)、式(5-53)及式(5-49)，可画出 $m\times r$ 维严真右 MFD 的状态变量模拟图，如图 5-4 所示。

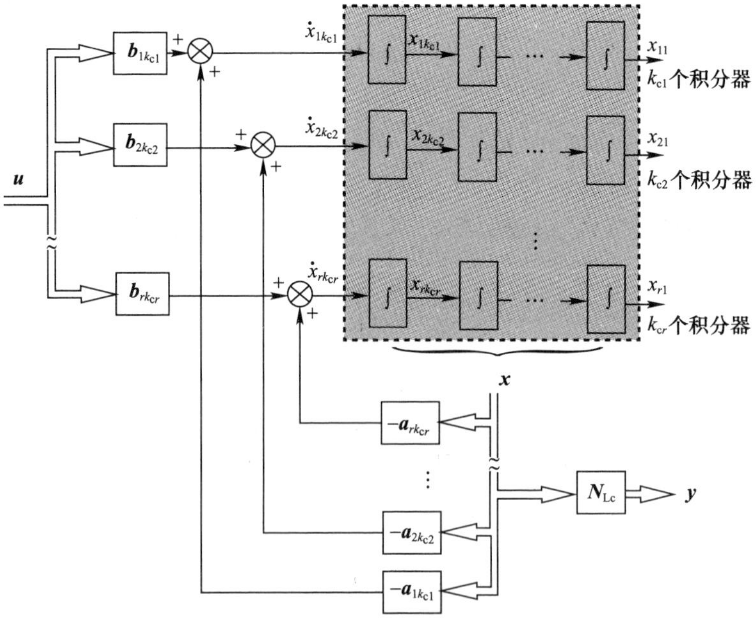

图 5-4　严真右 MFD(5-31)的控制器形实现

图 5-4 中，含有由式(5-52)确定的 r 条积分链，每条积分链包含 k_{cj} 个积分器，$j=1,2,\cdots,r$，指定图中每个积分器的输出为相应状态变量，可写出 $m\times r$ 维严真右 MFD(5-38)的控制器形实现为

$$
\left\{
\begin{aligned}
&\begin{bmatrix} \dot{x}_{11} \\ \dot{x}_{11} \\ \vdots \\ \dot{x}_{1k_{c1}} \\ \hdashline \dot{x}_{21} \\ \dot{x}_{22} \\ \vdots \\ \dot{x}_{2k_{c2}} \\ \hdashline \vdots \\ \hdashline \dot{x}_{r1} \\ \dot{x}_{r2} \\ \vdots \\ \dot{x}_{rk_{cr}} \end{bmatrix}
=
\left[\begin{array}{ccccc:ccccc:c:ccccc}
0 & 1 & 0 & \cdots & 0 & & & & & & & & & & & \\
0 & 0 & 1 & \cdots & 0 & & & & & & & & & & & \\
\vdots & \vdots & \vdots & \ddots & \vdots & & & \mathbf{0} & & & & & & \mathbf{0} & & \\
0 & 0 & 0 & \cdots & 1 & & & & & & & & & & & \\
* & * & * & \cdots & * & * & \cdots & (-\boldsymbol{a}_{1k_{c1}}) & \cdots & * & & * & * & * & \cdots & * \\
\hdashline
 & & & & & 0 & 1 & 0 & \cdots & 0 & & & & & & \\
 & & & & & 0 & 0 & 1 & \cdots & 0 & & & & & & \\
 & & \mathbf{0} & & & \vdots & \vdots & \vdots & \ddots & \vdots & \cdots & & & \mathbf{0} & & \\
 & & & & & 0 & 0 & 0 & \cdots & 1 & & & & & & \\
* & * & * & \cdots & * & * & \cdots & (-\boldsymbol{a}_{2k_{c2}}) & \cdots & * & * & * & * & * & \cdots & * \\
\hdashline
 & & \vdots & & & & & & & & \ddots & & & \vdots & & \\
\hdashline
 & & & & & & & & & & & 0 & 1 & 0 & \cdots & 0 \\
 & & & & & & & & & & & 0 & 0 & 1 & \cdots & 0 \\
 & & \mathbf{0} & & & & & \mathbf{0} & & & & \vdots & \vdots & \vdots & \ddots & \vdots \\
 & & & & & & & & & & & 0 & 0 & 0 & \cdots & 1 \\
* & * & * & \cdots & * & * & \cdots & (-\boldsymbol{a}_{rk_{cr}}) & \cdots & * & * & * & * & * & \cdots & *
\end{array}\right]\boldsymbol{x}+
\begin{bmatrix} 0 \\ 0 \\ \vdots \\ 0 \\ \boldsymbol{b}_{1k_{c1}} \\ \hdashline 0 \\ 0 \\ \vdots \\ 0 \\ \boldsymbol{b}_{2k_{c2}} \\ \hdashline \vdots \\ \hdashline 0 \\ 0 \\ \vdots \\ 0 \\ \boldsymbol{b}_{rk_{cr}} \end{bmatrix}\boldsymbol{u} \\
&\boldsymbol{y}=\boldsymbol{N}_{\mathrm{Lc}}\boldsymbol{x}=\boldsymbol{C}_{\mathrm{c}}\boldsymbol{x}
\end{aligned}
\right.
\tag{5-54}
$$

式中，$*$ 号表示可能的非零元素。$n=\left(\sum_{j=1}^{r}k_{cj}\right)$ 维状态矩阵 $\boldsymbol{A}$ 的第 k_{c1} 行等于 $-\boldsymbol{a}_{1k_{c1}}$，第$(k_{c1}+k_{c2})$行等于 $-\boldsymbol{a}_{2k_{c2}}$，$\cdots$，第 n 行等于 $-\boldsymbol{a}_{rk_{cr}}$。应该指出，若某 $k_{cj}=0$，则图 5-4 中第 j 个积分链不存在，状态方程中也就没有相应的行。

状态空间表达式(5-54)由图 5-4 导出，而图 5-4 又由严真右 MFD(5-38)导出，故式(5-54)为式(5-38)的一个实现，这可通过证明两者严格系统等价得到证实。记 $\boldsymbol{A}_c$、$\boldsymbol{B}_c$、$\boldsymbol{C}_c$ 分别为式(5-54)的状态矩阵、输入矩阵、输出矩阵，证明

$$
\boldsymbol{S}_s(s)=\left[\begin{array}{c:c} s\boldsymbol{I}_n-\boldsymbol{A}_c & \boldsymbol{B}_c \\ \hdashline -\boldsymbol{C}_c & \boldsymbol{0} \end{array}\right]\sim\boldsymbol{S}_w(s)=\left[\begin{array}{c:c} \boldsymbol{D}_{\mathbf{R}}(s) & \boldsymbol{I}_r \\ \hdashline -\boldsymbol{N}_{\mathbf{R}}(s) & \boldsymbol{0} \end{array}\right] \tag{5-55}
$$

为证明式(5-55)，先介绍与式(2-297)等价的另一种 PMD 下的严格系统等价变换：若存在多项式矩阵 $\boldsymbol{M}(s)$、$\boldsymbol{N}(s)$、$\boldsymbol{X}(s)$、$\boldsymbol{Y}(s)$，有

$$
\left[\begin{array}{c:c} \boldsymbol{M}(s) & \boldsymbol{0} \\ \hdashline \boldsymbol{X}(s) & \boldsymbol{I} \end{array}\right]\left[\begin{array}{c:c} \boldsymbol{P}(s) & \boldsymbol{Q}(s) \\ \hdashline -\boldsymbol{R}(s) & \boldsymbol{V}(s) \end{array}\right]=\left[\begin{array}{c:c} \boldsymbol{P}_1(s) & \boldsymbol{Q}_1(s) \\ \hdashline -\boldsymbol{R}_1(s) & \boldsymbol{V}_1(s) \end{array}\right]\left[\begin{array}{c:c} \boldsymbol{N}(s) & \boldsymbol{Y}(s) \\ \hdashline \boldsymbol{0} & \boldsymbol{I} \end{array}\right] \tag{5-56}
$$

且$\{\boldsymbol{M}(s),\boldsymbol{Q}_1(s)\}$左互质，$\{\boldsymbol{P}(s),\boldsymbol{N}(s)\}$右互质，则

$$
\boldsymbol{S}(s)=\left[\begin{array}{c:c} \boldsymbol{P}(s) & \boldsymbol{Q}(s) \\ \hdashline -\boldsymbol{R}(s) & \boldsymbol{V}(s) \end{array}\right] \quad 和 \quad \boldsymbol{S}_1(s)=\left[\begin{array}{c:c} \boldsymbol{P}_1(s) & \boldsymbol{Q}_1(s) \\ \hdashline -\boldsymbol{R}_1(s) & \boldsymbol{V}_1(s) \end{array}\right]
$$

是富尔曼意义下严格系统等价。

式(5-56)与 Rosenbrock 严格系统等价变换式(2-297)的不同之处在于，$\boldsymbol{M}(s)$、$\boldsymbol{N}(s)$不一定是单模矩阵，甚至不一定为方阵。在此基础上，可证式(5-55)。

证明 由 $\boldsymbol{A}_c$、$\boldsymbol{L}_c(s)$的结构，易知$(s\boldsymbol{I}-\boldsymbol{A}_c)\boldsymbol{L}_c(s)$除了 $\sum_{i=1}^{j}k_{ci}(j=1,2,\cdots,r)$行，其余各行均为

零行，而 $\sum_{i=1}^{j} k_{ci}(j=1,2,\cdots,r)$ 行是 $(\boldsymbol{H}_c(s)+\boldsymbol{D}_{hc}^{-1}\boldsymbol{D}_{Lc}\boldsymbol{L}_c(s))$ 的第 j 行，则有

$$(s\boldsymbol{I}-\boldsymbol{A}_c)\boldsymbol{L}_c(s)=\boldsymbol{B}_c\boldsymbol{D}_{hc}(\boldsymbol{H}_c(s)+\boldsymbol{D}_{hc}^{-1}\boldsymbol{D}_{Lc}\boldsymbol{L}_c(s)) \tag{5-57}$$

整理式(5-57)右边，并将式(5-42)代入，得

$$(s\boldsymbol{I}-\boldsymbol{A}_c)\boldsymbol{L}_c(s)=\boldsymbol{B}_c\boldsymbol{D}_R(s) \tag{5-58}$$

由式(5-45)、式(5-58)及 $\boldsymbol{C}_c=\boldsymbol{N}_{Lc}$，得

$$\begin{bmatrix}\boldsymbol{B}_c & \boldsymbol{0}\\ \boldsymbol{0} & \boldsymbol{I}_m\end{bmatrix}\begin{bmatrix}\boldsymbol{D}_R(s) & \boldsymbol{I}_r\\ -\boldsymbol{N}_R(s) & \boldsymbol{0}\end{bmatrix}=\begin{bmatrix}s\boldsymbol{I}_n-\boldsymbol{A}_c & \boldsymbol{B}_c\\ -\boldsymbol{C}_c & \boldsymbol{0}\end{bmatrix}\begin{bmatrix}\boldsymbol{L}_c(s) & \boldsymbol{0}\\ \boldsymbol{0} & \boldsymbol{I}_r\end{bmatrix} \tag{5-59}$$

根据富尔曼意义下严格系统等价的条件，首先证明 $\{\boldsymbol{D}_R(s),\boldsymbol{L}_c(s)\}$ 右互质。下面分两种情况，其一，$k_{cj}\neq 0(j=1,2,\cdots,r)$，则 $n\times r$ 维多项式矩阵 $\boldsymbol{L}_c(s)$ 中含有一个 r 阶的子单位矩阵，故

$$\text{rank}\begin{bmatrix}\boldsymbol{L}_c(s)\\ \boldsymbol{D}_R(s)\end{bmatrix}=r,\qquad \forall s\in\mathbb{C}$$

成立，故 $\{\boldsymbol{D}_R(s),\boldsymbol{L}_c(s)\}$ 右互质。其二，$k_{cj}(j=1,2,\cdots,r)$ 不全为非零，不失一般性，设 $r=4$，$k_{c1}=k_{c3}=0$，$k_{c2}\neq 0$，$k_{c4}\neq 0$，则 $\boldsymbol{L}_c(s)$ 的第 1、第 3 列为零列，$\boldsymbol{D}_R(s)$ 的第 1、第 3 列为常数列，即

$$\begin{bmatrix}\boldsymbol{L}_c(s)\\ \boldsymbol{D}_R(s)\end{bmatrix}=\begin{bmatrix}0 & 1 & 0 & 0\\ 0 & s & 0 & 0\\ \vdots & \vdots & \vdots & \vdots\\ 0 & s^{k_{c2}-1} & 0 & 0\\ \hdashline 0 & 0 & 0 & 1\\ 0 & 0 & 0 & s\\ \vdots & \vdots & \vdots & \vdots\\ 0 & 0 & 0 & s^{k_{c4}-1}\\ \hdashline * & \Delta & * & \Delta\\ \vdots & \vdots & \vdots & \vdots\\ * & \Delta & * & \Delta\end{bmatrix}$$

其中，$*$ 表示为零或非零常数，Δ 表示为零或非零多项式。因为 $\boldsymbol{D}_R(s)$ 为列既约，则 $\boldsymbol{D}_R(s)$ 的常数列线性无关，故

$$\text{rank}\begin{bmatrix}\boldsymbol{L}_c(s)\\ \boldsymbol{D}_R(s)\end{bmatrix}=4=r,\qquad \forall s\in\mathbb{C}$$

成立，故 $\{\boldsymbol{D}_R(s),\boldsymbol{L}_c(s)\}$ 右互质。

然后证明 $\{(s\boldsymbol{I}_n-\boldsymbol{A}_c),\boldsymbol{B}_c\}$ 左互质。由 $\boldsymbol{D}_R(s)$ 列既约的条件，得

$$\deg\det\boldsymbol{D}_R(s)=\sum_{j=1}^{r}\delta_{cj}\boldsymbol{D}_R(s)=\sum_{j=1}^{r}k_{cj}=n=\deg\det(s\boldsymbol{I}_n-\boldsymbol{A}_c)$$

且由式(5-58)，得

$$-\boldsymbol{B}_c\boldsymbol{D}_R(s)+(s\boldsymbol{I}-\boldsymbol{A}_c)\boldsymbol{L}_c(s)=\boldsymbol{0} \tag{5-60}$$

则根据 2.4.1 节多项式矩阵左互质的判据，$\{(s\boldsymbol{I}_n-\boldsymbol{A}_c),\boldsymbol{B}_c\}$ 左互质。

综上所述，证得 $\boldsymbol{S}_s(s)$ 和 $\boldsymbol{S}_w(s)$ 为富尔曼意义下严格系统等价，又富尔曼意义下严格系统等价与 Rosenbrock 意义下严格系统等价是等价的，因此，式(5-55)得证。

以上证明过程表明，只要 $\boldsymbol{D}_R(s)$ 列既约，则 $\{(s\boldsymbol{I}_n-\boldsymbol{A}_c),\boldsymbol{B}_c\}$ 左互质，由能控性的 PBH 秩判据，式(5-54)所示的状态空间实现均能控，故称为控制器形实现。但式(5-54)的状态未必能观测，故未必是最小实现。

5.5.3 左 MFD 的观测器形实现

与 $m\times r$ 维严真右 MFD(5-38)控制器形实现问题相对偶，设 $m\times r$ 维严真左 MFD

$$\boldsymbol{W}(s)=\boldsymbol{D}_{\mathrm{L}}^{-1}(s)\boldsymbol{N}_{\mathrm{L}}(s),\qquad \text{设 } \boldsymbol{D}_{\mathrm{L}}^{-1}(s)\text{行既约} \tag{5-61}$$

称满足

$$\boldsymbol{C}_{\mathrm{o}}(s\boldsymbol{I}-\boldsymbol{A}_{\mathrm{o}})^{-1}\boldsymbol{B}_{\mathrm{o}}=\boldsymbol{D}_{\mathrm{L}}^{-1}(s)\boldsymbol{N}_{\mathrm{L}}(s),\qquad \text{且}\{\boldsymbol{A}_{\mathrm{o}},\boldsymbol{C}_{\mathrm{o}}\}\text{完全能观测} \tag{5-62}$$

的状态空间表达式

$$\begin{cases}\dot{\boldsymbol{x}}=\boldsymbol{A}_{\mathrm{o}}\boldsymbol{x}+\boldsymbol{B}_{\mathrm{o}}\boldsymbol{u}\\ \boldsymbol{y}=\boldsymbol{C}_{\mathrm{o}}\boldsymbol{x}\end{cases} \tag{5-63}$$

为严真左 MFD(5-61)的观测器形实现。

显然，对于单变量系统的严真传递函数

$$\overline{W}(s)=\frac{b_1s^{n-1}+b_2s^{n-2}+\cdots+b_{n-1}s+b_n}{s^n+a_1s^{n-1}+\cdots+a_{n-1}s+a_n}=\frac{N(s)}{D(s)}=D^{-1}(s)N(s) \tag{5-64}$$

的能观测标准形实现(5-8)为上述左 MFD 观测器形实现的特例。

基于严真右 MFD(5-38)控制器形实现(5-54)，应用对偶原理求严真左 MFD(5-61)的观测器形实现的方法为：取严真左 MFD(5-61)的转置

$$\boldsymbol{W}^{\mathrm{T}}(s)=[(\boldsymbol{D}_{\mathrm{L}}^{-1}(s)\boldsymbol{N}_{\mathrm{L}}(s)]^{\mathrm{T}}=\boldsymbol{N}_{\mathrm{L}}^{\mathrm{T}}(s)[\boldsymbol{D}_{\mathrm{L}}^{-1}(s)]^{\mathrm{T}}=\boldsymbol{N}_{\mathrm{L}}^{\mathrm{T}}(s)[\boldsymbol{D}_{\mathrm{L}}^{\mathrm{T}}(s)]^{-1} \tag{5-65}$$

则严真左 MFD(5-61)中 $\boldsymbol{D}_{\mathrm{L}}(s)$行既约条件转变为严真右 MFD(5-65)中的 $\boldsymbol{D}_{\mathrm{L}}^{\mathrm{T}}(s)$列既约，应用前述控制器形实现(5-54)，得式(5-65)的控制器形实现为

$$\begin{cases}\dot{\overline{\boldsymbol{x}}}=\boldsymbol{A}_{\mathrm{c}}\overline{\boldsymbol{x}}+\boldsymbol{B}_{\mathrm{c}}\overline{\boldsymbol{u}}\\ \overline{\boldsymbol{y}}=\boldsymbol{C}_{\mathrm{c}}\overline{\boldsymbol{x}}\end{cases} \tag{5-66}$$

则应用对偶原理，得到严真左 MFD(5-61)的观测器形实现为

$$\begin{cases}\dot{\boldsymbol{x}}=\boldsymbol{A}_{\mathrm{c}}^{\mathrm{T}}\boldsymbol{x}+\boldsymbol{C}_{\mathrm{c}}^{\mathrm{T}}\boldsymbol{u}=\boldsymbol{A}_{\mathrm{o}}\boldsymbol{x}+\boldsymbol{B}_{\mathrm{o}}\boldsymbol{u}\\ \boldsymbol{y}=\boldsymbol{B}_{\mathrm{c}}^{\mathrm{T}}\boldsymbol{x}=\boldsymbol{C}_{\mathrm{o}}\boldsymbol{x}\end{cases} \tag{5-67}$$

严真左 MFD(5-61)的观测器形实现也可采用类似推导式(5-54)的方法直接获得。设 k_{ri} 为 $\boldsymbol{D}_{\mathrm{L}}(s)$第 i 行的行次，$i=1,2,\cdots,m$，$n=\sum\limits_{i=1}^{r}k_{ri}$，将行既约的 $\boldsymbol{D}_{\mathrm{L}}(s)$按式(2-83)分解为

$$\boldsymbol{D}_{\mathrm{L}}(s)=\boldsymbol{H}_{\mathrm{r}}(s)\boldsymbol{D}_{\mathrm{hr}}+\boldsymbol{L}_{\mathrm{r}}(s)\boldsymbol{D}_{\mathrm{Lr}}=[\boldsymbol{H}_{\mathrm{r}}(s)+\boldsymbol{L}_{\mathrm{r}}(s)\boldsymbol{D}_{\mathrm{Lr}}\boldsymbol{D}_{\mathrm{hr}}^{-1}]\boldsymbol{D}_{\mathrm{hr}} \tag{5-68}$$

式中，$\boldsymbol{D}_{\mathrm{hr}}$为 $\boldsymbol{D}_{\mathrm{L}}(s)$的行次数系数矩阵，因为 $\boldsymbol{D}_{\mathrm{L}}(s)$行既约，故 $m\times m$ 维矩阵 $\boldsymbol{D}_{\mathrm{hr}}$非奇异；$\boldsymbol{H}_{\mathrm{r}}(s)$为

$$\boldsymbol{H}_{\mathrm{r}}(s)=\begin{bmatrix}s^{k_{r1}} & & \\ & \ddots & \\ & & s^{k_{rm}}\end{bmatrix} \tag{5-69}$$

$\boldsymbol{D}_{\mathrm{Lr}}$为 $\boldsymbol{D}_{\mathrm{L}}(s)$的低次系数矩阵($n\times m$ 维)，$\boldsymbol{L}_{\mathrm{r}}(s)$为如式(5-70)所示的 $m\times n$ 维矩阵，即

$$\boldsymbol{L}_{\mathrm{r}}(s)=\left[\begin{array}{c:c:c:c}1\ \ s\ \cdots\ s^{k_{r1}-1} & \boldsymbol{0} & & \boldsymbol{0}\\ \hdashline \boldsymbol{0} & 1\ \ s\ \cdots\ s^{k_{r2}-1} & & \boldsymbol{0}\\ \hdashline & & \ddots & \\ \hdashline \boldsymbol{0} & \boldsymbol{0} & & 1\ \ s\ \cdots\ s^{k_{rm}-1}\end{array}\right] \tag{5-70}$$

式中，若 $k_{ci}=0$，$\boldsymbol{L}_{\mathrm{r}}(s)$中的第 i 行则为零行。

因为 $m\times r$ 维左 MFD(5-61)为严真，故 $m\times r$ 维 $\boldsymbol{N}(s)$可表示为

$$\boldsymbol{N}(s)=\boldsymbol{L}_{\mathrm{r}}(s)\boldsymbol{N}_{\mathrm{Lr}} \tag{5-71}$$

式中，$\boldsymbol{N}_{\mathrm{Lr}}$为 $n\times r$ 维系数矩阵。

类似于控制器形实现(5-54)的推导过程，严真左 MFD(5-61)的观测器形实现为

$$\begin{cases}\dot{\boldsymbol{x}}=\boldsymbol{A}_{\mathrm{o}}\boldsymbol{x}+\boldsymbol{B}_{\mathrm{o}}\boldsymbol{u}\\ \boldsymbol{y}=\boldsymbol{C}_{\mathrm{o}}\boldsymbol{x}\end{cases}\tag{5-72}$$

式中，各系数矩阵分别为

$$\boldsymbol{A}_{\mathrm{o}}=\left[\begin{array}{ccccc:ccccc:c:ccccc}
0&0&\cdots&0&* & &&&&* & & &&&&*\\
1&0&\cdots&0&* & &&&&* & & &&&&*\\
0&1&\cdots&0&* & &&\mathbf{0}&&* & & &&\mathbf{0}&&*\\
\vdots&\vdots&\ddots&\vdots&\vdots & &&&&\vdots & & &&&&\vdots\\
0&0&\cdots&1&* & &&&&* & & &&&&*\\
\hdashline
&&&&* & 0&0&\cdots&0&* & & &&&&*\\
&&&&* & 1&0&\cdots&0&* & & &&&&*\\
&&\mathbf{0}&&* & 0&1&\cdots&0&* & & &&\mathbf{0}&&\\
&&&&\vdots & \vdots&\vdots&\ddots&\vdots&\vdots & & &&&&\vdots\\
&&&&* & 0&0&\cdots&1&* & & &&&&*\\
\hdashline
&&\vdots&& & &&&& & \ddots & &&&&\\
\hdashline
&&&&* & &&&&* & & 0&0&\cdots&0&*\\
&&&&* & &&&&* & & 1&0&\cdots&0&*\\
&&\mathbf{0}&&* & &&\mathbf{0}&&* & & 0&1&\cdots&0&*\\
&&&&\vdots & &&&&\vdots & & \vdots&\vdots&\ddots&\vdots&\vdots\\
&&&&* & &&&&* & & 0&0&\cdots&1&*
\end{array}\right]\tag{5-73}$$

$$\boldsymbol{B}_{\mathrm{o}}=\boldsymbol{N}_{\mathrm{Lr}}\tag{5-74}$$

$$\boldsymbol{C}_{\mathrm{o}}=\left[\begin{array}{ccccc:ccccc:c:ccccc}0&0&\cdots&0&\boldsymbol{c}_{1k_{\mathrm{r1}}}&0&0&\cdots&0&\boldsymbol{c}_{2k_{\mathrm{r2}}}&\cdots&0&0&\cdots&0&\boldsymbol{c}_{mk_{\mathrm{r}m}}\end{array}\right]\tag{5-75}$$

式中，$*$ 号表示可能的非零元素，$\boldsymbol{c}_{ik_{\mathrm{r}i}}$ 是 $\boldsymbol{D}_{\mathrm{hr}}^{-1}$ 的第 i 列，$i=1,2,\cdots,m$。n 维状态矩阵 $\boldsymbol{A}_{\mathrm{o}}$ 的第 $\sum\limits_{j=1}^{i}k_{\mathrm{r}j}(i=1,2,\cdots,m)$ 列为 $-\boldsymbol{D}_{\mathrm{Lr}}\boldsymbol{D}_{\mathrm{hr}}^{-1}$ 的第 i 列。

因为式(5-72)是严真左 MFD(5-61)的一个实现，故有

$$\boldsymbol{C}_{\mathrm{o}}(s\boldsymbol{I}-\boldsymbol{A}_{\mathrm{o}})^{-1}\boldsymbol{B}_{\mathrm{o}}=\boldsymbol{C}_{\mathrm{o}}(s\boldsymbol{I}-\boldsymbol{A}_{\mathrm{o}})^{-1}\boldsymbol{N}_{\mathrm{Lr}}=\boldsymbol{D}_{\mathrm{L}}^{-1}(s)\boldsymbol{N}_{\mathrm{L}}(s)=\boldsymbol{D}_{\mathrm{L}}^{-1}(s)\boldsymbol{L}_{\mathrm{r}}(s)\boldsymbol{N}_{\mathrm{Lr}}\tag{5-76}$$

由式(5-76)，得

$$\boldsymbol{D}_{\mathrm{L}}^{-1}(s)\boldsymbol{L}_{\mathrm{r}}(s)=\boldsymbol{C}_{\mathrm{o}}(s\boldsymbol{I}-\boldsymbol{A}_{\mathrm{o}})^{-1}\quad\text{或}\quad\boldsymbol{L}_{\mathrm{r}}(s)(s\boldsymbol{I}-\boldsymbol{A}_{\mathrm{o}})=\boldsymbol{D}_{\mathrm{L}}(s)\boldsymbol{C}_{\mathrm{o}}\tag{5-77}$$

式(5-77)为观测器形实现中的关键等式，将在 PMD 的状态空间实现研究中应用。

由式(5-55)，根据对偶原理可推知

$$\left[\begin{array}{c:c}s\boldsymbol{I}_n-\boldsymbol{A}_{\mathrm{o}}&\boldsymbol{B}_{\mathrm{o}}\\ \hdashline -\boldsymbol{C}_{\mathrm{o}}&\mathbf{0}\end{array}\right]\sim\left[\begin{array}{c:c}\boldsymbol{D}_{\mathrm{L}}(s)&\boldsymbol{N}_{\mathrm{L}}(s)\\ \hdashline -\boldsymbol{I}_m&\mathbf{0}\end{array}\right]\tag{5-78}$$

且只要 $\boldsymbol{D}_{\mathrm{L}}(s)$ 行既约，则式(5-72)所示的状态空间实现均能观测，故称为观测器形实现。但式(5-72)的状态未必能控，故未必是最小实现。与严真右 MFD(5-38)的控制器形实现(5-54)有 $\{(s\boldsymbol{I}_n-\boldsymbol{A}_{\mathrm{c}}),\boldsymbol{B}_{\mathrm{c}}\}$ 左互质、$\{\boldsymbol{D}_{\mathrm{R}}(s),\boldsymbol{L}_{\mathrm{c}}(s)\}$ 右互质相对偶，严真左 MFD(5-61)的观测器形实现(5-72)有 $\{(s\boldsymbol{I}_n-\boldsymbol{A}_{\mathrm{o}}),\boldsymbol{C}_{\mathrm{o}}\}$ 右互质、$\{\boldsymbol{D}_{\mathrm{L}}(s),\boldsymbol{L}_{\mathrm{r}}(s)\}$ 左互质。

5.5.4 既约 MFD 及其最小实现

如第 2 章所述，既约 MFD 也称为最小阶 MFD。可以证明，严真右 MFD(5-38)的控制器形实现(5-54)能观测(式(5-54)为最小实现)的充分必要条件为 $\boldsymbol{N}_{\mathrm{R}}(s)$ 和 $\boldsymbol{D}_{\mathrm{R}}(s)$ 右互质，即严真右

MFD 既约；严真左 MFD(5-61)的观测器形实现(5-72)能控(式(5-72)为最小实现)的充分必要条件为 $\boldsymbol{D}_{\mathrm{L}}(s)$ 和 $\boldsymbol{N}_{\mathrm{L}}(s)$ 左互质，即严真左 MFD 既约。由此可见，将 MFD 既约化是获得 MFD 最小实现的基本途径之一。在 2.4.2 节介绍了基于 Smith-McMillan 标准形求既约 MFD 的方法，其虽然有理论意义，但不便于数值计算，且所得既约 MFD 并非系统分析与综合所需要的某种规范形式。

若 $m\times r$ 维右 MFD $\boldsymbol{W}(s)=\overline{\boldsymbol{N}}_{\mathrm{R}}(s)\overline{\boldsymbol{D}}_{\mathrm{R}}^{-1}(s)$ 可简约，可先求出 $\overline{\boldsymbol{N}}_{\mathrm{R}}(s)$ 和 $\overline{\boldsymbol{D}}_{\mathrm{R}}(s)$ 的一个最大右公因子 $\boldsymbol{R}_{\mathrm{R}}(s)$，由多项式矩阵右互质的条件，取

$$\begin{cases}\boldsymbol{N}_{\mathrm{R}}(s)=\overline{\boldsymbol{N}}_{\mathrm{R}}(s)\boldsymbol{R}_{\mathrm{R}}^{-1}(s)\\ \boldsymbol{D}_{\mathrm{R}}(s)=\overline{\boldsymbol{D}}_{\mathrm{R}}(s)\boldsymbol{R}_{\mathrm{R}}^{-1}(s)\end{cases}\tag{5-79}$$

则 $\boldsymbol{N}_{\mathrm{R}}(s)\boldsymbol{D}_{\mathrm{R}}^{-1}(s)$ 必为 $\boldsymbol{W}(s)$ 的一个右既约 MFD。而且，若是基于式(2-92)构造 $\overline{\boldsymbol{N}}_{\mathrm{R}}(s)$ 和 $\overline{\boldsymbol{D}}_{\mathrm{R}}(s)$ 的 $r\times r$ 维最大右公因子 $\boldsymbol{R}_{\mathrm{r}}(s)$，即

$$\boldsymbol{T}_{\mathrm{r}}(s)\begin{bmatrix}\overline{\boldsymbol{D}}_{\mathrm{R}}(s)\\ \hdashline \overline{\boldsymbol{N}}_{\mathrm{R}}(s)\end{bmatrix}=\begin{bmatrix}\boldsymbol{R}_{\mathrm{R}}(s)\\ \hdashline \boldsymbol{0}\end{bmatrix}\tag{5-80}$$

求出式(5-80)中的左单模变换矩阵 $\boldsymbol{T}_{\mathrm{r}}(s)$ 的逆矩阵 $\boldsymbol{T}_{\mathrm{r}}^{-1}(s)$，并对 $\boldsymbol{T}_{\mathrm{r}}^{-1}(s)$ 分块，由式(5-80)，得

$$\begin{bmatrix}\overline{\boldsymbol{D}}_{\mathrm{R}}(s)\\ \hdashline \overline{\boldsymbol{N}}_{\mathrm{R}}(s)\end{bmatrix}=\boldsymbol{T}_{\mathrm{r}}(s)\begin{bmatrix}\boldsymbol{R}_{\mathrm{R}}(s)\\ \hdashline \boldsymbol{0}\end{bmatrix}=\left[\begin{array}{c:c}\boldsymbol{T}_{\mathrm{r},11}^{-1}(s) & \boldsymbol{T}_{\mathrm{r},12}^{-1}(s)\\ \hdashline \boldsymbol{T}_{\mathrm{r},21}^{-1}(s) & \boldsymbol{T}_{\mathrm{r},22}^{-1}(s)\end{array}\right]\begin{bmatrix}\boldsymbol{R}_{\mathrm{R}}(s)\\ \hdashline \boldsymbol{0}\end{bmatrix}=\begin{bmatrix}\boldsymbol{T}_{\mathrm{r},11}^{-1}(s)\boldsymbol{R}_{\mathrm{R}}(s)\\ \hdashline \boldsymbol{T}_{\mathrm{r},21}^{-1}(s)\boldsymbol{R}_{\mathrm{R}}(s)\end{bmatrix}\tag{5-81}$$

式中，$\boldsymbol{T}_{\mathrm{r},11}^{-1}(s)$ 为 $r\times r$ 维矩阵，$\boldsymbol{T}_{\mathrm{r},21}^{-1}(s)$ 为 $m\times r$ 维矩阵。由式(5-81)，并考虑到 $\boldsymbol{R}_{\mathrm{R}}(s)$ 可逆，则有

$$\boldsymbol{T}_{\mathrm{r},11}^{-1}(s)=\overline{\boldsymbol{D}}_{\mathrm{R}}(s)\boldsymbol{R}_{\mathrm{R}}^{-1}(s),\boldsymbol{T}_{\mathrm{r},21}^{-1}(s)=\overline{\boldsymbol{N}}_{\mathrm{R}}(s)\boldsymbol{R}_{\mathrm{R}}^{-1}(s)\tag{5-82}$$

则由式(5-79)，$\boldsymbol{T}_{\mathrm{r},21}^{-1}(s)[\boldsymbol{T}_{\mathrm{r},11}^{-1}(s)]^{-1}$ 必为 $\boldsymbol{W}(s)$ 的一个右既约 MFD。

与 $m\times r$ 维可简约右 MFD 既约化问题相对偶，若 $m\times r$ 维左 MFD $\boldsymbol{W}(s)=\overline{\boldsymbol{D}}_{\mathrm{L}}^{-1}(s)\overline{\boldsymbol{N}}_{\mathrm{L}}(s)$ 可简约，先求出 $\overline{\boldsymbol{N}}_{\mathrm{L}}(s)$ 和 $\overline{\boldsymbol{D}}_{\mathrm{L}}(s)$ 的一个最大左公因子 $\boldsymbol{R}_{\mathrm{L}}(s)$，再取

$$\begin{cases}\boldsymbol{N}_{\mathrm{L}}(s)=\boldsymbol{R}_{\mathrm{L}}^{-1}(s)\overline{\boldsymbol{N}}_{\mathrm{L}}(s)\\ \boldsymbol{D}_{\mathrm{L}}(s)=\boldsymbol{R}_{\mathrm{L}}^{-1}(s)\overline{\boldsymbol{D}}_{\mathrm{L}}(s)\end{cases}\tag{5-83}$$

则 $\boldsymbol{D}_{\mathrm{L}}^{-1}(s)\boldsymbol{N}_{\mathrm{L}}(s)$ 必为 $\boldsymbol{W}(s)$ 的一个左既约 MFD。若是基于式(2-91)构造 $\overline{\boldsymbol{N}}_{\mathrm{L}}(s)$ 和 $\overline{\boldsymbol{D}}_{\mathrm{L}}(s)$ 的 $m\times m$ 维最大左公因子 $\boldsymbol{R}_{\mathrm{L}}(s)$，即

$$\left[\begin{array}{c:c}\overline{\boldsymbol{D}}_{\mathrm{L}}(s) & \overline{\boldsymbol{N}}_{\mathrm{L}}(s)\end{array}\right]\boldsymbol{T}_{\mathrm{c}}(s)=\left[\begin{array}{c:c}\boldsymbol{R}_{\mathrm{L}}(s) & \boldsymbol{0}\end{array}\right]\tag{5-84}$$

求出式(5-84)中的右单模变换矩阵 $\boldsymbol{T}_{\mathrm{c}}(s)$ 的逆矩阵 $\boldsymbol{T}_{\mathrm{c}}^{-1}(s)$，并对 $\boldsymbol{T}_{\mathrm{c}}^{-1}(s)$ 分块，由式(5-84)，得

$$\begin{aligned}\left[\begin{array}{c:c}\overline{\boldsymbol{D}}_{\mathrm{L}}(s) & \overline{\boldsymbol{N}}_{\mathrm{L}}(s)\end{array}\right]&=\left[\begin{array}{c:c}\boldsymbol{R}_{\mathrm{L}}(s) & \boldsymbol{0}\end{array}\right]\boldsymbol{T}_{\mathrm{c}}^{-1}(s)\\ &=\left[\begin{array}{c:c}\boldsymbol{R}_{\mathrm{L}}(s) & \boldsymbol{0}\end{array}\right]\left[\begin{array}{c:c}\boldsymbol{T}_{\mathrm{c},11}^{-1}(s) & \boldsymbol{T}_{\mathrm{c},12}^{-1}(s)\\ \hdashline \boldsymbol{T}_{\mathrm{c},21}^{-1}(s) & \boldsymbol{T}_{\mathrm{c},22}^{-1}(s)\end{array}\right]=\left[\begin{array}{c:c}\boldsymbol{R}_{\mathrm{L}}(s)\boldsymbol{T}_{\mathrm{c},11}^{-1}(s) & \boldsymbol{R}_{\mathrm{L}}(s)\boldsymbol{T}_{\mathrm{c},12}^{-1}(s)\end{array}\right]\end{aligned}\tag{5-85}$$

式中，$\boldsymbol{T}_{\mathrm{c},11}^{-1}(s)$ 为 $m\times m$ 维矩阵，$\boldsymbol{T}_{\mathrm{c},12}^{-1}(s)$ 为 $m\times r$ 维矩阵。由式(5-83)，并考虑到 $\boldsymbol{R}_{\mathrm{L}}(s)$ 可逆，则有

$$\boldsymbol{T}_{\mathrm{c},11}^{-1}(s)=\boldsymbol{R}_{\mathrm{L}}^{-1}(s)\overline{\boldsymbol{D}}_{\mathrm{L}}(s),\boldsymbol{T}_{\mathrm{c},12}^{-1}(s)=\boldsymbol{R}_{\mathrm{L}}^{-1}(s)\overline{\boldsymbol{N}}_{\mathrm{L}}(s)\tag{5-86}$$

则由式(5-83)，$[\boldsymbol{T}_{\mathrm{c},11}^{-1}(s)]^{-1}\boldsymbol{T}_{\mathrm{c},12}^{-1}(s)$ 必为 $\boldsymbol{W}(s)$ 的一个左既约 MFD。

上述基于最大公因子或最大公因子构造定理确定既约 MFD 的方法，均需要计算多项式矩阵的逆而使求解复杂。下面介绍一种简便的、适合于计算机运算的求取传递函数矩阵既约 MFD 的方法，先讨论标量传递函数，然后推广到 MFD。

考虑标量传递函数

$$\boldsymbol{W}(s)=\frac{N(s)}{D(s)}=\frac{\overline{N}(s)}{\overline{D}(s)} \tag{5-87}$$

其中，$\deg N(s)\leqslant \deg D(s)=n$，$\deg \overline{N}(s)\leqslant \deg \overline{D}(s)=n_1<n$，即 $D(s)$ 和 $N(s)$ 不互质，$\overline{D}(s)$ 和 $\overline{N}(s)$ 互质。由式(5-87)，$\boldsymbol{W}(s)$ 既约化问题可归结为式(5-88)所示的多项式方程求解问题，即

$$[D(s)\quad N(s)]\begin{bmatrix}-\overline{N}(s)\\ \overline{D}(s)\end{bmatrix}=0 \tag{5-88}$$

记

$$\begin{cases}D(s)=D_n+D_{n-1}s+\cdots+D_1s^{n-1}+D_0s^n\\ N(s)=N_n+N_{n-1}s+\cdots+N_1s^{n-1}+N_0s^n\\ \overline{D}(s)=\overline{D}_{n_1}+\overline{D}_{n_1-1}s+\cdots+\overline{D}_1s^{n_1-1}+\overline{D}_0s^{n_1}\\ \overline{N}(s)=\overline{N}_{n_1}+\overline{N}_{n_1-1}s+\cdots+\overline{N}_1s^{n_1-1}+\overline{N}_0s^{n_1}\end{cases} \tag{5-89}$$

将式(5-89)代入式(5-88)，展开后令各 s 幂次系数为零，为简化讨论，不失一般性，设

$$n_1=n-1 \tag{5-90}$$

则有

$$\boldsymbol{S}[-\overline{N}_{n_1}\quad \overline{D}_{n_1}\ \vdots\ -\overline{N}_{n_1-1}\quad \overline{D}_{n_1-1}\ \vdots\ \cdots\ \vdots\ -\overline{N}_1\quad \overline{D}_1\ \vdots\ -\overline{N}_0\quad \overline{D}_0]^{\mathrm{T}}=\boldsymbol{0} \tag{5-91}$$

式中，$2n\times 2n$ 维系数矩阵

$$\boldsymbol{S}=\left[\begin{array}{cc:cc:c:cc}D_n & N_n & 0 & 0 & & 0 & 0\\ D_{n-1} & N_{n-1} & D_n & N_n & & 0 & 0\\ \vdots & \vdots & \vdots & \vdots & & \vdots & \vdots\\ D_1 & N_1 & D_2 & N_2 & & D_n & N_n\\ D_0 & N_0 & D_1 & N_1 & \cdots & D_{n-1} & N_{n-1}\\ 0 & 0 & D_0 & N_0 & & D_{n-2} & N_{n-2}\\ \vdots & \vdots & \vdots & \vdots & & \vdots & \vdots\\ 0 & 0 & 0 & 0 & & D_0 & N_0\end{array}\right] \tag{5-92}$$

称为 Sylvester 结式矩阵。式(5-92)所示 Sylvester 结式矩阵 $\boldsymbol{S}$ 共有 n 个列块，每个列块由 2 列组成，第 1 列块的前$(n+1)$行由 $D(s)$ 和 $N(s)$ 的系数以 s 的升幂顺序排列而成，后$(n-1)$行的各行均补以 0；第 2 列块是第 1 列块下移 1 行，如此重复，第 n 列块则是第$(n-1)$列块下移 1 行。显然，若 Sylvester 结式矩阵 $\boldsymbol{S}$ 非奇异，则式(5-91)没有非零解，故多项式 $D(s)$ 和 $N(s)$ 互质的充分必要条件也可等价地表述为：当且仅当式(5-92)所示 Sylvester 结式矩阵 $\boldsymbol{S}$ 非奇异。下面讨论在 Sylvester 结式矩阵 $\boldsymbol{S}$ 奇异的情况下，直接根据方程(5-91)得出互质分式的方法。

从左到右搜索矩阵 $\boldsymbol{S}$ 的线性无关列，称各列块中由 D_i 构成的列为 D-列，由 N_i 构成的列为

N-列。因 $D_0\neq 0$，显然，第 1 个 D-列为独立向量；而从第 2 个列块开始，D_0 左侧的元素均为 0，因此，所有 D-列与其左侧的列线性无关。但 N-列与其左侧的列则可能相关，由 $\boldsymbol{S}$ 的构成特点可见，从左到右依次搜索，若某个 N-列与其左侧的列相关，则该 N-列后续的所有 N-列均与其左侧的列相关，将最先与其左侧的列相关的 N-列称为“主线性相关 N-列”。若以 μ 表示 Sylvester 结式矩阵 $\boldsymbol{S}$ 中线性无关 N-列的总数，则第 $(\mu+1)$ 个 N-列即为主线性相关 N-列，由 $\boldsymbol{S}$ 中该主线性相关 N-列及其左侧所有列构成子矩阵 $\boldsymbol{S}_1$，$\boldsymbol{S}_1$ 的列数为 $2(\mu+1)$，但其秩为 $2\mu+1$，故 $\boldsymbol{S}_1$ 零空间的维数为 1，由 $\boldsymbol{S}_1$ 所得方程

$$\boldsymbol{S}_1\left[-\overline{N}_\mu \quad \overline{D}_\mu \;\vdots\; -\overline{N}_{\mu-1} \quad \overline{D}_{\mu-1} \;\vdots\; \cdots \;\vdots\; -\overline{N}_1 \quad \overline{D}_1 \;\vdots\; -\overline{N}_0 \quad \overline{D}_0\right]^{\mathrm{T}}=\boldsymbol{0} \tag{5-93}$$

非零解向量（$\boldsymbol{S}_1$ 的零空间向量）构成的多项式 $\overline{D}(s)=\sum_{i=0}^{\mu}\overline{D}_i s^{\mu-i}$ 和 $\overline{N}(s)=\sum_{i=0}^{\mu}\overline{N}_i s^{\mu-i}$ 互质。换言之，满足多项式方程(5-88)的多项式 $\overline{D}(s)$ 的最小阶次，即传递函数(5-87)的阶次等于 $\boldsymbol{S}$ 中线性无关 N-列的总数。需要说明的是，式(5-93)的非零解向量并非唯一，为了获得分母为首 1 多项式的既约传递函数，则应求出 $\overline{D}_0=1$ 的非零解向量（首 1 零空间向量）。

【例 5-11】 考虑

$$W(s)=\frac{N(s)}{D(s)}=\frac{s+2}{s^3+2s^2-s-2}$$

这里 $n=3$，其 Sylvester 结式矩阵 $\boldsymbol{S}$ 为 6×6 维方阵，即

$$\boldsymbol{S}=\begin{bmatrix}-2 & 2 & 0 & 0 & 0 & 0\\ -1 & 1 & -2 & 2 & 0 & 0\\ 2 & 0 & -1 & 1 & -2 & 2\\ 1 & 0 & 2 & 0 & -1 & 1\\ 0 & 0 & 1 & 0 & 2 & 0\\ 0 & 0 & 0 & 0 & 1 & 0\end{bmatrix}$$

因 $\mathrm{rank}\boldsymbol{S}=5<6$，故 $\boldsymbol{S}$ 奇异，$D(s)$ 和 $N(s)$ 不互质。由于 $\boldsymbol{S}$ 中有 3 个 D-列线性无关，故可推断 $\boldsymbol{S}$ 中有 $\mu=2$ 个线性无关的 N-列，第 3 个 N-列为主线性相关 N-列，故本题的子矩阵 $\boldsymbol{S}_1$ 即为 $\boldsymbol{S}$。根据式(5-93)，解方程

$$\boldsymbol{S}_1\left[-\overline{N}_2 \quad \overline{D}_2 \;\vdots\; -\overline{N}_1 \quad \overline{D}_1 \;\vdots\; -\overline{N}_0 \quad \overline{D}_0\right]^{\mathrm{T}}=\boldsymbol{0}$$

得 $\overline{D}_0=1$ 的非零解向量为

$$\left[-\overline{N}_2 \quad \overline{D}_2 \;\vdots\; -\overline{N}_1 \quad \overline{D}_1 \;\vdots\; -\overline{N}_0 \quad \overline{D}_0\right]^{\mathrm{T}}=[-1 \quad -1 \;\vdots\; 0 \quad 0 \;\vdots\; 0 \quad 1]^{\mathrm{T}}$$

故有

$$\overline{N}(s)=1 \text{ 和 } \overline{D}(s)=s^2-1 \text{ 为互质多项式}$$

即

$$W(s)=\frac{N(s)}{D(s)}=\frac{s+2}{s^3+2s^2-s-2}=\frac{\overline{N}(s)}{\overline{D}(s)}=\frac{1}{s^2-1}$$

【例 5-12】 考虑

$$W(s)=\frac{N(s)}{D(s)}=\frac{s^2-1}{s^4+s^3-s^2-s}$$

这里 $n=4$，其 Sylvester 结式矩阵 $\boldsymbol{S}$ 为 8×8 维方阵，即

$$
\boldsymbol{S}=\left[\begin{array}{cc:cc:cc:cc}
0 & -1 & 0 & 0 & 0 & 0 & 0 & 0 \\
-1 & 0 & 0 & -1 & 0 & 0 & 0 & 0 \\
-1 & 1 & -1 & 0 & 0 & -1 & 0 & 0 \\
1 & 0 & -1 & 1 & -1 & 0 & 0 & -1 \\
1 & 0 & 1 & 0 & -1 & 1 & -1 & 0 \\
0 & 0 & 1 & 0 & 1 & 0 & -1 & 1 \\
0 & 0 & 0 & 0 & 1 & 0 & 1 & 0 \\
0 & 0 & 0 & 0 & 0 & 0 & 1 & 0
\end{array}\right]
$$

因 rank$\boldsymbol{S}=6<8$，故 $\boldsymbol{S}$ 奇异，$D(s)$和 $N(s)$不互质。由于 $\boldsymbol{S}$ 中有 4 个 D-列线性无关，故可推断 $\boldsymbol{S}$ 中有 $\mu=2$ 个线性无关的 N-列，第 3 个 N-列为主线性相关 N-列，由该主线性相关 N-列及其左侧所有列构成 8×6 维的子矩阵 $\boldsymbol{S}_1$ 为

$$
\boldsymbol{S}_1=\begin{bmatrix}
0 & -1 & 0 & 0 & 0 & 0 \\
-1 & 0 & 0 & -1 & 0 & 0 \\
-1 & 1 & -1 & 0 & 0 & -1 \\
1 & 0 & -1 & 1 & -1 & 0 \\
1 & 0 & 1 & 0 & -1 & 1 \\
0 & 0 & 1 & 0 & 1 & 0 \\
0 & 0 & 0 & 0 & 1 & 0 \\
0 & 0 & 0 & 0 & 0 & 0
\end{bmatrix}
$$

由于在主线性相关 N-列左侧的所有列均线性无关，故 rank$\boldsymbol{S}_1=5$，$\boldsymbol{S}_1$ 零空间的维数为 1，根据式(5-93)，解方程

$$
\boldsymbol{S}_1\left[-\overline{N}_2 \quad \overline{D}_2 \ \vdots\ -\overline{N}_1 \quad \overline{D}_1 \ \vdots\ -\overline{N}_0 \quad \overline{D}_0\right]^{\mathrm{T}}=\mathbf{0}
$$

得 $\overline{D}_0=1$ 的非零解向量为

$$
\left[-\overline{N}_2 \quad \overline{D}_2 \ \vdots\ -\overline{N}_1 \quad \overline{D}_1 \ \vdots\ -\overline{N}_0 \quad \overline{D}_0\right]^{\mathrm{T}}=[-1 \quad 0 \ \vdots\ 0 \quad 1 \ \vdots\ 0 \quad 1]^{\mathrm{T}}
$$

故有

$$
\overline{N}(s)=1 \text{ 和 } \overline{D}(s)=s^2+s \text{ 为互质多项式}
$$

即

$$
W(s)=\frac{N(s)}{D(s)}=\frac{s^2-1}{s^4+s^3-s^2-s}=\frac{\overline{N}(s)}{\overline{D}(s)}=\frac{1}{s^2+s}
$$

事实上，例 5-11 中的传递函数分子多项式 $N(s)$和分母多项式 $D(s)$有公因式$(s+2)$，约去该公因式，就可直接得到既约传递函数；例 5-12 中的传递函数分子和分母多项式有公因式(s^2-1)，约去该公因式，也可直接得到既约传递函数。因此，与直接约去 $N(s)$和 $D(s)$公因式的方法相比，上述通过构造 Sylvester 结式矩阵并求解方程(5-91)实现标量传递函数既约的方法并无优势，其意义在于易将该方法推广应用于求既约 MFD。下面先讨论由左可简约 MFD 确定右既约 MFD 的方法，再基于对偶原理由右可简约 MFD 确定左既约 MFD。

考虑 $m\times r$ 维真有理函数矩阵

$$
\boldsymbol{W}(s)=\boldsymbol{D}_{\mathrm{L}}^{-1}(s)\boldsymbol{N}_{\mathrm{L}}(s)=\overline{\boldsymbol{N}}_{\mathrm{R}}(s)\overline{\boldsymbol{D}}_{\mathrm{R}}^{-1}(s) \tag{5-93}
$$

式中，$\boldsymbol{D}_{\mathrm{L}}(s)$、$\boldsymbol{N}_{\mathrm{L}}(s)$分别为 $m\times m$、$m\times r$ 维多项式矩阵，且 $\boldsymbol{D}_{\mathrm{L}}(s)$和 $\boldsymbol{N}_{\mathrm{L}}(s)$非左互质，$\boldsymbol{D}_{\mathrm{L}}(s)$为行既

约；$\overline{\boldsymbol{N}}_{\mathrm{R}}(s)$、$\overline{\boldsymbol{D}}_{\mathrm{R}}^{-1}(s)$分别为 $m\times r$、$r\times r$ 维多项式矩阵，且 $\overline{\boldsymbol{N}}_{\mathrm{R}}(s)$和 $\overline{\boldsymbol{D}}_{\mathrm{R}}(s)$右互质。显然，由式(5-93)，由$\boldsymbol{W}(s)$左可简约 MFD 确定其右既约 MFD 的问题可归结为式(5-94)所示的多项式矩阵方程求解问题，即

$$\begin{bmatrix}\boldsymbol{D}_{\mathrm{L}}(s) & \boldsymbol{N}_{\mathrm{L}}(s)\end{bmatrix}\begin{bmatrix}-\overline{\boldsymbol{N}}_{\mathrm{R}}(s)\\ \overline{\boldsymbol{D}}_{\mathrm{R}}(s)\end{bmatrix}=\boldsymbol{0} \tag{5-94}$$

类似式(5-89)，记

$$\begin{cases}\boldsymbol{D}_{\mathrm{L}}(s)=\boldsymbol{D}_n+\boldsymbol{D}_{n-1}s+\cdots+\boldsymbol{D}_1s^{n-1}+\boldsymbol{D}_0s^n\\ \boldsymbol{N}_{\mathrm{L}}(s)=\boldsymbol{N}_n+\boldsymbol{N}_{n-1}s+\cdots+\boldsymbol{N}_1s^{n-1}+\boldsymbol{N}_0s^n\\ \overline{\boldsymbol{D}}_{\mathrm{R}}(s)=\overline{\boldsymbol{D}}_{n_1}+\overline{\boldsymbol{D}}_{n_1-1}s+\cdots+\overline{\boldsymbol{D}}_1s^{n_1-1}+\overline{\boldsymbol{D}}_0s^{n_1}\\ \overline{\boldsymbol{N}}_{\mathrm{R}}(s)=\overline{\boldsymbol{N}}_{n_1}+\overline{\boldsymbol{N}}_{n_1-1}s+\cdots+\overline{\boldsymbol{N}}_1s^{n_1-1}+\overline{\boldsymbol{N}}_0s^{n_1}\end{cases} \tag{5-95}$$

式中，$\boldsymbol{D}_i$、$\boldsymbol{N}_i$分别为$m\times m$、$m\times r$ 维已知常数矩阵；$\overline{\boldsymbol{N}}_i$、$\overline{\boldsymbol{D}}_i$分别为 $m\times r$、$r\times r$ 维待求解的数值矩阵。将式(5-95)代入式(5-94)，展开后令各 s 幂次系数矩阵为零，同样为简化讨论，不失一般性，仍设

$$n_1=n-1 \tag{5-96}$$

则有

$$\boldsymbol{S}\begin{bmatrix}-\overline{\boldsymbol{N}}_{n_1} & \overline{\boldsymbol{D}}_{n_1} & \vdots & -\overline{\boldsymbol{N}}_{n_1-1} & \overline{\boldsymbol{D}}_{n_1-1} & \vdots & \cdots & \vdots & -\overline{\boldsymbol{N}}_1 & \overline{\boldsymbol{D}}_1 & \vdots & -\overline{\boldsymbol{N}}_0 & \overline{\boldsymbol{D}}_0\end{bmatrix}^{\mathrm{T}}=\boldsymbol{0} \tag{5-97}$$

式(5-97)为式(5-95)的矩阵形式，其中，$2mn\times n(m+r)$维系数矩阵

$$\boldsymbol{S}=\begin{bmatrix}\boldsymbol{D}_n & \boldsymbol{N}_n & \boldsymbol{0} & \boldsymbol{0} & & \boldsymbol{0} & \boldsymbol{0}\\ \boldsymbol{D}_{n-1} & \boldsymbol{N}_{n-1} & \boldsymbol{D}_n & \boldsymbol{N}_n & & \boldsymbol{0} & \boldsymbol{0}\\ \vdots & \vdots & \vdots & \vdots & & \vdots & \vdots\\ \boldsymbol{D}_1 & \boldsymbol{N}_1 & \boldsymbol{D}_2 & \boldsymbol{N}_2 & & \boldsymbol{D}_n & \boldsymbol{N}_n\\ \boldsymbol{D}_0 & \boldsymbol{N}_0 & \boldsymbol{D}_1 & \boldsymbol{N}_1 & \cdots & \boldsymbol{D}_{n-1} & \boldsymbol{N}_{n-1}\\ \boldsymbol{0} & \boldsymbol{0} & \boldsymbol{D}_0 & \boldsymbol{N}_0 & & \boldsymbol{D}_{n-2} & \boldsymbol{N}_{n-2}\\ \vdots & \vdots & \vdots & \vdots & & \vdots & \vdots\\ \boldsymbol{0} & \boldsymbol{0} & \boldsymbol{0} & \boldsymbol{0} & & \boldsymbol{D}_0 & \boldsymbol{N}_0\end{bmatrix} \tag{5-98}$$

称为广义 Sylvester 结式矩阵，其共有 n 个列块，每个列块由 m 个 D-列和 r 个 N-列组成。为了得到 $\boldsymbol{S}$ 在零空间的 r 个非平凡解，要求所构造的广义 Sylvester 结式矩阵 $\boldsymbol{S}$ 中至少有 r 个线性相关列。仍从左到右依次搜索矩阵 $\boldsymbol{S}$ 的线性无关列，所有列块中的 D-列均与其左侧的列线性无关，但 N-列的情况不同。用 Ni-列表示各列块中的第 i 个 N-列，同样因为 $\boldsymbol{S}$ 的特殊重复结构，从左到右依次搜索，若某个列块中的 Ni-列与其左侧的列相关，则所有后续的 Ni-列均与其左侧的列相关，将最先与其左侧的列相关的 Ni-列称为"主线性相关 Ni-列"。若 μ_i 为 $\boldsymbol{S}$ 中线性无关 Ni-列的数目，$i=1,2,\cdots,r$，则第(μ_i+1)个 Ni-列即为主线性相关 Ni-列。由 $\boldsymbol{S}$ 中各主线性相关 Ni-列及其左侧所有线性无关列构成子矩阵 $\boldsymbol{S}_i(i=1,2,\cdots,r)$，$\boldsymbol{S}_i$零空间的维数均为 1，通过求解 r 个子矩阵$\boldsymbol{S}_i$的 r 个首 1 零空间向量，可获得右互质矩阵分式 $\overline{\boldsymbol{N}}_{\mathrm{R}}(s)\overline{\boldsymbol{D}}_{\mathrm{R}}^{-1}(s)$，且 $\overline{\boldsymbol{D}}_{\mathrm{R}}(s)$列既约，有

$$\deg\boldsymbol{W}(s)=\deg\det\overline{\boldsymbol{D}}_{\mathrm{R}}(s)=\sum_{i=1}^{r}\mu_i \tag{5-99}$$

式中，$\{\mu_i, i=1,2,\cdots,r\}$为 $\bar{D}_R(s)$的列次数集，即为式(5-93)所示传递函数矩阵$\boldsymbol{W}(s)$的最小实现的能控性指数集。且 $\mu=\max\{\mu_1,\mu_2,\cdots,\mu_r\}$称为$\boldsymbol{W}(s)$的列指数或能控性指数。

【例 5-13】 求严真有理函数矩阵

$$\boldsymbol{W}(s)=\begin{bmatrix}\dfrac{1}{s-1} & \dfrac{1}{s+1}\\ \dfrac{s}{s^2-1} & \dfrac{2}{s+1}\end{bmatrix}$$

的右既约 MFD。

解 首先由$\boldsymbol{W}(s)$各行的最小公分母，得到$\boldsymbol{W}(s)$未必互质的左 MFD 为

$$\boldsymbol{W}(s)=\begin{bmatrix}s^2-1 & 0\\ 0 & s^2-1\end{bmatrix}^{-1}\begin{bmatrix}s+1 & s-1\\ s & 2s-2\end{bmatrix}=\boldsymbol{D}_L^{-1}(s)\boldsymbol{N}_L(s)$$

由行既约的判据及左互质的秩判据知，$\boldsymbol{D}_L(s)$为行既约，$\boldsymbol{D}_L(s)$和 $\boldsymbol{N}_L(s)$非左互质。

记

$$\boldsymbol{D}_L(s)=\begin{bmatrix}-1 & 0\\ 0 & -1\end{bmatrix}+\begin{bmatrix}0 & 0\\ 0 & 0\end{bmatrix}s+\begin{bmatrix}1 & 0\\ 0 & 1\end{bmatrix}s^2$$

$$\boldsymbol{N}_L(s)=\begin{bmatrix}1 & -1\\ 0 & -2\end{bmatrix}+\begin{bmatrix}1 & 1\\ 1 & 2\end{bmatrix}s+\begin{bmatrix}0 & 0\\ 0 & 0\end{bmatrix}s^2$$

构造($n_1=n=3$)广义 Sylvester 结式矩阵为

$$\boldsymbol{S}=\left[\begin{array}{cc:cc:cc}\boldsymbol{D}_2 & \boldsymbol{N}_2 & \boldsymbol{0} & \boldsymbol{0} & \boldsymbol{0} & \boldsymbol{0}\\ \boldsymbol{D}_1 & \boldsymbol{N}_1 & \boldsymbol{D}_2 & \boldsymbol{N}_2 & \boldsymbol{0} & \boldsymbol{0}\\ \boldsymbol{D}_0 & \boldsymbol{N}_0 & \boldsymbol{D}_1 & \boldsymbol{N}_1 & \boldsymbol{D}_2 & \boldsymbol{N}_2\\ \boldsymbol{0} & \boldsymbol{0} & \boldsymbol{D}_0 & \boldsymbol{N}_0 & \boldsymbol{D}_1 & \boldsymbol{N}_1\\ \boldsymbol{0} & \boldsymbol{0} & \boldsymbol{0} & \boldsymbol{0} & \boldsymbol{D}_0 & \boldsymbol{N}_0\end{array}\right]$$

$$=\left[\begin{array}{cccc:cccc:cccc}-1 & 0 & 1 & -1 & 0 & 0 & 0 & 0 & 0 & 0 & 0 & 0\\ 0 & -1 & 0 & -2 & 0 & 0 & 0 & 0 & 0 & 0 & 0 & 0\\ 0 & 0 & 1 & 1 & -1 & 0 & 1 & -1 & 0 & 0 & 0 & 0\\ 0 & 0 & 1 & 2 & 0 & -1 & 0 & -2 & 0 & 0 & 0 & 0\\ 1 & 0 & 0 & 0 & 0 & 0 & 1 & 1 & -1 & 0 & 1 & -1\\ 0 & 1 & 0 & 0 & 0 & 0 & 1 & 2 & 0 & -1 & 0 & -2\\ 0 & 0 & 0 & 0 & 1 & 0 & 0 & 0 & 0 & 0 & 1 & 1\\ 0 & 0 & 0 & 0 & 0 & 1 & 0 & 0 & 0 & 0 & 1 & 2\\ 0 & 0 & 0 & 0 & 0 & 0 & 0 & 0 & 1 & 0 & 0 & 0\\ 0 & 0 & 0 & 0 & 0 & 0 & 0 & 0 & 0 & 1 & 0 & 0\end{array}\right]$$

因 rank$\boldsymbol{S}=9$，而 $\boldsymbol{S}$ 中所有(共 6 个)D-列均与其左侧的列线性无关，故可推断 $\boldsymbol{S}$ 中有 3 个线性无关的 N-列，采用从左到右依次搜索，可知存在两个线性无关的 $N1$-列和一个线性无关的 $N2$-列，即 $\mu_1=2$，$\mu_2=1$。$\boldsymbol{S}$ 中的第 8 列、第 11 列分别为主线性相关 $N2$-列、$N1$-列。由主线性相关 $N2$-列及其左侧所有线性无关列构成子矩阵 $\boldsymbol{S}_1$ 为

$$\boldsymbol{S}_1=\begin{bmatrix}-1 & 0 & 1 & -1 & 0 & 0 & 0 & 0\\ 0 & -1 & 0 & -2 & 0 & 0 & 0 & 0\\ 0 & 0 & 1 & 1 & -1 & 0 & 1 & -1\\ 0 & 0 & 1 & 2 & 0 & -1 & 0 & -2\\ 1 & 0 & 0 & 0 & 0 & 0 & 1 & 1\\ 0 & 1 & 0 & 0 & 0 & 0 & 1 & 2\\ 0 & 0 & 0 & 0 & 1 & 0 & 0 & 0\\ 0 & 0 & 0 & 0 & 0 & 1 & 0 & 0\\ 0 & 0 & 0 & 0 & 0 & 0 & 0 & 0\\ 0 & 0 & 0 & 0 & 0 & 0 & 0 & 0\end{bmatrix}$$

求解齐次代数方程 $\boldsymbol{S}_1\boldsymbol{X}_1=\boldsymbol{0}$，得到 $\boldsymbol{S}_1$ 的首 1 零空间向量为

$$\boldsymbol{X}_1=[-1\quad -2\quad 0\quad 1\quad 0\quad 0\quad 0\quad 1]^{\mathrm{T}}$$

$\boldsymbol{S}$ 中的第 11 列为主线性相关 $N1$-列，由该 $N1$-列及其左侧所有线性无关列（删除主线性相关 $N2$-列所在的第 8 列）构成子矩阵 $\boldsymbol{S}_2$ 为

$$\boldsymbol{S}_2=\begin{bmatrix} -1 & 0 & 1 & -1 & 0 & 0 & 0 & 0 & 0 & 0 \\ 0 & -1 & 0 & -2 & 0 & 0 & 0 & 0 & 0 & 0 \\ 0 & 0 & 1 & 1 & -1 & 0 & 1 & 0 & 0 & 0 \\ 0 & 0 & 1 & 2 & 0 & -1 & 0 & 0 & 0 & 0 \\ 1 & 0 & 0 & 0 & 0 & 0 & 1 & -1 & 0 & 1 \\ 0 & 1 & 0 & 0 & 0 & 0 & 1 & 0 & -1 & 0 \\ 0 & 0 & 0 & 0 & 1 & 0 & 0 & 0 & 0 & 1 \\ 0 & 0 & 0 & 0 & 0 & 1 & 0 & 0 & 0 & 1 \\ 0 & 0 & 0 & 0 & 0 & 0 & 0 & 1 & 0 & 0 \\ 0 & 0 & 0 & 0 & 0 & 0 & 0 & 0 & 1 & 0 \end{bmatrix}$$

求解齐次代数方程 $\boldsymbol{S}_2\boldsymbol{X}_2=\boldsymbol{0}$，得到 $\boldsymbol{S}_2$ 的首 1 零空间向量为

$$\boldsymbol{X}_2=[-1\quad 0\quad -1\quad 0\quad -1\quad -1\quad 0\quad 0\quad 0\quad 1]^{\mathrm{T}}$$

由子矩阵 $\boldsymbol{S}_1$、$\boldsymbol{S}_2$ 的首 1 零空间向量 $\boldsymbol{X}_1$、$\boldsymbol{X}_2$，得

$$\begin{bmatrix} -\bar{\boldsymbol{N}}_2 \\ \bar{\boldsymbol{D}}_2 \\ -\bar{\boldsymbol{N}}_1 \\ \bar{\boldsymbol{D}}_1 \\ -\bar{\boldsymbol{N}}_0 \\ \bar{\boldsymbol{D}}_0 \end{bmatrix}=\begin{bmatrix} -\bar{n}_{2,11} & -\bar{n}_{2,12} \\ -\bar{n}_{2,21} & -\bar{n}_{2,22} \\ \bar{d}_{2,11} & \bar{d}_{2,12} \\ \bar{d}_{2,21} & \bar{d}_{2,22} \\ -\bar{n}_{1,11} & -\bar{n}_{1,12} \\ -\bar{n}_{1,21} & -\bar{n}_{1,22} \\ \bar{d}_{1,11} & \bar{d}_{1,12} \\ \bar{d}_{1,21} & \bar{d}_{1,22} \\ -\bar{n}_{0,11} & -\bar{n}_{0,12} \\ -\bar{n}_{0,21} & -\bar{n}_{0,22} \\ \bar{d}_{0,11} & \bar{d}_{0,12} \\ \bar{d}_{0,21} & \bar{d}_{0,22} \end{bmatrix}=\begin{bmatrix} -1 & -1 \\ -2 & 0 \\ 0 & -1 \\ 1 & 0 \\ 0 & -1 \\ 0 & -1 \\ 0 & 0 \\ 1 & \\ & 0 \\ & 0 \\ & 1 \\ & \end{bmatrix} \tag{5-100}$$

式中的空元素以零填充。应该指出，8×2 位置之所以有空元素，是因为在构成子矩阵 $\boldsymbol{S}_2$ 时删除了主线性相关 $N2$-列所在的第 8 列。由式(5-100)，得

$$\bar{\boldsymbol{D}}_{\mathrm{R}}(s)=\begin{bmatrix} 0 & -1 \\ 1 & 0 \end{bmatrix}+\begin{bmatrix} 0 & 0 \\ 1 & 0 \end{bmatrix}s+\begin{bmatrix} 0 & 1 \\ 0 & 0 \end{bmatrix}s^2=\begin{bmatrix} 0 & s^2-1 \\ s+1 & 0 \end{bmatrix}$$

$$\bar{\boldsymbol{N}}_{\mathrm{R}}(s)=\begin{bmatrix} 1 & 1 \\ 2 & 0 \end{bmatrix}+\begin{bmatrix} 0 & 1 \\ 0 & 1 \end{bmatrix}s=\begin{bmatrix} 1 & s+1 \\ 2 & s \end{bmatrix}$$

故 $\boldsymbol{W}(s)$ 的右既约 MFD 为

$$\boldsymbol{W}(s)=\bar{\boldsymbol{N}}_{\mathrm{R}}(s)\bar{\boldsymbol{D}}_{\mathrm{R}}^{-1}(s)=\begin{bmatrix} 1 & s+1 \\ 2 & s \end{bmatrix}\begin{bmatrix} 0 & s^2-1 \\ s+1 & 0 \end{bmatrix}^{-1}$$

显然，$\bar{\boldsymbol{D}}_{\mathrm{R}}(s)$ 列既约。又 $\deg\det\bar{\boldsymbol{D}}_{\mathrm{R}}(s)=\mu_1+\mu_2=2+1=3$，$\boldsymbol{W}(s)$ 的特征多项式 $\rho_{\mathrm{W}}(s)=(s+1)(s^2-1)$ 的次数为 3，即 $\deg\boldsymbol{W}(s)=3$，式(5-99)成立。

也可应用 MATLAB 求解矩阵零空间向量的函数 null()简化上述首 1 零空间向量的计算，MATLAB Program 5-1 为相应的 MATLAB 求解程序。

```
% MATLAB Program 5-1
S=[-1 0 1 -1 0 0 0 0 0 0 0 0;0 -1 0 -2 0 0 0 0 0 0 0 0;0 0 1 1 -1 0 1 -1 0 0 0 0;...
    0 0 1 2 0 -1 0 -2 0 0 0 0;1 0 0 0 0 0 1 1 -1 0 1 -1;0 1 0 0 0 0 1 2 0 -1 0 -2;...
    0 0 0 0 1 0 0 0 0 0 1 1;0 0 0 0 0 1 0 0 0 0 1 2;0 0 0 0 0 0 0 0 1 0 0 0;...
    0 0 0 0 0 0 0 0 0 1 0 0];%构造广义 Sylvester 结式矩阵 S
rankS=rank(S)                   %求矩阵 S 的秩
S1=S(:,1:8);                    %由主线性相关 N2-列及其左侧所有线性无关列构造子矩阵 S1
X1=null(S1);                    %求 S1 的一个零空间向量
X1=X1/X1(8)                     %求 S1 的首 1 零空间向量
S2=[S(:,1:7) S(:,9:11)];        %由主线性相关 N1-列及其左侧所有线性无关列构成子矩阵 S2
X2=null(S2);                    %求 S2 的一个零空间向量
X2=X2/X2(10)                    %求 S2 的首 1 零空间向量
```

需要说明的是，在求出各主线性相关 Ni-列所构子矩阵 $\boldsymbol{S}_i$ 的首 1 零空间向量 $\boldsymbol{X}_i$ 后，由式(5-100)求 $\overline{\boldsymbol{N}}_{\mathrm{R}}(s)$、$\overline{\boldsymbol{D}}_{\mathrm{R}}(s)$时，式(5-100)等号右边的数值矩阵与各 $\boldsymbol{X}_i$ 对应的列的顺序可互换。就本例而言，式(5-100)等号右边的数值矩阵也可第 1 列对应 $\boldsymbol{X}_2$，第 2 列对应 $\boldsymbol{X}_1$。

与由左可简约 MFD 确定右既约 MFD 的方法相对偶，由 $m\times r$ 维真有理函数矩阵的右可简约 MFD

$$\boldsymbol{W}(s)=\boldsymbol{N}_{\mathrm{R}}(s)\boldsymbol{D}_{\mathrm{R}}^{-1}(s),\ \boldsymbol{D}_{\mathrm{R}}(s)\text{列既约} \tag{5-101}$$

确定其左既约 MFD $\overline{\boldsymbol{D}}_{\mathrm{L}}^{-1}(s)\overline{\boldsymbol{N}}_{\mathrm{L}}(s)$，可归结为式(5-102)所示的多项式矩阵方程求解问题，即

$$\begin{bmatrix}-\overline{\boldsymbol{N}}_{\mathrm{L}}(s) & \overline{\boldsymbol{D}}_{\mathrm{L}}(s)\end{bmatrix}\begin{bmatrix}\boldsymbol{D}_{\mathrm{R}}(s)\\ \boldsymbol{N}_{\mathrm{R}}(s)\end{bmatrix}=\boldsymbol{0} \tag{5-102}$$

类似式(5-95)，记

$$\begin{cases}\boldsymbol{D}_{\mathrm{R}}(s)=\boldsymbol{D}_n+\boldsymbol{D}_{n-1}s+\cdots+\boldsymbol{D}_1s^{n-1}+\boldsymbol{D}_0s^n\\ \boldsymbol{N}_{\mathrm{R}}(s)=\boldsymbol{N}_n+\boldsymbol{N}_{n-1}s+\cdots+\boldsymbol{N}_1s^{n-1}+\boldsymbol{N}_0s^n\\ \overline{\boldsymbol{D}}_{\mathrm{L}}(s)=\overline{\boldsymbol{D}}_{n_1}+\overline{\boldsymbol{D}}_{n_1-1}s+\cdots+\overline{\boldsymbol{D}}_1s^{n_1-1}+\overline{\boldsymbol{D}}_0s^{n_1}\\ \overline{\boldsymbol{N}}_{\mathrm{L}}(s)=\overline{\boldsymbol{N}}_{n_1}+\overline{\boldsymbol{N}}_{n_1-1}s+\cdots+\overline{\boldsymbol{N}}_1s^{n_1-1}+\overline{\boldsymbol{N}}_0s^{n_1}\end{cases} \tag{5-103}$$

同样为简化讨论，不失一般性，仍设

$$n_1=n-1 \tag{5-104}$$

则有与式(5-102)等价的矩阵方程

$$\left[\begin{array}{cc:cc:c:cc}-\overline{\boldsymbol{N}}_{n_1} & \overline{\boldsymbol{D}}_{n_1} & -\overline{\boldsymbol{N}}_{n_1-1} & \overline{\boldsymbol{D}}_{n_1-1} & \cdots & -\overline{\boldsymbol{N}}_1 & \overline{\boldsymbol{D}}_1 & -\overline{\boldsymbol{N}}_0 & \overline{\boldsymbol{D}}_0\end{array}\right]\boldsymbol{S}=\boldsymbol{0} \tag{5-105}$$

式中，$n(m+r)\times 2nr$ 维系数矩阵

$$\boldsymbol{S}=\left[\begin{array}{cccccccc}\boldsymbol{D}_n & \boldsymbol{D}_{n-1} & \cdots & \boldsymbol{D}_1 & \boldsymbol{D}_0 & \boldsymbol{0} & \cdots & \boldsymbol{0}\\ \boldsymbol{N}_n & \boldsymbol{N}_{n-1} & \cdots & \boldsymbol{N}_1 & \boldsymbol{N}_0 & \boldsymbol{0} & \cdots & \boldsymbol{0}\\ \hdashline \boldsymbol{0} & \boldsymbol{D}_n & \cdots & \boldsymbol{D}_2 & \boldsymbol{D}_1 & \boldsymbol{D}_0 & \cdots & \boldsymbol{0}\\ \boldsymbol{0} & \boldsymbol{N}_n & \cdots & \boldsymbol{N}_2 & \boldsymbol{N}_1 & \boldsymbol{N}_0 & \cdots & \boldsymbol{0}\\ \hdashline & & \vdots & & & & & \\ \hdashline \boldsymbol{0} & \boldsymbol{0} & \cdots & \boldsymbol{D}_n & \boldsymbol{D}_{n-1} & \boldsymbol{D}_{n-2} & \cdots & \boldsymbol{D}_0\\ \boldsymbol{0} & \boldsymbol{0} & \cdots & \boldsymbol{N}_n & \boldsymbol{N}_{n-1} & \boldsymbol{N}_{n-2} & \cdots & \boldsymbol{N}_0\end{array}\right] \tag{5-106}$$

为广义 Sylvester 结式矩阵，其共有 n 个行块，每个行块由 r 个 D-行和 m 个 N-行组成。为了得到 $\boldsymbol{S}$ 在零空间的 m 个非平凡解，要求所构造的广义 Sylvester 结式矩阵 $\boldsymbol{S}$ 中至少有 m 个线性相关行。从上到下依次搜索矩阵 $\boldsymbol{S}$ 的线性无关行，所有行块中的 D-行均与其前面的行线性无关，但 N-行的情况不同。用 Ni-行表示各行块中的第 i 个 N-行，若某个行块中的 Ni-行首次与其前面的行相关，则所有后续的 Ni-行均与其前面的行相关，将最先与其前面的行相关的 Ni-行称为"主线性相关 Ni-行"。若 υ_i 为 $\boldsymbol{S}$ 中线性无关 Ni-行的数目，$i=1,2,\cdots,m$，则第 (υ_i+1) 个 Ni-行即为主线性相关 Ni-行。由 $\boldsymbol{S}$ 中各主线性相关 Ni-行及其前面所有线性无关行构成子矩阵 $\boldsymbol{S}_i$，$i=1,2,\cdots,m$，通过求解 m 个子矩阵 $\boldsymbol{S}_i$ 的 m 个首 1 左零空间向量，可获得左互质矩阵分式 $\bar{\boldsymbol{D}}_{\mathrm{L}}^{-1}(s)\bar{\boldsymbol{N}}_{\mathrm{L}}(s)$，且 $\bar{\boldsymbol{D}}_{\mathrm{L}}(s)$ 行既约，有

$$\deg\boldsymbol{W}(s)=\deg\ \det\bar{\boldsymbol{D}}_{\mathrm{L}}(s)=\sum_{i=1}^{m}\upsilon_i \tag{5-107}$$

式中，$\{\upsilon_i,i=1,2,\cdots,m\}$ 为 $\bar{\boldsymbol{D}}_{\mathrm{L}}(s)$ 的行次数集，即为式(5-101)所示传递函数矩阵 $\boldsymbol{W}(s)$ 的最小实现的能观测性指数集。且 $\upsilon=\max\{\upsilon_1,\upsilon_2,\cdots,\upsilon_m\}$ 称为 $\boldsymbol{W}(s)$ 的行指数或能观测性指数。

【例 5-14】 求严真有理函数矩阵

$$\boldsymbol{W}(s)=\begin{bmatrix}\dfrac{1}{s+1} & \dfrac{1}{s+1}\\[2mm] \dfrac{s}{s^2-1} & \dfrac{2}{s-1}\end{bmatrix}$$

的左既约 MFD。

解 首先由 $\boldsymbol{W}(s)$ 各列的最小公分母，得到 $\boldsymbol{W}(s)$ 未必互质的右 MFD 为

$$\boldsymbol{W}(s)=\begin{bmatrix}s-1 & s-1\\ s & 2(s+1)\end{bmatrix}\begin{bmatrix}s^2-1 & 0\\ 0 & s^2-1\end{bmatrix}^{-1}=\boldsymbol{N}_{\mathrm{R}}(s)\boldsymbol{D}_{\mathrm{R}}^{-1}(s)$$

$\boldsymbol{D}_{\mathrm{R}}(s)$ 为列既约，$\boldsymbol{D}_{\mathrm{R}}(s)$ 和 $\boldsymbol{N}_{\mathrm{R}}(s)$ 非右互质。

记

$$\boldsymbol{D}_{\mathrm{R}}(s)=\begin{bmatrix}-1 & 0\\ 0 & -1\end{bmatrix}+\begin{bmatrix}0 & 0\\ 0 & 0\end{bmatrix}s+\begin{bmatrix}1 & 0\\ 0 & 1\end{bmatrix}s^2$$

$$\boldsymbol{N}_{\mathrm{L}}(s)=\begin{bmatrix}-1 & -1\\ 0 & 2\end{bmatrix}+\begin{bmatrix}1 & 1\\ 1 & 2\end{bmatrix}s+\begin{bmatrix}0 & 0\\ 0 & 0\end{bmatrix}s^2$$

构造$(n_1=n=3)$广义 Sylvester 结式矩阵为

$$\boldsymbol{S}=\begin{bmatrix}\boldsymbol{D}_2 & \boldsymbol{D}_1 & \boldsymbol{D}_0 & \boldsymbol{0} & \boldsymbol{0}\\ \boldsymbol{N}_2 & \boldsymbol{N}_1 & \boldsymbol{N}_0 & \boldsymbol{0} & \boldsymbol{0}\\ \boldsymbol{0} & \boldsymbol{D}_2 & \boldsymbol{D}_1 & \boldsymbol{D}_0 & \boldsymbol{0}\\ \boldsymbol{0} & \boldsymbol{N}_2 & \boldsymbol{N}_1 & \boldsymbol{N}_0 & \boldsymbol{0}\\ \boldsymbol{0} & \boldsymbol{0} & \boldsymbol{D}_2 & \boldsymbol{D}_1 & \boldsymbol{D}_0\\ \boldsymbol{0} & \boldsymbol{0} & \boldsymbol{N}_2 & \boldsymbol{N}_1 & \boldsymbol{N}_0\end{bmatrix}=\begin{bmatrix}-1 & 0 & 0 & 0 & 1 & 0 & 0 & 0 & 0 & 0\\ 0 & -1 & 0 & 0 & 0 & 1 & 0 & 0 & 0 & 0\\ -1 & -1 & 1 & 1 & 0 & 0 & 0 & 0 & 0 & 0\\ 0 & 2 & 1 & 2 & 0 & 0 & 0 & 0 & 0 & 0\\ \hdashline 0 & 0 & -1 & 0 & 0 & 0 & 1 & 0 & 0 & 0\\ 0 & 0 & 0 & -1 & 0 & 0 & 0 & 1 & 0 & 0\\ 0 & 0 & -1 & -1 & 1 & 1 & 0 & 0 & 0 & 0\\ 0 & 0 & 0 & 2 & 1 & 2 & 0 & 0 & 0 & 0\\ \hdashline 0 & 0 & 0 & 0 & -1 & 0 & 0 & 0 & 1 & 0\\ 0 & 0 & 0 & 0 & 0 & -1 & 0 & 0 & 0 & 1\\ 0 & 0 & 0 & 0 & -1 & -1 & 1 & 1 & 0 & 0\\ 0 & 0 & 0 & 0 & 0 & 2 & 1 & 2 & 0 & 0\end{bmatrix}$$

因 rank$\boldsymbol{S}$=9，而 $\boldsymbol{S}$ 中所有(共 6 个)D-行均与其前面的行线性无关，故可推断 $\boldsymbol{S}$ 中有 3 个线性无关的 N-行，采用从上到下依次搜索，可知存在一个线性无关的 $N1$-行和两个线性无关的 $N2$-行，即 $\upsilon_1=1,\upsilon_2=2$。$\boldsymbol{S}$ 中的第 7 行、第 12 行分别为主线性相关 $N1$-行、$N2$-行。由主线性相关 $N1$-行及其前面所有线性无关行构成 7×10 维子矩阵 $\boldsymbol{S}_1$，由主线性相关 $N2$-行及其前面所有线性无关行(删除主线性相关 $N1$-行及其后续 $N1$-行所在的第 7 行及第 11 行)构成 10×10 维子矩阵 $\boldsymbol{S}_2$，分别求解齐次代数方程 $\boldsymbol{X}_1\boldsymbol{S}_1=\boldsymbol{0}$，$\boldsymbol{X}_2\boldsymbol{S}_2=\boldsymbol{0}$，得到 $\boldsymbol{S}_1$、$\boldsymbol{S}_2$ 的首 1 左零空间向量分别为

$$\boldsymbol{X}_1=\begin{bmatrix}-1 & -1 & 1 & 0 & 0 & 0 & 1\end{bmatrix}$$

$$\boldsymbol{X}_2=\begin{bmatrix}0 & -2 & 0 & -1 & -1 & -2 & 0 & 0 & 0 & 1\end{bmatrix}$$

故有

$$\left[-\overline{\boldsymbol{N}}_2 \;\vdots\; \overline{\boldsymbol{D}}_2 \;\vdots\; -\overline{\boldsymbol{N}}_1 \;\vdots\; \overline{\boldsymbol{D}}_1 \;\vdots\; -\overline{\boldsymbol{N}}_0 \;\vdots\; \overline{\boldsymbol{D}}_0\right]$$

$$=\left[\begin{array}{cc:cc:cc:cc:cc:cc}-\overline{n}_{2,11} & -\overline{n}_{2,12} & \overline{d}_{2,11} & \overline{d}_{2,12} & -\overline{n}_{1,11} & -\overline{n}_{1,12} & \overline{d}_{1,11} & \overline{d}_{1,12} & -\overline{n}_{0,11} & -\overline{n}_{0,12} & \overline{d}_{0,11} & \overline{d}_{0,21} \\ -\overline{n}_{2,21} & -\overline{n}_{2,22} & \overline{d}_{2,21} & \overline{d}_{2,22} & -\overline{n}_{1,21} & -\overline{n}_{1,22} & \overline{d}_{1,21} & \overline{d}_{1,22} & -\overline{n}_{0,21} & -\overline{n}_{0,22} & \overline{d}_{0,21} & \overline{d}_{0,22}\end{array}\right]$$

$$=\left[\begin{array}{cc:cc:cc:cc:cc:cc}-1 & -1 & 1 & 0 & 0 & 0 & 1 & & & & & \\ \hdashline 0 & -2 & 0 & -1 & -1 & -2 & & 0 & 0 & 0 & & 1\end{array}\right]$$

其中的空元素以零填充。应该指出，2×7、2×11 位置之所以有空元素，是因为在构成子矩阵 $\boldsymbol{S}_2$ 时删除了第 7 行、第 11 行。由此得

$$\overline{\boldsymbol{D}}_{\mathrm{L}}(s)=\begin{bmatrix}1 & 0\\0 & -1\end{bmatrix}+\begin{bmatrix}1 & 0\\0 & 0\end{bmatrix}s+\begin{bmatrix}0 & 0\\0 & 1\end{bmatrix}s^2=\begin{bmatrix}s+1 & 0\\0 & s^2-1\end{bmatrix}$$

$$\overline{\boldsymbol{N}}_{\mathrm{L}}(s)=\begin{bmatrix}1 & 1\\0 & 2\end{bmatrix}+\begin{bmatrix}0 & 0\\1 & 2\end{bmatrix}s=\begin{bmatrix}1 & 1\\s & 2s+2\end{bmatrix}$$

故 $\boldsymbol{W}(s)$ 的左既约 MFD 为

$$\boldsymbol{W}(s)=\overline{\boldsymbol{D}}_{\mathrm{L}}^{-1}(s)\overline{\boldsymbol{N}}_{\mathrm{L}}(s)=\begin{bmatrix}s+1 & 0\\0 & s^2-1\end{bmatrix}^{-1}\begin{bmatrix}1 & 1\\s & 2s+2\end{bmatrix}$$

显然，$\overline{\boldsymbol{D}}_{\mathrm{L}}(s)$ 行既约。

【例 5-15】 求传递函数矩阵

$$\boldsymbol{W}(s)=\begin{bmatrix}\dfrac{1}{s-1} & \dfrac{1}{s+1}\\[2mm] \dfrac{s}{s^2-1} & \dfrac{2}{s+1}\end{bmatrix}$$

的控制器形最小实现。

解 例 5-13 已求出 $\boldsymbol{W}(s)$ 的右既约 MFD 为

$$\boldsymbol{W}(s)=\overline{\boldsymbol{N}}_{\mathrm{R}}(s)\overline{\boldsymbol{D}}_{\mathrm{R}}^{-1}(s)=\begin{bmatrix}1 & s+1\\2 & s\end{bmatrix}\begin{bmatrix}0 & s^2-1\\s+1 & 0\end{bmatrix}^{-1}$$

且 $\overline{\boldsymbol{D}}_{\mathrm{R}}(s)$ 列既约，其列次分别为 $k_{c1}=1,k_{c2}=2$，则 $n=k_{c1}+k_{c2}=3$。首先将 $\overline{\boldsymbol{D}}_{\mathrm{R}}(s)$、$\overline{\boldsymbol{N}}_{\mathrm{R}}(s)$ 分别写成式(5-42)、式(5-45)的形式，即

$$\overline{\boldsymbol{D}}_{\mathrm{R}}(s)=\boldsymbol{D}_{\mathrm{hc}}\boldsymbol{H}_{\mathrm{c}}(s)+\boldsymbol{D}_{\mathrm{Lc}}\boldsymbol{L}_{\mathrm{c}}(s)=\begin{bmatrix}0 & 1\\1 & 0\end{bmatrix}\begin{bmatrix}s & 0\\0 & s^2\end{bmatrix}+\left[\begin{array}{c:cc}0 & -1 & 0\\1 & 0 & 0\end{array}\right]\left[\begin{array}{c:c}1 & 0\\ \hdashline 0 & 1\\0 & s\end{array}\right]$$

$$\overline{\boldsymbol{N}}_{\mathrm{R}}(s)=\boldsymbol{N}_{\mathrm{Lc}}\boldsymbol{L}_{\mathrm{c}}(s)=\begin{bmatrix}1 & \vdots & 1 & 1\\2 & \vdots & 0 & 1\end{bmatrix}\begin{bmatrix}1 & \vdots & 0\\ \hdashline 0 & \vdots & 1\\0 & \vdots & s\end{bmatrix}$$

计算

$$\boldsymbol{D}_{\mathrm{hc}}^{-1}=\begin{bmatrix}0 & 1\\1 & 0\end{bmatrix}^{-1}=\begin{bmatrix}0 & 1\\1 & 0\end{bmatrix},\boldsymbol{D}_{\mathrm{hc}}^{-1}\boldsymbol{D}_{\mathrm{Lc}}=\begin{bmatrix}0 & 1\\1 & 0\end{bmatrix}\begin{bmatrix}0 & -1 & 0\\1 & 0 & 0\end{bmatrix}=\begin{bmatrix}1 & 0 & 0\\0 & -1 & 0\end{bmatrix}$$

则根据式(5-54)，$\boldsymbol{W}(s)$的控制器形最小实现为

$$\begin{cases}\begin{bmatrix}\dot{x}_{11}\\ \hdashline \dot{x}_{21}\\ \dot{x}_{22}\end{bmatrix}=\begin{bmatrix}-1 & \vdots & 0 & 0\\ \hdashline 0 & \vdots & 0 & 1\\0 & \vdots & 1 & 0\end{bmatrix}\boldsymbol{x}+\begin{bmatrix}0 & 1\\ \hdashline 0 & 0\\1 & 0\end{bmatrix}\boldsymbol{u}\\ \boldsymbol{y}=\boldsymbol{N}_{\mathrm{Lc}}\boldsymbol{x}=\begin{bmatrix}1 & \vdots & 1 & 1\\2 & \vdots & 0 & 1\end{bmatrix}\boldsymbol{x}\end{cases}$$

【例 5-16】 求传递函数矩阵

$$\boldsymbol{W}(s)=\begin{bmatrix}\dfrac{1}{s+1} & \dfrac{1}{s+1}\\ \dfrac{s}{s^2-1} & \dfrac{2}{s-1}\end{bmatrix}$$

的观测器形最小实现。

解 例 5-14 已求出$\boldsymbol{W}(s)$的左既约 MFD 为

$$\boldsymbol{W}(s)=\overline{\boldsymbol{D}}_{\mathrm{L}}^{-1}(s)\overline{\boldsymbol{N}}_{\mathrm{L}}(s)=\begin{bmatrix}s+1 & 0\\0 & s^2-1\end{bmatrix}^{-1}\begin{bmatrix}1 & 1\\s & 2s+2\end{bmatrix}$$

且 $\overline{\boldsymbol{D}}_{\mathrm{L}}(s)$行既约，其行次分别为 $k_{\mathrm{r1}}=1,k_{\mathrm{r2}}=2$，则 $n=k_{\mathrm{r1}}+k_{\mathrm{r2}}=3$。首先将 $\overline{\boldsymbol{D}}_{\mathrm{L}}(s)$、$\overline{\boldsymbol{N}}_{\mathrm{L}}(s)$分别写成式(5-68)、式(5-71)的形式，即

$$\overline{\boldsymbol{D}}_{\mathrm{L}}(s)=\boldsymbol{H}_{\mathrm{r}}(s)\boldsymbol{D}_{\mathrm{hr}}+\boldsymbol{L}_{\mathrm{r}}(s)\boldsymbol{D}_{\mathrm{Lr}}=\begin{bmatrix}s & 0\\0 & s^2\end{bmatrix}\begin{bmatrix}1 & 0\\0 & 1\end{bmatrix}+\begin{bmatrix}1 & \vdots & 0 & 0\\ \hdashline 0 & \vdots & 1 & s\end{bmatrix}\begin{bmatrix}1 & 0\\ \hdashline 0 & -1\\0 & 0\end{bmatrix}$$

$$\overline{\boldsymbol{N}}_{\mathrm{L}}(s)=\boldsymbol{L}_{\mathrm{r}}(s)\boldsymbol{N}_{\mathrm{Lr}}=\begin{bmatrix}1 & \vdots & 0 & 0\\ \hdashline 0 & \vdots & 1 & s\end{bmatrix}\begin{bmatrix}1 & 1\\ \hdashline 0 & 2\\1 & 2\end{bmatrix}$$

计算

$$\boldsymbol{D}_{\mathrm{hr}}^{-1}=\begin{bmatrix}1 & 0\\0 & 1\end{bmatrix}^{-1}=\begin{bmatrix}1 & 0\\0 & 1\end{bmatrix},\boldsymbol{D}_{\mathrm{Lr}}\boldsymbol{D}_{\mathrm{hr}}^{-1}=\begin{bmatrix}1 & 0\\0 & -1\\0 & 0\end{bmatrix}\begin{bmatrix}1 & 0\\0 & 1\end{bmatrix}=\begin{bmatrix}1 & 0\\0 & -1\\0 & 0\end{bmatrix}$$

则根据式(5-72)，$\boldsymbol{W}(s)$的观测器形最小实现为

$$\begin{cases}\begin{bmatrix}\dot{x}_{11}\\ \hdashline \dot{x}_{21}\\ \dot{x}_{22}\end{bmatrix}=\begin{bmatrix}-1 & \vdots & 0 & 0\\ \hdashline 0 & \vdots & 0 & 1\\0 & \vdots & 1 & 0\end{bmatrix}\boldsymbol{x}+\boldsymbol{N}_{\mathrm{Lr}}\boldsymbol{u}=\begin{bmatrix}-1 & \vdots & 0 & 0\\ \hdashline 0 & \vdots & 0 & 1\\0 & \vdots & 1 & 0\end{bmatrix}\boldsymbol{x}+\begin{bmatrix}1 & 1\\ \hdashline 0 & 2\\1 & 2\end{bmatrix}\boldsymbol{u}\\ \boldsymbol{y}=\begin{bmatrix}1 & \vdots & 0 & 0\\0 & \vdots & 0 & 1\end{bmatrix}\boldsymbol{x}\end{cases}$$

5.6 基于多项式矩阵描述的实现

对采用多项式矩阵描述的 MIMO 线性定常系统

$$\boldsymbol{P}(s)\overline{\boldsymbol{\zeta}}(s)=\boldsymbol{Q}(s)\boldsymbol{U}(s) \tag{5-108a}$$

$$\boldsymbol{Y}(s)=\boldsymbol{R}(s)\overline{\boldsymbol{\zeta}}(s)+\boldsymbol{V}(s)\boldsymbol{U}(s) \tag{5-108b}$$

其中，$\boldsymbol{U}(s)$、$\boldsymbol{Y}(s)$分别为 $r\times1$ 维输入向量、$m\times1$ 维输出向量；$\boldsymbol{P}(s)$、$\boldsymbol{Q}(s)$、$\boldsymbol{R}(s)$、$\boldsymbol{V}(s)$分别为复变量 s 的 $q\times q$、$q\times r$、$m\times q$、$m\times r$ 维多项式矩阵。若找到状态空间描述

$$\begin{cases}\dot{\boldsymbol{x}}=\boldsymbol{A}\boldsymbol{x}+\boldsymbol{B}\boldsymbol{u}\\ \boldsymbol{y}=\boldsymbol{C}\boldsymbol{x}+\boldsymbol{D}(p)\boldsymbol{u},\ p=\mathrm{d}/\mathrm{d}t\end{cases} \tag{5-109}$$

使得

$$\boldsymbol{W}(s)=\boldsymbol{R}(s)\boldsymbol{P}^{-1}(s)\boldsymbol{Q}(s)+\boldsymbol{V}(s)=\boldsymbol{C}(s\boldsymbol{I}-\boldsymbol{A})^{-1}\boldsymbol{B}+\boldsymbol{D}(s) \tag{5-110}$$

则称式(5-109)为给定 PMD 的一个状态空间实现。和有理传递函数矩阵的实现一样，PMD 的实现也不唯一，其中，状态矩阵 $\boldsymbol{A}$ 的维数最小的实现为给定 PMD 的最小实现。PMD 的实现可基于 MFD 的控制器形实现或观测器形实现而建立，本节仅讨论基于左 MFD 观测器形实现构造 PMD 实现的方法。

若 $\boldsymbol{P}(s)$非行既约，则引入 $q\times q$ 维左单模矩阵 $\boldsymbol{T}_{\mathrm{r}}(s)$，使

$$\boldsymbol{P}_{\mathrm{r}}(s)=\boldsymbol{T}_{\mathrm{r}}(s)\boldsymbol{P}(s) \tag{5-111}$$

行既约。用 $\boldsymbol{T}_{\mathrm{r}}(s)$左乘式(5-108a)两边，得

$$\boldsymbol{T}_{\mathrm{r}}(s)\boldsymbol{P}(s)\overline{\boldsymbol{\zeta}}(s)=\boldsymbol{T}_{\mathrm{r}}(s)\boldsymbol{Q}(s)\boldsymbol{U}(s) \tag{5-112}$$

故有

$$\overline{\boldsymbol{\zeta}}(s)=(\boldsymbol{T}_{\mathrm{r}}(s)\boldsymbol{P}(s))^{-1}\boldsymbol{T}_{\mathrm{r}}(s)\boldsymbol{Q}(s)\boldsymbol{U}(s)=\boldsymbol{P}_{\mathrm{r}}^{-1}(s)\boldsymbol{Q}_{\mathrm{r}}(s)\boldsymbol{U}(s) \tag{5-113}$$

式中，$\boldsymbol{Q}_{\mathrm{r}}(s)=\boldsymbol{T}_{\mathrm{r}}(s)\boldsymbol{Q}(s)$。

因为 $\boldsymbol{T}_{\mathrm{r}}(s)$为单模矩阵，$\boldsymbol{P}_{\mathrm{r}}(s)$行既约，故

$$\deg\det\boldsymbol{P}_{\mathrm{r}}(s)=\sum_{i=1}^{q}\delta_{\mathrm{r}i}\boldsymbol{P}_{\mathrm{r}}(s)=\sum_{i=1}^{q}k_{\mathrm{r}i}=\deg\det\boldsymbol{P}(s)\overset{\mathrm{def}}{=}n \tag{5-114}$$

式中，$k_{\mathrm{r}i}$为 $\boldsymbol{P}_{\mathrm{r}}(s)$第 i 行的行次。又因为

$$\boldsymbol{P}_{\mathrm{r}}^{-1}(s)\boldsymbol{Q}_{\mathrm{r}}(s)=(\boldsymbol{T}_{\mathrm{r}}(s)\boldsymbol{P}(s))^{-1}\boldsymbol{T}_{\mathrm{r}}(s)\boldsymbol{Q}(s)=\boldsymbol{P}(s)\boldsymbol{Q}(s) \tag{5-115}$$

故 $\boldsymbol{P}_{\mathrm{r}}^{-1}(s)\boldsymbol{Q}_{\mathrm{r}}(s)$和 $\boldsymbol{P}(s)\boldsymbol{Q}(s)$具有等同实现。

若 $\boldsymbol{P}_{\mathrm{r}}^{-1}(s)\boldsymbol{Q}_{\mathrm{r}}(s)$非严真，则将 $\boldsymbol{Q}_{\mathrm{r}}(s)$用 $\boldsymbol{P}_{\mathrm{r}}(s)$左除，得

$$\boldsymbol{Q}_{\mathrm{r}}(s)=\boldsymbol{P}_{\mathrm{r}}(s)\overline{\boldsymbol{Y}}(s)+\overline{\boldsymbol{Q}}_{\mathrm{r}}(s) \tag{5-116}$$

式中，$\delta_{\mathrm{r}i}\overline{\boldsymbol{Q}}_{\mathrm{r}}(s)<\delta_{\mathrm{r}i}\boldsymbol{P}_{\mathrm{r}}(s)$，$i=1,2,\cdots,q$。

将式(5-116)代入式(5-113)，得

$$\overline{\boldsymbol{\zeta}}(s)=\boldsymbol{P}_{\mathrm{r}}^{-1}(s)\overline{\boldsymbol{Q}}_{\mathrm{r}}(s)\boldsymbol{U}(s)+\overline{\boldsymbol{Y}}(s)\boldsymbol{U}(s) \tag{5-117}$$

式中，$\boldsymbol{P}_{\mathrm{r}}^{-1}(s)\overline{\boldsymbol{Q}}_{\mathrm{r}}(s)$为严真左 MFD，且 $\boldsymbol{P}_{\mathrm{r}}(s)$行既约，故可应用 5.5.3 节的方法，定出其如式(5-72)所示的观测器形实现$\sum_{\mathrm{o}}(\boldsymbol{A}_{\mathrm{o}},\boldsymbol{B}_{\mathrm{o}},\boldsymbol{C}_{\mathrm{o}})$，其中，$\boldsymbol{A}_{\mathrm{o}}$、$\boldsymbol{B}_{\mathrm{o}}$、$\boldsymbol{C}_{\mathrm{o}}$分别为 $n\times n$、$n\times r$、$q\times n$ 维矩阵，$\{\boldsymbol{A}_{\mathrm{o}},\boldsymbol{C}_{\mathrm{o}}\}$完全能观测，且有

$$\boldsymbol{C}_{\mathrm{o}}(s\boldsymbol{I}-\boldsymbol{A}_{\mathrm{o}})^{-1}\boldsymbol{B}_{\mathrm{o}}=\boldsymbol{P}_{\mathrm{r}}^{-1}(s)\overline{\boldsymbol{Q}}_{\mathrm{r}}(s) \tag{5-118}$$

且根据式(5-71)、式(5-74)、式(5-77)，得

$$\overline{\boldsymbol{Q}}_{\mathrm{r}}(s)=\boldsymbol{L}_{\mathrm{r}}(s)\boldsymbol{B}_{\mathrm{o}} \tag{5-119}$$

$$\boldsymbol{P}_{\mathrm{r}}^{-1}(s)\boldsymbol{L}_{\mathrm{r}}(s)=\boldsymbol{C}_{\mathrm{o}}(s\boldsymbol{I}-\boldsymbol{A}_{\mathrm{o}})^{-1} \quad \text{或} \quad \boldsymbol{L}_{\mathrm{r}}(s)(s\boldsymbol{I}-\boldsymbol{A}_{\mathrm{o}})=\boldsymbol{P}_{\mathrm{r}}(s)\boldsymbol{C}_{\mathrm{o}} \tag{5-120}$$

式中，$\boldsymbol{L}_{\mathrm{r}}(s)$为结构如式(5-70)所示的$q\times n$维矩阵，即

$$\boldsymbol{L}_{\mathrm{r}}(s)=\left[\begin{array}{c:c:c:c} 1\ \ s\ \ \cdots\ \ s^{k_{r1}-1} & \boldsymbol{0} & & \boldsymbol{0} \\ \hdashline \boldsymbol{0} & 1\ \ s\ \ \cdots\ \ s^{k_{r2}-1} & & \boldsymbol{0} \\ \hdashline & & \ddots & \\ \hdashline \boldsymbol{0} & \boldsymbol{0} & & 1\ \ s\ \ \cdots\ \ s^{k_{rq}-1} \end{array}\right] \tag{5-121}$$

并且

$$\{\boldsymbol{P}_{\mathrm{r}}(s),\boldsymbol{L}_{\mathrm{r}}(s)\}\text{左互质},\{s\boldsymbol{I}-\boldsymbol{A}_{\mathrm{o}},\boldsymbol{C}_{\mathrm{o}}\}\text{右互质} \tag{5-122}$$

将式(5-118)代入式(5-117)，得

$$\overline{\boldsymbol{\zeta}}(s)=\boldsymbol{C}_{\mathrm{o}}(s\boldsymbol{I}-\boldsymbol{A}_{\mathrm{o}})^{-1}\boldsymbol{B}_{\mathrm{o}}\boldsymbol{U}(s)+\overline{\boldsymbol{Y}}(s)\boldsymbol{U}(s) \tag{5-123}$$

将式(5-123)代入式(5-108b)，得

$$\boldsymbol{Y}(s)=[\boldsymbol{R}(s)\boldsymbol{C}_{\mathrm{o}}(s\boldsymbol{I}-\boldsymbol{A}_{\mathrm{o}})^{-1}\boldsymbol{B}_{\mathrm{o}}+\boldsymbol{R}(s)\overline{\boldsymbol{Y}}(s)+\boldsymbol{V}(s)]\boldsymbol{U}(s) \tag{5-124}$$

由式(5-124)，得

$$\boldsymbol{W}(s)=\boldsymbol{R}(s)\boldsymbol{C}_{\mathrm{o}}(s\boldsymbol{I}-\boldsymbol{A}_{\mathrm{o}})^{-1}\boldsymbol{B}_{\mathrm{o}}+\boldsymbol{R}(s)\overline{\boldsymbol{Y}}(s)+\boldsymbol{V}(s) \tag{5-125}$$

式(5-125)也可将式(5-118)代入 PMD 传递函数矩阵公式中得到，但$\boldsymbol{R}(s)\boldsymbol{C}_{\mathrm{o}}(s\boldsymbol{I}-\boldsymbol{A}_{\mathrm{o}})^{-1}\boldsymbol{B}_{\mathrm{o}}$未必严真，为此引入“矩阵右除法”，导出

$$\boldsymbol{R}(s)\boldsymbol{C}_{\mathrm{o}}=\overline{\boldsymbol{X}}(s)(s\boldsymbol{I}-\boldsymbol{A}_{\mathrm{o}})+[\boldsymbol{R}(s)\boldsymbol{C}_{\mathrm{o}}]_{s\to\boldsymbol{A}}=\overline{\boldsymbol{X}}(s)(s\boldsymbol{I}-\boldsymbol{A}_{\mathrm{o}})+\boldsymbol{C} \tag{5-126}$$

式中

$$\boldsymbol{C}=[\boldsymbol{R}(s)\boldsymbol{C}_{\mathrm{o}}]_{s\to\boldsymbol{A}} \tag{5-127}$$

将式(5-126)代入式(5-124)、式(5-125)，得

$$\begin{aligned}\boldsymbol{Y}(s)&=[\boldsymbol{C}(s\boldsymbol{I}-\boldsymbol{A}_{\mathrm{o}})^{-1}\boldsymbol{B}_{\mathrm{o}}+\overline{\boldsymbol{X}}(s)\boldsymbol{B}_{\mathrm{o}}+\boldsymbol{R}(s)\overline{\boldsymbol{Y}}(s)+\boldsymbol{V}(s)]\boldsymbol{U}(s)\\&=[\boldsymbol{C}(s\boldsymbol{I}-\boldsymbol{A}_{\mathrm{o}})^{-1}\boldsymbol{B}_{\mathrm{o}}+\boldsymbol{D}(s)]\boldsymbol{U}(s)\end{aligned} \tag{5-128}$$

$$\begin{aligned}\boldsymbol{W}(s)&=\boldsymbol{C}(s\boldsymbol{I}-\boldsymbol{A}_{\mathrm{o}})^{-1}\boldsymbol{B}_{\mathrm{o}}+\overline{\boldsymbol{X}}(s)\boldsymbol{B}_{\mathrm{o}}+\boldsymbol{R}(s)\overline{\boldsymbol{Y}}(s)+\boldsymbol{V}(s)\\&=\boldsymbol{C}(s\boldsymbol{I}-\boldsymbol{A}_{\mathrm{o}})^{-1}\boldsymbol{B}_{\mathrm{o}}+\boldsymbol{D}(s)\end{aligned} \tag{5-129}$$

式中，$\boldsymbol{C}(s\boldsymbol{I}-\boldsymbol{A}_{\mathrm{o}})^{-1}\boldsymbol{B}_{\mathrm{o}}$为严真；

$$\boldsymbol{D}(s)=\overline{\boldsymbol{X}}(s)\boldsymbol{B}_{\mathrm{o}}+\boldsymbol{R}(s)\overline{\boldsymbol{Y}}(s)+\boldsymbol{V}(s) \tag{5-130}$$

则整个 PMD(5-108)的状态空间实现为

$$\begin{cases}\dot{\boldsymbol{x}}=\boldsymbol{A}_{\mathrm{o}}\boldsymbol{x}+\boldsymbol{B}_{\mathrm{o}}\boldsymbol{u}\\ \boldsymbol{y}=\boldsymbol{C}\boldsymbol{x}+\boldsymbol{D}(p)\boldsymbol{u}, \quad p=\mathrm{d}/\mathrm{d}t\end{cases} \tag{5-131}$$

其中，$\boldsymbol{C}$、$\boldsymbol{D}(s)$分别如式(5-127)、式(5-130)所示。需要说明的是，只有当式(5-130)所示的$\boldsymbol{D}(s)=\boldsymbol{0}$时，$\boldsymbol{W}(s)$才是严真有理矩阵；$\boldsymbol{V}(s)=\boldsymbol{0}$时，$\boldsymbol{W}(s)$未必是严真有理矩阵。

应该指出，尽管$\{\boldsymbol{A}_{\mathrm{o}},\boldsymbol{C}_{\mathrm{o}}\}$完全能观测，但$\{\boldsymbol{A}_{\mathrm{o}},\boldsymbol{C}\}$未必能观测，可以证明：对式(5-108)的状态空间实现(5-131)而言，当且仅当$\{\boldsymbol{P}(s),\boldsymbol{Q}(s)\}$左互质，$\{\boldsymbol{A}_{\mathrm{o}},\boldsymbol{B}_{\mathrm{o}}\}$完全能控；当且仅当$\{\boldsymbol{P}(s),\boldsymbol{R}(s)\}$右互质，$\{\boldsymbol{A}_{\mathrm{o}},\boldsymbol{C}\}$完全能观测。因此，式(5-131)为式(5-108)最小实现的充分必要条件为：$\{\boldsymbol{P}(s),\boldsymbol{Q}(s)\}$左互质且$\{\boldsymbol{P}(s),\boldsymbol{R}(s)\}$右互质，即式(5-108)不可简约。

状态空间表达式(5-131)由式(5-108)导出，故式(5-131)为式(5-108)的一个实现，这可通过

证明两者严格系统等价得到证实。

由式(5-111)、式(5-116)、式(5-119)、式(5-120)，得

$$\boldsymbol{C}_{\rm o}(s\boldsymbol{I}-\boldsymbol{A}_{\rm o})^{-1}=\boldsymbol{P}_{\rm r}^{-1}(s)\boldsymbol{L}_{\rm r}(s)=\boldsymbol{P}^{-1}(s)\boldsymbol{T}_{\rm r}^{-1}(s)\boldsymbol{L}_{\rm r}(s) \tag{5-132a}$$

$$\boldsymbol{Q}(s)=\boldsymbol{T}_{\rm r}^{-1}\boldsymbol{Q}_{\rm r}(s)=\boldsymbol{T}_{\rm r}^{-1}[\boldsymbol{P}_{\rm r}(s)\overline{\boldsymbol{Y}}(s)+\overline{\boldsymbol{Q}}_{\rm r}(s)]=\boldsymbol{P}(s)\overline{\boldsymbol{Y}}(s)+\boldsymbol{T}_{\rm r}^{-1}\boldsymbol{L}_{\rm r}(s)\boldsymbol{B}_{\rm o} \tag{5-132b}$$

将式(5-132a)、式(5-132b)分别改写为

$$\boldsymbol{T}_{\rm r}^{-1}(s)\boldsymbol{L}_{\rm r}(s)(s\boldsymbol{I}-\boldsymbol{A}_{\rm o})=\boldsymbol{P}(s)\boldsymbol{C}_{\rm o} \tag{5-133a}$$

$$\boldsymbol{T}_{\rm r}^{-1}\boldsymbol{L}_{\rm r}(s)\boldsymbol{B}_{\rm o}=-\boldsymbol{P}(s)\overline{\boldsymbol{Y}}(s)+\boldsymbol{Q}(s) \tag{5-133b}$$

且将式(5-126)、式(5-130)分别改写为

$$-\overline{\boldsymbol{X}}(s)(s\boldsymbol{I}-\boldsymbol{A}_{\rm o})-\boldsymbol{C}=-\boldsymbol{R}(s)\boldsymbol{C}_{\rm o} \tag{5-133c}$$

$$-\overline{\boldsymbol{X}}(s)\boldsymbol{B}_{\rm o}+\boldsymbol{D}(s)=\boldsymbol{R}(s)\overline{\boldsymbol{Y}}(s)+\boldsymbol{V}(s) \tag{5-133d}$$

将式(5-133)用矩阵表示为

$$\left[\begin{array}{c:c}\boldsymbol{T}_{\rm r}^{-1}(s)\boldsymbol{L}_{\rm r}(s) & \boldsymbol{0}\\ \hdashline -\overline{\boldsymbol{X}}(s) & \boldsymbol{I}_m\end{array}\right]\left[\begin{array}{c:c}s\boldsymbol{I}-\boldsymbol{A}_{\rm o} & \boldsymbol{B}_{\rm o}\\ \hdashline -\boldsymbol{C} & \boldsymbol{D}(s)\end{array}\right]=\left[\begin{array}{c:c}\boldsymbol{P}(s) & \boldsymbol{Q}(s)\\ \hdashline -\boldsymbol{R}(s) & \boldsymbol{V}(s)\end{array}\right]\left[\begin{array}{c:c}\boldsymbol{C}_{\rm o} & -\overline{\boldsymbol{Y}}(s)\\ \hdashline \boldsymbol{0} & \boldsymbol{I}_r\end{array}\right] \tag{5-134}$$

由式(5-122)知，$\{s\boldsymbol{I}-\boldsymbol{A}_{\rm o},\boldsymbol{C}_{\rm o}\}$右互质，$\{\boldsymbol{P}_{\rm r}(s),\boldsymbol{L}_{\rm r}(s)\}$左互质，而$\boldsymbol{T}_{\rm r}^{-1}(s)\boldsymbol{P}_{\rm r}(s)=\boldsymbol{P}(s)$，$\boldsymbol{T}_{\rm r}^{-1}(s)$为单模矩阵，故推断$\{\boldsymbol{P}(s),\boldsymbol{T}_{\rm r}^{-1}\boldsymbol{L}_{\rm r}(s)\}$左互质。

则根据富尔曼意义下严格系统等价条件，证得

$$\left[\begin{array}{c:c}s\boldsymbol{I}-\boldsymbol{A}_{\rm o} & \boldsymbol{B}_{\rm o}\\ \hdashline -\boldsymbol{C} & \boldsymbol{D}(s)\end{array}\right]\text{和}\left[\begin{array}{c:c}\boldsymbol{P}(s) & \boldsymbol{Q}(s)\\ \hdashline -\boldsymbol{R}(s) & \boldsymbol{V}(s)\end{array}\right]$$

是富尔曼意义下严格系统等价。

【例 5-17】 对采用多项式矩阵描述的 SISO 线性定常系统

$$\begin{cases}\begin{bmatrix}s^2 & -1\\ 1 & s^2+s+1\end{bmatrix}\overline{\boldsymbol{\zeta}}(s)=\begin{bmatrix}s\\ -1\end{bmatrix}U(s)\\ Y(s)=[s\quad 0]\overline{\boldsymbol{\zeta}}(s)\end{cases} \tag{5-135}$$

求其状态空间实现。

解 显然，$\boldsymbol{P}(s)=\begin{bmatrix}s^2 & -1\\ 1 & s^2+s+1\end{bmatrix}$行既约，其行次分别为$k_{\rm r1}=2$，$k_{\rm r2}=2$，且$\boldsymbol{P}^{-1}(s)\boldsymbol{Q}(s)=\begin{bmatrix}s^2 & -1\\ 1 & s^2+s+1\end{bmatrix}^{-1}\begin{bmatrix}s\\ -1\end{bmatrix}$严真，故$\overline{\boldsymbol{Y}}(s)=\boldsymbol{0}$，直接对$\boldsymbol{P}^{-1}(s)\boldsymbol{Q}(s)$定出其如式(5-72)所示的观测器形实现$\sum_{\rm o}(\boldsymbol{A}_{\rm o},\boldsymbol{B}_{\rm o},\boldsymbol{C}_{\rm o})$。将$\boldsymbol{P}(s)$、$\boldsymbol{Q}(s)$分别写成式(5-68)、式(5-71)的形式，即

$$\boldsymbol{P}(s)=\begin{bmatrix}s^2 & 0\\ 0 & s^2\end{bmatrix}\begin{bmatrix}1 & 0\\ 0 & 1\end{bmatrix}+\left[\begin{array}{cc:cc}1 & s & 0 & 0\\ \hdashline 0 & 0 & 1 & s\end{array}\right]\left[\begin{array}{cc}0 & -1\\ 0 & 0\\ \hdashline 1 & 1\\ 0 & 1\end{array}\right]$$

$$\boldsymbol{Q}(s)=\left[\begin{array}{cc:cc}1 & s & 0 & 0\\ 0 & 0 & 1 & s\end{array}\right]\left[\begin{array}{c}0\\ 1\\ \hdashline -1\\ 0\end{array}\right]$$

则根据式(5-72)，$\boldsymbol{P}^{-1}(s)\boldsymbol{Q}(s)$的观测器形最小实现的系数矩阵分别为

$$\boldsymbol{A}_o=\left[\begin{array}{cc:cc}0&0&0&1\\1&0&0&0\\ \hdashline 0&-1&0&-1\\0&0&1&-1\end{array}\right],\boldsymbol{B}_o=\left[\begin{array}{c}0\\1\\ \hdashline -1\\0\end{array}\right],\boldsymbol{C}_o=\left[\begin{array}{cc:cc}0&1&0&0\\0&0&0&1\end{array}\right]$$

已知 $\boldsymbol{R}(s)=[s\quad 0]$，计算 $\boldsymbol{R}(s)\boldsymbol{C}_o(s\boldsymbol{I}-\boldsymbol{A}_o)^{-1}$，可知其为非严真。而

$$\boldsymbol{R}(s)\boldsymbol{C}_o=[s\quad 0]\begin{bmatrix}0&1&0&0\\0&0&0&1\end{bmatrix}=[0\quad s\quad 0\quad 0]=[0\quad 1\quad 0\quad 0]s$$

故由式(5-127)，得

$$\boldsymbol{C}=[\boldsymbol{R}(s)\boldsymbol{C}_o]_{s\to\boldsymbol{A}}=[0\quad 1\quad 0\quad 0]\boldsymbol{A}=[0\quad 1\quad 0\quad 0]\begin{bmatrix}0&0&0&1\\1&0&0&0\\0&-1&0&-1\\0&0&1&-1\end{bmatrix}=[1\quad 0\quad 0\quad 0]$$

由式(5-126)，得

$$\overline{\boldsymbol{X}}(s)=[0\quad 1\quad 0\quad 0]$$

由式(5-130)，得

$$\boldsymbol{D}(s)=\overline{\boldsymbol{X}}(s)\boldsymbol{B}_o+\boldsymbol{R}(s)\overline{\boldsymbol{Y}}(s)+\boldsymbol{V}(s)=[0\quad 1\quad 0\quad 0]\begin{bmatrix}0\\1\\-1\\0\end{bmatrix}+0+0=1\neq 0$$

故给定式(5-135)的状态空间实现为

$$\begin{cases}\dot{\boldsymbol{x}}=\boldsymbol{A}_o\boldsymbol{x}+\boldsymbol{B}_o u=\begin{bmatrix}0&0&0&1\\1&0&0&0\\0&-1&0&-1\\0&0&1&-1\end{bmatrix}\boldsymbol{x}+\begin{bmatrix}0\\1\\-1\\1\end{bmatrix}u\\ y=\boldsymbol{C}\boldsymbol{x}+\boldsymbol{D}(p)u=[1\quad 0\quad 0\quad 0]\boldsymbol{x}+u\end{cases}\tag{5-136}$$

本例给定 PMD(5-135)的 $\boldsymbol{V}(s)=0$，但因 $\boldsymbol{D}(s)=1\neq 0$，故其传递函数并非严真。状态空间实现(5-136)能控且能观测，故为 PMD(5-135)的最小实现。事实上，PMD(5-135)的$\{\boldsymbol{P}(s),\boldsymbol{Q}(s)\}$左互质且$\{\boldsymbol{P}(s),\boldsymbol{R}(s)\}$右互质，故为既约 PMD。

小　　结

实现是对采用传递函数矩阵描述或多项式矩阵描述的线性定常系统，构造一个与其零状态外部等价的状态空间描述，以适应系统分析与系统仿真的需要。

传递函数矩阵的实现既可基于有理分式矩阵形式，也可基于 MFD。本章讨论了级联分解、串联分解、并联分解 3 种传递函数实现的基本方法，并给出能控标准形、能观测标准形和约当标准形 3 种具有典型结构特征的规范实现。在此基础上，将传递函数级联分解实现方法推广为传递函数矩阵的能控标准形和能观测标准形实现，并给出采用降阶法构造最小实现的途径，讨论了当严真传递函数矩阵的各元素仅含单实极点时，推广应用仅含单实极点的既约传递函数并联分解实现方法，构造其约当标准形最小实现。

正如状态空间描述在时域方法中具有重要应用，MFD 在复频域方法中也很重要。真性/严真性和既约性是表征 MFD 的两个基本特性。本章在推导严真右 MFD"$\boldsymbol{N}_R(s)\boldsymbol{D}_R^{-1}(s)$，$\boldsymbol{D}_R(s)$列既约"的控制器形实现的基础上，证明了两者严格系统等价。基于对偶原理，给出了严真左 MFD"$\boldsymbol{D}_L^{-1}(s)\boldsymbol{N}_L(s)$，$\boldsymbol{D}_L(s)$行既约"的观测器形实现方法。控制器形实现和观测器实现未必为最小实现，将 MFD 既约化是获得 MFD 最小实现的基本途径之一。本

章通过将构造 Sylvester 结式矩阵并求解多项式方程实现标量传递函数既约的方法推广应用于求既约 MFD，分别讨论了由左可简约 MFD 确定右既约 MFD、由右可简约 MFD 确定左既约 MFD 的方法。

MFD 是一种特殊的 PMD。PMD 的实现可基于 MFD 的控制器形实现或观测器形实现而建立。本章讨论了基于左 MFD 观测器形实现构造 PMD 状态空间实现的方法，并证明了 PMD 与其状态空间实现为严格系统等价。

连续时间系统传递函数矩阵状态空间实现的方法可推广应用于离散时间系统脉冲传递函数矩阵的实现。

习　　题

5-1　求下列连续系统的传递函数 $W(s)$ 或离散系统的脉冲传递函数 $W(z)$ 的能控标准形实现、能观测标准形实现、并联实现。

(1) $W(s)=\dfrac{6s^3+30s^2+24s}{3s^3+16s^2+23s+6}$　　(2) $W(s)=\dfrac{2s^2+14s+10}{s^3+4s^2+5s+2}$　　(3) $W(z)=\dfrac{z^2+5z+5}{z^3+4z^2+3}$

5-2　求下列各传递函数矩阵的能控标准形实现和能观测标准形实现。

(1) $\boldsymbol{W}(s)=\begin{bmatrix}\dfrac{s+1}{s+2} & \dfrac{1}{s^2+5s+6}\end{bmatrix}$　　(2) $\boldsymbol{W}(s)=\begin{bmatrix}\dfrac{1}{s+3} & \dfrac{2}{s^2+2s}\\ \dfrac{2}{s+2} & \dfrac{1}{s+3}\end{bmatrix}$

5-3　习题 5-2 中的能控标准形实现和能观测标准形实现是否为最小实现？若不为最小实现，则应用降阶法求其最小实现。

5-4　求习题 5-2 中各传递函数矩阵的约当标准形最小实现。

5-5　已知系统的传递函数为

$$W(s)=\frac{(s+\alpha)(s+1)}{(s-1)(s^2+1)}$$

(1) α 取何值时，使系统的 3 阶状态空间实现为非最小实现。

(2) 在上述 α 取值下，求使系统能观测但不能控的 3 阶状态空间实现。

(3) 在上述 α 取值下，求使系统能控但不能观测的 3 阶状态空间实现。

(4) 在上述 α 取值下，求系统的最小实现。

5-6　求传递函数矩阵

$$\boldsymbol{W}(s)=\begin{bmatrix}\dfrac{1}{s^2-1} & \dfrac{s}{s^2+3s+2}\\ \dfrac{s+1}{s+2} & \dfrac{s+5}{s^2+5s+4}\end{bmatrix}$$

的任意两个最小实现。

5-7　判断下列右 MFD

$$\boldsymbol{W}(s)=\begin{bmatrix}s & s\\ -s(s+1)^2 & -s\end{bmatrix}\begin{bmatrix}(s+1)^2(s+2)^2 & 0\\ 0 & (s+2)^2\end{bmatrix}^{-1}$$

的控制器形实现是否为最小实现，并应用广义 Sylvester 结式矩阵求 $\boldsymbol{W}(s)$ 的阶次，确定最小实现的维数。

5-8　求传递函数矩阵

$$\boldsymbol{W}(s)=\begin{bmatrix}\dfrac{s^2+1}{s^3} & \dfrac{2s+1}{s^2}\\ \dfrac{s+2}{s^2} & \dfrac{2}{s}\end{bmatrix}$$

的右既约 MFD 和最小实现。

5-9　求传递函数矩阵

$$\boldsymbol{W}(s)=\begin{bmatrix}\dfrac{1}{(s-1)^2} & \dfrac{1}{(s+1)(s+3)}\\ \dfrac{-6}{(s-1)(s+3)^2} & \dfrac{s-2}{(s+3)^2}\end{bmatrix}$$

的控制器形最小实现和观测器形最小实现。

5-10　求离散系统脉冲传递函数矩阵

$$\boldsymbol{W}(z)=\begin{bmatrix}\dfrac{z+2}{z+1} & \dfrac{1}{z+3}\\ \dfrac{z}{z+1} & \dfrac{z+1}{z+2}\end{bmatrix}$$

的一个最小实现。

5-11　已知系统的状态空间表达式为

$$\begin{cases}\dot{\boldsymbol{x}}=\left[\begin{array}{ccc:cc}0 & 0 & -2 & 0 & 0\\ 1 & 0 & 3 & 0 & 0\\ 0 & 1 & 0 & 0 & 0\\ \hdashline 0 & 0 & -1 & 0 & -1\\ 0 & 0 & -1 & 1 & 0\end{array}\right]\boldsymbol{x}+\left[\begin{array}{cc}-1 & 0\\ 1 & 0\\ 0 & 0\\ \hdashline 1 & 1\\ 0 & 0\end{array}\right]\boldsymbol{u}\\ \boldsymbol{y}=\left[\begin{array}{ccc:cc}0 & 0 & 1 & 0 & 0\\ 0 & 0 & 0 & 0 & 1\end{array}\right]\boldsymbol{x}\end{cases}$$

试求与其严格系统等价的 PMD，确定系统的输入解耦零点、输出解耦零点。

5-12　对采用多项式矩阵描述的 SISO 线性定常系统

$$\begin{cases}\begin{bmatrix}s^2+2s+1 & 2\\ 0 & s+1\end{bmatrix}\overline{\boldsymbol{\zeta}}(s)=\begin{bmatrix}s+2\\ s+1\end{bmatrix}U(s)\\ Y(s)=\begin{bmatrix}s+1 & 2\end{bmatrix}\overline{\boldsymbol{\zeta}}(s)+2U(s)\end{cases}\tag{5-135}$$

求其传递函数和最小实现。

5-13　对采用多项式矩阵描述的 MIMO 线性定常系统

$$\begin{cases}\begin{bmatrix}s^2+2s+1 & 3\\ 0 & s+1\end{bmatrix}\overline{\boldsymbol{\zeta}}(s)=\begin{bmatrix}s+2 & s\\ 0 & s+1\end{bmatrix}\boldsymbol{U}(s)\\ \boldsymbol{Y}(s)=\begin{bmatrix}s+1 & 2\\ 0 & s\end{bmatrix}\overline{\boldsymbol{\zeta}}(s)\end{cases}$$

求其传递函数矩阵、最小实现，以及系统的解耦零点、系统的零点和极点、传输零点和传输极点。

5-14　证明：若线性定常系统(2-235)状态完全能控且完全能观测，则按式(2-237)所导出的 PMD 为不可简约。

第6章　系统的稳定性分析

6.1 引　　言

稳定性是反馈控制系统分析与设计中的首要问题之一，其和能控性、能观测性一样，也是系统的一种结构性质。

稳定是自动控制系统实际应用的先决条件。按照控制系统设计中的不同要求，有不同的稳定性概念。线性系统的数学描述有外部描述和内部描述之分，与此对应，有两种关于稳定性的概念：其一，基于系统输入、输出模型的有界输入有界输出（BIBO）稳定性，也称外部稳定性、零状态（响应）稳定性；其二，基于系统状态空间模型的内部稳定性，即李亚普诺夫稳定性，在假定系统输入为零的条件下研究自由运动的稳定性，即平衡状态的稳定性，也称零输入响应的稳定性。

本章主要讨论李亚普诺夫稳定性分析的理论及其应用，并简要介绍 BIBO 稳定性。6.2 节首先介绍李亚普诺夫稳定性理论；6.3 节介绍构造李亚普诺夫函数的规则化方法；6.4 节分别讨论线性定常连续系统、线性时变连续系统的内部稳定性；6.5 节介绍线性系统的外部稳定性；6.6 节主要讨论线性定常离散系统的稳定性。

6.2 李亚普诺夫稳定性理论

6.2.1 平衡状态

李亚普诺夫稳定性是零输入稳定性，即研究没有外输入作用时的系统自由运动稳定性。通常称不受外部影响即没有输入作用的一类动态系统为自治系统。对于非线性时变系统，自治系统的齐次状态方程为

$$\dot{\boldsymbol{x}}=\boldsymbol{f}(\boldsymbol{x},t),\boldsymbol{x}(\boldsymbol{t}_0)=\boldsymbol{x}_0,\qquad t\geqslant t_0 \tag{6-1}$$

式中，$\boldsymbol{x}$ 为 n 维状态向量；$\boldsymbol{f}(\boldsymbol{x},\boldsymbol{t})$ 为显含时间变量 t 的 n 维向量函数，对非线性定常系统则不显含 t。对于线性时变系统，自治系统齐次状态方程则简化为

$$\dot{\boldsymbol{x}}=\boldsymbol{A}(t)\boldsymbol{x},\boldsymbol{x}(t_0)=\boldsymbol{x}_0,\qquad t\geqslant t_0 \tag{6-2}$$

式中，$\boldsymbol{A}(t)$ 为显含时间变量 t 的 n 维状态矩阵，对线性定常系统则不显含 t，即其自治系统齐次状态方程为

$$\dot{\boldsymbol{x}}=\boldsymbol{A}\boldsymbol{x},\boldsymbol{x}(t_0)=\boldsymbol{x}_0,\qquad t\geqslant t_0 \tag{6-3}$$

式(6-1)的解

$$\boldsymbol{x}(\mathrm{t})=\boldsymbol{\Phi}(t;\boldsymbol{x}_0;t_0),\qquad t\geqslant t_0 \tag{6-4}$$

描述了系统(6-1)在 n 维状态空间的状态轨迹，即为系统状态的零输入响应，常称为系统的受扰运动。若在系统(6-1)中，存在某个状态向量 $\boldsymbol{x}_e$，对所有时间 $t\geqslant t_0$，均满足

$$\dot{\boldsymbol{x}}_e=\boldsymbol{f}(\boldsymbol{x}_e,t)=\boldsymbol{0} \tag{6-5}$$

则 $\boldsymbol{x}_e$ 称为系统的一个平衡状态，其在状态空间中所确定的点，称为平衡点。式(6-5)为确定系统(6-1)平衡状态的方程，对非线性系统，式(6-5)的解可能有多个。对线性定常系统(6-3)，其平衡状态 $\boldsymbol{x}_e$ 则应满足代数方程

$$\boldsymbol{A}\boldsymbol{x}_e \equiv \boldsymbol{0} \tag{6-6}$$

若 $\boldsymbol{A}$ 非奇异，则 $\boldsymbol{x}_e=\boldsymbol{0}$ 为式(6-6)的唯一解向量，即状态空间原点为系统(6-3)唯一的平衡点；但若 $\boldsymbol{A}$ 奇异，则系统(6-3)存在无穷多个平衡状态。

若系统的各个平衡状态彼此孤立，则称其为孤立平衡状态。可以证明，对于孤立平衡状态，均可通过坐标变换移至状态空间原点，故为了简便，本章仅讨论系统(6-1)在平衡状态 $\boldsymbol{x}_e=\boldsymbol{0}$ 处的稳定性问题，即研究偏离平衡状态 $\boldsymbol{x}_e=\boldsymbol{0}$ 的受扰运动能否仅依靠系统内部的结构因素而返回到状态空间原点，或限定在其有限的邻域内。

【例 6-1】 考虑线性定常自治系统

$$\dot{\boldsymbol{x}}=\begin{bmatrix}-1 & 0\\ 2 & 0\end{bmatrix}\boldsymbol{x}$$

显然，状态空间原点为一个平衡状态，但因状态矩阵 $\boldsymbol{A}$ 奇异，原点并非唯一平衡状态。容易求得其平衡点集为

$$\boldsymbol{x}_e=\begin{bmatrix}0\\ x_2\end{bmatrix},\qquad x_2\in\mathbb{R}$$

即为二维状态空间中的 x_2 轴，是一个稠密集。该系统的状态转移矩阵为

$$\boldsymbol{\Phi}(t,0)=\mathrm{e}^{\boldsymbol{A}t}=\begin{bmatrix}\mathrm{e}^{-t} & 0\\ 2-2\mathrm{e}^{-t} & 1\end{bmatrix}$$

则偏离平衡状态 $\boldsymbol{x}_e$ 的受扰运动为

$$\begin{bmatrix}x_1(t)\\ x_2(t)\end{bmatrix}=\begin{bmatrix}\mathrm{e}^{-t}x_1(0)\\ -2\mathrm{e}^{-t}x_1(0)+2x_1(0)+x_2(0)\end{bmatrix}$$

可见，受扰运动最终将趋于 x_2 轴，即趋于某一平衡点，但未必趋于扰动前的那个平衡点。

6.2.2 李亚普诺夫稳定性定义

1. 李亚普诺夫意义下稳定

设 $\boldsymbol{x}_e=\boldsymbol{0}$ 为系统(6-1)的平衡状态，若对任意实数 $\varepsilon>0$，都对应存在与 ε 和 t_0 有关的另一实数 $\delta(\varepsilon,t_0)>0$，使由满足

$$\|\boldsymbol{x}_0-\boldsymbol{x}_e\|\leqslant\delta(\varepsilon,t_0) \tag{6-7}$$

的任一初始状态 $\boldsymbol{x}(t_0)=\boldsymbol{x}_0$ 引发的受扰运动均满足

$$\|\boldsymbol{\Phi}(t;\boldsymbol{x}_0,t_0)-\boldsymbol{x}_e\|\leqslant\varepsilon,\qquad t_0<t<\infty \tag{6-8}$$

则称平衡状态 $\boldsymbol{x}_e=\boldsymbol{0}$ 在时刻 t_0 为李亚普诺夫意义下稳定，其中，$\|\boldsymbol{x}_0-\boldsymbol{x}_e\|$、$\|\boldsymbol{\Phi}(t;x_0,t_0)-\boldsymbol{x}_e\|$ 为欧几里得范数。若 δ 与 t_0 无关，则称平衡状态 $\boldsymbol{x}_e$ 为李亚普诺夫意义下一致稳定。对定常系统而言，稳定的平衡状态一定为一致稳定。

2. 渐近稳定

若系统(6-1)的孤立平衡状态 $\boldsymbol{x}_e=\boldsymbol{0}$ 在时刻 t_0 不仅为李亚普诺夫意义下稳定，且存在实数 $\delta(\varepsilon,t_0)>0$，当 $\|\boldsymbol{x}_0-\boldsymbol{x}_e\|\leqslant\delta(\varepsilon,t_0)$ 时，有

$$\lim_{t\to\infty}\|\boldsymbol{\Phi}(t;\boldsymbol{x}_0,t_0)-\boldsymbol{x}_e\|=0 \tag{6-9}$$

则称系统在平衡状态 $\boldsymbol{x}_e=\boldsymbol{0}$ 处渐近稳定，并称以 $\boldsymbol{x}_e=\boldsymbol{0}$ 为中心、δ 为半径的超球域 $S(\delta)$ 为吸引区。显然，起源于吸引区的每个受扰运动均是渐近稳定的。若 δ 与 t_0 无关，则称平衡状态 $\boldsymbol{x}_e$ 为一致渐近稳定。对定常系统，渐近稳定的平衡状态一定为一致渐近稳定。

3. 大范围渐近稳定

若 $\boldsymbol{x}_e=\boldsymbol{0}$ 不仅是系统(6-1)的渐近稳定平衡状态，而且由状态空间中的任一初始状态 $\boldsymbol{x}_0\in\mathbb{R}^n$

引发的受扰运动均满足

$$\lim_{t\to\infty}\boldsymbol{\Phi}(t;\boldsymbol{x}_0,t_0)=\boldsymbol{x}_e \tag{6-10}$$

则称系统在平衡状态 $\boldsymbol{x}_e=\boldsymbol{0}$ 处为大范围渐近稳定。显然，$\boldsymbol{x}_e=\boldsymbol{0}$ 为大范围渐近稳定的必要条件是在整个状态空间不存在其他渐近稳定的平衡状态。对于线性系统，因其零输入响应具有齐次性，故若平衡状态 $\boldsymbol{x}_e=\boldsymbol{0}$ 为渐近稳定，则一定为大范围渐近稳定。但对于非线性系统，平衡状态一般为多个，平衡状态的稳定性与初始条件密切相关，故通常仅为小范围渐近稳定。

由上述定义可见，李亚普诺夫意义下稳定仅能保证系统受扰运动有界，其实质上即为工程意义下的临界不稳定。在工程应用中，一般要求系统的状态响应最终趋于某一平衡状态，即系统的稳态响应不受初始条件的影响。因此，工程意义下稳定即为上述定义中的渐近稳定，而且通常期望系统的平衡状态为大范围渐近稳定。另外，内部稳定性等同于李亚普诺夫意义下渐近稳定性，自治系统平衡状态渐近稳定即系统内部稳定。

4. 不稳定

设 $\boldsymbol{x}_e=\boldsymbol{0}$ 为系统(6-1)的孤立平衡状态，若对某个实数 $\varepsilon>0$ 和另一个实数 $\delta(\varepsilon,t)>0$，在所有 $\|\boldsymbol{x}_0-\boldsymbol{x}_e\|\leqslant\delta(\varepsilon,t_0)$ 的初始状态 $\boldsymbol{x}(t_0)=\boldsymbol{x}_0$ 中，至少有一个 $\boldsymbol{x}_0$ 引发的受扰运动使得

$$\|\boldsymbol{\Phi}(t;\boldsymbol{x}_0,t_0)-\boldsymbol{x}_e\|>\varepsilon,\qquad t\geqslant t_0 \tag{6-11}$$

则称平衡状态 $\boldsymbol{x}_e=\boldsymbol{0}$ 在时刻 t_0 为不稳定。

在讨论平衡状态的稳定性时，均是针对自治系统，即是在假设外输入 $\boldsymbol{u}=\boldsymbol{0}$ 的情况下进行的。对于线性系统，若 $\boldsymbol{u}\neq\boldsymbol{0}$，其状态方程则为非齐次方程，即

$$\dot{\boldsymbol{x}}=\boldsymbol{A}(t)\boldsymbol{x}+\boldsymbol{B}(t)\boldsymbol{u},\qquad \boldsymbol{x}(t_0)=\boldsymbol{x}_0,t\geqslant t_0 \tag{6-12}$$

设系统的状态转移矩阵为 $\boldsymbol{\Phi}(t,t_0)$，由式(3-81)，从初始状态 $\boldsymbol{x}(t_0)=\boldsymbol{x}_0$ 开始的状态轨迹(全响应)为

$$\boldsymbol{x}(t)=\boldsymbol{x}(t,\boldsymbol{x}_0)=\boldsymbol{\Phi}(t,t_0)\boldsymbol{x}_0+\int_{t_0}^{t}\boldsymbol{\Phi}(t,\tau)\boldsymbol{B}(\tau)\boldsymbol{u}(\tau)\mathrm{d}\tau \tag{6-13}$$

而由 $\boldsymbol{x}(t_0)=\boldsymbol{0}$ 开始的状态轨迹(零状态响应)为

$$\boldsymbol{x}(t,\boldsymbol{0})=\int_{t_0}^{t}\boldsymbol{\Phi}(t,\tau)\boldsymbol{B}(\tau)\boldsymbol{u}(\tau)\mathrm{d}\tau \tag{6-14}$$

两条状态轨迹之差

$$\boldsymbol{x}(t,\boldsymbol{x}_0)-\boldsymbol{x}(t,\boldsymbol{0})=\boldsymbol{\Phi}(t,t_0)\boldsymbol{x}_0 \tag{6-15}$$

即为自治系统齐次状态方程(6-2)的解。故对于非齐次方程(6-12)，只要引入

$$\tilde{\boldsymbol{x}}(t)=\boldsymbol{x}(t,\boldsymbol{x}_0)-\boldsymbol{x}(t,\boldsymbol{0}) \tag{6-16}$$

的坐标平移，即可化为齐次方程(6-2)的形式，即

$$\dot{\tilde{\boldsymbol{x}}}(t)=\boldsymbol{A}(t)\tilde{\boldsymbol{x}}(t),\tilde{\boldsymbol{x}}(t_0)=\boldsymbol{x}_0,\qquad t\geqslant t_0 \tag{6-17}$$

因此，系统(6-12)的稳定性和相应齐次方程(6-2)描述的自治系统的平衡状态稳定性是等价的。

6.2.3 李亚普诺夫第二法的主要定理

李亚普诺夫稳定性理论提出了判断系统稳定性的两种方法，即李亚普诺夫第一法(间接法)和李亚普诺夫第二法(直接法)。间接法根据状态方程解的性质来判断系统的稳定性，适用于线性系统及在平衡点附近可以线性化的非线性系统；直接法提供了判别所有系统稳定性的通用方法，通过构造象征广义能量或广义距离的李亚普诺夫函数 $V(\boldsymbol{x},t)$，并分析 $V(\boldsymbol{x},t)$ 及其导数 $\dot{V}(\boldsymbol{x},t)$ 的正定性、负定性，直接判别平衡状态的稳定性，而无须求解状态方程或系统的特征值。

1. 大范围渐近稳定的判别定理

设 $\boldsymbol{x}_e=\mathbf{0}$ 为非线性时变自治系统

$$\dot{\boldsymbol{x}}=\boldsymbol{f}(\boldsymbol{x},t) \tag{6-18}$$

的平衡状态，若存在一个具有连续一阶偏导数的标量函数 $V(\boldsymbol{x},t)$，$V(\mathbf{0},t)=0$，且对状态空间$\mathbb{R}^n$中的所有非零状态向量 $\boldsymbol{x}$ 满足以下条件：

(1) $V(\boldsymbol{x},t)$正定且有界，即存在两个连续的非减标量函数 $\alpha(\|\boldsymbol{x}\|)$、$\beta(\|\boldsymbol{x}\|)$，其中，$\alpha(0)=0$，$\beta(0)=0$，使对所有 $t\geqslant t_0$，$\boldsymbol{x}_0\neq\mathbf{0}$，有

$$\alpha(\|\boldsymbol{x}\|)\geqslant V(\boldsymbol{x},t)\geqslant\beta(\|\boldsymbol{x}\|)>0 \tag{6-19}$$

(2) $V(\boldsymbol{x},t)$对时间 t 的导数 $\dot{V}(\boldsymbol{x},t)$负定且有界，即存在一个连续的非减标量函数 $\delta(\|\boldsymbol{x}\|)$，其中，$\delta(0)=0$，使对所有 $t\geqslant t_0$，$\boldsymbol{x}_0\neq\mathbf{0}$，有

$$\dot{V}(\boldsymbol{x},t)\leqslant-\delta(\|\boldsymbol{x}\|)<0 \tag{6-20}$$

(3) 当$\|\boldsymbol{x}\|\to\infty$时，有 $\beta(\|\boldsymbol{x}\|)\to\infty$，即 $V(\boldsymbol{x},t)\to\infty$。

则系统(6-18)的平衡状态 $\boldsymbol{x}_e=\mathbf{0}$ 为大范围一致渐近稳定，并称 $V(\boldsymbol{x},t)$是系统(6-18)的一个李亚普诺夫函数。

上述大范围渐近稳定的判别定理为李亚普诺夫稳定性定理中的主要定理，是对各类动态系统都适用的渐近稳定性判据。将正定且有界的标量函数 $V(\boldsymbol{x},t)$视为系统的“广义能量”，则 $\dot{V}(\boldsymbol{x},t)$对应为“广义能量的变化率”，从物理概念上可直观地理解该判据的条件，只要自治系统的总能量有限，且能量的变化率总为负，则随着受扰运动的进行，总能量不断衰减，系统的运动必定有界且最终必将返回到原点平衡状态。

应该指出，上述定理只给出了判断系统(6-18)原点平衡状态大范围一致渐近稳定的充分条件，而非充分必要条件。对给定系统，构造出满足判据条件的李亚普诺夫函数 $V(\boldsymbol{x},t)$，则可得出原点平衡状态大范围渐近稳定的结论，但若未构造出满足条件的标量函数 $V(\boldsymbol{x},t)$，并不能得出原点平衡状态不稳定的结论。另外，若定理的条件(3)不满足，且条件(1)和(2)仅对原点的某邻域满足，则只能相应地得出小范围一致渐近稳定的结论。构造李亚普诺夫函数 $V(\boldsymbol{x},t)$是一个试选和验证的过程，给定系统的 $V(\boldsymbol{x},t)$并非唯一，针对较为简单的系统，一般可试取状态向量 $\boldsymbol{x}$ 的正定二次型函数为可能的李亚普诺夫函数 $V(\boldsymbol{x},t)$。

对于定常系统，上述大范围渐近稳定判别定理的条件显著得到简化。设 $\boldsymbol{x}_e=\mathbf{0}$ 为非线性定常自治系统

$$\dot{\boldsymbol{x}}=\boldsymbol{f}(\boldsymbol{x}) \tag{6-21}$$

的平衡状态，若存在一个具有连续一阶偏导数的标量函数 $V(\boldsymbol{x})$，$V(\mathbf{0})=0$，且对状态空间$\mathbb{R}^n$中的所有非零状态向量 $\boldsymbol{x}$ 满足以下条件：

(1) $V(\boldsymbol{x})$正定；

(2) $\dot{V}(\boldsymbol{x})=\dfrac{\mathrm{d}V(\boldsymbol{x})}{\mathrm{d}t}$负定；

(3) $\lim\limits_{\|\boldsymbol{x}\|\to\infty}V(\boldsymbol{x})=\infty$。

则系统(6-21)的平衡状态 $\boldsymbol{x}_e=\mathbf{0}$ 为大范围渐近稳定，并称 $V(\boldsymbol{x})$是系统(6-21)的一个李亚普诺夫函数。

应用李亚普诺夫第二法的关键是构造所给系统的李亚普诺夫函数，但研究表明，对于相当一部分系统，要构造一个正定的标量函数 $V(\boldsymbol{x})$使其满足定理中所要求的 $\dot{V}(\boldsymbol{x})$负定这一条件，常

常难以做到。为此，在下面的定理中，将 $\dot{V}(\boldsymbol{x})$ 负定这一条件放宽到要求 $\dot{V}(\boldsymbol{x})$ 半负定。

设 $\boldsymbol{x}_e=\boldsymbol{0}$ 为非线性定常自治系统(6-21)的平衡状态，若存在一个具有连续一阶偏导数的标量函数 $V(\boldsymbol{x})$，$V(\boldsymbol{0})=0$，且对状态空间 $\mathbb{R}^n$ 中的所有非零状态向量 $\boldsymbol{x}$ 满足以下条件：

(1) $V(\boldsymbol{x})$ 正定；

(2) $\dot{V}(\boldsymbol{x})=\dfrac{\mathrm{d}V(\boldsymbol{x})}{\mathrm{d}t}$ 半负定；

(3) $\dot{V}(\boldsymbol{x})=\dfrac{\mathrm{d}V(\boldsymbol{x})}{\mathrm{d}t}$ 在方程(6-21)的非零解状态轨迹上不恒等于零；

(4) $\lim\limits_{\|\boldsymbol{x}\|\to\infty} V(\boldsymbol{x})=\infty$。

则系统(6-21)的平衡状态 $\boldsymbol{x}_e=\boldsymbol{0}$ 为大范围渐近稳定。

2. 小范围渐近稳定的判别定理

对非线性时变自治系统(6-18)，若存在一个具有连续一阶偏导数的标量函数 $V(\boldsymbol{x},t)$，$V(\boldsymbol{0},t)=0$，且对围绕 $\boldsymbol{x}_e=\boldsymbol{0}$ 的一个吸引区 Ω 内的所有非零状态向量 $\boldsymbol{x}$ 及所有 $t\geqslant t_0$ 满足以下条件：

(1) $V(\boldsymbol{x},t)$ 正定且有界；

(2) $V(\boldsymbol{x},t)$ 对时间 t 的导数 $\dot{V}(\boldsymbol{x},t)$ 负定且有界。

则系统(6-18)的平衡状态 $\boldsymbol{x}_e=\boldsymbol{0}$ 在吸引区 Ω 内为一致渐近稳定。

对非线性定常自治系统(6-21)，若存在一个具有连续一阶偏导数的标量函数 $V(\boldsymbol{x})$，$V(\boldsymbol{0})=0$，且对围绕 $\boldsymbol{x}_e=\boldsymbol{0}$ 的一个吸引区 Ω 内的所有非零状态向量 $\boldsymbol{x}$ 满足以下条件：

(1) $V(\boldsymbol{x})$ 正定；

(2) $\dot{V}(\boldsymbol{x})=\dfrac{\mathrm{d}V(\boldsymbol{x})}{\mathrm{d}t}$ 负定；或 $\dot{V}(\boldsymbol{x})$ 虽为半负定的，但 $\dot{V}(\boldsymbol{x})$ 在方程(6-21)的非零解状态轨迹上不恒等于零。

则系统(6-21)的平衡状态 $\boldsymbol{x}_e=\boldsymbol{0}$ 在吸引区 Ω 内为渐近稳定。

3. 李亚普诺夫意义下稳定的判别定理

对非线性时变自治系统(6-18)，若存在一个具有连续一阶偏导数的标量函数 $V(\boldsymbol{x},t)$，$V(\boldsymbol{0},t)=0$，且对围绕 $\boldsymbol{x}_e=\boldsymbol{0}$ 的一个吸引区 Ω 内的所有非零状态向量 $\boldsymbol{x}$ 及所有 $t\geqslant t_0$ 满足以下条件：

(1) $V(\boldsymbol{x},t)$ 正定且有界；

(2) $V(\boldsymbol{x},t)$ 对时间 t 的导数 $\dot{V}(\boldsymbol{x},t)$ 半负定且有界。

则系统(6-18)的平衡状态 $\boldsymbol{x}_e=\boldsymbol{0}$ 在吸引区 Ω 内为李亚普诺夫意义下一致稳定。

对非线性定常自治系统(6-21)，若存在一个具有连续一阶偏导数的标量函数 $V(\boldsymbol{x})$，$V(\boldsymbol{0})=0$，且对围绕 $\boldsymbol{x}_e=\boldsymbol{0}$ 的一个吸引区 Ω 内的所有非零状态向量 $\boldsymbol{x}$ 满足以下条件：

(1) $V(\boldsymbol{x})$ 正定；

(2) $\dot{V}(\boldsymbol{x})=\dfrac{\mathrm{d}V(\boldsymbol{x})}{\mathrm{d}t}$ 半负定。

则系统(6-21)的平衡状态 $\boldsymbol{x}_e=\boldsymbol{0}$ 在吸引区 Ω 内为李亚普诺夫意义下稳定。

4. 不稳定的判别定理

对非线性时变自治系统(6-18)，若存在一个具有连续一阶偏导数的标量函数 $V(\boldsymbol{x},t)$，$V(\boldsymbol{0},t)=0$，且对围绕 $\boldsymbol{x}_e=\boldsymbol{0}$ 的一个吸引区 Ω 内的所有非零状态向量 $\boldsymbol{x}$ 及所有 $t\geqslant t_0$ 满足以下条件：

(1) $V(\boldsymbol{x},t)$ 正定且有界；

(2) $V(\boldsymbol{x},t)$对时间 t 的导数 $\dot{V}(\boldsymbol{x},t)$正定且有界。

则系统(6-18)的平衡状态 $\boldsymbol{x}_e=\boldsymbol{0}$ 为不稳定。

对非线性定常自治系统(6-21)，若存在一个具有连续一阶偏导数的标量函数 $V(\boldsymbol{x})$，$V(\boldsymbol{0})=0$，且对围绕 $\boldsymbol{x}_e=\boldsymbol{0}$ 的一个吸引区 Ω 内的所有非零状态向量 $\boldsymbol{x}$ 满足以下条件：

(1) $V(\boldsymbol{x})$正定；

(2) $\dot{V}(\boldsymbol{x})=\dfrac{\mathrm{d}V(\boldsymbol{x})}{\mathrm{d}t}$正定。

则系统(6-21)的平衡状态 $\boldsymbol{x}_e=\boldsymbol{0}$ 为不稳定。

【例 6-2】 设线性定常系统的状态方程为

$$\dot{\boldsymbol{x}}=\begin{bmatrix}0 & 1\\-3 & -3\end{bmatrix}\boldsymbol{x}$$

试确定平衡状态的稳定性。

解 因状态矩阵非奇异，故原点 $\boldsymbol{x}_e=\boldsymbol{0}$ 为唯一平衡状态。试选正定二次型

$$V(\boldsymbol{x})=x_1^2+x_2^2$$

为一个可能的李亚普诺夫函数，$V(\boldsymbol{x})$沿任意状态轨迹对时间的导数为

$$\dot{V}(\boldsymbol{x})=2x_1\dot{x}_1+2x_2\dot{x}_2=2x_1x_2+2x_2(-3x_1-3x_2)=[x_1\quad x_2]\begin{bmatrix}0 & -2\\-2 & -6\end{bmatrix}\begin{bmatrix}x_1\\x_2\end{bmatrix}$$

可见，$\dot{V}(\boldsymbol{x})$是不定的，故应重新选择标量函数 $V(\boldsymbol{x})$。重新取候选李亚普诺夫函数为

$$V_1(\boldsymbol{x})=x_1^2+\frac{1}{3}x_2^2$$

可知 $V_1(\boldsymbol{x})$正定，$V_1(\boldsymbol{0})=0$，$V_1(\boldsymbol{x})$沿任意状态轨迹对时间的导数为

$$\dot{V}_1(\boldsymbol{x})=2x_1\dot{x}_1+\frac{2}{3}x_2\dot{x}_2=2x_1x_2+\frac{2}{3}x_2(-3x_1-3x_2)=-2x_2^2$$

可见，$\dot{V}_1(\boldsymbol{x})$半负定。为了进一步判定 $\boldsymbol{x}_e=\boldsymbol{0}$ 是否渐近稳定，需判断 $\dot{V}_1(\boldsymbol{x})$在非零解状态轨迹上是否不恒为零。设 $\dot{V}_1(\boldsymbol{x})=-2x_2^2\equiv0$，则有 $x_2(t)\equiv0$，即有 $x_2(t)=0$ 和 $\dot{x}_2(t)=0$，代入状态方程得 $\dot{x}_1(t)=0$ 和 $x_1(t)=0$。这就表明，只有在状态空间原点 $\boldsymbol{x}_e=\boldsymbol{0}$，才有 $\dot{V}_1(\boldsymbol{x})\equiv0$；而在非零解状态轨迹上，$\dot{V}_1(\boldsymbol{x})$不恒等于零。故 $\boldsymbol{x}_e=\boldsymbol{0}$ 是渐近稳定的平衡状态。又 $\lim\limits_{\|\boldsymbol{x}\|\to\infty}V_1(\boldsymbol{x})=\infty$，故进一步可确定原点平衡状态 $\boldsymbol{x}_e=\boldsymbol{0}$ 为大范围渐近稳定。

事实上，李亚普诺夫函数的存在形式并非唯一，对该例，若另选下列正定二次型函数

$$V_2(\boldsymbol{x})=[x_1\quad x_2]\begin{bmatrix}6 & \dfrac{1}{2}\\ \dfrac{1}{2} & \dfrac{3}{2}\end{bmatrix}\begin{bmatrix}x_1\\x_2\end{bmatrix}$$

为候选李亚普诺夫函数，则 $V_2(\boldsymbol{x})$沿任意状态轨迹对时间的导数

$$\dot{V}_2(\boldsymbol{x})=12x_1\dot{x}_1+\dot{x}_1x_2+x_1\dot{x}_2+3x_2\dot{x}_2=-3x_1^2-8x_2^2$$

为负定的，因此所选 $V_2(\boldsymbol{x})$为系统的一个李亚普诺夫函数。又 $\lim\limits_{\|\boldsymbol{x}\|\to\infty}V_2(\boldsymbol{x})=\infty$，故原点平衡状态 $\boldsymbol{x}_e=\boldsymbol{0}$ 为大范围渐近稳定。

【例 6-3】 设线性定常系统的状态方程为

$$\dot{\boldsymbol{x}}=\begin{bmatrix}1 & 1\\-2 & 2\end{bmatrix}\boldsymbol{x}$$

试分析其平衡状态的稳定性。

解 显然，原点 $\boldsymbol{x}_e=\boldsymbol{0}$ 为系统的唯一平衡状态。试选 $V(\boldsymbol{x})$ 为下列正定二次型函数

$$V(\boldsymbol{x})=2x_1^2+x_2^2$$

$V(\boldsymbol{x})$ 沿任意状态轨迹对时间的导数

$$\dot{V}(\boldsymbol{x})=4x_1\dot{x}_1+2x_2\dot{x}_2=4x_1^2+4x_2^2$$

也为正定的，故系统的平衡状态 $\boldsymbol{x}_e=\boldsymbol{0}$ 为不稳定。

【例 6-4】 设二阶非线性定常自治系统的状态方程为

$$\begin{cases}\dot{x}_1=x_2\\ \dot{x}_2=-(1-|x_1|)x_2-x_1\end{cases}$$

试确定其平衡状态的稳定特征。

解 显然，原点 $\boldsymbol{x}_e=\boldsymbol{0}$ 为系统的唯一平衡状态。试选 $V(\boldsymbol{x})$ 为下列正定二次型函数

$$V(\boldsymbol{x})=x_1^2+x_2^2$$

$V(\boldsymbol{x})$ 沿任意状态轨迹对时间的导数

$$\dot{V}(\boldsymbol{x})=2x_1\dot{x}_1+2x_2\dot{x}_2=-2x_2^2(1-|x_1|)$$

可见，当 $|x_1|>1$ 时，$\dot{V}(\boldsymbol{x})$ 正定；$|x_1|<1$ 时，$\dot{V}(\boldsymbol{x})$ 负定；$|x_1|=1$ 时，$\dot{V}(\boldsymbol{x})=0$。若取 $\boldsymbol{x}_e=\boldsymbol{0}$ 的邻域 Ω 为单位圆，源于 Ω 内的受扰运动总满足 $\dot{V}(\boldsymbol{x})$ 为负定的条件，故最终将收敛至原点，单位圆为该系统的一个吸引区，原点平衡状态 $\boldsymbol{x}_e=\boldsymbol{0}$ 为渐近稳定。

6.3 构造李亚普诺夫函数的规则化方法

李亚普诺夫第二法的主要定理仅给出了充分条件。除线性系统外，目前尚无通用的构造李亚普诺夫函数的方法。克拉索夫斯基方法和变量梯度法是构造李亚普诺夫函数的众多方法中的两种，虽然仍不具有通用性，但对于某些较复杂的非线性系统，提供了构造李亚普诺夫函数的规则化方法。

6.3.1 克拉索夫斯基方法

针对某些非线性系统，克拉索夫斯基提出了一个可能的李亚普诺夫函数，其由状态向量导数 $\dot{\boldsymbol{x}}$ 的范数来构成。

设 $\boldsymbol{x}_e=\boldsymbol{0}$ 为 n 阶非线性定常自治系统

$$\dot{\boldsymbol{x}}=\boldsymbol{f}(\boldsymbol{x}),\qquad t\geqslant 0 \tag{6-22}$$

的孤立平衡状态，n 维非线性向量函数对 $x_i(i=1,2,\cdots,n)$ 可微，系统的雅可比(Jacobian)矩阵为

$$\boldsymbol{F}(\boldsymbol{x})=\frac{\partial\boldsymbol{f}(\boldsymbol{x})}{\partial\boldsymbol{x}^{\mathrm{T}}}\begin{bmatrix}\frac{\partial f_1}{\partial x_1} & \frac{\partial f_1}{\partial x_2} & \cdots & \frac{\partial f_1}{\partial x_n}\\ \frac{\partial f_2}{\partial x_1} & \frac{\partial f_2}{\partial x_2} & \cdots & \frac{\partial f_2}{\partial x_n}\\ \vdots & \vdots & & \vdots\\ \frac{\partial f_n}{\partial x_1} & \frac{\partial f_n}{\partial x_2} & \cdots & \frac{\partial f_n}{\partial x_n}\end{bmatrix} \tag{6-23}$$

若下列矩阵

$$\hat{\boldsymbol{F}}(\boldsymbol{x})=\boldsymbol{F}^{\mathrm{T}}(\boldsymbol{x})+\boldsymbol{F}(\boldsymbol{x})$$

为负定的，则系统(6-22)的平衡状态 $\boldsymbol{x}_e=\boldsymbol{0}$ 为渐近稳定。且

$$V(\boldsymbol{x})=\|\dot{\boldsymbol{x}}\|^2=\dot{\boldsymbol{x}}^{\mathrm{T}}\dot{\boldsymbol{x}}=\boldsymbol{f}^{\mathrm{T}}(\boldsymbol{x})\boldsymbol{f}(\boldsymbol{x}) \tag{6-24}$$

为系统(6-22)的一个李亚普诺夫函数。更进一步，若 $\boldsymbol{x}_e=\boldsymbol{0}$ 为状态空间$\mathbb{R}^n$内唯一平衡状态，且当 $\|\boldsymbol{x}\|\to\infty$时，有 $V(\boldsymbol{x})=\boldsymbol{f}^{\mathrm{T}}(\boldsymbol{x})\boldsymbol{f}(\boldsymbol{x})\to\infty$，则系统(6-22)的平衡状态 $\boldsymbol{x}_e=\boldsymbol{0}$ 为大范围渐近稳定。

应该指出，上述克拉索夫斯基定理仅给出了系统(6-22)平衡状态 $\boldsymbol{x}_e=\boldsymbol{0}$ 渐近稳定的充分条件。

【例 6-5】 用克拉索夫斯基方法证明非线性定常自治系统

$$\begin{cases}\dot{x}_1=-2x_1+x_2\\ \dot{x}_2=x_1-x_2-x_2^5\end{cases}$$

的平衡状态 $\boldsymbol{x}_e=\boldsymbol{0}$ 为大范围渐近稳定。

解 易知，$\boldsymbol{x}_e=\boldsymbol{0}$ 为系统的唯一平衡状态。由题给条件

$$f_1(\boldsymbol{x})=-2x_1+x_2,\ f_2(\boldsymbol{x})=x_1-x_2-x_2^5$$

则系统的雅可比矩阵为

$$\boldsymbol{F}(\boldsymbol{x})=\frac{\partial \boldsymbol{f}(\boldsymbol{x})}{\partial \boldsymbol{x}^{\mathrm{T}}}=\begin{bmatrix}\dfrac{\partial f_1}{\partial x_1} & \dfrac{\partial f_1}{\partial x_2}\\[2mm] \dfrac{\partial f_2}{\partial x_1} & \dfrac{\partial f_2}{\partial x_2}\end{bmatrix}=\begin{bmatrix}-2 & 1\\ 1 & -1-5x_2^4\end{bmatrix}$$

则

$$\hat{\boldsymbol{F}}(\boldsymbol{x})=\boldsymbol{F}^{\mathrm{T}}(\boldsymbol{x})+\boldsymbol{F}(\boldsymbol{x})=\begin{bmatrix}-4 & 2\\ 2 & -2-10x_2^4\end{bmatrix}$$

矩阵 $\hat{\boldsymbol{F}}(\boldsymbol{x})$的各阶顺序主子式为

$$\Delta_1=-4<0,\Delta_2=\det\hat{\boldsymbol{F}}(\boldsymbol{x})=\det\begin{bmatrix}-4 & 2\\ 2 & -2-10x_2^4\end{bmatrix}=40x_2^4+4>0$$

由 Sylvester 准则，可判定 $\hat{\boldsymbol{F}}(\boldsymbol{x})=\boldsymbol{F}^{\mathrm{T}}(\boldsymbol{x})+\boldsymbol{F}(\boldsymbol{x})$是负定的。而且当 $\|\boldsymbol{x}\|\to\infty$时，还有

$$V(\boldsymbol{x})=\boldsymbol{f}^{\mathrm{T}}(\boldsymbol{x})\boldsymbol{f}(\boldsymbol{x})=f_1^2(\boldsymbol{x})+f_2^2(\boldsymbol{x})=(-2x_1+x_2)^2+(x_1-x_2-x_2^5)^2\to\infty$$

则根据克拉索夫斯基方法，系统平衡状态 $\boldsymbol{x}_e=\boldsymbol{0}$ 为大范围渐近稳定。

6.3.2 变量梯度法

变量梯度法由舒尔茨(Schultz)和基布森(Gibson)提出，是构造李亚普诺夫函数的实用方法之一，其思路是先构造满足定理要求的李亚普诺夫函数的导数 $\dot{V}(\boldsymbol{x})$，然后求取候选李亚普诺夫函数 $V(\boldsymbol{x})$，并通过判断 $V(\boldsymbol{x})$是否正定来确定构造是否成功。

设 $\boldsymbol{x}_e=\boldsymbol{0}$ 为 n 阶非线性定常自治系统

$$\dot{\boldsymbol{x}}=\boldsymbol{f}(\boldsymbol{x}),\qquad t\geqslant 0 \tag{6-25}$$

的孤立平衡状态。设 $V(\boldsymbol{x})$为系统(6-25)的李亚普诺夫函数，则 $V(\boldsymbol{x})$的梯度

$$\nabla V(\boldsymbol{x})=\frac{\partial V(\boldsymbol{x})}{\partial \boldsymbol{x}}=\begin{bmatrix}\dfrac{\partial V(\boldsymbol{x})}{\partial x_1}\\[2mm] \dfrac{\partial V(\boldsymbol{x})}{\partial x_2}\\ \vdots\\ \dfrac{\partial V(\boldsymbol{x})}{\partial x_n}\end{bmatrix}=\begin{bmatrix}\nabla V_1(\boldsymbol{x})\\ \nabla V_2(\boldsymbol{x})\\ \vdots\\ \nabla V_n(\boldsymbol{x})\end{bmatrix} \tag{6-26}$$

存在且唯一。则 $V(\boldsymbol{x})$ 对时间的导数

$$\dot{V}(\boldsymbol{x})=\frac{\partial V}{\partial x_1}\dot{x}_1+\frac{\partial V}{\partial x_2}\dot{x}_2+\cdots+\frac{\partial V}{\partial x_n}\dot{x}_n=\begin{bmatrix}\frac{\partial V}{\partial x_1} & \frac{\partial V}{\partial x_2} & \cdots & \frac{\partial V}{\partial x_n}\end{bmatrix}\begin{bmatrix}\dot{x}_1\\ \dot{x}_2\\ \vdots\\ \dot{x}_n\end{bmatrix}=[\nabla V(\boldsymbol{x})]^{\mathrm{T}}\dot{\boldsymbol{x}} \tag{6-27}$$

进而，取梯度 $\nabla V(\boldsymbol{x})$ 为带待定系数的 n 维列向量形式，即

$$\nabla V(\boldsymbol{x})=\begin{bmatrix}\frac{\partial V}{\partial x_1}\\ \frac{\partial V}{\partial x_2}\\ \vdots\\ \frac{\partial V}{\partial x_n}\end{bmatrix}=\begin{bmatrix}a_{11}x_1+a_{12}x_2+\cdots a_{1n}x_n\\ a_{21}x_1+a_{22}x_2+\cdots a_{2n}x_n\\ \vdots\\ a_{n1}x_1+a_{n2}x_2+\cdots a_{nn}x_n\end{bmatrix}=\begin{bmatrix}a_{11} & a_{12} & \cdots & a_{1n}\\ a_{21} & a_{22} & \cdots & a_{2n}\\ \vdots & \vdots & & \vdots\\ a_{n1} & a_{n2} & \cdots & a_{nn}\end{bmatrix}\begin{bmatrix}x_1\\ x_2\\ \vdots\\ x_n\end{bmatrix} \tag{6-28}$$

由式(6-27)，得

$$V(\boldsymbol{x})=\int_0^t \dot{V}(\boldsymbol{x})\mathrm{d}t=\int_0^t [\nabla V(\boldsymbol{x})]^{\mathrm{T}}\dot{\boldsymbol{x}}\,\mathrm{d}t=\int_0^x [\nabla V(\boldsymbol{x})]^{\mathrm{T}}\mathrm{d}\boldsymbol{x} \tag{6-29}$$

由场论知识，若限制 $\nabla V(\boldsymbol{x})$ 的 n 维旋度 $\mathrm{rot}[\nabla V(\boldsymbol{x})]$ 等于零，则式(6-29)的线积分与积分路径无关，可简化计算。而 $\mathrm{rot}[\nabla V(\boldsymbol{x})]=\boldsymbol{0}$ 的充分必要条件是 $\nabla V(\boldsymbol{x})$ 的雅可比矩阵

$$\frac{\partial[\nabla V(\boldsymbol{x})]}{\partial \boldsymbol{x}^{\mathrm{T}}}=\begin{bmatrix}\frac{\partial \nabla V_1(\boldsymbol{x})}{\partial x_1} & \frac{\partial \nabla V_1(\boldsymbol{x})}{\partial x_2} & \cdots & \frac{\partial \nabla V_1(\boldsymbol{x})}{\partial x_n}\\ \frac{\partial \nabla V_2(\boldsymbol{x})}{\partial x_1} & \frac{\partial \nabla V_2(\boldsymbol{x})}{\partial x_2} & \cdots & \frac{\partial \nabla V_2(\boldsymbol{x})}{\partial x_n}\\ \vdots & \vdots & & \vdots\\ \frac{\partial \nabla V_n(\boldsymbol{x})}{\partial x_1} & \frac{\partial \nabla V_n(\boldsymbol{x})}{\partial x_2} & \cdots & \frac{\partial \nabla V_n(\boldsymbol{x})}{\partial x_n}\end{bmatrix} \tag{6-30}$$

为对称矩阵，即

$$\frac{\partial \nabla V_i(\boldsymbol{x})}{\partial x_j}=\frac{\partial \nabla V_j(\boldsymbol{x})}{\partial x_i},\qquad \forall i\neq j \tag{6-31}$$

根据 $V(\boldsymbol{x})$ 为负定或至少为半负定的条件及限制条件式(6-31)可确定出式(6-28)所示 $\nabla V(\boldsymbol{x})$ 的全部待定系数。而当式(6-31)的条件满足时，式(6-29)的线积分与积分路径无关，可依序沿各坐标轴 $x_i(i=1,2,\cdots,n)$ 方向逐点分段积分，以简化线积分计算，即

$$V(\boldsymbol{x})=\int_0^{x_1(x_2=x_3=\cdots=x_n=0)}\frac{\partial V}{\partial x_1}\mathrm{d}x_1+\int_0^{x_2(x_1=x_1,x_3=x_4=\cdots=x_n=0)}\frac{\partial V}{\partial x_2}\mathrm{d}x_2+\cdots+\int_0^{x_n(x_1=x_1,x_2=x_2,\cdots,x_{n-1}=x_{n-1})}\frac{\partial V}{\partial x_n}\mathrm{d}x_n \tag{6-32}$$

在求出对应于梯度 $\nabla V(\boldsymbol{x})$ 的候选李亚普诺夫函数 $V(\boldsymbol{x})$ 后，应验证其是否正定，以确定所求 $V(\boldsymbol{x})$ 是否为满足定理要求的李亚普诺夫函数。应该指出，若采用上述变量梯度法未能求出合适的李亚普诺夫函数，系统 $\boldsymbol{x}_{\mathrm{e}}=\boldsymbol{0}$ 的平衡状态未必不稳定，这时并不能对系统的稳定性作出否定性的结论。

【例 6-6】 设二阶非线性定常自治系统的状态方程为

$$\begin{cases}\dot{x}_1=x_2\\ \dot{x}_2=-(1-|x_1|)x_2-x_1\end{cases}$$

应用变量梯度法分析系统平衡状态 $\boldsymbol{x}_{\mathrm{e}}=\boldsymbol{0}$ 的稳定性。

解 设李亚普诺夫函数 $V(\boldsymbol{x})$ 的单值梯度为

$$\nabla V(\boldsymbol{x})=\begin{bmatrix}\dfrac{\partial V}{\partial x_1}\\ \dfrac{\partial V}{\partial x_2}\end{bmatrix}=\begin{bmatrix}a_{11}x_1+a_{12}x_2\\ a_{21}x_1+a_{22}x_2\end{bmatrix}$$

按式(6-27)计算 $\dot{V}(\boldsymbol{x})$ 得

$$\dot{V}(\boldsymbol{x})=[\nabla V(\boldsymbol{x})]^{\mathrm{T}}\dot{\boldsymbol{x}}=[a_{11}x_1+a_{12}x_2 \quad a_{21}x_1+a_{22}x_2]\begin{bmatrix}x_2\\ -(1-|x_1|)x_2-x_1\end{bmatrix}$$

$$=a_{11}x_1x_2+a_{12}x_2^2-a_{21}(1-|x_1|)x_1x_2-a_{21}x_1^2-a_{22}(1-|x_1|)x_2^2-a_{22}x_1x_2$$

试取待定系数 $a_{11}=a_{22}=1, a_{12}=a_{21}=0$，则

$$\dot{V}(\boldsymbol{x})=-(1-|x_1|)x_2^2$$

显然，若 x_1 满足如下约束条件

$$|x_1|<1$$

$\dot{V}(\boldsymbol{x})$ 则为半负定的。在 a_{12} 和 a_{21} 均取常数时，由约束条件式(6-31)得

$$\frac{\partial(a_{11}x_1+a_{12}x_2)}{\partial x_2}=\frac{\partial(a_{21}x_1+a_{22}x_2)}{\partial x_1}$$

即

$$a_{12}=a_{21}$$

因此 $a_{12}=a_{21}=0$ 的参数选择满足 $\mathrm{rot}[\nabla V(\boldsymbol{x})]=\boldsymbol{0}$ 的条件，故可按式(6-32)计算 $V(\boldsymbol{x})$，即

$$V(\boldsymbol{x})=\int_{\boldsymbol{0}}^{\boldsymbol{x}}\begin{bmatrix}\dfrac{\partial V}{\partial x_1} & \dfrac{\partial V}{\partial x_2}\end{bmatrix}\begin{bmatrix}\mathrm{d}x_1\\ \mathrm{d}x_2\end{bmatrix}=\int_0^{x_1(x_2=0)}x_1\mathrm{d}x_1+\int_0^{x_2(x_1=x_1)}x_2\mathrm{d}x_2=\frac{1}{2}x_1^2+\frac{1}{2}x_2^2$$

显然所求得的 $V(\boldsymbol{x})$ 正定。而在 $|x_1|<1$ 的区域 Ω 内，$\dot{V}(\boldsymbol{x})$ 为半负定的，故平衡状态 $\boldsymbol{x}_e=\boldsymbol{0}$ 为李亚普诺夫意义下稳定。在区域 Ω 内，设 $\dot{V}(\boldsymbol{x})=-(1-|x_1|)x_2^2\equiv 0$，则有 $x_2(t)\equiv 0$，即有 $x_2(t)=0$ 和 $\dot{x}_2(t)=0$，代入状态方程得 $\dot{x}_1(t)=0$ 和 $x_1(t)=0$，即在非零解状态轨迹上，$\dot{V}(\boldsymbol{x})$ 不恒等于零，故 $\boldsymbol{x}_e=\boldsymbol{0}$ 为渐近稳定的平衡状态，且 $|x_1|<1$ 的区域 Ω 为一个吸引区。

6.4 线性连续时间系统的零输入稳定性

如 6.2 节所述，线性系统的稳定性等价于相应齐次方程描述的自治系统的平衡状态稳定性。本节主要讨论应用李亚普诺夫理论研究线性系统的零输入响应的稳定性。

6.4.1 线性定常系统的稳定判据

1. 李亚普诺夫第一法(间接法)

n 阶线性定常自治系统

$$\dot{\boldsymbol{x}}=\boldsymbol{A}\boldsymbol{x} \tag{6-33}$$

$\boldsymbol{x}_e=\boldsymbol{0}$ 平衡状态为渐近稳定的充分必要条件是 $\boldsymbol{A}$ 的所有特征值均具有负实部；而 $\boldsymbol{x}_e=\boldsymbol{0}$ 平衡状态为李亚普诺夫意义下稳定的充分必要条件则是状态矩阵 $\boldsymbol{A}$ 的特征值均具有零实部或负实部，且零实部特征值是 $\boldsymbol{A}$ 的最小多项式的单根。若 $\boldsymbol{A}$ 有正实部的特征值，或实部为零的特征值是 $\boldsymbol{A}$ 的最小多项式的 m 重根($m>1$)，$\boldsymbol{x}_e=\boldsymbol{0}$ 平衡状态则为不稳定。

【例 6-7】 考虑线性定常自治系统

$$\dot{\boldsymbol{x}}=\boldsymbol{A}_1\boldsymbol{x}=\begin{bmatrix}-1 & 0 & 0\\0 & 0 & 1\\0 & 0 & 0\end{bmatrix}\boldsymbol{x}$$

其特征多项式 $\alpha_1(s)=(s+1)s^2$，$\boldsymbol{A}_1$ 的特征值为 -1、0、0，最小多项式为 $\phi_1(s)=(s+1)s^2$，$s=0$ 为最小多项式的二重根，故系统不稳定。实际上，$\boldsymbol{A}_1$ 对应的状态转移矩阵为

$$\mathrm{e}^{\boldsymbol{A}_1 t}=\begin{bmatrix}\mathrm{e}^{-t} & 0 & 0\\0 & 1 & t\\0 & 0 & 1\end{bmatrix}$$

系统的受扰运动存在按 t 规律发散的分量，故为不稳定。考虑另一系统

$$\dot{\boldsymbol{x}}=\boldsymbol{A}_2\boldsymbol{x}=\begin{bmatrix}-1 & 0 & 0\\0 & 0 & 0\\0 & 0 & 0\end{bmatrix}\boldsymbol{x}$$

其最小多项式为 $\phi_2(s)=(s+1)s$，虽然 $\boldsymbol{A}_2$ 的特征值也为 -1、0、0，但 $s=0$ 为最小多项式的单根，故系统为李亚普诺夫意义下稳定。实际上，$\boldsymbol{A}_2$ 对应的状态转移矩阵为

$$\mathrm{e}^{\boldsymbol{A}_2 t}=\begin{bmatrix}\mathrm{e}^{-t} & 0 & 0\\0 & 1 & 0\\0 & 0 & 1\end{bmatrix}$$

$\|\mathrm{e}^{\boldsymbol{A}_2 t}\|$ 有界，但 $\lim\limits_{t\to\infty}\mathrm{e}^{\boldsymbol{A}_2 t}\neq\boldsymbol{0}$，故系统的受扰运动为李亚普诺夫意义下稳定，但非渐近稳定。

应用李亚普诺夫第一法判断系统(6-33)的渐近稳定，需要求解特征方程 $|s\boldsymbol{I}-\boldsymbol{A}|=0$ 的根。虽然特征方程为代数方程，但求解高阶系统全部特征值的工作量很大。显然，寻找由特征方程系数即可判断是否有正、负实部特征值的方法具有意义。劳斯(Routh)判据则可避免直接求特征值，仅分析、计算特征方程系数就能判别系统的渐近稳定性。与劳斯判据等价的是赫尔维茨(Hurwitz)判据。设系统(6-33)的特征方程为

$$\alpha(s)=|s\boldsymbol{I}-\boldsymbol{A}|=s^n+a_1s^{n-1}+\cdots+a_{n-1}s+a_n=0 \tag{6-34}$$

则系统(6-33)渐近稳定的充分必要条件是由特征方程系数构成的 n 阶主行列式

$$\Delta_n=\begin{vmatrix}a_1 & a_3 & a_5 & \cdots & 0 & 0\\1 & a_2 & a_4 & \cdots & 0 & 0\\0 & a_1 & a_3 & \cdots & 0 & 0\\0 & 1 & a_2 & \cdots & 0 & 0\\0 & 0 & a_1 & \cdots & 0 & 0\\0 & 0 & 1 & \cdots & 0 & 0\\\vdots & \vdots & \vdots & & \vdots & \vdots\\0 & 0 & 0 & \cdots & a_n & 0\\0 & 0 & 0 & \cdots & a_{n-1} & 0\\0 & 0 & 0 & \cdots & a_{n-2} & a_n\end{vmatrix} \tag{6-35}$$

及其顺序主子式 $\Delta_i(i=1,2,\cdots,n-1)$ 均大于零，即

$$\Delta_1=a_1>0,\Delta_2=\begin{vmatrix}a_1 & a_3\\1 & a_2\end{vmatrix}>0,\Delta_3=\begin{vmatrix}a_1 & a_3 & a_5\\1 & a_2 & a_4\\0 & a_1 & a_3\end{vmatrix}>0,\cdots,\Delta_n>0 \tag{6-36}$$

其中，n 阶主行列式 Δ_n 的构造方法为：如式(6-35)所示，在主对角线上，从 a_1 开始依次写入特征多项式(6-34)的系数，直至 a_n 为止，然后在每一列内从上到下按下标递减的顺序写入其他系数(令 s^n 的系数为 a_0，且 $a_0=1$)，其余补 0。

【例 6-8】 考虑线性定常自治系统

$$\dot{\boldsymbol{x}}=\boldsymbol{A}\boldsymbol{x}=\begin{bmatrix}0&1&0&0\\0&0&1&0\\0&0&0&1\\-2&-5&-3&-2.5\end{bmatrix}x$$

其特征多项式 $\alpha(s)=s^4+2.5s^3+3s^2+5s+2$，即 $a_0=1, a_1=2.5, a_2=3, a_3=5, a_4=2$。计算得

$$\Delta_1=a_1=2.5>0,\Delta_2=\begin{vmatrix}a_1&a_3\\1&a_2\end{vmatrix}=\begin{vmatrix}2.5&5\\1&3\end{vmatrix}=2.5>0$$

$$\Delta_3=\begin{vmatrix}a_1&a_3&0\\1&a_2&a_4\\0&a_1&a_3\end{vmatrix}=\begin{vmatrix}2.5&5&0\\1&3&2\\0&2.5&5\end{vmatrix}=0,\Delta_4=\begin{vmatrix}a_1&a_3&0&0\\1&a_2&a_4&0\\0&a_1&a_3&0\\0&1&a_2&a_4\end{vmatrix}=\begin{vmatrix}2.5&5&0&0\\1&3&2&0\\0&2.5&5&0\\0&1&3&2\end{vmatrix}=0$$

由赫尔维茨判据知，该系统非渐近稳定。实际上，该系统的特征值为 -0.5、-2、$-\mathrm{j}$、$+\mathrm{j}$，受扰运动为李亚普诺夫意义下稳定，实质上就是工程意义下的临界不稳定。

2. 李亚普诺夫第二法(直接法)

n 阶线性定常连续系统(6-33)的平衡状态 $\boldsymbol{x}_e=\boldsymbol{0}$ 为渐近稳定的充分必要条件是：对任意给定的 n 维正定实对称矩阵 $\boldsymbol{Q}$，存在唯一 n 维正定实对称矩阵 $\boldsymbol{P}$，使代数李亚普诺夫方程

$$\boldsymbol{A}^{\mathrm{T}}\boldsymbol{P}+\boldsymbol{P}\boldsymbol{A}=-\boldsymbol{Q} \tag{6-37}$$

成立。而标量函数

$$V(\boldsymbol{x})=\boldsymbol{x}^{\mathrm{T}}\boldsymbol{P}\boldsymbol{x} \tag{6-38}$$

则是系统的一个二次型形式的李亚普诺夫函数。

首先证明上述判据的充分性。已知 $\boldsymbol{P}$、$\boldsymbol{Q}$ 均为正定实对称矩阵且满足代数李亚普诺夫方程(6-37)，故取 $V(\boldsymbol{x})=\boldsymbol{x}^{\mathrm{T}}\boldsymbol{P}\boldsymbol{x}$ 为候选李亚普诺夫函数，则 $V(\boldsymbol{x})$ 沿任意状态轨迹对时间的导数

$$\dot{V}(\boldsymbol{x})=\frac{\mathrm{d}}{\mathrm{d}t}(\boldsymbol{x}^{\mathrm{T}}\boldsymbol{P}\boldsymbol{x})=\dot{\boldsymbol{x}}^{\mathrm{T}}\boldsymbol{P}\boldsymbol{x}+\boldsymbol{x}^{\mathrm{T}}\boldsymbol{P}\dot{\boldsymbol{x}}=\boldsymbol{x}^{\mathrm{T}}\boldsymbol{A}^{\mathrm{T}}\boldsymbol{P}\boldsymbol{x}+\boldsymbol{x}^{\mathrm{T}}\boldsymbol{P}\boldsymbol{A}\boldsymbol{x}=\boldsymbol{x}^{\mathrm{T}}(\boldsymbol{A}^{\mathrm{T}}\boldsymbol{P}+\boldsymbol{P}\boldsymbol{A})\boldsymbol{x}=\boldsymbol{x}^{\mathrm{T}}(-\boldsymbol{Q})\boldsymbol{x}$$

为负定的，故 $\boldsymbol{x}_e=\boldsymbol{0}$ 为渐近稳定。

再证必要性。设系统(6-33)渐近稳定，则 $\lim\limits_{t\to\infty}\mathrm{e}^{\boldsymbol{A}t}=\boldsymbol{0}$，对任意给定的 n 维正定实对称矩阵 $\boldsymbol{Q}$，构造 n 维矩阵

$$\boldsymbol{P}=\int_0^{\infty}\mathrm{e}^{\boldsymbol{A}^{\mathrm{T}}t}\boldsymbol{Q}\mathrm{e}^{\boldsymbol{A}t}\mathrm{d}t \tag{6-39}$$

则有

$$\begin{aligned}\boldsymbol{A}^{\mathrm{T}}\boldsymbol{P}+\boldsymbol{P}\boldsymbol{A}&=\boldsymbol{A}^{\mathrm{T}}\left(\int_0^{\infty}\mathrm{e}^{\boldsymbol{A}^{\mathrm{T}}t}\boldsymbol{Q}\mathrm{e}^{\boldsymbol{A}t}\mathrm{d}t\right)+\left(\int_0^{\infty}\mathrm{e}^{\boldsymbol{A}^{\mathrm{T}}t}\boldsymbol{Q}\mathrm{e}^{\boldsymbol{A}t}\mathrm{d}t\right)\boldsymbol{A}\\&=\int_0^{\infty}(\boldsymbol{A}^{\mathrm{T}}\mathrm{e}^{\boldsymbol{A}^{\mathrm{T}}t}\boldsymbol{Q}\mathrm{e}^{\boldsymbol{A}t}+\mathrm{e}^{\boldsymbol{A}^{\mathrm{T}}t}\boldsymbol{Q}\mathrm{e}^{\boldsymbol{A}t}\boldsymbol{A})\mathrm{d}t=\int_0^{\infty}\frac{\mathrm{d}}{\mathrm{d}t}(\mathrm{e}^{\boldsymbol{A}^{\mathrm{T}}t}\boldsymbol{Q}\mathrm{e}^{\boldsymbol{A}t})\mathrm{d}t\\&=\mathrm{e}^{\boldsymbol{A}^{\mathrm{T}}t}\boldsymbol{Q}\mathrm{e}^{\boldsymbol{A}t}\Big|_0^{\infty}=-\boldsymbol{Q}\end{aligned}$$

即式(6-39)所示矩阵 $\boldsymbol{P}$ 为方程(6-37)的解阵。再设 $\tilde{\boldsymbol{P}}$ 为方程(6-37)的任意解阵，则由式(6-39)，得

$$\boldsymbol{P}=\int_0^{\infty}\mathrm{e}^{\boldsymbol{A}^{\mathrm{T}}t}\boldsymbol{Q}\mathrm{e}^{\boldsymbol{A}t}\mathrm{d}t=-\int_0^{\infty}\mathrm{e}^{\boldsymbol{A}^{\mathrm{T}}t}(\boldsymbol{A}^{\mathrm{T}}\widetilde{\boldsymbol{P}}+\widetilde{\boldsymbol{P}}\boldsymbol{A})\mathrm{e}^{\boldsymbol{A}t}\mathrm{d}t$$

$$=-\int_0^{\infty}\frac{\mathrm{d}}{\mathrm{d}t}(\mathrm{e}^{\boldsymbol{A}^{\mathrm{T}}t}\widetilde{\boldsymbol{P}}\mathrm{e}^{\boldsymbol{A}t})\mathrm{d}t=-\mathrm{e}^{\boldsymbol{A}^{\mathrm{T}}t}\widetilde{\boldsymbol{P}}\mathrm{e}^{\boldsymbol{A}t}\Big|_0^{\infty}=\widetilde{\boldsymbol{P}} \tag{6-40}$$

式(6-40)表明，$\boldsymbol{P}$ 为方程(6-37)的唯一解阵。

又
$$\boldsymbol{P}^{\mathrm{T}}=\left[\int_0^{\infty}\mathrm{e}^{\boldsymbol{A}^{\mathrm{T}}t}\boldsymbol{Q}\mathrm{e}^{\boldsymbol{A}t}\mathrm{d}t\right]^{\mathrm{T}}=\int_0^{\infty}\mathrm{e}^{\boldsymbol{A}^{\mathrm{T}}t}\boldsymbol{Q}^{\mathrm{T}}\mathrm{e}^{\boldsymbol{A}t}\mathrm{d}t=\int_0^{\infty}\mathrm{e}^{\boldsymbol{A}^{\mathrm{T}}t}\boldsymbol{Q}\mathrm{e}^{\boldsymbol{A}t}\mathrm{d}t=\boldsymbol{P} \tag{6-41}$$

表明式(6-39)所示矩阵 $\boldsymbol{P}$ 为实对称矩阵。再取任意非零常数向量 $\boldsymbol{x}_0\in\mathbb{R}^n$，有

$$\boldsymbol{x}_0^{\mathrm{T}}\boldsymbol{P}\boldsymbol{x}_0=\boldsymbol{x}_0^{\mathrm{T}}\left(\int_0^{\infty}\mathrm{e}^{\boldsymbol{A}^{\mathrm{T}}t}\boldsymbol{Q}\mathrm{e}^{\boldsymbol{A}t}\mathrm{d}t\right)\boldsymbol{x}_0=\int_0^{\infty}(\mathrm{e}^{\boldsymbol{A}t}\boldsymbol{x}_0)^{\mathrm{T}}\boldsymbol{Q}(\mathrm{e}^{\boldsymbol{A}t}\boldsymbol{x}_0)\mathrm{d}t=\int_0^{\infty}\boldsymbol{x}^{\mathrm{T}}\boldsymbol{Q}\boldsymbol{x}\mathrm{d}t \tag{6-42}$$

式中，$\boldsymbol{x}(t)=\mathrm{e}^{\boldsymbol{A}t}\boldsymbol{x}_0$ 为式(6-33)的非零解向量，$\boldsymbol{Q}$ 为正定实对称矩阵，故式(6-42)中的被积函数为正定二次型，$\boldsymbol{x}_0^{\mathrm{T}}\boldsymbol{P}\boldsymbol{x}_0>0$，实对称矩阵 $\boldsymbol{P}$ 正定。

综上所述，若系统(6-33)的平衡状态 $\boldsymbol{x}_{\mathrm{e}}=\boldsymbol{0}$ 为渐近稳定，对任意给定的正定实对称矩阵 $\boldsymbol{Q}$，必存在唯一的正定实对称矩阵 $\boldsymbol{P}$，满足方程(6-37)。必要性得证。

在实际应用上述判据时，常先选取一个正定实对称矩阵 $\boldsymbol{Q}$(为了方便求解，常选取 $\boldsymbol{Q}$ 为 n 阶单位矩阵 $\boldsymbol{I}$)，求解代数李亚普诺夫方程(6-37)，得到对应的实对称矩阵 $\boldsymbol{P}$，若解阵 $\boldsymbol{P}$ 正定，系统则为渐近稳定；若矩阵 $\boldsymbol{P}$ 非正定，系统则为非渐近稳定；若矩阵 $\boldsymbol{P}$ 负定，系统则为不稳定。

【例 6-9】 设线性定常系统的状态方程为

$$\dot{\boldsymbol{x}}=\begin{bmatrix}0 & 1\\ -3 & -3\end{bmatrix}\boldsymbol{x}$$

试确定原点平衡状态 $\boldsymbol{x}_{\mathrm{e}}=\boldsymbol{0}$ 的稳定性。

解 设候选李亚普诺夫函数为

$$V(\dot{\boldsymbol{x}})=\boldsymbol{x}^{\mathrm{T}}\boldsymbol{P}\boldsymbol{x}$$

其中，$\boldsymbol{P}$ 为实对称矩阵，即 $\boldsymbol{P}=\begin{bmatrix}p_{11} & p_{12}\\ p_{21} & p_{22}\end{bmatrix}$，$p_{12}=p_{21}$，且 $\boldsymbol{P}$ 满足代数李亚普诺夫方程

$$\boldsymbol{A}^{\mathrm{T}}\boldsymbol{P}+\boldsymbol{P}\boldsymbol{A}=-\boldsymbol{Q}$$

选取 $\boldsymbol{Q}=\boldsymbol{I}$，代入上式，得

$$\begin{bmatrix}0 & -3\\ 1 & -3\end{bmatrix}\begin{bmatrix}p_{11} & p_{12}\\ p_{21} & p_{22}\end{bmatrix}+\begin{bmatrix}p_{11} & p_{12}\\ p_{21} & p_{22}\end{bmatrix}\begin{bmatrix}0 & 1\\ -3 & -3\end{bmatrix}=\begin{bmatrix}-1 & 0\\ 0 & -1\end{bmatrix}$$

考虑到 $p_{12}=p_{21}$，则以上矩阵方程可展开成如下方程组：

$$\begin{cases}-6p_{12}=-1\\ p_{11}-3p_{12}-3p_{22}=0\\ 2p_{12}-6p_{22}=-1\end{cases}$$

解出
$$\boldsymbol{P}=\begin{bmatrix}\frac{7}{6} & \frac{1}{6}\\ \frac{1}{6} & \frac{2}{9}\end{bmatrix}$$

矩阵 $\boldsymbol{P}$ 的各阶顺序主子式

$$\Delta_1=\frac{7}{6}>0,\Delta_2=\det\boldsymbol{P}=\begin{vmatrix}\frac{7}{6} & \frac{1}{6}\\ \frac{1}{6} & \frac{2}{9}\end{vmatrix}>0$$

均大于零，由 Sylvester 准则知，矩阵 $\boldsymbol{P}$ 为正定的。故平衡状态 $\boldsymbol{x}_{\mathrm{e}}=\boldsymbol{0}$ 为渐近稳定，也即大范围渐近稳定。且系统的一个李亚普诺夫函数为

$$V(\boldsymbol{x})=\boldsymbol{x}^{\mathrm{T}}\boldsymbol{P}\boldsymbol{x}=[x_1 \quad x_2]\begin{bmatrix}\frac{7}{6} & \frac{1}{6}\\ \frac{1}{6} & \frac{2}{9}\end{bmatrix}[x_1 \quad x_2]=\frac{7}{6}x_1^2+\frac{1}{3}x_1x_2+\frac{2}{9}x_2^2$$

在例 6-2 中，针对与本例同样的系统，采用试取的方法构造出符合定理要求的李亚普诺夫函数，并分析了稳定性。本例则采用了求解代数李亚普诺夫方程这一线性定常连续系统构造李亚普诺夫函数的通用方法，所得结论与例 6-2 一致。

应该指出，有时为了简化求解实对称矩阵 $\boldsymbol{P}$ 的运算，也可取实对称矩阵 $\boldsymbol{Q}$ 为半正定的。这时若解阵 $\boldsymbol{P}$ 正定，则 $V(\boldsymbol{x})=\boldsymbol{x}^{\mathrm{T}}\boldsymbol{P}\boldsymbol{x}$ 正定，$\dot{V}(\boldsymbol{x})=\boldsymbol{x}^{\mathrm{T}}(-\boldsymbol{Q})\boldsymbol{x}=-\boldsymbol{x}^{\mathrm{T}}\boldsymbol{Q}\boldsymbol{x}$ 半负定，可判断系统(6-33)至少为李亚普诺夫意义下稳定。进一步，只要 $\dot{V}(\boldsymbol{x})$ 在非零解状态轨迹上不恒为零，则可判断系统为渐近稳定。

本例若取

$$\boldsymbol{Q}=\begin{bmatrix}0 & 0\\ 0 & 1\end{bmatrix}$$

为半正定实对称矩阵，解代数李亚普诺夫方程，得解阵

$$\boldsymbol{P}=\begin{bmatrix}\frac{1}{2} & 0\\ 0 & \frac{1}{6}\end{bmatrix}$$

则 $\dot{V}(\boldsymbol{x})=\boldsymbol{x}^{\mathrm{T}}(-\boldsymbol{Q})\boldsymbol{x}=-x_2^2$ 为半负定的。显然，使 $\dot{V}(\boldsymbol{x})=-x_2^2\equiv 0$ 的条件是 $x_2\equiv 0$，由系统状态方程推知，此时 $x_1\equiv 0$，这表明仅在原点才有 $\dot{V}(\boldsymbol{x})\equiv 0$，而在任一非零解状态轨迹上 $\dot{V}(\boldsymbol{x})$ 不恒为零，故平衡状态 $\boldsymbol{x}_{\mathrm{e}}\equiv\boldsymbol{0}$ 为渐近稳定。

本例也可调用 MATLAB 控制系统工具箱中的矩阵求解函数 lyap()求解实对称矩阵 $\boldsymbol{P}$，MATLAB Program 6-1 为相应的 MATLAB 求解程序。

```
%MATLAB Program 6-1
A=[0  1;  -3  -3];
Q=eye(2);%给定正定实对称矩阵Q为2阶单位矩阵
P=lyap(A',Q)%求解A^TP+PA=-Q得实对称解阵P
```

6.4.2 线性时变系统的稳定判据

尽管线性时变系统

$$\dot{\boldsymbol{x}}=\boldsymbol{A}(t)\boldsymbol{x}+\boldsymbol{B}(t)\boldsymbol{u},\qquad t\geqslant t_0 \tag{6-43}$$

的稳定性等价于相应齐次方程描述的自治系统

$$\dot{\boldsymbol{x}}=\boldsymbol{A}(t)\boldsymbol{x},\qquad t\geqslant t_0 \tag{6-44}$$

的平衡状态稳定性，而且系统(6-44)不同平衡点的稳定性也是等价的，因此对于系统(6-43)或(6-44)，可直接讨论系统本身稳定与否，而不必指明其某平衡状态的稳定性。但与线性定常系统不同的是，不能用 $\boldsymbol{A}(t)$ 特征值的分布简单地判定系统(6-44)平衡状态的稳定性。

【例 6-10】 考虑线性时变自治系统

$$\dot{\boldsymbol{x}}=\boldsymbol{A}(t)\boldsymbol{x}=\begin{bmatrix}-1+1.2\cos^2 t & 1-1.2\sin t\cos t\\ -1-1.2\sin t\cos t & -1+1.2\sin^2 t\end{bmatrix}\boldsymbol{x}$$

其特征方程为

$$\alpha(s)=|s\boldsymbol{I}-\boldsymbol{A}(t)|=s^2+0.8s+0.8$$

$\boldsymbol{A}(t)$的特征值为$-0.4\pm \mathrm{j}0.8$，均为负实部。但该系统的状态转移矩阵

$$\boldsymbol{\Phi}(t,0)=\begin{bmatrix} \mathrm{e}^{0.2t}\cos t & \mathrm{e}^{-t}\sin t \\ -\mathrm{e}^{0.2t}\sin t & \mathrm{e}^{-t}\cos t \end{bmatrix}$$

无界，故源于初始状态 $\boldsymbol{x}(0)\neq\boldsymbol{0}$ 的受扰运动发散，系统不稳定。

由此可见，对系统(6-44)，即使对所有的时间 t，状态矩阵 $\boldsymbol{A}(t)$的所有特征值均有负实部，系统仍未必稳定。判别线性时变系统的稳定性，至今仍是一个难题。

1. 应用状态转移矩阵 $\boldsymbol{\Phi}(t,t_0)$的稳定判据

设 $\boldsymbol{\Phi}(t,t_0)$为系统(6-44)的状态转移矩阵，则系统(6-44)原点平衡状态 $\boldsymbol{x}_e=\boldsymbol{0}$ 为李亚普诺夫意义下稳定(一致稳定)的充分必要条件为 $\boldsymbol{\Phi}(t,t_0)$有界(一致有界)，即

$$\|\boldsymbol{\Phi}(t,t_0)\|\leqslant\beta(t_0)<\infty,\ \forall t\geqslant t_0 \qquad (\|\boldsymbol{\Phi}(t,t_0)\|\leqslant\beta<\infty,\text{对所有 } t_0 \text{及所有 } t\geqslant t_0)$$

其中，$\beta(t_0)$为依赖于 t_0的正实数(β 为与 t_0无关的正实数)。而系统(6-44)原点平衡状态 $\boldsymbol{x}_e=\boldsymbol{0}$ 为渐近稳定的充分必要条件则为 $\boldsymbol{\Phi}(t,t_0)$不仅有界，而且

$$\lim_{t\to\infty}\|\boldsymbol{\Phi}(t,t_0)\|=0 \tag{6-45}$$

成立。

进一步，系统(6-44)原点平衡状态 $\boldsymbol{x}_e=\boldsymbol{0}$ 为一致渐近稳定的充分必要条件为存在与 t_0无关的正实数 β_1、β_2，使

$$\|\boldsymbol{\Phi}(t,t_0)\|\leqslant\beta_1\mathrm{e}^{-\beta_2(t-t_0)},\qquad \forall t\geqslant t_0 \tag{6-46}$$

成立。

式(6-46)也就是系统(6-44)本身大范围一致渐近稳定的充分必要条件，其中以指数函数作为判别函数是为了便于工程应用。式(6-46)表明，在此条件下系统(6-44)源于 $\boldsymbol{x}(t_0)\neq\boldsymbol{0}$ 的受扰运动将以比指数函数更快或相同速率随 $t\to\infty$而收敛至原点，这样的一致渐近稳定性又称为指数稳定性。

2. 李亚普诺夫判据

设 $\boldsymbol{x}_e=\boldsymbol{0}$ 为系统(6-44)的唯一平衡状态，n 维状态矩阵 $\boldsymbol{A}(t)$的各元素均为分段连续、一致有界的实函数，原点平衡状态 $\boldsymbol{x}_e=\boldsymbol{0}$ 为一致渐近稳定的充分必要条件为：对于任意给定的一致有界、一致正定的 n 维实对称时变矩阵 $\boldsymbol{Q}(t)$，存在唯一的一致有界、一致正定的实对称矩阵 $\boldsymbol{P}(t)$，满足李亚普诺夫矩阵微分方程，即

$$\dot{\boldsymbol{P}}=-\boldsymbol{A}^{\mathrm{T}}(t)\boldsymbol{P}(t)-\boldsymbol{P}(t)\boldsymbol{A}(t)-\boldsymbol{Q}(t) \tag{6-47}$$

且系统的李亚普诺夫函数为

$$V(\boldsymbol{x},t)=\boldsymbol{x}^{\mathrm{T}}\boldsymbol{P}(t)\boldsymbol{x} \tag{6-48}$$

上述判据给出了构造线性时变连续系统李亚普诺夫函数的通用方法。

6.5 线性系统的外部稳定性

6.2 节～6.4 节主要讨论了基于系统状态空间模型的李亚普诺夫稳定性，其所考虑的是系统输入为零的条件下平衡状态的稳定性，即内部稳定性。在工程应用中，往往需要研究在有界输入下系统的输出是否有界，即有界输入有界输出(BIBO)稳定性。BIBO 稳定性也称为外部稳定性。

6.5.1 BIBO 稳定性及其判定

外部稳定研究基于系统的输入、输出描述。系统的输入、输出描述以零初始条件为前提，以

保证唯一性，故外部稳定性也即系统的零状态响应的稳定性，其定义为对于零初始条件的因果系统，若任一有界输入 $\boldsymbol{u}(t)$，对应的输出 $\boldsymbol{y}(t)$ 均有界，则称该系统为外部稳定（BIBO 稳定）。

线性系统的 BIBO 稳定性可由输入、输出描述中的脉冲响应矩阵（时域分析）或传递函数矩阵（频域分析）进行判别。

对于零初始条件的 r 维输入、m 维输出的线性时变连续系统，设 $\boldsymbol{G}(t,\tau)$ 为其 $m\times r$ 维脉冲响应矩阵，则系统 BIBO 稳定的充分必要条件为存在正实数 β，使对 $\boldsymbol{G}(t,\tau)$ 的各元素 $g_{ij}(t,\tau)$ $(i=1,2,\cdots,m;j=1,2,\cdots,r)$ 均有

$$\int_0^t |g_{ij}(t,\tau)|\,\mathrm{d}\tau\leqslant\beta<\infty,\qquad \forall t\in[t_0,\infty) \tag{6-49}$$

证明这一判据，可先对 SISO 系统证明，然后根据有限个有界函数仍为有界，推广到 MIMO 系统。定常系统为时变系统的特例，基于上述时变系统 BIBO 稳定的判据，可直接导出定常系统 BIBO 稳定的判据：

对于零初始条件的 r 维输入、m 维输出的线性定常连续系统，设初始时刻 $t_0=0$，$\boldsymbol{G}(t)$ 为系统的 $m\times r$ 维脉冲响应矩阵，则系统 BIBO 稳定的充分必要条件为存在正实数 β，使对 $\boldsymbol{G}(t)$ 的各元素 $g_{ij}(t)(i=1,2,\cdots,m;j=1,2,\cdots,r)$ 均有

$$\int_0^\infty |g_{ij}(t)|\,\mathrm{d}t\leqslant\beta<\infty \tag{6-50}$$

对于 r 维输入、m 维输出的线性定常连续系统常用零初始条件下定义的 $m\times r$ 维真或严真传递函数矩阵 $\boldsymbol{W}(s)$ 进行分析，其 BIBO 稳定的充分必要条件为：$\boldsymbol{W}(s)$ 的所有极点均具有负实部。得到广泛应用的劳斯判据、赫尔维茨判据是由传递函数矩阵 $\boldsymbol{W}(s)$ 特征多项式的系数直接判断系统是否 BIBO 稳定的方法。

6.5.2 内部稳定性和外部稳定性的关系

内部稳定性、外部稳定性分别揭示系统零输入响应、零状态响应的稳定性，两者的联系必与系统状态的能控性、能观测性密切相关。下面针对线性定常连续系统

$$\begin{cases}\dot{\boldsymbol{x}}=\boldsymbol{Ax}+\boldsymbol{Bu}, & \boldsymbol{x}(0)=\boldsymbol{x}_0,t\geqslant 0\\ \boldsymbol{y}=\boldsymbol{Cx}+\boldsymbol{Du}\end{cases} \tag{6-51}$$

讨论 BIBO 稳定性与内部稳定性的关系。

1. 若系统(6-51)内部稳定，则必为 BIBO 稳定

这一结论可基于系统的脉冲响应矩阵证明。由式(3-65)，系统(6-51)的脉冲响应矩阵为

$$\boldsymbol{G}(t)=\boldsymbol{C}\mathrm{e}^{\boldsymbol{A}t}\boldsymbol{B}+\boldsymbol{D}\delta(t) \tag{6-52}$$

若系统为内部稳定即渐近稳定，必有

$$\mathrm{e}^{\boldsymbol{A}t}\text{为有界且}\lim_{t\to\infty}\mathrm{e}^{\boldsymbol{A}t}=\boldsymbol{0} \tag{6-53}$$

则对 $\boldsymbol{G}(t)$ 的各元素 $g_{ij}(t)(i=1,2,\cdots,m;j=1,2,\cdots,r)$ 均有

$$\int_0^\infty |g_{ij}(t)|\,\mathrm{d}t\leqslant\beta<\infty \tag{6-54}$$

即系统(6-51)为 BIBO 稳定。证明完成。

实际上，由 2.5 节知，状态矩阵 $\boldsymbol{A}$ 的特征值集合或等于、或包含传递函数矩阵 $\boldsymbol{W}(s)$ 的极点集合，故若系统内部稳定，即 $\boldsymbol{A}$ 的全部特征值均具有负实部，则 $\boldsymbol{W}(s)$ 的所有极点必均具有负实部，系统必为外部稳定。

2. 若系统(6-51)为 BIBO 稳定，系统未必为内部稳定

式(4-91)表明，传递函数矩阵作为一种外部描述，只能反映系统中能控且能观测子系统的

动力学特性，而不能表征能控不能观测、不能控能观测、不能控且不能观测子系统。因此系统BIBO稳定即$\boldsymbol{W}(s)$的所有极点均具有负实部，仅表明其能控且能观测子系统的特征值均具有负实部，而其余子系统的特征值未必均具有负实部，故即使系统为BIBO稳定，也有可能为内部不稳定。

3. 若系统(6-51)能控且能观测，则BIBO稳定性与内部稳定性是等价的

式(4-91)表明，当且仅当系统(6-51)能控且能观测即系统既约时，传递函数矩阵描述与状态空间描述等价，系统没有解耦零点，传递函数矩阵的极点集合与状态矩阵$\boldsymbol{A}$的特征值集合相同。因此，若系统(6-51)能控且能观测，则其外部稳定和内部稳定等价。

【例6-11】 给定一个线性定常连续系统为

$$\begin{cases}\dot{\boldsymbol{x}}=\begin{bmatrix}0 & 0 & 2\\ 1 & 0 & 1\\ 0 & 1 & -2\end{bmatrix}\boldsymbol{x}+\begin{bmatrix}0\\ -1\\ 1\end{bmatrix}u\\ y=\begin{bmatrix}0 & 0 & 1\end{bmatrix}\boldsymbol{x}\end{cases}$$

试判断：(1)系统是否为渐近稳定(内部稳定)；(2)系统是否为外部稳定(BIBO稳定)。

解 (1)系统的特征方程为

$$\alpha(s)=|s\boldsymbol{I}-\boldsymbol{A}|=s^3+2s^2-s-2=0$$

状态矩阵$\boldsymbol{A}$的特征值为1、−1、−2，有实部为正的特征值，故给定系统不是渐近稳定的。

(2)本题给出的状态空间表达式为能观测标准形，根据单变量系统能观测标准形状态矩阵、控制矩阵与传递函数分母、分子多项式系数的对应关系，可直接写出系统传递函数为

$$\boldsymbol{W}(s)=\frac{s^2-s}{s^3+2s^2-s-2}=\frac{s(s-1)}{(s-1)(s+1)(s+2)}$$

可见，$\boldsymbol{W}(s)$的分母、分子存在公因式，$\boldsymbol{W}(s)$为非既约。约去公因式，使$\boldsymbol{W}(s)$既约化，得

$$\boldsymbol{W}(s)=\frac{s}{(s+1)(s+2)}$$

由既约的传递函数得给定系统传递函数的极点为−1、−2，均具有负实部，故系统为外部稳定(BIBO稳定)。

综上所述，给定系统为BIBO稳定，但非渐近稳定，这是由系统完全能观测但不完全能控所致，即系统存在输入解耦零点$s_{\mathrm{i.d.z}}=1$，其也是不能控子系统的特征值。正因为$s_{\mathrm{i.d.z}}=1$所属的不能控子系统不能为传递函数所表征，因此尽管给定系统非渐近稳定，不能控特征值对应的模态e^t不受输入控制制约，系统实际上无法稳定工作，但根据传递函数极点的性质却判断系统为BIBO稳定。由此可见，内部稳定性的定义要比外部稳定性的定义严格，外部稳定性有时并不能全面而深刻地揭示出系统稳定的性能。

6.6 线性离散系统稳定性分析

线性离散系统的各种稳定性定义、判据与连续系统相似。

6.6.1 BIBO稳定性

对于零初始条件的r维输入、m维输出的线性定常离散系统，初始时刻$k_0=0$，$\overline{\boldsymbol{G}}(k)$为系统的$m\times r$维脉冲响应序列矩阵，则系统BIBO稳定的充分必要条件为存在正实数β，使对$\overline{\boldsymbol{G}}(k)$的

各元素 $g_{ij}(k)(i=1,2,\cdots,m;j=1,2,\cdots,r)$均有

$$\sum_{k=0}^{\infty}|g_{ij}(k)|\leqslant\beta<\infty \tag{6-55}$$

对于 r 维输入、m 维输出的线性定常连续系统，常用零初始条件下定义的 $m\times r$ 维真或严真脉冲传递函数矩阵 $\boldsymbol{W}(z)$进行分析，其 BIBO 稳定的充分必要条件为：$\boldsymbol{W}(z)$的所有极点的模均小于 1，即 $\boldsymbol{W}(z)$的所有极点均位于 z 平面的单位圆内。

6.6.2 内部稳定性

1. 线性定常离散系统平衡状态稳定判据

与连续系统的李亚普诺夫第一法类似，n 阶线性定常离散自治系统

$$\boldsymbol{x}(k+1)=\boldsymbol{G}\boldsymbol{x}(k) \tag{6-56}$$

$\boldsymbol{x}_e=\boldsymbol{0}$ 平衡状态渐近稳定的充分必要条件是状态矩阵 $\boldsymbol{G}$ 的所有特征值的模均小于 1；而 $\boldsymbol{x}_e=\boldsymbol{0}$ 平衡状态为李亚普诺夫意义下稳定的充分必要条件则是状态矩阵 $\boldsymbol{G}$ 的所有特征值的模均小于 1 或等于 1，且模为 1 的特征值是 $\boldsymbol{G}$ 的最小多项式的单根。

劳斯判据和赫尔维茨判据可基于特征方程系数判别线性定常连续系统的特征值是否具有负实部，但 s 平面上的稳定边界是虚轴，而 z 平面上的稳定边界是单位圆，故不能由离散系统的特征方程 $\alpha(z)=0$ 直接引用劳斯判据、赫尔维茨判据判别其特征值是否在单位圆内，必须引入复变函数的双线性变换（z-w 变换）

$$z=\frac{w+1}{w-1},\quad w=\frac{z+1}{z-1} \tag{6-57}$$

将复平面 z 的单位圆、单位圆内、单位圆外分别影射到复平面 w 的虚轴、左半开平面、右半开平面，从而将 z 平面上的特征方程 $\alpha(z)=0$ 变换为 w 平面上的特征方程 $\alpha_w(w)=0$。针对 $\alpha_w(w)=0$，即可应用劳斯判据、赫尔维茨判据。

同样与连续系统的李亚普诺夫第二法类似，线性定常离散自治系统(6-56)原点平衡状态 $\boldsymbol{x}_e=\boldsymbol{0}$ 渐近稳定的充分必要条件为：对任意给定的 n 维正定实对称矩阵 $\boldsymbol{Q}$，存在唯一的 n 维实对称矩阵 $\boldsymbol{P}$，满足离散的李亚普诺夫方程

$$\boldsymbol{G}^{\mathrm{T}}\boldsymbol{P}\boldsymbol{G}-\boldsymbol{P}=-\boldsymbol{Q} \tag{6-58}$$

且

$$V[\boldsymbol{x}(k)]=\boldsymbol{x}^{\mathrm{T}}(k)\boldsymbol{P}\boldsymbol{x}(k) \tag{6-59}$$

是系统(6-56)的一个李亚普诺夫函数。

现给出上述判据充分性的证明。取正定二次型

$$V[\boldsymbol{x}(k)]=\boldsymbol{x}^{\mathrm{T}}(k)\boldsymbol{P}\boldsymbol{x}(k)$$

为候选李亚普诺夫函数，且正定实对称矩阵 $\boldsymbol{P}$、$\boldsymbol{Q}$ 满足离散的李亚普诺夫方程(6-58)，则李亚普诺夫函数的增量

$$\begin{aligned}\Delta V[\boldsymbol{x}(k)]=V[\boldsymbol{x}(k+1)]-V[\boldsymbol{x}(k)]&=\boldsymbol{x}^{\mathrm{T}}(k+1)\boldsymbol{P}\boldsymbol{x}(k+1)-\boldsymbol{x}^{\mathrm{T}}(k)\boldsymbol{P}\boldsymbol{x}(k)\\&=[\boldsymbol{G}\boldsymbol{x}(k)]^{\mathrm{T}}\boldsymbol{P}[\boldsymbol{G}\boldsymbol{x}(k)]-\boldsymbol{x}^{\mathrm{T}}(k)\boldsymbol{P}\boldsymbol{x}(k)\\&=\boldsymbol{x}^{\mathrm{T}}(k)\boldsymbol{G}^{\mathrm{T}}\boldsymbol{P}\boldsymbol{G}\boldsymbol{x}(k)-\boldsymbol{x}^{\mathrm{T}}(k)\boldsymbol{P}\boldsymbol{x}(k)\\&=\boldsymbol{x}^{\mathrm{T}}(k)[\boldsymbol{G}^{\mathrm{T}}\boldsymbol{P}\boldsymbol{G}-\boldsymbol{P}]\boldsymbol{x}(k)\\&=\boldsymbol{x}^{\mathrm{T}}(k)(-\boldsymbol{Q})\boldsymbol{x}(k)=-\boldsymbol{x}^{\mathrm{T}}(k)\boldsymbol{Q}\boldsymbol{x}(k)\end{aligned}$$

为负定的，故原点平衡状态 $\boldsymbol{x}_e=\boldsymbol{0}$ 为渐近稳定。

【例 6-12】 试确定线性定常离散自治系统

$$x(k+1)=\begin{bmatrix}0 & 1 & 0\\ 0 & 0 & 1\\ -0.05 & 0.25 & 0.2\end{bmatrix}x(k)$$

原点平衡状态 $x_e=\mathbf{0}$ 的稳定性。

解 方法 1(应用李亚普诺夫第一法):求解系统的特征方程

$$\alpha(z)=z^3-0.2z^2-0.25z+0.05=0$$

得系统的特征值为−0.5、0.5、0.2。因为所有特征值的模都小于 1,故原点平衡状态 $x_e=\mathbf{0}$ 为渐近稳定。

通过调用 MATLAB 控制系统工具箱中的函数 roots()和 eig(),也可求出本例系统的特征值。MATLAB Program 6-2a 为相应的 MATLAB 求解程序。

```
%MATLAB Program6-2a
G=[0  1  0;0  0  1;-0.05  0.25  0.2];
eig(G)%应用 eig()指令求状态矩阵 G 的特征值
roots([1  -0.2  -0.25  0.05])%应用 roots()指令求 z^3-0.2z^2-0.25z+0.05=0 的根
```

也可引入式(6-57)所示的 z-w 变换,将 z 平面上的特征方程

$$\alpha(z)=z^3-0.2z^2-0.25z+0.05=0$$

变换为 w 平面上的特征方程

$$\alpha_w(w)=0.6w^3+2.9w^2+3.6w+0.9=0$$

由 $\alpha_w(w)=0$,知 $a_0=0.6,a_1=2.9,a_2=3.6,a_3=0.9$。计算得

$$\Delta_1=a_1=2.9>0,\Delta_2=\begin{vmatrix}a_1 & a_3\\ a_0 & a_2\end{vmatrix}=\begin{vmatrix}2.9 & 0.9\\ 0.6 & 3.6\end{vmatrix}=9.9>0$$

$$\Delta_3=\begin{vmatrix}a_1 & a_3 & 0\\ a_0 & a_2 & 0\\ 0 & a_1 & a_3\end{vmatrix}=\begin{vmatrix}2.9 & 0.9 & 0\\ 0.6 & 3.6 & 0\\ 0 & 2.9 & 0.9\end{vmatrix}=8.91>0$$

由赫尔维茨判据知,系统为渐近稳定。

方法 2(应用李亚普诺夫第二法):取 $\boldsymbol{Q}=\boldsymbol{I}$,代入离散的李亚普诺夫方程(6-58),得

$$\begin{bmatrix}0 & 0 & -0.05\\ 1 & 0 & 0.25\\ 0 & 1 & 0.2\end{bmatrix}\begin{bmatrix}p_{11} & p_{12} & p_{13}\\ p_{21} & p_{22} & p_{23}\\ p_{31} & p_{32} & p_{33}\end{bmatrix}\begin{bmatrix}0 & 1 & 0\\ 0 & 0 & 1\\ -0.05 & 0.25 & 0.2\end{bmatrix}-\begin{bmatrix}p_{11} & p_{12} & p_{13}\\ p_{21} & p_{22} & p_{23}\\ p_{31} & p_{32} & p_{33}\end{bmatrix}=\begin{bmatrix}-1 & 0 & 0\\ 0 & -1 & 0\\ 0 & 0 & -1\end{bmatrix}$$

令 $p_{12}=p_{21},p_{13}=p_{31},p_{23}=p_{32}$,代入上式化简,得方程

$$\begin{bmatrix}-1 & 0 & 0 & 0 & 0 & 1/400\\ 0 & -1 & -1/20 & 0 & 0 & -1/80\\ 0 & 0 & -1 & 0 & -1/20 & -1/100\\ 1 & 0 & 1/2 & -1 & 0 & 1/16\\ 0 & 1 & 1/5 & 0 & -3/4 & 1/20\\ 0 & 0 & 0 & 1 & 2/5 & -24/25\end{bmatrix}\begin{bmatrix}p_{11}\\ p_{12}\\ p_{13}\\ p_{22}\\ p_{23}\\ p_{33}\end{bmatrix}=\begin{bmatrix}-1\\ 0\\ 0\\ -1\\ 0\\ -1\end{bmatrix}$$

解上述方程，得 $p_{11}=949/941$，$p_{12}=-4/99$，$p_{13}=-25/594$，$p_{22}=11/5$，$p_{23}=16/99$，$p_{33}=1010/297$，则解出

$$\boldsymbol{P}=\begin{bmatrix} 949/941 & -4/99 & -25/594 \\ -4/99 & 11/5 & 16/99 \\ -25/594 & 16/99 & 1010/297 \end{bmatrix}$$

矩阵 $\boldsymbol{P}$ 的各阶顺序主子式

$$\Delta_1=\frac{949}{941}>0,\Delta_2=\begin{vmatrix} 949/941 & -4/99 \\ -4/99 & 11/5 \end{vmatrix}=\frac{909}{410}>0,\Delta_3=\det\boldsymbol{P}=\frac{3432}{457}>0$$

均大于零，由 Sylvester 准则知，矩阵 $\boldsymbol{P}$ 为正定的。故平衡状态 $\boldsymbol{x}_e=\boldsymbol{0}$ 为渐近稳定。

通过调用 MATLAB 求解离散李亚普诺夫方程的函数 dlyap()，也可求出矩阵 $\boldsymbol{P}$。MATLAB Program 6-2b 为相应的 MATLAB 求解程序。

```
%MATLAB Program6-2b
G=[0  1  0;0  0  1;-0.05  0.25  0.2];
Q=eye(3);%给定实对称矩阵 Q 为 3 阶单位矩阵
P=dlyap(G',Q)%调用 dlyap()指令求解矩阵方程 G^T PG-P=-Q
```

2. 线性时变离散系统平衡状态稳定判据

与线性时变连续系统平衡状态渐近稳定的李亚普诺夫判据类似，线性时变离散系统

$$\boldsymbol{x}(k+1)=\boldsymbol{G}(k+1,k)\boldsymbol{x}(k) \tag{6-60}$$

原点平衡状态 $\boldsymbol{x}_e=\boldsymbol{0}$ 渐近稳定的充分必要条件是：对于任意给定的正定实对称矩阵 $\boldsymbol{Q}(k)$，存在一个正定实对称矩阵 $\boldsymbol{P}(k+1)$，满足

$$\boldsymbol{G}^{\mathrm{T}}(k+1,k)\boldsymbol{P}(k+1)\boldsymbol{G}(k+1,k)-\boldsymbol{P}(k)=-\boldsymbol{Q}(k) \tag{6-61}$$

且标量函数

$$V[\boldsymbol{x}(k),k]=\boldsymbol{x}^{\mathrm{T}}(k)\boldsymbol{P}(k)\boldsymbol{x}(k) \tag{6-62}$$

为系统(6-60)的一个李亚普诺夫函数。

上述判据给出了构造线性时变离散系统李亚普诺夫函数的通用方法。

小　　结

与动态系统的外部描述和内部描述相对应，系统的稳定性有外部稳定性和内部稳定性之分。外部稳定性为零状态响应的有界输入有界输出(BIBO)稳定性；内部稳定性即李亚普诺夫稳定性，为自治系统平衡状态的稳定性，也称为零输入响应的稳定性。对于线性定常系统，若为渐近稳定(内部稳定)，则必 BIBO 稳定；但若为 BIBO 稳定，不能保证为内部稳定；若系统能控且能观测，则内部稳定性和外部稳定性等价。

李亚普诺夫关于稳定性的研究均是针对平衡状态而言的。对于非线性系统平衡状态的稳定性，不仅有渐近性和一致性之分，而且有全局(大范围)和局部(小范围)之分。而定常系统的稳定性则无一致性之分。线性系统的稳定性等价于平衡状态的稳定性，若原点平衡状态 $\boldsymbol{x}_e=\boldsymbol{0}$ 为渐近稳定，则必为大范围渐近。

李亚普诺夫第一法(间接法)利用状态方程的解的特性来判断系统稳定性。对线性定常系统，可由状态矩阵特征值在复平面上的分布来判断系统的稳定性。劳斯判据、赫尔维茨判据避免了直接求解特征值，仅由特征方程系数即可判断特征值是否有正、负实部，可简化计算。

对线性时变系统，不能由状态矩阵特征值判别稳定性，本章给出了应用状态转移矩阵 $\boldsymbol{\Phi}(t,t_0)$ 的稳定判据。

李亚普诺夫第二法(直接法)基于象征系统“广义能量”的李亚普诺夫函数及其对时间的导数的符号特征，直接判断平衡状态的稳定性，是分析各类动态系统稳定性的通用方法。构造系统满足判据条件的李亚

普诺夫函数是应用李亚普诺夫第二法的关键，但除线性系统外，尚无通用的构造李亚普诺夫函数的方法，克拉索夫斯基方法和变量梯度法是构造李亚普诺夫函数的规则化方法。通过求解代数李亚普诺夫方程、李亚普诺夫矩阵微分方程，不仅可以分别判断线性定常、时变连续系统是否渐近稳定，而且可以求出相应的李亚普诺夫函数。

李亚普诺夫方法同样适用于离散时间系统。线性离散系统的各种稳定性定义、判据与连续系统相似。

习　　题

6-1　给定非线性定常自治系统

$$\begin{cases}\dot{x}_1=-2x_1+2x_2^4\\ \dot{x}_2=-x_2\end{cases}$$

试分别采用:(1)李亚普诺夫第一法;(2)克拉索夫斯基方法;(3)变量梯度法;(4)取候选李亚普诺夫函数 $V(\boldsymbol{x})=x_1^2+x_2^2$，判断原点平衡状态 $\boldsymbol{x}_e=\boldsymbol{0}$ 的稳定性。

6-2　对于线性定常系统

$$\dot{\boldsymbol{x}}=\boldsymbol{A}\boldsymbol{x}$$

试用克拉索夫斯基方法确定系统为渐近稳定的充分条件。

6-3　试用克拉索夫斯基方法确定使下列系统

$$\begin{cases}\dot{x}_1=ax_1+x_2\\ \dot{x}_2=x_1-x_2+bx_2^5\end{cases}$$

的平衡状态 $\boldsymbol{x}_e=\boldsymbol{0}$ 为大范围渐近稳定的参数 a 和 b 的取值范围。

6-4　设二阶非线性定常自治系统的状态方程为

$$\begin{cases}\dot{x}_1=x_2\\ \dot{x}_2=(1-|x_1|)x_2-x_1\end{cases}$$

试确定其平衡状态的稳定特征。

6-5　试分别应用李亚普诺夫第一法、第二法，判断下列线性定常连续系统或离散系统原点平衡状态 $\boldsymbol{x}_e=\boldsymbol{0}$ 的稳定性。

(1) $\dot{\boldsymbol{x}}=\begin{bmatrix}-2&-1\\8&-1\end{bmatrix}\boldsymbol{x}$　　(2) $\dot{\boldsymbol{x}}=\begin{bmatrix}0&0\\1&-1\end{bmatrix}\boldsymbol{x}$　　(3) $\dot{\boldsymbol{x}}=\begin{bmatrix}1&-1\\3&1\end{bmatrix}\boldsymbol{x}$

(4) $\dot{\boldsymbol{x}}=\begin{bmatrix}0&1&0\\0&0&1\\0&0&-1\end{bmatrix}\boldsymbol{x}$　　(5) $\boldsymbol{x}(k+1)=\begin{bmatrix}0.5&0&-1\\0&0.9&0\\0&0&-0.5\end{bmatrix}\boldsymbol{x}(k)$

6-6　设线性时变自治系统为

$$\dot{\boldsymbol{x}}=\boldsymbol{A}(t)\boldsymbol{x}=\begin{bmatrix}0&1\\ \dfrac{-1}{t+1}&-10\end{bmatrix}\boldsymbol{x},\qquad t\geqslant 0$$

判断其原点平衡状态 $\boldsymbol{x}_e=\boldsymbol{0}$ 是否为大范围渐近稳定。

6-7　设闭环离散系统如图 6-1 所示，其中，T 为采样周期。

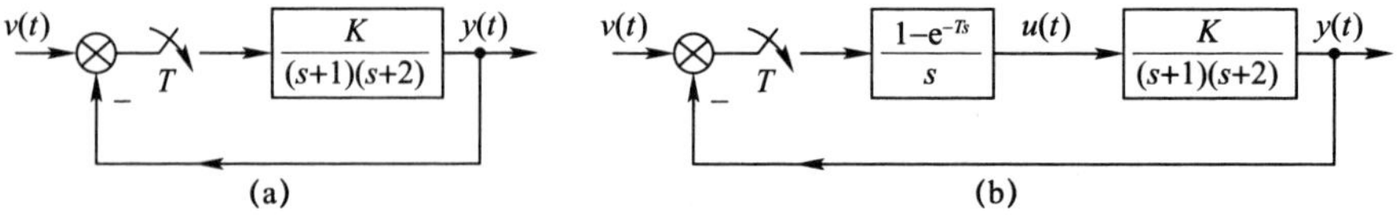

图 6-1　习题 6-7 的系统结构图

(1)针对图 6-1(a)所示闭环离散系统，在采样周期 $T=0.1$s 或 $T=0.5$s 时，试分别用两种方法确定使系统渐近稳定的 K 值范围;

(2) 在图 6-1(a)的闭环系统中，若采样之后再经过零阶保持器，则如图 6-1(b)所示。试确定在采样周期$T=0.1\text{s}$时，图 6-1(b)所示系统渐近稳定的 K 值范围。

6-8　如图 6-2 所示电路，$C=1\text{F}$，$L=1\text{H}$，电流源 i 为输入信号，电容两端电压u_C为输出。

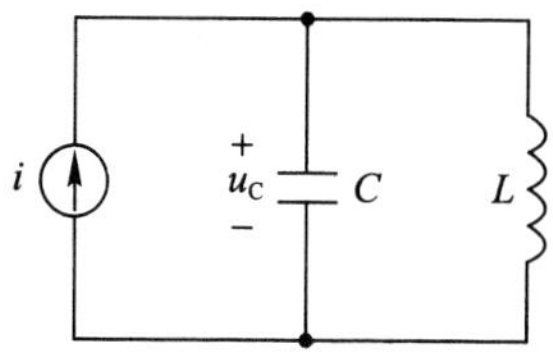

图 6-2　习题 6-8 的电路

(1) 试求该电路的传递函数、状态空间表达式；

(2) 该电路是否为 BIBO 稳定？是否为渐近稳定？

(3) 若该电路不是 BIBO 稳定，试找出能引起无界输出的某个有界输入。

6-9　给定一个 SISO 线性定常连续系统为

$$\begin{cases}\dot{\boldsymbol{x}}=\begin{bmatrix}-5 & -6 & 0\\1 & 0 & 0\\5 & 7 & 0\end{bmatrix}\boldsymbol{x}+\begin{bmatrix}1\\0\\-1\end{bmatrix}u\\ y=\begin{bmatrix}0 & 1 & 0\end{bmatrix}\boldsymbol{x}\end{cases}$$

试判断：(1)系统是否为渐近稳定(内部稳定)；(2)系统是否为外部稳定(BIBO 稳定)。

6-10　设待校正的二阶线性定常系统的状态方程为

$$\dot{\boldsymbol{x}}=\begin{bmatrix}0 & 1\\0 & 0\end{bmatrix}\boldsymbol{x}+\begin{bmatrix}0\\1\end{bmatrix}u$$

试设计状态反馈控制律，使闭环系统渐近稳定。

6-11　试分别应用李亚普诺夫第一法、第二法证明二阶线性定常自治系统

$$\dot{\boldsymbol{x}}=\begin{bmatrix}a_{11} & a_{12}\\a_{21} & a_{22}\end{bmatrix}\boldsymbol{x}$$

原点平衡状态 $\boldsymbol{x}_e=\boldsymbol{0}$ 是大范围渐近稳定的条件为

$$a_{11}a_{22}>a_{12}a_{21},a_{11}+a_{22}<0$$

6-12　已知线性定常系统

$$\dot{\boldsymbol{x}}=\boldsymbol{Ax}+\boldsymbol{Bu},\boldsymbol{x}(0)=\boldsymbol{x}_0$$

状态完全能控，试证明：若取 $\boldsymbol{u}=-\boldsymbol{B}^{\mathrm{T}}\mathrm{e}^{-\boldsymbol{A}^{\mathrm{T}}t}\boldsymbol{W}^{-1}(T_1)\boldsymbol{x}_0$，其中

$$\boldsymbol{W}(T_1)=\int_0^{T_1}\mathrm{e}^{-\boldsymbol{A}t}\boldsymbol{BB}^{\mathrm{T}}\mathrm{e}^{-\boldsymbol{A}^{\mathrm{T}}t}\mathrm{d}t,T_1>0$$

则闭环系统为渐近稳定。

6-13　给定 SISO 连续时间线性定常被控系统的状态方程为

$$\begin{bmatrix}\dot{x}_1\\\dot{x}_2\end{bmatrix}=\begin{bmatrix}0 & -1\\1 & 0\end{bmatrix}\begin{bmatrix}x_1\\x_2\end{bmatrix}+\begin{bmatrix}1\\0\end{bmatrix}u$$

若采用状态反馈控制律

$$u=v-f_1x_1$$

对原被控系统进行控制，其中，v 为参考输入，f_1 为常数，试应用李亚普诺夫第二法(直接法)证明：只要 f_1 的取值大于零，则闭环系统大范围渐近稳定。

第 7 章　多变量反馈控制系统的状态空间综合

7.1 引　　言

控制系统的分析与综合是控制理论研究的两大问题。其中分析问题，基于控制系统的动态数学模型对系统运动的性质、特性（动态响应、能控性、能观测性、稳定性等）及其与系统结构、参数和输入控制信号的关系进行分析。控制系统综合的主要任务则是根据被控对象及给定的技术指标要求设计控制律，使系统具有期望的动、静态性能。

反馈控制是控制系统中一种重要的并被广泛应用的控制方式。线性定常反馈系统的综合方法有频域综合和时域综合之分，频域综合方法在下一章讨论，本章主要介绍基于状态空间模型的多变量反馈控制系统的时域综合，即状态空间设计方法。

状态空间综合问题中的性能指标有“优化型”和“非优化型”之分。其中，“非优化型”指标主要有渐近稳定（镇定）、一组期望闭环系统特征值配置、输入-输出解耦、输出在各种扰动下无静差跟踪参考指令；“优化型”指标为在所有可能值中取极值的一类极值型指标，含义和形式随问题的背景不同而不同，二次型最优指标表征了诸多工程实际问题中提出的性能指标要求，易于通过状态线性反馈实现闭环最优控制，故应用广泛。

状态反馈包含动态系统的全部信息，是较输出反馈更全面的反馈，在系统结构满足一定的条件下，不仅可实现闭环系统极点配置、系统解耦，而且可构成线性最优调节器，这本是状态空间综合法的优点，但并非所有被控系统的全部状态变量均可直接测量，这就提出了通过可测量的输出及输入信号重构与真实状态等价的状态估值问题，即状态观测器设计问题。

7.2 节在给出状态反馈和输出反馈结构的基础上，分别讨论这两种典型反馈形式对系统特性（动态响应、能控性、能观测性、稳定性等）的影响；7.3 节首先阐述单变量系统状态反馈配置闭环系统极点，然后讨论多变量闭环系统的极点配置方法；7.4 节介绍状态反馈特征结构配置的方法；7.5 节对输出反馈极点配置的局限简要分析；7.6 节分别讨论状态反馈镇定和输出反馈镇定；7.7 节、7.8 节分别介绍渐近跟踪与抗干扰控制器及解耦控制算法设计；7.9 节讨论全维观测器、降维观测器的设计方法；7.10 节研究基于状态观测器的状态反馈系统设计；7.11 节针对线性二次型最优调节器设计问题展开讨论。

7.2 典型的反馈结构及对系统特性的影响

7.2.1 状态反馈与输出反馈

反馈控制可抑制扰动，改善系统的稳定性和动态响应。由被控系统和反馈控制律构成闭环系统是自动控制系统中最基本的结构，其有状态反馈、输出反馈两种基本形式。

1. 状态反馈

如图 7-1 所示为 MIMO 线性定常系统的状态反馈结构图，其中，虚线框内为被控对象 $\sum_0(\boldsymbol{A},\boldsymbol{B},\boldsymbol{C})$，其状态空间表达式为

$$\begin{cases}\dot{\boldsymbol{x}}=\boldsymbol{A}\boldsymbol{x}+\boldsymbol{B}\boldsymbol{u}\\ \boldsymbol{y}=\boldsymbol{C}\boldsymbol{x}\end{cases} \tag{7-1}$$

式中，$\boldsymbol{x}$、$\boldsymbol{u}$、$\boldsymbol{y}$ 分别为 n 维、r 维和 m 维状态、输入和输出列向量；$\boldsymbol{A}$、$\boldsymbol{B}$、$\boldsymbol{C}$ 分别为 $n\times n$、$n\times r$、$m\times n$ 维实数矩阵。

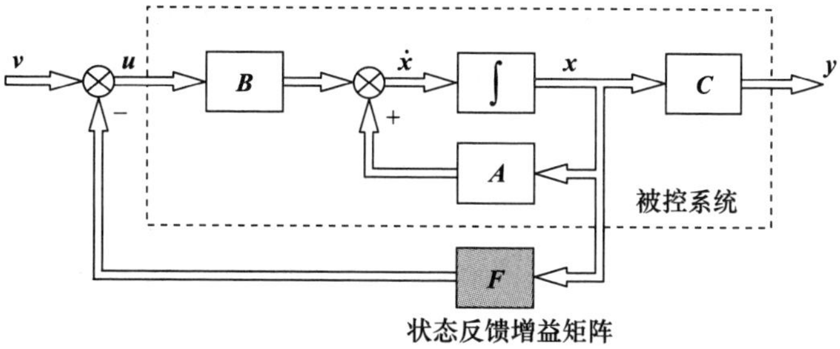

图 7-1　MIMO 系统的状态反馈结构

如图 7-1 所示，状态空间综合法采用线性直接状态反馈（简称状态反馈）构成状态反馈控制律

$$\boldsymbol{u}=\boldsymbol{v}-\boldsymbol{F}\boldsymbol{x} \tag{7-2}$$

实现期望的综合目标。式中，$\boldsymbol{v}$ 为 r 维参考输入列向量；$\boldsymbol{F}$ 为 $r\times n$ 维状态反馈增益矩阵。将式(7-2)代入式(7-1)，得状态反馈闭环系统 $\sum_{\mathrm{F}}(\boldsymbol{A}-\boldsymbol{B}\boldsymbol{F},\boldsymbol{B},\boldsymbol{C})$ 的状态空间表达式为

$$\begin{cases}\dot{\boldsymbol{x}}=(\boldsymbol{A}-\boldsymbol{B}\boldsymbol{F})\boldsymbol{x}+\boldsymbol{B}\boldsymbol{v}\\ \boldsymbol{y}=\boldsymbol{C}\boldsymbol{x}\end{cases} \tag{7-3}$$

其对应的传递函数矩阵为

$$\boldsymbol{W}_{\mathrm{F}}(s)=\boldsymbol{C}(s\boldsymbol{I}-(\boldsymbol{A}-\boldsymbol{B}\boldsymbol{F}))^{-1}\boldsymbol{B} \tag{7-4}$$

比较式(7-1)和式(7-3)可见，引入状态反馈控制律的闭环系统未改变被控系统的状态空间维数，仅将状态矩阵由 $\boldsymbol{A}$ 变为 $\boldsymbol{A}-\boldsymbol{B}\boldsymbol{F}$，从而可通过设计状态反馈增益矩阵 $\boldsymbol{F}$ 配置闭环系统的极点，以达到期望的性能。

2. 输出反馈

如图 7-2 所示为输出反馈最常见的形式，即用被控系统输出向量的线性反馈构成线性非动态输出反馈（简称输出反馈）控制律

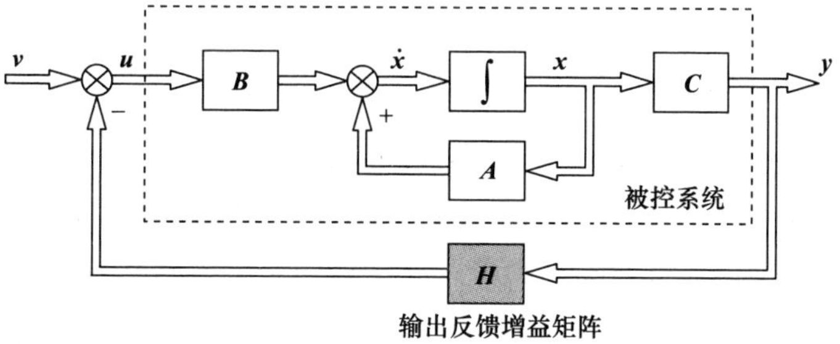

图 7-2　MIMO 系统的线性非动态输出反馈结构

$$\boldsymbol{u}=\boldsymbol{v}-\boldsymbol{H}\boldsymbol{y} \tag{7-5}$$

式中，$\boldsymbol{v}$ 为 r 维参考输入列向量；$\boldsymbol{y}$ 为 m 维输出列向量；$\boldsymbol{H}$ 为 $r\times m$ 维输出反馈增益矩阵。将式(7-5)代入式(7-1)得输出反馈闭环系统 $\sum_{\mathrm{H}}(\boldsymbol{A}-\boldsymbol{B}\boldsymbol{H}\boldsymbol{C},\boldsymbol{B},\boldsymbol{C})$ 的状态空间表达式为

$$\begin{cases}\dot{\boldsymbol{x}}=(\boldsymbol{A}-\boldsymbol{BHC})\boldsymbol{x}+\boldsymbol{Bv}\\ \boldsymbol{y}=\boldsymbol{Cx}\end{cases} \tag{7-6}$$

其对应的传递函数矩阵为

$$\boldsymbol{W}_{\mathrm{H}}(s)=\boldsymbol{C}(s\boldsymbol{I}-(\boldsymbol{A}-\boldsymbol{BHC}))^{-1}\boldsymbol{B} \tag{7-7}$$

比较式(7-1)和式(7-6)可见，引入输出反馈控制律的闭环系统也未改变被控系统的状态空间维数，仅将状态矩阵由 $\boldsymbol{A}$ 变为 $\boldsymbol{A}-\boldsymbol{BHC}$，从而也可以通过设计输出反馈增益矩阵 $\boldsymbol{H}$ 改变闭环系统极点的位置。但因为通常 $m<n$，输出反馈仅为动态系统部分信息的反馈，故输出反馈控制律(7-5)对系统的控制能力弱于状态反馈控制律(7-2)，状态反馈所能达到的控制效果，输出反馈未必能实现；而只要取 $\boldsymbol{F}=\boldsymbol{HC}$ 的状态反馈，即可达到与输出反馈 $\boldsymbol{H}$ 相同的控制效果。为了克服输出反馈的局限，通常采用如图 7-3 所示的动态输出反馈方案，即在反馈系统中单独或同时引入串联、并联补偿器，但这提高了闭环系统的阶次。

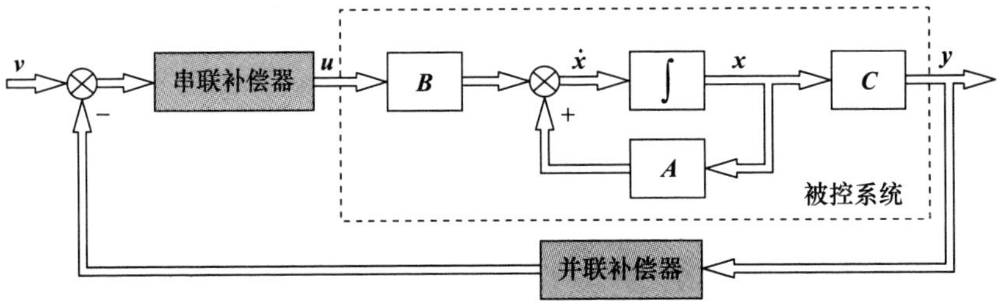

图 7-3　MIMO 系统的动态输出反馈

输出反馈的另一种结构形式是将输出量线性反馈至状态微分前的综合点上，这在状态观测器中有应用(见本章 7.9 节)。

7.2.2　反馈控制对能控性与能观测性的影响

被控系统(7-1)引入状态反馈控制律(7-2)或输出反馈控制律(7-5)所构成的闭环系统的能控性和能观测性有如下结论：

1. 状态反馈不改变被控系统的能控性，但不一定能保持系统的能观测性

显然，对复数域ℂ上的所有 s，有

$$[s\boldsymbol{I}-\boldsymbol{A} \;\vdots\; \boldsymbol{B}]=[s\boldsymbol{I}-(\boldsymbol{A}-\boldsymbol{BF}) \;\vdots\; \boldsymbol{B}]\begin{bmatrix}\boldsymbol{I}_n & \boldsymbol{0}\\ -\boldsymbol{F} & \boldsymbol{I}_r\end{bmatrix} \tag{7-8}$$

因为$\begin{bmatrix}\boldsymbol{I}_n & \boldsymbol{0}\\ -\boldsymbol{F} & \boldsymbol{I}_r\end{bmatrix}$为非奇异方阵，则由式(7-8)，得

$$\mathrm{rank}[s\boldsymbol{I}-\boldsymbol{A} \;\vdots\; \boldsymbol{B}]=\mathrm{rank}[s\boldsymbol{I}-(\boldsymbol{A}-\boldsymbol{BF}) \;\vdots\; \boldsymbol{B}],\qquad \forall s\in\mathbb{C} \tag{7-9}$$

由能控性的 PBH 秩判据，式(7-9)表明状态反馈不改变被控系统的能控性。

关于状态反馈有可能改变系统的能观测性，以 SISO 系统为例说明。被控系统$\Sigma_{\mathrm{o}}(\boldsymbol{A},\boldsymbol{B},\boldsymbol{C})$的传递函数为

$$G_{\mathrm{o}}(s)=\frac{Y(s)}{U(s)}=\boldsymbol{C}(s\boldsymbol{I}-\boldsymbol{A})^{-1}\boldsymbol{B}=\boldsymbol{C}\frac{\boldsymbol{X}(s)}{U(s)}\overset{\Delta}{=}\boldsymbol{C}\frac{\boldsymbol{g}(s)}{D(s)}\overset{\Delta}{=}\frac{N(s)}{D(s)} \tag{7-10}$$

状态反馈闭环系统$\Sigma_{\mathrm{F}}(\boldsymbol{A}-\boldsymbol{BF},\boldsymbol{B},\boldsymbol{C})$的传递函数为

$$G_{\mathrm{F}}(s)=\frac{Y(s)}{V(s)}=\boldsymbol{C}(s\boldsymbol{I}-\boldsymbol{A}+\boldsymbol{BF})^{-1}\boldsymbol{B}=\frac{\boldsymbol{CX}(s)}{U(s)+\boldsymbol{FX}(s)}$$

$$=\boldsymbol{C}\frac{\frac{\boldsymbol{X}(s)}{U(s)}}{1+\boldsymbol{F}\frac{\boldsymbol{X}(s)}{U(s)}}=\boldsymbol{C}\frac{\frac{\boldsymbol{g}(s)}{D(s)}}{1+\boldsymbol{F}\frac{\boldsymbol{g}(s)}{D(s)}}=\boldsymbol{C}\frac{\boldsymbol{g}(s)}{D(s)+\boldsymbol{F}\boldsymbol{g}(s)}\triangleq\frac{N(s)}{D_{\mathrm{F}}(s)} \tag{7-11}$$

比较式(7-10)和式(7-11)可见，状态反馈可移动传递函数的极点而不改变被控系统的零点位置。设单变量被控系统$\sum_{\mathrm{o}}(\boldsymbol{A},\boldsymbol{B},\boldsymbol{C})$原为既约，即能控且能观测，若通过状态反馈将闭环系统$\sum_{\mathrm{F}}(\boldsymbol{A}-\boldsymbol{BF},\boldsymbol{B},\boldsymbol{C})$的某极点配置到$\sum_{\mathrm{o}}(\boldsymbol{A},\boldsymbol{B},\boldsymbol{C})$的某零点处，则$\sum_{\mathrm{F}}(\boldsymbol{A}-\boldsymbol{BF},\boldsymbol{B},\boldsymbol{C})$因零、极点对消而失去能控且能观测性，能控性维持不变，则$\sum_{\mathrm{F}}(\boldsymbol{A}-\boldsymbol{BF},\boldsymbol{B},\boldsymbol{C})$不能观测。

2. 输出反馈不改变被控系统的能控性与能观测性

因为输出反馈增益矩阵$\boldsymbol{H}$可视为$\boldsymbol{F}=\boldsymbol{HC}$的状态反馈的特例，由状态反馈不改变被控系统的能控性，即可证明输出反馈不改变被控系统的能观测性。

对复数域$\mathbb{C}$上的所有s，有

$$\begin{bmatrix} s\boldsymbol{I}-\boldsymbol{A} \\ \boldsymbol{C} \end{bmatrix}=\begin{bmatrix} \boldsymbol{I}_n & -\boldsymbol{BH} \\ \boldsymbol{0} & \boldsymbol{I}_m \end{bmatrix}\begin{bmatrix} s\boldsymbol{I}-(\boldsymbol{A}-\boldsymbol{BHC}) \\ \boldsymbol{C} \end{bmatrix} \tag{7-12}$$

由于$\begin{bmatrix} \boldsymbol{I}_n & -\boldsymbol{BH} \\ \boldsymbol{0} & \boldsymbol{I}_m \end{bmatrix}$为非奇异方阵，故由式(7-12)，得

$$\operatorname{rank}\begin{bmatrix} s\boldsymbol{I}-\boldsymbol{A} \\ \boldsymbol{C} \end{bmatrix}=\operatorname{rank}\begin{bmatrix} s\boldsymbol{I}-(\boldsymbol{A}-\boldsymbol{BHC}) \\ \boldsymbol{C} \end{bmatrix},\qquad \forall s\in\mathbb{C} \tag{7-13}$$

由能观测性的 PBH 秩判据，式(7-13)表明，输出反馈不改变被控系统的能观测性。

【例 7-1】 给定能控且能观测被控系统$\sum_{\mathrm{o}}(\boldsymbol{A},\boldsymbol{B},\boldsymbol{C})$：$\begin{cases}\dot{\boldsymbol{x}}=\begin{bmatrix} 0 & 1 \\ 0 & 0 \end{bmatrix}\boldsymbol{x}+\begin{bmatrix} 0 \\ 1 \end{bmatrix}u \\ y=[1 \quad 1]\boldsymbol{x}\end{cases}$，试分析分别引入状态反馈控制$u=v-f_1x_1-f_2x_2$、输出反馈控制$u=v-hy$后闭环系统的能控性与能观测性。

解 将状态反馈控制$u=v-f_1x_1-f_2x_2$代入被控系统的状态空间表达式，得状态反馈闭环系统$\sum_{\mathrm{F}}(\boldsymbol{A}-\boldsymbol{BF},\boldsymbol{B},\boldsymbol{C})$的状态空间表达式为

$$\begin{cases}\dot{\boldsymbol{x}}=(\boldsymbol{A}-\boldsymbol{BF})\boldsymbol{x}+\boldsymbol{B}v=\begin{bmatrix} 0 & 1 \\ -f_1 & -f_2 \end{bmatrix}\boldsymbol{x}+\begin{bmatrix} 0 \\ 1 \end{bmatrix}v \\ y=\boldsymbol{Cx}=[1 \quad 1]\boldsymbol{x}\end{cases}$$

$\sum_{\mathrm{F}}(\boldsymbol{A}-\boldsymbol{BF},\boldsymbol{B},\boldsymbol{C})$仍为能控标准形，故状态反馈总能保持$\sum_{\mathrm{o}}(\boldsymbol{A},\boldsymbol{B},\boldsymbol{C})$的能控性不变。而$\sum_{\mathrm{F}}(\boldsymbol{A}-\boldsymbol{BF},\boldsymbol{B},\boldsymbol{C})$的能观测性判别矩阵为

$$\boldsymbol{Q}_{\mathrm{o}}=\begin{bmatrix} \boldsymbol{C} \\ \boldsymbol{C}(\boldsymbol{A}-\boldsymbol{BF}) \end{bmatrix}=\begin{bmatrix} 1 & 1 \\ -f_1 & 1-f_2 \end{bmatrix}$$

可见，若$f_2-f_1=1$，例如，取$f_2=2,f_1=1$，则$\operatorname{rank}\boldsymbol{Q}_{\mathrm{o}}=1<2$，$\sum_{\mathrm{F}}(\boldsymbol{A}-\boldsymbol{BF},\boldsymbol{B},\boldsymbol{C})$不能观测。事实上，由系统能控标准形与传递函数的对应关系，$\sum_{\mathrm{o}}(\boldsymbol{A},\boldsymbol{B},\boldsymbol{C})$对应的传递函数为

$$W_{\mathrm{o}}(s)=\frac{s+1}{s^2}$$

引入$\boldsymbol{F}=[1 \quad 2]$状态反馈后的$\sum_{\mathrm{F}}(\boldsymbol{A}-\boldsymbol{BF},\boldsymbol{B},\boldsymbol{C})$对应的传递函数为

$$W_{\mathrm{F}}(s)=\frac{s+1}{s^2+2s+1}=\frac{s+1}{(s+1)^2}$$

可见，闭环系统$\sum_{\mathrm{F}}(\boldsymbol{A}-\boldsymbol{BF},\boldsymbol{B},\boldsymbol{C})$的两个极点($s_1=-1$、$s_2=-1$)中有一个与其零点发生对消，故存在一个为$-1$的输出解耦零点，导致状态反馈闭环系统不完全能观测。但若$f_2-f_1\neq1$，则有

$\text{rank}\boldsymbol{Q}_o=2$，$\sum_F(\boldsymbol{A}-\boldsymbol{BF},\boldsymbol{B},\boldsymbol{C})$能控且能观测。以上分析表明，状态反馈不一定能保持能观测性。

再将输出反馈控制 $u=v-hy=v-h\boldsymbol{Cx}=v-hx_1-hx_2$ 代入被控系统的状态空间表达式，得输出反馈闭环系统$\sum_H(\boldsymbol{A}-\boldsymbol{BHC},\boldsymbol{B},\boldsymbol{C})$的状态空间表达式为

$$\begin{cases}\dot{\boldsymbol{x}}=(\boldsymbol{A}-\boldsymbol{B}h\boldsymbol{C})\boldsymbol{x}+\boldsymbol{B}v=\begin{bmatrix}0 & 1\\ -h & -h\end{bmatrix}\boldsymbol{x}+\begin{bmatrix}0\\1\end{bmatrix}v\\ y=\boldsymbol{Cx}=[1 \quad 1]\boldsymbol{x}\end{cases}$$

$\sum_H(\boldsymbol{A}-\boldsymbol{BHC},\boldsymbol{B},\boldsymbol{C})$仍为能控标准形，且其能观测性判别矩阵的秩

$$\text{rank}\begin{bmatrix}\boldsymbol{C}\\ \boldsymbol{C}(\boldsymbol{A}-\boldsymbol{B}h\boldsymbol{C})\end{bmatrix}=\text{rank}\begin{bmatrix}1 & 1\\ -h & 1-h\end{bmatrix}\equiv 2$$

可见，$\sum_H(\boldsymbol{A}-\boldsymbol{BHC},\boldsymbol{B},\boldsymbol{C})$能控且能观测。这就表明输出反馈不改变被控系统的能控性与能观测性。

7.3 状态反馈闭环系统的极点配置

线性定常系统的极点不仅完全决定了系统的渐近稳定性，而且决定了系统的响应速度，因此，线性定常系统综合问题的常见“非优化型”指标之一是给出复平面上一组期望极点。由第 2 章知，在状态空间模型中，系统极点即为状态矩阵的特征值，因此状态反馈极点配置问题，就是通过设计状态反馈增益矩阵，使闭环系统状态矩阵的特征值配置在复平面的期望位置。选择期望闭环极点(特征值)组的一般原则为：①对 n 阶系统，应指定 n 个期望极点，期望极点应为实数或按共轭对出现的复数；②选择期望极点位置，应充分考虑其对系统性能的主导影响及其与系统零点分布状况的关系，同时应兼顾使系统具有较强的抗干扰能力及较低的系统参数变动敏感性的要求。

7.3.1 单输入系统的极点配置

1. 极点配置定理

对单输入 n 阶被控系统$\sum_o(\boldsymbol{A},\boldsymbol{B},\boldsymbol{C})$

$$\begin{cases}\dot{\boldsymbol{x}}=\boldsymbol{Ax}+\boldsymbol{B}u\\ \boldsymbol{y}=\boldsymbol{Cx}\end{cases} \tag{7-14}$$

采用状态反馈任意配置 n 个闭环极点(特征值)的充分必要条件是$\sum_o(\boldsymbol{A},\boldsymbol{B},\boldsymbol{C})$状态完全能控。

先证明上述极点配置定理的必要性。由状态反馈不改变能控性，若$\sum_o(\boldsymbol{A},\boldsymbol{B},\boldsymbol{C})$的状态不完全能控，则其不能控极点及其对应的不能控模态不能通过状态反馈改变。证毕。

再证充分性。设被控系统(7-14)的特征多项式为

$$f_o(s)=\det[s\boldsymbol{I}-\boldsymbol{A}]=s^n+a_1s^{n-1}+\cdots+a_{n-1}s+a_n \tag{7-15}$$

因被控系统能控，由式(4-123)知，可通过非奇异变换

$$\boldsymbol{x}=\boldsymbol{T}_{cc}\overline{\boldsymbol{x}} \tag{7-16}$$

将其化为能控标准形$\overline{\sum}_o(\overline{\boldsymbol{A}},\overline{\boldsymbol{B}},\overline{\boldsymbol{C}})$，即

$$\begin{cases}\dot{\overline{\boldsymbol{x}}}=\overline{\boldsymbol{A}}\,\overline{\boldsymbol{x}}+\overline{\boldsymbol{B}}\,u\\ \boldsymbol{y}=\overline{\boldsymbol{C}}\,\overline{\boldsymbol{x}}\end{cases} \tag{7-17}$$

式中

$$\overline{\boldsymbol{A}}=\boldsymbol{T}_{cc}^{-1}\boldsymbol{A}\boldsymbol{T}_{cc}=\begin{bmatrix}0 & 1 & 0 & \cdots & 0\\ 0 & 0 & 1 & \cdots & 0\\ \vdots & \vdots & \vdots & & \vdots\\ 0 & 0 & 0 & \cdots & 1\\ -a_n & -a_{n-1} & -a_{n-2} & \cdots & -a_1\end{bmatrix},\quad \overline{\boldsymbol{B}}=\boldsymbol{T}_{cc}^{-1}\boldsymbol{B}=\begin{bmatrix}0\\0\\ \vdots\\0\\1\end{bmatrix},\overline{\boldsymbol{C}}=\boldsymbol{C}\boldsymbol{T}_{cc} \tag{7-18}$$

$$\boldsymbol{T}_{cc}=[\boldsymbol{B}\quad \boldsymbol{AB}\quad \cdots\quad \boldsymbol{A}^{n-1}\boldsymbol{B}]\begin{bmatrix}a_{n-1} & \cdots & a_1 & 1\\ \vdots & \cdot^{\cdot^{\cdot}} & \cdot^{\cdot^{\cdot}} & \\ a_1 & 1 & & \\ 1 & & & \end{bmatrix} \tag{7-19}$$

针对能控标准形$\overline{\Sigma}_o(\overline{\boldsymbol{A}},\overline{\boldsymbol{B}},\overline{\boldsymbol{C}})$引入线性状态反馈

$$u=v-\overline{\boldsymbol{F}}\overline{\boldsymbol{x}} \tag{7-20}$$

式中，$\overline{\boldsymbol{F}}=[\overline{f}_1\quad \overline{f}_2\quad \overline{f}_3\quad \ldots]$，可求得对 $\overline{\boldsymbol{x}}$ 的状态反馈闭环系统$\overline{\Sigma}_{\overline{F}}(\overline{\boldsymbol{A}}-\overline{\boldsymbol{BF}},\overline{\boldsymbol{B}},\overline{\boldsymbol{C}})$的状态空间表达式仍为能控标准形，即

$$\begin{cases}\dot{\overline{\boldsymbol{x}}}=(\overline{\boldsymbol{A}}-\overline{\boldsymbol{B}}\,\overline{\boldsymbol{F}})\overline{\boldsymbol{x}}+\overline{\boldsymbol{B}}v\\ y=\overline{\boldsymbol{C}}\overline{\boldsymbol{x}}\end{cases} \tag{7-21}$$

式中，
$$\overline{\boldsymbol{A}}-\overline{\boldsymbol{BF}}=\begin{bmatrix}0 & 1 & 0 & \cdots & 0\\ 0 & 0 & 1 & \cdots & 0\\ \vdots & \vdots & \vdots & & \vdots\\ 0 & 0 & 0 & \cdots & 1\\ -(a_n+\overline{f}_1) & -(a_{n-1}+\overline{f}_2) & -(a_{n-2}+\overline{f}_3) & \cdots & -(a_1+\overline{f}_n)\end{bmatrix} \tag{7-22}$$

则闭环系统$\overline{\Sigma}_{\overline{F}}(\overline{\boldsymbol{A}}-\overline{\boldsymbol{BF}},\overline{\boldsymbol{B}},\overline{\boldsymbol{C}})$的特征多项式为

$$p_F(s)=\det[s\boldsymbol{I}-(\overline{\boldsymbol{A}}-\overline{\boldsymbol{B}}\,\overline{\boldsymbol{F}})]=s^n+(a_1+\overline{f}_n)s^{n-1}+\cdots+(a_{n-1}+\overline{f}_2)s+(a_n+\overline{f}_1) \tag{7-23}$$

可见，$(\overline{\boldsymbol{A}}-\overline{\boldsymbol{BF}})$的 n 个特征值可通过选择 $\overline{f}_1,\overline{f}_2,\overline{f}_3,\cdots,\overline{f}_n$任意配置。因线性非奇异变换不改变系统的特征值，则有 $\det[s\boldsymbol{I}-(\overline{\boldsymbol{A}}-\overline{\boldsymbol{BF}})]=\det[s\boldsymbol{I}-(\boldsymbol{A}-\boldsymbol{BF})]$，故若被控系统$\Sigma_o(\boldsymbol{A},\boldsymbol{B},\boldsymbol{C})$能控，则其状态反馈系统的极点可任意配置。证毕。

2. 采用状态反馈配置闭环极点的方法

方法 1：规范算法

对状态完全能控的单输入被控系统$\Sigma_o(\boldsymbol{A},\boldsymbol{B},\boldsymbol{C})$，其特征多项式为式(7-15)所示。由给定的期望闭环极点组 s_i^* $(i=1,2,\cdots,n)$，得期望闭环特征多项式为

$$p^*(s)=\prod_{i=1}^{n}(s-s_i^*)=s^n+a_1^*s^{n-1}+\cdots+a_{n-1}^*s+a_n^* \tag{7-24}$$

令式(7-23)与式(7-24)相等，得到针对能控标准形$\overline{\Sigma}_o(\overline{\boldsymbol{A}},\overline{\boldsymbol{B}},\overline{\boldsymbol{C}})$，使闭环极点配置为期望极点的状态反馈增益矩阵为

$$\overline{\boldsymbol{F}}=[\overline{f}_1\quad \overline{f}_2\quad \cdots\quad \overline{f}_n]=[a_n^*-a_n\quad a_{n-1}^*-a_{n-1}\quad \cdots\quad a_1^*-a_1] \tag{7-25}$$

将式(7-16)代入式(7-20)，得

$$u=v-\overline{F}\,\overline{x}=v-\overline{F}T_{cc}^{-1}x=v-Fx \tag{7-26}$$

则针对$\sum_o(A,B,C)$，引入状态反馈使闭环极点配置到期望极点的状态反馈增益矩阵为

$$F=\overline{F}T_{cc}^{-1}=[a_n^*-a_n \quad a_{n-1}^*-a_{n-1} \quad \cdots \quad a_1^*-a_1]T_{cc}^{-1} \tag{7-27}$$

式中，T_{cc}^{-1}为按式(7-16)将$\sum_o(A,B,C)$化为能控标准形$\overline{\sum}_o(\overline{A},\overline{B},\overline{C})$的变换矩阵$T_{cc}$的逆矩阵，其中，$T_{cc}$如式(7-19)所示，也可按式(4-132)直接构造T_{cc}^{-1}。

方法2：解联立方程

设被控系统$\sum_o(A,B,C)$状态完全能控，状态反馈增益矩阵$F=[f_1 \quad f_2 \quad \cdots \quad f_n]$，则状态反馈闭环系统$\sum_F(A-BF,B,C)$的特征多项式为

$$p_F(s)=\det[sI-(A-BF)]=s^n+\beta_1 s^{n-1}+\cdots+\beta_{n-1}s+\beta_n \tag{7-28}$$

而由给定的期望闭环极点组$s_i^*(i=1,2,\cdots,n)$，可确定如式(7-24)所示的期望闭环特征多项式$p^*(s)$。令$p_F(s)=p^*(s)$，由此得到n个关于$f_1,f_2,\cdots,f_n$的独立方程并求解，即可确定达到闭环极点配置要求所需的状态反馈增益矩阵$F=[f_1 \quad f_2 \quad \cdots \quad f_n]$。

【例7-2】 被控系统$\sum_o(A,B,C)$的状态空间表达式为$\begin{cases}\dot{x}=\begin{bmatrix}5 & 9\\-2 & -4\end{bmatrix}x+\begin{bmatrix}2\\-1\end{bmatrix}u\\ y=[3 \quad 5]x\end{cases}$，试设计状态反馈增益矩阵$F$，使闭环系统极点配置为$-1+\mathrm{j}$和$-1-\mathrm{j}$，并画出状态变量图。

解 (1) 判断被控系统的能控性

$$\mathrm{rank}Q_c=\mathrm{rank}([B \,\vdots\, AB])=\mathrm{rank}\begin{bmatrix}2 & 1\\-1 & 0\end{bmatrix}=2=n$$

故被控系统状态完全能控，可通过状态反馈任意配置闭环系统极点。

(2) 确定闭环系统期望特征多项式

闭环系统期望极点为$s_{1,2}^*=-1\pm\mathrm{j}$，对应的期望闭环特征多项式为

$$p^*(s)=(s-s_1)(s-s_2)=(s+1-\mathrm{j})(s+1+\mathrm{j})=s^2+2s+2$$

(3) 求满足期望极点配置要求的状态反馈增益矩阵$F=[f_1 \quad f_2]$

方法1：规范算法

被控系统$\sum_o(A,B,C)$的特征多项式为

$$p_o(s)=\det(sI-A)=\begin{vmatrix}s-5 & -9\\2 & s+4\end{vmatrix}=s^2-s-2$$

根据式(7-25)，针对能控标准形$\overline{\sum}_o(\overline{A},\overline{B},\overline{C})$实现期望极点配置所需的状态反馈增益矩阵$\overline{F}$为

$$\overline{F}=[\overline{f}_1 \quad \overline{f}_2]=[a_2^*-a_2 \quad a_1^*-a_1]=[2-(-2) \quad 2-(-1)]=[4 \quad 3]$$

将$\sum_o(A,B,C)$化为能控标准形$\overline{\sum}_o(\overline{A},\overline{B},\overline{C})$的变换矩阵$T_{cc}$为

$$T_{cc}=[B \quad AB]\begin{bmatrix}a_1 & 1\\1 & 0\end{bmatrix}=\begin{bmatrix}2 & 1\\-1 & 0\end{bmatrix}\begin{bmatrix}-1 & 1\\1 & 0\end{bmatrix}=\begin{bmatrix}-1 & 2\\1 & -1\end{bmatrix}$$

则
$$T_{cc}^{-1}=\begin{bmatrix}-1 & 2\\1 & -1\end{bmatrix}^{-1}=\begin{bmatrix}1 & 2\\1 & 1\end{bmatrix}$$

根据式(7-27)，原状态x下的状态反馈增益矩阵F应为

$$F=[f_1 \quad f_2]=\overline{F}T_{cc}^{-1}=[4 \quad 3]\begin{bmatrix}1 & 2\\1 & 1\end{bmatrix}=[7 \quad 11]$$

方法 2:解联立方程

设 $\boldsymbol{F}=[f_1 \quad f_2]$,状态反馈闭环系统$\sum_F(\boldsymbol{A}-\boldsymbol{BF},\boldsymbol{B},\boldsymbol{C})$的特征多项式为

$$p_F(s)=\det[s\boldsymbol{I}-(\boldsymbol{A}-\boldsymbol{BF})]=\begin{vmatrix} s-5+2f_1 & -9+2f_2 \\ 2-f_1 & s+4-f_2 \end{vmatrix}$$

$$=s^2+(2f_1-f_2-1)s+f_2-f_1-2$$

令 $p_F(s)=p^*(s)$,即 $s^2+(2f_1-f_2-1)s+f_2-f_1-2=s^2+2s+2$,则有联立方程组

$$\begin{cases} 2f_1-f_2-1=2 \\ -f_1+f_2-2=2 \end{cases}$$

解之,得 $f_1=7,f_2=11$。

(4) 画状态变量图

根据被控系统状态空间表达式和所设计的状态反馈增益矩阵 $\boldsymbol{F}$,画出状态反馈闭环系统状态变量图,如图 7-4 所示。

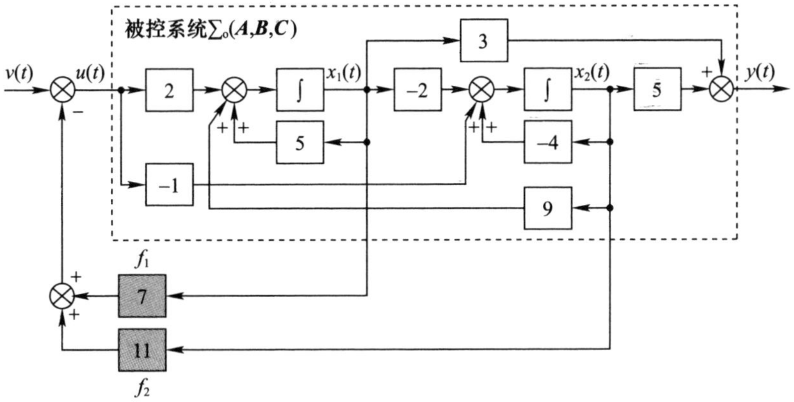

图 7-4 例 7-2 图

本例也可基于规范算法,采用 MATLAB 命令行求解,MATLAB Program 7-1a 为相应的 MATLAB求解程序。另外,MATLAB 控制系统工具箱中提供了极点配置函数 place()和acker(),也可用于求解状态反馈增益矩阵。其中,place()可求解多变量系统的极点配置问题,但不适用于含有多重期望极点的问题;acker()只适用于设计状态变量数目不多(≤10)的单输入系统,但可求解配置多重极点的问题。MATLAB Program 7-1b 为调用 MATLAB 极点配置函数求解本例状态反馈增益矩阵的 MATLAB 程序。

```
%MATLAB Program 7-1a
A=[5 9;-2 -4];B=[2;-1];
Qc=ctrb(A,B);%求能控性判别矩阵
P_A=poly(A)  %求被控系统状态矩阵的特征多项式系数
a2=P_A(3);a1=P_A(2)
P_x=poly([-1+j;-1-j]) %求闭环系统期望特征多项式系数
a_x2=P_x(3);a_x1=P_x(2);
Tcc=Qc*[a1 1;1 0];  %求能控标准形变换矩阵
F=[a_x2-a2 a_x1-a1]*inv(Tcc) %求状态反馈增益矩阵 F
```

```
%MATLAB Program 7-1b
A=[5 9;-2 -4];B=[2;-1];
P=[-1+j;-1-j]);%期望闭环极点构成向量P
F=place(A,B,P)%调用place()求状态反馈增益矩阵F,或F=acker(A,B,P)
```

3. 采用状态反馈进行部分极点配置

若被控系统$\sum_{o}(\boldsymbol{A},\boldsymbol{B},\boldsymbol{C})$状态不完全能控，采用状态反馈只能将其能控子系统的极点配置到期望位置，而不能移动其不能控子系统的极点。因此，对不完全能控的被控系统，若期望闭环极点组中包含不能控子系统的全部极点，那么这一组期望闭环极点仍可采用状态反馈进行配置，这时实质上仅配置了能控子系统的极点。

7.3.2 多输入系统的极点配置

n阶多输入线性定常系统$\sum_{o}(\boldsymbol{A},\boldsymbol{B},\boldsymbol{C})$采用状态反馈任意配置$n$个闭环极点(特征值)的充分必要条件仍是$\{\boldsymbol{A},\boldsymbol{B}\}$能控，而且状态反馈增益矩阵$\boldsymbol{F}$的引入在配置系统极点的同时一般不影响系统零点的整体分布位置，但单输入系统实现一组期望闭环极点所需的状态反馈增益矩阵是唯一的，多输入系统为配置一组期望闭环极点却有不同的状态反馈增益矩阵$\boldsymbol{F}$的设计方案。常用的多输入系统状态反馈极点配置方法有两种：其一，限制$\boldsymbol{F}$为单位秩结构，即$\mathrm{rank}(\boldsymbol{F})=1$，将多输入系统化为等价的单输入系统，进而采用单输入系统的极点配置算法；其二，化为Luenberger能控标准形的极点配置算法，该算法确定的状态反馈增益矩阵的各元素数值总体较小，闭环系统动态响应较好。

1. 化多输入系统为等价单输入系统的极点配置算法

设r维输入($r>1$)、m维输出的多输入n阶被控系统

$$\sum\nolimits_{o}(\boldsymbol{A},\boldsymbol{B},\boldsymbol{C}):\begin{cases}\dot{\boldsymbol{x}}=\boldsymbol{A}\boldsymbol{x}+\boldsymbol{B}\boldsymbol{u}\\ \boldsymbol{y}=\boldsymbol{C}\boldsymbol{x}\end{cases}\tag{7-29}$$

能控，式中，$\boldsymbol{B}$为$n\times r$维控制矩阵。对其引入状态反馈控制律

$$\boldsymbol{u}=\boldsymbol{v}-\boldsymbol{F}\boldsymbol{x}\tag{7-30}$$

式中，$\boldsymbol{F}$为$r\times n$维状态反馈增益矩阵，则状态反馈闭环系统$\sum_{\mathrm{F}}(\boldsymbol{A}-\boldsymbol{B}\boldsymbol{F},\boldsymbol{B},\boldsymbol{C})$为

$$\begin{cases}\dot{\boldsymbol{x}}=(\boldsymbol{A}-\boldsymbol{B}\boldsymbol{F})\boldsymbol{x}+\boldsymbol{B}\boldsymbol{v}\\ \boldsymbol{y}=\boldsymbol{C}\boldsymbol{x}\end{cases}\tag{7-31}$$

取$\boldsymbol{F}$为单位秩结构，即令

$$\boldsymbol{F}=\boldsymbol{\rho}\boldsymbol{f}\tag{7-32}$$

式中，$\boldsymbol{\rho}$为$r\times 1$维列向量，$\boldsymbol{f}$为$1\times n$维行向量。将式(7-32)代入式(7-31)，得

$$\begin{cases}\dot{\boldsymbol{x}}=(\boldsymbol{A}-\boldsymbol{B}\boldsymbol{F})\boldsymbol{x}+\boldsymbol{B}\boldsymbol{v}=(\boldsymbol{A}-\boldsymbol{B}\boldsymbol{\rho}\boldsymbol{f})\boldsymbol{x}+\boldsymbol{B}\boldsymbol{v}\\ \boldsymbol{y}=\boldsymbol{C}\boldsymbol{x}\end{cases}\tag{7-33}$$

再考虑对能控的等价单输入被控系统

$$\sum\nolimits_{o}(\boldsymbol{A},\boldsymbol{B}\boldsymbol{\rho},\boldsymbol{C}):\begin{cases}\dot{\boldsymbol{x}}=\boldsymbol{A}\boldsymbol{x}+\boldsymbol{B}\boldsymbol{\rho}u\\ \boldsymbol{y}=\boldsymbol{C}\boldsymbol{x}\end{cases}\tag{7-34}$$

引入状态反馈控制律

$$u=v-\boldsymbol{f}\boldsymbol{x}\tag{7-35}$$

式中，$\boldsymbol{f}$为$1\times n$维状态反馈增益行向量，则状态反馈闭环系统$\sum_{\mathrm{f}}(\boldsymbol{A}-\boldsymbol{B}\boldsymbol{\rho}\boldsymbol{f},\boldsymbol{B}\boldsymbol{\rho},\boldsymbol{C})$为

$$\begin{cases}\dot{\boldsymbol{x}}=(\boldsymbol{A}-\boldsymbol{B}\boldsymbol{\rho}\boldsymbol{f})\boldsymbol{x}+\boldsymbol{B}\boldsymbol{\rho}v\\ \boldsymbol{y}=\boldsymbol{C}\boldsymbol{x}\end{cases}\tag{7-36}$$

比较式(7-33)与式(7-36)可见,当限制 $\boldsymbol{F}$ 为单位秩结构(7-32)时,可将能控的多输入被控系统$\Sigma_o(\boldsymbol{A},\boldsymbol{B},\boldsymbol{C})$的状态反馈闭环极点配置问题等价为能控的单输入被控系统$\Sigma_o(\boldsymbol{A},\boldsymbol{B\rho},\boldsymbol{C})$的状态反馈闭环极点配置问题。

然而,化能控多输入系统$\Sigma_o(\boldsymbol{A},\boldsymbol{B},\boldsymbol{C})$为等价单输入系统$\Sigma_o(\boldsymbol{A},\boldsymbol{B\rho},\boldsymbol{C})$极点配置算法的前提是$\Sigma_o(\boldsymbol{A},\boldsymbol{B\rho},\boldsymbol{C})$必须能控。可以证明,若$\{\boldsymbol{A},\boldsymbol{B}\}$能控,只要 $\boldsymbol{A}$ 为循环矩阵,则对几乎所有的 $r\times1$ 维列向量 $\boldsymbol{\rho}$,$\{\boldsymbol{A},\boldsymbol{B\rho}\}$能控。这里提及的"循环矩阵"有如下定义:若 n 阶状态矩阵 $\boldsymbol{A}$ 的特征多项式 $\det(s\boldsymbol{I}-\boldsymbol{A})$等同于其最小多项式,则称其为循环矩阵,即若预解矩阵

$$(s\boldsymbol{I}-\boldsymbol{A})^{-1}=\frac{\operatorname{adj}(s\boldsymbol{I}-\boldsymbol{A})}{\det(s\boldsymbol{I}-\boldsymbol{A})} \tag{7-37}$$

不可简约,则矩阵 $\boldsymbol{A}$ 为循环矩阵。由线性代数知,状态矩阵 $\boldsymbol{A}$ 为循环矩阵,当且仅当 $\boldsymbol{A}$ 的约当标准形中相应于每个不同特征值仅有一个约当块。由此循环矩阵的充分必要条件可推得 $\boldsymbol{A}$ 为循环矩阵的一个充分条件为 $\boldsymbol{A}$ 的 n 个特征值两两相异。

状态矩阵 $\boldsymbol{A}$ 为循环矩阵是能控的多输入系统(7-29)化为等价单输入系统(7-34)任意配置极点的充分必要条件。可以证明,若$\{\boldsymbol{A},\boldsymbol{B}\}$能控,但 $\boldsymbol{A}$ 为非循环矩阵,则对几乎所有的 $r\times n$ 维状态反馈增益矩阵 $\boldsymbol{F}_1$,闭环系统状态矩阵$(\boldsymbol{A}-\boldsymbol{BF}_1)$为循环矩阵。

综上所述,对于能控的多输入系统(7-29),采用等价单输入系统进行状态反馈极点配置的基本步骤如下:

(1) 判断状态矩阵 $\boldsymbol{A}$ 是否为循环矩阵,若不是,则引入如图 7-5 所示的状态反馈控制律

$$\boldsymbol{u}=\boldsymbol{w}-\boldsymbol{F}_1\boldsymbol{x} \tag{7-38}$$

使 $\overline{\boldsymbol{A}}=\boldsymbol{A}-\boldsymbol{BF}_1$为循环矩阵,式中,$\boldsymbol{F}_1$为 $r\times n$ 维实数矩阵;若 $\boldsymbol{A}$ 是循环矩阵,则 $\overline{\boldsymbol{A}}=\boldsymbol{A}$。

(2) 针对循环矩阵 $\overline{\boldsymbol{A}}$,通过适当选取 $r\times1$ 维列向量 $\boldsymbol{\rho}$,使$\{\boldsymbol{A},\boldsymbol{B\rho}\}$能控。

(3) 对等价单输入系统$\Sigma_o(\boldsymbol{A},\boldsymbol{B\rho},\boldsymbol{C})$,采用单输入系统期望极点配置算法,求出 $1\times n$ 维状态反馈增益行向量 $\boldsymbol{f}$。

(4) 若 $\boldsymbol{A}$ 是循环矩阵,则所求 $r\times n$ 维状态反馈增益矩阵为 $\boldsymbol{F}=\boldsymbol{\rho f}$;若 $\boldsymbol{A}$ 为非循环矩阵,则如图 7-5 所示,将两个状态反馈 $\boldsymbol{u}=\boldsymbol{w}-\boldsymbol{F}_1\boldsymbol{x}$ 和 $\boldsymbol{w}=\boldsymbol{v}-\boldsymbol{F}_2\boldsymbol{x}=\boldsymbol{v}-\boldsymbol{\rho f x}$ 合并为

$$\boldsymbol{u}=\boldsymbol{v}-\boldsymbol{F}_1\boldsymbol{x}-\boldsymbol{F}_2\boldsymbol{x}=\boldsymbol{v}-(\boldsymbol{F}_1+\boldsymbol{F}_2)\boldsymbol{x}=\boldsymbol{v}-(\boldsymbol{F}_1+\boldsymbol{\rho f})\boldsymbol{x}=\boldsymbol{v}-\boldsymbol{F}\boldsymbol{x}$$

则所求 $r\times n$ 维状态反馈增益矩阵为 $\boldsymbol{F}=\boldsymbol{F}_1+\boldsymbol{F}_2=\boldsymbol{F}_1+\boldsymbol{\rho f}$。

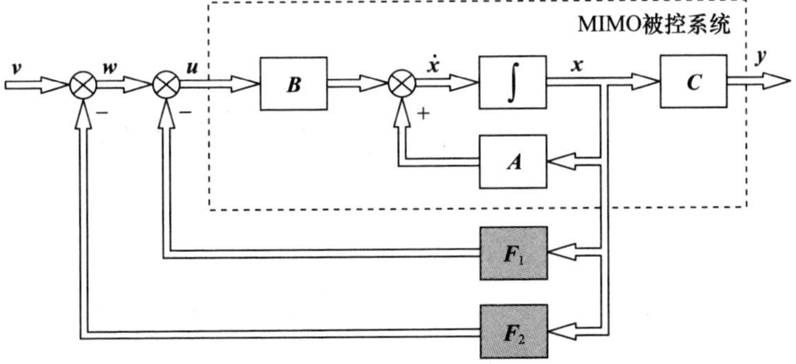

图 7-5 循环设计的状态反馈

显然,上述算法中,$\boldsymbol{F}_1$和 $\boldsymbol{\rho}$ 的选取并非唯一,有一定的自由度,一般宜选择尽可能简单的 $\boldsymbol{F}_1$ 的结构,且通过 $\boldsymbol{F}_1$和 $\boldsymbol{\rho}$ 的选取使所求状态反馈增益矩阵 $\boldsymbol{F}$ 的各元素数值尽可能小,以便于工程实现。

2. 化多输入系统为 Luenberger 能控标准形的极点配置算法

该算法是能控单输入系统状态反馈极点配置规范算法的推广。由 4.9.2 节知，可引入式(4-165)所示的状态变换 $\boldsymbol{x}=\boldsymbol{T}_{cL}\bar{\boldsymbol{x}}$，将能控的 n 阶多输入系统$\sum_o(\boldsymbol{A},\boldsymbol{B},\boldsymbol{C})$变换为式(4-166)所示的 Luenberger 能控标准形$\sum_o(\bar{\boldsymbol{A}}_c,\bar{\boldsymbol{B}}_c,\bar{\boldsymbol{C}}_c)$，其状态矩阵 $\bar{\boldsymbol{A}}_c$的对角线上的子矩阵均为维数由能控性指数集确定的友矩阵。针对 Luenberger 能控标准形$\sum_o(\bar{\boldsymbol{A}}_c,\bar{\boldsymbol{B}}_c,\bar{\boldsymbol{C}}_c)$，引入 $\boldsymbol{u}=\boldsymbol{v}-\bar{\boldsymbol{F}}\bar{\boldsymbol{x}}$ 的状态反馈控制，闭环系统状态矩阵$(\bar{\boldsymbol{A}}_c-\bar{\boldsymbol{B}}_c\bar{\boldsymbol{F}})$仍为结构形式相同的 Luenberger 能控标准形，将 n 个期望闭环极点按该 Luenberger 能控标准形对角线上的子矩阵维数分组，并分别确定对应各组期望极点的多项式，由此构造 Luenberger 能控标准形形式的期望闭环状态矩阵。例如，构造对角线上的子矩阵为相应维数的友矩阵，而其余子矩阵均为零矩阵的期望闭环状态矩阵，并与$(\bar{\boldsymbol{A}}_c-\bar{\boldsymbol{B}}_c\bar{\boldsymbol{F}})$相比较，即可确定矩阵 $\bar{\boldsymbol{F}}$，则针对$\sum_o(\boldsymbol{A},\boldsymbol{B},\boldsymbol{C})$所需的状态反馈增益矩阵 $\boldsymbol{F}=\bar{\boldsymbol{F}}\boldsymbol{T}_{cL}^{-1}$。下面以 $n=5$，$r=2$，能控性指数 $\mu_1=3$，$\mu_2=2$ 为例，进一步具体阐述上述极点配置算法的一般步骤。

(1) 按式(4-164)构造化$\sum_o(\boldsymbol{A},\boldsymbol{B},\boldsymbol{C})$为 Luenberger 能控标准形的变换矩阵的逆矩阵 $\boldsymbol{T}_{cL}^{-1}$。

(2) 引入状态变换 $\boldsymbol{x}=\boldsymbol{T}_{cL}\bar{\boldsymbol{x}}$，将$\sum_o(\boldsymbol{A},\boldsymbol{B},\boldsymbol{C})$变换为 Luenberger 能控标准形，得

$$\dot{\bar{\boldsymbol{x}}}=\boldsymbol{T}_{cL}^{-1}\boldsymbol{A}\boldsymbol{T}_{cL}\bar{\boldsymbol{x}}+\boldsymbol{T}_{cL}^{-1}\boldsymbol{B}\boldsymbol{u}=\bar{\boldsymbol{A}}\bar{\boldsymbol{x}}+\bar{\boldsymbol{B}}\boldsymbol{u}$$

$$=\left[\begin{array}{ccc:cc} 0 & 1 & 0 & 0 & 0 \\ 0 & 0 & 1 & 0 & 0 \\ -a_{13} & -a_{12} & -a_{11} & \beta_{11} & \beta_{12} \\ \hdashline 0 & 0 & 0 & 0 & 1 \\ \beta_{21} & \beta_{22} & \beta_{23} & -a_{22} & -a_{21} \end{array}\right]\bar{\boldsymbol{x}}+\left[\begin{array}{c:c} 0 & 0 \\ 0 & 0 \\ 1 & \gamma \\ \hdashline 0 & 0 \\ 0 & 1 \end{array}\right]\boldsymbol{u}$$

(3) 将 $n=5$ 个期望闭环极点$\{s_1^*,s_2^*,s_3^*,s_4^*,s_5^*\}$分为 2 组(若有复数期望极点，应将一对共轭复数极点分在同一组中)，计算相应的多项式

$$p_1^*=(s-s_1)(s-s_2)(s-s_3)=s^3+a_{11}^*s^2+a_{12}^*s+a_{13}^*$$

$$p_2^*=(s-s_4)(s-s_5)=s^2+a_{21}^*s+a_{22}^*$$

构造特征多项式为 $p_F^*(s)=p_1^*(s)p_2^*(s)=\prod_{i=1}^{5}(s-s_i)$的期望闭环状态矩阵

$$(\bar{\boldsymbol{A}}_c-\bar{\boldsymbol{B}}_c\bar{\boldsymbol{F}})^*=\left[\begin{array}{ccc:cc} 0 & 1 & 0 & 0 & 0 \\ 0 & 0 & 1 & 0 & 0 \\ -a_{13}^* & -a_{12}^* & -a_{11}^* & 0 & 0 \\ \hdashline 0 & 0 & 0 & 0 & 1 \\ 0 & 0 & 0 & -a_{22}^* & -a_{21}^* \end{array}\right] \tag{7-39}$$

(4) 设 $\bar{\boldsymbol{F}}=\begin{bmatrix} \bar{f}_{11} & \bar{f}_{12} & \bar{f}_{13} & \bar{f}_{14} & \bar{f}_{15} \\ \bar{f}_{21} & \bar{f}_{22} & \bar{f}_{23} & \bar{f}_{24} & \bar{f}_{25} \end{bmatrix}$，则

$(\overline{\boldsymbol{A}}_c-\overline{\boldsymbol{B}}_c\overline{\boldsymbol{F}})=$

$$\left[\begin{array}{ccc:cc} 0 & 1 & 0 & 0 & 0 \\ 0 & 0 & 1 & 0 & 0 \\ -a_{13}-\overline{f}_{11}-\overline{f}_{21}\gamma & -a_{12}-\overline{f}_{12}-\overline{f}_{22}\gamma & -a_{11}-\overline{f}_{13}-\overline{f}_{23}\gamma & \beta_{11}-\overline{f}_{14}-\overline{f}_{24}\gamma & \beta_{12}-\overline{f}_{15}-\overline{f}_{25}\gamma \\ \hdashline 0 & 0 & 0 & 0 & 1 \\ \beta_{21}-\overline{f}_{21} & \beta_{22}-\overline{f}_{22} & \beta_{23}-\overline{f}_{23} & -a_{22}-\overline{f}_{24} & -a_{21}-\overline{f}_{25} \end{array}\right]$$

令$(\overline{\boldsymbol{A}}_c-\overline{\boldsymbol{B}}_c\overline{\boldsymbol{F}})$与式(7-39)所示的期望闭环状态矩阵相等，解得

$$\begin{aligned} \overline{\boldsymbol{F}} &= \begin{bmatrix} \overline{f}_{11} & \overline{f}_{12} & \overline{f}_{13} & \overline{f}_{14} & \overline{f}_{15} \\ \overline{f}_{21} & \overline{f}_{22} & \overline{f}_{23} & \overline{f}_{24} & \overline{f}_{25} \end{bmatrix} \\ &= \begin{bmatrix} a_{13}^*-a_{13}-\beta_{21}\gamma & a_{12}^*-a_{12}-\beta_{22}\gamma & a_{11}^*-a_{11}-\beta_{23}\gamma & \beta_{11}-(a_{22}^*-a_{22})\gamma & \beta_{12}-(a_{21}^*-a_{21})\gamma \\ \beta_{21} & \beta_{22} & \beta_{23} & a_{22}^*-a_{22} & a_{21}^*-a_{21} \end{bmatrix} \end{aligned} \tag{7-40}$$

(5) 针对多输入被控对象$\sum_o(\boldsymbol{A},\boldsymbol{B},\boldsymbol{C})$所需的状态反馈增益矩阵为

$$\boldsymbol{F}=\overline{\boldsymbol{F}}\boldsymbol{T}_{cL}^{-1} \tag{7-41}$$

应该指出，不仅对应期望闭环极点不同的分组将得到不同的矩阵 $\overline{\boldsymbol{F}}$，而且特征多项式为 $p_{\overline{F}}^*(s)=p_1^*(s)p_2^*(s)=\prod_{i=1}^{5}(s-s_i)$ 的期望闭环状态矩阵构造也并非唯一，故矩阵 $\overline{\boldsymbol{F}}$ 非唯一。例如，也可构造期望闭环状态矩阵为

$$(\overline{\boldsymbol{A}}_c-\overline{\boldsymbol{B}}_c\overline{\boldsymbol{F}})^*=\left[\begin{array}{ccc:cc} 0 & 1 & 0 & 0 & 0 \\ 0 & 0 & 1 & 0 & 0 \\ -a_{13}^* & -a_{12}^* & -a_{11}^* & 0 & 0 \\ \hdashline 0 & 0 & 0 & 0 & 1 \\ \beta_{21} & \beta_{22} & \beta_{23} & -a_{22}^* & -a_{21}^* \end{array}\right] \tag{7-42}$$

则对应的

$$\begin{aligned} \overline{\boldsymbol{F}} &= \begin{bmatrix} \overline{f}_{11} & \overline{f}_{12} & \overline{f}_{13} & \overline{f}_{14} & \overline{f}_{15} \\ \overline{f}_{21} & \overline{f}_{22} & \overline{f}_{23} & \overline{f}_{24} & \overline{f}_{25} \end{bmatrix} \\ &= \begin{bmatrix} a_{13}^*-a_{13} & a_{12}^*-a_{12} & a_{11}^*-a_{11} & \beta_{11}-(a_{22}^*-a_{22})\gamma & \beta_{12}-(a_{21}^*-a_{21})\gamma \\ 0 & 0 & 0 & a_{22}^*-a_{22} & a_{21}^*-a_{21} \end{bmatrix} \end{aligned} \tag{7-43}$$

【例 7-3】 已知被控系统的状态方程为

$$\dot{\boldsymbol{x}}=\left[\begin{array}{cc:cc} 0 & 1 & 0 & 0 \\ 0 & 1 & 0 & 1 \\ \hdashline 0 & 0 & 0 & 1 \\ 0 & 1 & 2 & 1 \end{array}\right]\boldsymbol{x}+\left[\begin{array}{c:c} 0 & 0 \\ 1 & 1 \\ \hdashline 0 & 0 \\ 0 & 1 \end{array}\right]\boldsymbol{u}$$

试设计状态反馈增益矩阵 $\boldsymbol{F}$，使状态反馈闭环系统特征值配置为$-1\pm$j、-3、-3。

解 方法 1：采用基于 Luenberger 能控标准形的极点配置算法

被控系统状态方程已为 Luenberger 能控标准形，故不需要引入状态变换，即 $\boldsymbol{T}_{cL}=\boldsymbol{I}$。按 Luenberger 能控标准形对角线上子矩阵数为 2 及子矩阵维数均为 2，将 4 个期望闭环特征值相应分为{−1+j，−1−j}和{−3，−3}两组，并求其对应的特征多项式为

$$p_1^*=(s+1-\mathrm{j})(s+1+\mathrm{j})=s^2+2s+2$$

$$p_2^*=(s+3)(s+3)=s^2+6s+9$$

构造期望闭环状态矩阵为

$$(\boldsymbol{A}-\boldsymbol{BF})^*=\left[\begin{array}{cc:cc}0 & 1 & 0 & 0\\ -2 & -2 & 0 & 0\\ \hdashline 0 & 0 & 0 & 1\\ 0 & 0 & -9 & -6\end{array}\right]$$

设 $\boldsymbol{F}=\begin{bmatrix}f_{11} & f_{12} & f_{13} & f_{14}\\ f_{21} & f_{22} & f_{23} & f_{24}\end{bmatrix}$，则

$$(\boldsymbol{A}-\boldsymbol{BF})=\left[\begin{array}{cc:cc}0 & 1 & 0 & 0\\ -f_{11}-f_{21} & 1-f_{12}-f_{22} & -f_{13}-f_{23} & 1-f_{14}-f_{24}\\ \hdashline 0 & 0 & 0 & 1\\ -f_{21} & 1-f_{22} & 2-f_{23} & 1-f_{24}\end{array}\right]$$

令 $(\boldsymbol{A}-\boldsymbol{BF})=(\boldsymbol{A}-\boldsymbol{BF})^*$，解得，$\boldsymbol{F}=\begin{bmatrix}2 & 2 & -11 & -6\\ 0 & 1 & 11 & 7\end{bmatrix}$。

方法 2：化为等价单输入系统的极点配置算法

状态矩阵 $\boldsymbol{A}$ 的特征值互异，故为循环矩阵。选取 2×1 维列向量 $\boldsymbol{\rho}=\begin{bmatrix}1\\ 1\end{bmatrix}$，则等价单输入系统

$$\dot{\boldsymbol{x}}=\boldsymbol{Ax}+\boldsymbol{B\rho}u=\begin{bmatrix}0 & 1 & 0 & 0\\ 0 & 1 & 0 & 1\\ 0 & 0 & 0 & 1\\ 0 & 1 & 2 & 1\end{bmatrix}\boldsymbol{x}+\begin{bmatrix}0\\ 2\\ 0\\ 1\end{bmatrix}u$$

能控，对其采用单输入系统期望极点配置算法，求出 $1\times n$ 维状态反馈增益行向量 $\boldsymbol{f}$ 为

$$\boldsymbol{f}=\frac{1}{2}\begin{bmatrix}-9 & 1 & 51 & 18\end{bmatrix}$$

则极点配置状态反馈增益矩阵 $\boldsymbol{F}$ 为

$$\boldsymbol{F}=\boldsymbol{\rho f}=\frac{1}{2}\begin{bmatrix}-9 & 1 & 51 & 18\\ -9 & 1 & 51 & 18\end{bmatrix}$$

7.3.3 状态反馈对系统传递函数矩阵零点的影响

对单变量系统，状态反馈不改变被控系统传递函数 $W(s)$零点的位置，但可能使得系统的某些极点配置为与 $W(s)$的零点相重合从而构成对消而成为解耦零点。对多变量系统，状态反馈在配置系统极点的同时一般不影响系统零点的整体分布位置，但传递函数矩阵各元传递函数的零点往往受状态反馈的影响，因此，对相同极点配置的不同状态反馈增益矩阵，闭环系统各输出变量的动态响应将有所不同。

【例 7-4】 考虑一个双输入双输出线性定常连续系统

$$\begin{cases}\dot{\boldsymbol{x}}=\begin{bmatrix}1 & 0 & 0\\0 & -1 & 0\\0 & 0 & 2\end{bmatrix}\boldsymbol{x}+\begin{bmatrix}1 & 0\\0 & 1\\1 & 1\end{bmatrix}\boldsymbol{u}\\ \boldsymbol{y}=\begin{bmatrix}1 & 0 & 1\\0 & 1 & 0\end{bmatrix}\boldsymbol{x}\end{cases}$$

其传递函数矩阵为

$$\boldsymbol{W}_{\mathrm{o}}(s)=\begin{bmatrix}\dfrac{2s-3}{(s-1)(s-2)} & \dfrac{1}{s-2}\\ 0 & \dfrac{1}{s+1}\end{bmatrix}$$

$\boldsymbol{W}_{\mathrm{o}}(s)$的极点为 1、−1、2，零点为 1.5。引入状态反馈，使闭环系统特征值配置为 $-1\pm\mathrm{j}$、-3，取状态反馈增益矩阵 $\boldsymbol{F}$ 为

$$\boldsymbol{F}=\begin{bmatrix}-10 & 1/3 & 25/3\\-10 & 1/3 & 25/3\end{bmatrix}$$

对应的闭环系统系数矩阵及传递函数矩阵分别为

$$\boldsymbol{A}_{\mathrm{F}}=\boldsymbol{A}-\boldsymbol{BF}=\begin{bmatrix}11 & -1/3 & -25/3\\10 & -4/3 & -25/3\\20 & -2/3 & -44/3\end{bmatrix},\boldsymbol{B}=\begin{bmatrix}1 & 0\\0 & 1\\1 & 1\end{bmatrix},\boldsymbol{C}=\begin{bmatrix}1 & 0 & 1\\0 & 1 & 0\end{bmatrix}$$

$$\boldsymbol{W}_{\mathrm{F}}(s)=\begin{bmatrix}\dfrac{6s^2+54s+43}{3(s^3+5s^2+8s+6)} & \dfrac{3s^2-57s-55}{3(s^3+5s^2+8s+6)}\\ \dfrac{5s-35}{3(s^3+5s^2+8s+6)} & \dfrac{3s^2-14s+41}{3(s^3+5s^2+8s+6)}\end{bmatrix}$$

$\boldsymbol{W}_{\mathrm{F}}(s)$的极点被配置到 $-1\pm\mathrm{j}$、-3，经计算，$\boldsymbol{W}_{\mathrm{F}}(s)$的零点仍为 1.5，与 $\boldsymbol{W}_{\mathrm{o}}(s)$的零点相同。但比较 $\boldsymbol{W}_{\mathrm{o}}(s)$和 $\boldsymbol{W}_{\mathrm{F}}(s)$可见，状态反馈在配置闭环极点的同时，对传递函数矩阵各元传递函数的分子多项式产生了影响。

7.4 状态反馈配置闭环系统特征结构

同时配置系统的特征值和特征向量称为特征结构配置。考虑对状态完全能控的 n 阶MIMO 被控系统

$$\Sigma_{\mathrm{o}}(\boldsymbol{A},\boldsymbol{B},\boldsymbol{C}):\begin{cases}\dot{\boldsymbol{x}}=\boldsymbol{Ax}+\boldsymbol{Bu}, & \boldsymbol{x}(0)=\boldsymbol{x}_0\\ \boldsymbol{y}=\boldsymbol{Cx}\end{cases}\tag{7-44}$$

引入状态反馈控制律

$$\boldsymbol{u}=\boldsymbol{v}-\boldsymbol{Fx}\tag{7-45}$$

闭环系统状态空间表达式为

$$\begin{cases}\dot{\boldsymbol{x}}=(\boldsymbol{A}-\boldsymbol{BF})\boldsymbol{x}+\boldsymbol{Bv}, & \boldsymbol{x}(0)=\boldsymbol{x}_0\\ \boldsymbol{y}=\boldsymbol{Cx}\end{cases}\tag{7-46}$$

设 $\boldsymbol{v}=\mathbf{0}$,则

$$\boldsymbol{x}(s)=(s\boldsymbol{I}-\boldsymbol{A}+\boldsymbol{BF})^{-1}\boldsymbol{x}_0 \tag{7-47}$$

设闭环系统状态矩阵 $\boldsymbol{A}-\boldsymbol{BF}$ 的 n 个特征值 $s_1,s_2,\cdots,s_n$ 互异,则由其所对应的 n 个独立特征向量构成模态矩阵

$$\boldsymbol{T}=[\boldsymbol{p}_1 \quad \boldsymbol{p}_2 \quad \cdots \quad \boldsymbol{p}_n] \tag{7-48}$$

且有

$$\boldsymbol{T}^{-1}(\boldsymbol{A}-\boldsymbol{BF})\boldsymbol{T}=\begin{bmatrix} s_1 & & & \\ & s_2 & & \\ & & \ddots & \\ & & & s_n \end{bmatrix}=\boldsymbol{\Lambda} \tag{7-49}$$

将式(7-49)代入式(7-47),得

$$\boldsymbol{x}(s)=\boldsymbol{T}(s\boldsymbol{I}-\boldsymbol{\Lambda})^{-1}\boldsymbol{T}^{-1}\boldsymbol{x}_0=\sum_{i=1}^{n}\boldsymbol{p}_i\overline{\boldsymbol{p}}_i\boldsymbol{x}_0\frac{1}{s-s_i} \tag{7-50}$$

式中,$\overline{\boldsymbol{p}}_i$ 为模态矩阵 $\boldsymbol{T}$ 的逆矩阵的第 i 行。则有

$$\boldsymbol{x}(t)=\sum_{i=1}^{n}\boldsymbol{p}_i\overline{\boldsymbol{p}}_i\boldsymbol{x}_0\mathrm{e}^{s_it} \tag{7-51}$$

相应地,有输出时域响应

$$\boldsymbol{y}(t)=\boldsymbol{Cx}(t)=\sum_{i=1}^{n}\boldsymbol{Cp}_i\overline{\boldsymbol{p}}_i\boldsymbol{x}_0\mathrm{e}^{s_it} \tag{7-52}$$

式(7-51)、式(7-52)表明,系统的零输入状态响应、输出响应不仅与系统的特征值 s_i 有关,而且还与伴随 s_i 的特征向量有关,故将系统的特征值及其特征向量视为整体,称作系统的特征结构,其中,特征值 s_i 影响自由运动收敛的速度(对应 e^{s_it}),相应的特征向量则影响自由运动的幅值(对应 $\boldsymbol{p}_i\overline{\boldsymbol{p}}_i$)。因此,基于特征结构配置的状态反馈控制律设计能更有效地确定闭环系统的响应。对单变量系统,状态反馈增益矩阵由期望闭环极点(特征值)唯一确定,伴随期望闭环特征值的特征向量也随之确定,这体现在状态反馈不改变单变量被控系统传递函数 $W(s)$ 零点的位置。对多变量系统,状态反馈改变系统传递函数矩阵中各元传递函数的零点,仅仅配置闭环极点的状态反馈增益矩阵不唯一,相应的闭环系统响应也不同;若同时配置闭环特征值及其特征向量,则可更全面地改善闭环系统动态响应的性能。

为简单起见,下面仅以闭环期望极点 $s_1,s_2,\cdots,s_n$ 互异为例,讨论状态完全能控的 n 阶MIMO被控对象

$$\begin{cases}\dot{\boldsymbol{x}}=\boldsymbol{Ax}+\boldsymbol{Bu}\\ \boldsymbol{y}=\boldsymbol{Cx}\end{cases} \tag{7-53}$$

特征结构配置的方法,式中 $\boldsymbol{A}$、$\boldsymbol{B}$、$\boldsymbol{C}$ 分别为 $n\times n$、$n\times r$、$m\times n$ 维实数矩阵。设 $\boldsymbol{p}_i$ 为 s_i 对应的特征向量,则有

$$(\boldsymbol{A}-\boldsymbol{BF})\boldsymbol{p}_i=s_i\boldsymbol{p}_i,\qquad i=1,2,\cdots,n \tag{7-54}$$

将式(7-54)改写为

$$[s_i\boldsymbol{I}-\boldsymbol{A} \quad \boldsymbol{B}]\begin{bmatrix}\boldsymbol{p}_i\\ \boldsymbol{Fp}_i\end{bmatrix}=\mathbf{0},\qquad i=1,2,\cdots,n \tag{7-55}$$

则有

$$
\left[\begin{array}{cccc:cccc}
s_1\boldsymbol{I}-\boldsymbol{A} & & & & \boldsymbol{B} & & & \\
& s_2\boldsymbol{I}-\boldsymbol{A} & & & & \boldsymbol{B} & & \\
& & \ddots & & & & \ddots & \\
& & & s_n\boldsymbol{I}-\boldsymbol{A} & & & & \boldsymbol{B}
\end{array}\right]
\begin{bmatrix}
\boldsymbol{p}_1 \\ \boldsymbol{p}_2 \\ \vdots \\ \boldsymbol{p}_n \\ \hdashline \boldsymbol{F}\boldsymbol{p}_1 \\ \boldsymbol{F}\boldsymbol{p}_2 \\ \vdots \\ \boldsymbol{F}\boldsymbol{p}_n
\end{bmatrix}=\boldsymbol{0} \tag{7-56}
$$

简记式(7-56)为

$$
\boldsymbol{S}(s)\boldsymbol{P}=\boldsymbol{0} \tag{7-57}
$$

式中,$\boldsymbol{S}(s)$为 $nn\times n(n+r)$维常数系数矩阵,$\boldsymbol{P}$ 为 $n(n+r)$维解向量。

因为$\sum_{\mathrm{o}}(\boldsymbol{A},\boldsymbol{B},\boldsymbol{C})$能控,故有

$$
\operatorname{rank}[s_i\boldsymbol{I}-\boldsymbol{A}\quad \boldsymbol{B}]=n,\qquad i=1,2,\cdots,n
$$

则有 $\operatorname{rank}\boldsymbol{S}(s)=nn$,由线性代数知,方程(7-57)线性无关的非零解向量的个数为

$$
N=n(n+r)-\operatorname{rank}\boldsymbol{S}(s)=nr \tag{7-58}
$$

设这 nr 个解为

$$
\boldsymbol{P}^{(1)},\boldsymbol{P}^{(2)},\cdots,\boldsymbol{P}^{(nr)}
$$

则这 nr 个解必张成矩阵$\boldsymbol{S}(s)$的零空间。根据方程(7-54),选取适当的常数 $a_i(i=1,2,\cdots,nr)$,则有

$$
\begin{bmatrix}
\boldsymbol{p}_1 \\ \boldsymbol{p}_2 \\ \vdots \\ \boldsymbol{p}_n \\ \hdashline \boldsymbol{F}\boldsymbol{p}_1 \\ \boldsymbol{F}\boldsymbol{p}_2 \\ \vdots \\ \boldsymbol{F}\boldsymbol{p}_n
\end{bmatrix}=\sum_{i=1}^{nr}a_i\boldsymbol{P}^{(i)}=
\begin{bmatrix}
\boldsymbol{p}_1 \\ \boldsymbol{p}_2 \\ \vdots \\ \boldsymbol{p}_n \\ \hdashline \boldsymbol{k}_1 \\ \boldsymbol{k}_2 \\ \vdots \\ \boldsymbol{k}_n
\end{bmatrix} \tag{7-59}
$$

由式(7-59),得

$$
\boldsymbol{F}[\boldsymbol{p}_1\quad \boldsymbol{p}_2\quad \cdots\quad \boldsymbol{p}_n]=[\boldsymbol{k}_1\quad \boldsymbol{k}_2\quad \cdots\quad \boldsymbol{k}_n] \tag{7-60}
$$

式中,$\boldsymbol{p}_i$为闭环期望特征值 s_i 所对应要配置的特征向量,$i=1,2,\cdots,n$,应适当选择 $\boldsymbol{p}_i$,使$[\boldsymbol{p}_1\quad \boldsymbol{p}_2\quad \cdots\quad \boldsymbol{p}_n]$非奇异,则由式(7-60),可确定同时配置闭环特征值及其特征向量的状态反馈增益矩阵为

$$
\boldsymbol{F}=[\boldsymbol{k}_1\quad \boldsymbol{k}_2\quad \cdots\quad \boldsymbol{k}_n][\boldsymbol{p}_1\quad \boldsymbol{p}_2\quad \cdots\quad \boldsymbol{p}_n]^{-1} \tag{7-61}
$$

【例 7-5】 考虑一个双输入单输出线性定常连续系统

$$\begin{cases}\dot{\boldsymbol{x}}=\begin{bmatrix}0&1&0\\0&0&1\\0&0&1\end{bmatrix}\boldsymbol{x}+\begin{bmatrix}0&0\\0&1\\1&0\end{bmatrix}\boldsymbol{u}\\ y=\begin{bmatrix}1&0&1\end{bmatrix}\boldsymbol{x}\end{cases}$$

要求利用状态反馈将系统的闭环特征值配置为 −1、−2、−3，相应的特征向量分别配置为 $[1\ \ -1\ \ 0]^{\mathrm{T}}$、$[0\ \ 0\ \ 1]^{\mathrm{T}}$、$[1\ \ -3\ \ 0]^{\mathrm{T}}$。

解 被控系统的传递函数矩阵为

$$\boldsymbol{W}_{\mathrm{o}}(s)=\begin{bmatrix}\dfrac{s^2+1}{s^2(s-1)} & \dfrac{1}{s^2}\end{bmatrix}$$

相应的传递函数矩阵极点为 0、0、1，显然，被控系统不稳定。

（1）根据式(7-56)列出方程组

$$\left[\begin{array}{ccc:ccc:ccc:cc:cc:cc}
-1&-1&0&&&&&&&0&0&&&&\\
0&-1&-1&&&&&&&0&1&&&&\\
0&0&-2&&&&&&&1&0&&&&\\
\hdashline
&&&-2&-1&0&&&&&&0&0&&\\
&&&0&-2&-1&&&&&&0&1&&\\
&&&0&0&-3&&&&&&1&0&&\\
\hdashline
&&&&&&-3&-1&0&&&&&0&0\\
&&&&&&0&-3&-1&&&&&0&1\\
&&&&&&0&0&-4&&&&&1&0
\end{array}\right]\begin{bmatrix}\boldsymbol{p}_1\\\boldsymbol{p}_2\\\boldsymbol{p}_3\\\boldsymbol{F}\boldsymbol{p}_1\\\boldsymbol{F}\boldsymbol{p}_2\\\boldsymbol{F}\boldsymbol{p}_3\end{bmatrix}=\boldsymbol{0}$$

解此线性方程组，得 $nr=3\times2=6$ 个独立解向量为

$$\begin{aligned}
\boldsymbol{P}^{(1)}&=[1\ \ -1\ \ 1\ \ 0\ \ 0\ \ 0\ \ 0\ \ 0\ \ 0\ \ 2\ \ 0\ \ 0\ \ 0\ \ 0\ \ 0]^{\mathrm{T}}\\
\boldsymbol{P}^{(2)}&=[-1\ \ 1\ \ 0\ \ 0\ \ 0\ \ 0\ \ 0\ \ 0\ \ 0\ \ 0\ \ 1\ \ 0\ \ 0\ \ 0\ \ 0]^{\mathrm{T}}\\
\boldsymbol{P}^{(3)}&=[0\ \ 0\ \ 0\ \ 1/4\ \ -1/2\ \ 1\ \ 0\ \ 0\ \ 0\ \ 0\ \ 0\ \ 3\ \ 0\ \ 0\ \ 0]^{\mathrm{T}}\\
\boldsymbol{P}^{(4)}&=[0\ \ 0\ \ 0\ \ -1/4\ \ 1/2\ \ 0\ \ 0\ \ 0\ \ 0\ \ 0\ \ 0\ \ 0\ \ 1\ \ 0\ \ 0]^{\mathrm{T}}\\
\boldsymbol{P}^{(5)}&=[0\ \ 0\ \ 0\ \ 0\ \ 0\ \ 0\ \ 1/9\ \ -1/3\ \ 1\ \ 0\ \ 0\ \ 0\ \ 0\ \ 4\ \ 0]^{\mathrm{T}}\\
\boldsymbol{P}^{(6)}&=[0\ \ 0\ \ 0\ \ 0\ \ 0\ \ 0\ \ -1/9\ \ 1/3\ \ 0\ \ 0\ \ 0\ \ 0\ \ 0\ \ 0\ \ 1]^{\mathrm{T}}
\end{aligned}$$

（2）根据方程(7-59)及期望配置的特征向量

$$\boldsymbol{p}_1=[1\ \ -1\ \ 0]^{\mathrm{T}},\boldsymbol{p}_2=[0\ \ 0\ \ 1]^{\mathrm{T}},\boldsymbol{p}_3=[1\ \ -3\ \ 0]^{\mathrm{T}}$$

确定线性组合为 $a_1=0,a_2=-1,a_3=1,a_4=1,a_5=0,a_6=-9$，则有

$$\begin{aligned}
&[\boldsymbol{p}_1^{\mathrm{T}} \vdots \boldsymbol{p}_2^{\mathrm{T}} \vdots \boldsymbol{p}_3^{\mathrm{T}} \vdots (\boldsymbol{F}\boldsymbol{p}_1)^{\mathrm{T}} \vdots (\boldsymbol{F}\boldsymbol{p}_2)^{\mathrm{T}} \vdots (\boldsymbol{F}\boldsymbol{p}_3)^{\mathrm{T}}]^{\mathrm{T}}\\
&=[1\ \ -1\ \ 0 \vdots 0\ \ 0\ \ 1 \vdots 1\ \ -3\ \ 0 \vdots 0\ \ -1 \vdots 3\ \ 1 \vdots 0\ \ -9]^{\mathrm{T}}\\
&=[\boldsymbol{p}_1^{\mathrm{T}} \vdots \boldsymbol{p}_2^{\mathrm{T}} \vdots \boldsymbol{p}_3^{\mathrm{T}} \vdots \boldsymbol{k}_1^{\mathrm{T}} \vdots \boldsymbol{k}_2^{\mathrm{T}} \vdots \boldsymbol{k}_3^{\mathrm{T}}]^{\mathrm{T}}
\end{aligned}$$

（3）根据式(7-61)，确定同时配置期望闭环特征值及其特征向量的状态反馈增益矩阵为

$$\boldsymbol{F}=[\boldsymbol{k}_1\ \ \boldsymbol{k}_2\ \ \boldsymbol{k}_3][\boldsymbol{p}_1\ \ \boldsymbol{p}_2\ \ \boldsymbol{p}_3]^{-1}=\begin{bmatrix}0&3&0\\-1&1&-9\end{bmatrix}\begin{bmatrix}1&0&1\\-1&0&-3\\0&1&0\end{bmatrix}^{-1}=\begin{bmatrix}0&0&3\\3&4&1\end{bmatrix}$$

相应的闭环系统传递函数矩阵为

$$\boldsymbol{W}_{\mathrm{F}}(s)=\begin{bmatrix}\dfrac{1}{s+2} & \dfrac{1}{(s+1)(s+3)}\end{bmatrix}$$

7.5 输出反馈极点配置

输出反馈是一种特殊的状态反馈，其优点是易于工程实现。但输出反馈一般不具备状态反馈能任意移动能控系统极点的性质。设 r 维输入、m 维输出的 n 阶被控对象 $\Sigma_o(\boldsymbol{A},\boldsymbol{B},\boldsymbol{C})$

$$\begin{cases}\dot{\boldsymbol{x}}=\boldsymbol{A}\boldsymbol{x}+\boldsymbol{B}\boldsymbol{u}\\ \boldsymbol{y}=\boldsymbol{C}\boldsymbol{x}\end{cases} \tag{7-62}$$

状态完全能控，采用输出反馈控制律

$$\boldsymbol{u}=\boldsymbol{v}-\boldsymbol{H}\boldsymbol{y} \tag{7-63}$$

一般不能任意配置闭环系统的极点，式中，$\boldsymbol{v}$ 为 r 维参考输入列向量；$\boldsymbol{y}$ 为 m 维输出列向量；$\boldsymbol{H}$ 为 $r\times m$ 维输出反馈增益矩阵。

对上述输出反馈的局限可以单变量系统为例加以说明：这时输出反馈增益矩阵为反馈放大系数（标量）H，由根轨迹法可知，改变反馈放大系数 H 时的闭环极点变化的轨迹是起于开环极点，终于开环零点或无限远处的一组根轨迹，即闭环极点不能配置在复平面的任意位置。为了克服输出反馈不能任意配置反馈系统的极点的局限，可采用带有校正网络（动态补偿器）的输出反馈控制方式，即通过增加开环零、极点的途径改变根轨迹走向，实现闭环期望极点的配置。对状态完全能控的单变量系统 $\Sigma_o(\boldsymbol{A},\boldsymbol{B},\boldsymbol{C})$，通过带动态补偿器的输出反馈实现极点任意配置的充分必要条件为：$\Sigma_o(\boldsymbol{A},\boldsymbol{B},\boldsymbol{C})$ 完全能观测；动态补偿器的阶数为 $n-1$。若实际问题并不要求“任意”配置闭环极点，则所需动态补偿器的阶数可小于 $n-1$。有关输出反馈动态补偿器的设计宜采用复频域方法，详见第 8 章的讨论。

7.6 镇定问题

镇定问题是一种特殊的闭环极点配置问题，其以渐近稳定作为性能指标。若被控系统(7-1)在状态反馈控制律(7-2)（或输出反馈控制律(7-5)）作用下的闭环系统渐近稳定，即闭环系统的极点均具有负实部，则称系统(7-1)为状态反馈（或输出反馈）可镇定。

由于状态反馈不能移动其不能控子系统的极点，故被控系统(7-1)采用状态反馈可镇定的充分必要条件是其不能控子系统为渐近稳定。若被控系统(7-1)状态完全能控，则可由状态反馈镇定。

与状态反馈为系统结构信息的完全反馈相对应，输出反馈是系统结构信息的不完全反馈，这是输出反馈在极点配置问题上存在局限的原因。被控系统(7-1)采用输出反馈可镇定的充分必要条件是其结构分解中的能控且能观测子系统为输出可镇定；而能控不能观测、能观测不能控、不能控且不能观测的 3 个子系统均为渐近稳定。

【例 7-6】 被控系统 $\Sigma_o(\boldsymbol{A},\boldsymbol{B},\boldsymbol{C})$ 的状态空间表达式为

$$\begin{cases}\dot{\boldsymbol{x}}=\begin{bmatrix}0&1&0\\0&0&1\\0&1&0\end{bmatrix}\boldsymbol{x}+\begin{bmatrix}2\\1\\1\end{bmatrix}u\\ y=\begin{bmatrix}-1&0&2\end{bmatrix}\boldsymbol{x}\end{cases}$$

试判断该系统采用状态反馈能否镇定，该系统采用输出反馈能否镇定。

解 系统的状态矩阵 $\boldsymbol{A}$ 为友矩阵，特征多项式为 $\det(s\boldsymbol{I}-\boldsymbol{A})=s^3-s$，特征值为 $s_1=0,s_2=1,s_3=-1$，则以范德蒙德矩阵为变换矩阵 $\boldsymbol{T}$，可将矩阵 $\boldsymbol{A}$ 变换为对角线标准形（参见习题 2-20），即

$$\boldsymbol{T}=\begin{bmatrix}1 & 1 & 1\\0 & 1 & -1\\0 & 1 & 1\end{bmatrix},\boldsymbol{T}^{-1}=\begin{bmatrix}1 & 1 & 1\\0 & 1 & -1\\0 & 1 & 1\end{bmatrix}^{-1}=\begin{bmatrix}1 & 0 & -1\\0 & 1/2 & 1/2\\0 & -1/2 & 1/2\end{bmatrix}$$

引入 $\boldsymbol{x}=\boldsymbol{T}\bar{\boldsymbol{x}}$ 状态变换，系统的状态空间表达式变换为

$$\begin{cases}\dot{\bar{\boldsymbol{x}}}=\begin{bmatrix}0 & 0 & 0\\0 & 1 & 0\\0 & 0 & -1\end{bmatrix}\bar{\boldsymbol{x}}+\begin{bmatrix}1\\1\\0\end{bmatrix}u\\ y=\begin{bmatrix}-1 & 1 & 1\end{bmatrix}\bar{\boldsymbol{x}}\end{cases}$$

可见，系统状态能观测，但不完全能控。因不能控子系统的极点为－1，即输入解耦零点为－1，是渐近稳定的，故该系统采用状态反馈可镇定。

尽管系统能观测，且不能控子系统渐近稳定，但针对能控且能观测子系统

$$\begin{cases}\dot{\bar{\boldsymbol{x}}}_{\text{co}}=\begin{bmatrix}0 & 0\\0 & 1\end{bmatrix}\bar{\boldsymbol{x}}_{\text{co}}+\begin{bmatrix}1\\1\end{bmatrix}u\\ y_1=\begin{bmatrix}-1 & 1\end{bmatrix}\bar{\boldsymbol{x}}_{\text{co}}\end{cases}$$

引入输出反馈控制律

$$u=v-hy_1=v-h\begin{bmatrix}-1 & 1\end{bmatrix}\bar{\boldsymbol{x}}_{\text{co}}$$

后的状态空间表达式为

$$\begin{cases}\dot{\bar{\boldsymbol{x}}}_{\text{co}}=\begin{bmatrix}h & -h\\h & 1-h\end{bmatrix}\bar{\boldsymbol{x}}_{\text{co}}+\begin{bmatrix}1\\1\end{bmatrix}v\\ y_1=\begin{bmatrix}-1 & 1\end{bmatrix}\bar{\boldsymbol{x}}_{\text{co}}\end{cases}$$

相应的特征多项式为 s^2-s+h。可见，无论 h 怎样选择，均不能使闭环系统渐近稳定，故该系统采用输出反馈不可镇定。

7.7 渐近跟踪与抗干扰控制器设计

7.7.1 渐近跟踪与抗干扰控制器问题的描述

考虑图 7-1 所示的状态反馈系统，若参考输入 $\boldsymbol{v}=\boldsymbol{0}$，系统响应由非零初始状态引发，通过设计状态反馈增益矩阵使闭环系统响应以期望的速率趋于零，称此类问题为“调节器问题”。与“调节器问题”密切关联的问题是“跟踪问题”，其主要目标是抑制外部扰动对系统性能的影响和使系统输出无静差的跟踪参考输入。

考虑通过式(7-1)描述的能控且能观测被控对象，同时作用有如图 7-6 所示的 m 维参考输入信号 $\boldsymbol{y}_{\text{ref}}(t)$ 及扰动信号 $\boldsymbol{w}(t)$，状态空间表达式为

$$\begin{cases}\dot{\boldsymbol{x}}=\boldsymbol{A}\boldsymbol{x}+\boldsymbol{B}\boldsymbol{u}+\boldsymbol{B}_{\text{w}}\boldsymbol{w}\\ \boldsymbol{y}=\boldsymbol{C}\boldsymbol{x}+\boldsymbol{D}_{\text{w}}\boldsymbol{w}\end{cases}\tag{7-64}$$

设要求设计控制律 $\boldsymbol{u}(t)$ 即“鲁棒控制器”，使闭环系统在稳定的前提下，实现系统输出对参考输入 $\boldsymbol{y}_{\text{ref}}(t)$ 的无静差跟踪，称之为“渐近跟踪和扰动抑制”，即

$$\lim_{t\to\infty}\boldsymbol{y}(t)=\lim_{t\to\infty}\boldsymbol{y}_{\text{ref}}(t)\text{，即}\lim_{t\to\infty}\boldsymbol{e}(t)=\lim_{t\to\infty}(\boldsymbol{y}_{\text{ref}}(t)-\boldsymbol{y}(t))=\boldsymbol{0}\tag{7-65}$$

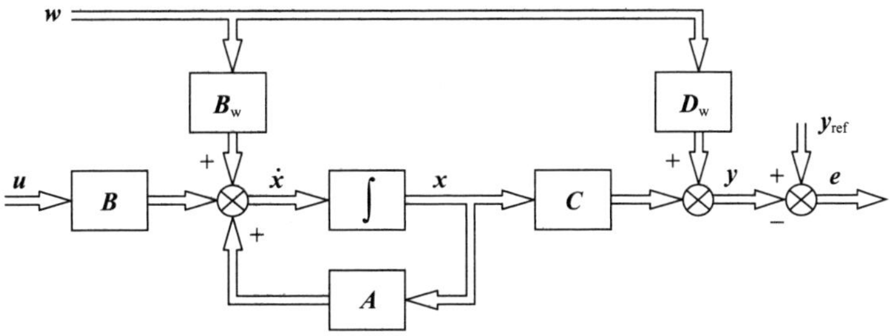

图 7-6　跟踪问题的被控系统结构框图

7.7.2　参考输入和扰动信号建模

鲁棒控制器设计基于“内模原理”，即在控制器中植入参考输入和扰动信号的模型，因此，建立参考输入和扰动信号的模型是鲁棒控制器设计的前提。

在时域中，对一般给定信号 $\tilde{y}_{ref}(t)$ 而言，其函数结构、数量参数分别对应于“结构特性”和“非结构特性”。而在频域中，对 $\tilde{y}_{ref}(t)$ 作拉普拉斯变换，得

$$\tilde{Y}_{ref}(s)=L(\tilde{y}_{ref}(t))=\frac{N(s)}{D(s)} \tag{7-66}$$

则 $D(s)$、$N(s)$ 分别对应于 $\tilde{y}_{ref}(t)$ 的“结构特性”和“非结构特性”。

例如，阶跃信号 $y_0\cdot 1(t)$ 的拉普拉斯变换函数为 y_0/s，其在时域、频域中的结构特性分别为 $1(t)$、s，而非结构特性均为阶跃幅值 y_0。正弦信号 $y_{0m}\sin(\omega t+\theta)$ 的拉普拉斯变换函数为 $(\beta_1 s+\beta_0)/(s^2+\omega^2)$，其中，$\beta_1=y_{0m}\sin\theta$，$\beta_0=y_{0m}\omega\cos\theta$，其在时域、频域中的结构特性分别为 $\sin\omega t$、$(s^2+\omega^2)$，而非结构特性则分别为幅值 y_{0m} 和初相位 θ、$(\beta_1 s+\beta_0)$。

在鲁棒控制器设计中，主要采用信号结构特性模型。对 $\tilde{y}_{ref}(t)$ 的拉普拉斯变换函数(7-66)，建立其结构特性模型即建立线性定常自治系统

$$\begin{cases}\dot{\boldsymbol{x}}=\boldsymbol{A}_{ref}\boldsymbol{x},\boldsymbol{x}(0)=\boldsymbol{x}_0\\ \tilde{y}_{ref}=\boldsymbol{C}_{ref}\boldsymbol{x}\end{cases} \tag{7-67}$$

式中，$\dim(\boldsymbol{x})=D(s)$ 的阶次 $\overset{\Delta}{=} n_{\tilde{y}}$，$\boldsymbol{A}_{ref}$ 的最小多项式 $=D(s)$，$\boldsymbol{C}_{ref}$ 为 $1\times n_{\tilde{y}}$ 维行向量，$\boldsymbol{x}(0)$ 为未知的初始状态向量。

以正弦信号 $y_{0m}\sin(\omega t+\theta)$ 为例，其结构特性模型为

$$\begin{cases}\dot{\boldsymbol{x}}=\begin{bmatrix}0 & 1\\ -\omega^2 & 0\end{bmatrix}\boldsymbol{x},\boldsymbol{x}(0)=\boldsymbol{x}_0\\ \tilde{y}_{ref}=[1\quad 0]\boldsymbol{x}\end{cases} \tag{7-68}$$

设图 7-6 中的 m 维参考输入信号

$$\boldsymbol{y}_{ref}(t)=\begin{bmatrix}y_{ref1}\\ \vdots\\ y_{refm}\end{bmatrix} \tag{7-69}$$

的拉普拉斯变换函数为

$$\boldsymbol{Y}_{ref}(s)=\begin{bmatrix}Y_{ref1}(s)\\ \vdots\\ Y_{refm}(s)\end{bmatrix}=\begin{bmatrix}\dfrac{N_{r1}(s)}{D_{r1}(s)}\\ \vdots\\ \dfrac{N_{rm}(s)}{D_{rm}(s)}\end{bmatrix} \tag{7-70}$$

又设多项式 $D_r(s)$ 为 $\{D_{r1}(s),\cdots,D_{rm}(s)\}$ 的最小公倍式；n_r 为 $D_r(s)$ 的阶次，则 m 维参考输入信号 $y_{ref}(t)$ 可视为是在未知的初始状态下由结构特性模型

$$\begin{cases}\dot{\boldsymbol{x}}_r=\boldsymbol{A}_r\boldsymbol{x}_r\\ \boldsymbol{y}_{ref}=\boldsymbol{C}_r\boldsymbol{x}_r\end{cases} \tag{7-71}$$

所产生的，式中，$\boldsymbol{A}_r$ 为最小多项式等于 $D_r(s)$ 的任一 $n_r\times n_r$ 维数值矩阵，$\boldsymbol{C}_r$ 为满足输出为 $y_{ref}(t)$ 的任一 $m\times n_r$ 维矩阵。

同理，建立 m 维扰动信号 $\boldsymbol{w}(t)$ 的结构特性模型为

$$\begin{cases}\dot{\boldsymbol{x}}_w=\boldsymbol{A}_w\boldsymbol{x}_w\\ \boldsymbol{w}=\boldsymbol{C}_w\boldsymbol{x}_w\end{cases} \tag{7-72}$$

式中，$\boldsymbol{A}_w$、$\boldsymbol{C}_w$ 的构造原则和方法与式(7-71)类似。

实际上，基于内模原理，鲁棒控制器中需要植入的是 m 维参考输入信号 $\boldsymbol{y}_{ref}(t)$ 及扰动信号 $\boldsymbol{w}(t)$ 的“共同不稳定模型”。因为系统存在惯性，要求任何时刻均满足 $\boldsymbol{y}(t)=\boldsymbol{y}_{ref}(t)$ 并不现实，故渐近跟踪和扰动抑制仅要求系统具有无静差跟踪特性。若参考输入信号 $\boldsymbol{y}_{ref}(t)$ 及扰动信号 $\boldsymbol{w}(t)$ 当 $t\to\infty$ 时均趋于零，则只要设计控制律 $\boldsymbol{u}$ 使系统渐近稳定，式(7-65)即可成立，也即可实现无静差跟踪。但在大多数工程问题中，$\boldsymbol{y}_{ref}(t)$ 及 $\boldsymbol{w}(t)$ 当 $t\to\infty$ 时均不等于零向量，其中，$t\to\infty$ 时不趋于零的部分对系统稳态输出有影响，称为“不稳定部分”；而当 $t\to\infty$ 时趋于零的部分相应称为“稳定部分”。显然，跟踪问题中仅需考虑 $\boldsymbol{y}_{ref}(t)$ 及 $\boldsymbol{w}(t)$ 的不稳定部分。与 $\boldsymbol{y}_{ref}(t)$ 及 $\boldsymbol{w}(t)$ 分解为“稳定部分”和“不稳定部分”相对应，其结构特性模型(7-71)及(7-72)的最小多项式相应分解为

$$\begin{cases}\boldsymbol{A}_r\text{的最小多项式}=\overline{\phi}_r(s)\phi_r(s)\\ \boldsymbol{A}_w\text{的最小多项式}=\overline{\phi}_w(s)\phi_w(s)\end{cases} \tag{7-73}$$

式中，$\overline{\phi}_r(s)=0$ 和 $\overline{\phi}_w(s)=0$ 的根具有负实部，即为渐近稳定；$\phi_r(s)=0$ 和 $\phi_w(s)=0$ 的根均具有非负实部，即为不稳定。

设

$$\phi(s)=\phi_r(s)\text{和}\ \phi_w(s)\text{的最小公倍式}=s^l+\alpha_1 s^{l-1}+\cdots+\alpha_{l-1}s+\alpha_l \tag{7-74}$$

则以跟踪误差 $\boldsymbol{e}(t)=\boldsymbol{y}_{ref}(t)-\boldsymbol{y}(t)$ 为输入的 m 维参考输入信号 $\boldsymbol{y}_{ref}(t)$ 和扰动信号 $\boldsymbol{w}(t)$ 共同不稳定模型为

$$\begin{cases}\dot{\boldsymbol{x}}_{com}=\boldsymbol{A}_{com}\boldsymbol{x}_{com}+\boldsymbol{B}_{com}\boldsymbol{e}\\ \boldsymbol{y}_{com}=\boldsymbol{x}_{com}\end{cases} \tag{7-75}$$

式中

$$\boldsymbol{A}_{com}=\begin{bmatrix}\boldsymbol{\Gamma}&&\\&\ddots&\\&&\boldsymbol{\Gamma}\end{bmatrix}_{ml\times ml},\quad \boldsymbol{B}_{com}=\begin{bmatrix}\boldsymbol{\beta}&&\\&\ddots&\\&&\boldsymbol{\beta}\end{bmatrix}_{ml\times m},\quad \boldsymbol{\Gamma}=\begin{bmatrix}0&1&\cdots&0\\ \vdots&&\ddots&\vdots\\ 0&0&\cdots&1\\ -\alpha_l&-\alpha_{l-1}&\cdots&-\alpha_1\end{bmatrix}_{l\times l},\quad \boldsymbol{\beta}=\begin{bmatrix}0\\ \vdots\\ 0\\ 1\end{bmatrix}_{l\times 1} \tag{7-76}$$

7.7.3 内模原理及鲁棒控制器设计

针对图 7-6 被控系统，设其状态完全能控，实现无静差跟踪的鲁棒控制器由“镇定补偿器”和“伺服补偿器”组成，如图 7-7 所示。其中，镇定补偿器采用被控系统的状态反馈控制律

$$\boldsymbol{u}_2=\boldsymbol{F}\boldsymbol{x} \tag{7-76}$$

实现整个反馈系统镇定；伺服补偿器则采用“参考输入信号 $\boldsymbol{y}_{\text{ref}}(t)$ 和扰动信号 $\boldsymbol{w}(t)$ 共同不稳定模型(7-75)”与“比例型控制律即增益矩阵 $\boldsymbol{K}_{\text{com}}$”串联，即

$$\begin{cases}\dot{\boldsymbol{x}}_{\text{com}}=\boldsymbol{A}_{\text{com}}\boldsymbol{x}_{\text{com}}+\boldsymbol{B}_{\text{com}}\boldsymbol{e}\\ \boldsymbol{u}_1=\boldsymbol{K}_{\text{com}}\boldsymbol{x}_{\text{com}}\end{cases} \tag{7-77}$$

以实现渐近跟踪和扰动抑制。其中，伺服补偿器中包含的参考输入信号 $\boldsymbol{y}_{\text{ref}}(t)$ 和扰动信号 $\boldsymbol{w}(t)$ 的共同不稳定模型称为“内模”。在系统渐近稳定的前提下，利用在系统内部植入一个内模，以实现无静差跟踪的原理称为“内模原理”。

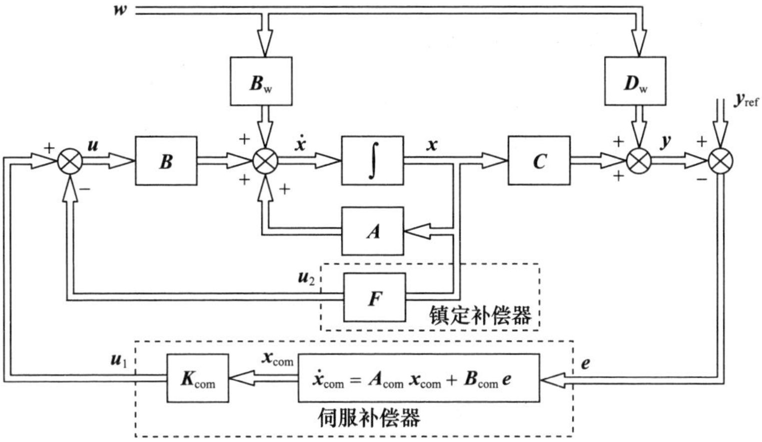

图 7-7　无静差跟踪控制系统的结构图

内模原理实质上是经典控制理论中一阶无静差控制和二阶无静差控制的推广。在一阶、二阶无静差控制系统中，要求系统在渐近稳定的前提下分别包含一阶、二阶积分环节，其可分别视为植入系统内部的阶跃型、斜坡型参考输入信号的(不稳定)模型即内模，从而分别实现对阶跃型、斜坡型参考输入的渐近跟踪。

根据图 7-7，可得无静差跟踪控制系统的状态方程为

$$\begin{bmatrix}\dot{\boldsymbol{x}}\\ \dot{\boldsymbol{x}}_{\text{com}}\end{bmatrix}=\begin{bmatrix}\boldsymbol{A} & \boldsymbol{0}\\ -\boldsymbol{B}_{\text{com}}\boldsymbol{C} & \boldsymbol{A}_{\text{com}}\end{bmatrix}\begin{bmatrix}\boldsymbol{x}\\ \boldsymbol{x}_{\text{com}}\end{bmatrix}+\begin{bmatrix}\boldsymbol{B}\\ \boldsymbol{0}\end{bmatrix}\boldsymbol{u}+\begin{bmatrix}\boldsymbol{B}_{\text{w}}\\ -\boldsymbol{B}_{\text{com}}\boldsymbol{D}_{\text{w}}\end{bmatrix}\boldsymbol{w}+\begin{bmatrix}\boldsymbol{0}\\ \boldsymbol{B}_{\text{com}}\end{bmatrix}\boldsymbol{y}_{\text{ref}} \tag{7-78}$$

式中，$\boldsymbol{u}$ 为状态反馈控制律

$$\boldsymbol{u}=\boldsymbol{u}_1-\boldsymbol{u}_2=\boldsymbol{K}_{\text{com}}\boldsymbol{x}_{\text{com}}-\boldsymbol{F}\boldsymbol{x}=[-\boldsymbol{F}\quad \boldsymbol{K}_{\text{com}}]\begin{bmatrix}\boldsymbol{x}\\ \boldsymbol{x}_{\text{com}}\end{bmatrix} \tag{7-79}$$

显然，只要系统(7-78)能控，则通过式(7-79)可使图 7-7 所示系统渐近稳定，即当 $t\to\infty$ 时，跟踪误差 $\boldsymbol{e}(t)=\boldsymbol{y}_{\text{ref}}(t)-\boldsymbol{y}(t)\to\boldsymbol{0}$，从而实现无静差跟踪，即对于任何由模型(7-71)和(7-72)生成的参考输入信号 $\boldsymbol{y}_{\text{ref}}(t)$ 和扰动信号 $\boldsymbol{w}(t)$，式(7-65)均成立。而系统(7-78)能控的充分条件如下：

(1) 被控系统的输入维数大于等于输出维数，即 $\dim(\boldsymbol{u})\geqslant\dim(\boldsymbol{y})$；

(2) 对参考输入信号 $\boldsymbol{y}_{\text{ref}}(t)$ 和扰动信号 $\boldsymbol{w}(t)$ 共同不稳定代数方程 $\phi(s)=0$ 的每个根 s_i，均有

$$\text{rank}\begin{bmatrix}s_i\boldsymbol{I}-\boldsymbol{A} & \boldsymbol{B}\\ -\boldsymbol{C} & \boldsymbol{0}\end{bmatrix}=n+m,\qquad i=1,2,\cdots,l \tag{7-80}$$

下面对上述条件进行证明。记

$$\boldsymbol{Q}(s)=\left[\begin{array}{cc:c}s\boldsymbol{I}-\boldsymbol{A} & \boldsymbol{0} & \boldsymbol{B}\\ \boldsymbol{B}_{\text{com}}\boldsymbol{C} & s\boldsymbol{I}-\boldsymbol{A}_{\text{com}} & \boldsymbol{0}\end{array}\right] \tag{7-81}$$

则由 PBH 秩判据知，若

$$\text{rank}\boldsymbol{Q}(s)=n+ml,\qquad \forall s\in\mathbb{C} \tag{7-82}$$

则系统(7-78)能控。因为$\{\boldsymbol{A},\boldsymbol{B}\}$能控,故有

$$\text{rank}[s\boldsymbol{I}-\boldsymbol{A}\ \vdots\ \boldsymbol{B}]=n,\qquad \forall s\in\mathbb{C} \tag{7-83}$$

由 $\boldsymbol{y}_{\text{ref}}(t)$和 $\boldsymbol{w}(t)$共同不稳定模型(7-75)的状态矩阵 $\boldsymbol{A}_{\text{com}}$的结构及式(7-83),对 $\phi(s)=0$ 的根以外的所有 s,有

$$\text{rank}\boldsymbol{Q}(s)=n+ml \tag{7-84}$$

又

$$\begin{aligned}\boldsymbol{Q}(s)&=\begin{bmatrix} s\boldsymbol{I}-\boldsymbol{A} & \boldsymbol{0} & \vdots & \boldsymbol{B}\\ \boldsymbol{B}_{\text{com}}\boldsymbol{C} & s\boldsymbol{I}-\boldsymbol{A}_{\text{com}} & \vdots & \boldsymbol{0}\end{bmatrix}\\ &=\begin{bmatrix}\boldsymbol{I}_n & \boldsymbol{0} & \boldsymbol{0}\\ \boldsymbol{0} & -\boldsymbol{B}_{\text{com}} & -(s\boldsymbol{I}-\boldsymbol{A}_{\text{com}})\end{bmatrix}\begin{bmatrix} s\boldsymbol{I}-\boldsymbol{A} & \boldsymbol{0} & \boldsymbol{B}\\ -\boldsymbol{C} & \boldsymbol{0} & \boldsymbol{0}\\ \boldsymbol{0} & -\boldsymbol{I}_{ml} & \boldsymbol{0}\end{bmatrix}\end{aligned} \tag{7-85}$$

且由$(\boldsymbol{A}_{\text{com}},\boldsymbol{B}_{\text{com}})$为能控结构形式,有

$$\text{rank}\begin{bmatrix}\boldsymbol{I}_n & \boldsymbol{0} & \boldsymbol{0}\\ \boldsymbol{0} & -\boldsymbol{B}_{\text{com}} & -(s\boldsymbol{I}-\boldsymbol{A}_{\text{com}})\end{bmatrix}=n+ml,\qquad \forall s\in\mathbb{C} \tag{7-86}$$

而由给定条件(1)和(2),有

$$\text{rank}\begin{bmatrix} s\boldsymbol{I}-\boldsymbol{A} & \boldsymbol{0} & \boldsymbol{B}\\ -\boldsymbol{C} & \boldsymbol{0} & \boldsymbol{0}\\ \boldsymbol{0} & -\boldsymbol{I}_{ml} & \boldsymbol{0}\end{bmatrix}=n+m+ml,\qquad \forall \phi(s)=0 \text{ 的根} \tag{7-87}$$

由于对任意 $\alpha\times\beta$ 维矩阵 $\boldsymbol{P}_1$和 $\beta\times\gamma$ 维矩阵 $\boldsymbol{P}_2$,下述 Sylvester 矩阵不等式

$$\text{rank}\boldsymbol{P}_1+\text{rank}\boldsymbol{P}_2-\beta\leqslant\text{rank}\boldsymbol{P}_1\boldsymbol{P}_2\leqslant\min\{\text{rank}\boldsymbol{P}_1,\text{rank}\boldsymbol{P}_2\} \tag{7-88}$$

成立,故由式(7-85)~式(7-87),对 $\phi(s)=0$ 的所有根,均

$$(n+ml)+(n+m+ml)-(n+m+ml)=n+ml\leqslant\text{rank}\boldsymbol{Q}(s)\leqslant n+ml \tag{7-89}$$

成立,即

$$\text{rank}\boldsymbol{Q}(s)=n+ml,\qquad \forall \phi(s)=0 \text{ 的根} \tag{7-90}$$

联合式(7-84)和式(7-90),证得

$$\text{rank}\boldsymbol{Q}(s)=n+ml,\qquad \forall s\in\mathbb{C} \tag{7-91}$$

从而证得系统(7-78)能控。证明完成。

【例 7-7】 设 SISO 被控对象的传递函数为

$$W_{\text{o}}(s)=\frac{1}{s^2-2s-1}$$

试设计鲁棒控制器,使得系统输出可渐近跟踪正弦参考输入 $y_{\text{ref}}(t)=y_{0\text{m}}\sin(\omega t+\theta)$,其中,已知 $\omega=1\text{rad/s}$,幅值 $y_{0\text{m}}$和初相位 θ 未知,即已知参考输入 $y_{\text{ref}}(t)$的结构特性,未知其非结构特性。

解 采用基于内模原理的无静差跟踪控制系统,如图 7-7 所示,设计使系统实现无静差跟踪的镇定补偿器和伺服补偿器。

被控对象的能控标准形状态空间实现为

$$\Sigma_{\text{o}}(\boldsymbol{A},\boldsymbol{B},\boldsymbol{C}):\begin{cases}\dot{\boldsymbol{x}}=\begin{bmatrix}0 & 1\\ 1 & 2\end{bmatrix}\boldsymbol{x}+\begin{bmatrix}0\\ 1\end{bmatrix}u\\ y=[1\quad 0]\boldsymbol{x}\end{cases}$$

正弦参考输入 $y_{ref}(t)=y_{0m}\sin(\omega t+\theta)=y_{0m}\sin(t+\theta)$的拉普拉斯变换函数为$(\beta_1 s+\beta_0)/(s^2+\omega^2)=(\beta_1 s+\beta_0)/(s^2+1)$，则参考输入信号的不稳定模型为

$$\dot{\boldsymbol{x}}_{com}=\boldsymbol{A}_{com}\boldsymbol{x}_{com}+\boldsymbol{B}_{com}e$$

其中
$$\boldsymbol{A}_{com}=\begin{bmatrix}0 & 1\\ -\omega^2 & 0\end{bmatrix}=\begin{bmatrix}0 & 1\\ -1 & 1\end{bmatrix},\boldsymbol{B}_{com}=\begin{bmatrix}0\\ 1\end{bmatrix},e=y_{ref}(t)-y(t)$$

则根据式(7-78)，无静差跟踪控制系统的状态方程为(未计扰动)

$$\begin{bmatrix}\dot{\boldsymbol{x}}\\ \dot{\boldsymbol{x}}_{com}\end{bmatrix}=\begin{bmatrix}\boldsymbol{A} & \boldsymbol{0}\\ -\boldsymbol{B}_{com}\boldsymbol{C} & \boldsymbol{A}_{com}\end{bmatrix}\begin{bmatrix}\boldsymbol{x}\\ \boldsymbol{x}_{com}\end{bmatrix}+\begin{bmatrix}\boldsymbol{B}\\ \boldsymbol{0}\end{bmatrix}u+\begin{bmatrix}\boldsymbol{0}\\ \boldsymbol{B}_{com}\end{bmatrix}y_{ref}$$

将式(7-79)

$$u=u_1-u_2=\boldsymbol{K}_{com}\boldsymbol{x}_{com}-\boldsymbol{F}\boldsymbol{x}$$

代入上式，并设$\boldsymbol{K}_{com}=[k_{11}\quad k_{12}]$，$\boldsymbol{F}=[f_{21}\quad f_{22}]$，得闭环系统状态方程

$$\begin{aligned}\begin{bmatrix}\dot{\boldsymbol{x}}\\ \dot{\boldsymbol{x}}_{com}\end{bmatrix}&=\begin{bmatrix}\boldsymbol{A}-\boldsymbol{BF} & \boldsymbol{BK}_{com}\\ -\boldsymbol{B}_{com}\boldsymbol{C} & \boldsymbol{A}_{com}\end{bmatrix}\begin{bmatrix}\boldsymbol{x}\\ \boldsymbol{x}_{com}\end{bmatrix}+\begin{bmatrix}\boldsymbol{0}\\ \boldsymbol{B}_{com}\end{bmatrix}y_{ref}\\ &=\left[\begin{array}{cc:cc}0 & 1 & 0 & 0\\ 1-f_{21} & 2-f_{22} & k_{11} & k_{22}\\ \hdashline 0 & 0 & 0 & 1\\ -1 & 0 & -1 & 0\end{array}\right]\begin{bmatrix}\boldsymbol{x}\\ \hdashline \boldsymbol{x}_{com}\end{bmatrix}+\begin{bmatrix}0\\0\\0\\1\end{bmatrix}y_{ref}\stackrel{\Delta}{=}\boldsymbol{A}_{FK}\begin{bmatrix}\boldsymbol{x}\\ \boldsymbol{x}_{com}\end{bmatrix}+\begin{bmatrix}0\\0\\0\\1\end{bmatrix}y_{ref}\end{aligned}$$

则闭环系统状态矩阵的特征多项式为

$$\begin{aligned}p_{FK}(s)&=\det(s\boldsymbol{I}-\boldsymbol{A}_{FK})\\ &=s^4+(f_{22}-2)s^3+f_{21}s^2+(f_{22}+k_{12}-2)s+(f_{21}+k_{11}-1)\end{aligned}$$

指定闭环系统期望极点为 $s_{1,2}^*=-1\pm \mathrm{j}$，$s_3^*=-6$，$s_4^*=-6$，对应的期望闭环特征多项式为

$$p^*(s)=s^4+14s^3+62s^2+96s+72$$

令 $p_{FK}(s)=p^*(s)$，解得，$k_{11}=11$，$k_{12}=82$，$f_{21}=62$，$f_{22}=16$。

定出镇定补偿器为

$$u_2=\boldsymbol{F}\boldsymbol{x}=[62\quad 16]\boldsymbol{x}$$

定出伺服补偿器为

$$\dot{\boldsymbol{x}}_{com}=\boldsymbol{A}_{com}\boldsymbol{x}_{com}+\boldsymbol{B}_{com}e=\begin{bmatrix}0 & 1\\ -1 & 0\end{bmatrix}\boldsymbol{x}_{com}+\begin{bmatrix}0\\ 1\end{bmatrix}e$$

$$u_1=\boldsymbol{K}_{com}\boldsymbol{x}_{com}=[11\quad 82]\boldsymbol{x}_{com}$$

总的控制律为

$$u=u_1-u_2=\boldsymbol{K}_{com}\boldsymbol{x}_{com}-\boldsymbol{F}\boldsymbol{x}=\left[\begin{array}{cc:cc}-62 & -16 & 11 & 82\end{array}\right]\begin{bmatrix}\boldsymbol{x}\\ \hdashline \boldsymbol{x}_{com}\end{bmatrix}$$

【例 7-8】 给定带有干扰作用的 SISO 被控系统

$$\begin{cases}\dot{\boldsymbol{x}}=\boldsymbol{A}\boldsymbol{x}+\boldsymbol{B}u+\boldsymbol{B}_w w=\begin{bmatrix}-1 & 0 & 0\\ 0 & -2 & -3\\ 1 & 0 & 1\end{bmatrix}\boldsymbol{x}+\begin{bmatrix}1\\0\\0\end{bmatrix}u+\begin{bmatrix}0\\1\\0\end{bmatrix}w\\ y=\boldsymbol{C}\boldsymbol{x}=[1\quad 2\quad 0]\boldsymbol{x}\end{cases}$$

已知参考输入信号 $y_{ref}(t)$及扰动信号 $w(t)$均为阶跃函数，试设计使系统实现无静差跟踪的鲁棒控制器。

解 (1) 建立 $y_{ref}(t)$及 $w(t)$的共同不稳定模型

因 $y_{\mathrm{ref}}(t)$ 及 $w(t)$ 均为阶跃函数，故 $\phi_{\mathrm{r}}(s)=s$，$\phi_{\mathrm{w}}(s)=s$，则 $\phi_{\mathrm{r}}(s)$ 和 $\phi_{\mathrm{w}}(s)$ 的最小公倍式

$$\phi(s)=s$$

则 $y_{\mathrm{ref}}(t)$ 和 $w(t)$ 的共同不稳定模型为

$$\dot{x}_{\mathrm{com}}=A_{\mathrm{com}}x_{\mathrm{com}}+B_{\mathrm{com}}e=[0]x_{\mathrm{com}}+[1]e$$

其中，$e=y_{\mathrm{ref}}(t)-y(t)$。

(2) 判断鲁棒控制器是否存在

因 $\dim(u)=\dim(y)=1$，又对 $\phi(s)=s=0$ 的根，有

$$\mathrm{rank}\begin{bmatrix}-\boldsymbol{A} & \boldsymbol{B}\\ -\boldsymbol{C} & \boldsymbol{0}\end{bmatrix}=\mathrm{rank}\begin{bmatrix}1 & 0 & 0 & 1\\ 0 & 2 & 3 & 0\\ -1 & 0 & -1 & 0\\ -1 & -2 & 0 & 0\end{bmatrix}=4=n+m$$

故基于内模原理的无静差跟踪控制系统能控，鲁棒控制器存在。

(3) 建立基于内模原理的无静差跟踪控制系统状态方程

根据式(7-78)得

$$\begin{bmatrix}\dot{\boldsymbol{x}}\\ \dot{x}_{\mathrm{com}}\end{bmatrix}=\begin{bmatrix}\boldsymbol{A} & 0\\ -B_{\mathrm{com}}\boldsymbol{C} & A_{\mathrm{com}}\end{bmatrix}\begin{bmatrix}\boldsymbol{x}\\ x_{\mathrm{com}}\end{bmatrix}+\begin{bmatrix}\boldsymbol{B}\\ 0\end{bmatrix}u+\begin{bmatrix}\boldsymbol{B}_{\mathrm{w}}\\ 0\end{bmatrix}w+\begin{bmatrix}\boldsymbol{0}\\ B_{\mathrm{com}}\end{bmatrix}y_{\mathrm{ref}}$$

将状态反馈控制律(7-79)

$$u=u_1-u_2=k_{\mathrm{com}}\boldsymbol{x}_{\mathrm{com}}-\boldsymbol{F}\boldsymbol{x}$$

代入上式，并设 $\boldsymbol{F}=[f_1\quad f_2\quad f_3]$，得闭环系统状态方程

$$\begin{aligned}\begin{bmatrix}\dot{\boldsymbol{x}}\\ \dot{x}_{\mathrm{com}}\end{bmatrix}&=\begin{bmatrix}\boldsymbol{A}-\boldsymbol{B}\boldsymbol{F} & \boldsymbol{B}k_{\mathrm{com}}\\ -B_{\mathrm{com}}\boldsymbol{C} & A_{\mathrm{com}}\end{bmatrix}\begin{bmatrix}\boldsymbol{x}\\ x_{\mathrm{com}}\end{bmatrix}+\begin{bmatrix}\boldsymbol{B}_{\mathrm{w}}\\ 0\end{bmatrix}w+\begin{bmatrix}\boldsymbol{0}\\ B_{\mathrm{com}}\end{bmatrix}y_{\mathrm{ref}}\\ &=\left[\begin{array}{ccc:c}-1-f_1 & -f_2 & -f_3 & k_{\mathrm{com}}\\ 0 & -2 & -3 & 0\\ 1 & 0 & 1 & 0\\ \hdashline -1 & -2 & 0 & 0\end{array}\right]\begin{bmatrix}x_1\\ x_2\\ x_3\\ \hdashline x_{\mathrm{com}}\end{bmatrix}+\begin{bmatrix}0\\ 1\\ 0\\ 0\end{bmatrix}w+\begin{bmatrix}0\\ 0\\ 0\\ 1\end{bmatrix}y_{\mathrm{ref}}\\ &\stackrel{\Delta}{=}\boldsymbol{A}_{\mathrm{FK}}\begin{bmatrix}\boldsymbol{x}\\ x_{\mathrm{com}}\end{bmatrix}+\begin{bmatrix}\boldsymbol{B}_{\mathrm{w}}\\ 0\end{bmatrix}w+\begin{bmatrix}\boldsymbol{0}\\ B_{\mathrm{com}}\end{bmatrix}y_{\mathrm{ref}}\end{aligned}$$

相应的闭环系统特征多项式为

$$\begin{aligned}p_{\mathrm{FK}}(s)&=\det(s\boldsymbol{I}-\boldsymbol{A}_{\mathrm{FK}})\\ &=s^4+(2+f_1)s^3+(f_1+f_3+k_{\mathrm{com}}-1)s^2+(-2f_1-3f_2+2f_3+k_{\mathrm{com}}-2)s-8k_{\mathrm{com}}\end{aligned}$$

(4) 设计镇定补偿器和伺服补偿器

因基于内模原理的无静差跟踪控制系统能控，故通过状态反馈可任意配置极点。指定闭环系统期望极点为 $s_{1,2}^*=-1\pm\mathrm{j}$，$s_3^*=-3$，$s_4^*=-3$，对应的期望闭环特征多项式为

$$p^*(s)=s^4+8s^3+23s^2+30s+18$$

令 $p_{\mathrm{FK}}(s)=p^*(s)$，解得

$$f_1=6,\ f_2=-23/12,\ f_3=81/4,\ k_{\mathrm{com}}=-9/4$$

定出镇定补偿器为

$$u_2=\boldsymbol{F}\boldsymbol{x}=[6\quad -23/12\quad 81/4]\boldsymbol{x}$$

定出伺服补偿器为

$$\dot{x}_{\mathrm{com}}=A_{\mathrm{com}}x_{\mathrm{com}}+B_{\mathrm{com}}e=[0]x_{\mathrm{com}}+[1]e$$

$$u_1 = k_{com} x_{com} = [-9/4] x_{com}$$

故所求控制律为

$$u = u_1 - u_2 = k_{com} x_{com} - \boldsymbol{F}\boldsymbol{x} = [-6 \quad 23/12 \quad -81/4 \;\vdots\; -9/4] \begin{bmatrix} \boldsymbol{x} \\ \cdots \\ x_{com} \end{bmatrix}$$

在上述设计的基础上，画出基于内模原理的无静差跟踪控制系统状态变量图，如图 7-8 所示，图中 $y_{ref}(t)$及 $w(t)$均为阶跃函数。

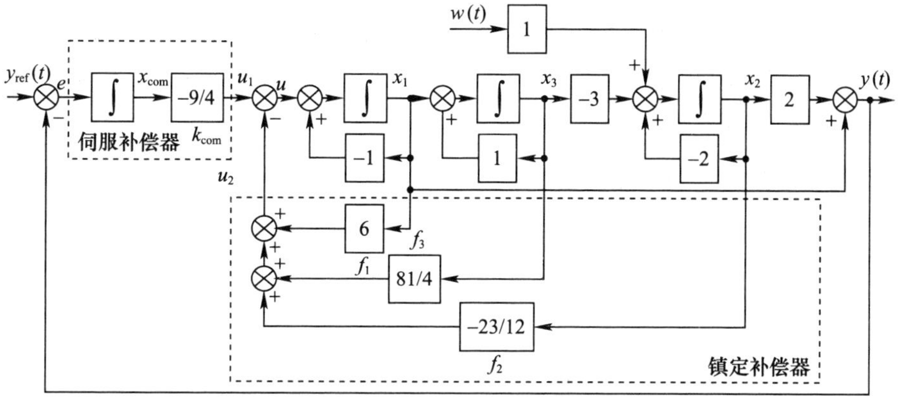

图 7-8　例 7-8 的无静差跟踪控制系统

基于内模原理实现无静差跟踪控制的优点之一是对除内模以外的系统参数摄动具有很强的鲁棒性，当这类参数发生变化时，只要闭环控制系统仍保持为渐近稳定，则被控对象的输出仍可渐近跟踪参考输入信号。但基于内模原理的无静差跟踪控制系统对内模参数的变化（式(7-74)所示 $\phi(s)$系数的变化）不具有鲁棒性。实际上，内模控制的本质是依靠 $\phi(s)=0$ 的根与参考输入信号 $\boldsymbol{y}_{ref}(t)$及扰动信号 $\boldsymbol{w}(t)$的不稳定极点精确对消，以实现渐近跟踪和扰动抑制的目标。显然，内模参数的任何变化，均使得这种精确对消不能实现，从而实现不了无静差跟踪。但在大多数工程问题中，由于 $\boldsymbol{y}_{ref}(t)$和 $\boldsymbol{w}(t)$有界，即使内模参数有变化或工程实现存在误差，系统输出仍能以有限静差跟踪参考输入 $\boldsymbol{y}_{ref}(t)$。

7.8　基于状态反馈的输入-输出解耦控制

设 n 阶多变量线性定常系统$\Sigma_o(\boldsymbol{A},\boldsymbol{B},\boldsymbol{C})$

$$\begin{cases} \dot{\boldsymbol{x}} = \boldsymbol{A}\boldsymbol{x} + \boldsymbol{B}\boldsymbol{u} \\ \boldsymbol{y} = \boldsymbol{C}\boldsymbol{x} \end{cases} \tag{7-92}$$

的输入、输出向量维数相等，即 $\boldsymbol{u}$、$\boldsymbol{y}$ 均为 m 维列向量（解耦控制的基本条件）；$\boldsymbol{A}$、$\boldsymbol{B}$、$\boldsymbol{C}$ 分别为$n\times n$、$n\times m$、$m\times n$ 维实数矩阵，且设 $m\leqslant n$。若 $\boldsymbol{x}(0)=\boldsymbol{0}$，可用 m 阶严真有理函数方阵（传递矩阵）

$$\boldsymbol{W}(s) = \boldsymbol{C}(s\boldsymbol{I}-\boldsymbol{A})^{-1}\boldsymbol{B} = \begin{bmatrix} W_{11}(s) & W_{12}(s) & \cdots & W_{1m}(s) \\ W_{21}(s) & W_{22}(s) & \cdots & W_{2m}(s) \\ \vdots & \vdots & & \vdots \\ W_{m1}(s) & W_{m2}(s) & \cdots & W_{mm}(s) \end{bmatrix} \tag{7-93}$$

描述输入向量和输出向量间的传递关系。由式(7-93)，输出的零状态响应为

$$
\begin{cases}
y_1(s)=W_{11}(s)u_1(s)+W_{12}(s)u_2(s)+\cdots+W_{1m}(s)u_m(s)\\
y_2(s)=W_{21}(s)u_1(s)+W_{22}(s)u_2(s)+\cdots+W_{2m}(s)u_m(s)\\
\vdots\\
y_m(s)=W_{m1}(s)u_1(s)+W_{m2}(s)u_2(s)+\cdots+W_{mm}(s)u_m(s)
\end{cases}
\tag{7-94}
$$

可见，一般情况下，每个输出分量受多个(或所有)输入分量的控制。这种第 i 个输出分量受第 j 个输入分量控制($i\neq j$)的关系称为输入-输出间的耦合关系，其使多变量系统难以实现控制目标。

因此，有必要引入合适的控制律，使多变量系统实现输入-输出解耦，即实现每个输出分量仅受一个对应输入分量控制，解耦后的多变量系统可视为 m 个独立的 SISO 子系统，其传递函数矩阵为对角线形的非奇异矩阵。

7.8.1 系统状态反馈解耦的充分必要条件

本节讨论采用图 7-9 所示输入变换与状态反馈相结合方式实现闭环输入-输出解耦控制的充分必要条件。

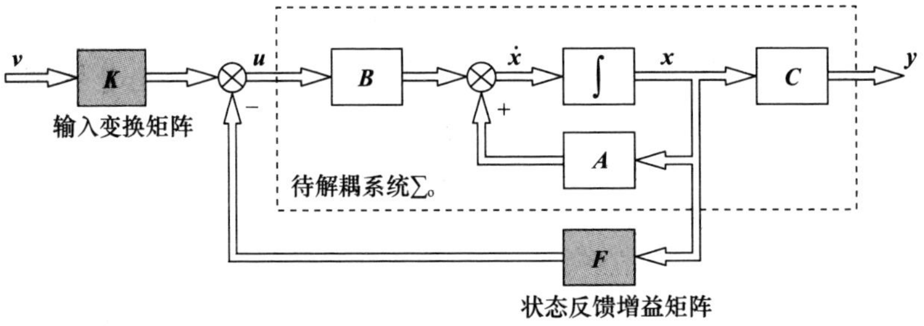

图 7-9 采用输入变换与状态反馈相结合实现输入-输出解耦

图 7-9 中，待解耦系统(7-92)的传递函数阵如式(9-93)所示；$\boldsymbol{F}$ 为 $m\times n$ 维状态反馈增益矩阵；$\boldsymbol{K}$ 为 $m\times m$ 维非奇异的输入变换矩阵；$\boldsymbol{v}$ 为 m 维参考输入信号。为实现闭环输入-输出解耦控制，对系统(7-92)采用输入变换与状态反馈相结合的控制律，即

$$
\boldsymbol{u}=\boldsymbol{K}\boldsymbol{v}-\boldsymbol{F}\boldsymbol{x}
\tag{7-95}
$$

将式(7-95)代入式(7-92)，得闭环系统$\sum_{\mathrm{FK}}$的状态空间表达式及其传递函数矩阵分别为

$$
\begin{cases}
\dot{\boldsymbol{x}}=(\boldsymbol{A}-\boldsymbol{BF})\boldsymbol{x}+\boldsymbol{BK}\boldsymbol{v}\\
\boldsymbol{y}=\boldsymbol{C}\boldsymbol{x}
\end{cases}
\tag{7-96}
$$

$$
\boldsymbol{W}_{\mathrm{FK}}(s)=\boldsymbol{C}[s\boldsymbol{I}-(\boldsymbol{A}-\boldsymbol{BF})]^{-1}\boldsymbol{BK}
\tag{7-97}
$$

为研究待解耦系统(7-92)状态反馈的可解耦性判据，先引入系统的两个结构特征量。

1. 系统的结构特征量

设 $\boldsymbol{W}_i(s)$为式(7-93)所示 $m\times m$ 维严真传递函数矩阵 $\boldsymbol{W}(s)$的第 i 行向量，即有

$$
\boldsymbol{W}_i(s)=[W_{i1}\quad W_{i2}\quad\cdots\quad W_{im}]
\tag{7-98}
$$

且设

$$
\delta_{ij}=\text{“}W_{ij}(s)\text{分母多项式次数”}-\text{“}W_{ij}(s)\text{分子多项式次数”}
\tag{7-99}
$$

则系统的第一个结构特征量 d_i定义为

$$
d_i=\min\{\delta_{i1},\delta_{i2},\cdots,\delta_{im}\}-1,\qquad i=1,2,\cdots,m
\tag{7-100}
$$

显然，因 $W_{ij}(s)$均为严真有理分式，故 d_i必为非负整数。对应于 d_i，系统的第二个结构特征量 $\boldsymbol{E}_i$定义为

$$E_i = \lim_{s\to\infty} s^{d_i+1} W_i(s), \qquad i=1,2,\cdots,m \tag{7-101}$$

其为 $1\times m$ 维的常数行向量。

由系统状态空间表达式(7-92)与传递函数矩阵(7-93)的关系，可以证明，系统的两个结构特征量 d_i、$\boldsymbol{E}_i$ 也可由其状态空间描述(7-92)确定，即

d_i 是 0 到 $(n-1)$ 之间满足

$$\boldsymbol{C}_i\boldsymbol{A}^{d_i}\boldsymbol{B}\neq\boldsymbol{0} \tag{7-102}$$

的最小整数。式中，$\boldsymbol{C}_i$ 为系统(7-92)输出矩阵 $\boldsymbol{C}$ 的第 i 行向量($i=1,2,\cdots,m$)。若对 $l=0,1,\cdots,n-1$，均有 $\boldsymbol{C}_i\boldsymbol{A}^l\boldsymbol{B}=\boldsymbol{0}$，则令 $d_i=n-1$。同样与 d_i 相对应，系统的第二个结构特征量 $\boldsymbol{E}_i$ 则可由状态空间描述的系数矩阵确定为

$$\boldsymbol{E}_i=\boldsymbol{C}_i\boldsymbol{A}^{d_i}\boldsymbol{B} \tag{7-103}$$

2. 可解耦条件

被控系统(7-92)采用式(7-95)所示输入变换与状态反馈相结合控制律可解耦的充分必要条件为：由系统的结构特征量 $\boldsymbol{E}_i$ 构成的 $m\times m$ 维可解耦性判别矩阵

$$\boldsymbol{E}=\begin{bmatrix}\boldsymbol{E}_1\\ \boldsymbol{E}_2\\ \vdots\\ \boldsymbol{E}_m\end{bmatrix} \tag{7-104}$$

非奇异。而且当可解耦性判别矩阵(7-104)非奇异时，若取输入变换矩阵 $\boldsymbol{K}$ 及状态反馈增益矩阵 $\boldsymbol{F}$ 为

$$\begin{cases}\boldsymbol{K}=\boldsymbol{E}^{-1}\\ \boldsymbol{F}=\boldsymbol{E}^{-1}\begin{bmatrix}\boldsymbol{C}_1\boldsymbol{A}^{d_1+1}\\ \boldsymbol{C}_2\boldsymbol{A}^{d_2+1}\\ \vdots\\ \boldsymbol{C}_m\boldsymbol{A}^{d_m+1}\end{bmatrix}\end{cases} \tag{7-105}$$

则所得闭环系统 Σ_{FK}

$$\begin{cases}\dot{\boldsymbol{x}}=(\boldsymbol{A}-\boldsymbol{B}\boldsymbol{F})\boldsymbol{x}+\boldsymbol{B}\boldsymbol{K}\boldsymbol{v}\\ \boldsymbol{y}=\boldsymbol{C}\boldsymbol{x}\end{cases} \tag{7-106}$$

为积分型解耦系统，对应的闭环传递函数矩阵为

$$\boldsymbol{G}_{\mathrm{FK}}(s)=\boldsymbol{C}[s\boldsymbol{I}-(\boldsymbol{A}-\boldsymbol{B}\boldsymbol{F})]^{-1}\boldsymbol{B}\boldsymbol{K}=\begin{bmatrix}\frac{1}{s^{d_1+1}} & & & \\ & \frac{1}{s^{d_2+1}} & & \\ & & \ddots & \\ & & & \frac{1}{s^{d_m+1}}\end{bmatrix} \tag{7-107}$$

可见，对可解耦被控系统(7-92)采用式(7-105)实现$\{\boldsymbol{F},\boldsymbol{K}\}$解耦后的闭环系统(7-106)，由 m 个相互独立的单变量系统组成，而诸单变量系统的传递函数分别为(d_i+1)重积分器($i=1,2,\cdots,m$)，故这种解耦常被称为积分型解耦。显然，因积分型解耦系统的所有极点均为零，故其只是综合性能满意的解耦系统的中间一步。因此，尽管被控系统(7-92)能否采用输入变换与状态反馈来实现解耦，仅由系统的两个结构特征量 d_i 和 $\boldsymbol{E}_i$ 唯一决定，但在积分型解耦系统基础上还需要设计

附加状态反馈，对闭环解耦系统的极点进行配置，以获得良好的动态性能，这就要求被控系统状态完全能控或至少为状态反馈可镇定。

7.8.2 对积分型解耦系统附加状态反馈实现极点配置

在积分型解耦系统基础上，需设计附加状态反馈以对诸单变量系统实现期望极点的配置。但引入附加状态反馈的前提是：通过线性非奇异变换将积分型解耦系统化为解耦标准形，在解耦标准形中引入附加状态反馈，以实现闭环系统期望极点配置且保持输入-输出解耦。

考虑 n 阶连续时间线性定常被控系统 $\Sigma_o(\boldsymbol{A},\boldsymbol{B},\boldsymbol{C})$

$$\begin{cases}\dot{\boldsymbol{x}}=\boldsymbol{A}\boldsymbol{x}+\boldsymbol{B}\boldsymbol{u}\\ \boldsymbol{y}=\boldsymbol{C}\boldsymbol{x}\end{cases} \tag{7-108}$$

其中，$\dim(\boldsymbol{u})=\dim(\boldsymbol{y})=m$，$\{\boldsymbol{A},\boldsymbol{B}\}$完全能控。在计算 $\Sigma_o(\boldsymbol{A},\boldsymbol{B},\boldsymbol{C})$的结构特征量 d_i 和 $\boldsymbol{E}_i$，并且判断可解耦性判别矩阵 $\boldsymbol{E}$ 为非奇异的基础上，由式(7-105)计算输入变换矩阵 $\boldsymbol{K}$ 和预状态反馈增益矩阵 $\overline{\boldsymbol{F}}$，导出积分型解耦系统 $\Sigma_{\bar{F}K}(\overline{\boldsymbol{A}},\overline{\boldsymbol{B}},\boldsymbol{C})$

$$\begin{cases}\dot{\boldsymbol{x}}=\overline{\boldsymbol{A}}\boldsymbol{x}+\overline{\boldsymbol{B}}\boldsymbol{v}\\ \boldsymbol{y}=\boldsymbol{C}\boldsymbol{x}\end{cases} \tag{7-109}$$

式中，$\overline{\boldsymbol{A}}=\boldsymbol{A}-\boldsymbol{B}\overline{\boldsymbol{F}}$，$\overline{\boldsymbol{B}}=\boldsymbol{B}\boldsymbol{K}$，且$\{\overline{\boldsymbol{A}},\overline{\boldsymbol{B}}\}$保持为完全能控。

为简化讨论，设$\{\overline{\boldsymbol{A}},\boldsymbol{C}\}$能观测，引入线性非奇异变换

$$\boldsymbol{x}=\boldsymbol{T}\tilde{\boldsymbol{x}} \tag{7-110}$$

将积分型解耦系统(7-109)变换为解耦标准形 $\Sigma(\tilde{\boldsymbol{A}},\tilde{\boldsymbol{B}},\tilde{\boldsymbol{C}})$

$$\begin{cases}\dot{\tilde{\boldsymbol{x}}}=\boldsymbol{T}^{-1}\overline{\boldsymbol{A}}\boldsymbol{T}\tilde{\boldsymbol{x}}+\boldsymbol{T}^{-1}\overline{\boldsymbol{B}}\boldsymbol{v}=\tilde{\boldsymbol{A}}\tilde{\boldsymbol{x}}+\tilde{\boldsymbol{B}}\boldsymbol{v}\\ \boldsymbol{y}=\boldsymbol{C}\boldsymbol{T}\tilde{\boldsymbol{x}}=\tilde{\boldsymbol{C}}\tilde{\boldsymbol{x}}\end{cases} \tag{7-111}$$

式中，各系数矩阵分别为如下分块对角线矩阵

$$\tilde{\boldsymbol{A}}=\begin{bmatrix}\tilde{\boldsymbol{A}}_1 & & \\ & \ddots & \\ & & \tilde{\boldsymbol{A}}_m\end{bmatrix},\tilde{\boldsymbol{B}}=\begin{bmatrix}\tilde{\boldsymbol{b}}_1 & & \\ & \ddots & \\ & & \tilde{\boldsymbol{b}}_m\end{bmatrix},\tilde{\boldsymbol{C}}=\begin{bmatrix}\tilde{\boldsymbol{c}}_1 & & \\ & \ddots & \\ & & \tilde{\boldsymbol{c}}_m\end{bmatrix} \tag{7-112}$$

式中，各子矩阵具有如下形式

$$\tilde{\boldsymbol{A}}_i=\left[\begin{array}{c:ccc}0 & 1 & & \\ \vdots & & \ddots & \\ 0 & & & 1\\ \hdashline 0 & 0 & \cdots & 0\end{array}\right]_{\alpha_i\times\alpha_i},\tilde{\boldsymbol{b}}_i=\begin{bmatrix}0\\ \vdots\\ 0\\ 1\end{bmatrix}_{\alpha_i\times 1},\tilde{\boldsymbol{c}}_i=\begin{bmatrix}1 & 0 & \cdots & 0\end{bmatrix}_{1\times\alpha_i} \tag{7-113}$$

其中，$\alpha_1+\alpha_2+\cdots+\alpha_m=n$；$\alpha_i=d_i+1$；$i=1,2,\cdots,m$。

变换矩阵 $\boldsymbol{T}$ 可基于两个最小实现间变换关系，由已知积分型解耦系统 $\Sigma_{\bar{F}K}(\overline{\boldsymbol{A}},\overline{\boldsymbol{B}},\boldsymbol{C})$和解耦标准形 $\Sigma(\tilde{\boldsymbol{A}},\tilde{\boldsymbol{B}},\tilde{\boldsymbol{C}})$确定，即

$$\boldsymbol{T}=\overline{\boldsymbol{Q}}_c\tilde{\boldsymbol{Q}}_c^{\mathrm{T}}(\tilde{\boldsymbol{Q}}_c\tilde{\boldsymbol{Q}}_c^{\mathrm{T}})^{-1} \tag{7-114}$$

式中，$\overline{\boldsymbol{Q}}_{\mathrm{c}}$、$\widetilde{\boldsymbol{Q}}_{\mathrm{c}}$分别为$\Sigma_{\overline{\mathrm{F}}\mathrm{K}}(\overline{\boldsymbol{A}},\overline{\boldsymbol{B}},\boldsymbol{C})$、$\Sigma(\widetilde{\boldsymbol{A}},\widetilde{\boldsymbol{B}},\widetilde{\boldsymbol{C}})$的能控性判别矩阵，即

$$\overline{\boldsymbol{Q}}_{\mathrm{c}}=\left[\overline{\boldsymbol{B}} \;\vdots\; \overline{\boldsymbol{A}}\,\overline{\boldsymbol{B}} \;\vdots\; \cdots \;\vdots\; \overline{\boldsymbol{A}}^{n-1}\overline{\boldsymbol{B}}\right],\widetilde{\boldsymbol{Q}}_{\mathrm{c}}=\left[\widetilde{\boldsymbol{B}} \;\vdots\; \widetilde{\boldsymbol{A}}\widetilde{\boldsymbol{B}} \;\vdots\; \cdots \;\vdots\; \widetilde{\boldsymbol{A}}^{n-1}\widetilde{\boldsymbol{B}}\right]$$

针对式(7-111)所示的解耦标准形$\Sigma(\widetilde{\boldsymbol{A}},\widetilde{\boldsymbol{B}},\widetilde{\boldsymbol{C}})$，选取 $m\times n$ 维状态反馈增益矩阵 $\widetilde{\boldsymbol{F}}$ 为

$$\widetilde{\boldsymbol{F}}=\begin{bmatrix}\widetilde{\boldsymbol{f}}_1 & & \\ & \ddots & \\ & & \widetilde{\boldsymbol{f}}_m\end{bmatrix} \tag{7-115}$$

其中

$$\widetilde{\boldsymbol{f}}_i=[\widetilde{\boldsymbol{f}}_{i1} \quad \widetilde{\boldsymbol{f}}_{i2} \quad \cdots \quad \widetilde{\boldsymbol{f}}_{i\alpha_i}]_{1\times\alpha_i}, \qquad i=1,2,\cdots,m \tag{7-116}$$

则得到解耦系统$\Sigma(\widetilde{\boldsymbol{A}}-\widetilde{\boldsymbol{B}}\widetilde{\boldsymbol{F}},\widetilde{\boldsymbol{B}},\widetilde{\boldsymbol{C}})$，对其诸单变量系统指定期望极点组，按单输入系统极点配置方法，可确定状态反馈增益矩阵 $\widetilde{\boldsymbol{F}}$ 中如式(7-116)所示的各元组，从而确定出 $\widetilde{\boldsymbol{F}}$。则对原系统$\Sigma_{\mathrm{o}}(\boldsymbol{A},\boldsymbol{B},\boldsymbol{C})$，满足解耦和期望极点配置要求的输入变换矩阵和状态反馈增益矩阵对$\{\boldsymbol{F},\boldsymbol{K}\}$为

$$\begin{cases}\boldsymbol{K}=\boldsymbol{E}^{-1} \\ \boldsymbol{F}=\boldsymbol{E}^{-1}\begin{bmatrix}\boldsymbol{C}_1\boldsymbol{A}^{d_1+1} \\ \boldsymbol{C}_2\boldsymbol{A}^{d_2+1} \\ \vdots \\ \boldsymbol{C}_m\boldsymbol{A}^{d_m+1}\end{bmatrix}+\boldsymbol{E}^{-1}\widetilde{\boldsymbol{F}}\boldsymbol{T}^{-1}\end{cases} \tag{7-117}$$

【例 7-9】 给定一个双输入双输出连续定常被控系统

$$\begin{cases}\dot{\boldsymbol{x}}=\begin{bmatrix}0 & 1 & 0 & 0 \\ 1 & 0 & 0 & 2 \\ 1 & 0 & 0 & 1 \\ 0 & -1 & 0 & 0\end{bmatrix}\boldsymbol{x}+\begin{bmatrix}0 & 0 \\ 1 & 0 \\ 0 & 0 \\ 0 & 1\end{bmatrix}\boldsymbol{u} \\ \boldsymbol{y}=\begin{bmatrix}1 & 0 & 0 & 0 \\ 1 & 0 & 1 & 0\end{bmatrix}\boldsymbol{x}\end{cases}$$

要求综合满足解耦和将闭环极点配置为-3，-3，$-1\pm \mathrm{j}$ 的一个输入变换和状态反馈矩阵对$\{\boldsymbol{K},\boldsymbol{F}\}$。

解 被控系统$\Sigma_{\mathrm{o}}(\boldsymbol{A},\boldsymbol{B},\boldsymbol{C})$的传递函数矩阵为

$$\boldsymbol{W}_{\mathrm{o}}(s)=\boldsymbol{C}(s\boldsymbol{I}-\boldsymbol{A})^{-1}\boldsymbol{B}=\begin{bmatrix}\dfrac{1}{s^2+1} & \dfrac{2}{s(s^2+1)} \\ \dfrac{1}{s^2+1} & \dfrac{s^2+2s+1}{s^2(s^2+1)}\end{bmatrix}$$

显然，每个输入分量对各个输出分量均互相耦合。经计算，$\boldsymbol{W}_{\mathrm{o}}(s)$的极点为$\pm\mathrm{j}$、0、0，与被控系统的极点完全相同，即系统无解耦零点，故$\Sigma_{\mathrm{o}}(\boldsymbol{A},\boldsymbol{B},\boldsymbol{C})$能控且能观测。

(1) 计算被控系统的结构特征量 d_i和$\boldsymbol{E}_i(i=1,2)$

由 $\boldsymbol{W}_{\mathrm{o}}(s)$，根据式(7-100)，得

$$d_1=\min\{\delta_{11},\delta_{12}\}-1=\min\{2,3\}-1=2-1=1$$

$$d_2=\min\{\delta_{21},\delta_{22}\}-1=\min\{2,2\}-1=2-1=1$$

对应于 d_1、d_2，根据式(7-101)，得

$$\boldsymbol{E}_1=\lim_{s\to\infty}s^{d_1+1}\boldsymbol{W}_1(s)=\lim_{s\to\infty}s^2\begin{bmatrix}\dfrac{1}{s^2+1} & \dfrac{2}{s(s^2+1)}\end{bmatrix}=[1\quad 0]$$

$$\boldsymbol{E}_2=\lim_{s\to\infty}s^{d_2+1}\boldsymbol{W}_2(s)=\lim_{s\to\infty}s^2\begin{bmatrix}\dfrac{1}{s^2+1} & \dfrac{s^2+2s+1}{s^2(s^2+1)}\end{bmatrix}=[1\quad 1]$$

系统的两个结构特征量 d_i、$\boldsymbol{E}_i$ 也可由其状态空间描述确定，由题意，$\boldsymbol{C}_1=[1\quad 0\quad 0\quad 0]$，$\boldsymbol{C}_2=[1\quad 0\quad 1\quad 0]$，则根据计算结果：

$$\boldsymbol{C}_1\boldsymbol{B}=[0\quad 0],\boldsymbol{C}_1\boldsymbol{AB}=[1\quad 0]\neq\boldsymbol{0}\text{，可确定 }d_1=1,\boldsymbol{E}_1=\boldsymbol{C}_1\boldsymbol{A}^{d_1}\boldsymbol{B}=\boldsymbol{C}_1\boldsymbol{AB}=[1\quad 0]$$

$$\boldsymbol{C}_2\boldsymbol{B}=[0\quad 0],\boldsymbol{C}_2\boldsymbol{AB}=[1\quad 1]\neq\boldsymbol{0}\text{，可确定 }d_2=1,\boldsymbol{E}_2=\boldsymbol{C}_2\boldsymbol{A}^{d_2}\boldsymbol{B}=\boldsymbol{C}_2\boldsymbol{AB}=[1\quad 1]$$

可见，由状态空间表达式求解系统的两个结构特征量 d_i、$\boldsymbol{E}_i$ 的结果与由传递函数矩阵求解结果相同。

(2) 判断可解耦性

构造判别矩阵

$$\boldsymbol{E}=\begin{bmatrix}\boldsymbol{E}_1\\ \boldsymbol{E}_2\end{bmatrix}=\begin{bmatrix}1 & 0\\ 1 & 1\end{bmatrix}$$

显然，判别矩阵 $\boldsymbol{E}$ 非奇异，故被控系统 $\sum_o(\boldsymbol{A},\boldsymbol{B},\boldsymbol{C})$ 采用输入变换与状态反馈相结合的控制律可解耦。

(3) 导出积分型解耦系统

由式(7-105)，得实现积分型解耦所需的输入变换矩阵 $\boldsymbol{K}$ 和状态反馈增益矩阵 $\overline{\boldsymbol{F}}$ 分别为

$$\boldsymbol{K}=\boldsymbol{E}^{-1}=\begin{bmatrix}1 & 0\\ 1 & 1\end{bmatrix}^{-1}=\begin{bmatrix}1 & 0\\ -1 & 1\end{bmatrix}$$

$$\overline{\boldsymbol{F}}=\boldsymbol{E}^{-1}\begin{bmatrix}\boldsymbol{C}_1\boldsymbol{A}^{d_1+1}\\ \boldsymbol{C}_2\boldsymbol{A}^{d_2+1}\end{bmatrix}=\boldsymbol{E}^{-1}\begin{bmatrix}\boldsymbol{C}_1\boldsymbol{A}^2\\ \boldsymbol{C}_2\boldsymbol{A}^2\end{bmatrix}=\begin{bmatrix}1 & 0 & 0 & 2\\ 0 & 0 & 0 & 0\end{bmatrix}$$

则积分型解耦系统 $\sum_{\overline{\mathrm{F}}\mathrm{K}}(\overline{\boldsymbol{A}},\overline{\boldsymbol{B}},\boldsymbol{C})$ 的系数矩阵和传递函数矩阵分别为

$$\overline{\boldsymbol{A}}=\boldsymbol{A}-\boldsymbol{B}\overline{\boldsymbol{F}}=\left[\begin{array}{cc:cc}0 & 1 & 0 & 0\\ 0 & 0 & 0 & 0\\ \hdashline 1 & 0 & 0 & 1\\ 0 & -1 & 0 & 0\end{array}\right],\overline{\boldsymbol{B}}=\boldsymbol{BK}=\left[\begin{array}{c:c}0 & 0\\ 1 & 0\\ \hdashline 0 & 0\\ -1 & 1\end{array}\right],\boldsymbol{C}=\left[\begin{array}{cc:cc}1 & 0 & 0 & 0\\ \hdashline 1 & 0 & 1 & 0\end{array}\right]$$

$$\boldsymbol{W}_{\overline{\mathrm{F}}\mathrm{K}}(s)=\boldsymbol{C}(s\boldsymbol{I}-\overline{\boldsymbol{A}})^{-1}\overline{\boldsymbol{B}}=\begin{bmatrix}\dfrac{1}{s^2} & 0\\ 0 & \dfrac{1}{s^2}\end{bmatrix}=\begin{bmatrix}\dfrac{1}{s^{d_1+1}} & 0\\ 0 & \dfrac{1}{s^{d_2+1}}\end{bmatrix}$$

(4) 将积分型解耦系统化为解耦标准形

经判断，积分型解耦系统 $\sum_{\overline{\mathrm{F}}\mathrm{K}}(\overline{\boldsymbol{A}},\overline{\boldsymbol{B}},\boldsymbol{C})$ 能观测。由 $d_1=1$，$d_2=1$，$m_1=d_1+1=2$，$m_2=d_2+1=2$，根据式(7-111)，得解耦标准形 $\sum(\widetilde{\boldsymbol{A}},\widetilde{\boldsymbol{B}},\widetilde{\boldsymbol{C}})$ 的系数矩阵为

$$\widetilde{A}=T^{-1}\overline{A}T=\left[\begin{array}{cc:cc}0&1&0&0\\0&0&0&0\\ \hdashline 0&0&0&1\\0&0&0&0\end{array}\right],\widetilde{B}=T^{-1}\overline{B}=\left[\begin{array}{c:c}0&0\\1&0\\ \hdashline 0&0\\0&1\end{array}\right]$$

$$\widetilde{C}=CT=\left[\begin{array}{cc:cc}1&0&0&0\\ \hdashline 0&0&1&0\end{array}\right]$$

由已知能控且能观测的$\sum_{\overline{F}K}(\overline{A},\overline{B},C)$、$\sum(\widetilde{A},\widetilde{B},\widetilde{C})$，根据式(7-114)，求出变换矩阵为

$$T=\begin{bmatrix}1&0&0&0\\0&1&0&0\\-1&0&1&0\\-1&-1&0&1\end{bmatrix},\text{则 } T^{-1}=\begin{bmatrix}1&0&0&0\\0&1&0&0\\1&0&1&0\\1&1&0&1\end{bmatrix}$$

(5) 针对解耦标准形$\sum(\widetilde{A},\widetilde{B},\widetilde{C})$，进一步附加状态反馈配置闭环极点

根据解耦标准形$\sum(\widetilde{A},\widetilde{B},\widetilde{C})$的结构，根据式(7-115)，取 2×4 维附加状态反馈增益矩阵 $\widetilde{F}$ 为两个分块对角线矩阵，即

$$\widetilde{F}=\left[\begin{array}{cc:cc}\widetilde{f}_{11}&\widetilde{f}_{12}&0&0\\ \hdashline 0&0&\widetilde{f}_{21}&\widetilde{f}_{22}\end{array}\right]$$

则对$\sum(\widetilde{A},\widetilde{B},\widetilde{C})$引入附加状态反馈后的状态矩阵为

$$\widetilde{A}-\widetilde{B}\widetilde{F}=\left[\begin{array}{cc:cc}0&1&0&0\\-\widetilde{f}_{11}&-\widetilde{f}_{12}&0&0\\ \hdashline 0&0&0&1\\0&0&-\widetilde{f}_{21}&-\widetilde{f}_{22}\end{array}\right]$$

因解耦后的两个 SISO 系统均为 2 维的，故将闭环期望极点-3，-3，$-1\pm \mathrm{j}$ 分为两组

$$\lambda_{11}^*=-3,\lambda_{12}^*=-3,\text{期望特征多项式 } p_1^*(s)=s^2+6s+9$$

$$\lambda_{21}^*=-1+\mathrm{j},\lambda_{22}^*=-1-\mathrm{j},\text{期望特征多项式 } p_2^*(s)=s^2+2s+2$$

则对$\sum(\widetilde{A},\widetilde{B},\widetilde{C})$引入附加状态反馈后的期望系统矩阵为

$$A_F^*=\left[\begin{array}{cc:cc}0&1&0&0\\-9&-6&0&0\\ \hdashline 0&0&0&1\\0&0&-2&-2\end{array}\right]$$

令 $\widetilde{A}-\widetilde{B}\widetilde{F}=A_F^*$，解得

$$\widetilde{F}=\left[\begin{array}{cc:cc}9&6&0&0\\0&0&2&2\end{array}\right]$$

(6) 定出针对原被控系统$\sum_o(A,B,C)$，满足解耦和闭环期望极点配置要求的输入变换矩阵

$\boldsymbol{K}$ 和状态反馈矩阵 $\boldsymbol{F}$

$$\boldsymbol{K}=\boldsymbol{E}^{-1}=\begin{bmatrix}1 & 0\\ -1 & 1\end{bmatrix}$$

$$\boldsymbol{F}=\overline{\boldsymbol{F}}+\boldsymbol{E}^{-1}\widetilde{\boldsymbol{F}}\boldsymbol{T}^{-1}=\begin{bmatrix}1 & 0 & 0 & 2\\ 0 & 0 & 0 & 0\end{bmatrix}+\begin{bmatrix}1 & 0\\ -1 & 1\end{bmatrix}\begin{bmatrix}9 & 6 & 0 & 0\\ 0 & 0 & 2 & 2\end{bmatrix}\begin{bmatrix}1 & 0 & 0 & 0\\ 0 & 1 & 0 & 0\\ 1 & 0 & 1 & 0\\ 1 & 1 & 0 & 1\end{bmatrix}=\begin{bmatrix}10 & 6 & 0 & 2\\ -5 & -4 & 2 & 2\end{bmatrix}$$

相应的闭环解耦控制系统状态空间表达式和传递函数矩阵分别为

$$\begin{cases}\dot{\boldsymbol{x}}=(\boldsymbol{A}-\boldsymbol{BF})\boldsymbol{x}+\boldsymbol{BKv}=\begin{bmatrix}0 & 1 & 0 & 0\\ -9 & -6 & 0 & 0\\ 1 & 0 & 0 & 1\\ 5 & 3 & -2 & -2\end{bmatrix}\boldsymbol{x}+\begin{bmatrix}0 & 0\\ 1 & 0\\ 0 & 0\\ -1 & 1\end{bmatrix}\boldsymbol{v}\\ \boldsymbol{y}=\boldsymbol{Cx}=\begin{bmatrix}1 & 0 & 0 & 0\\ 1 & 0 & 1 & 0\end{bmatrix}\boldsymbol{x}\end{cases}$$

$$\boldsymbol{W}_{\mathrm{FK}}(s)=\boldsymbol{C}(s\boldsymbol{I}-\boldsymbol{A}+\boldsymbol{BF})^{-1}\boldsymbol{BK}=\begin{bmatrix}\dfrac{1}{s^2+6s+9} & 0\\ 0 & \dfrac{1}{s^2+2s+2}\end{bmatrix}$$

7.9　状态观测器

状态反馈是改善系统性能的重要方法，不仅可应用于极点配置、镇定、无静差跟踪、输入-输出解耦，而且还可应用于最优控制（见 7.11 节）。但是在实际工程中，或因为系统的所有状态变量不一定都能直接量测，或因为受限于直接量测的经济性，常不可能直接获得系统的全部状态信息。状态观测器设计或状态重构问题正是为了克服状态反馈物理实现的困难而提出的，其实质是构造与被观测系统 Σ 具有相同属性的系统 $\hat{\Sigma}$（状态观测器），以 Σ 中可直接量测的输出及输入作为 $\hat{\Sigma}$ 的输入，构造在一定指标下和原系统 Σ 中真实状态 $\boldsymbol{x}(t)$ 等价的估计状态 $\hat{\boldsymbol{x}}(t)$，且常采用式(7-118)所示的渐近等价指标，即

$$\lim_{t\to\infty}[\hat{\boldsymbol{x}}(t)-\boldsymbol{x}(t)]=\lim_{t\to\infty}\boldsymbol{\Delta}_x(t)=\boldsymbol{0} \tag{7-118}$$

式中，$\boldsymbol{\Delta}_x(t)$ 为观测误差。实现状态重构的系统称为状态观测器，式(7-118)即为观测器存在条件。当观测器重构状态向量的维数等于或小于被控系统状态向量维数时，分别称为全维状态观测器或降维状态观测器。

除了状态观测器，对线性定常被观测系统还有函数观测器，其并非观测状态本身，而以重构被观测系统状态的函数为目标，例如，$\boldsymbol{Fx}$-函数观测器直接重构被观测系统的状态反馈线性函数 $\boldsymbol{Fx}$，其输出 $\boldsymbol{w}(t)$ 应渐近等价于 $\boldsymbol{Fx}$，以实现状态反馈控制，$\boldsymbol{Fx}$-函数观测器的渐近等价指标为

$$\lim_{t\to\infty}\boldsymbol{w}(t)=\lim_{t\to\infty}\boldsymbol{Fx}(t),\qquad \boldsymbol{F}\text{ 为常数矩阵} \tag{7-119}$$

$\boldsymbol{Fx}$-函数观测器的维数有可能较降维状态观测器还要低，但分析和设计均较复杂。

7.9.1 全维状态观测器

1. 全维状态观测器的结构

考虑 n 阶线性定常被观测系统$\sum_o(\boldsymbol{A},\boldsymbol{B},\boldsymbol{C})$

$$\begin{cases}\dot{\boldsymbol{x}}=\boldsymbol{A}\boldsymbol{x}+\boldsymbol{B}\boldsymbol{u}, & \boldsymbol{x}(0)=\boldsymbol{x}_0, t\geqslant 0\\ \boldsymbol{y}=\boldsymbol{C}\boldsymbol{x}\end{cases} \tag{7-120}$$

其中,$\boldsymbol{A}$、$\boldsymbol{B}$、$\boldsymbol{C}$ 分别为 $n\times n$、$n\times r$、$m\times n$ 维实数矩阵;$\boldsymbol{x}$ 为 n 维状态向量,不可直接量测;$\boldsymbol{u}$、$\boldsymbol{y}$ 分别为 r 维、m 维输入、输出向量。

采用如图 7-10 所示的闭环(渐近)状态观测器实现对系统(7-120)状态的重构,这是输出反馈的另一种结构。其中,基于反馈控制原理,引入观测误差 $\boldsymbol{\Delta}_x(t)=\hat{\boldsymbol{x}}(t)-\boldsymbol{x}(t)$ 负反馈,以不断修正观测器系统,加快观测误差趋于零的速度。但 $\boldsymbol{\Delta}_x(t)$不可直接量测,而 $\boldsymbol{\Delta}_x(t)\neq\boldsymbol{0}$ 对应 $\hat{\boldsymbol{y}}(t)-\boldsymbol{y}(t)=\boldsymbol{C}\hat{\boldsymbol{x}}(t)-\boldsymbol{C}\boldsymbol{x}(t)\neq\boldsymbol{0}$,且输出偏差 $\hat{\boldsymbol{y}}(t)-\boldsymbol{y}(t)$可直接量测,故可引入 $\hat{\boldsymbol{y}}(t)-\boldsymbol{y}(t)$负反馈至观测器的 $\dot{\hat{\boldsymbol{x}}}$ 处,构成以被观测系统(7-120)的 $\boldsymbol{u}$ 和 $\boldsymbol{y}$ 为输入、重构状态 $\hat{\boldsymbol{x}}(t)$为输出的闭环(渐近)状态观测器,其中,$\boldsymbol{G}$ 为 $n\times m$ 维输出偏差反馈增益矩阵。由图 7-10 可得闭环状态观测器的状态空间表达式为

$$\begin{cases}\dot{\hat{\boldsymbol{x}}}=\boldsymbol{A}\hat{\boldsymbol{x}}-\boldsymbol{G}(\hat{\boldsymbol{y}}-\boldsymbol{y})+\boldsymbol{B}\boldsymbol{u}=(\boldsymbol{A}-\boldsymbol{G}\boldsymbol{C})\hat{\boldsymbol{x}}+\boldsymbol{G}\boldsymbol{y}+\boldsymbol{B}\boldsymbol{u}, & \hat{\boldsymbol{x}}(0)=\hat{\boldsymbol{x}}_0\\ \boldsymbol{y}=\boldsymbol{C}\hat{\boldsymbol{x}}\end{cases} \tag{7-121}$$

观测误差 $\boldsymbol{\Delta}_x(t)$所满足的微分方程及其解分别为

$$\dot{\boldsymbol{\Delta}}_x(t)=\dot{\hat{\boldsymbol{x}}}(t)-\dot{\boldsymbol{x}}(t)=(\boldsymbol{A}-\boldsymbol{G}\boldsymbol{C})(\hat{\boldsymbol{x}}(t)-\boldsymbol{x}(t))=(\boldsymbol{A}-\boldsymbol{G}\boldsymbol{C})\boldsymbol{\Delta}_x(t) \tag{7-122}$$

$$\boldsymbol{\Delta}_x(t)=\mathrm{e}^{(\boldsymbol{A}-\boldsymbol{G}\boldsymbol{C})t}\boldsymbol{\Delta}_x(0)=\mathrm{e}^{(\boldsymbol{A}-\boldsymbol{G}\boldsymbol{C})t}(\hat{\boldsymbol{x}}_0-\boldsymbol{x}_0) \tag{7-123}$$

式(7-123)表明,只要设计输出偏差反馈增益矩阵 $\boldsymbol{G}$ 使观测器(7-121)状态矩阵$(\boldsymbol{A}-\boldsymbol{G}\boldsymbol{C})$的所有特征值均配置到复平面的左半开平面,尽管 $\hat{\boldsymbol{x}}(0)$与 $\boldsymbol{x}(0)$存在偏差,观测器重构的状态 $\hat{\boldsymbol{x}}(t)$仍将以一定速度渐渐逼近被观测系统(7-120)的实际状态 $\boldsymbol{x}(t)$,即满足渐近等价指标(7-119)。

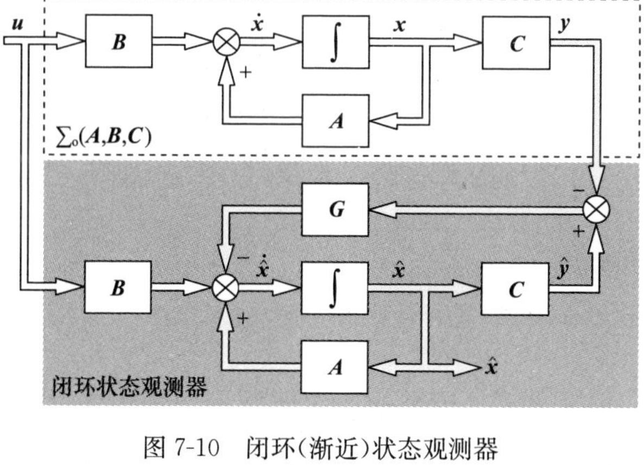

图 7-10 闭环(渐近)状态观测器

2. 闭环状态观测器极点配置

由采用状态反馈任意配置闭环极点的充分必要条件和对偶原理,可以证明闭环状态观测器(7-121)的极点可任意配置的充分必要条件是被观测系统(7-120)能观测。因为$\sum_o(\boldsymbol{A},\boldsymbol{B},\boldsymbol{C})$能观

测，则其对偶系统$\sum(\boldsymbol{A}^{\mathrm{T}},\boldsymbol{C}^{\mathrm{T}},\boldsymbol{B}^{\mathrm{T}})$能控，采用状态反馈可任意配置闭环系统$\sum_{\mathrm{F}}(\boldsymbol{A}^{\mathrm{T}}-\boldsymbol{C}^{\mathrm{T}}\boldsymbol{F},\boldsymbol{C}^{\mathrm{T}},\boldsymbol{B}^{\mathrm{T}})$的极点，又因为矩阵转置不改变其特征值，故可断定若取$\boldsymbol{G}=\boldsymbol{F}^{\mathrm{T}}$，则$\boldsymbol{A}-\boldsymbol{F}^{\mathrm{T}}\boldsymbol{C}=\boldsymbol{A}-\boldsymbol{G}\boldsymbol{C}$的特征值可任意配置。

应该指出，系统能观测只是其观测器存在的一个充分条件，而非必要条件。对系统$\sum_{\mathrm{o}}(\boldsymbol{A},\boldsymbol{B},\boldsymbol{C})$，与采用状态反馈可镇定的充分必要条件是其不能控子系统为渐近稳定相对偶，观测器存在的充分必要条件是其不能观测子系统为渐近稳定。

对于状态完全能观测系统$\sum_{\mathrm{o}}(\boldsymbol{A},\boldsymbol{B},\boldsymbol{C})$的闭环状态观测器的极点配置设计可仿照状态完全能控系统用状态反馈进行闭环极点配置的设计方法进行；也可基于对偶原理，先针对其对偶系统$\sum(\boldsymbol{A}^{\mathrm{T}},\boldsymbol{C}^{\mathrm{T}},\boldsymbol{B}^{\mathrm{T}})$，由状态反馈配置闭环极点方法确定状态反馈增益矩阵$\boldsymbol{F}$，再根据$\boldsymbol{G}=\boldsymbol{F}^{\mathrm{T}}$确定被观测系统$\sum_{\mathrm{o}}(\boldsymbol{A},\boldsymbol{B},\boldsymbol{C})$的观测器偏差反馈增益矩阵$\boldsymbol{G}$。

例如，若状态完全能观测的单输出系统$\sum_{\mathrm{o}}(\boldsymbol{A},\boldsymbol{B},\boldsymbol{C})$：$\begin{cases}\dot{\boldsymbol{x}}=\boldsymbol{A}\boldsymbol{x}+\boldsymbol{B}u\\ y=\boldsymbol{C}\boldsymbol{x}\end{cases}$，其特征多项式为

$$f_{\mathrm{o}}(s)=\det[s\boldsymbol{I}-\boldsymbol{A}]=s^n+a_1s^{n-1}+\cdots+a_{n-1}s+a_n \tag{7-124}$$

与闭环状态观测器期望特征值s_i^* $(i=1,2,\cdots,n)$对应的期望特征多项式为

$$p^*(s)=\prod_{i=1}^{n}(s-s_i^*)=s^n+a_1^*s^{n-1}+\cdots+a_{n-1}^*s+a_n^* \tag{7-125}$$

则与状态完全能控的单输入系统状态反馈闭环极点配置的规范算法相对偶，观测器偏差反馈增益矩阵为

$$\boldsymbol{G}=\begin{bmatrix}g_1\\ g_2\\ \vdots\\ g_n\end{bmatrix}=\boldsymbol{T}_{\mathrm{oc}}\begin{bmatrix}a_n^*-a_n\\ a_{n-1}^*-a_{n-1}\\ \vdots\\ a_1^*-a_1\end{bmatrix} \tag{7-126}$$

式中，$\boldsymbol{T}_{\mathrm{oc}}$为能观测标准形变换矩阵，可由式(4-139)确定，也可由式(4-138)得

$$\boldsymbol{T}_{\mathrm{oc}}=\left(\begin{bmatrix}a_{n-1}&\cdots&a_1&1\\ \vdots&\iddots&\iddots&\\ a_1&1&&\\ 1&&&\end{bmatrix}\begin{bmatrix}\boldsymbol{C}\\ \boldsymbol{C}\boldsymbol{A}\\ \vdots\\ \boldsymbol{C}\boldsymbol{A}^{n-1}\end{bmatrix}\right)^{-1} \tag{7-127}$$

【例 7-10】 被观测系统$\sum_{\mathrm{o}}(\boldsymbol{A},\boldsymbol{B},\boldsymbol{C})$的状态空间表达式为$\begin{cases}\dot{\boldsymbol{x}}=\begin{bmatrix}5&9\\-2&-4\end{bmatrix}\boldsymbol{x}+\begin{bmatrix}2\\-1\end{bmatrix}u\\ y=[3\quad 5]\boldsymbol{x}\end{cases}$，试设计全维状态观测器使其极点为$-3,-3$。

解 (1) 判断系统$\sum_{\mathrm{o}}(\boldsymbol{A},\boldsymbol{B},\boldsymbol{C})$是否能观测

$$\mathrm{rank}\boldsymbol{Q}_{\mathrm{o}}=\mathrm{rank}\begin{bmatrix}\boldsymbol{C}\\ \boldsymbol{C}\boldsymbol{A}\end{bmatrix}=\mathrm{rank}\begin{bmatrix}3&5\\5&7\end{bmatrix}=2=n$$

所以系统状态完全能观测，可建立状态观测器，且观测器的极点可任意配置。

(2) 确定闭环状态观测器状态矩阵的期望特征多项式

观测器状态矩阵$\boldsymbol{A}-\boldsymbol{G}\boldsymbol{C}$的期望特征值为$s_1^*=s_2^*=-3$，对应的期望特征多项式为

$$p^*(s)=(s-s_1^*)(s-s_2^*)=(s+3)(s+3)=s^2+6s+9$$

则 $a_2^*=9, a_1^*=6$。

(3) 求所需的观测器偏差反馈增益矩阵 $\boldsymbol{G}=[g_1 \quad g_2]^{\mathrm{T}}$

方法 1：规范算法

在例 7-2 中已求得系统 $\Sigma_{\mathrm{o}}(\boldsymbol{A},\boldsymbol{B},\boldsymbol{C})$ 的特征多项式为

$$p_{\mathrm{o}}(s)=s^2-s-2$$

则 $a_2=-2, a_1=-1$。

$\Sigma_{\mathrm{o}}(\boldsymbol{A},\boldsymbol{B},\boldsymbol{C})$ 化为能观测标准形的变换矩阵 $\boldsymbol{T}_{\mathrm{oc}}$ 为

$$\boldsymbol{T}_{\mathrm{oc}}=\left(\begin{bmatrix}a_1 & 1\\ 1 & 0\end{bmatrix}\begin{bmatrix}\boldsymbol{C}\\ \boldsymbol{CA}\end{bmatrix}\right)^{-1}=\left(\begin{bmatrix}-1 & 1\\ 1 & 0\end{bmatrix}\begin{bmatrix}3 & 5\\ 5 & 7\end{bmatrix}\right)^{-1}=\begin{bmatrix}2 & 2\\ 3 & 5\end{bmatrix}^{-1}=\begin{bmatrix}5/4 & -1/2\\ -3/4 & 1/2\end{bmatrix}$$

则根据式(7-126)，观测器偏差反馈增益矩阵 $\boldsymbol{G}$ 为

$$\boldsymbol{G}=\begin{bmatrix}g_1\\ g_2\end{bmatrix}=\boldsymbol{T}_{\mathrm{oc}}\begin{bmatrix}a_2^*-a_2\\ a_1^*-a_1\end{bmatrix}=\begin{bmatrix}5/4 & -1/2\\ -3/4 & 1/2\end{bmatrix}\begin{bmatrix}9-(-2)\\ 6-(-1)\end{bmatrix}=\begin{bmatrix}41/4\\ -19/4\end{bmatrix}$$

方法 2：解联立方程

与状态反馈闭环系统极点配置类似，对低阶被观测系统，将观测器偏差反馈增益矩阵 $\boldsymbol{G}$ 直接代入期望特征多项式求解较为简便。闭环观测器状态矩阵 $\boldsymbol{A}-\boldsymbol{GC}$ 的特征多项式为

$$p_{\mathrm{o}}(s)=\det[s\boldsymbol{I}-(\boldsymbol{A}-\boldsymbol{GC})]=\det\left(\begin{bmatrix}s & 0\\ 0 & s\end{bmatrix}-\begin{bmatrix}5 & 9\\ -2 & -4\end{bmatrix}+\begin{bmatrix}3g_1 & 5g_1\\ 3g_2 & 5g_2\end{bmatrix}\right)$$

$$=\begin{vmatrix}s-5+3g_1 & -9+5g_1\\ 2+3g_2 & s+4+5g_2\end{vmatrix}=s^2+(3g_1+5g_2-1)s+2g_1+2g_2-2$$

令 $p_{\mathrm{o}}(s)=p^*(s)$，得联立方程

$$\begin{cases}3g_1+5g_2-1=6\\ 2g_1+2g_2-2=9\end{cases}$$

解之，得 $g_1=41/4, g_2=-19/4$。

(4) 由式(7-121)，观测器的状态方程为

$$\dot{\hat{\boldsymbol{x}}}=\boldsymbol{A}\hat{\boldsymbol{x}}+\boldsymbol{B}u-\boldsymbol{G}(\hat{y}-y)=\begin{bmatrix}5 & 9\\ -2 & -4\end{bmatrix}\hat{\boldsymbol{x}}+\begin{bmatrix}2\\ -1\end{bmatrix}u-\begin{bmatrix}41/4\\ -19/4\end{bmatrix}(\hat{y}-y)$$

或

$$\dot{\hat{\boldsymbol{x}}}=(\boldsymbol{A}-\boldsymbol{GC})\hat{\boldsymbol{x}}+\boldsymbol{G}y+\boldsymbol{B}u=\begin{bmatrix}-25.75 & -42.25\\ 12.25 & 19.75\end{bmatrix}\hat{\boldsymbol{x}}+\begin{bmatrix}10.25\\ -4.75\end{bmatrix}y+\begin{bmatrix}2\\ -1\end{bmatrix}u$$

被观测系统及其全维状态观测器的状态变量图如图 7-11(a)或(b)所示。

本例也可应用对偶原理，先求对偶系统 $\Sigma(\boldsymbol{A}^{\mathrm{T}},\boldsymbol{C}^{\mathrm{T}},\boldsymbol{B}^{\mathrm{T}})$ 的状态反馈增益矩阵 $\boldsymbol{F}$，再根据 $\boldsymbol{G}=\boldsymbol{F}^{\mathrm{T}}$ 确定 $\boldsymbol{G}$。MATLAB Program 7-2 为基于对偶原理调用 MATLAB 极点配置函数求解本例观测器偏差反馈增益矩阵 $\boldsymbol{G}$ 的 MATLAB 程序。

```
%MATLAB Program 7-2
A=[5 9;-2 -4];B=[3 5];
P=[-3;-3];%由观测器期望极点构成向量 P
Gt=acker(A',C',P);   %求对偶系统∑(A^T,C^T,B^T)的状态反馈增益阵 Gt
G=Gt'                %求系统∑o(A,B,C)的观测器偏差反馈增益矩阵 G
```

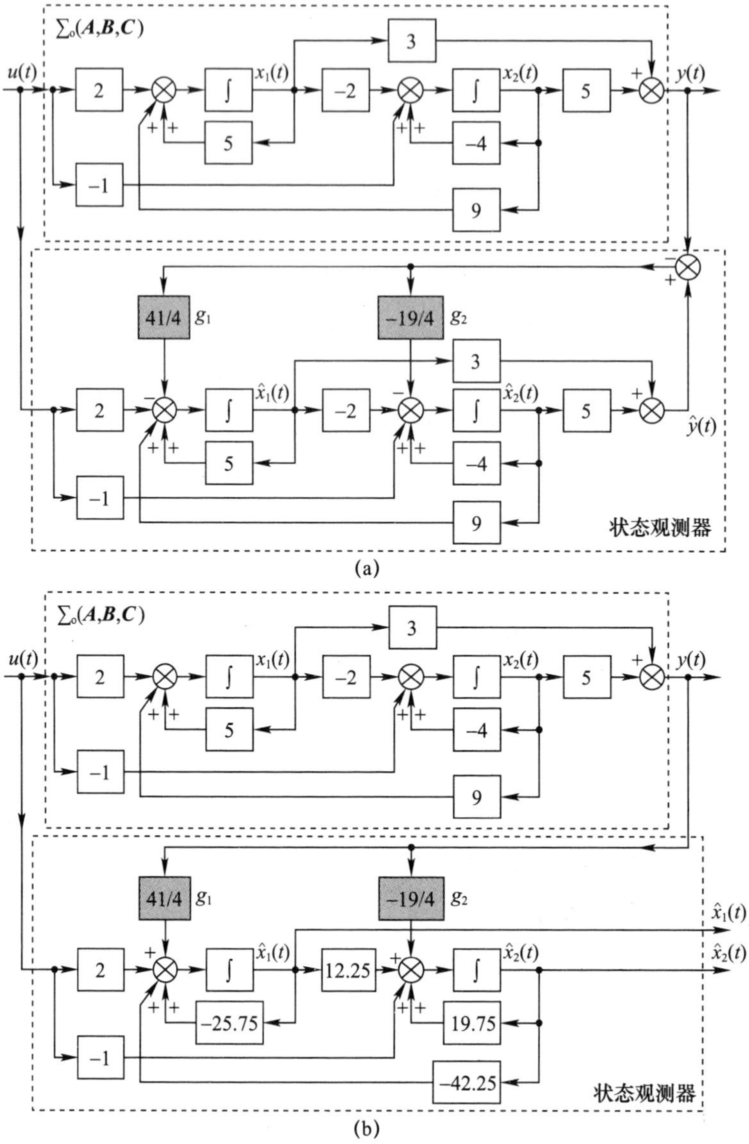

图 7-11　例 7-10 图

7.9.2　降维状态观测器

全维状态观测器结构较复杂，利用被观测系统输出量 $\boldsymbol{y}$ 中所包含的部分状态信息，则可构造降维状态观测器。

设被观测系统$\sum_o(\boldsymbol{A},\boldsymbol{B},\boldsymbol{C})$

$$\begin{cases}\dot{\boldsymbol{x}}=\boldsymbol{A}\boldsymbol{x}+\boldsymbol{B}\boldsymbol{u}\\ \boldsymbol{y}=\boldsymbol{C}\boldsymbol{x}\end{cases}\tag{7-128}$$

能观测。其中，$\boldsymbol{x}$、$\boldsymbol{u}$、$\boldsymbol{y}$ 分别为 n 维、r 维、m 维列向量；$\boldsymbol{A}$、$\boldsymbol{B}$、$\boldsymbol{C}$ 分别为 $n\times n$、$n\times r$、$m\times n$ 维实数矩阵。若输出矩阵 $\boldsymbol{C}$ 的秩为 m，则 $(n-m)$ 维降维状态观测器的设计方法如下：

构造 $n\times n$ 维非奇异矩阵 $\boldsymbol{T}$ 为

$$\boldsymbol{T}=\begin{bmatrix}\boldsymbol{T}_{n-m}\\ \boldsymbol{C}\end{bmatrix}\tag{7-129}$$

式中，$\boldsymbol{T}_{n-m}$是使矩阵$\boldsymbol{T}$非奇异而任选的一个$(n-m)\times n$维矩阵。$\boldsymbol{T}$的逆矩阵$\boldsymbol{T}^{-1}$以分块矩阵的形式表示为

$$\boldsymbol{T}^{-1}=[\boldsymbol{Q}_{n-m}\quad \boldsymbol{Q}_m] \tag{7-130}$$

式中，$\boldsymbol{Q}_{n-m}$为$n\times(n-m)$维矩阵，$\boldsymbol{Q}_m$为$n\times m$维矩阵。显然，有

$$\boldsymbol{T}\boldsymbol{T}^{-1}=\begin{bmatrix}\boldsymbol{T}_{n-m}\\ \boldsymbol{C}\end{bmatrix}[\boldsymbol{Q}_{n-m}\quad \boldsymbol{Q}_m]=\begin{bmatrix}\boldsymbol{T}_{n-m}\boldsymbol{Q}_{n-m} & \boldsymbol{T}_{n-m}\boldsymbol{Q}_m\\ \boldsymbol{C}\boldsymbol{Q}_{n-m} & \boldsymbol{C}\boldsymbol{Q}_m\end{bmatrix}=\boldsymbol{I}_n=\begin{bmatrix}\boldsymbol{I}_{n-m} & \boldsymbol{0}\\ \boldsymbol{0} & \boldsymbol{I}_m\end{bmatrix} \tag{7-131}$$

现在基于所构造的非奇异矩阵(7-129)对被观测系统(7-128)引入非奇异线性变换

$$\bar{\boldsymbol{x}}=\boldsymbol{T}\boldsymbol{x} \tag{7-132}$$

将其变换为按输出分解形式的$\bar{\Sigma}(\bar{\boldsymbol{A}},\bar{\boldsymbol{B}},\bar{\boldsymbol{C}})$，即

$$\begin{cases}\dot{\bar{\boldsymbol{x}}}=\boldsymbol{T}\boldsymbol{A}\boldsymbol{T}^{-1}\bar{\boldsymbol{x}}+\boldsymbol{T}\boldsymbol{B}\boldsymbol{u}=\bar{\boldsymbol{A}}\bar{\boldsymbol{x}}+\bar{\boldsymbol{B}}\boldsymbol{u}\\ \boldsymbol{y}=\boldsymbol{C}\boldsymbol{T}^{-1}\bar{\boldsymbol{x}}=\bar{\boldsymbol{C}}\bar{\boldsymbol{x}}=\boldsymbol{C}[\boldsymbol{Q}_{n-m}\quad \boldsymbol{Q}_m]\bar{\boldsymbol{x}}=[\boldsymbol{0}\quad \boldsymbol{I}_m]\bar{\boldsymbol{x}}\end{cases} \tag{7-133}$$

式(7-133)表明，n维状态向量按可检测性分解为$\bar{\boldsymbol{x}}_{\mathrm{I}}$和$\bar{\boldsymbol{x}}_{\mathrm{II}}$两部分，其中，$\bar{\boldsymbol{x}}_{\mathrm{I}}$为$\bar{\boldsymbol{x}}$中需要重构的前$(n-m)$个状态分量；$\bar{\boldsymbol{x}}_{\mathrm{II}}$为$\bar{\boldsymbol{x}}$中后$m$个状态分量，其可由输出$\boldsymbol{y}$直接检测取得。按$\bar{\boldsymbol{x}}_{\mathrm{I}}$和$\bar{\boldsymbol{x}}_{\mathrm{II}}$分块，式(7-133)可改写为

$$\begin{cases}\begin{bmatrix}\dot{\bar{\boldsymbol{x}}}_{\mathrm{I}}\\ \dot{\bar{\boldsymbol{x}}}_{\mathrm{II}}\end{bmatrix}=\begin{bmatrix}\bar{\boldsymbol{A}}_{11} & \bar{\boldsymbol{A}}_{12}\\ \bar{\boldsymbol{A}}_{21} & \bar{\boldsymbol{A}}_{22}\end{bmatrix}\begin{bmatrix}\bar{\boldsymbol{x}}_{\mathrm{I}}\\ \bar{\boldsymbol{x}}_{\mathrm{II}}\end{bmatrix}+\begin{bmatrix}\bar{\boldsymbol{B}}_1\\ \bar{\boldsymbol{B}}_2\end{bmatrix}\boldsymbol{u}\\ \boldsymbol{y}=[\boldsymbol{0}\quad \boldsymbol{I}_m]\begin{bmatrix}\bar{\boldsymbol{x}}_{\mathrm{I}}\\ \bar{\boldsymbol{x}}_{\mathrm{II}}\end{bmatrix}=\bar{\boldsymbol{x}}_{\mathrm{II}}\end{cases} \tag{7-134}$$

式中，$\bar{\boldsymbol{A}}_{11}$、$\bar{\boldsymbol{A}}_{12}$、$\bar{\boldsymbol{A}}_{21}$、$\bar{\boldsymbol{A}}_{22}$分别为$(n-m)\times(n-m)$、$(n-m)\times m$、$m\times(n-m)$、$m\times m$维矩阵；$\bar{\boldsymbol{B}}_1$、$\bar{\boldsymbol{B}}_2$分别为$(n-m)\times r$、$m\times r$维矩阵。

式(7-134)表明，$\bar{\Sigma}_{\mathrm{o}}(\bar{\boldsymbol{A}},\bar{\boldsymbol{B}},\bar{\boldsymbol{C}})$可分解为不需要重构状态的$m$维子系统$\bar{\Sigma}_{\mathrm{II}}$和需要重构状态的$(n-m)$维子系统$\bar{\Sigma}_{\mathrm{I}}$。将式(7-134)的状态方程展开，并由$\boldsymbol{y}=\bar{\boldsymbol{x}}_{\mathrm{II}}$，得

$$\begin{cases}\dot{\bar{\boldsymbol{x}}}_{\mathrm{I}}=\bar{\boldsymbol{A}}_{11}\bar{\boldsymbol{x}}_{\mathrm{I}}+\bar{\boldsymbol{A}}_{12}\boldsymbol{y}+\bar{\boldsymbol{B}}_1\boldsymbol{u}\\ \dot{\boldsymbol{y}}=\bar{\boldsymbol{A}}_{21}\bar{\boldsymbol{x}}_{\mathrm{I}}+\bar{\boldsymbol{A}}_{22}\boldsymbol{y}+\bar{\boldsymbol{B}}_2\boldsymbol{u}\end{cases} \tag{7-135}$$

令

$$\boldsymbol{z}=\dot{\boldsymbol{y}}-\bar{\boldsymbol{A}}_{22}\boldsymbol{y}-\bar{\boldsymbol{B}}_2\boldsymbol{u} \tag{7-136}$$

代入式(7-135)，得待观测子系统$\bar{\Sigma}_{\mathrm{I}}$的状态空间表达式为

$$\begin{cases}\dot{\bar{\boldsymbol{x}}}_{\mathrm{I}}=\bar{\boldsymbol{A}}_{11}\bar{\boldsymbol{x}}_{\mathrm{I}}+\bar{\boldsymbol{A}}_{12}\boldsymbol{y}+\bar{\boldsymbol{B}}_1\boldsymbol{u}\\ \boldsymbol{z}=\bar{\boldsymbol{A}}_{21}\bar{\boldsymbol{x}}_{\mathrm{I}}\end{cases} \tag{7-137}$$

因为式(7-137)中$\boldsymbol{u}$、$\boldsymbol{y}$分别为被观测系统$\Sigma_{\mathrm{o}}(\boldsymbol{A},\boldsymbol{B},\boldsymbol{C})$可直接量测的输入、输出量，故$\bar{\boldsymbol{A}}_{12}\boldsymbol{y}+\bar{\boldsymbol{B}}_1\boldsymbol{u}$可视为$\bar{\Sigma}_{\mathrm{I}}$状态方程中已知的输入项，而$\boldsymbol{z}=\dot{\boldsymbol{y}}-\bar{\boldsymbol{A}}_{22}\boldsymbol{y}-\bar{\boldsymbol{B}}_2\boldsymbol{u}$则可视为$\bar{\Sigma}_{\mathrm{I}}$已知的输出向量，$\bar{\boldsymbol{A}}_{11}$为$\bar{\Sigma}_{\mathrm{I}}$的状态矩阵，而$\bar{\boldsymbol{A}}_{21}$则相当于$\bar{\Sigma}_{\mathrm{I}}$的输出矩阵。

由$\Sigma_{\mathrm{o}}(\boldsymbol{A},\boldsymbol{B},\boldsymbol{C})$能观测，易证明$\bar{\Sigma}_{\mathrm{I}}$必能观测，即$\{\bar{\boldsymbol{A}}_{11},\bar{\boldsymbol{A}}_{21}\}$为能观测对，故可参照全维观测

器设计方法，对$(n-m)$维子系统$\overline{\Sigma}_{\mathrm{I}}$设计重构$\bar{\boldsymbol{x}}_{\mathrm{I}}$的$(n-m)$维观测器。对照全维观测器(7-121)中的状态方程式，列写子系统$\overline{\Sigma}_{\mathrm{I}}$关于状态估值$\hat{\bar{\boldsymbol{x}}}_{\mathrm{I}}$的状态方程且将$\overline{\Sigma}_{\mathrm{I}}$的输出$\boldsymbol{z}$用式(7-136)代入，得

$$\dot{\hat{\bar{\boldsymbol{x}}}}_{\mathrm{I}}=(\overline{\boldsymbol{A}}_{11}-\overline{\boldsymbol{G}}_1\overline{\boldsymbol{A}}_{21})\hat{\bar{\boldsymbol{x}}}_{\mathrm{I}}+\overline{\boldsymbol{G}}_1(\dot{\boldsymbol{y}}-\overline{\boldsymbol{A}}_{22}\boldsymbol{y}-\overline{\boldsymbol{B}}_2\boldsymbol{u})+\overline{\boldsymbol{A}}_{12}\boldsymbol{y}+\overline{\boldsymbol{B}}_1\boldsymbol{u} \tag{7-138}$$

式中，反馈矩阵$\overline{\boldsymbol{G}}_1$为$(n-m)\times m$维矩阵。因$(\overline{\boldsymbol{A}}_{11},\overline{\boldsymbol{A}}_{21})$为能观测对，故通过选择$\overline{\boldsymbol{G}}_1$可任意配置降维观测器状态矩阵$(\overline{\boldsymbol{A}}_{11}-\overline{\boldsymbol{G}}_1\overline{\boldsymbol{A}}_{21})$的特征值。为了消去式(7-138)中的系统输出$\boldsymbol{y}$的导数$\dot{\boldsymbol{y}}$，引入变换

$$\boldsymbol{w}=\hat{\bar{\boldsymbol{x}}}_{\mathrm{I}}-\overline{\boldsymbol{G}}_1\boldsymbol{y} \tag{7-139}$$

代入式(7-138)并整理，得降维观测器方程为

$$\begin{cases}\dot{\boldsymbol{w}}=(\overline{\boldsymbol{A}}_{11}-\overline{\boldsymbol{G}}_1\overline{\boldsymbol{A}}_{21})(\boldsymbol{w}+\overline{\boldsymbol{G}}_1\boldsymbol{y})+(\overline{\boldsymbol{A}}_{12}-\overline{\boldsymbol{G}}_1\overline{\boldsymbol{A}}_{22})\boldsymbol{y}+(\overline{\boldsymbol{B}}_1-\overline{\boldsymbol{G}}_1\overline{\boldsymbol{B}}_2)\boldsymbol{u}\\ \quad=(\overline{\boldsymbol{A}}_{11}-\overline{\boldsymbol{G}}_1\overline{\boldsymbol{A}}_{21})\boldsymbol{w}+(\overline{\boldsymbol{B}}_1-\overline{\boldsymbol{G}}_1\overline{\boldsymbol{B}}_2)\boldsymbol{u}+[(\overline{\boldsymbol{A}}_{11}-\overline{\boldsymbol{G}}_1\overline{\boldsymbol{A}}_{21})\overline{\boldsymbol{G}}_1+\overline{\boldsymbol{A}}_{12}-\overline{\boldsymbol{G}}_1\overline{\boldsymbol{A}}_{22}]\boldsymbol{y}\\ \hat{\bar{\boldsymbol{x}}}_{\mathrm{I}}=\boldsymbol{w}+\overline{\boldsymbol{G}}_1\boldsymbol{y}\end{cases} \tag{7-140}$$

结合$\bar{\boldsymbol{x}}_{\mathrm{II}}=\boldsymbol{y}$，变换状态向量$\bar{\boldsymbol{x}}$的重构状态向量为

$$\hat{\bar{\boldsymbol{x}}}=\begin{bmatrix}\hat{\bar{\boldsymbol{x}}}_{\mathrm{I}}\\ \bar{\boldsymbol{x}}_{\mathrm{II}}\end{bmatrix}=\begin{bmatrix}\boldsymbol{w}+\overline{\boldsymbol{G}}_1\boldsymbol{y}\\ \boldsymbol{y}\end{bmatrix} \tag{7-141}$$

由式(7-132)，被观测系统$\Sigma_o(\boldsymbol{A},\boldsymbol{B},\boldsymbol{C})$状态向量$\boldsymbol{x}$的重构状态向量$\hat{\boldsymbol{x}}$为

$$\hat{\boldsymbol{x}}=\boldsymbol{T}^{-1}\hat{\bar{\boldsymbol{x}}}=[\boldsymbol{Q}_{n-m}\quad \boldsymbol{Q}_m]\begin{bmatrix}\hat{\bar{\boldsymbol{x}}}_{\mathrm{I}}\\ \bar{\boldsymbol{x}}_{\mathrm{II}}\end{bmatrix}=[\boldsymbol{Q}_{n-m}\quad \boldsymbol{Q}_m]\begin{bmatrix}\boldsymbol{w}+\overline{\boldsymbol{G}}_1\boldsymbol{y}\\ \boldsymbol{y}\end{bmatrix} \tag{7-142}$$

根据式(7-140)及式(7-142)，画出降维观测器(Luenberger 观测器)的结构图，如图 7-12 所示。

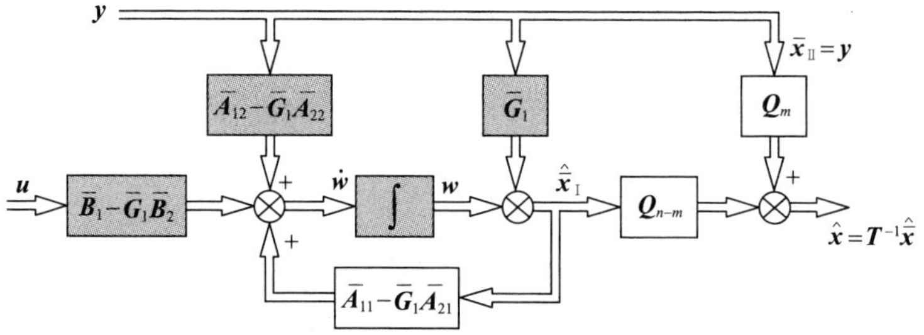

图 7-12　降维观测器(Luenberger 观测器)的结构图

对比图 7-10 和图 7-12 可见，当输出测量信号存在噪声时，降维观测器通过常数矩阵$\boldsymbol{Q}_m$将输出信号的噪声直接传递至输出，对重构状态的精度造成不利影响；而全维观测器则将输出信号的噪声经积分器即高频滤波后才传输至输出。因此，降维观测器虽然具有结构较简单的优点，但当输出信号测量中有严重噪声干扰时，不宜采用。

【例 7-11】 设系统$\Sigma_o(\boldsymbol{A},\boldsymbol{B},\boldsymbol{C})$的状态空间表达式为$\begin{cases}\dot{\boldsymbol{x}}=\begin{bmatrix}1&0&2\\-1&0&-2\\1&1&1\end{bmatrix}\boldsymbol{x}+\begin{bmatrix}1\\0\\0\end{bmatrix}u\\ y=[1\quad 0\quad 1]\boldsymbol{x}\end{cases}$，试设计

极点为−5、−5的降维状态观测器。

解 (1)判断$\Sigma_o(\boldsymbol{A},\boldsymbol{B},\boldsymbol{C})$是否能观测

$$\text{rank}\begin{bmatrix}\boldsymbol{C}\\\boldsymbol{CA}\\\boldsymbol{CA}^2\end{bmatrix}=\text{rank}\begin{bmatrix}1&0&1\\2&1&3\\4&3&5\end{bmatrix}=3=n$$

故系统能观测。又$m=\text{rank}\boldsymbol{C}=1$,故可构造$n-m=2$维降维观测器。

(2) 作线性变换,使状态向量按可检测性分解

根据式(7-129),构造3×3维非奇异变换矩阵$\boldsymbol{T}=\begin{bmatrix}\boldsymbol{T}_{n-m}\\\boldsymbol{C}\end{bmatrix}=\begin{bmatrix}1&0&0\\0&1&0\\1&0&1\end{bmatrix}$,则

$$\boldsymbol{T}^{-1}=\begin{bmatrix}1&0&0\\0&1&0\\-1&0&1\end{bmatrix}$$

作非奇异变换$\bar{\boldsymbol{x}}=\boldsymbol{Tx}$,则将$\Sigma_o(\boldsymbol{A},\boldsymbol{B},\boldsymbol{C})$变换为$\bar{\Sigma}(\bar{\boldsymbol{A}},\bar{\boldsymbol{B}},\bar{\boldsymbol{C}})$,即

$$\begin{cases}\dot{\bar{\boldsymbol{x}}}=\boldsymbol{TAT}^{-1}\bar{\boldsymbol{x}}+\boldsymbol{TBu}=\bar{\boldsymbol{A}}\bar{\boldsymbol{x}}+\bar{\boldsymbol{B}}\boldsymbol{u}=\begin{bmatrix}-1&0&2\\1&0&-2\\-1&1&3\end{bmatrix}\bar{\boldsymbol{x}}+\begin{bmatrix}1\\0\\1\end{bmatrix}u\\y=\boldsymbol{CT}^{-1}\bar{\boldsymbol{x}}=\bar{\boldsymbol{C}}\bar{\boldsymbol{x}}=\begin{bmatrix}0&0&1\end{bmatrix}\bar{\boldsymbol{x}}\end{cases}$$

由于$\bar{\boldsymbol{x}}_{\text{II}}=\bar{x}_3=y$,故只需设计二维观测器重构$\boldsymbol{x}_{\text{I}}=\begin{bmatrix}\bar{x}_1\\\bar{x}_2\end{bmatrix}$。将$\bar{\boldsymbol{A}}$、$\bar{\boldsymbol{B}}$分块,得

$$\bar{\boldsymbol{A}}_{11}=\begin{bmatrix}-1&0\\1&0\end{bmatrix},\bar{\boldsymbol{A}}_{12}=\begin{bmatrix}2\\-2\end{bmatrix},\bar{\boldsymbol{A}}_{21}=\begin{bmatrix}-1&1\end{bmatrix},\bar{\boldsymbol{A}}_{22}=3,\bar{\boldsymbol{B}}_1=\begin{bmatrix}1\\0\end{bmatrix},\bar{\boldsymbol{B}}_2=1$$

(3) 求降维观测器的$(n-m)\times m$维反馈矩阵$\bar{\boldsymbol{G}}_1=\begin{bmatrix}\bar{g}_1\\\bar{g}_2\end{bmatrix}$

由降维观测器的特征多项式

$$p(s)=\det[s\boldsymbol{I}-(\bar{\boldsymbol{A}}_{11}-\bar{\boldsymbol{G}}_1\bar{\boldsymbol{A}}_{21})]=\det\begin{bmatrix}s+1-\bar{g}_1&\bar{g}_1\\-1-\bar{g}_2&s+\bar{g}_2\end{bmatrix}$$

$$=s^2+(\bar{g}_2+1-\bar{g}_1)s+\bar{g}_1+\bar{g}_2$$

及期望特征多项式

$$p^*(s)=(s+5)(s+5)=s^2+10s+25$$

令$p(s)=p^*(s)$,解得

$$\bar{\boldsymbol{G}}_1=\begin{bmatrix}\bar{g}_1\\\bar{g}_2\end{bmatrix}=\begin{bmatrix}8\\17\end{bmatrix}$$

(4) 列写变换后状态空间中的降维观测器状态方程

根据式(7-140),得

$$
\begin{cases}
\dot{\boldsymbol{w}}=(\overline{\boldsymbol{A}}_{11}-\overline{\boldsymbol{G}}_1\overline{\boldsymbol{A}}_{21})\boldsymbol{w}+(\overline{\boldsymbol{B}}_1-\overline{\boldsymbol{G}}_1\overline{\boldsymbol{B}}_2)u+[(\overline{\boldsymbol{A}}_{11}-\overline{\boldsymbol{G}}_1\overline{\boldsymbol{A}}_{21})\overline{\boldsymbol{G}}_1+\overline{\boldsymbol{A}}_{12}-\overline{\boldsymbol{G}}_1\overline{\boldsymbol{A}}_{22}]y \\
\quad=\begin{bmatrix}7 & -8\\ 18 & -17\end{bmatrix}\begin{bmatrix}w_1\\ w_2\end{bmatrix}+\begin{bmatrix}-7\\ -17\end{bmatrix}u+\begin{bmatrix}-102\\ -198\end{bmatrix}y \\
\hat{\overline{\boldsymbol{x}}}_{\mathrm{I}}=\begin{bmatrix}\hat{\overline{x}}_1\\ \hat{\overline{x}}_2\end{bmatrix}=\boldsymbol{w}+\overline{\boldsymbol{G}}_1 y=\begin{bmatrix}w_1\\ w_2\end{bmatrix}+\begin{bmatrix}8\\ 17\end{bmatrix}y=\begin{bmatrix}w_1+8y\\ w_2+17y\end{bmatrix}
\end{cases}
$$

则$\overline{\sum}_{\mathrm{o}}(\overline{\boldsymbol{A}},\overline{\boldsymbol{B}},\overline{\boldsymbol{C}})$状态向量 $\overline{\boldsymbol{x}}$ 的估值为

$$
\hat{\overline{\boldsymbol{x}}}=\begin{bmatrix}\hat{\overline{\boldsymbol{x}}}_{\mathrm{I}}\\ \overline{x}_3\end{bmatrix}=\begin{bmatrix}\hat{\overline{\boldsymbol{x}}}_{\mathrm{I}}\\ y\end{bmatrix}=\begin{bmatrix}w_1+8y\\ w_2+17y\\ y\end{bmatrix}
$$

(5) 将 $\hat{\overline{\boldsymbol{x}}}$ 变换为原系统状态空间,得到$\sum_{\mathrm{o}}(\boldsymbol{A},\boldsymbol{B},\boldsymbol{C})$的重构状态为

$$
\hat{\boldsymbol{x}}=\boldsymbol{T}^{-1}\hat{\overline{\boldsymbol{x}}}=\begin{bmatrix}1 & 0 & 0\\ 0 & 1 & 0\\ -1 & 0 & 1\end{bmatrix}\begin{bmatrix}w_1+8y\\ w_2+17y\\ y\end{bmatrix}=\begin{bmatrix}w_1+8y\\ w_2+17y\\ -w_1-7y\end{bmatrix}
$$

由降维观测器状态方程可画出其结构图,如图 7-13 所示。

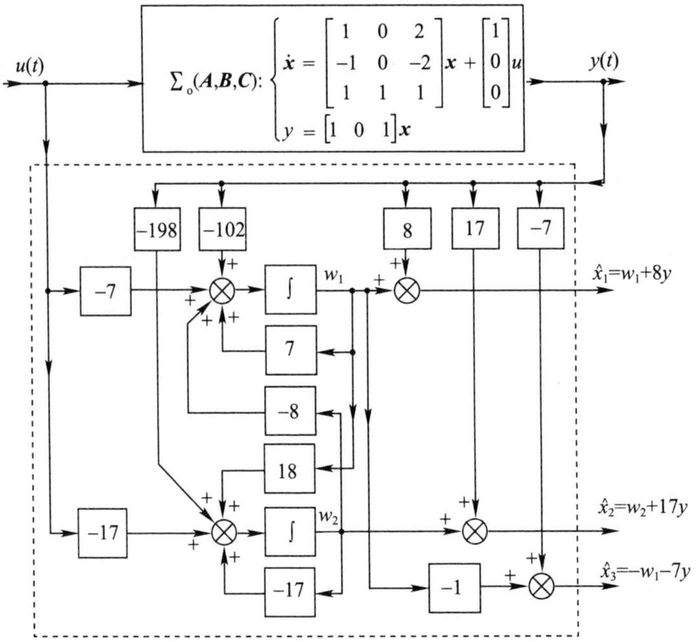

图 7-13　例 7-11 图

7.10　采用状态观测器的状态反馈系统

在很多情况下,设计状态观测器是为了获得被控系统的状态估值 $\hat{\boldsymbol{x}}$,以实现状态反馈闭环控制。带有全维状态观测器的状态反馈系统如图 7-14 所示。其中,n 阶被控系统

$$
\sum\nolimits_{\mathrm{o}}(\boldsymbol{A},\boldsymbol{B},\boldsymbol{C}):\begin{cases}\dot{\boldsymbol{x}}=\boldsymbol{A}\boldsymbol{x}+\boldsymbol{B}u\\ \boldsymbol{y}=\boldsymbol{C}\boldsymbol{x}\end{cases} \tag{7-143}
$$

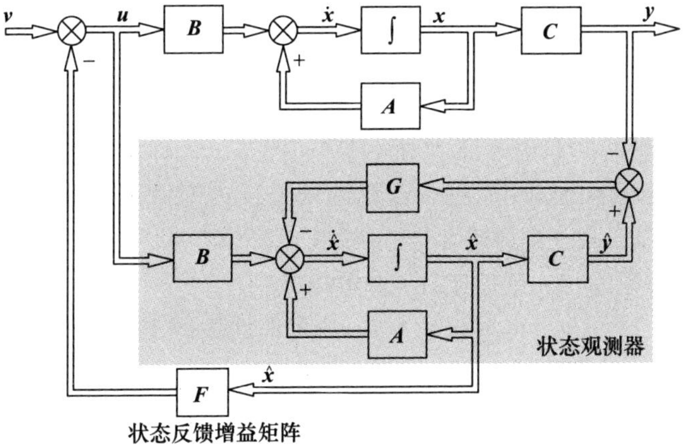

图 7-14　带有渐近状态观测器的状态反馈系统

能控且能观测。基于 n 维(全维)渐近状态观测器

$$\dot{\hat{\boldsymbol{x}}}=(\boldsymbol{A}-\boldsymbol{GC})\hat{\boldsymbol{x}}+\boldsymbol{Gy}+\boldsymbol{Bu} \tag{7-144}$$

实现的状态反馈控制律为

$$\boldsymbol{u}=\boldsymbol{v}-\boldsymbol{F}\hat{\boldsymbol{x}} \tag{7-145}$$

将式(7-145)代入式(7-143)、式(7-144),得基于全维状态观测器的状态反馈闭环系统状态空间表达式为

$$\begin{cases}\dot{\boldsymbol{x}}=\boldsymbol{Ax}-\boldsymbol{BF}\hat{\boldsymbol{x}}+\boldsymbol{Bv}\\ \dot{\hat{\boldsymbol{x}}}=(\boldsymbol{A}-\boldsymbol{GC}-\boldsymbol{BF})\hat{\boldsymbol{x}}+\boldsymbol{GCx}+\boldsymbol{Bv}\\ \boldsymbol{y}=\boldsymbol{Cx}\end{cases} \tag{7-146}$$

式(7-146)写成矩阵形式,即

$$\begin{cases}\begin{bmatrix}\dot{\boldsymbol{x}}\\ \dot{\hat{\boldsymbol{x}}}\end{bmatrix}=\begin{bmatrix}\boldsymbol{A} & -\boldsymbol{BF}\\ \boldsymbol{GC} & \boldsymbol{A}-\boldsymbol{GC}-\boldsymbol{BF}\end{bmatrix}\begin{bmatrix}\boldsymbol{x}\\ \hat{\boldsymbol{x}}\end{bmatrix}+\begin{bmatrix}\boldsymbol{B}\\ \boldsymbol{B}\end{bmatrix}\boldsymbol{v}\\ \boldsymbol{y}=[\boldsymbol{C}\quad \boldsymbol{0}]\begin{bmatrix}\boldsymbol{x}\\ \hat{\boldsymbol{x}}\end{bmatrix}\end{cases} \tag{7-147}$$

引入非奇异变换

$$\begin{bmatrix}\boldsymbol{x}\\ \hat{\boldsymbol{x}}\end{bmatrix}=\begin{bmatrix}\boldsymbol{I}_n & \boldsymbol{0}\\ \boldsymbol{I}_n & -\boldsymbol{I}_n\end{bmatrix}\begin{bmatrix}\boldsymbol{x}\\ \boldsymbol{x}-\hat{\boldsymbol{x}}\end{bmatrix} \tag{7-148}$$

则 $2n$ 阶复合系统的状态空间表达式(7-147)变换为按能控性分解的形式,即

$$\begin{cases}\begin{bmatrix}\dot{\boldsymbol{x}}\\ \dot{\boldsymbol{x}}-\dot{\hat{\boldsymbol{x}}}\end{bmatrix}=\begin{bmatrix}\boldsymbol{A}-\boldsymbol{BF} & \boldsymbol{BF}\\ \boldsymbol{0} & \boldsymbol{A}-\boldsymbol{GC}\end{bmatrix}\begin{bmatrix}\boldsymbol{x}\\ \boldsymbol{x}-\hat{\boldsymbol{x}}\end{bmatrix}+\begin{bmatrix}\boldsymbol{B}\\ \boldsymbol{0}\end{bmatrix}\boldsymbol{v}\\ \boldsymbol{y}=[\boldsymbol{C}\quad \boldsymbol{0}]\begin{bmatrix}\boldsymbol{x}\\ \boldsymbol{x}-\hat{\boldsymbol{x}}\end{bmatrix}\end{cases} \tag{7-149}$$

式(7-149)表明,观测器的引入使状态反馈闭环系统不再保持完全能控,能控子系统为$\{\boldsymbol{A}-\boldsymbol{BF},\boldsymbol{B},\boldsymbol{C}\}$;状态观测误差$(\boldsymbol{x}-\hat{\boldsymbol{x}})$不能控,控制信号不影响状态重构误差的收敛特性,只要将观测器状态矩阵 $\boldsymbol{A}-\boldsymbol{GC}$ 的特征值均配置在左半开 s 平面的适当位置,总有$\lim\limits_{t\to\infty}(\boldsymbol{x}-\hat{\boldsymbol{x}})=\boldsymbol{0}$,因此当 $t\to\infty$

时，必使

$$\begin{cases}\dot{\boldsymbol{x}}=(\boldsymbol{A}-\boldsymbol{BF})\boldsymbol{x}+\boldsymbol{Bv}\\ \boldsymbol{y}=\boldsymbol{Cx}\end{cases}\tag{7-150}$$

成立。可见，带状态观测器的状态反馈系统(7-146)当 $t\to\infty$ 时完全等价于直接状态反馈系统(7-150)。具体设计控制系统时，应通过设计输出偏差反馈增益矩阵 $\boldsymbol{G}$ 来合理配置闭环观测器 $\boldsymbol{A}-\boldsymbol{GC}$ 的特征值，以使 $(\boldsymbol{x}-\hat{\boldsymbol{x}})\to\boldsymbol{0}$ 的速度足够快，通常兼顾快速性、抗干扰性等折中考虑，选择观测器的响应速度比所考虑的状态反馈闭环系统快 2～5 倍。

由于线性非奇异变换不改变传递函数矩阵，故可根据式(7-149)求 $2n$ 阶复合系统(7-146)的传递函数矩阵为

$$\begin{aligned}\boldsymbol{W}_{\mathrm{FG}}(s)&=\begin{bmatrix}\boldsymbol{C} & \boldsymbol{0}\end{bmatrix}\begin{bmatrix}s\boldsymbol{I}_n-\boldsymbol{A}+\boldsymbol{BF} & -\boldsymbol{BF}\\ \boldsymbol{0} & s\boldsymbol{I}_n-\boldsymbol{A}+\boldsymbol{GC}\end{bmatrix}^{-1}\begin{bmatrix}\boldsymbol{B}\\ \boldsymbol{0}\end{bmatrix}\\ &=\boldsymbol{C}(s\boldsymbol{I}_n-\boldsymbol{A}+\boldsymbol{BF})^{-1}\boldsymbol{B}=\boldsymbol{W}_{\mathrm{F}}(s)\end{aligned}\tag{7-151}$$

式(7-151)表明，基于状态观测器的状态反馈系统(7-146)的传递函数矩阵等于直接状态反馈系统(7-150)的传递函数矩阵，即观测器的引入不改变直接状态反馈系统的传递函数矩阵。由于不能控子系统在传递函数矩阵中得不到反映，而系统(7-146)的能控子系统为 $\{\boldsymbol{A}-\boldsymbol{BF},\boldsymbol{B},\boldsymbol{C}\}$，因此式(7-151)显然成立。

另外，由于线性非奇异变换也不改变系统的特征值，根据式(7-149)可得 $2n$ 阶复合系统(7-146)的特征多项式为

$$\begin{vmatrix}s\boldsymbol{I}_n-(\boldsymbol{A}-\boldsymbol{BF}) & -\boldsymbol{BF}\\ \boldsymbol{0} & s\boldsymbol{I}_n-(\boldsymbol{A}-\boldsymbol{GC})\end{vmatrix}=|s\boldsymbol{I}_n-(\boldsymbol{A}-\boldsymbol{BF})|\cdot|s\boldsymbol{I}_n-(\boldsymbol{A}-\boldsymbol{GC})|\tag{7-152}$$

式(7-152)表明，系统(7-146)的 $2n$ 个特征值由相互独立的两部分组成，其一为直接状态反馈系统状态矩阵 $\boldsymbol{A}-\boldsymbol{BF}$ 的 n 个特征值；其二为状态观测器状态矩阵 $\boldsymbol{A}-\boldsymbol{GC}$ 的 n 个特征值。即观测器的引入不影响 $\boldsymbol{F}$ 配置的直接状态反馈系统状态矩阵 $\boldsymbol{A}-\boldsymbol{BF}$ 的特征值；状态反馈的引入也不影响 $\boldsymbol{G}$ 配置的观测器状态矩阵 $\boldsymbol{A}-\boldsymbol{GC}$ 的特征值。复合系统特征值的这种性质称为分离特性。因此，基于状态观测器的状态反馈系统(7-146)的综合，可分别对被控系统 $\Sigma_0(\boldsymbol{A},\boldsymbol{B},\boldsymbol{C})$ 的状态反馈控制器及状态观测器按各自的要求进行独立设计。

以上针对能控且能观测被控系统 $\Sigma_0(\boldsymbol{A},\boldsymbol{B},\boldsymbol{C})$，讨论了基于全维状态观测器的状态反馈系统的基本特性，所得结论也适用于采用降维观测器构成的状态反馈系统。

【例 7-12】 被控系统 $\Sigma_0(\boldsymbol{A},\boldsymbol{B},\boldsymbol{C})$ 的状态空间表达式为 $\begin{cases}\dot{\boldsymbol{x}}=\begin{bmatrix}5 & 9\\ -2 & -4\end{bmatrix}\boldsymbol{x}+\begin{bmatrix}2\\ -1\end{bmatrix}u\\ y=\begin{bmatrix}3 & 5\end{bmatrix}\boldsymbol{x}\end{cases}$，试设计极点为 -3、-3 的全维状态观测器，构成状态反馈系统，使闭环极点配置为 $-1+\mathrm{j}$ 和 $-1-\mathrm{j}$。

解 由例 7-2 及例 7-10 知，被控系统 $\Sigma_0(\boldsymbol{A},\boldsymbol{B},\boldsymbol{C})$ 能控且能观测，根据分离特性可分别独立设计状态反馈增益矩阵 $\boldsymbol{F}$ 和观测器偏差反馈增益矩阵 $\boldsymbol{G}$。

例 7-2 中已求出 $\Sigma_0(\boldsymbol{A},\boldsymbol{B},\boldsymbol{C})$ 采用直接状态反馈使闭环极点配置为 $-1+\mathrm{j}$ 和 $-1-\mathrm{j}$ 所需的 $\boldsymbol{F}=\begin{bmatrix}f_1 & f_2\end{bmatrix}=\begin{bmatrix}7 & 11\end{bmatrix}$，即为本题所设计的状态反馈增益矩阵。

而在例 7-10 中已求出 $\Sigma_0(\boldsymbol{A},\boldsymbol{B},\boldsymbol{C})$ 无状态反馈时，使观测器极点配置为 -3、-3 所需的 $\boldsymbol{G}=\begin{bmatrix}g_1\\ g_2\end{bmatrix}=\begin{bmatrix}41/4\\ -19/4\end{bmatrix}$，即为本题所设计的观测器偏差反馈增益矩阵 $\boldsymbol{G}$。

所设计的基于状态观测器的状态反馈系统状态变量图如图 7-15 所示。

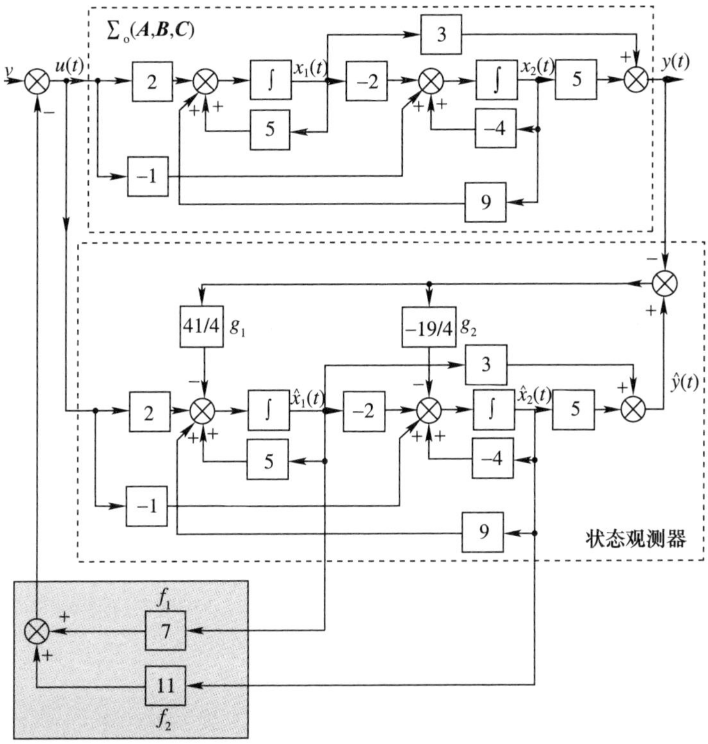

图 7-15　例 7-12 图

【例 7-13】 设被控系统的传递函数为 $G_o(s)=\dfrac{1}{s(s-1)}$，且假设系统输出量可以准确测量，试设计降维观测器，构成状态反馈系统，使闭环极点配置为 $-1\pm \mathrm{j}$，并求闭环系统的传递函数。

解 因被控系统的传递函数不存在零、极点对消，故其能控且能观测。又根据分离特性，状态反馈律与状态观测器可分别独立设计。

为便于设计降维观测器，被控系统按能观测标准形实现，即有

$$\Sigma_o(\boldsymbol{A},\boldsymbol{B},\boldsymbol{C}):\begin{cases}\dot{\boldsymbol{x}}=\begin{bmatrix}0 & 0\\1 & 1\end{bmatrix}\boldsymbol{x}+\begin{bmatrix}1\\0\end{bmatrix}u\\ y=\begin{bmatrix}0 & 1\end{bmatrix}\boldsymbol{x}\end{cases}$$

(1) 根据状态反馈闭环极点配置要求设计状态反馈增益矩阵 $\boldsymbol{F}$

令 $\boldsymbol{F}=[f_1 \quad f_2]$，则 $(\boldsymbol{A}-\boldsymbol{B}\boldsymbol{F})$ 特征多项式为

$$p_{\mathrm{F}}(s)=\det[s\boldsymbol{I}-(\boldsymbol{A}-\boldsymbol{B}\boldsymbol{F})]=\begin{vmatrix}s+f_1 & f_2\\-1 & s-1\end{vmatrix}=s^2+(f_1-1)s+(-f_1+f_2)$$

与期望特征多项式

$$p_{\mathrm{F}}^*(s)=(s+1+\mathrm{j})(s+1-\mathrm{j})=s^2+2s+2$$

比较得

$$\boldsymbol{F}=[f_1 \quad f_2]=[3 \quad 5]$$

(2) 设计降维观测器

$\Sigma_o(\boldsymbol{A},\boldsymbol{B},\boldsymbol{C})$ 为能观测标准形，有 $x_2=y$，又输出量 y 可准确测量，故只需设计一维观测器重构 x_1，对应的降维观测器状态方程为

$$
\begin{cases}
\dot{w}=(\overline{A}_{11}-\overline{G}_1\overline{A}_{21})w+(\overline{B}_1-\overline{G}_1\overline{B}_2)u+[(\overline{A}_{11}-\overline{G}_1\overline{A}_{21})\overline{G}_1+\overline{A}_{12}-\overline{G}_1\overline{A}_{22}]y \\
\hat{x}_1=w+\overline{G}_1 y
\end{cases}
$$

其中，$\overline{G}_1=g_1$，$\overline{A}_{11}=0$，$\overline{A}_{12}=0$，$\overline{A}_{21}=1$，$\overline{A}_{22}=1$，$\overline{B}_1=1$，$\overline{B}_2=0$。

基于通常选择观测器的响应速度比所考虑的状态反馈闭环系统快 2～5 倍这一经验规则，又状态反馈闭环系统期望极点 $-1\pm \mathrm{j}$ 的实部为 -1，故本例取降维观测器期望极点为

$$s^*=3\times(-1)=-3$$

则降维观测器的特征多项式

$$p(s)=\det[s\boldsymbol{I}-(\overline{A}_{11}-\overline{G}_1\overline{A}_{21})]=s-(0-g_1)=s+g_1$$

与期望特征多项式

$$p^*(s)=s+3$$

比较得

$$\overline{G}_1=g_1=3$$

则降维观测器的状态方程为

$$
\begin{cases}
\dot{w}=-3w+u+[(-3\times 3-3\times 1]y=-3w-12y+u \\
\hat{x}_1=w+3y
\end{cases}
$$

计及 $x_2=y$，则 $\sum_o(\boldsymbol{A},\boldsymbol{B},\boldsymbol{C})$ 所对应状态向量 $\boldsymbol{x}$ 的估值为

$$\hat{\boldsymbol{x}}=\begin{bmatrix}\hat{x}_1\\ x_2\end{bmatrix}=\begin{bmatrix}w+3y\\ y\end{bmatrix}$$

将两部分独立设计的结果联合起来，得基于降维观测器的状态反馈闭环系统结构，如图7-16所示。

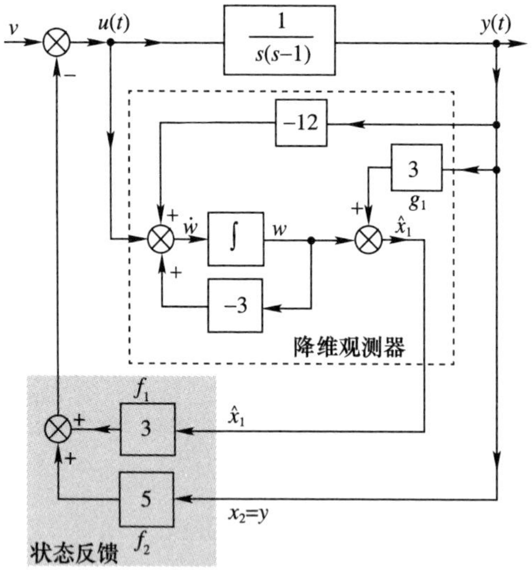

图 7-16　例 7-13 图

因观测器的引入不改变直接状态反馈控制系统的传递函数，故基于降维观测器的状态反馈闭环系统传递函数为

$$W_{FG}(s)=W_F(s)=\boldsymbol{C}(s\boldsymbol{I}-\boldsymbol{A}+\boldsymbol{BF})^{-1}\boldsymbol{B}=\frac{1}{s^2+2s+2}$$

实际上本例将状态反馈控制律 $u=v-f_1\hat{x}_1-f_2x_2=v-3\hat{x}_1-5x_2$ 代入被控系统状态空间表达式和降维观测器状态方程，可导出基于降维观测器的状态反馈闭环系统状态空间表达式为

$$\sum\nolimits_{FG}(\boldsymbol{A}_{FG},\boldsymbol{B}_{FG},\boldsymbol{C}_{FG}):\begin{cases}\begin{bmatrix}\dot{x}_1\\ \dot{x}_2\\ \dot{\hat{x}}_1\end{bmatrix}=\begin{bmatrix}0&-5&-3\\1&1&0\\3&-5&-6\end{bmatrix}\begin{bmatrix}x_1\\x_2\\\hat{x}_1\end{bmatrix}+\begin{bmatrix}1\\0\\1\end{bmatrix}v=\boldsymbol{A}_{FG}\begin{bmatrix}x_1\\x_2\\\hat{x}_1\end{bmatrix}+\boldsymbol{B}_{FG}v\\ y=\begin{bmatrix}0&1&0\end{bmatrix}\begin{bmatrix}x_1\\x_2\\\hat{x}_1\end{bmatrix}=\boldsymbol{C}_{FG}\begin{bmatrix}x_1\\x_2\\\hat{x}_1\end{bmatrix}\end{cases}$$

$\sum_{FG}(\boldsymbol{A}_{FG},\boldsymbol{B}_{FG},\boldsymbol{C}_{FG})$的状态能观测但不完全能控，其传递函数

$$W_{FG}(s)=\boldsymbol{C}_{FG}(s\boldsymbol{I}-\boldsymbol{A}_{FG})^{-1}\boldsymbol{B}_{FG}=\frac{1}{s^2+2s+2}$$

等于直接状态反馈闭环系统$\sum_F(\boldsymbol{A}-\boldsymbol{BF},\boldsymbol{B},\boldsymbol{C})$的传递函数。

7.11 线性二次型最优调节器

线性二次型最优控制是一类以线性系统为被控对象，状态变量和(或)控制变量的二次型函数的积分为性能指标的最优控制问题，其属于线性系统综合理论中最具重要性和典型性的一类优化型综合问题。

设 n 阶线性时变被控系统

$$\dot{\boldsymbol{x}}(t)=\boldsymbol{A}(t)\boldsymbol{x}(t)+\boldsymbol{B}(t)\boldsymbol{u}(t),\qquad \boldsymbol{x}(t_0)=\boldsymbol{x}_0,\boldsymbol{x}(t_f)=\boldsymbol{x}_f,t\in[t_0,t_f] \tag{7-153}$$

给定相对于状态向量和控制向量的二次型性能指标

$$J=\frac{1}{2}\boldsymbol{x}_f^T\boldsymbol{Q}_f\boldsymbol{x}_f+\frac{1}{2}\int_{t_0}^{t_f}[\boldsymbol{x}^T(t)\boldsymbol{Q}(t)\boldsymbol{x}(t)+\boldsymbol{u}(t)^T\boldsymbol{R}(t)\boldsymbol{u}(t)]dt \tag{7-154}$$

式中，$\boldsymbol{Q}_f$和$\boldsymbol{Q}(t)$均为 $n\times n$ 维半正定(或正定)对称矩阵，$\boldsymbol{R}(t)$是 $r\times r$ 维正定对称矩阵。"线性二次型最优控制问题(LQ 问题)"就是设计最优控制规律 $\boldsymbol{u}^*(t)$，在限定时间$[t_0,t_f]$内，使系统(7-153)沿初始状态 $\boldsymbol{x}_0$ 出发的相应状态轨迹 $\boldsymbol{x}(t)$，二次型性能指标(7-154)取极小值。

在实际控制系统中，二次型性能指标(7-154)具有明确的物理意义。例如，若 $\boldsymbol{x}(t)$表示期望状态与实际状态的偏差向量，式(7-154)中的$\frac{1}{2}\boldsymbol{x}^T(t_f)\boldsymbol{Q}_f\boldsymbol{x}(t_f)$突出了对稳态控制精度的要求；而积分号内第一项$\frac{1}{2}\boldsymbol{x}^T(t)\boldsymbol{Q}(t)\boldsymbol{x}(t)$及第二项$\frac{1}{2}\int_0^{t_f}\boldsymbol{u}^T(t)\boldsymbol{R}(t)\boldsymbol{u}(t)dt$ 则分别体现了动态过程中的偏差控制要求及对"控制能量"消耗的限制要求。

式(7-154)的 LQ 问题也称为"有限时间的线性最优调节器问题"，解决最优控制问题的 3 种基本方法(变分法、极小值原理和动态规划)均可求解该问题。尽管有限时间 LQ 调节问题可采用线性状态反馈实现闭环最优控制，但即使针对线性定常被控系统且二次型性能指标函数中的加权矩阵均为常数矩阵，其最优状态反馈增益矩阵仍然是时变的，这增加了工程实现上的困难。

在控制工程中，针对线性定常被控系统，终端时刻 $t_f=\infty$的"无限时间定常 LQ 问题"即"定常线性最优调节器问题"应用更广泛，本节主要对此进行讨论。

7.11.1 定常线性最优调节器

考虑 n 阶线性定常被控系统

$$\dot{\boldsymbol{x}}(t)=\boldsymbol{A}\boldsymbol{x}(t)+\boldsymbol{B}\boldsymbol{u}(t),\qquad \boldsymbol{x}(t_0)=\boldsymbol{x}_0 \tag{7-155}$$

其中，$\boldsymbol{x}\in\mathbb{R}^n$，$u\in\mathbb{R}^r$，$\{\boldsymbol{A},\boldsymbol{B}\}$为完全能控。“无限时间定常 LQ 问题”即“定常线性最优调节器问题”就是要求确定最优控制律 $\boldsymbol{u}^*(t)$，使得性能指标

$$J=\frac{1}{2}\int_{t_0}^{\infty}[\boldsymbol{x}^{\mathrm{T}}(t)\boldsymbol{Q}(t)\boldsymbol{x}(t)+\boldsymbol{u}^{\mathrm{T}}(t)\boldsymbol{R}(t)\boldsymbol{u}(t)]\mathrm{d}t \tag{7-156}$$

为极小，式中 $\boldsymbol{Q}$、$\boldsymbol{R}$ 为实对称矩阵，并且 $\boldsymbol{R}>0$，$\boldsymbol{Q}>0$。

可以证明，与有限时间 LQ 调节器一样，定常线性最优调节器也为线性状态反馈，即

$$\boldsymbol{u}^*(t)=-\boldsymbol{F}^*\boldsymbol{x}(t) \tag{7-157}$$

式中，$\boldsymbol{F}^*$ 为 $r\times n$ 维最优状态反馈增益矩阵。下面应用李亚普诺夫第二法求解 $\boldsymbol{F}^*$。

将式(7-157)代入式(7-155)，得定常线性最优控制闭环系统状态方程为

$$\dot{\boldsymbol{x}}(t)=\boldsymbol{A}\boldsymbol{x}-\boldsymbol{B}\boldsymbol{F}^*\boldsymbol{x}=(\boldsymbol{A}-\boldsymbol{B}\boldsymbol{F}^*)\boldsymbol{x},\qquad \boldsymbol{x}(t_0)=\boldsymbol{x}_0 \tag{7-158}$$

在以下推导中，假设 $\boldsymbol{A}-\boldsymbol{B}\boldsymbol{F}^*$ 的全部特征值均为负实部，即最优控制闭环系统(7-158)渐近稳定。

将式(7-157)代入式(7-156)，得

$$J=\frac{1}{2}\int_{t_0}^{\infty}[\boldsymbol{x}^{\mathrm{T}}\boldsymbol{Q}\boldsymbol{x}+\boldsymbol{x}^{\mathrm{T}}\boldsymbol{F}^{*\mathrm{T}}\boldsymbol{R}\boldsymbol{F}^*\boldsymbol{x}]\mathrm{d}t=\frac{1}{2}\int_{t_0}^{\infty}\boldsymbol{x}^{\mathrm{T}}[\boldsymbol{Q}+\boldsymbol{F}^{*\mathrm{T}}\boldsymbol{R}\boldsymbol{F}^*]\boldsymbol{x}\mathrm{d}t \tag{7-159}$$

设 $\boldsymbol{P}$ 为正定实对称矩阵，取

$$\boldsymbol{x}^{\mathrm{T}}[\boldsymbol{Q}+\boldsymbol{F}^{*\mathrm{T}}\boldsymbol{R}\boldsymbol{F}^*]\boldsymbol{x}=-\frac{\mathrm{d}}{\mathrm{d}t}(\boldsymbol{x}^{\mathrm{T}}\boldsymbol{P}\boldsymbol{x}) \tag{7-160}$$

将式(7-160)右边展开，并将式(7-158)代入，得

$$\begin{aligned}\boldsymbol{x}^{\mathrm{T}}[\boldsymbol{Q}+\boldsymbol{F}^{*\mathrm{T}}\boldsymbol{R}\boldsymbol{F}^*]\boldsymbol{x}&=-\dot{\boldsymbol{x}}^{\mathrm{T}}\boldsymbol{P}\boldsymbol{x}-\boldsymbol{x}^{\mathrm{T}}\boldsymbol{P}\dot{\boldsymbol{x}}\\&=-\boldsymbol{x}^{\mathrm{T}}[(\boldsymbol{A}-\boldsymbol{B}\boldsymbol{F}^*)^{\mathrm{T}}\boldsymbol{P}+\boldsymbol{P}(\boldsymbol{A}-\boldsymbol{B}\boldsymbol{F}^*)]\boldsymbol{x}\end{aligned} \tag{7-161}$$

比较式(7-161)等号两边，得

$$(\boldsymbol{A}-\boldsymbol{B}\boldsymbol{F}^*)^{\mathrm{T}}\boldsymbol{P}+\boldsymbol{P}(\boldsymbol{A}-\boldsymbol{B}\boldsymbol{F}^*)=-(\boldsymbol{Q}+\boldsymbol{F}^{*\mathrm{T}}\boldsymbol{R}\boldsymbol{F}^*) \tag{7-162}$$

式(7-162)为代数李亚普诺夫方程。若 $\boldsymbol{A}-\boldsymbol{B}\boldsymbol{F}^*$ 的全部特征值均为负实部，式(7-162)必有唯一正定对称解阵 $\boldsymbol{P}$；且 $\boldsymbol{x}(\infty)=\boldsymbol{0}$，性能指标化为

$$J=\frac{1}{2}\int_{t_0}^{\infty}-\frac{\mathrm{d}}{\mathrm{d}t}(\boldsymbol{x}^{\mathrm{T}}\boldsymbol{P}\boldsymbol{x})\mathrm{d}t=\frac{1}{2}\boldsymbol{x}_0^{\mathrm{T}}\boldsymbol{P}\boldsymbol{x}_0-\frac{1}{2}\boldsymbol{x}^{\mathrm{T}}(\infty)\boldsymbol{P}\boldsymbol{x}(\infty)=\frac{1}{2}\boldsymbol{x}_0^{\mathrm{T}}\boldsymbol{P}\boldsymbol{x}_0 \tag{7-163}$$

如此一来，应用李亚普诺夫第二法求解最优状态反馈增益矩阵 $\boldsymbol{F}^*$ 的步骤为：确定满足式(7-162)中作为 $\boldsymbol{F}^*$ 各元素的函数的解阵 $\boldsymbol{P}$；将 $\boldsymbol{P}$ 代入式(7-163)，使 J 取极小值来确定 $\boldsymbol{F}^*$ 各元素。

当 n、r 数值大时，上述求解 $\boldsymbol{F}^*$ 的方法计算量大。下面介绍另一种求解 $\boldsymbol{F}^*$ 的方法。因为实对称矩阵 $\boldsymbol{R}>0$，则有

$$\boldsymbol{R}=\widetilde{\boldsymbol{R}}^{\mathrm{T}}\widetilde{\boldsymbol{R}} \tag{7-164}$$

式中，$\widetilde{\boldsymbol{R}}$ 为一个非奇异矩阵。将式(7-164)代入式(7-162)，得

$$(\boldsymbol{A}-\boldsymbol{B}\boldsymbol{F}^*)^{\mathrm{T}}\boldsymbol{P}+\boldsymbol{P}(\boldsymbol{A}-\boldsymbol{B}\boldsymbol{F}^*)+\boldsymbol{Q}+\boldsymbol{F}^{*\mathrm{T}}\widetilde{\boldsymbol{R}}^{\mathrm{T}}\widetilde{\boldsymbol{R}}\boldsymbol{F}^*=\boldsymbol{0} \tag{7-165}$$

式(7-165)可改写为

$$\boldsymbol{A}^{\mathrm{T}}\boldsymbol{P}+\boldsymbol{P}\boldsymbol{A}+[\widetilde{\boldsymbol{R}}\boldsymbol{F}^*-(\widetilde{\boldsymbol{R}}^{\mathrm{T}})^{-1}\boldsymbol{B}^{\mathrm{T}}\boldsymbol{P}]^{\mathrm{T}}[\widetilde{\boldsymbol{R}}\boldsymbol{F}^*-(\widetilde{\boldsymbol{R}}^{\mathrm{T}})^{-1}\boldsymbol{B}^{\mathrm{T}}\boldsymbol{P}]-\boldsymbol{P}\boldsymbol{B}\boldsymbol{R}^{-1}\boldsymbol{B}^{\mathrm{T}}\boldsymbol{P}+\boldsymbol{Q}=\boldsymbol{0} \tag{7-166}$$

使 J 取极小值的 $\boldsymbol{F}^*$ 与使

$$\boldsymbol{x}^{\mathrm{T}}[\widetilde{\boldsymbol{R}}\boldsymbol{F}^*-(\widetilde{\boldsymbol{R}}^{\mathrm{T}})^{-1}\boldsymbol{B}^{\mathrm{T}}\boldsymbol{P}]^{\mathrm{T}}[\widetilde{\boldsymbol{R}}\boldsymbol{F}^*-(\widetilde{\boldsymbol{R}}^{\mathrm{T}})^{-1}\boldsymbol{B}^{\mathrm{T}}\boldsymbol{P}]\boldsymbol{x} \tag{7-167}$$

取极小值的 $\boldsymbol{F}^*$ 相同(参见例 7-14),而式(7-167)不为负值,故只有当

$$\widetilde{\boldsymbol{R}}\boldsymbol{F}^*-(\widetilde{\boldsymbol{R}}^{\mathrm{T}})^{-1}\boldsymbol{B}^{\mathrm{T}}\boldsymbol{P}=\boldsymbol{0} \tag{7-168}$$

即

$$\boldsymbol{F}^*=\widetilde{\boldsymbol{R}}^{-1}(\widetilde{\boldsymbol{R}}^{\mathrm{T}})^{-1}\boldsymbol{B}^{\mathrm{T}}\boldsymbol{P}=\boldsymbol{R}^{-1}\boldsymbol{B}^{\mathrm{T}}\boldsymbol{P} \tag{7-169}$$

时,才存在极小值。

式(7-169)即为所确定的最优状态反馈增益矩阵 $\boldsymbol{F}^*$,其中的矩阵 $\boldsymbol{P}$ 应满足方程(7-166),即 $\boldsymbol{P}$ 为下列黎卡提矩阵代数方程

$$-\boldsymbol{PA}-\boldsymbol{A}^{\mathrm{T}}\boldsymbol{P}+\boldsymbol{PBR}^{-1}\boldsymbol{B}^{\mathrm{T}}\boldsymbol{P}-\boldsymbol{Q}=\boldsymbol{0} \tag{7-170}$$

的 $n\times n$ 维正定对称解阵。其中,式(7-170)是将式(7-168)代入式(7-166)得到的。

下面分析按式(7-169)设计的状态反馈闭环系统(7-158)的稳定性。由式(7-170)的正定对称解阵 $\boldsymbol{P}$,构造李亚普诺夫函数

$$V(\boldsymbol{x})=\boldsymbol{x}^{\mathrm{T}}\boldsymbol{P}\boldsymbol{x}$$

其对时间的导数为

$$\dot{V}(\boldsymbol{x})=\dot{\boldsymbol{x}}^{\mathrm{T}}\boldsymbol{P}\boldsymbol{x}+\boldsymbol{x}^{\mathrm{T}}\boldsymbol{P}\dot{\boldsymbol{x}}$$

将式(7-158)和式(7-169)代入上式,得

$$\begin{aligned}\dot{V}(\boldsymbol{x})&=\boldsymbol{x}^{\mathrm{T}}[\boldsymbol{A}-\boldsymbol{BR}^{-1}\boldsymbol{B}^{\mathrm{T}}\boldsymbol{P}]^{\mathrm{T}}\boldsymbol{P}\boldsymbol{x}+\boldsymbol{x}^{\mathrm{T}}\boldsymbol{P}[\boldsymbol{A}-\boldsymbol{BR}^{-1}\boldsymbol{B}^{\mathrm{T}}\boldsymbol{P}]\boldsymbol{x}\\&=\boldsymbol{x}^{\mathrm{T}}[(\boldsymbol{A}^{\mathrm{T}}\boldsymbol{P}+\boldsymbol{PA}-\boldsymbol{PBR}^{-1}\boldsymbol{B}^{\mathrm{T}}\boldsymbol{P})-\boldsymbol{PBR}^{-1}\boldsymbol{B}^{\mathrm{T}}\boldsymbol{P}]\boldsymbol{x}\\&=\boldsymbol{x}^{\mathrm{T}}[-(\boldsymbol{Q}+\boldsymbol{PBR}^{-1}\boldsymbol{B}^{\mathrm{T}}\boldsymbol{P})]\boldsymbol{x}\end{aligned}$$

因为 $\boldsymbol{R}>0$,所以 $\boldsymbol{R}^{-1}>0$,又 $\boldsymbol{Q}>0$,故 $\dot{V}(\boldsymbol{x})<0$,按式(7-169)设计的状态反馈闭环系统(7-158)渐近稳定。应该指出,由李亚普诺夫稳定性定理,若 $\dot{V}(\boldsymbol{x})$ 在非零解状态轨迹上不恒等于零,上述 $\boldsymbol{Q}>0$ 的条件则可放宽为 $\boldsymbol{Q}\geqslant 0$。可以证明,若 $\boldsymbol{R}=\boldsymbol{R}^{\mathrm{T}}>0$,$\boldsymbol{Q}=\boldsymbol{Q}^{\mathrm{T}}\geqslant 0$,且 $\{\boldsymbol{A},\widetilde{\boldsymbol{Q}}\}$ 为完全能观测矩阵对,其中 $\widetilde{\boldsymbol{Q}}$ 是满足 $\widetilde{\boldsymbol{Q}}^{\mathrm{T}}\widetilde{\boldsymbol{Q}}=\boldsymbol{Q}$ 的任一矩阵,则式(7-170)的解阵为正定的,$V(\boldsymbol{x})=\boldsymbol{x}^{\mathrm{T}}\boldsymbol{P}\boldsymbol{x}>0$,$\dot{V}(\boldsymbol{x})\leqslant 0$,但 $\dot{V}(\boldsymbol{x})$ 在非零解状态轨迹上不恒等于零,按式(7-169)设计的状态反馈闭环系统(7-158)也渐近稳定。

【例 7-14】 设系统的状态方程为

$$\dot{x}=ax+bu \tag{7-171}$$

其中,a、b 均为标量,$a<0$,求使性能指标

$$J=\frac{1}{2}\int_0^{\infty}(qx^2+ru^2)\mathrm{d}t \tag{7-172}$$

达极小值的最优控制 $u^*(t)$,其中,$q>0$,$r>0$。

解 将状态反馈控制律 $u^*=-fx$ 分别代入状态方程(7-171)和性能指标(7-172),得

$$\dot{x}=(a-bf)x \tag{7-173}$$

$$J=\frac{1}{2}\int_0^{\infty}(q+rf^2)x^2\mathrm{d}t \tag{7-174}$$

由李亚普诺夫第二法,若状态反馈闭环系统(7-173)渐近稳定,对给定 $q+rf^2>0$,存在唯一 $p>0$,使代数李亚普诺夫方程

$$(a-bf)p+p(a-bf)=-(q+rf^2) \tag{7-175}$$

成立。式(7-175)可改写为

$$2p(a-bf)+q+rf^2=0 \tag{7-176}$$

对于渐近稳定的状态反馈闭环系统，$x(\infty)=0$，由式(7-163)得

$$J=\frac{1}{2}x(0)px(0)=\frac{1}{2}px^2(0)$$

为了确定使 J 取极小值的最优状态反馈增益 f^*，令

$$\frac{\partial p}{\partial f}=0 \tag{7-177}$$

式中，p 满足方程(7-176)，即有

$$p=-\frac{q+rf^2}{2(a-bf)} \tag{7-178}$$

将式(7-178)代入式(7-177)，得

$$\frac{\partial p}{\partial f}=-\frac{2rf(a-bf)+b(q+rf^2)}{2(a-bf)^2}=0 \tag{7-179}$$

则有

$$2rf(a-bf)+b(q+rf^2)=0$$

整理上式，并将式(7-178)代入，得

$$\frac{q+rf^2}{2(a-bf)}=-\frac{rf}{b}=-p \tag{7-180}$$

由式(7-180)，得最优状态反馈增益 f^* 为

$$f^*=\frac{pb}{r} \tag{7-181}$$

其中，p 为下列一元二次方程

$$q+2pa-\frac{p^2b^2}{r}=0 \tag{7-182}$$

的一个正根。其中，式(7-182)是将式(7-181)代入式(7-176)得到的。

实际上，式(7-175)也可改写为

$$ap+pa+\left(\sqrt{r}f-\frac{1}{\sqrt{r}}bp\right)\left(\sqrt{r}f-\frac{1}{\sqrt{r}}bp\right)-\frac{p^2b^2}{r}+q=0 \tag{7-183}$$

当 $\sqrt{r}f-\frac{1}{\sqrt{r}}bp=0$，即 $f=\frac{pb}{r}$ 时，式(7-183)左边的值取极小值，这一取极小值的条件与使 J 取极小值的条件(7-181)一致。

【例 7-15】 给定连续时间线性定常被控系统

$$\dot{\boldsymbol{x}}=\begin{bmatrix}0 & 1\\0 & 0\end{bmatrix}\boldsymbol{x}+\begin{bmatrix}0\\1\end{bmatrix}u,\quad \boldsymbol{x}(0)=\begin{bmatrix}1\\1\end{bmatrix}$$

和性能指标

$$J=\frac{1}{2}\int_0^{\infty}(\alpha x_1^2+\beta x_1x_2+x_2^2+u^2)\mathrm{d}t$$

其中，α、β 为实数，且 $\alpha>0.25\beta^2>0$，试确定最优状态反馈增益矩阵 $\boldsymbol{F}^*$ 和最优性能 J^*。

解 由题意知 $\boldsymbol{Q}=\begin{bmatrix}\alpha & 0.5\beta\\0.5\beta & 1\end{bmatrix}>0$，$\boldsymbol{R}=1>0$

被控系统状态方程为能控标准形，故系统状态完全能控，最优控制 $u^*(t)=-\boldsymbol{F}^*\boldsymbol{x}=-[f_1\quad f_2]\boldsymbol{x}=-(f_1x_1+f_2x_2)$存在。下面采用两种方法求解最优状态反馈增益矩阵 $\boldsymbol{F}^*$。

方法 1：将 $u^*(t)=-\boldsymbol{F}^*\boldsymbol{x}=-[f_1 \quad f_2]\boldsymbol{x}$ 代入被控系统状态方程，得

$$\dot{\boldsymbol{x}}=\begin{bmatrix}0 & 1\\ -f_1 & -f_2\end{bmatrix}\boldsymbol{x}=\boldsymbol{A}_{\mathrm{F}}\boldsymbol{x},\quad \boldsymbol{x}(0)=\begin{bmatrix}1\\1\end{bmatrix}$$

可见，只要 f_1、f_2 的取值满足 $f_1>0$、$f_2>0$，则闭环系统渐近稳定，并有 $\boldsymbol{x}(\infty)=\boldsymbol{0}$，因此性能指标可写成

$$J=\frac{1}{2}\int_0^{\infty}\boldsymbol{x}^{\mathrm{T}}\left(\begin{bmatrix}\alpha & 0.5\beta\\ 0.5\beta & 1\end{bmatrix}+\boldsymbol{F}^{*\mathrm{T}}\boldsymbol{F}^*\right)\boldsymbol{x}\mathrm{d}t=\frac{1}{2}\boldsymbol{x}^{\mathrm{T}}(0)\boldsymbol{P}\boldsymbol{x}(0)$$

式中，$\boldsymbol{P}$ 为下列代数李亚普诺夫方程的正定对称解阵，即

$$(\boldsymbol{A}-\boldsymbol{B}\boldsymbol{F}^*)^{\mathrm{T}}\boldsymbol{P}+\boldsymbol{P}(\boldsymbol{A}-\boldsymbol{B}\boldsymbol{F}^*)=-\begin{bmatrix}\alpha & 0.5\beta\\ 0.5\beta & 1\end{bmatrix}-\boldsymbol{F}^{*\mathrm{T}}\boldsymbol{F}^*$$

将已知参数代入上式，得

$$\begin{bmatrix}0 & -f_1\\ 1 & -f_2\end{bmatrix}\begin{bmatrix}p_{11} & p_{12}\\ p_{12} & p_{22}\end{bmatrix}+\begin{bmatrix}p_{11} & p_{12}\\ p_{12} & p_{22}\end{bmatrix}\begin{bmatrix}0 & 1\\ -f_1 & -f_2\end{bmatrix}=-\begin{bmatrix}\alpha+f_1^2 & 0.5\beta+f_1f_2\\ 0.5\beta+f_1f_2 & 1+f_2^2\end{bmatrix}$$

将以上矩阵方程展开为联立方程组

$$\begin{cases}-2f_1p_{12}=-(\alpha+f_1^2)\\ p_{11}-f_2p_{12}-p_{22}f_1=-(0.5\beta+f_1f_2)\\ 2p_{12}-2f_2p_{22}=-(1+f_2^2)\end{cases}$$

解得

$$p_{12}=\frac{\alpha+f_1^2}{2f_1},\quad p_{22}=\frac{f_1^2+f_2^2f_1+f_1+\alpha}{2f_1f_2},\quad p_{11}=\frac{f_1^3+f_1^2+\alpha f_1-\beta f_1f_2+\alpha f_2^2}{2f_1f_2}$$

将上述解出的矩阵 $\boldsymbol{P}$，代入 $J=\frac{1}{2}\boldsymbol{x}^{\mathrm{T}}(0)\boldsymbol{P}\boldsymbol{x}(0)$，则性能指标为 f_1、f_2 的函数，即

$$\begin{aligned}J&=\frac{1}{2}\boldsymbol{x}^{\mathrm{T}}(0)\boldsymbol{P}\boldsymbol{x}(0)=\frac{1}{2}(p_{11}x_1^2(0)+2p_{12}x_1(0)x_2(0)+p_{22}x_2^2(0))\\ &=\frac{1}{2}\left(\frac{f_1^3+f_1^2+\alpha f_1-\beta f_1f_2+\alpha f_2^2}{2f_1f_2}x_1^2(0)+\frac{\alpha+f_1^2}{f_1}x_1(0)x_2(0)+\frac{f_1^2+f_2^2f_1+f_1+\alpha}{2f_1f_2}x_2^2(0)\right)\end{aligned}$$

为了使 J 取极小值，令 $\partial J/\partial f_1=0$ 和 $\partial J/\partial f_2=0$，即

$$\frac{\partial J}{\partial f_1}=\frac{1}{2}\left(\frac{2f_1^3+f_1^2-\alpha f_2^2}{2f_1^2f_2}x_1^2(0)+\frac{f_1^2-\alpha}{f_1^2}x_1(0)x_2(0)+\frac{f_1^2-\alpha}{2f_1^2f_2}x_2^2(0)\right)=0$$

$$\frac{\partial J}{\partial f_2}=\frac{1}{2}\left(\frac{\alpha f_2^2-f_1^3-f_1^2-\alpha f_1}{2f_1f_2^2}x_1^2(0)+\frac{f_1f_2^2-f_1^2-f_1-\alpha}{2f_1f_2^2}x_2^2(0)\right)=0$$

由此解出对任意初始条件均成立 $\partial J/\partial f_1=0$ 和 $\partial J/\partial f_2=0$ 且满足闭环系统渐近稳定要求（$f_1>0$，$f_2>0$）的最优状态反馈增益矩阵为

$$\boldsymbol{F}^*=[\sqrt{\alpha} \quad \sqrt{1+2\sqrt{\alpha}}]$$

方法 2：根据式(7-169)，有

$$\boldsymbol{F}^*=\boldsymbol{R}^{-1}\boldsymbol{B}^{\mathrm{T}}\boldsymbol{P}$$

其中，$\boldsymbol{P}$ 为下列黎卡提矩阵代数方程的正定对称解阵

$$-\boldsymbol{P}\boldsymbol{A}-\boldsymbol{A}^{\mathrm{T}}\boldsymbol{P}+\boldsymbol{P}\boldsymbol{B}\boldsymbol{R}^{-1}\boldsymbol{B}^{\mathrm{T}}\boldsymbol{P}-\boldsymbol{Q}=\boldsymbol{0}$$

即

$$-\begin{bmatrix}p_{11} & p_{12}\\ p_{12} & p_{22}\end{bmatrix}\begin{bmatrix}0 & 1\\ 0 & 0\end{bmatrix}-\begin{bmatrix}0 & 0\\ 1 & 0\end{bmatrix}\begin{bmatrix}p_{11} & p_{12}\\ p_{12} & p_{22}\end{bmatrix}+\begin{bmatrix}p_{11} & p_{12}\\ p_{12} & p_{22}\end{bmatrix}\begin{bmatrix}0\\1\end{bmatrix}1[0 \quad 1]\begin{bmatrix}p_{11} & p_{12}\\ p_{12} & p_{22}\end{bmatrix}=\begin{bmatrix}\alpha & 0.5\beta\\ 0.5\beta & 1\end{bmatrix}$$

将以上矩阵方程展开为联立方程组

$$\begin{cases} p_{12}^2=\alpha \\ p_{12}p_{22}-p_{12}=0.5\beta \\ p_{22}^2-2p_{12}=1 \end{cases}$$

在保证 $\boldsymbol{P}$ 为正定的条件下，解出

$$p_{12}=\sqrt{\alpha},\quad p_{22}=\sqrt{1+2\sqrt{\alpha}},\quad p_{11}=\sqrt{\alpha(1+2\sqrt{\alpha})}-0.5\beta$$

则最优状态反馈增益矩阵为

$$\boldsymbol{F}^*=\boldsymbol{R}^{-1}\boldsymbol{B}^{\mathrm{T}}\boldsymbol{P}=1[0\quad 1]\begin{bmatrix}\sqrt{\alpha(1+2\sqrt{\alpha})}-0.5\beta & \sqrt{\alpha}\\ \sqrt{\alpha} & \sqrt{1+2\sqrt{\alpha}}\end{bmatrix}=[\sqrt{\alpha}\quad \sqrt{1+2\sqrt{\alpha}}]$$

对应题给初始条件的最优性能 J^* 为

$$\begin{aligned}J^*&=\frac{1}{2}\boldsymbol{x}^{\mathrm{T}}(0)\boldsymbol{P}\boldsymbol{x}(0)=\frac{1}{2}[1\quad 1]\begin{bmatrix}\sqrt{\alpha(1+2\sqrt{\alpha})}-0.5\beta & \sqrt{\alpha}\\ \sqrt{\alpha} & \sqrt{1+2\sqrt{\alpha}}\end{bmatrix}\begin{bmatrix}1\\1\end{bmatrix}\\&=\frac{1}{2}[(1+\sqrt{\alpha})\sqrt{1+2\sqrt{\alpha}}+2\sqrt{\alpha}-0.5\beta]\end{aligned}$$

通常求解 LQ 最优控制问题的计算量较大。MATLAB 控制系统工具箱中的 lqr()函数可直接求解定常线性最优调节器问题，其调用格式为

$$[\boldsymbol{F},\boldsymbol{P},E]=\mathrm{lqr}(\boldsymbol{A},\boldsymbol{B},\boldsymbol{Q},\boldsymbol{R})$$

其中，$\boldsymbol{A}$、$\boldsymbol{B}$ 为被控系统(7-155)的状态矩阵、控制矩阵；$\boldsymbol{Q}$、$\boldsymbol{R}$ 为性能指标(7-156)中的实对称矩阵；$\boldsymbol{F}$ 为最优状态反馈增益矩阵；E 为状态反馈闭环系统状态矩阵 $\boldsymbol{A}-\boldsymbol{BF}$ 的特征值；$\boldsymbol{P}$ 为对应的黎卡提矩阵代数方程(7-170)的正定对称解阵，若 $\boldsymbol{A}-\boldsymbol{BF}$ 的特征值均为负实部，则总存在满足方程(7-170)的正定对称解阵。

7.11.2 无限时间定常输出调节器

输出调节器的最优控制律设计可转化为等价的状态调节器最优控制律设计。

考虑能控且能观测的线性定常被控系统

$$\begin{cases}\dot{\boldsymbol{x}}(t)=\boldsymbol{A}\boldsymbol{x}(t)+\boldsymbol{B}\boldsymbol{u}(t), & \boldsymbol{x}(t_0)=\boldsymbol{x}_0\\ \boldsymbol{y}(t)=\boldsymbol{C}\boldsymbol{x}(t)\end{cases}\tag{7-184}$$

其中，$\boldsymbol{x}\in\mathbb{R}^n$；$\boldsymbol{y}\in\mathbb{R}^m$；$\boldsymbol{u}\in\mathbb{R}^r$。无限时间定常输出调节器问题就是要求确定最优控制律 $\boldsymbol{u}^*(t)$，使得性能指标

$$J=\frac{1}{2}\int_{t_0}^{\infty}[\boldsymbol{y}^{\mathrm{T}}(t)\boldsymbol{Q}\boldsymbol{y}(t)+\boldsymbol{u}^{\mathrm{T}}(t)\boldsymbol{R}\boldsymbol{u}(t)]\mathrm{d}t\tag{7-185}$$

为极小，式中 $\boldsymbol{Q}$、$\boldsymbol{R}$ 为实对称矩阵，并且 $\boldsymbol{R}>0$，$\boldsymbol{Q}>0$。

将被控系统(7-184)的输出方程代入式(7-185)，得

$$J=\frac{1}{2}\int_{t_0}^{\infty}[\boldsymbol{x}^{\mathrm{T}}(t)\boldsymbol{C}^{\mathrm{T}}\boldsymbol{Q}\boldsymbol{C}\boldsymbol{x}(t)+\boldsymbol{u}^{\mathrm{T}}(t)\boldsymbol{R}\boldsymbol{u}(t)]\mathrm{d}t\tag{7-186}$$

将式(7-186)与式(7-156)相比较，可见只要用 $\boldsymbol{C}^{\mathrm{T}}\boldsymbol{Q}\boldsymbol{C}$ 替换式(7-156)中的 $\boldsymbol{Q}$，无限时间定常输出调节器问题即可等价为相应定常线性最优调节器问题，即无限时间定常输出调节器问题的最优控制律为

$$\boldsymbol{u}^*(t)=-\boldsymbol{F}^*\boldsymbol{x}(t)=-\boldsymbol{R}^{-1}\boldsymbol{B}^{\mathrm{T}}\boldsymbol{P}\boldsymbol{x}(t)\tag{7-187}$$

式中，$\boldsymbol{P}$ 是下列黎卡提矩阵代数方程

$$\boldsymbol{P}\boldsymbol{A}+\boldsymbol{A}^{\mathrm{T}}\boldsymbol{P}-\boldsymbol{P}\boldsymbol{B}\boldsymbol{R}^{-1}\boldsymbol{B}^{\mathrm{T}}\boldsymbol{P}+\boldsymbol{C}^{\mathrm{T}}\boldsymbol{Q}\boldsymbol{C}=\boldsymbol{0}\tag{7-188}$$

的正定对称解阵。

MATLAB 控制系统工具箱中的函数 lqry()可直接求解无限时间定常输出调节器问题，其调用格式为

$$[\boldsymbol{F},\boldsymbol{P},E]=\text{lqry}(\boldsymbol{A},\boldsymbol{B},\boldsymbol{C},\boldsymbol{D},\boldsymbol{Q},\boldsymbol{R})$$

其中，$\boldsymbol{A}$、$\boldsymbol{B}$、$\boldsymbol{C}$、$\boldsymbol{D}$ 为被控系统 $\Sigma(\boldsymbol{A},\boldsymbol{B},\boldsymbol{C},\boldsymbol{D})$ 的系数矩阵；$\boldsymbol{Q}$、$\boldsymbol{R}$ 为性能指标(7-185)中的实对称矩阵；$\boldsymbol{F}$ 为最优状态反馈增益矩阵；$\boldsymbol{P}$ 为对应的黎卡提矩阵代数方程的正定对称解阵；E 为状态反馈闭环系统状态矩阵 $\boldsymbol{A}-\boldsymbol{BF}$ 的特征值。

小　　结

反馈是自动控制的核心概念之一，控制系统中的两种典型反馈形式为输出反馈和状态反馈。输出反馈易于工程实现，但不能任意配置反馈系统的极点；状态反馈包含动态系统全部信息，是较输出反馈功能优越的反馈。若被控系统状态完全能控，则采用状态反馈可任意配置闭环系统的特征值；而且在被控系统结构满足一定的条件下，采用状态反馈可实现输入-输出解耦、无静差跟踪、线性二次型最优控制。

极点配置是最为基本的一类综合问题，其以一组期望的闭环系统特征值(极点)作为性能指标。镇定问题则是以闭环系统渐近稳定作为性能指标的一种特殊的极点配置问题，其全部期望闭环极点均只要求具有负实部。单输入系统状态反馈闭环极点配置的规范算法适用于计算机编程设计，但对低阶被控系统，采用解联立方程的方法一般较为简便。不同于单输入系统配置一组期望闭环极点的状态反馈增益矩阵为唯一，多输入系统为实现一组期望闭环极点配置所需的状态反馈增益矩阵不唯一，常用的多输入系统状态反馈极点配置方法有化为等价的单输入系统和化为 Luenberger 能控标准形两种算法，后者因计算上规范且闭环系统动态响应较好而得到更多应用。同时配置闭环特征值及其特征向量即进行特征结构配置，可更全面地改善闭环系统动态响应的性能。

内模原理是经典控制理论中无静差控制的推广。基于内模原理的无静差跟踪控制系统的鲁棒控制器由镇定补偿器和伺服补偿器组成，其对除内模以外的系统参数摄动具有很强的鲁棒性。

输入-输出解耦控制是多变量线性定常系统综合理论的重要组成部分。使多变量系统实现输入-输出解耦即实现每个输出分量仅受一个对应输入分量控制的基本思路是：通过引入控制器(如输入变换与状态反馈相结合的解耦控制器等)，使系统传递函数矩阵对角化。虽然被控系统的两个结构特征量唯一决定了其能否采用输入变换与状态反馈相结合来实现积分型解耦，但基于对积分型解耦系统设计附加状态反馈以配置闭环解耦系统极点的需要，仍要求被控系统状态完全能控或至少为状态反馈可镇定。

二次型性能指标属于能量类型的性能指标，物理意义明确。线性定常被控系统的无限时间定常 LQ 问题即定常线性最优调节器问题的最优解为线性状态反馈控制律，且最优状态反馈增益矩阵为常数矩阵，易于工程实现，故应用广泛。设计定常线性最优调节器既可基于李亚普诺夫第二法进行参数最优化设计，也可归结为求解黎卡提矩阵代数方程。

闭环状态观测器采用了输出反馈的另一种结构，可视为系统的一种特殊的动态补偿器，其可实现对系统状态的重构，克服状态反馈物理实现的困难。与系统能控是采用状态反馈任意配置闭环极点的充分必要条件相对偶，闭环状态观测器的极点可任意配置的充分必要条件是系统能观测。被观测系统的状态观测器极点配置问题可基于对偶原理转化为其对偶系统状态反馈配置闭环极点问题。状态观测器有全维观测器和降维观测器之分，与全维观测器相比，降维观测器具有所需积分器较少、结构较简单的优点，但抗输出信号噪声的能力较差。

分离原理是基于状态观测器的状态反馈闭环系统的重要规律，对采用状态观测器实现状态反馈的控制系统，可根据分离原理分别独立设计状态反馈控制器和状态观测器。

习　　题

7-1　设单变量系统传递函数为

$$\frac{(s+1)(s+3)}{s(s-1)(s-2)}$$

试问能否利用状态反馈将传递函数变成

$$\frac{s+1}{(s^2+2s+2)}$$

若有可能,试设计状态反馈增益矩阵 $\boldsymbol{F}$。

7-2　设被控系统的状态空间表达式为$\begin{cases}\dot{\boldsymbol{x}}=\begin{bmatrix}0 & 1 & 0 & 0\\ 0 & 0 & 0 & 0\\ 0 & 0 & -1 & 0\\ 0 & 0 & 0 & -1\end{bmatrix}\boldsymbol{x}+\begin{bmatrix}0\\ 1\\ 1\\ 1\end{bmatrix}u\\ y=\begin{bmatrix}1 & 0 & 0 & 1\end{bmatrix}\boldsymbol{x}\end{cases}$。

(1) 该系统是否渐近稳定?若该系统不稳定,能否通过状态反馈镇定?能否通过输出反馈镇定?

(2) 该系统是否能控?能否采用状态反馈使闭环系统的极点配置为$-1\pm$j、-3、-3 或$-1\pm$j、-1、-3?

(3) 该系统是否能观测?能否构造状态观测器获得系统状态 $\boldsymbol{x}$ 的估计值 $\hat{\boldsymbol{x}}$?能否使观测器的极点配置在-5、-5、-2、-2 或-5、-5、-2、-1?

7-3　分析线性定常被控系统

$$\begin{cases}\dot{\boldsymbol{x}}=\begin{bmatrix}-1 & 0 & 0\\ 6 & 5 & -4\\ 1 & 0 & 0\end{bmatrix}\boldsymbol{x}+\begin{bmatrix}0.5\\ 1\\ 1.5\end{bmatrix}u\\ y=\begin{bmatrix}1 & 1 & -1\end{bmatrix}\boldsymbol{x}\end{cases}$$

能否通过状态反馈镇定?能否通过输出反馈镇定?

7-4　被控系统$\Sigma_o(\boldsymbol{A},\boldsymbol{B},\boldsymbol{C})$的状态空间表达式为$\begin{cases}\dot{\boldsymbol{x}}=\begin{bmatrix}0 & -1\\ 0 & 3\end{bmatrix}\boldsymbol{x}+\begin{bmatrix}1\\ 1\end{bmatrix}u\\ y=\begin{bmatrix}1 & -1\end{bmatrix}\boldsymbol{x}\end{cases}$。

(1) 采用两种方法设计状态反馈增益矩阵 $\boldsymbol{F}$,使闭环系统极点配置为$-2+2$j 和$-2-2$j。

(2) 采用两种方法设计极点为-5,-5 的全维状态观测器。

(3) 设计极点为-5 的降维状态观测器。

7-5　被控系统$\Sigma_o(\boldsymbol{A},\boldsymbol{B},\boldsymbol{C})$同习题 7-4,试:

(1) 设计极点为-5,-5 的全维状态观测器;利用该观测器构成状态反馈系统,使闭环极点配置为$-2+2$j 和$-2-2$j,设计满足要求的状态反馈增益矩阵 $\boldsymbol{F}$,画出带观测器的状态反馈系统的状态变量图并求闭环系统的传递函数。

(2) 设计极点为-5 的降维状态观测器;利用该降维观测器构成状态反馈系统,使闭环极点配置为$-2+2$j 和$-2-2$j,设计满足要求的状态反馈增益矩阵 $\boldsymbol{F}$,画出带观测器的状态反馈系统的状态变量图并求闭环系统的传递函数。

7-6　设被控系统的状态方程为

$$\dot{\boldsymbol{x}}=\begin{bmatrix}1 & -1 & 1\\ 0 & 1 & 1\\ 1 & 0 & 1\end{bmatrix}\boldsymbol{x}+\begin{bmatrix}0\\ 0\\ 1\end{bmatrix}u$$

试确定一个状态反馈矩阵 $\boldsymbol{F}$,使状态反馈闭环系统的状态矩阵($\boldsymbol{A}-\boldsymbol{BF}$)相似于矩阵

$$\widetilde{\boldsymbol{A}}=\begin{bmatrix}-1 & 0 & 0\\ 0 & -2 & 0\\ 0 & 0 & -3\end{bmatrix}$$

7-7　设被控系统的传递函数为$\dfrac{Y(s)}{U(s)}=\dfrac{2}{s^3+5s^2+4s}$,试:

(1) 设计状态反馈增益矩阵 $\boldsymbol{F}$,使闭环系统的极点为-4、$-1\pm$j。

(2) 设计一个全维状态观测器,将观测器的极点配置在-10、-3、-3 处。

(3) 设计极点为-10、-10的降维状态观测器。

(4) 分别求基于全维状态观测器、降维状态观测器的状态反馈系统的状态空间表达式、状态变量图和传递函数。

7-8 根据上题计算结果，对极点配置等价的具有串联补偿器和并联补偿器的输出反馈系统，确定串联补偿器和并联补偿器的传递函数，画出输出反馈控制系统的结构图，并比较状态反馈控制与带补偿器输出反馈控制的特点及实现的难易程度。

7-9 设被控系统的传递函数为

$$W_o(s)=\frac{5}{s(s+2)(s+8)}$$

试确定一个状态反馈增益矩阵，使相对于单位阶跃输入的输出过渡过程，满足期望指标：超调量$\sigma\leqslant10\%$，调节时间$t_s\leqslant0.5s$。

7-10 设被控系统的状态空间表达式为

$$\begin{cases}\dot{\boldsymbol{x}}=\begin{bmatrix}0&1\\0&0\end{bmatrix}\boldsymbol{x}+\begin{bmatrix}0\\1\end{bmatrix}u\\ y=\begin{bmatrix}1&1\\0&1\end{bmatrix}\boldsymbol{x}\end{cases}$$

试确定一个输出反馈增益矩阵$\boldsymbol{H}$，使闭环系统特征值配置为$-2\pm2j$。

7-11 设线性定常被控系统的状态方程为

$$\dot{\boldsymbol{x}}=\boldsymbol{A}\boldsymbol{x}+\boldsymbol{B}\boldsymbol{u}=\begin{bmatrix}0&1&0\\0&0&0\\0&0&1\end{bmatrix}\boldsymbol{x}+\begin{bmatrix}0&0\\0&1\\1&-1\end{bmatrix}\boldsymbol{u}$$

试确定两个不同的状态反馈增益矩阵$\boldsymbol{F}_1$和$\boldsymbol{F}_2$，使状态反馈闭环系统特征值配置为-6、$-1\pm j$。

7-12 已知被控系统的状态方程为

$$\dot{\boldsymbol{x}}=\begin{bmatrix}0&1&0&0\\0&0&1&0\\0&-1&2&1\\1&0&0&-1\end{bmatrix}\boldsymbol{x}+\begin{bmatrix}0&0\\0&0\\1&-1\\0&1\end{bmatrix}\boldsymbol{u}$$

试确定两个不同的状态反馈增益矩阵$\boldsymbol{F}_1$和$\boldsymbol{F}_2$，使状态反馈闭环系统特征值配置为-3,-3、$-1\pm2j$。

7-13 已知双输入双输出被控系统的状态空间表达式为

$$\begin{cases}\dot{\boldsymbol{x}}=\begin{bmatrix}0&1&0\\0&0&1\\0&2&-1\end{bmatrix}\boldsymbol{x}+\begin{bmatrix}1&0\\0&0\\0&1\end{bmatrix}\boldsymbol{u}\\ \boldsymbol{y}=\begin{bmatrix}1&0&0\\0&1&1\end{bmatrix}\boldsymbol{x}\end{cases}$$

(1) 确定状态反馈增益矩阵，使状态反馈闭环系统特征值配置为-1、-2、-3，相应的特征向量分别配置为$[0\quad1\quad-1]^T$、$[1\quad0\quad0]^T$、$[0\quad1\quad-2]^T$。

(2) 分析状态反馈对系统传递函数矩阵各元传递函数零点的影响，求闭环系统零输入的输出响应。

7-14 给定带有干扰作用的SISO被控系统

$$\begin{cases}\dot{\boldsymbol{x}}=\boldsymbol{A}\boldsymbol{x}+\boldsymbol{B}u+\boldsymbol{B}_w w=\begin{bmatrix}0&1\\1&0\end{bmatrix}\boldsymbol{x}+\begin{bmatrix}0\\1\end{bmatrix}u+\begin{bmatrix}0\\1\end{bmatrix}w\\ y=\boldsymbol{C}\boldsymbol{x}=\begin{bmatrix}1&0\end{bmatrix}\boldsymbol{x}\end{cases}$$

已知参考输入信号$y_{ref}(t)$为阶跃函数，扰动信号$w(t)=a\sin(2t+\theta)$，其中幅值a和初相位θ未知。试设计使系统实现无静差跟踪的鲁棒控制器。

7-15 单位负反馈系统如图7-17所示，其中，K_1、K_2、T均为正数，$w(t)$为干扰信号。试应用内模原理分析：

(1) 当$w(t)$为零时，若K_1、K_2、T发生变化，输出能否无静差跟踪任意阶跃输入？

(2) 当 $w(t)$为阶跃扰动时,输出能否无静差跟踪任意阶跃输入?

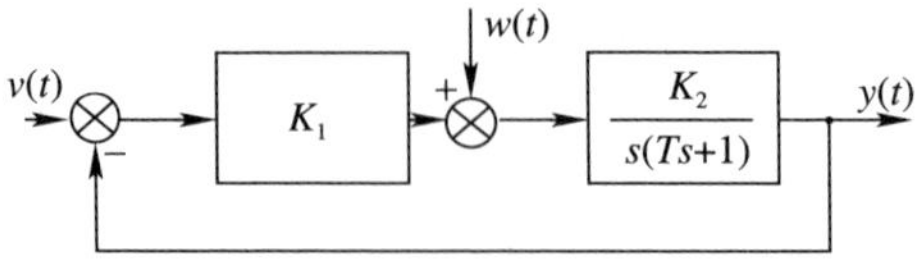

图 7-17　题 7-15 图

7-16　判断下列各系统能否采用输入变换和状态反馈实现输入-输出解耦。

(1) $\boldsymbol{W}(s)=\begin{bmatrix}\dfrac{1}{s(s+1)} & \dfrac{2}{(s+2)}\\ \dfrac{2}{s+1} & \dfrac{1}{s+1}\end{bmatrix}$

(2) $\begin{cases}\dot{\boldsymbol{x}}=\begin{bmatrix}0&1&0\\0&0&1\\0&2&-1\end{bmatrix}\boldsymbol{x}+\begin{bmatrix}1&0\\0&-1\\2&1\end{bmatrix}\boldsymbol{u}\\ \boldsymbol{y}=\begin{bmatrix}1&-1&0\\0&1&1\end{bmatrix}\boldsymbol{x}\end{cases}$

7-17　给定一个双输入双输出被控系统

$$\begin{cases}\dot{\boldsymbol{x}}=\begin{bmatrix}0&1&0\\2&3&0\\1&1&1\end{bmatrix}\boldsymbol{x}+\begin{bmatrix}0&0\\1&0\\0&1\end{bmatrix}\boldsymbol{u}\\ \boldsymbol{y}=\begin{bmatrix}1&1&0\\0&0&1\end{bmatrix}\boldsymbol{x}\end{cases}$$

(1) 系统能否采用输入变换和状态反馈实现输入-输出解耦?

(2) 若能,试确定满足解耦并将闭环极点配置为-5、$-1\pm\mathrm{j}$ 的一个输入变换和状态反馈矩阵对$\{\boldsymbol{K},\boldsymbol{F}\}$,并求相应的闭环解耦控制系统的传递函数矩阵。

7-18　给定单变量线性定常被控系统

$$\dot{\boldsymbol{x}}=\begin{bmatrix}0&1\\0&0\end{bmatrix}\boldsymbol{x}+\begin{bmatrix}0\\1\end{bmatrix}u,\boldsymbol{x}(0)=\begin{bmatrix}1\\-1\end{bmatrix}$$

和性能指标

$$J=\frac{1}{2}\int_0^\infty(2x_1+2x_1x_2+x_2^2+u^2)\mathrm{d}t$$

试确定最优状态反馈增益矩阵 $\boldsymbol{F}^*$ 和最优性能 J^*。

7-19　给定线性定常被控系统

$$\dot{\boldsymbol{x}}=\begin{bmatrix}3&3\\-1&-1\end{bmatrix}\boldsymbol{x}+\begin{bmatrix}2\\-1\end{bmatrix}u,\boldsymbol{x}(0)=\begin{bmatrix}1\\2\end{bmatrix}$$

和性能指标

$$J=\frac{1}{2}\int_0^\infty\left(x_1^2+x_1x_2+2x_2^2+\frac{1}{2}u^2\right)\mathrm{d}t$$

试确定最优状态反馈增益矩阵 $\boldsymbol{F}^*$ 和最优性能 J^*。

7-20　给定线性定常被控系统

$$\begin{cases}\dot{\boldsymbol{x}}=\begin{bmatrix}0&1&0\\0&0&1\\0&0&0\end{bmatrix}\boldsymbol{x}+\begin{bmatrix}0\\0\\1\end{bmatrix}u,\boldsymbol{x}(0)=\begin{bmatrix}1\\1\\2\end{bmatrix}\\ y=\begin{bmatrix}1&0&0\end{bmatrix}\boldsymbol{x}\end{cases}$$

和性能指标

$$J=\int_0^\infty(y^2+u^2)\mathrm{d}t$$

试确定最优状态反馈增益阵 $\boldsymbol{F}^*$ 和最优性能 J^*。

第 8 章　线性多变量定常系统复频域分析与设计

8.1　引　　言

经典频域法是从 20 世纪 30 年代开始形成和发展起来的经典控制理论的重要设计方法，具有物理概念清晰、不要求精确的数学模型、设计计算简便等优点，但仅适用于单变量系统是其主要局限。从 20 世纪 60 年代末到 70 年代，以罗森布罗克(H. H. Rosenbrock)为代表的英国学者应用多项式矩阵理论和复变量代数理论来处理多变量系统，从而将单变量系统中的频域法推广至多变量系统，形成了多变量频域法。在保留经典频域法优点的同时，多变量频域法也弥补了状态空间设计方法的不足，是多变量系统状态空间法的新发展，所设计的控制器可兼顾动态性能和抑制输入-输出耦合，且结构简单。多变量频域法也称现代频域法，它平行和独立地发展了两类分析综合方法：其一为频域法，主要包括 Rosenbrock 提出的逆 Nyquist 阵列法、Mayne 提出的序列回差法、MacFarlane 提出的特征轨迹法及 Owens 提出的并矢展开法等，其共同特点是将多输入多输出且回路间有关联的多变量系统的设计转化为诸单变量系统的设计，从而可采用经典频域法(如 Nyquist 和 Bode 的频率响应法、Evans 的根轨迹法等)完成设计，因此，这些方法保留和继承了经典控制理论图形法的优点，不要求特别精确的数学模型，由此导出的综合理论和方法可通过计算机辅助设计而方便地用于系统的综合。但基于多变量频域法进行控制系统设计，数值计算和绘图工作量大，故计算机辅助设计是其研究的重要组成部分。其二为多项式矩阵方法，其特点是采用传递函数矩阵的 MFD 作为系统的数学模型，并基于多项式矩阵计算和单模变换，建立线性定常系统的分析和综合方法。

本章介绍现代频域法中的多项式矩阵方法，主要包括线性定常系统的复频域分析和综合的基本理论与方法。8.2 节针对串联、并联、反馈连接 3 种典型组合系统，分别建立其传递函数矩阵描述和多项式矩阵描述，在此基础上，8.3 节、8.4 节基于系统的 MFD 和 PMD，在复频域分别讨论组合系统的能控性、能观测性、稳定性。8.5 节介绍基于传递函数矩阵的状态反馈增益矩阵设计，先讨论单变量系统，再推广到多变量系统，给出带有输入变换的状态反馈系统结构，研究状态反馈同时配置闭环特征值及其特征向量的复频域综合的问题。8.6 节讨论输入-输出反馈动态补偿器设计方法，表明利用多项式矩阵法设计输入-输出反馈补偿器比基于状态空间法的特征结构配置要有更大的自由度。8.7 介绍单位输出反馈系统串联补偿器设计方法，首先讨论单变量系统，然后分别讨论单输入多输出、多输入单输出系统，在此基础上，推广到多输入多输出系统。8.8 节讨论具有串联补偿器的单位输出反馈动态解耦控制。

8.2　组合系统的频域描述

实际控制系统均是由两个以上子系统按一定方式连接而成的组合系统。子系统的基本连接方式为串联、并联及反馈连接，如图 8-1 所示。

为保证正常连接，图 8-1 中注明了子系统 Σ_1 和子系统 Σ_2 的输入、输出及组合系统的输入、输出之间应满足的关系，其中子系统 Σ_i 的状态空间描述、传递函数矩阵、多项式矩阵描述分别为

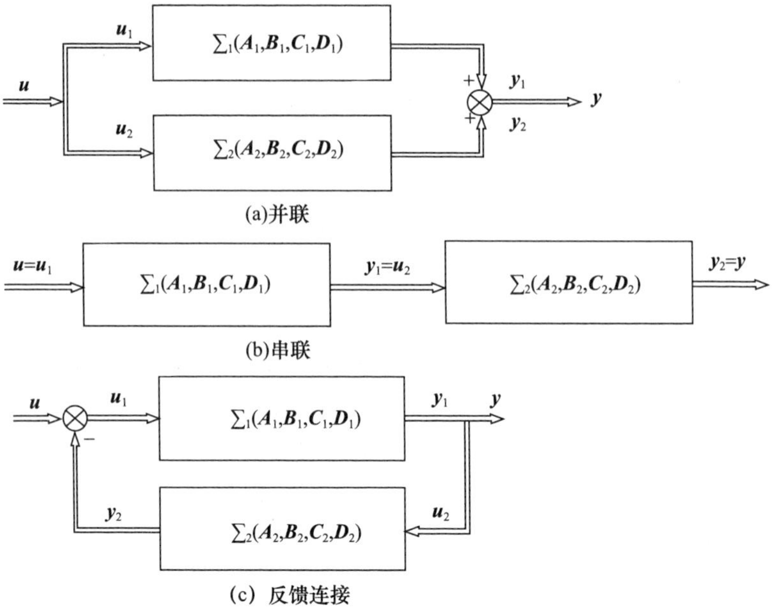

图 8-1 3 种基本组合系统

$$\Sigma_i:\begin{cases}\dot{\boldsymbol{x}}_i=\boldsymbol{A}_i\boldsymbol{x}_i+\boldsymbol{B}_i\boldsymbol{u}_i\\ \boldsymbol{y}_i=\boldsymbol{C}_i\boldsymbol{x}_i+\boldsymbol{D}_i\boldsymbol{u}_i,\end{cases}\quad i=1,2 \tag{8-1}$$

$$\boldsymbol{W}_i(s)=\boldsymbol{C}_i(s\boldsymbol{I}-\boldsymbol{A}_i)^{-1}\boldsymbol{B}_i+\boldsymbol{D}_i,\qquad i=1,2 \tag{8-2}$$

$$\begin{bmatrix}\boldsymbol{P}_i(s) & \boldsymbol{Q}_i(s)\\ -\boldsymbol{R}_i(s) & \boldsymbol{V}_i(s)\end{bmatrix}\begin{bmatrix}\boldsymbol{\zeta}_i(s)\\ -\boldsymbol{U}_i(s)\end{bmatrix}=\begin{bmatrix}\boldsymbol{0}\\ -\boldsymbol{Y}_i(s)\end{bmatrix},\qquad i=1,2 \tag{8-3}$$

本节以子系统Σ_1和子系统Σ_2分别进行并联、串联、反馈连接构成组合系统为例，在假设两个子系统连接没有负载效应即连接前、后子系统传递函数矩阵保持不变的前提下，讨论组合系统传递函数矩阵和多项式矩阵描述的求取。

8.2.1 组合系统的传递函数矩阵

1. 并联连接

由图 8-1(a)可知，Σ_1和Σ_2并联，Σ_1和Σ_2的输入维数相同，输出维数也相同，$\boldsymbol{u}_1=\boldsymbol{u}_2=\boldsymbol{u}$，$\boldsymbol{y}=\boldsymbol{y}_1+\boldsymbol{y}_2$，则根据式(8-1)，得并联系统$\Sigma_{\rm p}$的状态空间表达式为

$$\Sigma_{\rm p}:\begin{cases}\begin{bmatrix}\dot{\boldsymbol{x}}_1\\ \dot{\boldsymbol{x}}_2\end{bmatrix}=\begin{bmatrix}\boldsymbol{A}_1 & \boldsymbol{0}\\ \boldsymbol{0} & \boldsymbol{A}_2\end{bmatrix}\begin{bmatrix}\boldsymbol{x}_1\\ \boldsymbol{x}_2\end{bmatrix}+\begin{bmatrix}\boldsymbol{B}_1\\ \boldsymbol{B}_2\end{bmatrix}\boldsymbol{u}=\boldsymbol{A}\begin{bmatrix}\boldsymbol{x}_1\\ \boldsymbol{x}_2\end{bmatrix}+\boldsymbol{B}\boldsymbol{u}\\ \boldsymbol{y}=[\boldsymbol{C}_1\ \vdots\ \boldsymbol{C}_2]\begin{bmatrix}\boldsymbol{x}_1\\ \boldsymbol{x}_2\end{bmatrix}+(\boldsymbol{D}_1+\boldsymbol{D}_2)\boldsymbol{u}=\boldsymbol{C}\begin{bmatrix}\boldsymbol{x}_1\\ \boldsymbol{x}_2\end{bmatrix}+\boldsymbol{D}\boldsymbol{u}\end{cases} \tag{8-4}$$

其传递函数矩阵为

$$\begin{aligned}\boldsymbol{W}(s)&=\boldsymbol{C}(s\boldsymbol{I}-\boldsymbol{A})^{-1}\boldsymbol{B}+\boldsymbol{D}\\ &=[\boldsymbol{C}_1\quad \boldsymbol{C}_2]\begin{bmatrix}s\boldsymbol{I}-\boldsymbol{A}_1 & \boldsymbol{0}\\ \boldsymbol{0} & s\boldsymbol{I}-\boldsymbol{A}_2\end{bmatrix}^{-1}\begin{bmatrix}\boldsymbol{B}_1\\ \boldsymbol{B}_2\end{bmatrix}+[\boldsymbol{D}_1+\boldsymbol{D}_2]\\ &=\boldsymbol{C}_1(s\boldsymbol{I}-\boldsymbol{A}_1)^{-1}\boldsymbol{B}_1+\boldsymbol{D}_1+\boldsymbol{C}_2(s\boldsymbol{I}-\boldsymbol{A}_2)^{-1}\boldsymbol{B}_2+\boldsymbol{D}_2\\ &=\boldsymbol{W}_1(s)+\boldsymbol{W}_2(s)\end{aligned} \tag{8-5}$$

2. 串联连接

由图 8-1(b)可知，Σ_1和Σ_2串联，$\boldsymbol{u}_1=\boldsymbol{u}$，$\boldsymbol{y}=\boldsymbol{y}_2$，则根据式(8-1)，得串联系统$\Sigma_T$的状态空间表达式为

$$
\Sigma_T:\begin{cases}\begin{bmatrix}\dot{\boldsymbol{x}}_1\\\dot{\boldsymbol{x}}_2\end{bmatrix}=\begin{bmatrix}\boldsymbol{A}_1 & \boldsymbol{0}\\\boldsymbol{B}_2\boldsymbol{C}_1 & \boldsymbol{A}_2\end{bmatrix}\begin{bmatrix}\boldsymbol{x}_1\\\boldsymbol{x}_2\end{bmatrix}+\begin{bmatrix}\boldsymbol{B}_1\\\boldsymbol{B}_2\boldsymbol{D}_1\end{bmatrix}\boldsymbol{u}=\boldsymbol{A}\begin{bmatrix}\boldsymbol{x}_1\\\boldsymbol{x}_2\end{bmatrix}+\boldsymbol{B}\boldsymbol{u}\\\boldsymbol{y}=\begin{bmatrix}\boldsymbol{D}_2\boldsymbol{C}_1 & \boldsymbol{C}_2\end{bmatrix}\begin{bmatrix}\boldsymbol{x}_1\\\boldsymbol{x}_2\end{bmatrix}+\boldsymbol{D}_2\boldsymbol{D}_1\boldsymbol{u}=\boldsymbol{C}\begin{bmatrix}\boldsymbol{x}_1\\\boldsymbol{x}_2\end{bmatrix}+\boldsymbol{D}\boldsymbol{u}\end{cases}\tag{8-6}
$$

其传递函数矩阵为

$$
\begin{aligned}
\boldsymbol{W}(s)&=\boldsymbol{C}(s\boldsymbol{I}-\boldsymbol{A})^{-1}\boldsymbol{B}+\boldsymbol{D}\\
&=\begin{bmatrix}\boldsymbol{D}_2\boldsymbol{C}_1 & \boldsymbol{C}_2\end{bmatrix}\begin{bmatrix}s\boldsymbol{I}-\boldsymbol{A}_1 & \boldsymbol{0}\\-\boldsymbol{B}_2\boldsymbol{C}_1 & s\boldsymbol{I}-\boldsymbol{A}_2\end{bmatrix}^{-1}\begin{bmatrix}\boldsymbol{B}_1\\\boldsymbol{B}_2\boldsymbol{D}_1\end{bmatrix}+\boldsymbol{D}_2\boldsymbol{D}_1\\
&=\begin{bmatrix}\boldsymbol{D}_2\boldsymbol{C}_1 & \boldsymbol{C}_2\end{bmatrix}\begin{bmatrix}(s\boldsymbol{I}-\boldsymbol{A}_1)^{-1} & \boldsymbol{0}\\(s\boldsymbol{I}-\boldsymbol{A}_2)^{-1}\boldsymbol{B}_2\boldsymbol{C}_1(s\boldsymbol{I}-\boldsymbol{A}_1)^{-1} & (s\boldsymbol{I}-\boldsymbol{A}_2)^{-1}\end{bmatrix}\begin{bmatrix}\boldsymbol{B}_1\\\boldsymbol{B}_2\boldsymbol{D}_1\end{bmatrix}+\boldsymbol{D}_2\boldsymbol{D}_1\\
&=\boldsymbol{D}_2\boldsymbol{C}_1(s\boldsymbol{I}-\boldsymbol{A}_1)^{-1}\boldsymbol{B}_1+\boldsymbol{C}_2(s\boldsymbol{I}-\boldsymbol{A}_2)^{-1}\boldsymbol{B}_2\boldsymbol{C}_1(s\boldsymbol{I}-\boldsymbol{A}_1)^{-1}\boldsymbol{B}_1+\boldsymbol{C}_2(s\boldsymbol{I}-\boldsymbol{A}_2)^{-1}\boldsymbol{B}_2\boldsymbol{D}_1+\boldsymbol{D}_2\boldsymbol{D}_1\\
&=\boldsymbol{D}_2(\boldsymbol{W}_1(s)-\boldsymbol{D}_1)+(\boldsymbol{W}_2(s)-\boldsymbol{D}_2)(\boldsymbol{W}_1(s)-\boldsymbol{D}_1)+(\boldsymbol{W}_2(s)-\boldsymbol{D}_2)\boldsymbol{D}_1+\boldsymbol{D}_2\boldsymbol{D}_1\\
&=\boldsymbol{W}_2(s)\boldsymbol{W}_1(s)
\end{aligned}\tag{8-7}
$$

3. 反馈连接

Σ_1和Σ_2构成的输出反馈闭环系统如图 8-1(c)所示，其中，Σ_1、Σ_2分别为前向通道、反馈通道子系统，由图 8-1(c)可知，$\boldsymbol{u}_1=\boldsymbol{u}-\boldsymbol{y}_2$，$\boldsymbol{u}_2=\boldsymbol{y}$，$\boldsymbol{y}=\boldsymbol{y}_1$。为了简化输出反馈闭环系统$\Sigma_F$的状态空间表达式，设$\Sigma_1$、$\Sigma_2$的传递函数矩阵$\boldsymbol{W}_1(s)$、$\boldsymbol{W}_2(s)$分别为$m\times r$维、$r\times m$维严真有理分式矩阵，即设$\boldsymbol{D}_1=\boldsymbol{0}$，$\boldsymbol{D}_2=\boldsymbol{0}$，则$\Sigma_F$的状态空间表达式为

$$
\Sigma_F:\begin{cases}\begin{bmatrix}\dot{\boldsymbol{x}}_1\\\dot{\boldsymbol{x}}_2\end{bmatrix}=\begin{bmatrix}\boldsymbol{A}_1 & -\boldsymbol{B}_1\boldsymbol{C}_2\\\boldsymbol{B}_2\boldsymbol{C}_1 & \boldsymbol{A}_2\end{bmatrix}\begin{bmatrix}\boldsymbol{x}_1\\\boldsymbol{x}_2\end{bmatrix}+\begin{bmatrix}\boldsymbol{B}_1\\\boldsymbol{0}\end{bmatrix}\boldsymbol{u}\\\boldsymbol{y}=\begin{bmatrix}\boldsymbol{C}_1 & \boldsymbol{0}\end{bmatrix}\begin{bmatrix}\boldsymbol{x}_1\\\boldsymbol{x}_2\end{bmatrix}\end{cases}\tag{8-8}
$$

又由$\boldsymbol{u}_1=\boldsymbol{u}-\boldsymbol{y}_2$，$\boldsymbol{u}_2=\boldsymbol{y}$，$\boldsymbol{y}=\boldsymbol{y}_1$，得

$$
\begin{aligned}
\boldsymbol{Y}(s)=\boldsymbol{Y}_1(s)&=\boldsymbol{W}_1(s)\boldsymbol{U}_1(s)=\boldsymbol{W}_1(s)(\boldsymbol{U}(s)-\boldsymbol{W}_2(s)Y(s))\\
&=\boldsymbol{W}_1(s)\boldsymbol{U}(s)-\boldsymbol{W}_1(s)\boldsymbol{W}_2(s)Y(s)
\end{aligned}\tag{8-9}
$$

整理式(8-9)，得

$$
[\boldsymbol{I}_m+\boldsymbol{W}_1(s)\boldsymbol{W}_2(s)]\boldsymbol{Y}(s)=\boldsymbol{W}_1(s)\boldsymbol{U}(s)\tag{8-10}
$$

若$\det[\boldsymbol{I}_m+\boldsymbol{W}_1(s)\boldsymbol{W}_2(s)]\neq 0$，即$[\boldsymbol{I}_m+\boldsymbol{W}_1(s)\boldsymbol{W}_2(s)]$在有理函数域上非奇异，则$\Sigma_F$的传递函数矩阵为

$$
\boldsymbol{W}(s)=[\boldsymbol{I}_m+\boldsymbol{W}_1(s)\boldsymbol{W}_2(s)]^{-1}\boldsymbol{W}_1(s)\tag{8-11}
$$

若$\det[\boldsymbol{I}_r+\boldsymbol{W}_2(s)\boldsymbol{W}_1(s)]\neq 0$，即$[\boldsymbol{I}_r+\boldsymbol{W}_2(s)\boldsymbol{W}_1(s)]$在有理函数域上非奇异，类似地，可导出与式(8-11)等价的Σ_F传递函数矩阵的另一种表达式为

$$
\boldsymbol{W}(s)=\boldsymbol{W}_1(s)[\boldsymbol{I}_r+\boldsymbol{W}_2(s)\boldsymbol{W}_1(s)]^{-1}\tag{8-12}
$$

推导式(8-11)、式(8-12)，分别用到了$\det[\boldsymbol{I}_m+\boldsymbol{W}_1(s)\boldsymbol{W}_2(s)]\neq 0$、$\det[\boldsymbol{I}_r+\boldsymbol{W}_2(s)\boldsymbol{W}_1(s)]\neq 0$的前提条件，其中，矩阵$[\boldsymbol{I}_m+\boldsymbol{W}_1(s)\boldsymbol{W}_2(s)]$、$[\boldsymbol{I}_r+\boldsymbol{W}_2(s)\boldsymbol{W}_1(s)]$称为“回差矩阵”。因有理函数构成域，故有

$$
\det[\boldsymbol{I}_m+\boldsymbol{W}_1(s)\boldsymbol{W}_2(s)]=\det[\boldsymbol{I}_r+\boldsymbol{W}_2(s)\boldsymbol{W}_1(s)]\tag{8-13}
$$

8.4 节将证明，闭环系统Σ_F的特征多项式与开环系统的特征多项式通过回差矩阵的行列式建立联系。

8.2.2 组合系统的多项式矩阵描述

1. 并联连接

与建立状态空间描述类似，并联系统的 PMD 为

$$\begin{bmatrix} \boldsymbol{P}_1(s) & \boldsymbol{0} \\ \boldsymbol{0} & \boldsymbol{P}_2(s) \end{bmatrix} \begin{bmatrix} \bar{\boldsymbol{\zeta}}_1(s) \\ \bar{\boldsymbol{\zeta}}_2(s) \end{bmatrix} = \begin{bmatrix} \boldsymbol{Q}_1(s) \\ \boldsymbol{Q}_2(s) \end{bmatrix} \boldsymbol{U}(s)$$

$$\boldsymbol{Y}(s) = [\boldsymbol{R}_1(s) \ \vdots \ \boldsymbol{R}_2(s)] \begin{bmatrix} \bar{\boldsymbol{\zeta}}_1(s) \\ \bar{\boldsymbol{\zeta}}_2(s) \end{bmatrix} + [\boldsymbol{V}_1(s) + \boldsymbol{V}_2(s)] \boldsymbol{U}(s) \tag{8-14}$$

则并联系统 PMD 的传递函数矩阵为

$$\begin{aligned} \boldsymbol{W}(s) &= [\boldsymbol{R}_1(s) \ \vdots \ \boldsymbol{R}_2(s)] \begin{bmatrix} \boldsymbol{P}_1(s) & \boldsymbol{0} \\ \boldsymbol{0} & \boldsymbol{P}_2(s) \end{bmatrix}^{-1} \begin{bmatrix} \boldsymbol{Q}_1(s) \\ \boldsymbol{Q}_2(s) \end{bmatrix} + [\boldsymbol{V}_1(s) + \boldsymbol{V}_2(s)] \\ &= \boldsymbol{R}_1(s)\boldsymbol{P}_1^{-1}(s)\boldsymbol{Q}_1(s) + \boldsymbol{V}_1(s) + \boldsymbol{R}_2(s)\boldsymbol{P}_2^{-1}(s)\boldsymbol{Q}_2(s) + \boldsymbol{V}_2(s) \\ &= \boldsymbol{W}_1(s) + \boldsymbol{W}_2(s) \end{aligned} \tag{8-15}$$

2. 串联连接

串联系统的 PMD 及 PMD 的传递函数矩阵分别为

$$\begin{bmatrix} \boldsymbol{P}_1(s) & \boldsymbol{0} \\ -\boldsymbol{Q}_2(s)\boldsymbol{R}_1(s) & \boldsymbol{P}_2(s) \end{bmatrix} \begin{bmatrix} \bar{\boldsymbol{\zeta}}_1(s) \\ \bar{\boldsymbol{\zeta}}_2(s) \end{bmatrix} = \begin{bmatrix} \boldsymbol{Q}_1(s) \\ \boldsymbol{Q}_2(s)\boldsymbol{V}_1(s) \end{bmatrix} \boldsymbol{U}(s)$$

$$\boldsymbol{Y}(s) = [\boldsymbol{V}_2(s)\boldsymbol{R}_1(s) \ \vdots \ \boldsymbol{R}_2(s)] \begin{bmatrix} \bar{\boldsymbol{\zeta}}_1(s) \\ \bar{\boldsymbol{\zeta}}_2(s) \end{bmatrix} + \boldsymbol{V}_2(s)\boldsymbol{V}_1(s)\boldsymbol{U}(s) \tag{8-16}$$

$$\begin{aligned} \boldsymbol{W}(s) &= [\boldsymbol{V}_2(s)\boldsymbol{R}_1(s) \ \vdots \ \boldsymbol{R}_2(s)] \begin{bmatrix} \boldsymbol{P}_1(s) & \boldsymbol{0} \\ -\boldsymbol{Q}_2(s)\boldsymbol{R}_1(s) & \boldsymbol{P}_2(s) \end{bmatrix}^{-1} \begin{bmatrix} \boldsymbol{Q}_1(s) \\ \boldsymbol{Q}_2(s)\boldsymbol{V}_1(s) \end{bmatrix} + \boldsymbol{V}_2(s)\boldsymbol{V}_1(s) \\ &= [\boldsymbol{V}_2(s)\boldsymbol{R}_1(s) \quad \boldsymbol{R}_2(s)] \begin{bmatrix} \boldsymbol{P}_1^{-1}(s) & \boldsymbol{0} \\ \boldsymbol{P}_2^{-1}(s)\boldsymbol{Q}_2(s)\boldsymbol{R}_1(s)\boldsymbol{P}_1^{-1}(s) & \boldsymbol{P}_2^{-1}(s) \end{bmatrix} \begin{bmatrix} \boldsymbol{Q}_1(s) \\ \boldsymbol{Q}_2(s)\boldsymbol{V}_1(s) \end{bmatrix} + \boldsymbol{V}_2(s)\boldsymbol{V}_1(s) \\ &= \boldsymbol{V}_2(s)[\boldsymbol{R}_1(s)\boldsymbol{P}_1^{-1}(s)\boldsymbol{Q}_1(s) + \boldsymbol{V}_1(s)] + \boldsymbol{R}_2(s)\boldsymbol{P}_2^{-1}(s)\boldsymbol{Q}_2(s)[\boldsymbol{R}_1(s)\boldsymbol{P}_1^{-1}(s)\boldsymbol{Q}_1(s) + \boldsymbol{V}_1(s)] \\ &= \boldsymbol{W}_2(s)\boldsymbol{W}_1(s) \end{aligned} \tag{8-17}$$

3. 反馈连接

由图 8-1(c)，得

$$\begin{cases} \boldsymbol{P}_1(s)\bar{\boldsymbol{\zeta}}_1(s) = \boldsymbol{Q}_1(s)\boldsymbol{U}_1(s) \\ \boldsymbol{Y}(s) = \boldsymbol{R}_1(s)\bar{\boldsymbol{\zeta}}_1(s) + \boldsymbol{V}_1(s)\boldsymbol{U}_1(s) \\ \boldsymbol{U}_1(s) = \boldsymbol{U}(s) - \boldsymbol{W}_2(s)\boldsymbol{Y}(s) \end{cases} \tag{8-18}$$

式中，$\boldsymbol{W}_2(s) = \boldsymbol{R}_2(s)\boldsymbol{P}_2^{-1}(s)\boldsymbol{Q}_2(s) + \boldsymbol{V}_2(s)$。

由式(8-18)，得输出反馈闭环系统的系统矩阵描述为

$$\begin{bmatrix} \boldsymbol{P}_1(s) & -\boldsymbol{Q}_1(s) & \boldsymbol{0} & \boldsymbol{0} \\ \boldsymbol{R}_1(s) & \boldsymbol{V}_1(s) & -\boldsymbol{I}_m & \boldsymbol{0} \\ \boldsymbol{0} & \boldsymbol{I}_r & \boldsymbol{W}_2(s) & -\boldsymbol{I}_r \\ \boldsymbol{0} & \boldsymbol{0} & -\boldsymbol{I}_m & \boldsymbol{0} \end{bmatrix} \begin{bmatrix} \bar{\boldsymbol{\zeta}}_1(s) \\ \boldsymbol{U}_1(s) \\ \boldsymbol{Y}(s) \\ -\boldsymbol{U}(s) \end{bmatrix} = \begin{bmatrix} \boldsymbol{0} \\ \boldsymbol{0} \\ \boldsymbol{0} \\ -\boldsymbol{Y}(s) \end{bmatrix} \tag{8-19}$$

从式(8-18)的前两式中消去 $\bar{\zeta}_1(s)$，得

$$\boldsymbol{Y}(s)=[(\boldsymbol{R}_1(s)\boldsymbol{P}_1^{-1}(s)\boldsymbol{Q}_1(s)+\boldsymbol{V}_1(s)]\boldsymbol{U}_1(s)=\boldsymbol{W}_1(s)\boldsymbol{U}_1(s) \tag{8-20}$$

式中，$\boldsymbol{W}_1(s)=\boldsymbol{R}_1(s)\boldsymbol{P}_1^{-1}(s)\boldsymbol{Q}_1(s)+\boldsymbol{V}_1(s)$。

将式(8-18)的第 3 式代入式(8-20)，在 $\det[\boldsymbol{I}_m+\boldsymbol{W}_1(s)\boldsymbol{W}_2(s)]\neq 0$ 的前提条件下，得输出反馈闭环系统的传递函数矩阵为

$$\boldsymbol{W}(s)=[\boldsymbol{I}_m+\boldsymbol{W}_1(s)\boldsymbol{W}_2(s)]^{-1}\boldsymbol{W}_1(s) \tag{8-21}$$

若将式(8-20)代入式(8-18)的第 3 式，在 $\det[\boldsymbol{I}_r+\boldsymbol{W}_2(s)\boldsymbol{W}_1(s)]\neq 0$ 的前提条件下，则有

$$\boldsymbol{U}_1(s)=[\boldsymbol{I}_r+\boldsymbol{W}_2(s)\boldsymbol{W}_1(s)]^{-1}\boldsymbol{U}(s) \tag{8-22}$$

将式(8-20)代入式(8-22)，得到与式(8-21)等价的输出反馈闭环系统传递函数矩阵的另一种表达式为

$$\boldsymbol{W}(s)=\boldsymbol{W}_1(s)[\boldsymbol{I}_r+\boldsymbol{W}_2(s)\boldsymbol{W}_1(s)]^{-1} \tag{8-23}$$

众所周知，传递函数矩阵为真(严真)有理函数矩阵在工程中十分重要。若系统传递函数矩阵非真，控制信号中的高频干扰将被不合理放大，导致系统不能正常工作。式(8-4)、式(8-6)或式(8-14)、式(8-16)表明，并联系统和串联系统的特征值集合分别是各子系统特征值集合的直和，即若各子系统传递函数矩阵为真有理函数矩阵，则并联系统和串联系统的传递函数矩阵也是真有理函数矩阵(见式(8-5)、式(8-7))。对输出反馈系统则不然，各子系统传递函数矩阵虽均为真有理函数矩阵，但输出反馈系统的传递函数矩阵却可能不是真有理函数矩阵。

在推导式(8-22)、式(8-23)过程中，与推导式(8-11)、式(8-12)一样，同样要求回差矩阵非奇异，即要输出反馈闭环系统的传递函数矩阵描述有意义，必要条件是回差矩阵的逆矩阵存在，即

$$\det[\boldsymbol{I}_m+\boldsymbol{W}_1(s)\boldsymbol{W}_2(s)]=\det[\boldsymbol{I}_r+\boldsymbol{W}_2(s)\boldsymbol{W}_1(s)]\neq 0 \tag{8-24}$$

但式(8-24)仅是可以求出输出反馈系统传递函数矩阵的条件，尚不能保证在 $\boldsymbol{W}_1(s)$ 和 $\boldsymbol{W}_2(s)$ 为真(严真)时，输出反馈系统传递函数矩阵为真(严真)。

【例 8-1】 考虑图 8-1(c)所示的输出反馈系统，已知子系统 Σ_1、Σ_2 的传递函数矩阵分别为

$$\boldsymbol{W}_1(s)=\begin{bmatrix}\dfrac{-s+2}{s} & \dfrac{-2}{s+1}\\[2mm] \dfrac{1}{s+1} & \dfrac{-s}{s+1}\end{bmatrix},\boldsymbol{W}_2(s)=\begin{bmatrix}1 & 0\\ 0 & 1\end{bmatrix}$$

$\boldsymbol{W}_1(s)$ 和 $\boldsymbol{W}_2(s)$ 均为真有理函数矩阵，且有

$$\det[\boldsymbol{I}+\boldsymbol{W}_1(s)\boldsymbol{W}_2(s)]=\frac{4s+2}{s(s+1)^2}\neq 0$$

输出反馈系统传递函数矩阵为

$$\boldsymbol{W}(s)=[\boldsymbol{I}_m+\boldsymbol{W}_1(s)\boldsymbol{W}_2(s)]^{-1}\boldsymbol{W}_1(s)=\begin{bmatrix}\dfrac{2}{s} & \dfrac{-2}{s+1}\\[2mm] \dfrac{1}{s+1} & \dfrac{1}{s+1}\end{bmatrix}^{-1}\begin{bmatrix}\dfrac{-s+2}{s} & \dfrac{-2}{s+1}\\[2mm] \dfrac{1}{s+1} & \dfrac{-s}{s+1}\end{bmatrix}$$

$$=\begin{bmatrix}\dfrac{s(s+1)}{4s+2} & \dfrac{s(s+1)}{2s+1}\\[2mm] -\dfrac{s(s+1)}{4s+2} & \dfrac{(s+1)^2}{2s+1}\end{bmatrix}\begin{bmatrix}\dfrac{-s+2}{s} & \dfrac{-2}{s+1}\\[2mm] \dfrac{1}{s+1} & \dfrac{-s}{s+1}\end{bmatrix}=\begin{bmatrix}\dfrac{-s^2+3s+2}{4s+2} & \dfrac{-s^2-s}{2s+1}\\[2mm] \dfrac{s^2+s}{4s+2} & \dfrac{-s^2}{2s+1}\end{bmatrix}$$

可见，尽管输出反馈系统传递函数矩阵存在，但为非真有理函数矩阵，其对噪声特别敏感，使系统不能正常工作。这种由真有理传递函数子矩阵反馈连接得到非真有理传递函数矩阵反馈系统的现象称为反馈退化现象，这时反馈系统的极点个数小于组成它的子系统的极点个数之和，且

反馈系统的状态空间描述不存在。因此，在设计中应避免出现反馈退化。

可以证明，对于图 8-1(c)所示的输出反馈系统，若Σ_1、Σ_2的 $m\times r$ 维、$r\times m$ 维传递函数矩阵 $\boldsymbol{W}_1(s)$、$\boldsymbol{W}_2(s)$为真有理分式矩阵，输出反馈系统传递函数矩阵 $\boldsymbol{W}(s)$为真的充分必要条件是

$$\det[\boldsymbol{I}_m+\boldsymbol{W}_1(\infty)\boldsymbol{W}_2(\infty)]=\det[\boldsymbol{I}_r+\boldsymbol{W}_2(\infty)\boldsymbol{W}_1(\infty)]\neq 0 \tag{8-25}$$

对于图 8-1(c)所示的输出反馈系统，当 $\boldsymbol{W}_1(s)$、$\boldsymbol{W}_2(s)$为真有理分式矩阵，且满足式(8-25)时，传递函数矩阵和状态空间描述同时存在。

在例 8-1 中，若将反馈通道的传递函数矩阵改变为 $\boldsymbol{W}_2(s)=\begin{bmatrix}-1 & 0\\ 0 & -1\end{bmatrix}$，则有

$$\det[\boldsymbol{I}+\boldsymbol{W}_1(\infty)\boldsymbol{W}_2(\infty)]=4\neq 0$$

输出反馈系统传递函数矩阵

$$\begin{aligned}\boldsymbol{W}(s)=[\boldsymbol{I}_m+\boldsymbol{W}_1(s)\boldsymbol{W}_2(s)]^{-1}\boldsymbol{W}_1(s)&=\begin{bmatrix}\dfrac{2s-2}{s} & \dfrac{2}{s+1}\\ \dfrac{-1}{s+1} & \dfrac{2s+1}{s+1}\end{bmatrix}^{-1}\begin{bmatrix}\dfrac{-s+2}{s} & \dfrac{-2}{s+1}\\ \dfrac{1}{s+1} & \dfrac{-s}{s+1}\end{bmatrix}\\&=\begin{bmatrix}\dfrac{2s^3+3s^2+s}{4s^3+2s^2-2s-2} & \dfrac{-s^2-s}{2s^3+s^2-s-1}\\ \dfrac{s^2+s}{4s^3+2s^2-2s-2} & \dfrac{s^3+s^2-s-1}{2s^3+s^2-s-1}\end{bmatrix}\begin{bmatrix}\dfrac{-s+2}{s} & \dfrac{-2}{s+1}\\ \dfrac{1}{s+1} & \dfrac{-s}{s+1}\end{bmatrix}\\&=\begin{bmatrix}\dfrac{2s^3-s^2-3s-2}{2(-2s^3-s^2+s+1)} & \dfrac{s^2+s}{-2s^3-s^2+s+1}\\ \dfrac{-s^2-s}{2(-2s^3-s^2+s+1)} & \dfrac{s^3}{-2s^3-s^2+s+1}\end{bmatrix}\end{aligned}$$

为真有理分式矩阵。

8.3 组合系统的能控性和能观测性

显然，构成并联、串联、反馈系统的某个子系统若为非既约，即不能控和/或不能观测，则相应的组合系统也将为不能控和/或不能观测。本节采用 MFD 和 PMD 的相关理论与方法，仅讨论子系统既约情况下，组合系统的能控性和能观测性。为此，设图 8-1 中子系统Σ_1、Σ_2的传递函数矩阵 $\boldsymbol{W}_1(s)$、$\boldsymbol{W}_2(s)$能够完全表征其各自的动态特性，即Σ_1、Σ_2能控且能观测。$\boldsymbol{W}_i(s)(i=1,2)$的既约右 MFD 和左 MFD 为

$$\boldsymbol{W}_i(s)=\boldsymbol{N}_{\mathrm{R}i}(s)\boldsymbol{D}_{\mathrm{R}i}^{-1}(s)=\boldsymbol{D}_{\mathrm{L}i}^{-1}(s)\boldsymbol{N}_{\mathrm{L}i}(s),i=1,2 \tag{8-26}$$

式中，$\boldsymbol{D}_{\mathrm{R}i}(s)$和 $\boldsymbol{N}_{\mathrm{R}i}(s)$右互质；$\boldsymbol{D}_{\mathrm{L}i}(s)$和 $\boldsymbol{N}_{\mathrm{L}i}(s)$左互质。与式(8-26)所对应的$\Sigma_i$的 PMD 为

$$\left[\begin{array}{c:c}\boldsymbol{D}_{\mathrm{R}i}(s) & \boldsymbol{I}\\ \hdashline -\boldsymbol{N}_{\mathrm{R}i}(s) & \boldsymbol{0}\end{array}\right]\left[\begin{array}{c}\boldsymbol{\zeta}_i(s)\\ \hdashline -\boldsymbol{U}_i(s)\end{array}\right]=\left[\begin{array}{c}\boldsymbol{0}\\ \hdashline -\boldsymbol{Y}_i(s)\end{array}\right],i=1,2 \tag{8-27}$$

和

$$\left[\begin{array}{c:c}\boldsymbol{D}_{\mathrm{L}i}(s) & \boldsymbol{N}_{\mathrm{L}i}(s)\\ \hdashline -\boldsymbol{I} & \boldsymbol{0}\end{array}\right]\left[\begin{array}{c}\boldsymbol{\zeta}_i(s)\\ \hdashline -\boldsymbol{U}_i(s)\end{array}\right]=\left[\begin{array}{c}\boldsymbol{0}\\ \hdashline -\boldsymbol{Y}_i(s)\end{array}\right],i=1,2 \tag{8-28}$$

8.3.1 并联系统的能控性和能观测性判据

对由既约子系统(8-26)所构成的图 8-1(a)所示并联系统，由并联特征及式(8-27)或式

(8-28)，得并联系统的 PMD 为

$$\left[\begin{array}{cc:c} \boldsymbol{D}_{\mathrm{R1}}(s) & \mathbf{0} & \boldsymbol{I}_r \\ \mathbf{0} & \boldsymbol{D}_{\mathrm{R2}}(s) & \boldsymbol{I}_r \\ \hdashline -\boldsymbol{N}_{\mathrm{R1}}(s) & -\boldsymbol{N}_{\mathrm{R2}}(s) & \mathbf{0} \end{array}\right]\left[\begin{array}{c} \overline{\boldsymbol{\zeta}}_1(s) \\ \overline{\boldsymbol{\zeta}}_2(s) \\ \hdashline -\boldsymbol{U}(s) \end{array}\right]=\left[\begin{array}{c} \mathbf{0} \\ \mathbf{0} \\ \hdashline -\boldsymbol{Y}(s) \end{array}\right] \tag{8-29}$$

或

$$\left[\begin{array}{cc:c} \boldsymbol{D}_{\mathrm{L1}}(s) & \mathbf{0} & \boldsymbol{N}_{\mathrm{L1}}(s) \\ \mathbf{0} & \boldsymbol{D}_{\mathrm{L2}}(s) & \boldsymbol{N}_{\mathrm{L2}}(s) \\ \hdashline -\boldsymbol{I}_m & -\boldsymbol{I}_m & \mathbf{0} \end{array}\right]\left[\begin{array}{c} \overline{\boldsymbol{\zeta}}_1(s) \\ \overline{\boldsymbol{\zeta}}_2(s) \\ \hdashline -\boldsymbol{U}(s) \end{array}\right]=\left[\begin{array}{c} \mathbf{0} \\ \mathbf{0} \\ \hdashline -\boldsymbol{Y}(s) \end{array}\right] \tag{8-30}$$

式中，r、m 分别为并联系统输入、输出向量的维数。则并联系统能控的充分必要条件为 $\boldsymbol{D}_{\mathrm{R1}}(s)$ 和 $\boldsymbol{D}_{\mathrm{R2}}(s)$ 左互质，能观测的充分必要条件为 $\boldsymbol{D}_{\mathrm{L1}}(s)$ 和 $\boldsymbol{D}_{\mathrm{L2}}(s)$ 右互质。

下面应用能控性与能观测性的频域判据，PMD 的左、右互质在严格系统等价变换下保持不变的属性，以及左、右互质的秩判据，证明上述结论。

对式(8-29)中的系统矩阵进行严格系统等价变换，得

$$\begin{aligned} &\left[\begin{array}{cc:c} \boldsymbol{I}_r & -\boldsymbol{I}_r & \mathbf{0} \\ \mathbf{0} & \boldsymbol{I}_r & \mathbf{0} \\ \hdashline \mathbf{0} & \mathbf{0} & \boldsymbol{I}_r \end{array}\right]\left[\begin{array}{cc:c} \boldsymbol{D}_{\mathrm{R1}}(s) & \mathbf{0} & \boldsymbol{I}_r \\ \mathbf{0} & \boldsymbol{D}_{\mathrm{R2}}(s) & \boldsymbol{I}_r \\ \hdashline -\boldsymbol{N}_{\mathrm{R1}}(s) & -\boldsymbol{N}_{\mathrm{R2}}(s) & \mathbf{0} \end{array}\right]\left[\begin{array}{cc:c} \boldsymbol{I}_r & \mathbf{0} & \mathbf{0} \\ \mathbf{0} & \boldsymbol{I}_r & \mathbf{0} \\ \hdashline \mathbf{0} & \mathbf{0} & \boldsymbol{I}_r \end{array}\right] \\ &=\left[\begin{array}{cc:c} \boldsymbol{D}_{\mathrm{R1}}(s) & -\boldsymbol{D}_{\mathrm{R2}}(s) & \mathbf{0} \\ \mathbf{0} & \boldsymbol{D}_{\mathrm{R2}}(s) & \boldsymbol{I}_r \\ \hdashline -\boldsymbol{N}_{\mathrm{R1}}(s) & -\boldsymbol{N}_{\mathrm{R2}}(s) & \mathbf{0} \end{array}\right] \end{aligned} \tag{8-31}$$

因严格系统等价变换不改变能控性，故由式(8-31)，根据能控性的频域判据，并联系统能控的充分必要条件为

$$\begin{bmatrix} \boldsymbol{D}_{\mathrm{R1}}(s) & -\boldsymbol{D}_{\mathrm{R2}}(s) \\ \mathbf{0} & \boldsymbol{D}_{\mathrm{R2}}(s) \end{bmatrix} \quad \text{和} \quad \begin{bmatrix} \mathbf{0} \\ \boldsymbol{I}_r \end{bmatrix}$$

左互质，即

$$\operatorname{rank}\left[\begin{array}{cc:c} \boldsymbol{D}_{\mathrm{R1}}(s) & -\boldsymbol{D}_{\mathrm{R2}}(s) & \mathbf{0} \\ \hdashline \mathbf{0} & \boldsymbol{D}_{\mathrm{R2}}(s) & \boldsymbol{I}_r \end{array}\right]=2r, \qquad \forall s \in \mathbb{C} \tag{8-32}$$

显然，式(8-32)等价于

$$\operatorname{rank}\left[\boldsymbol{D}_{\mathrm{R1}}(s) \quad -\boldsymbol{D}_{\mathrm{R2}}(s)\right]=r, \qquad \forall s \in \mathbb{C} \tag{8-33}$$

即并联系统能控的充分必要条件为 $\boldsymbol{D}_{\mathrm{R1}}(s)$ 和 $\boldsymbol{D}_{\mathrm{R2}}(s)$ 左互质。

类似并联系统能控的充分必要条件证明，对式(8-30)中的系统矩阵进行严格系统等价变换，得

$$\begin{aligned} &\left[\begin{array}{cc:c} \boldsymbol{I}_m & \mathbf{0} & \mathbf{0} \\ \mathbf{0} & \boldsymbol{I}_m & \mathbf{0} \\ \hdashline \mathbf{0} & \mathbf{0} & \boldsymbol{I}_m \end{array}\right]\left[\begin{array}{cc:c} \boldsymbol{D}_{\mathrm{L1}}(s) & \mathbf{0} & \boldsymbol{N}_{\mathrm{L1}}(s) \\ \mathbf{0} & \boldsymbol{D}_{\mathrm{L2}}(s) & \boldsymbol{N}_{\mathrm{L2}}(s) \\ \hdashline -\boldsymbol{I}_m & -\boldsymbol{I}_m & \mathbf{0} \end{array}\right]\left[\begin{array}{cc:c} \boldsymbol{I}_m & \mathbf{0} & \mathbf{0} \\ -\boldsymbol{I}_m & \boldsymbol{I}_m & \mathbf{0} \\ \hdashline \mathbf{0} & \mathbf{0} & \boldsymbol{I}_m \end{array}\right] \\ &=\left[\begin{array}{cc:c} \boldsymbol{D}_{\mathrm{L1}}(s) & \mathbf{0} & \boldsymbol{N}_{\mathrm{L1}}(s) \\ -\boldsymbol{D}_{\mathrm{L2}}(s) & \boldsymbol{D}_{\mathrm{L2}}(s) & \boldsymbol{N}_{\mathrm{L2}}(s) \\ \hdashline \mathbf{0} & -\boldsymbol{I}_m & \mathbf{0} \end{array}\right] \end{aligned} \tag{8-34}$$

因严格系统等价变换不改变能观测性，由式(8-34)，根据能观测性的频域判据，并联系统能观测的充分必要条件为

$$\begin{bmatrix} \boldsymbol{D}_{L1}(s) & \boldsymbol{0} \\ -\boldsymbol{D}_{L2}(s) & \boldsymbol{D}_{L2}(s) \end{bmatrix} \quad 和 \quad [\boldsymbol{0} \quad -\boldsymbol{I}_m]$$

右互质，即

$$\operatorname{rank}\begin{bmatrix} \boldsymbol{D}_{L1}(s) & \boldsymbol{0} \\ -\boldsymbol{D}_{L2}(s) & \boldsymbol{D}_{L2}(s) \\ \hdashline \boldsymbol{0} & -\boldsymbol{I}_m \end{bmatrix} = 2m, \qquad \forall s \in \mathbb{C} \tag{8-35}$$

显然，式(8-32)等价于

$$\operatorname{rank}\begin{bmatrix} \boldsymbol{D}_{L1}(s) \\ -\boldsymbol{D}_{L2}(s) \end{bmatrix} = m, \qquad \forall s \in \mathbb{C} \tag{8-36}$$

即并联系统能观测的充分必要条件为 $\boldsymbol{D}_{L1}(s)$ 和 $\boldsymbol{D}_{L2}(s)$ 右互质。

由上述并联系统能控性和能观测性的判据，可得到如下推论：由式(8-26)所示既约子系统 Σ_1、Σ_2 构成的多变量并联系统保持完全能控和完全能观测的一个充分条件是 $m \times r$ 维传递函数矩阵 $\boldsymbol{W}_1(s)$ 和 $\boldsymbol{W}_2(s)$ 没有公共极点；而 SISO 既约子系统 Σ_1、Σ_2 构成的单变量并联系统保持完全能控和完全能观测的充分必要条件是标量传递函数 $W_1(s)$ 和 $W_2(s)$ 没有公共极点。

8.3.2 串联系统的能控性和能观测性判据

由式(8-26)所构成的图 8-1(b)所示串联系统完全能控的充分必要条件是：$\{\boldsymbol{D}_{R2}(s), \boldsymbol{N}_{R1}(s)\}$ 左互质，或 $\{\boldsymbol{D}_{L2}(s), \boldsymbol{N}_{L2}(s)\boldsymbol{N}_{R1}(s)\}$ 左互质，或 $\{\boldsymbol{D}_{L1}(s)\boldsymbol{D}_{R2}(s), \boldsymbol{N}_{L1}(s)\}$ 左互质；与完全能控的充分必要条件相对偶，串联系统完全能观测的充分必要条件是：$\{\boldsymbol{D}_{L1}(s), \boldsymbol{N}_{L2}(s)\}$ 右互质，或 $\{\boldsymbol{D}_{R1}(s), \boldsymbol{N}_{L2}(s)\boldsymbol{N}_{R1}(s)\}$ 右互质，或 $\{\boldsymbol{D}_{L1}(s)\boldsymbol{D}_{R2}(s), \boldsymbol{N}_{R2}(s)\}$ 右互质。

类似并联系统能控和能观测充分必要条件的证明思路，可证明上述串联系统的能控性和能观测性判据。

设 r_1、r_2 分别为子系统 Σ_1、Σ_2 的输入向量维数，m_1、m_2 分别为子系统 Σ_1、Σ_2 的输出向量维数，$m_1 = r_2$，由图 8-1(b)所示串联系统特征及式(8-27)，得串联系统的 PMD 为

$$\left[\begin{array}{ccc:c} \boldsymbol{D}_{R1}(s) & \boldsymbol{0} & \boldsymbol{0} & \boldsymbol{I}_{r1} \\ \boldsymbol{0} & \boldsymbol{D}_{R2}(s) & \boldsymbol{I}_{r2} & \boldsymbol{0} \\ -\boldsymbol{N}_{R1}(s) & \boldsymbol{0} & -\boldsymbol{I}_{r2} & \boldsymbol{0} \\ \hdashline \boldsymbol{0} & -\boldsymbol{N}_{R2}(s) & \boldsymbol{0} & \boldsymbol{0} \end{array}\right] \begin{bmatrix} \bar{\boldsymbol{\zeta}}_1(s) \\ \bar{\boldsymbol{\zeta}}_2(s) \\ -\boldsymbol{Y}_1(s) \\ \hdashline -\boldsymbol{U}(s) \end{bmatrix} = \begin{bmatrix} \boldsymbol{0} \\ \boldsymbol{0} \\ \boldsymbol{0} \\ \hdashline -\boldsymbol{Y}(s) \end{bmatrix} \tag{8-37}$$

对式(8-37)中的系统矩阵进行严格系统等价变换，得

$$\begin{aligned} &\left[\begin{array}{ccc:c} \boldsymbol{I}_{r1} & \boldsymbol{0} & \boldsymbol{0} & \boldsymbol{0} \\ \boldsymbol{0} & \boldsymbol{I}_{r2} & \boldsymbol{0} & \boldsymbol{0} \\ \boldsymbol{0} & \boldsymbol{I}_{r2} & \boldsymbol{I}_{r2} & \boldsymbol{0} \\ \hdashline \boldsymbol{0} & \boldsymbol{0} & \boldsymbol{0} & \boldsymbol{I}_{m2} \end{array}\right] \left[\begin{array}{ccc:c} \boldsymbol{D}_{R1}(s) & \boldsymbol{0} & \boldsymbol{0} & \boldsymbol{I}_{r1} \\ \boldsymbol{0} & \boldsymbol{D}_{R2}(s) & \boldsymbol{I}_{r2} & \boldsymbol{0} \\ -\boldsymbol{N}_{R1}(s) & \boldsymbol{0} & -\boldsymbol{I}_{r2} & \boldsymbol{0} \\ \hdashline \boldsymbol{0} & -\boldsymbol{N}_{R2}(s) & \boldsymbol{0} & \boldsymbol{0} \end{array}\right] \left[\begin{array}{ccc:c} \boldsymbol{I}_{r1} & \boldsymbol{0} & \boldsymbol{0} & \boldsymbol{0} \\ \boldsymbol{0} & \boldsymbol{I}_{r2} & \boldsymbol{0} & \boldsymbol{0} \\ \boldsymbol{0} & \boldsymbol{0} & \boldsymbol{I}_{r2} & \boldsymbol{0} \\ \hdashline \boldsymbol{0} & \boldsymbol{0} & \boldsymbol{0} & \boldsymbol{I}_{r1} \end{array}\right] \\ &= \left[\begin{array}{ccc:c} \boldsymbol{D}_{R1}(s) & \boldsymbol{0} & \boldsymbol{0} & \boldsymbol{I}_{r1} \\ \boldsymbol{0} & \boldsymbol{D}_{R2}(s) & \boldsymbol{I}_{r2} & \boldsymbol{0} \\ -\boldsymbol{N}_{R1}(s) & \boldsymbol{D}_{R2}(s) & \boldsymbol{0} & \boldsymbol{0} \\ \hdashline \boldsymbol{0} & -\boldsymbol{N}_{R2}(s) & \boldsymbol{0} & \boldsymbol{0} \end{array}\right] \end{aligned} \tag{8-38}$$

因严格系统等价变换不改变能控性，故由式(8-38)，根据能控性的频域判据，得串联系统能控的充分必要条件为

$$\left\{\begin{bmatrix} \boldsymbol{D}_{R1}(s) & \boldsymbol{0} & \boldsymbol{0} \\ \boldsymbol{0} & \boldsymbol{D}_{R2}(s) & \boldsymbol{I}_{r2} \\ -\boldsymbol{N}_{R1}(s) & \boldsymbol{D}_{R2}(s) & \boldsymbol{0} \end{bmatrix}, \begin{bmatrix} \boldsymbol{I}_{r1} \\ \boldsymbol{0} \\ \boldsymbol{0} \end{bmatrix}\right\}$$

左互质，即

$$\operatorname{rank}\left[\begin{array}{ccc:c} \boldsymbol{D}_{R1}(s) & \boldsymbol{0} & \boldsymbol{0} & \boldsymbol{I}_{r1} \\ \boldsymbol{0} & \boldsymbol{D}_{R2}(s) & \boldsymbol{I}_{r2} & \boldsymbol{0} \\ -\boldsymbol{N}_{R1}(s) & \boldsymbol{D}_{R2}(s) & \boldsymbol{0} & \boldsymbol{0} \end{array}\right] = r_1 + 2r_2, \qquad \forall s \in \mathbb{C} \tag{8-39}$$

显然，式(8-39)等价于

$$\operatorname{rank}[-\boldsymbol{N}_{R1}(s) \quad \boldsymbol{D}_{R2}(s)] = r_2，\text{即}[-\boldsymbol{N}_{R1}(s) \quad \boldsymbol{D}_{R2}(s)]\text{行满秩}, \qquad \forall s \in \mathbb{C} \tag{8-40}$$

即串联系统能控的充分必要条件为$\{\boldsymbol{D}_{R2}(s), \boldsymbol{N}_{R1}(s)\}$左互质。

若分别用式(8-27)、式(8-28)描述子系统$\sum_1$、$\sum_2$，则得串联系统另一种形式的 PMD 为

$$\left[\begin{array}{ccc:c} \boldsymbol{D}_{R1}(s) & \boldsymbol{0} & \boldsymbol{0} & \boldsymbol{I}_{r1} \\ -\boldsymbol{N}_{R1}(s) & \boldsymbol{0} & -\boldsymbol{I}_{r2} & \boldsymbol{0} \\ \boldsymbol{0} & \boldsymbol{D}_{L2}(s) & \boldsymbol{N}_{L2}(s) & \boldsymbol{0} \\ \hdashline \boldsymbol{0} & -\boldsymbol{I}_{m2} & \boldsymbol{0} & \boldsymbol{0} \end{array}\right] \left[\begin{array}{c} \bar{\boldsymbol{\zeta}}_1(s) \\ \bar{\boldsymbol{\zeta}}_2(s) \\ -\boldsymbol{Y}_1(s) \\ \hdashline -\boldsymbol{U}(s) \end{array}\right] = \left[\begin{array}{c} \boldsymbol{0} \\ \boldsymbol{0} \\ \boldsymbol{0} \\ \hdashline -\boldsymbol{Y}(s) \end{array}\right] \tag{8-41}$$

对式(8-41)中的系统矩阵进行严格系统等价变换，得

$$\begin{aligned} &\left[\begin{array}{ccc:c} \boldsymbol{I}_{r1} & \boldsymbol{0} & \boldsymbol{0} & \boldsymbol{0} \\ \boldsymbol{0} & \boldsymbol{I}_{r2} & \boldsymbol{0} & \boldsymbol{0} \\ \boldsymbol{0} & \boldsymbol{N}_{L2}(s) & \boldsymbol{I}_{m2} & \boldsymbol{0} \\ \hdashline \boldsymbol{0} & \boldsymbol{0} & \boldsymbol{0} & \boldsymbol{I}_{m2} \end{array}\right] \left[\begin{array}{ccc:c} \boldsymbol{D}_{R1}(s) & \boldsymbol{0} & \boldsymbol{0} & \boldsymbol{I}_{r1} \\ -\boldsymbol{N}_{R1}(s) & \boldsymbol{0} & -\boldsymbol{I}_{r2} & \boldsymbol{0} \\ \boldsymbol{0} & \boldsymbol{D}_{L2}(s) & \boldsymbol{N}_{L2}(s) & \boldsymbol{0} \\ \hdashline \boldsymbol{0} & -\boldsymbol{I}_{m2} & \boldsymbol{0} & \boldsymbol{0} \end{array}\right] \left[\begin{array}{ccc:c} \boldsymbol{I}_{r1} & \boldsymbol{0} & \boldsymbol{0} & \boldsymbol{0} \\ \boldsymbol{0} & \boldsymbol{I}_{m2} & \boldsymbol{0} & \boldsymbol{0} \\ \boldsymbol{0} & \boldsymbol{0} & \boldsymbol{I}_{r2} & \boldsymbol{0} \\ \hdashline \boldsymbol{0} & \boldsymbol{0} & \boldsymbol{0} & \boldsymbol{I}_{r1} \end{array}\right] \\ &= \left[\begin{array}{ccc:c} \boldsymbol{D}_{R1}(s) & \boldsymbol{0} & \boldsymbol{0} & \boldsymbol{I}_{r1} \\ -\boldsymbol{N}_{R1}(s) & \boldsymbol{0} & -\boldsymbol{I}_{r2} & \boldsymbol{0} \\ -\boldsymbol{N}_{L2}(s)\boldsymbol{N}_{R1}(s) & \boldsymbol{D}_{L2}(s) & \boldsymbol{0} & \boldsymbol{0} \\ \hdashline \boldsymbol{0} & -\boldsymbol{I}_{m2} & \boldsymbol{0} & \boldsymbol{0} \end{array}\right] \end{aligned} \tag{8-42}$$

由式(8-38)，根据能控性的频域判据，得串联系统能控的充分必要条件为

$$\left\{\begin{bmatrix} \boldsymbol{D}_{R1}(s) & \boldsymbol{0} & \boldsymbol{0} \\ -\boldsymbol{N}_{R1}(s) & \boldsymbol{0} & -\boldsymbol{I}_{r2} \\ -\boldsymbol{N}_{L2}(s)\boldsymbol{N}_{R1}(s) & \boldsymbol{D}_{L2}(s) & \boldsymbol{0} \end{bmatrix}, \begin{bmatrix} \boldsymbol{I}_{r1} \\ \boldsymbol{0} \\ \boldsymbol{0} \end{bmatrix}\right\}$$

左互质，即

$$\operatorname{rank}\begin{bmatrix} \boldsymbol{D}_{R1}(s) & \boldsymbol{0} & \boldsymbol{0} & \boldsymbol{I}_{r1} \\ -\boldsymbol{N}_{R1}(s) & \boldsymbol{0} & -\boldsymbol{I}_{r2} & \boldsymbol{0} \\ -\boldsymbol{N}_{L2}(s)\boldsymbol{N}_{R1}(s) & \boldsymbol{D}_{L2}(s) & \boldsymbol{0} & \boldsymbol{0} \end{bmatrix} = r_1 + r_2 + m_2, \qquad \forall s \in \mathbb{C} \tag{8-43}$$

显然，式(8-43)等价于

$$\operatorname{rank}[-\boldsymbol{N}_{L2}(s)\boldsymbol{N}_{R1}(s) \quad \boldsymbol{D}_{L2}(s)] = m_2，\text{即}[-\boldsymbol{N}_{L2}(s)\boldsymbol{N}_{R1}(s) \quad \boldsymbol{D}_{L2}(s)]\text{行满秩}, \qquad \forall s \in \mathbb{C} \tag{8-44}$$

即串联系统能控的充分必要条件为$\{\boldsymbol{D}_{L2}(s), \boldsymbol{N}_{L2}(s)\boldsymbol{N}_{R1}(s)\}$左互质。

采用类似的思路和方法，可证明串联系统能控性和能观测性判据的其余部分，具体推证过程略去。

由上述串联系统能控性和能观测性的判据，可得到如下推论：由式(8-26)所示既约子系统$\sum_1$、$\sum_2$构成的图 8-1(b)所示多变量串联系统，$\sum_1$、$\sum_2$的传递函数矩阵分别为 $m_1 \times r_1$ 维、

$m_2\times r_2$维的真有理分式矩阵$\boldsymbol{W}_1(s)$、$\boldsymbol{W}_2(s)$，设$r=r_1\geqslant m_1=r_2$，$r_2\leqslant m_2=m$，且$\mathrm{rank}\boldsymbol{W}_1(s)=m_1$，$\mathrm{rank}\boldsymbol{W}_2(s)=r_2$，则串联系统保持完全能控的一个充分条件是$\boldsymbol{W}_2(s)$的极点均不是$\boldsymbol{W}_1(s)$的零点，保持完全能观测的一个充分条件是$\boldsymbol{W}_1(s)$的极点均不是$\boldsymbol{W}_2(s)$的零点；而由SISO既约子系统$\Sigma_1$、$\Sigma_2$构成的图8-1(b)所示单变量串联系统保持完全能控的充分必要条件是$W_1(s)$的零点均不是$W_2(s)$的极点，保持完全能观测的充分必要条件是$W_2(s)$的零点均不是$W_1(s)$的极点。

8.3.3 输出反馈系统的能控性和能观测性判据

考虑由式(8-26)所示既约子系统Σ_1、Σ_2构成的图8-1(c)所示输出反馈系统Σ_F。其中，Σ_1、Σ_2的传递函数矩阵分别为$m\times r$维、$r\times m$维的真有理分式矩阵$\boldsymbol{W}_1(s)$、$\boldsymbol{W}_2(s)$，为保证输出反馈系统Σ_F传递函数矩阵$\boldsymbol{W}(s)$为真，令

$$\det[\boldsymbol{I}_m+\boldsymbol{W}_1(\infty)\boldsymbol{W}_2(\infty)]=\det[\boldsymbol{I}_r+\boldsymbol{W}_2(\infty)\boldsymbol{W}_1(\infty)]\neq 0 \tag{8-45}$$

并对Σ_F中包含的串联系统做如下约定：

$$\Sigma_{12}\overset{\Delta}{=}\text{按}\Sigma_1-\Sigma_2\text{顺序 }r\times r\text{ 串联系统}$$

$$\Sigma_{21}\overset{\Delta}{=}\text{按}\Sigma_2-\Sigma_1\text{顺序 }m\times m\text{ 串联系统}$$

进而，分别用式(8-27)、式(8-28)描述子系统Σ_1、Σ_2，并由输出反馈的连接特征($\boldsymbol{u}_1=\boldsymbol{u}-\boldsymbol{y}_2$，$\boldsymbol{y}=\boldsymbol{y}_1=\boldsymbol{u}_2$)，得输出反馈系统$\Sigma_F$的PMD为

$$\begin{cases}\begin{bmatrix}\boldsymbol{D}_{R1}(s) & \boldsymbol{I}_r\\ -\boldsymbol{N}_{L2}(s)\boldsymbol{N}_{R1}(s) & \boldsymbol{D}_{L2}(s)\end{bmatrix}\begin{bmatrix}\bar{\boldsymbol{\zeta}}_1(s)\\ \bar{\boldsymbol{\zeta}}_2(s)\end{bmatrix}=\begin{bmatrix}\boldsymbol{I}_r\\ \boldsymbol{0}\end{bmatrix}\boldsymbol{U}(s)\\ \boldsymbol{Y}(s)=[\boldsymbol{N}_{R1}(s)\quad \boldsymbol{0}]\begin{bmatrix}\bar{\boldsymbol{\zeta}}_1(s)\\ \bar{\boldsymbol{\zeta}}_2(s)\end{bmatrix}\end{cases} \tag{8-46}$$

而若分别用式(8-27)、式(8-28)描述子系统Σ_2、Σ_1，则得输出反馈系统Σ_F的另一种形式的PMD为

$$\begin{cases}\begin{bmatrix}\boldsymbol{D}_{L1}(s) & \boldsymbol{N}_{L1}(s)\boldsymbol{N}_{R2}(s)\\ -\boldsymbol{I}_m & \boldsymbol{D}_{R2}(s)\end{bmatrix}\begin{bmatrix}\bar{\boldsymbol{\zeta}}_1(s)\\ \bar{\boldsymbol{\zeta}}_2(s)\end{bmatrix}=\begin{bmatrix}\boldsymbol{N}_{L1}(s)\\ \boldsymbol{0}\end{bmatrix}\boldsymbol{U}(s)\\ \boldsymbol{Y}(s)=[\boldsymbol{I}_m\quad \boldsymbol{0}]\begin{bmatrix}\bar{\boldsymbol{\zeta}}_1(s)\\ \bar{\boldsymbol{\zeta}}_2(s)\end{bmatrix}\end{cases} \tag{8-47}$$

由式(8-46)，根据能控性的频域判据，得输出反馈系统Σ_F能控的充分必要条件为

$$\left\{\begin{bmatrix}\boldsymbol{D}_{R1}(s) & \boldsymbol{I}_r\\ -\boldsymbol{N}_{L2}(s)\boldsymbol{N}_{R1}(s) & \boldsymbol{D}_{L2}(s)\end{bmatrix},\begin{bmatrix}\boldsymbol{I}_r\\ \boldsymbol{0}\end{bmatrix}\right\}$$

左互质，即

$$\mathrm{rank}\left[\begin{array}{cc:c}\boldsymbol{D}_{R1}(s) & \boldsymbol{I}_r & \boldsymbol{I}_r\\ -\boldsymbol{N}_{L2}(s)\boldsymbol{N}_{R1}(s) & \boldsymbol{D}_{L2}(s) & \boldsymbol{0}\end{array}\right]=2r,\qquad \forall s\in\mathbb{C} \tag{8-48}$$

显然，式(8-48)等价于

$$\mathrm{rank}[-\boldsymbol{N}_{L2}(s)\boldsymbol{N}_{R1}(s)\quad \boldsymbol{D}_{L2}(s)]=r\text{，即}[-\boldsymbol{N}_{L2}(s)\boldsymbol{N}_{R1}(s)\quad \boldsymbol{D}_{L2}(s)]\text{行满秩，}\qquad \forall s\in\mathbb{C} \tag{8-49}$$

即输出反馈系统Σ_F能控的充分必要条件为$\{\boldsymbol{D}_{L2}(s),\boldsymbol{N}_{L2}(s)\boldsymbol{N}_{R1}(s)\}$左互质，也即串联系统$\Sigma_{12}$能控。

而由式(8-47)，根据能观测性的频域判据，得输出反馈系统Σ_F能观测的充分必要条件为

$$\begin{bmatrix} \boldsymbol{D}_{L1}(s) & \boldsymbol{N}_{L1}(s)\boldsymbol{N}_{R2}(s) \\ -\boldsymbol{I}_m & \boldsymbol{D}_{R2}(s) \end{bmatrix} \text{和} \begin{bmatrix} \boldsymbol{I}_m & \boldsymbol{0} \end{bmatrix}$$

右互质，即

$$\operatorname{rank}\begin{bmatrix} \boldsymbol{D}_{L1}(s) & \boldsymbol{N}_{L1}(s)\boldsymbol{N}_{R2}(s) \\ -\boldsymbol{I}_m & \boldsymbol{D}_{R2}(s) \\ \hdashline \boldsymbol{I}_m & \boldsymbol{0} \end{bmatrix} = 2m, \qquad \forall s \in \mathbb{C} \tag{8-50}$$

显然，式(8-50)等价于

$$\operatorname{rank}\begin{bmatrix} \boldsymbol{N}_{L1}(s)\boldsymbol{N}_{R2}(s) \\ \boldsymbol{D}_{R2}(s) \end{bmatrix} = m, \text{即} \begin{bmatrix} \boldsymbol{N}_{L1}(s)\boldsymbol{N}_{R2}(s) \\ \boldsymbol{D}_{R2}(s) \end{bmatrix} \text{列满秩}, \qquad \forall s \in \mathbb{C} \tag{8-51}$$

即输出反馈系统Σ_F能观测的充分必要条件为$\{\boldsymbol{D}_{R2}(s), \boldsymbol{N}_{L1}(s)\boldsymbol{N}_{R2}(s)\}$右互质，也即串联系统$\Sigma_{21}$能观测。

由上述输出反馈系统能控性和能观测性的判据，可得如下推论：对图 8-1(c)所示多变量输出反馈系统Σ_F，若反馈通道子系统Σ_2的传递函数矩阵$\boldsymbol{W}_2(s)=\boldsymbol{H}$(常数矩阵)，则$\Sigma_F$能控(能观测)的充分必要条件是子系统$\Sigma_1$能控(能观测)，这一结论和 7.2.2 节线性非动态输出反馈不改变被控系统的能控性与能观测性的结论一致。

另外，对多变量系统，Σ_{12}能控的条件与Σ_{21}能观测的条件一般不相同，但这两个条件对于单变量系统却是等价的。因此，由 SISO 既约子系统Σ_1、Σ_2构成的图 8-1(c)所示单变量输出反馈系统，且Σ_1、Σ_2的传递函数$W_1(s)$、$W_2(s)$均为真有理分式并满足$[1+W_1(\infty)W_2(\infty)]\neq 0$，则$\Sigma_F$能控且能观测的充分必要条件是$W_2(s)$极点和$W_1(s)$零点间不存在对消。

8.4 组合系统的稳定性

第 6 章介绍了两种关于稳定性的概念，即基于系统输入、输出模型的有界输入有界输出(BIBO)稳定性和基于系统状态空间模型的平衡状态渐近稳定性，这也适用于组合系统。在复频域方法中，主要采用 BIBO 稳定性概念，对线性定常系统所采用的分析模型则为传递函数矩阵。对线性定常系统，其传递函数矩阵只能反映系统中能控且能观测子系统的动力学特性，因此，若(平衡状态)渐近稳定，则 BIBO 稳定；但 BIBO 稳定系统未必为渐近稳定系统；当且仅当系统可用真传递函数矩阵完全表征即系统为能控且能观测的既约系统时，渐近稳定性和 BIBO 稳定性为等价。

由 8.3 节的讨论知，尽管构成图 8-1 所示并联、串联、反馈系统的子系统Σ_1、Σ_2既约(能控且能观测)，即Σ_1、Σ_2可用传递函数矩阵完全表征，但组合系统未必能用其传递函数矩阵$\boldsymbol{W}(s)$完全表征。因此，用组合系统的传递函数矩阵$\boldsymbol{W}(s)$一般只能判别其是否 BIBO 稳定，未必能判别系统的渐近稳定性，只有在$\boldsymbol{W}(s)$完全表征组合系统时才可判别渐近稳定性。本节讨论由子系统的传递函数矩阵判别组合系统的稳定性。

8.4.1 串联和并联系统的稳定性

由式(8-4)、式(8-6)可知，并联系统(见图 8-1(a))、串联系统(见图 8-1(b))的特征多项式均为

$$\det(s\boldsymbol{I}-\boldsymbol{A}) = \det(s\boldsymbol{I}-\boldsymbol{A}_1)\det(s\boldsymbol{I}-\boldsymbol{A}_2) \tag{8-52}$$

即并联系统和串联系统的特征值分别为各子系统Σ_1和Σ_2的特征值的并集。而线性定常连续系

统渐近稳定的充分必要条件是其状态矩阵的特征值均具有负实部，因此，串联和并联系统渐近稳定的充分必要条件是各子系统Σ_1、Σ_2渐近稳定。

8.4.2 输出反馈系统的稳定性

1. 直接输出反馈系统的稳定性

对图 8-1(c)所示多变量输出反馈系统，若反馈通道子系统Σ_2的传递函数矩阵$\boldsymbol{W}_2(s)=\boldsymbol{I}$，则称为直接输出反馈系统或单位输出反馈系统$\Sigma_{DF}$。现讨论$\Sigma_{DF}$的稳定性，设子系统$\Sigma_1$能控且能观测，即可由真传递函数矩阵$\boldsymbol{W}_1(s)$完全表征，且满足反馈非退化的条件

$$\det[\boldsymbol{I}+\boldsymbol{W}_1(\infty)]\neq 0 \tag{8-53}$$

则由线性非动态输出反馈不改变被控系统的能控性与能观测性的结论知，Σ_{DF}能控且能观测，故Σ_{DF}BIBO 稳定等价于Σ_{DF}渐近稳定。可以证明，Σ_{DF}的特征多项式为

$$p_{DF}(s)=\beta\rho_{W1}(s)\det[\boldsymbol{I}+\boldsymbol{W}_1(s)] \tag{8-54}$$

式中，β为非零常数；$\rho_{W1}(s)$为$\boldsymbol{W}_1(s)$的特征多项式。

由式(8-54)可知，Σ_{DF}BIBO 稳定和渐近稳定的充分必要条件为

$$\rho_{W1}(s)\det[\boldsymbol{I}+\boldsymbol{W}_1(s)]=0 \tag{8-55}$$

的全部根均具有负实部。

若能控且能观测子系统Σ_1的真传递函数矩阵$\boldsymbol{W}_1(s)$的右既约 MFD 为

$$\boldsymbol{W}_1(s)=\boldsymbol{N}_{R1}(s)\boldsymbol{D}_{R1}^{-1}(s) \tag{8-56}$$

则根据式(8-23)，Σ_{DF}的传递函数矩阵为

$$\begin{aligned}\boldsymbol{W}_{DF}(s)&=\boldsymbol{W}_1(s)[\boldsymbol{I}+\boldsymbol{W}_1(s)]^{-1}=\boldsymbol{N}_{R1}(s)\boldsymbol{D}_{R1}^{-1}(s)[\boldsymbol{I}+\boldsymbol{N}_{R1}(s)\boldsymbol{D}_{R1}^{-1}(s)]^{-1}\\&=\boldsymbol{N}_{R1}(s)[\boldsymbol{D}_{R1}(s)+\boldsymbol{N}_{R1}(s)]^{-1}\end{aligned} \tag{8-57}$$

因已知$\boldsymbol{N}_{R1}(s)\boldsymbol{D}_{R1}^{-1}(s)$既约，即$\{\boldsymbol{N}_{R1}(s),\boldsymbol{D}_{R1}(s)\}$右互质，故由右互质的贝佐特(Bezout)等式判据式(2-93)知，存在多项式矩阵$\boldsymbol{X}(s)$、$\boldsymbol{Y}(s)$，使

$$\boldsymbol{X}(s)\boldsymbol{D}_{R1}(s)+\boldsymbol{Y}(s)\boldsymbol{N}_{R1}(s)=\boldsymbol{I} \tag{8-58}$$

成立。将式(8-58)改写为

$$\boldsymbol{X}(s)[\boldsymbol{D}_{R1}(s)+\boldsymbol{N}_{R1}(s)]+[\boldsymbol{Y}(s)-\boldsymbol{X}(s)]\boldsymbol{N}_{R1}(s)=\boldsymbol{I} \tag{8-59}$$

则根据右互质的贝佐特(Bezout)等式判据知，$\{\boldsymbol{N}_{R1}(s),\boldsymbol{D}_{R1}(s)+\boldsymbol{N}_{R1}(s)\}$右既约，故$\Sigma_{DF}$BIBO 稳定等价于$\Sigma_{DF}$渐近稳定。而由式(8-57)知，$\Sigma_{DF}$BIBO 稳定的充分必要条件为$\boldsymbol{W}_{DF}(s)$的极点均具有负实部。综上所述，$\Sigma_{DF}$BIBO 稳定和渐近稳定的充分必要条件为

$$\det[\boldsymbol{D}_{R1}(s)+\boldsymbol{N}_{R1}(s)]=0 \tag{8-60}$$

的全部根均具有负实部。

与上述讨论的问题相对偶，若能控且能观测子系统Σ_1的真传递函数矩阵$\boldsymbol{W}_1(s)$的左既约 MFD 为

$$\boldsymbol{W}_1(s)=\boldsymbol{D}_{L1}^{-1}(s)\boldsymbol{N}_{L1}(s) \tag{8-61}$$

则Σ_{DF}BIBO 稳定和渐近稳定的充分必要条件为

$$\det[\boldsymbol{D}_{L1}(s)+\boldsymbol{N}_{L1}(s)]=0 \tag{8-62}$$

的全部根均具有负实部。

2. 具有补偿器的输出反馈系统的稳定性

克服线性非动态输出反馈局限的方法之一是在反馈通道中引入动态补偿器Σ_2，构成具有补偿器的输出反馈系统Σ_{CF}。现讨论图 8-1(c)所示具有补偿器的输出反馈系统Σ_{CF}的稳定性，设子系统Σ_1、Σ_2的传递函数矩阵$\boldsymbol{W}_1(s)$、$\boldsymbol{W}_2(s)$分别为$m\times r$维、$r\times m$维的真有理分式矩阵，且

Σ_1、Σ_2既约(能控且能观测),即 $\boldsymbol{W}_1(s)$、$\boldsymbol{W}_2(s)$可分别完全表征Σ_1、Σ_2,且满足反馈非退化的条件

$$\det[\boldsymbol{I}_m+\boldsymbol{W}_1(\infty)\boldsymbol{W}_2(\infty)]=\det[\boldsymbol{I}_r+\boldsymbol{W}_2(\infty)\boldsymbol{W}_1(\infty)]\neq 0 \tag{8-63}$$

并对Σ_{CF}中包含的串联系统做如下约定:

$$\Sigma_{12}\overset{\Delta}{=}\text{按}\Sigma_1-\Sigma_2\text{顺序 } r\times r \text{ 串联系统}$$

$$\Sigma_{21}\overset{\Delta}{=}\text{按}\Sigma_2-\Sigma_1\text{顺序 } m\times m \text{ 串联系统}$$

若串联系统Σ_{12}能控且串联系统Σ_{21}能观测,则Σ_{CF}能控且能观测,Σ_{CF}BIBO 稳定等价于Σ_{CF}渐近稳定。可以证明,Σ_{CF}的特征多项式为

$$p_{\mathrm{CF}}(s)=\beta\rho_{W1}(s)\rho_{W2}(s)\det[\boldsymbol{I}+\boldsymbol{W}_1(s)\boldsymbol{W}_2(s)] \tag{8-64}$$

式中,β 为非零常数;$\rho_{W1}(s)$、$\rho_{W2}(s)$ 分别为 $\boldsymbol{W}_1(s)$、$\boldsymbol{W}_2(s)$ 的特征多项式。

由式(8-64)可知,Σ_{CF}渐近稳定的充分必要条件为

$$\rho_{W1}(s)\rho_{W2}(s)\det[\boldsymbol{I}+\boldsymbol{W}_1(s)\boldsymbol{W}_2(s)]=0 \tag{8-65}$$

的全部根均具有负实部。

若能控且能观测子系统Σ_1、Σ_2的真传递函数矩阵 $\boldsymbol{W}_1(s)$、$\boldsymbol{W}_2(s)$分别以既约左 MFD、右 MFD 表征,即

$$\boldsymbol{W}_1(s)=\boldsymbol{D}_{\mathrm{L1}}^{-1}(s)\boldsymbol{N}_{\mathrm{L1}}(s),\boldsymbol{W}_2(s)=\boldsymbol{N}_{\mathrm{R2}}(s)\boldsymbol{D}_{\mathrm{R2}}^{-1}(s) \tag{8-66}$$

则回差矩阵为

$$\begin{aligned}\boldsymbol{I}+\boldsymbol{W}_1(s)\boldsymbol{W}_2(s)&=\boldsymbol{I}+\boldsymbol{D}_{\mathrm{L1}}^{-1}(s)\boldsymbol{N}_{\mathrm{L1}}(s)\boldsymbol{N}_{\mathrm{R2}}(s)\boldsymbol{D}_{\mathrm{R2}}^{-1}(s)\\&=\boldsymbol{D}_{\mathrm{L1}}^{-1}(s)[\boldsymbol{D}_{\mathrm{L1}}(s)\boldsymbol{D}_{\mathrm{R2}}(s)+\boldsymbol{N}_{\mathrm{L1}}(s)\boldsymbol{N}_{\mathrm{R2}}(s)]\boldsymbol{D}_{\mathrm{R2}}^{-1}(s)\end{aligned} \tag{8-67}$$

由式(8-67),得

$$\det[\boldsymbol{I}+\boldsymbol{W}_1(s)\boldsymbol{W}_2(s)]=\frac{\det[\boldsymbol{D}_{\mathrm{L1}}(s)\boldsymbol{D}_{\mathrm{R2}}(s)+\boldsymbol{N}_{\mathrm{L1}}(s)\boldsymbol{N}_{\mathrm{R2}}(s)]}{\det\boldsymbol{D}_{\mathrm{L1}}(s)\det\boldsymbol{D}_{\mathrm{R2}}(s)} \tag{8-68}$$

又根据式(8-47),Σ_{CF}的 PMD 为

$$\begin{cases}\begin{bmatrix}\boldsymbol{D}_{\mathrm{L1}}(s) & \boldsymbol{N}_{\mathrm{L1}}(s)\boldsymbol{N}_{\mathrm{R2}}(s)\\ -\boldsymbol{I}_m & \boldsymbol{D}_{\mathrm{R2}}(s)\end{bmatrix}\begin{bmatrix}\bar{\boldsymbol{\zeta}}_1(s)\\ \bar{\boldsymbol{\zeta}}_2(s)\end{bmatrix}=\begin{bmatrix}\boldsymbol{N}_{\mathrm{L1}}(s)\\ \boldsymbol{0}\end{bmatrix}\boldsymbol{U}(s)\\ \boldsymbol{Y}(s)=[\boldsymbol{I}_{\mathrm{m}}\quad \boldsymbol{0}]\begin{bmatrix}\bar{\boldsymbol{\zeta}}_1(s)\\ \bar{\boldsymbol{\zeta}}_2(s)\end{bmatrix}\end{cases} \tag{8-69}$$

则Σ_{CF}的特征多项式为

$$p_{\mathrm{CF}}(s)=\beta_{\mathrm{F1}}\det[\boldsymbol{D}_{\mathrm{L1}}(s)\boldsymbol{D}_{\mathrm{R2}}(s)+\boldsymbol{N}_{\mathrm{L1}}(s)\boldsymbol{N}_{\mathrm{R2}}(s)] \tag{8-70}$$

式中,β_{F1}为非零常数。由式(8-70)可知,Σ_{CF}渐近稳定的充分必要条件为

$$\det[\boldsymbol{D}_{\mathrm{L1}}(s)\boldsymbol{D}_{\mathrm{R2}}(s)+\boldsymbol{N}_{\mathrm{L1}}(s)\boldsymbol{N}_{\mathrm{R2}}(s)]=0 \tag{8-71}$$

的全部根均具有负实部。

而将式(8-68)代入式(8-70),得

$$\rho_{\mathrm{CF}}(s)=\beta_{\mathrm{F1}}\det\boldsymbol{D}_{\mathrm{L1}}(s)\det\boldsymbol{D}_{\mathrm{R2}}(s)\det[\boldsymbol{I}+\boldsymbol{W}_1(s)\boldsymbol{W}_2(s)] \tag{8-72}$$

将 $\rho_{W1}(s)=\beta_1\det\boldsymbol{D}_{\mathrm{L1}}(s)$和 $\rho_{W2}(s)=\beta_2\det\boldsymbol{D}_{\mathrm{R2}}(s)$代入式(8-72),即可证得式(8-64),即

$$\begin{aligned}p_{\mathrm{CF}}(s)&=[\beta_{\mathrm{F1}}/(\beta_1\beta_2)]\rho_{W1}(s)\rho_{W2}(s)\det[\boldsymbol{I}+\boldsymbol{W}_1(s)\boldsymbol{W}_2(s)]\\&=\beta\rho_{W1}(s)\rho_{W2}(s)\det[\boldsymbol{I}+\boldsymbol{W}_1(s)\boldsymbol{W}_2(s)]\end{aligned}$$

与上述讨论的问题相对偶,若能控且能观测子系统Σ_1、Σ_2的真传递函数矩阵 $\boldsymbol{W}_1(s)$、$\boldsymbol{W}_2(s)$分别以既约右 MFD、左 MFD 表征,即

$$\boldsymbol{W}_1(s)=\boldsymbol{N}_{R1}(s)\boldsymbol{D}_{R1}^{-1}(s),\boldsymbol{W}_2(s)=\boldsymbol{D}_{L2}^{-1}(s)\boldsymbol{N}_{L2}(s) \tag{8-73}$$

则Σ_{CF}渐近稳定的充分必要条件为

$$\det[\boldsymbol{D}_{L2}(s)\boldsymbol{D}_{R1}(s)+\boldsymbol{N}_{L2}(s)\boldsymbol{N}_{R1}(s)]=0 \tag{8-74}$$

的全部根均具有负实部。

应该指出，由能控且能观测子系统Σ_1、Σ_2构成的 8-1(c)所示具有补偿器的输出反馈系统Σ_{CF}未必能控且能观测，因此上述Σ_{CF}渐近稳定的充分必要条件一般仅为Σ_{CF}BIBO 稳定的充分条件。

另外，若将前向通道子系统Σ_1的真传递函数矩阵$\boldsymbol{W}_1(s)$左既约 MFD 写为

$$\boldsymbol{W}_1(s)=k\boldsymbol{D}_{L1}^{-1}(s)\boldsymbol{N}_{L1}(s) \tag{8-75}$$

式中，k 为开环增益。而$\boldsymbol{W}_2(s)$仍为式(8-66)所示的右既约 MFD，则由式(8-70)，得

$$\begin{aligned}p_{CF}(s)&=\beta_{F1}\det[\boldsymbol{D}_{L1}(s)\boldsymbol{D}_{R2}(s)+k\boldsymbol{N}_{L1}(s)\boldsymbol{N}_{R2}(s)]\\&=\beta_{F1}k^m\det[\frac{1}{k}\boldsymbol{D}_{L1}(s)\boldsymbol{D}_{R2}(s)+\boldsymbol{N}_{L1}(s)\boldsymbol{N}_{R2}(s)]\end{aligned} \tag{8-76}$$

式(8-76)表明，与单变量反馈系统相同，多变量反馈系统的极点也为开环增益 k 的函数，当 $k\to 0$ 时，闭环系统的极点趋向于开环系统的极点；而当 $k\to\infty$ 时，闭环系统的极点则趋向于开环系统的零点或无穷远处。而且由式(8-68)可见，反馈系统回差矩阵的行列式为闭环系统特征多项式与开环系统特征多项式之比，故可应用回差矩阵研究反馈系统的稳定性，从而将单变量系统的奈奎斯特(Nyquist)稳定判据推广至多变量系统。

8.5 状态反馈极点配置的复频域设计

7.3 节讨论了基于状态空间模型的状态反馈极点配置问题，本节介绍基于传递函数矩阵的状态反馈增益矩阵设计。由 7.3 节知，多变量系统为配置一组期望闭环极点，有不同的状态反馈增益矩阵设计方案，而 7.4 节则指出同时配置闭环系统特征值和特征向量的状态反馈增益矩阵是唯一的，本节则从复频域的角度进一步说明这个问题。

8.5.1 单变量系统

考虑 n 阶 SISO 能控被控系统$\Sigma_o(\boldsymbol{A},\boldsymbol{B},\boldsymbol{C})$

$$\begin{cases}\dot{\boldsymbol{x}}=\boldsymbol{A}\boldsymbol{x}+\boldsymbol{B}u\\y=\boldsymbol{C}\boldsymbol{x}\end{cases} \tag{8-77}$$

的特征多项式为

$$f_o(s)=D(s)=\det[s\boldsymbol{I}-\boldsymbol{A}]=s^n+a_1s^{n-1}+\cdots+a_{n-1}s+a_n \tag{8-78}$$

及传递函数为

$$W_o(s)=\frac{Y(s)}{U(s)}=\boldsymbol{C}(s\boldsymbol{I}-\boldsymbol{A})^{-1}\boldsymbol{B}=\boldsymbol{C}\frac{\boldsymbol{X}(s)}{U(s)}=\frac{b_1s^{n-1}+\cdots+b_{n-1}s+b_n}{s^n+a_1s^{n-1}+\cdots+a_{n-1}s+a_n}=\frac{N(s)}{D(s)} \tag{8-79}$$

在状态反馈控制律

$$u=v-\boldsymbol{F}\boldsymbol{x} \tag{8-80}$$

作用下的闭环系统框图如图 7-1 所示。

令

$$Z(s)=\boldsymbol{F}\boldsymbol{X}(s) \tag{8-81}$$

则

$$\frac{Z(s)}{U(s)}=\boldsymbol{F}\frac{\boldsymbol{X}(s)}{U(s)}=\boldsymbol{F}(s\boldsymbol{I}-\boldsymbol{A})^{-1}\boldsymbol{B}=\frac{\overline{N}(s)}{D(s)} \tag{8-82}$$

根据式(8-80)、式(8-82)，得

$$\frac{Z(s)}{V(s)}=\frac{\overline{N}(s)}{\overline{N}(s)+D(s)} \tag{8-83}$$

则状态反馈闭环系统的传递函数为

$$\begin{aligned}W_{\mathrm{F}}(s)&=\frac{Y(s)}{V(s)}=\frac{Y(s)}{U(s)}\times\frac{U(s)}{Z(s)}\times\frac{Z(s)}{V(s)}\\&=\frac{N(s)}{D(s)}\times\frac{D(s)}{\overline{N}(s)}\times\frac{\overline{N}(s)}{\overline{N}(s)+D(s)}=\frac{N(s)}{\overline{N}(s)+D(s)}=\frac{N(s)}{D_{\mathrm{F}}(s)}\end{aligned} \tag{8-84}$$

式(8-84)表明，状态反馈闭环系统的特征多项式为

$$p_{\mathrm{F}}(s)=D_{\mathrm{F}}(s)=\overline{N}(s)+D(s) \tag{8-85}$$

由给定的期望闭环极点组 s_i^* $(i=1,2,\cdots,n)$，得期望闭环特征多项式为

$$p^*(s)=\prod_{i=1}^{n}(s-s_i^*)=s^n+a_1^*s^{n-1}+\cdots+a_{n-1}^*s+a_n^* \tag{8-86}$$

令式(8-85)与式(8-86)相等，并将式(8-82)代入，得

$$D(s)\boldsymbol{F}(s\boldsymbol{I}-\boldsymbol{A})^{-1}\boldsymbol{B}=p^*(s)-D(s) \tag{8-87a}$$

即

$$(s^n+a_1s^{n-1}+\cdots+a_{n-1}s+a_n)\boldsymbol{F}(s\boldsymbol{I}-\boldsymbol{A})^{-1}\boldsymbol{B}=(a_1^*-a_1)s^{n-1}+\cdots+(a_{n-1}^*-a_{n-1})s+a_n^*-a_n \tag{8-87b}$$

式(8-87)两边是 s 的多项式，令两边 s 的同幂次项系数相等，可得到 n 个关于状态反馈增益矩阵 $\boldsymbol{F}=[f_1\quad f_2\quad\cdots\quad f_n]$中 n 个元素 $f_1,f_2,\cdots,f_n$的独立方程并求解，即可确定 $\boldsymbol{F}$。

【例 8-2】 被控系统$\Sigma_{\mathrm{o}}(\boldsymbol{A},\boldsymbol{B},\boldsymbol{C})$的状态空间表达式为$\begin{cases}\dot{\boldsymbol{x}}=\begin{bmatrix}5 & 9\\-2 & -4\end{bmatrix}\boldsymbol{x}+\begin{bmatrix}2\\-1\end{bmatrix}u\\y=[3\quad 5]\boldsymbol{x}\end{cases}$，试设计状态反馈增益矩阵 $\boldsymbol{F}$，使闭环系统极点配置为 $-1+\mathrm{j}$ 和 $-1-\mathrm{j}$ 。

解 在例 7-2 中，已分别应用时域中的规范算法和解联立方程方法设计出 $\boldsymbol{F}=[7\quad 11]$，本例应用式(8-87)求解。

被控系统$\Sigma_{\mathrm{o}}(\boldsymbol{A},\boldsymbol{B},\boldsymbol{C})$的特征多项式为

$$p_{\mathrm{o}}(s)=\det(s\boldsymbol{I}-\boldsymbol{A})=\begin{vmatrix}s-5 & -9\\2 & s+4\end{vmatrix}=s^2-s-2$$

期望闭环特征多项式为

$$p^*(s)=(s-s_1)(s-s_2)=(s+1-\mathrm{j})(s+1+\mathrm{j})=s^2+2s+2$$

根据式(8-87)，得

$$(s^2-s-2)[f_1\quad f_2]\begin{bmatrix}s-5 & -9\\2 & s+4\end{bmatrix}^{-1}\begin{bmatrix}2\\-1\end{bmatrix}=(2-(-1))s+(2-(-2))=3s+4$$

化简上式，得

$$(2f_1-f_2)s+f_2-f_1=3s+4$$

则有联立方程组

$$\begin{cases}2f_1-f_2=3\\f_2-f_1=4\end{cases}$$

解之，得 $f_1=7, f_2=11$。与例 7-2 求解结果一致。

8.5.2 多变量系统

1. 状态反馈特性的复频域分析

考虑 MIMO 被控系统Σ_o采用 $m\times r$ 维既约严真右 MFD

$$\boldsymbol{W}_o(s)=\boldsymbol{N}_R(s)\boldsymbol{D}_R^{-1}(s) \tag{8-88}$$

表征，其中，$\boldsymbol{N}_R(s)$、$\boldsymbol{D}_R(s)$分别为 $m\times r$ 维、$r\times r$ 维多项式矩阵，且 $\boldsymbol{D}_R(s)$列既约，可按式(5-42)分解为

$$\boldsymbol{D}_R(s)=\boldsymbol{D}_{hc}\boldsymbol{H}_c(s)+\boldsymbol{D}_{Lc}\boldsymbol{L}_c(s) \tag{8-89}$$

式中，$\boldsymbol{D}_{hc}$为 $\boldsymbol{D}_R(s)$的列次数系数矩阵；$\boldsymbol{D}_{Lc}$为 $\boldsymbol{D}_R(s)$的低次系数矩阵；$\boldsymbol{H}_c(s)$、$\boldsymbol{L}_c(s)$分别为

$$\boldsymbol{H}_c(s)=\begin{bmatrix}s^{k_{c1}} & & \\ & \ddots & \\ & & s^{k_{cr}}\end{bmatrix},\boldsymbol{L}_c(s)=\left[\begin{array}{c:c:c:c}1 & & & \\ s & & & \\ \vdots & \boldsymbol{0} & & \boldsymbol{0} \\ s^{k_{c1}-1} & & & \\ \hdashline & 1 & & \\ & s & & \\ \boldsymbol{0} & \vdots & & \boldsymbol{0} \\ & s^{k_{c2}-1} & & \\ \hdashline & \vdots & \ddots & \\ \hdashline & & & 1 \\ & & & s \\ \boldsymbol{0} & \boldsymbol{0} & & \vdots \\ & & & s^{k_{cr}-1}\end{array}\right] \tag{8-90}$$

式中，k_{cj}为 $\boldsymbol{D}_R(s)$第 j 列的列次，$j=1,2,\cdots,r$，$n=\sum\limits_{j=1}^{r}k_{cj}$。

又因为右 MFD(8-88)为严真，故根据式(5-45)，$\boldsymbol{N}_R(s)$可表示为

$$\boldsymbol{N}_R(s)=\boldsymbol{N}_{Lc}\boldsymbol{L}_c(s) \tag{8-91}$$

式中，$\boldsymbol{N}_{Lc}$为 $m\times n$ 维系数矩阵。

由式(2-239)，被控系统(8-88)的 PMD 为

$$\begin{cases}\boldsymbol{D}_R(s)\overline{\boldsymbol{\zeta}}(s)=\boldsymbol{U}(s)\\\boldsymbol{Y}(s)=\boldsymbol{N}_R(s)\overline{\boldsymbol{\zeta}}(s)\end{cases} \tag{8-92}$$

将式(5-46)～(式 5-47)与式(8-92)比较，并由式(5-51)知，广义状态向量 $\overline{\boldsymbol{\zeta}}(s)$与式(8-88)控制器形实现中的状态向量 $\boldsymbol{x}$ 之间满足式(8-93)，即

$$\boldsymbol{x}(s)=\boldsymbol{L}_c(s)\overline{\boldsymbol{\zeta}}(s) \tag{8-93}$$

由式(8-92)及式(8-93)，得到用于复频域分析和综合的状态反馈系统Σ_F 结构图，如图 8-2所示，其中，$\boldsymbol{F}$ 为状态反馈增益矩阵。

由图 8-2 得

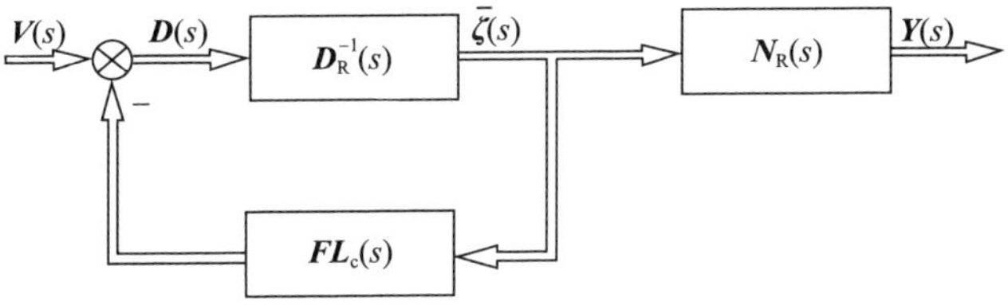

图 8-2 用于复频域分析和综合的状态反馈系统结构图

$$\begin{cases}\overline{\boldsymbol{\zeta}}(s)=\boldsymbol{D}_R^{-1}(s)[\boldsymbol{V}(s)-\boldsymbol{F}\boldsymbol{L}_c(s)\overline{\boldsymbol{\zeta}}(s)]\\ \boldsymbol{Y}(s)=\boldsymbol{N}_R(s)\overline{\boldsymbol{\zeta}}(s)\end{cases} \tag{8-94}$$

化简式(8-94),得

$$\boldsymbol{Y}(s)=\boldsymbol{N}_R(s)[\boldsymbol{D}_R(s)+\boldsymbol{F}\boldsymbol{L}_c(s)]^{-1}\boldsymbol{V}(s) \tag{8-95}$$

将式(8-89)代入式(8-95),得状态反馈闭环系统Σ_F 传递函数矩阵的右 MFD 为

$$\boldsymbol{W}_F(s)=\boldsymbol{N}_R(s)[\boldsymbol{D}_{hc}\boldsymbol{H}_c(s)+(\boldsymbol{D}_{Lc}+\boldsymbol{F})\boldsymbol{L}_c(s)]^{-1}\overset{\Delta}{=}\boldsymbol{N}_R(s)\boldsymbol{D}_{RF}^{-1}(s) \tag{8-96}$$

式中,状态反馈闭环系统Σ_F 右 MFD 的分母矩阵 $\boldsymbol{D}_{RF}(s)$为

$$\boldsymbol{D}_{RF}(s)=\boldsymbol{D}_{hc}\boldsymbol{H}_c(s)+(\boldsymbol{D}_{Lc}+\boldsymbol{F})\boldsymbol{L}_c(s) \tag{8-97}$$

由式(8-96)、式(8-97)易解释状态反馈不一定能保持被控系统的能观测性。对式(8-88)表征的能控且能观测被控系统Σ_o 引入状态反馈,可能存在状态反馈增益矩阵 $\boldsymbol{F}$,使同时满足

$$s_i=\text{“}\det\boldsymbol{D}_{RF}(s)=0\text{”的根}=\text{使 }\boldsymbol{N}_R(s)\text{降秩 }s\text{ 值} \tag{8-98a}$$

$$\operatorname{rank}\begin{bmatrix}\boldsymbol{D}_{RF}(s_i)\\ \boldsymbol{N}_R(s_i)\end{bmatrix}<r \tag{8-98b}$$

即$\{\boldsymbol{D}_{RF}(s),\boldsymbol{N}_R(s)\}$可能非右互质,从而可能使$\Sigma_F$ 失去状态完全能观测。

由式(8-96)、式(8-97),也可得到如下关于状态反馈的结论:

(1) 在配置系统极点的同时,对被控系统Σ_o 传递函数矩阵右 MFD 的分子矩阵 $\boldsymbol{N}_R(s)$没有直接影响,故一般不影响系统零点的整体分布,但对被控系统传递函数矩阵的各元传递函数的零点有影响。

(2) 不改变被控系统Σ_o 传递函数矩阵右 MFD 分母矩阵 $\boldsymbol{D}_R(s)$的列次数 k_{cj}、列次数系数矩阵 $\boldsymbol{D}_{hc}$;但可通过设计状态反馈增益矩阵 $\boldsymbol{F}$,改变 $\boldsymbol{D}_R(s)$的低次系数矩阵。

针对状态反馈不能改变分母矩阵 $\boldsymbol{D}_R(s)$的列次数系数矩阵的局限,可采用如图 8-3 所示的包含输入变换的状态反馈系统Σ_{KF},以扩大状态反馈对分母矩阵 $\boldsymbol{D}_R(s)$的影响力,其中 $r\times r$ 维输入变换矩阵 $\boldsymbol{K}$ 非奇异。

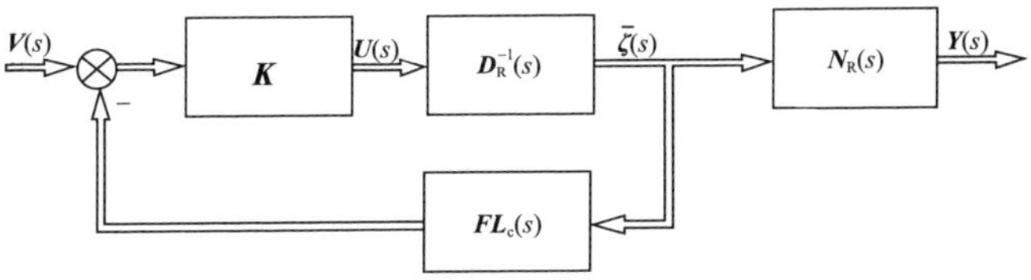

图 8-3 带有输入变换的状态反馈系统

由图 8-3 得

$$\begin{cases}\overline{\boldsymbol{\zeta}}(s)=\boldsymbol{D}_R^{-1}(s)[\boldsymbol{K}\boldsymbol{V}(s)-\boldsymbol{K}\boldsymbol{F}\boldsymbol{L}_c(s)\overline{\boldsymbol{\zeta}}(s)]\\ \boldsymbol{Y}(s)=\boldsymbol{N}_R(s)\overline{\boldsymbol{\zeta}}(s)\end{cases} \tag{8-99}$$

化简式(8-99),得

$$\boldsymbol{Y}(s)=\boldsymbol{N}_{\mathrm{R}}(s)[\boldsymbol{K}^{-1}\boldsymbol{D}_{\mathrm{R}}(s)+\boldsymbol{F}\boldsymbol{L}_{\mathrm{c}}(s)]^{-1}\boldsymbol{V}(s) \tag{8-100}$$

将式(8-89)代入式(8-100)，得带有输入变换的状态反馈闭环系统Σ_{KF}传递函数矩阵的右MFD为

$$\boldsymbol{W}_{\mathrm{F}}(s)=\boldsymbol{N}_{\mathrm{R}}(s)[\boldsymbol{K}^{-1}\boldsymbol{D}_{\mathrm{hc}}\boldsymbol{H}_{\mathrm{c}}(s)+(\boldsymbol{K}^{-1}\boldsymbol{D}_{\mathrm{Lc}}+\boldsymbol{F})\boldsymbol{L}_{\mathrm{c}}(s)]^{-1}\overset{\Delta}{=}\boldsymbol{N}_{\mathrm{R}}(s)\boldsymbol{D}_{\mathrm{RKF}}^{-1}(s) \tag{8-101}$$

式中，带有输入变换的状态反馈闭环系统Σ_{KF}右 MFD 的分母矩阵 $\boldsymbol{D}_{\mathrm{RKF}}(s)$为

$$\boldsymbol{D}_{\mathrm{RKF}}(s)=\boldsymbol{K}^{-1}\boldsymbol{D}_{\mathrm{hc}}\boldsymbol{H}_{\mathrm{c}}(s)+(\boldsymbol{K}^{-1}\boldsymbol{D}_{\mathrm{Lc}}+\boldsymbol{F})\boldsymbol{L}_{\mathrm{c}}(s) \tag{8-102}$$

式(8-102)表明，带有输入变换的状态反馈闭环系统Σ_{KF}可同时改变分母矩阵列次数系数矩阵和低次系数矩阵。若取 $\boldsymbol{K}=\boldsymbol{D}_{\mathrm{hc}}$，则$\Sigma_{\mathrm{KF}}$右 MFD 的分母矩阵 $\boldsymbol{D}_{\mathrm{RKF}}(s)$为

$$\boldsymbol{D}_{\mathrm{RKF}}(s)=\boldsymbol{H}_{\mathrm{c}}(s)+(\boldsymbol{D}_{\mathrm{hc}}^{-1}\boldsymbol{D}_{\mathrm{Lc}}+\boldsymbol{F})\boldsymbol{L}_{\mathrm{c}}(s) \tag{8-103}$$

则可使Σ_{KF}右 MFD 的分母矩阵 $\boldsymbol{D}_{\mathrm{RKF}}(s)$的行列式即$\Sigma_{\mathrm{KF}}$的特征多项式 $p_{\mathrm{KF}}(s)$成为首 1 多项式。

2. 状态反馈特征值配置及特征向量配置的复频域综合

给定既约严真右 MFD(式(8-88))表征的被控系统Σ_{o}，$\boldsymbol{D}_{\mathrm{R}}(s)$ 列既约，$k_{\mathrm{c}j}$为 $\boldsymbol{D}_{\mathrm{R}}(s)$第 j 列的列次，$j=1,2,\cdots,r$，$n=\sum_{j=1}^{r}k_{\mathrm{c}j}$。不失一般性，令

$$k_{\mathrm{c}1}\leqslant k_{\mathrm{c}2}\leqslant\cdots\leqslant k_{\mathrm{c}r}$$

采用图 8-3 所示的带有输入变换的状态反馈配置系统的极点(特征值)。取输入变换矩阵 $\boldsymbol{K}$ 为

$$\boldsymbol{K}=\boldsymbol{D}_{\mathrm{hc}} \tag{8-104}$$

则Σ_{KF}的特征多项式(Σ_{KF}右 MFD 的分母矩阵 $\boldsymbol{D}_{\mathrm{RKF}}(s)$的行列式)为首 1 多项式，即

$$\begin{aligned}p_{\mathrm{KF}}(s)&=\det\boldsymbol{D}_{\mathrm{RKF}}(s)=s^n+a_1s^{n-1}+\cdots+a_{n-1}s+a_n\\&=s^n+\alpha_1(s)s^{n-k_{\mathrm{c}1}}+\alpha_2(s)s^{n-(k_{\mathrm{c}1}+k_{\mathrm{c}2})}+\cdots+\alpha_r(s)\end{aligned} \tag{8-105}$$

式中，$\alpha_j(s)$ 为次数小于 $k_{\mathrm{c}j}$的多项式，$j=1,2,\cdots,r$。例如，设 $k_{\mathrm{c}1}=1$，$k_{\mathrm{c}2}=2$，$k_{\mathrm{c}3}=3$，且

$$\begin{aligned}p_{\mathrm{KF}}(s)&=s^6+10s^5+40s^4+84s^3+101s^2+66s+18\\&=s^6+10s^5+(40s+84)s^3+101s^2+66s+18=s^6+\alpha_1(s)s^5+\alpha_2s^3+\alpha_3(s)\end{aligned}$$

则有

$$\alpha_1(s)=10,\alpha_2(s)=40s+84,\alpha_3(s)=101s^2+66s+18$$

利用分块矩阵行列式计算公式，容易验证

$$\det\begin{bmatrix}s^{k_{\mathrm{c}1}}+\alpha_1(s) & \alpha_2(s) & \cdots & \alpha_r(s)\\ -1 & s^{k_{\mathrm{c}2}} & & \boldsymbol{0}\\ & \ddots & \ddots & \\ \boldsymbol{0} & & -1 & s^{k_{\mathrm{c}r}}\end{bmatrix}=\det\left[\boldsymbol{H}_{\mathrm{c}}(s)+\begin{bmatrix}\alpha_1(s) & \alpha_2(s) & \cdots & \alpha_r(s)\\ -1 & 0 & \cdots & 0\\ & \ddots & \ddots & \vdots\\ \boldsymbol{0} & & -1 & 0\end{bmatrix}\right]$$

$$=s^n+\alpha_1(s)s^{n-k_{\mathrm{c}1}}+\alpha_2(s)s^{n-(k_{\mathrm{c}1}+k_{\mathrm{c}2})}+\cdots+\alpha_r(s)=p_{\mathrm{KF}}(s) \tag{8-106}$$

则由闭环系统期望的 n 个极点(特征值)

$$s_1^*,s_2^*,\cdots,s_n^* \tag{8-107}$$

所对应的闭环系统期望特征多项式

$$\begin{aligned}p_{\mathrm{KF}}^*(s)&=\prod_{i=1}^{n}(s-s_i^*)=s^n+a_1^*s^{n-1}+\cdots+a_{n-1}^*s+a_n^*\\&=s^n+\alpha_1^*(s)s^{n-k_{\mathrm{c}1}}+\alpha_2^*(s)s^{n-(k_{\mathrm{c}1}+k_{\mathrm{c}2})}+\cdots+\alpha_r^*(s)\end{aligned} \tag{8-108}$$

也可表示为

$$p_{\mathrm{KF}}^{*}(s)=\det\left[\boldsymbol{H}_{\mathrm{c}}(s)+\begin{bmatrix}\alpha_1^{*}(s) & \alpha_2^{*}(s) & \cdots & \alpha_r^{*}(s)\\ -1 & 0 & \cdots & 0\\ & \ddots & \ddots & \vdots\\ \boldsymbol{0} & & -1 & 0\end{bmatrix}\right] \tag{8-109}$$

则由式(8-104)及式(8-103)、式(8-109)，得配置期望极点(式(8-107))，所需要的输入变换矩阵 $\boldsymbol{K}$ 和状态反馈增益矩阵 $\boldsymbol{F}$ 应满足

$$\begin{cases}\boldsymbol{K}=\boldsymbol{D}_{\mathrm{hc}}\\ \boldsymbol{F}\boldsymbol{L}_{\mathrm{c}}(s)=\begin{bmatrix}\alpha_1^{*}(s) & \alpha_2^{*}(s) & \cdots & \alpha_r^{*}(s)\\ -1 & 0 & \cdots & 0\\ & \ddots & \ddots & \vdots\\ \boldsymbol{0} & & -1 & 0\end{bmatrix}-\boldsymbol{D}_{\mathrm{hc}}^{-1}\boldsymbol{D}_{\mathrm{Lc}}\boldsymbol{L}_{\mathrm{c}}(s)\end{cases} \tag{8-110}$$

【例 8-3】 给定 2×2 维线性定常被控系统的严真右 MFD 为

$$\boldsymbol{W}(\mathrm{s})=\boldsymbol{N}_{\mathrm{R}}(s)\boldsymbol{D}_{\mathrm{R}}^{-1}(s)=\begin{bmatrix}1 & s+1\\ 2 & s\end{bmatrix}\begin{bmatrix}0 & s^2-1\\ s+1 & 0\end{bmatrix}^{-1}$$

由例 5-13 知其为右既约 MFD。$\boldsymbol{D}_{\mathrm{R}}(s)$ 为列既约，其列次分别为 $k_{\mathrm{c}1}=1, k_{\mathrm{c}2}=2$，则 $n=k_{\mathrm{c}1}+k_{\mathrm{c}2}=3$。给定一组 3 个期望闭环极点

$$s_{1,2}^{*}=-1\pm \mathrm{j}, s_3^{*}=-5$$

则对应的期望闭环特征多项式为

$$p_{\mathrm{KF}}^{*}(s+1-\mathrm{j})(s+1+\mathrm{j})(s+5)=s^3+7s^2+12s+10=s^3+\alpha_1^{*}(s)s^2+\alpha_2^{*}(s)$$

即 $\alpha_1^{*}(s)=7, \alpha_2^{*}(s)=12s+10$。又根据例 5-15，有

$$\boldsymbol{D}_{\mathrm{R}}(s)=\boldsymbol{D}_{\mathrm{hc}}\boldsymbol{H}_{\mathrm{c}}(s)+\boldsymbol{D}_{\mathrm{Lc}}\boldsymbol{L}_{\mathrm{c}}(s)=\begin{bmatrix}0 & 1\\ 1 & 0\end{bmatrix}\begin{bmatrix}s & 0\\ 0 & s^2\end{bmatrix}+\left[\begin{array}{c:cc}0 & -1 & 0\\ 1 & 0 & 0\end{array}\right]\left[\begin{array}{c:c}1 & 0\\ \hdashline 0 & 1\\ 0 & s\end{array}\right]$$

即

$$\boldsymbol{D}_{\mathrm{hc}}=\begin{bmatrix}0 & 1\\ 1 & 0\end{bmatrix}, \boldsymbol{D}_{\mathrm{Lc}}=\begin{bmatrix}0 & -1 & 0\\ 1 & 0 & 0\end{bmatrix}, \boldsymbol{L}_{\mathrm{c}}(s)=\begin{bmatrix}1 & 0\\ 0 & 1\\ 0 & s\end{bmatrix}, \boldsymbol{D}_{\mathrm{hc}}^{-1}=\begin{bmatrix}0 & 1\\ 1 & 0\end{bmatrix}$$

则根据式(8-110)，配置期望闭环极点所需要的状态反馈增益矩阵 $\boldsymbol{F}=\begin{bmatrix}f_{11} & f_{12} & f_{13}\\ f_{21} & f_{22} & f_{23}\end{bmatrix}$ 应满足

$$\begin{bmatrix}f_{11} & f_{12} & f_{13}\\ f_{21} & f_{22} & f_{23}\end{bmatrix}\begin{bmatrix}1 & 0\\ 0 & 1\\ 0 & s\end{bmatrix}=\begin{bmatrix}7 & 12s+10\\ -1 & 0\end{bmatrix}-\begin{bmatrix}0 & 1\\ 1 & 0\end{bmatrix}\begin{bmatrix}0 & -1 & 0\\ 1 & 0 & 0\end{bmatrix}\begin{bmatrix}1 & 0\\ 0 & 1\\ 0 & s\end{bmatrix}$$

化简上式，得

$$\begin{bmatrix}f_{11} & f_{12}+f_{13}s\\ f_{21} & f_{22}+f_{23}s\end{bmatrix}=\begin{bmatrix}6 & 10+12s\\ -1 & 1\end{bmatrix}$$

比较上式左、右两边各对应元素，解得状态反馈增益矩阵 $\boldsymbol{F}$ 为

$$\boldsymbol{F}=\begin{bmatrix}f_{11} & f_{12} & f_{13}\\ f_{21} & f_{22} & f_{23}\end{bmatrix}=\begin{bmatrix}6 & 10 & 12\\ -1 & 1 & 0\end{bmatrix}$$

而输入变换矩阵 $\boldsymbol{K}$ 根据式(8-110)取为

$$\boldsymbol{K}=\boldsymbol{D}_{\text{hc}}=\begin{bmatrix}0 & 1\\1 & 0\end{bmatrix}$$

基于上述综合结果,可导出带输入变换的状态反馈系统$\sum_{\text{KF}}$的传递函数矩阵$\boldsymbol{W}_{\text{KF}}(s)$为

$$\boldsymbol{W}_{\text{KF}}(s)=\boldsymbol{N}_{\text{R}}(s)\boldsymbol{D}_{\text{RKF}}^{-1}(s)$$

其中

$$\boldsymbol{N}_{\text{R}}(s)=\begin{bmatrix}1 & s+1\\2 & s\end{bmatrix}$$

$$\boldsymbol{D}_{\text{RKF}}(s)=\boldsymbol{H}_{\text{c}}(s)+(\boldsymbol{D}_{\text{hc}}^{-1}\boldsymbol{D}_{\text{Lc}}+\boldsymbol{F})\boldsymbol{L}_{\text{c}}(s)=\boldsymbol{H}_{\text{c}}(s)+\begin{bmatrix}\alpha_1^*(s) & \alpha_2^*(s)\\-1 & 0\end{bmatrix}$$

$$=\begin{bmatrix}s & 0\\0 & s^2\end{bmatrix}+\begin{bmatrix}7 & 12s+10\\-1 & 0\end{bmatrix}=\begin{bmatrix}s+7 & 12s+10\\-1 & s^2\end{bmatrix}$$

在例 5-15 中,求出了本例被控系统传递函数矩阵$\boldsymbol{W}(s)$的控制器形最小实现为

$$\sum\nolimits_{\text{o}}(\boldsymbol{A}_{\text{c}},\boldsymbol{B}_{\text{c}},\boldsymbol{C}_{\text{c}}):\begin{cases}\begin{bmatrix}\dot{x}_{11}\\\dot{x}_{21}\\\dot{x}_{22}\end{bmatrix}=\begin{bmatrix}-1 & 0 & 0\\0 & 0 & 1\\0 & 1 & 0\end{bmatrix}\boldsymbol{x}+\begin{bmatrix}0 & 1\\0 & 0\\1 & 0\end{bmatrix}\boldsymbol{u}=\boldsymbol{A}_{\text{c}}\boldsymbol{x}+\boldsymbol{B}_{\text{c}}\boldsymbol{u}\\\boldsymbol{y}=\begin{bmatrix}1 & 1 & 1\\2 & 0 & 1\end{bmatrix}\boldsymbol{x}=\boldsymbol{C}_{\text{c}}\boldsymbol{x}\end{cases}$$

而本例极点配置问题就等价于确定 2×2 维输入变换矩阵$\boldsymbol{K}$和 2×3 维状态反馈增益矩阵$\boldsymbol{F}$,使

$$\det[s\boldsymbol{I}-(\boldsymbol{A}_{\text{c}}-\boldsymbol{B}_{\text{c}}\boldsymbol{KF})]=p_{\text{KF}}^*(s) \tag{8-111}$$

成立,可验证所设计的$\boldsymbol{K}$和$\boldsymbol{F}$满足式(8-111)。

应该指出,正如 7.4 节所述,多变量系统仅配置闭环极点的状态反馈增益矩阵并不唯一。对状态反馈特征值配置的复频域综合而言,可以定义不同的闭环系统分母矩阵$\boldsymbol{D}_{\text{KF}}(s)$,其均应有相同的特征多项式,这种选择状态反馈增益矩阵的自由度可以用于实现闭环系统模态控制以外的其他响应要求,这正是状态反馈同时配置闭环特征值及其特征向量所要研究的问题。7.4 节基于状态空间模型,在时域已讨论了状态反馈配置闭环系统特征结构,现研究状态反馈同时配置闭环特征值及其特征向量的复频域综合的问题。

设带输入变换(输入变换矩阵$\boldsymbol{K}$按式(8-104)选取)的状态反馈闭环系统$\sum_{\text{KF}}$的传递函数矩阵$\boldsymbol{W}_{\text{KF}}(s)$为

$$\boldsymbol{W}_{\text{KF}}(s)=\boldsymbol{N}_{\text{R}}(s)\boldsymbol{D}_{\text{RKF}}^{-1}(s) \tag{8-112}$$

式中(参见式(8-103)、式(8-89))

$$\begin{aligned}\boldsymbol{D}_{\text{RKF}}(s)&=\boldsymbol{H}_{\text{c}}(s)+(\boldsymbol{D}_{\text{hc}}^{-1}\boldsymbol{D}_{\text{Lc}}+\boldsymbol{F})\boldsymbol{L}_{\text{c}}(s)\\&=\boldsymbol{D}_{\text{hc}}^{-1}(\boldsymbol{D}_{\text{hc}}\boldsymbol{H}_{\text{c}}(s)+\boldsymbol{D}_{\text{Lc}}\boldsymbol{L}_{\text{c}}(s)+\boldsymbol{D}_{\text{hc}}\boldsymbol{F}\boldsymbol{L}_{\text{c}}(s))\\&=\boldsymbol{D}_{\text{hc}}^{-1}(\boldsymbol{D}_{\text{R}}(s)+\boldsymbol{D}_{\text{hc}}\boldsymbol{F}\boldsymbol{L}_{\text{c}}(s))\end{aligned} \tag{8-113}$$

由于状态反馈不改变被控系统分母矩阵的列次数,故$\boldsymbol{D}_{\text{RKF}}(s)$也可表示成

$$\boldsymbol{D}_{\text{RKF}}(s)=\overline{\boldsymbol{D}}_{\text{hc}}\boldsymbol{H}_{\text{c}}(s)+\overline{\boldsymbol{D}}_{\text{Lc}}\boldsymbol{L}_{\text{c}}(s) \tag{8-114}$$

若指定的闭环系统期望的n个极点(特征值)

$$s_1^*, s_2^*, \cdots, s_n^* \tag{8-115}$$

互异,则有

$$p_{\text{KF}}^*(s)=\prod_{i=1}^{n}(s-s_i^*)=\det\boldsymbol{D}_{\text{RKF}}(s)=\det(s\boldsymbol{I}-\boldsymbol{A}_{\text{c}}+\boldsymbol{B}_{\text{c}}\boldsymbol{KF}) \tag{8-116}$$

式中，$\{\boldsymbol{A}_c,\boldsymbol{B}_c\}$为式(8-63)表征的被控系统$\Sigma_o$的控制器形实现，$\boldsymbol{A}_c-\boldsymbol{B}_c\boldsymbol{KF}$则是式(8-112)的控制器形实现$\{\boldsymbol{A}_c-\boldsymbol{B}_c\boldsymbol{KF},\boldsymbol{B}_c\boldsymbol{K}\}$的状态矩阵。

5.5.2 节证明了严真右 MFD 与其控制器形实现严格系统等价，由此证明过程知，对任一$m\times r$维严真右 MFD

$$\boldsymbol{W}(s)=\hat{\boldsymbol{N}}(s)\hat{\boldsymbol{D}}^{-1}(s) \tag{8-117}$$

其中，$\hat{\boldsymbol{D}}(s)$列既约，$\hat{\boldsymbol{D}}(s)$可按式(5-42)分解为

$$\hat{\boldsymbol{D}}(s)=\hat{\boldsymbol{D}}_{hc}\hat{\boldsymbol{H}}_c(s)+\hat{\boldsymbol{D}}_{Lc}\hat{\boldsymbol{L}}_c(s) \tag{8-118}$$

其控制器形实现$\{\hat{\boldsymbol{A}}_c,\hat{\boldsymbol{B}}_c\}$和$\hat{\boldsymbol{D}}(s)$、$\hat{\boldsymbol{L}}_c(s)$之间具有关系式(参见式(5-58))

$$(s\boldsymbol{I}-\hat{\boldsymbol{A}}_c)\hat{\boldsymbol{L}}_c(s)=\hat{\boldsymbol{B}}_c\hat{\boldsymbol{D}}(s) \tag{8-119}$$

而且$\{\hat{\boldsymbol{D}}(s),\hat{\boldsymbol{L}}_c(s)\}$右互质，即

$$\text{rank}\begin{bmatrix}\hat{\boldsymbol{L}}_c(s)\\ \cdots\cdots \\ \hat{\boldsymbol{D}}(s)\end{bmatrix}=r,\qquad \forall s\in\mathbb{C} \tag{8-120}$$

根据式(8-119)、式(8-120)，可以导出

$$\begin{bmatrix}s\boldsymbol{I}-\hat{\boldsymbol{A}}_c & -\hat{\boldsymbol{B}}_c\end{bmatrix}\begin{bmatrix}\hat{\boldsymbol{L}}_c(s)\\ \hat{\boldsymbol{D}}(s)\end{bmatrix}=\boldsymbol{0} \tag{8-121}$$

$$\begin{bmatrix}\hat{\boldsymbol{L}}_c(s)\\ \cdots\cdots \\ \hat{\boldsymbol{D}}(s)\end{bmatrix}\text{列线性无关} \tag{8-122}$$

可见，$\begin{bmatrix}\hat{\boldsymbol{L}}_c(s)\\ \cdots\cdots \\ \hat{\boldsymbol{D}}(s)\end{bmatrix}$列向量组构成了$\begin{bmatrix}s\boldsymbol{I}-\hat{\boldsymbol{A}}_c & -\hat{\boldsymbol{B}}_c\end{bmatrix}$的$r$维右零空间多项式基。

又根据特征向量的定义，状态矩阵$\hat{\boldsymbol{A}}_c$的特征值s_i对应的特征向量$\hat{\boldsymbol{p}}_i$满足特性向量方程

$$(s_i\boldsymbol{I}-\hat{\boldsymbol{A}}_c)\hat{\boldsymbol{p}}_i=\boldsymbol{0} \tag{8-123}$$

基于此，可导出

$$\begin{bmatrix}s_i\boldsymbol{I}-\hat{\boldsymbol{A}}_c & -\hat{\boldsymbol{B}}_c\end{bmatrix}\begin{bmatrix}\hat{\boldsymbol{p}}_i\\ \boldsymbol{0}\end{bmatrix}=\boldsymbol{0} \tag{8-124}$$

式(8-124)表明

$$\begin{bmatrix}\hat{\boldsymbol{p}}_i\\ \boldsymbol{0}\end{bmatrix}\text{为}\begin{bmatrix}s_i\boldsymbol{I}-\hat{\boldsymbol{A}}_c & -\hat{\boldsymbol{B}}_c\end{bmatrix}\text{右零空间的一个向量} \tag{8-125}$$

这意味着存在$r\times 1$维非零向量$\hat{\boldsymbol{\alpha}}_i$，使

$$\begin{bmatrix}\hat{\boldsymbol{p}}_i\\ \boldsymbol{0}\end{bmatrix}=\begin{bmatrix}\hat{\boldsymbol{L}}_c(s)\\ \hat{\boldsymbol{D}}(s)\end{bmatrix}\hat{\boldsymbol{\alpha}}_i \tag{8-126}$$

根据式(8-126)，若指定Σ_{KF}期望特征值s_i^*相应的期望特征向量为$\boldsymbol{p}_i$，即

$$(s_i^*\boldsymbol{I}-\boldsymbol{A}_c+\boldsymbol{B}_c\boldsymbol{KF})\boldsymbol{p}_i=\boldsymbol{0},\qquad i=1,2,\cdots,n \tag{8-127}$$

则存在$r\times 1$维非零向量$\boldsymbol{\alpha}_i$，使

$$\begin{bmatrix} \boldsymbol{p}_i \\ \boldsymbol{0} \end{bmatrix} = \begin{bmatrix} \boldsymbol{L}_c(s_i^*) \\ \boldsymbol{D}_{RKF}(s_i^*) \end{bmatrix} \boldsymbol{\alpha}_i, \qquad i=1,2,\cdots,n \tag{8-128}$$

式(8-113)两边同时左乘 $\boldsymbol{\alpha}_i$，令 $s=s_i^*$，且将式(8-128)代入，得

$$\boldsymbol{D}_{RKF}(s_i^*)\boldsymbol{\alpha}_i = \boldsymbol{D}_{hc}^{-1}(\boldsymbol{D}_R(s_i^*)\boldsymbol{\alpha}_i + \boldsymbol{D}_{hc}\boldsymbol{F}\boldsymbol{p}_i) = \boldsymbol{D}_{hc}^{-1}(\boldsymbol{\beta}_i + \boldsymbol{D}_{hc}\boldsymbol{F}\boldsymbol{p}_i) = \boldsymbol{0}, \qquad i=1,2,\cdots,n \tag{8-129}$$

式中

$$\boldsymbol{\beta}_i = \boldsymbol{D}_R(s_i^*)\boldsymbol{\alpha}_i, \qquad i=1,2,\cdots,n \tag{8-130}$$

化简式(8-130)，并将其写成向量-矩阵方程形式，即

$$\boldsymbol{F}[\boldsymbol{p}_1 \quad \boldsymbol{p}_2 \quad \cdots \quad \boldsymbol{p}_n] = -\boldsymbol{D}_{hc}^{-1}[\boldsymbol{\beta}_1 \quad \boldsymbol{\beta}_2 \quad \cdots \quad \boldsymbol{\beta}_n] \tag{8-131}$$

因期望特征值 $s_1^*, s_2^*, \cdots, s_n^*$ 互异，相应的期望特征向量 $\boldsymbol{p}_1, \boldsymbol{p}_2, \cdots, \boldsymbol{p}_n$ 线性无关，由式(8-131)，可唯一解出状态反馈增益矩阵 $\boldsymbol{F}$

$$\boldsymbol{F} = -\boldsymbol{D}_{hc}^{-1}[\boldsymbol{\beta}_1 \quad \boldsymbol{\beta}_2 \quad \cdots \quad \boldsymbol{\beta}_n][\boldsymbol{p}_1 \quad \boldsymbol{p}_2 \quad \cdots \quad \boldsymbol{p}_n]^{-1} \tag{8-132}$$

而输入变换矩阵 $\boldsymbol{K}$ 则按式(8-104)选取，即

$$\boldsymbol{K} = \boldsymbol{D}_{hc} \tag{8-133}$$

因此，由期望的 n 个互异的特征值及相应的满足限制条件的期望特征向量，根据式(8-132)、式(8-133)即可完全确定输入变换矩阵 $\boldsymbol{K}$ 和状态反馈增益矩阵 $\boldsymbol{F}$。应该指出，期望特征向量 $\boldsymbol{p}_i$ 应当满足式(8-128)的约束，而且 $\{\boldsymbol{p}_i, i=1,2,\cdots,n\}$ 应线性无关，$\boldsymbol{p}_i$ 的共轭复向量必须和 s_i^* 的共轭复数相对应。

当期望特征值有重特征值时，也可进行特征结构配置，但要用到广义特征向量，这并不存在本质上的困难。

【例 8-4】 给定 2×2 维线性定常被控系统的严真右 MFD 为

$$\boldsymbol{W}(s) = \boldsymbol{N}_R(s)\boldsymbol{D}_R^{-1}(s) = \begin{bmatrix} 1 & s+1 \\ 2 & s \end{bmatrix} \begin{bmatrix} 0 & s^2-1 \\ s+1 & 0 \end{bmatrix}^{-1}$$

由例 5-13 知其为右既约 MFD。$\boldsymbol{D}_R(s)$ 为列既约，其列次分别为 $k_{c1}=1, k_{c2}=2$，则 $n=k_{c1}+k_{c2}=3$。且 $\boldsymbol{D}_R(s)$ 的列次系数矩阵和低次系数矩阵、$\boldsymbol{L}_c(s)$ 为

$$\boldsymbol{D}_{hc} = \begin{bmatrix} 0 & 1 \\ 1 & 0 \end{bmatrix}, \boldsymbol{D}_{Lc} = \begin{bmatrix} 0 & -1 & 0 \\ 1 & 0 & 0 \end{bmatrix}, \boldsymbol{L}_c(s) = \begin{bmatrix} 1 & 0 \\ 0 & 1 \\ 0 & s \end{bmatrix}, \boldsymbol{D}_{hc}^{-1} = \begin{bmatrix} 0 & 1 \\ 1 & 0 \end{bmatrix}$$

给定与例 8-3 相同的一组 3 个期望闭环极点

$$s_{1,2}^* = -1 \pm \mathrm{j}, s_3^* = -5$$

并给出满足限制条件的一组相应的期望特征向量

$$\boldsymbol{p}_1 = \boldsymbol{L}_c(s_1^*)\alpha_1 = \begin{bmatrix} 1 & 0 \\ 0 & 1 \\ 0 & -1+\mathrm{j} \end{bmatrix} \begin{bmatrix} 1 \\ 1 \end{bmatrix} = \begin{bmatrix} 1 \\ 1 \\ -1+\mathrm{j} \end{bmatrix}$$

$$\boldsymbol{p}_2 = \boldsymbol{L}_c(s_2^*)\alpha_2 = \begin{bmatrix} 1 & 0 \\ 0 & 1 \\ 0 & -1-\mathrm{j} \end{bmatrix} \begin{bmatrix} 1 \\ 1 \end{bmatrix} = \begin{bmatrix} 1 \\ 1 \\ -1-\mathrm{j} \end{bmatrix}$$

$$\boldsymbol{p}_3 = \boldsymbol{L}_c(s_3^*)\alpha_3 = \begin{bmatrix} 1 & 0 \\ 0 & 1 \\ 0 & -5 \end{bmatrix} \begin{bmatrix} 1 \\ 0 \end{bmatrix} = \begin{bmatrix} 1 \\ 0 \\ 0 \end{bmatrix}$$

由式(8-130)，得

$$\boldsymbol{\beta}_1=\boldsymbol{D}_R(s_1^*)\alpha_1=\begin{bmatrix}0 & -1-2\mathrm{j}\\ \mathrm{j} & 0\end{bmatrix}\begin{bmatrix}1\\1\end{bmatrix}=\begin{bmatrix}-1-2\mathrm{j}\\ \mathrm{j}\end{bmatrix}$$

$$\boldsymbol{\beta}_2=\boldsymbol{D}_R(s_2^*)\alpha_2=\begin{bmatrix}0 & -1+2\mathrm{j}\\ -\mathrm{j} & 0\end{bmatrix}\begin{bmatrix}1\\1\end{bmatrix}=\begin{bmatrix}-1+2\mathrm{j}\\ -\mathrm{j}\end{bmatrix}$$

$$\boldsymbol{\beta}_3=\boldsymbol{D}_R(s_3^*)\alpha_3=\begin{bmatrix}0 & 24\\ -4 & 0\end{bmatrix}\begin{bmatrix}1\\0\end{bmatrix}=\begin{bmatrix}0\\ -4\end{bmatrix}$$

则根据式(8-132)，得状态反馈增益矩阵 $\boldsymbol{F}$ 为

$$\begin{aligned}\boldsymbol{F}&=-\boldsymbol{D}_{hc}^{-1}[\boldsymbol{\beta}_1\quad\boldsymbol{\beta}_2\quad\boldsymbol{\beta}_3][\boldsymbol{p}_1\quad\boldsymbol{p}_2\quad\boldsymbol{p}_3]^{-1}\\&=-\begin{bmatrix}0&1\\1&0\end{bmatrix}\begin{bmatrix}-1-2\mathrm{j}&-1+2\mathrm{j}&0\\ \mathrm{j}&-\mathrm{j}&-4\end{bmatrix}\begin{bmatrix}1&1&1\\1&1&0\\-1+\mathrm{j}&-1-\mathrm{j}&0\end{bmatrix}^{-1}\\&=-\begin{bmatrix}\mathrm{j}&-\mathrm{j}&-4\\-1-2\mathrm{j}&-1+2\mathrm{j}&0\end{bmatrix}\begin{bmatrix}0&\frac{1}{2}-\frac{1}{2}\mathrm{j}&-\frac{1}{2}\mathrm{j}\\0&\frac{1}{2}+\frac{1}{2}\mathrm{j}&\frac{1}{2}\mathrm{j}\\1&-1&0\end{bmatrix}=\begin{bmatrix}4&-5&-1\\0&3&2\end{bmatrix}\end{aligned}$$

又根据式(8-133)，得输入变换矩阵 $\boldsymbol{K}$ 为

$$\boldsymbol{K}=\boldsymbol{D}_{hc}=\begin{bmatrix}0&1\\1&0\end{bmatrix}$$

基于上述综合结果，可导出带输入变换的状态反馈系统 Σ_{KF} 的传递函数矩阵 $\boldsymbol{W}_{KF}(s)$ 为

$$\boldsymbol{W}_{KF}(s)=\boldsymbol{N}_R(s)\boldsymbol{D}_{RKF}^{-1}(s)$$

其中

$$\boldsymbol{N}_R(s)=\begin{bmatrix}1&s+1\\2&s\end{bmatrix}$$

$$\begin{aligned}\boldsymbol{D}_{RKF}(s)&=\boldsymbol{H}_c(s)+(\boldsymbol{D}_{hc}^{-1}\boldsymbol{D}_{Lc}+\boldsymbol{F})\boldsymbol{L}_c(s)\\&=\begin{bmatrix}s&0\\0&s^2\end{bmatrix}+\left(\begin{bmatrix}0&1\\1&0\end{bmatrix}\begin{bmatrix}0&-1&0\\1&0&0\end{bmatrix}+\begin{bmatrix}4&-5&-1\\0&3&2\end{bmatrix}\right)\begin{bmatrix}1&0\\0&1\\0&s\end{bmatrix}\\&=\begin{bmatrix}s+5&-s-5\\0&s^2+2s+2\end{bmatrix}\end{aligned}$$

在例 5-15 中，求出本例被控系统传递函数矩阵 $\boldsymbol{W}(s)$ 的控制器形最小实现 $\Sigma_o(\boldsymbol{A}_c,\boldsymbol{B}_c,\boldsymbol{C}_c)$ 的系数矩阵为

$$\boldsymbol{A}_c=\left[\begin{array}{c:cc}-1&0&0\\ \hdashline 0&0&1\\0&1&0\end{array}\right],\boldsymbol{B}_c=\left[\begin{array}{cc}0&1\\ \hdashline 0&0\\1&0\end{array}\right],\boldsymbol{C}_c=\left[\begin{array}{c:cc}1&1&1\\2&0&1\end{array}\right]$$

而本例极点配置和特征向量配置问题就等价于确定 2×2 维输入变换矩阵 $\boldsymbol{K}$ 和 2×3 维状态反馈增益矩阵 $\boldsymbol{F}$，使带输入变换的状态反馈闭环系统 Σ_{KF} 的控制器形实现

$$\{\boldsymbol{A}_c-\boldsymbol{B}_c\boldsymbol{KF},\boldsymbol{B}_c\boldsymbol{K},\boldsymbol{C}_c\}$$

的状态矩阵 $(\boldsymbol{A}_c-\boldsymbol{B}_c\boldsymbol{KF})$ 的特征值配置在 $s_{1,2}^*=-1\pm\mathrm{j}$，$s_3^*=-5$，且相应的特征向量配置在

$$\boldsymbol{p}_1=\begin{bmatrix}1\\1\\-1+\mathrm{j}\end{bmatrix},\boldsymbol{p}_2=\begin{bmatrix}1\\1\\-1-\mathrm{j}\end{bmatrix},\boldsymbol{p}_3=\begin{bmatrix}1\\0\\0\end{bmatrix}$$

可验证所设计的 $\boldsymbol{K}$ 和 $\boldsymbol{F}$ 满足上述特征结构配置要求。

8.6 输入-输出反馈动态补偿器设计

由 7.5 节知，对于能控且能观测的被控系统，采用线性非动态输出反馈一般不能任意配置闭环系统的极点，为了克服线性非动态输出反馈的局限，可采用带有校正网络(动态补偿器)的输出反馈控制方式。从图 7-14 带渐近观测器的状态反馈系统可见，反馈信号 $\boldsymbol{F}\hat{\boldsymbol{x}}$ 是通过被控系统可测量的输入和输出信号形成的，其本质上是输出反馈，若将状态观测器和状态反馈增益矩阵合并，则构成补偿器，且由于补偿器中的观测器为动力学系统，故称之为动态补偿器。显然，这种带动态补偿器的输出反馈系统补偿了线性非动态输出反馈的局限。因此，由图 7-14，可导出图8-4 所示的带动态补偿器的输出和输入反馈系统 Σ_{CF}，其亦称为观测器-控制器型补偿反馈系统，实质上为带观测器的状态反馈系统的复频域形式。

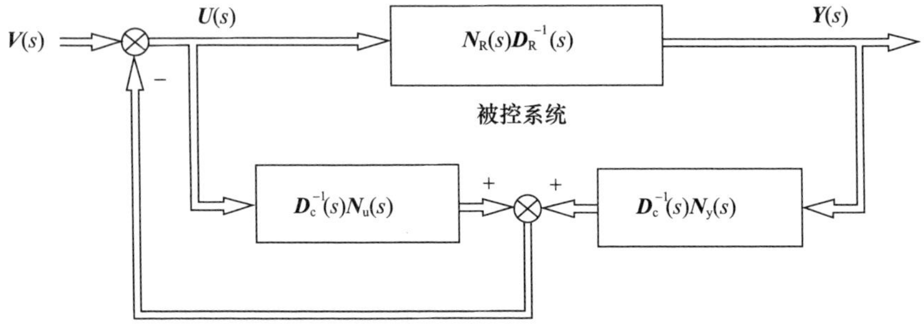

图 8-4　带动态补偿器的输入-输出反馈闭环系统

图 8-4 中，设 MIMO 被控系统 Σ_{o} 既约，其 $m\times r$ 维既约严真右 MFD 为

$$\boldsymbol{W}_{\mathrm{o}}(s)=\boldsymbol{N}_{\mathrm{R}}(s)\boldsymbol{D}_{\mathrm{R}}^{-1}(s),\boldsymbol{D}_{\mathrm{R}}(s)\text{列既约} \tag{8-134}$$

相应的 PMD 为

$$\begin{cases}\boldsymbol{D}_{\mathrm{R}}(s)\overline{\boldsymbol{\zeta}}(s)=\boldsymbol{U}(s)\\ \boldsymbol{Y}(s)=\boldsymbol{N}_{\mathrm{R}}(s)\overline{\boldsymbol{\zeta}}(s)\end{cases} \tag{8-135}$$

而带动态补偿器的输入-输出反馈控制律为

$$\boldsymbol{U}(s)=\boldsymbol{V}(s)-\overline{\boldsymbol{\zeta}}_{\mathrm{c}}(s) \tag{8-136}$$

式中

$$\overline{\boldsymbol{\zeta}}_{\mathrm{c}}(s)=\boldsymbol{D}_{\mathrm{c}}^{-1}(s)\boldsymbol{N}_{\mathrm{u}}(s)\boldsymbol{U}(s)+\boldsymbol{D}_{\mathrm{c}}^{-1}(s)\boldsymbol{N}_{\mathrm{y}}(s)\boldsymbol{Y}(s) \tag{8-137}$$

将式(8-136)代入式(8-135)，得带动态补偿器的输入-输出反馈系统 Σ_{CF} 的 PMD 为

$$\begin{cases}\begin{bmatrix}\boldsymbol{D}_{\mathrm{R}}(s) & \boldsymbol{I}\\ -\boldsymbol{N}_{\mathrm{y}}(s)\boldsymbol{N}_{\mathrm{R}}(s) & \boldsymbol{D}_{\mathrm{c}}(s)+\boldsymbol{N}_{\mathrm{u}}(s)\end{bmatrix}\begin{bmatrix}\overline{\boldsymbol{\zeta}}(s)\\ \overline{\boldsymbol{\zeta}}_{\mathrm{c}}(s)\end{bmatrix}=\begin{bmatrix}\boldsymbol{I}\\ \boldsymbol{N}_{\mathrm{u}}(s)\end{bmatrix}\boldsymbol{V}(s)\\ \boldsymbol{Y}(s)=\begin{bmatrix}\boldsymbol{N}_{\mathrm{R}}(s) & \boldsymbol{0}\end{bmatrix}\begin{bmatrix}\overline{\boldsymbol{\zeta}}(s)\\ \overline{\boldsymbol{\zeta}}_{\mathrm{c}}(s)\end{bmatrix}\end{cases} \tag{8-138}$$

引入单模变换

$$\begin{bmatrix}\overline{\boldsymbol{\zeta}}(s)\\ \overline{\boldsymbol{\zeta}}_{\mathrm{c}}(s)\end{bmatrix}=\begin{bmatrix}\boldsymbol{I} & \boldsymbol{0}\\ -\boldsymbol{D}_{\mathrm{R}}(s) & \boldsymbol{I}\end{bmatrix}\begin{bmatrix}\hat{\boldsymbol{\zeta}}(s)\\ \hat{\boldsymbol{\zeta}}_{\mathrm{c}}(s)\end{bmatrix} \tag{8-139}$$

得与式(8-138)严格系统等价的PMD为

$$\begin{cases}\begin{bmatrix}\mathbf{0} & \boldsymbol{I}\\ -\boldsymbol{N}_{\mathrm{y}}(s)\boldsymbol{N}_{\mathrm{R}}(s)-\boldsymbol{D}_{\mathrm{c}}(s)\boldsymbol{D}_{\mathrm{R}}(s)-\boldsymbol{N}_{\mathrm{u}}(s)\boldsymbol{D}_{\mathrm{R}}(s) & \boldsymbol{D}_{\mathrm{c}}(s)+\boldsymbol{N}_{\mathrm{u}}(s)\end{bmatrix}\begin{bmatrix}\hat{\boldsymbol{\zeta}}(s)\\ \hat{\boldsymbol{\zeta}}_{\mathrm{c}}(s)\end{bmatrix}=\begin{bmatrix}\boldsymbol{I}\\ \boldsymbol{N}_{\mathrm{u}}(s)\end{bmatrix}\boldsymbol{V}(s)\\ \boldsymbol{Y}(s)=\begin{bmatrix}\boldsymbol{N}_{\mathrm{R}}(s) & \mathbf{0}\end{bmatrix}\begin{bmatrix}\hat{\boldsymbol{\zeta}}(s)\\ \hat{\boldsymbol{\zeta}}_{\mathrm{c}}(s)\end{bmatrix}\end{cases} \tag{8-140}$$

令

$$\boldsymbol{D}_{\mathrm{F}}(s)\triangleq\boldsymbol{N}_{\mathrm{y}}(s)\boldsymbol{N}_{\mathrm{R}}(s)+\boldsymbol{D}_{\mathrm{c}}(s)\boldsymbol{D}_{\mathrm{R}}(s)+\boldsymbol{N}_{\mathrm{u}}(s)\boldsymbol{D}_{\mathrm{R}}(s) \tag{8-141}$$

则由式(8-140)及分块矩阵求逆的方法,得$\sum_{\mathrm{CF}}$的PMD的传递函数矩阵

$$\begin{aligned}\boldsymbol{W}_{\mathrm{CF}}(s)&=\begin{bmatrix}\boldsymbol{N}_{\mathrm{R}}(s) & \mathbf{0}\end{bmatrix}\begin{bmatrix}\mathbf{0} & \boldsymbol{I}\\ -\boldsymbol{D}_{\mathrm{F}}(s) & \boldsymbol{D}_{\mathrm{c}}(s)+\boldsymbol{N}_{\mathrm{u}}(s)\end{bmatrix}^{-1}\begin{bmatrix}\boldsymbol{I}\\ \boldsymbol{N}_{\mathrm{u}}(s)\end{bmatrix}\\ &=\begin{bmatrix}\boldsymbol{N}_{\mathrm{R}}(s) & \mathbf{0}\end{bmatrix}\begin{bmatrix}\boldsymbol{D}_{\mathrm{F}}^{-1}(s)(\boldsymbol{D}_{\mathrm{c}}(s)+\boldsymbol{N}_{\mathrm{u}}(s)) & -\boldsymbol{D}_{\mathrm{F}}^{-1}(s)\\ \boldsymbol{I} & \mathbf{0}\end{bmatrix}\begin{bmatrix}\boldsymbol{I}\\ \boldsymbol{N}_{\mathrm{u}}(s)\end{bmatrix}\\ &=\boldsymbol{N}_{\mathrm{R}}(s)\boldsymbol{D}_{\mathrm{F}}^{-1}(s)\boldsymbol{D}_{\mathrm{c}}(s)\end{aligned} \tag{8-142}$$

可见,引入输入-输出动态补偿器后的闭环系统$\sum_{\mathrm{CF}}$未改变被控系统(8-134)的左分子矩阵,但通过设计补偿器的$r\times r$维分母矩阵$\boldsymbol{D}_{\mathrm{c}}(s)$、$r\times r$维分子矩阵$\boldsymbol{N}_{\mathrm{u}}(s)$和$r\times m$维分子矩阵$\boldsymbol{N}_{\mathrm{y}}(s)$可改变系统的分母矩阵,且$\sum_{\mathrm{CF}}$还增加了一个右分子矩阵$\boldsymbol{D}_{\mathrm{c}}(s)$,从而不仅能配置系统的极点和特征向量,而且还可增设某些零点和极点。下面介绍补偿器的设计方法。

设k_{cj}为被控系统(8-134) $r\times r$维分母矩阵$\boldsymbol{D}_{\mathrm{R}}(s)$第$j$列的列次,$j=1,2,\cdots,r$, $n=\sum_{j=1}^{r}k_{cj}$, $k=\max\{k_{cj},j=1,2,\cdots,r\}$,记

$$\boldsymbol{D}_{\mathrm{R}}(s)=\boldsymbol{D}_0s^k+\boldsymbol{D}_1s^{k-1}+\cdots+\boldsymbol{D}_k \tag{8-143}$$

$$\boldsymbol{N}_{\mathrm{R}}(s)=\boldsymbol{N}_0s^k+\boldsymbol{N}_1s^{k-1}+\cdots+\boldsymbol{N}_k \tag{8-144}$$

则按式(5-106)所示形式,用$\boldsymbol{D}_{\mathrm{R}}(s)$和$\boldsymbol{N}_{\mathrm{R}}(s)$的系数矩阵构造广义Sylvester结式矩阵$\boldsymbol{S}$,然后参照5.5.4节的方法从上到下依次搜索矩阵$\boldsymbol{S}$的线性无关行,直至确定出既约严真右MFD(8-134)的行指数υ。为保证式(8-141)对$\boldsymbol{N}_{\mathrm{u}}(s)$和$\boldsymbol{N}_{\mathrm{R}}(s)$有解,取补偿器分母矩阵$\boldsymbol{D}_{\mathrm{c}}(s)$的行次均为$\upsilon-1$,且为了使输入-输出反馈补偿器$\boldsymbol{D}_{\mathrm{c}}^{-1}(s)\boldsymbol{N}_{\mathrm{u}}(s)$和$\boldsymbol{D}_{\mathrm{c}}^{-1}(s)\boldsymbol{N}_{\mathrm{y}}(s)$为真MFD,且选取$\boldsymbol{D}_{\mathrm{c}}(s)$为行既约;而为了保证整个闭环系统非退化,则选取列次数为

$$\delta_{cj}\boldsymbol{D}_{\mathrm{F}}(s)=k_{cj}+\upsilon-1,\qquad j=1,2,\cdots,r \tag{8-145}$$

的列既约多项式矩阵$\boldsymbol{D}_{\mathrm{F}}(s)$。在预选$\boldsymbol{D}_{\mathrm{c}}(s)$、$\boldsymbol{D}_{\mathrm{F}}(s)$的基础上,计算

$$\overline{\boldsymbol{D}}_{\mathrm{F}}(s)=\boldsymbol{D}_{\mathrm{F}}(s)-\boldsymbol{D}_{\mathrm{c}}(s)\boldsymbol{D}_{\mathrm{R}}(s)=\boldsymbol{F}_0s^{k+\upsilon-1}+\boldsymbol{F}_1s^{k+\upsilon-2}+\cdots+\boldsymbol{F}_{k+\upsilon-1} \tag{8-146}$$

令

$$\boldsymbol{N}_{\mathrm{u}}(s)=\boldsymbol{N}_{\mathrm{u},0}s^{\upsilon-1}+\boldsymbol{N}_{\mathrm{u},1}s^{\upsilon-2}+\cdots+\boldsymbol{N}_{\mathrm{u},\upsilon-1} \tag{8-147}$$

$$\boldsymbol{N}_{\mathrm{y}}(s)=\boldsymbol{N}_{\mathrm{y},0}s^{\upsilon-1}+\boldsymbol{N}_{\mathrm{y},1}s^{\upsilon-2}+\cdots+\boldsymbol{N}_{\mathrm{y},\upsilon-1} \tag{8-148}$$

将式(8-143)~式(8-144)及式(8-146)~式(8-148)代入式(8-141),即

$$\overline{\boldsymbol{D}}_{\mathrm{F}}(s)=\boldsymbol{D}_{\mathrm{F}}(s)-\boldsymbol{D}_{\mathrm{c}}(s)\boldsymbol{D}_{\mathrm{R}}(s)=\boldsymbol{N}_{\mathrm{u}}(s)\boldsymbol{D}_{\mathrm{R}}(s)+\boldsymbol{N}_{\mathrm{y}}(s)\boldsymbol{N}_{\mathrm{R}}(s)$$

并令等式两边s同次幂的系数矩阵相等,得

$$[\boldsymbol{N}_{u,\upsilon-1} \quad \boldsymbol{N}_{y,\upsilon-1} \vdots \boldsymbol{N}_{u,\upsilon-2} \quad \boldsymbol{N}_{y,\upsilon-2} \vdots \cdots \vdots \boldsymbol{N}_{u,1} \quad \boldsymbol{N}_{y,1} \vdots \boldsymbol{N}_{u,0} \quad \boldsymbol{N}_{y,0}]\boldsymbol{S}_{\upsilon-1}=[\boldsymbol{F}_{k+\upsilon-1} \quad \cdots \quad \boldsymbol{F}_1 \quad \boldsymbol{F}_0] \tag{8-149}$$

式中，$\boldsymbol{S}_{\upsilon-1}$为参照式(5-106)用$\boldsymbol{D}_R(s)$和$\boldsymbol{N}_R(s)$的系数矩阵构造的$(r+m)\upsilon\times(\upsilon+k)r$维广义 Sylvester 结式矩阵。

由式(8-149)的解，构成输入-输出反馈补偿器$\boldsymbol{D}_c^{-1}(s)\boldsymbol{N}_u(s)$和$\boldsymbol{D}_c^{-1}(s)\boldsymbol{N}_y(s)$，其中，分子矩阵$\boldsymbol{N}_u(s)$、$\boldsymbol{N}_y(s)$分别如式(8-147)、式(8-148)所示。

【例 8-5】 设被控系统传递函数矩阵$\boldsymbol{W}(s)$为

$$\boldsymbol{W}(s)=\begin{bmatrix} \dfrac{3}{s+1} & \dfrac{1}{s+2} \\ \dfrac{-1}{s+1} & \dfrac{1}{s(s+2)} \end{bmatrix}$$

$\boldsymbol{W}(s)$的一个右既约 MFD 为

$$\boldsymbol{W}(s)=\boldsymbol{N}_R(s)\boldsymbol{D}_R^{-1}(s)=\begin{bmatrix} 3 & s \\ -1 & 1 \end{bmatrix}\begin{bmatrix} s+1 & 0 \\ 0 & s(s+2) \end{bmatrix}^{-1}$$

显然，$\boldsymbol{D}_R(s)$列既约，其第 1 列、第 2 列的列次分别为$k_{c1}=1$、$k_{c2}=2$，则$k=\max\{k_{c1},k_{c2}\}=2$，$n=k_{c1}+k_{c2}=3$。记

$$\boldsymbol{D}_R(s)=\begin{bmatrix} 0 & 0 \\ 0 & 1 \end{bmatrix}s^2+\begin{bmatrix} 1 & 0 \\ 0 & 2 \end{bmatrix}s+\begin{bmatrix} 1 & 0 \\ 0 & 0 \end{bmatrix}$$

$$\boldsymbol{N}_R(s)=\begin{bmatrix} 0 & 0 \\ 0 & 0 \end{bmatrix}s^2+\begin{bmatrix} 0 & 1 \\ 0 & 0 \end{bmatrix}s+\begin{bmatrix} 3 & 0 \\ -1 & 1 \end{bmatrix}$$

参照式(5-106)构造($n_1=n=3$)广义 Sylvester 结式矩阵为

$$\boldsymbol{S}=\begin{bmatrix} \boldsymbol{D}_2 & \boldsymbol{D}_1 & \boldsymbol{D}_0 & \boldsymbol{0} & \boldsymbol{0} \\ \boldsymbol{N}_2 & \boldsymbol{N}_1 & \boldsymbol{N}_0 & \boldsymbol{0} & \boldsymbol{0} \\ \hdashline \boldsymbol{0} & \boldsymbol{D}_2 & \boldsymbol{D}_1 & \boldsymbol{D}_0 & \boldsymbol{0} \\ \boldsymbol{0} & \boldsymbol{N}_2 & \boldsymbol{N}_1 & \boldsymbol{N}_0 & \boldsymbol{0} \\ \hdashline \boldsymbol{0} & \boldsymbol{0} & \boldsymbol{D}_2 & \boldsymbol{D}_1 & \boldsymbol{D}_0 \\ \boldsymbol{0} & \boldsymbol{0} & \boldsymbol{N}_2 & \boldsymbol{N}_1 & \boldsymbol{N}_0 \end{bmatrix}=\begin{bmatrix} 1&0&1&0&0&0&0&0&0&0 \\ 0&0&0&2&0&1&0&0&0&0 \\ 3&0&0&1&0&0&0&0&0&0 \\ -1&1&0&0&0&0&0&0&0&0 \\ \hdashline 0&0&1&0&1&0&0&0&0&0 \\ 0&0&0&0&0&2&0&1&0&0 \\ 0&0&3&0&0&1&0&0&0&0 \\ 0&0&-1&1&0&0&0&0&0&0 \\ \hdashline 0&0&0&0&1&0&1&0&0&0 \\ 0&0&0&0&0&0&0&2&0&1 \\ 0&0&0&0&3&0&0&1&0&0 \\ 0&0&0&0&-1&1&0&0&0&0 \end{bmatrix}$$

因 rank $\boldsymbol{S}=9$，而$\boldsymbol{S}$中所有(共 6 个)D-行均与其前面的行线性无关，故可推断$\boldsymbol{S}$中有 3 个线性无关的N-行，采用从上到下依次搜索，可知存在两个线性无关的$N1$-行和一个线性无关的$N2$-行，即$\upsilon_1=2$，$\upsilon_2=1$，则$\boldsymbol{W}(s)$的行指数$\upsilon=\max\{\upsilon_1,\upsilon_2\}=2$。

选取补偿器分母矩阵$\boldsymbol{D}_c(s)$的行次均为$\upsilon-1=1$，且选取$\boldsymbol{D}_c(s)$为行既约，基于此，选

$$\boldsymbol{D}_c(s)=\begin{bmatrix} s+2 & 0 \\ 0 & s+4 \end{bmatrix}$$

又根据式(8-145)，选取列次数为

$$\delta_{c1}\boldsymbol{D}_F(s)=k_{c1}+\upsilon-1=2;\delta_{c2}\boldsymbol{D}_F(s)=k_{c2}+\upsilon-1=3$$

的列既约多项式矩阵 $\boldsymbol{D}_F(s)$ 为

$$\boldsymbol{D}_F(s)=\begin{bmatrix} s^2+2s+2 & 0 \\ 0 & (s+3)(s+3)(s+3) \end{bmatrix}$$

基于此，根据式(8-146)，计算得

$$\overline{\boldsymbol{D}}_F(s)=\boldsymbol{D}_F(s)-\boldsymbol{D}_c(s)\boldsymbol{D}_R(s)=\begin{bmatrix} -s & 0 \\ 0 & 3s^2+19s+27 \end{bmatrix}$$

$$=\begin{bmatrix} 0 & 0 \\ 0 & 0 \end{bmatrix}s^3+\begin{bmatrix} 0 & 0 \\ 0 & 3 \end{bmatrix}s^2+\begin{bmatrix} -1 & 0 \\ 0 & 19 \end{bmatrix}s+\begin{bmatrix} 0 & 0 \\ 0 & 27 \end{bmatrix}$$

根据式(8-147)，令

$$\boldsymbol{N}_u(s)=\boldsymbol{N}_{u,0}s+\boldsymbol{N}_{u,1}$$

$$\boldsymbol{N}_y(s)=\boldsymbol{N}_{y,0}s+\boldsymbol{N}_{y,1}$$

则根据式(8-149)，列方程

$$[\boldsymbol{N}_{u,1} \quad \boldsymbol{N}_{y,1} \,\vdots\, \boldsymbol{N}_{u,0} \quad \boldsymbol{N}_{y,0}]\boldsymbol{S}_1=\left[\begin{array}{cc:cc:cc:cc} 0 & 0 & -1 & 0 & 0 & 0 & 0 & 0 \\ 0 & 27 & 0 & 19 & 0 & 3 & 0 & 0 \end{array}\right]$$

式中，$\boldsymbol{S}_1$ 为用 $\boldsymbol{D}_R(s)$ 和 $\boldsymbol{N}_R(s)$ 的系数矩阵构造的 $(r+m)\upsilon\times(\upsilon+k)r=8\times8$ 维广义 Sylvester 结式矩阵，即

$$\boldsymbol{S}_1=\left[\begin{array}{cccccccc} 1 & 0 & 1 & 0 & 0 & 0 & 0 & 0 \\ 0 & 0 & 0 & 2 & 0 & 1 & 0 & 0 \\ 3 & 0 & 0 & 1 & 0 & 0 & 0 & 0 \\ -1 & 1 & 0 & 0 & 0 & 0 & 0 & 0 \\ \hdashline 0 & 0 & 1 & 0 & 1 & 0 & 0 & 0 \\ 0 & 0 & 0 & 0 & 0 & 2 & 0 & 1 \\ 0 & 0 & 3 & 0 & 0 & 1 & 0 & 0 \\ 0 & 0 & -1 & 1 & 0 & 0 & 0 & 0 \end{array}\right]$$

因 $\text{rank}\boldsymbol{S}_1=7$，故上述方程的解不唯一，解得满足方程的一个解为

$$[\boldsymbol{N}_{u,1} \quad \boldsymbol{N}_{y,1} \,\vdots\, \boldsymbol{N}_{u,0} \quad \boldsymbol{N}_{y,0}]=\left[\begin{array}{cccc:cccc} 0 & 1 & 0 & 0 & 0 & 0 & -1 & -2 \\ 0 & -1 & 9 & 27 & 0 & 0 & 4 & 12 \end{array}\right]$$

则阶次为 $(\upsilon-1)r=2$ 的输入-输出反馈补偿器为

$$\boldsymbol{D}_c^{-1}(s)\boldsymbol{N}_u(s)=\begin{bmatrix} s+2 & 0 \\ 0 & s+4 \end{bmatrix}^{-1}\begin{bmatrix} 0 & 1 \\ 0 & -1 \end{bmatrix}$$

$$\boldsymbol{D}_c^{-1}(s)\boldsymbol{N}_y(s)=\begin{bmatrix} s+2 & 0 \\ 0 & s+4 \end{bmatrix}^{-1}\begin{bmatrix} -s & -2s \\ 4s+9 & 12s+27 \end{bmatrix}$$

根据式(8-142)，带上述动态补偿器的输入-输出反馈系统 Σ_{CF} 的传递函数矩阵为

$$\boldsymbol{W}_{CF}(s)=\boldsymbol{N}_R(s)\boldsymbol{D}_F^{-1}(s)\boldsymbol{D}_c(s)$$

$$=\begin{bmatrix} 3 & s \\ -1 & 1 \end{bmatrix}\begin{bmatrix} s^2+2s+2 & 0 \\ 0 & (s+3)(s+3)(s+3) \end{bmatrix}^{-1}\begin{bmatrix} s+2 & 0 \\ 0 & s+4 \end{bmatrix}$$

$$=\begin{bmatrix} \dfrac{3(s+2)}{s^2+2s+2} & \dfrac{s(s+4)}{(s+3)(s+3)(s+3)} \\ \dfrac{-(s+2)}{s^2+2s+2} & \dfrac{s+4}{(s+3)(s+3)(s+3)} \end{bmatrix}$$

由传递函数矩阵零、极点的定义可知，被控系统 $\boldsymbol{W}(s)$ 的极点为 0、−1、−2；$\boldsymbol{W}(s)$ 的零点

为-3。而带上述动态补偿器的输入-输出反馈系统Σ_{CF}的传递函数矩阵$\boldsymbol{W}_{CF}(s)$的极点为-3、-3、-3、$-1\pm j$，这正是$\det\boldsymbol{D}_F(s)=0$的根；$\boldsymbol{W}_{CF}(s)$的零点为$-3$、$-2$、$-4$，其中，$-3$是保留的原被控系统的零点，而$-2$、$-4$正是$\det\boldsymbol{D}_c(s)=0$的根，本例通过如上述选择$\boldsymbol{D}_F(s)$、$\boldsymbol{D}_c(s)$，使得$\det\boldsymbol{D}_c(s)=0$的根$-2$、$-4$成为$\boldsymbol{W}_{CF}(s)$增设的零点，而非输入解耦零点。

针对本例被控系统，若$\boldsymbol{D}_F(s)$的选择不变，改选补偿器分母矩阵$\boldsymbol{D}_c(s)$为

$$\boldsymbol{D}_c(s)=\begin{bmatrix} s+3 & 0 \\ 0 & s+3 \end{bmatrix}$$

则用上述同样的方法解得

$$[\boldsymbol{N}_{u,1} \quad \boldsymbol{N}_{y,1} \ \vdots\ \boldsymbol{N}_{u,0} \quad \boldsymbol{N}_{y,0}]=\left[\begin{array}{cccc:cccc} -1 & 1 & 0 & 0 & 0 & 0 & -1 & -2 \\ 0 & 0 & 9 & 27 & 0 & 0 & 4 & 12 \end{array}\right]$$

则阶次为$(v-1)r=2$的输入-输出反馈补偿器为

$$\boldsymbol{D}_c^{-1}(s)\boldsymbol{N}_u(s)=\begin{bmatrix} s+3 & 0 \\ 0 & s+3 \end{bmatrix}^{-1}\begin{bmatrix} -1 & 1 \\ 0 & 0 \end{bmatrix}$$

$$\boldsymbol{D}_c^{-1}(s)\boldsymbol{N}_y(s)=\begin{bmatrix} s+3 & 0 \\ 0 & s+3 \end{bmatrix}^{-1}\begin{bmatrix} -s & -2s \\ 4s+9 & 12s+27 \end{bmatrix}$$

则整个闭环系统Σ_{CF}的传递函数矩阵变为

$$\begin{aligned}\boldsymbol{W}_{CF}(s)&=\boldsymbol{N}_R(s)\boldsymbol{D}_F^{-1}(s)\boldsymbol{D}_c(s)\\&=\begin{bmatrix} 3 & s \\ -1 & 1 \end{bmatrix}\begin{bmatrix} s^2+2s+2 & 0 \\ 0 & (s+3)(s+3)(s+3) \end{bmatrix}^{-1}\begin{bmatrix} s+3 & 0 \\ 0 & s+3 \end{bmatrix}\\&=\begin{bmatrix} \dfrac{3(s+3)}{s^2+2s+2} & \dfrac{s}{(s+3)(s+3)} \\ \dfrac{-(s+3)}{s^2+2s+2} & \dfrac{1}{(s+3)(s+3)} \end{bmatrix}\end{aligned}$$

对应的Σ_{CF}的传递函数矩阵$\boldsymbol{W}_{CF}(s)$的极点为-3、-3、$-1\pm j$；$\boldsymbol{W}_{CF}(s)$的零点为-3、-3，其中一个-3是保留的原被控系统的零点，另一个-3是$\det\boldsymbol{D}_c(s)=0$的一个根，而$\det\boldsymbol{D}_c(s)=0$的另一个也为$-3$的根则成为$\Sigma_{CF}$的一个输入解耦零点(整个闭环系统成为不完全能控系统)。

综上所述，利用多项式矩阵法设计输入-输出反馈补偿器比基于状态空间法的特征结构配置具有更大的自由度。状态空间法只能配置系统的特征值和特征向量，而系统的零点不变；基于多项式矩阵法设计的输入-输出反馈补偿器不仅可配置系统的特征值和特征向量，保持被控系统的零点不变，而且能够根据需要增设某些零点和极点，以使闭环系统获得更好的动态特性。

8.7 单位输出反馈系统串联补偿器设计

输入-输出反馈补偿器可在满足一定的约束条件下，通过灵活配置闭环系统的分母矩阵$\boldsymbol{D}_F(s)$及右分子矩阵$\boldsymbol{D}_c(s)$($\boldsymbol{D}_c(s)$也就是补偿器的分母矩阵)的系数矩阵，实现系统特征值、特征向量的配置，保持零点不变，而且可在s平面期望位置增设某些零点和极点。但若仅要求配置系统的特征结构，对系统的零点位置无要求，则可采用输出反馈补偿器或单位反馈系统串联补偿器，以简化补偿器的形式和降低补偿器的阶次。本节介绍单位输出反馈系统串联补偿器的设计方法。

8.7.1 单变量单位输出反馈系统串联补偿器设计

带串联补偿器的单变量单位输出反馈系统Σ_F如图8-5所示。其中，被控系统由真或严真n

阶既约有理传递函数

$$W(s)=\frac{N_0 s^n+N_1 s^{n-1}+\cdots+N_{n-1}s+N_n}{D_0 s^n+D_1 s^{n-1}+\cdots+D_{n-1}s+D_n},\qquad D_0\neq 0 \tag{8-150}$$

完全表征，串联补偿器 $W_c(s)$ 由真或严真 k 阶既约有理传递函数

$$W_c(s)=\frac{N_{c,0} s^k+N_{c,1} s^{k-1}+\cdots+N_{c,k-1}s+N_{c,k}}{D_{c,0} s^k+D_{c,1} s^{k-1}+\cdots+D_{c,k-1}s+D_{c,k}},\qquad D_{c,0}\neq 0 \tag{8-151}$$

完全表征，给定期望性能指标，即一组共$(n+k)$个期望闭环极点

$$\{s_1^*,s_2^*,\cdots,s_{n+k}^*\} \tag{8-152}$$

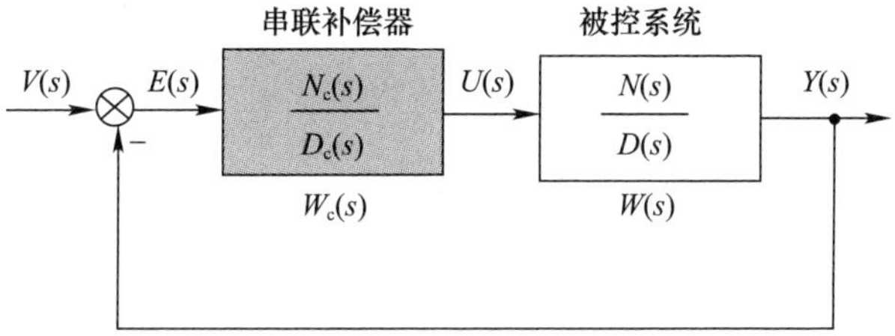

图 8-5　带串联补偿器的单位输出反馈系统

由图 8-5，可导出带串联补偿器的单位输出反馈系统 Σ_F 的闭环传递函数

$$W_F(s)=\frac{N(s)N_c(s)}{D_c(s)D(s)+N_c(s)N(s)}\triangleq\frac{N(s)N_c(s)}{D_F(s)} \tag{8-153}$$

式中

$$D_F(s)=D_c(s)D(s)+N_c(s)N(s) \tag{8-154}$$

为$(n+k)$次多项式，令

$$D_F(s)=f_0 s^{n+k}+f_1 s^{n+k-1}+\cdots+f_{n+k-1}s+f_{n+k} \tag{8-155}$$

为了便于将单变量单位反馈系统串联补偿器复频域综合方法推广到多变量系统，将式(8-153)改写为 PMD 形式，即

$$W_F(s)=N(s)D_F^{-1}(s)N_c(s) \tag{8-156}$$

将式(8-150)、式(8-151)及式(8-155)代入式(8-154)，令等式两边 s 同次幂的系数相等，得方程

$$[D_{c,k}\quad N_{c,k}\ \vdots\ D_{c,k-1}\quad N_{c,k-1}\ \vdots\ \cdots\ \vdots\ D_{c,0}\quad N_{c,0}]\boldsymbol{S}_k=[f_{n+k}\quad f_{n+k-1}\quad\cdots\quad f_1\quad f_0]=\boldsymbol{F} \tag{8-157}$$

式中，$\boldsymbol{F}$ 为$(n+k)$次多项式 $D_F(s)$升幂系数构成的$(k+n+1)$维行向量，即

$$\boldsymbol{F}=[f_{n+k}\quad f_{n+k-1}\quad\cdots\quad f_1] \tag{8-158}$$

$\boldsymbol{S}_k$ 为根据被控系统传递函数 $W(s)$的分母多项式

$$D(s)=D_0 s^n+D_1 s^{n-1}+\cdots+D_{n-1}s+D_n,D_0\neq 0 \tag{8-159}$$

系数和 $W(s)$的分子多项式

$$N(s)=N_0 s^n+N_1 s^{n-1}+\cdots+N_{n-1}s+N_n \tag{8-160}$$

系数构造的 $2(k+1)\times(k+n+1)$维广义 Sylvester 结式矩阵，即

$$\boldsymbol{S}_k=\begin{bmatrix} D_n & D_{n-1} & \cdots & D_1 & D_0 & 0 & \cdots & 0\\ N_n & N_{n-1} & \cdots & N_1 & N_0 & 0 & \cdots & 0\\ \hdashline 0 & D_n & \cdots & D_2 & D_1 & D_0 & \cdots & 0\\ 0 & N_n & \cdots & N_2 & N_1 & N_0 & \cdots & 0\\ \hdashline & & & \vdots & & & & \\ \hdashline 0 & 0 & \cdots & D_n & D_{n-1} & D_{n-2} & \cdots & D_0\\ 0 & 0 & \cdots & N_n & N_{n-1} & N_{n-2} & \cdots & N_0 \end{bmatrix} \tag{8-161}$$

其中，共有$(k+1)$个行块。

式(8-157)是含有$2(k+1)$个未知数的代数方程组，对式(8-157)取转置可知，对满足式(8-159)、式(8-160)及式(8-155)约束的$D(s)$、$N(s)$及$D_F(s)$，式(8-157)有解的充分必要条件为

$$\operatorname{rank}(\boldsymbol{S}_k)=n+k+1\text{，或 }\boldsymbol{S}_k\text{列满秩} \tag{8-162}$$

而$\boldsymbol{S}_k$列满秩则要求$k\geqslant n-1$。因此，为了能够任意配置单位输出反馈闭环系统的极点，补偿器$W_c(s)$的阶次不得低于$(n-1)$。对于$k\geqslant n-1$，$\boldsymbol{S}_k$列满秩的充分必要条件为$\{D(s),N(s)\}$互质，即$W(s)$为既约有理分式函数。

从工程实际应用的角度，还要求从式(8-157)获得的解应满足$D_{c,0}\neq 0$，即要求串联补偿器$W_c(s)$为真或严真，以抑制高频噪声和干扰。可以证明，若既约被控系统的传递函数$W(s)$为严真，则对于任意期望的$(n+k)$次多项式$D_F(s)$，存在k阶真有理补偿器$W_c(s)$，使得$W_F(s)=N(s)D_F^{-1}(s)N_c(s)$的充分必要条件为

$$k\geqslant n-1 \tag{8-163}$$

若既约被控系统的传递函数$W(s)$为真，则对于任意期望的$(n+k)$次多项式$D_F(s)$，存在k阶严真有理补偿器$W_c(s)$，使得$W_F(s)=N(s)D_F^{-1}(s)N_c(s)$的充分必要条件为

$$k\geqslant n \tag{8-164}$$

应该指出，上述给出的补偿器最低阶次要求是对应于任意期望的$(n+k)$次多项式$D_F(s)$而言的，即对应于任意配置闭环极点的要求。若$D_F(s)$为预先指定的某次多项式，则有可能设计出满足特定极点要求但次数低于$(n-1)$的补偿器。为了获得最低阶次的补偿器，可以从$\boldsymbol{S}_0$开始依次检查式(8-158)所示$(k+n+1)$维行向量$\boldsymbol{F}$是否在$\boldsymbol{S}_k$的行空间中。另外，由式(8-156)可见，在满足一定的约束条件下，单变量单位反馈串联补偿器仅能任意配置闭环系统传递函数$W_F(s)$的分母多项式$D_F(s)$，其右分子多项式$N_c(s)$通过求解式(8-157)获得，并不能预先指定，这与输入-输出反馈补偿器不仅可配置闭环系统的分母矩阵$\boldsymbol{D}_F(s)$而且可配置右分子矩阵$\boldsymbol{D}_c(s)$不同。

【例 8-6】 设图 8-5 所示单位输出反馈系统中被控系统由既约严真传递函数

$$W(s)=\frac{s+2}{s^3-s}$$

完全表征，试设计串联补偿器配置闭环系统的极点。

解 先设补偿器的阶次$k=0$，指定闭环系统$n+k=3$个期望极点为-3和$-1\pm\mathrm{j}$，则有

$$D_{F0}(s)=(s+3)(s+1+\mathrm{j})(s+1-\mathrm{j})=s^3+5s^2+8s+6$$

$$\boldsymbol{F}_0=[6\quad 8\quad 5\quad 1]$$

因为

$$\operatorname{rank}\boldsymbol{S}_0=\operatorname{rank}\begin{bmatrix}0 & -1 & 0 & 1\\ 2 & 1 & 0 & 0\end{bmatrix}=2,\ \operatorname{rank}\begin{bmatrix}\boldsymbol{F}_0\\ \hdashline \boldsymbol{S}_0\end{bmatrix}=\operatorname{rank}\begin{bmatrix}6 & 8 & 5 & 1\\ \hdashline 0 & -1 & 0 & 1\\ 2 & 1 & 0 & 0\end{bmatrix}=3\neq\operatorname{rank}\boldsymbol{S}_0$$

故$\boldsymbol{F}_0$不在$\boldsymbol{S}_0$的行空间中。

再设$k=1$，指定闭环系统$n+k=4$个期望极点为-3、-3和$-1\pm\mathrm{j}$，则有

$$D_{F1}(s)=(s+3)^2(s+1+\mathrm{j})(s+1-\mathrm{j})=s^4+8s^3+23s^2+30s+18$$

$$\boldsymbol{F}_1=[18\quad 30\quad 23\quad 8\quad 1]$$

因为

$$\operatorname{rank}\boldsymbol{S}_1=\operatorname{rank}\begin{bmatrix}0 & -1 & 0 & 1 & 0\\ 2 & 1 & 0 & 0 & 0\\ 0 & 0 & -1 & 0 & 1\\ 0 & 2 & 1 & 0 & 0\end{bmatrix}=4$$

$$\operatorname{rank}\begin{bmatrix}\boldsymbol{F}_1\\ \cdots\\ \boldsymbol{S}_1\end{bmatrix}=\operatorname{rank}\begin{bmatrix}18 & 30 & 23 & 8 & 1\\ \hdashline 0 & -1 & 0 & 1 & 0\\ 2 & 1 & 0 & 0 & 0\\ 0 & 0 & -1 & 0 & 1\\ 0 & 2 & 1 & 0 & 0\end{bmatrix}=5\neq\operatorname{rank}\boldsymbol{S}_1$$

故 $\boldsymbol{F}_1$ 不在 $\boldsymbol{S}_1$ 的行空间中。基于此，考虑采用不降阶的，即最低阶次为 $k=n-1=2$ 的串联补偿器，指定闭环系统 $n+k=5$ 个期望极点为 -3、-3、-3 和 $-1\pm\mathrm{j}$，则有

$$D_{\mathrm{F}}(s)=(s+3)^3(s+1+\mathrm{j})(s+1-\mathrm{j})=s^5+11s^4+47s^3+99s^2+108s+54$$

$$\boldsymbol{F}=[54\quad 108\quad 99\quad 47\quad 11\quad 1]$$

则根据式(8-157)，得

$$[D_{\mathrm{c},2}\quad N_{\mathrm{c},2}\ \vdots\ D_{\mathrm{c},1}\quad N_{\mathrm{c},1}\ \vdots\ D_{\mathrm{c},0}\quad N_{\mathrm{c},0}]\begin{bmatrix}0 & -1 & 0 & 1 & 0 & 0\\ 2 & 1 & 0 & 0 & 0 & 0\\ \hdashline 0 & 0 & -1 & 0 & 1 & 0\\ 0 & 2 & 1 & 0 & 0 & 0\\ \hdashline 0 & 0 & 0 & -1 & 0 & 1\\ 0 & 0 & 2 & 1 & 0 & 0\end{bmatrix}=\boldsymbol{F}$$

解上述方程，得

$$[D_{\mathrm{c},2}\quad N_{\mathrm{c},2}\ \vdots\ D_{\mathrm{c},1}\quad N_{\mathrm{c},1}\ \vdots\ D_{\mathrm{c},0}\quad N_{\mathrm{c},0}]=\left[\frac{53}{3}\quad 27\ \vdots\ 11\quad \frac{148}{3}\ \vdots\ 1\quad \frac{91}{3}\right]$$

则串联补偿器的传递函数为

$$W_{\mathrm{c}}(s)=\frac{\dfrac{91}{3}s^2+\dfrac{148}{3}s+27}{s^2+11s+\dfrac{53}{3}}$$

$W_{\mathrm{c}}(s)$为真有理分式函数，而带串联补偿器的单位输出反馈系统Σ_{F}的闭环传递函数则为

$$W_{\mathrm{F}}(s)=\frac{N(s)N_{\mathrm{c}}(s)}{D_{\mathrm{c}}(s)D(s)+N_{\mathrm{c}}(s)N(s)}=\frac{N(s)N_{\mathrm{c}}(s)}{D_{\mathrm{F}}(s)}=\frac{(s+2)(91s^2+148s+81)}{3(s+3)^3(s^2+2s+2)}$$

8.7.2 单输入系统或单输出系统输出反馈极点配置补偿器的综合

设单输入多输出被控系统由 $m\times 1$ 维真 n 阶右既约 MFD

$$\boldsymbol{W}(s)=\boldsymbol{N}(s)D^{-1}(s) \tag{8-165}$$

完全表征，其中，$D(s)$为多项式，$\boldsymbol{N}(s)$为 $m\times 1$ 维多项式向量，记

$$D(s)=D_0s^n+D_1s^{n-1}+\cdots+D_{n-1}s+D_n \tag{8-166}$$

$$\boldsymbol{N}(s)=\boldsymbol{N}_0s^n+\boldsymbol{N}_1s^{n-1}+\cdots+\boldsymbol{N}_{n-1}s+\boldsymbol{N}_n \tag{8-167}$$

其中，D_i 为实数，$\boldsymbol{N}_i$ 为 $m\times 1$ 维实数向量，$i=0,1,\cdots,n$ 。

对被控系统(8-165)构成如图 8-6 所示的带串联补偿器的单位输出反馈系统Σ_{F}，其中，$1\times m$ 维真 k 阶既约补偿器传递函数向量的左 MFD 为

$$\boldsymbol{W}_{\mathrm{c}}(s)=D_{\mathrm{c}}^{-1}(s)\boldsymbol{N}_{\mathrm{c}}(s) \tag{8-168}$$

式中

$$D_{\mathrm{c}}(s)=D_{\mathrm{c},0}s^k+D_{\mathrm{c},1}s^{k-1}+\cdots+D_{\mathrm{c},k-1}s+D_{\mathrm{c},k} \tag{8-169}$$

$$\boldsymbol{N}_{\mathrm{c}}(s)=\boldsymbol{N}_{\mathrm{c},0}s^k+\boldsymbol{N}_{\mathrm{c},1}s^{k-1}+\cdots+\boldsymbol{N}_{\mathrm{c},k-1}s+\boldsymbol{N}_{\mathrm{c},k} \tag{8-170}$$

其中，$D_{\mathrm{c},i}$为实数，$\boldsymbol{N}_{\mathrm{c},i}$为 $1\times m$ 维实数向量，$i=0,1,\cdots,k$ 。

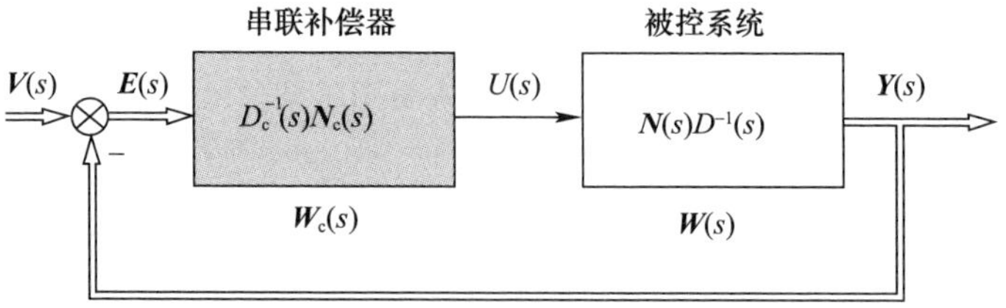

图 8-6　带串联补偿器的单位输出反馈系统(被控对象为单输入多输出)

由图 8-6 可导出

$$U(s)=(1+D_c^{-1}(s)\boldsymbol{N}_c(s)\boldsymbol{N}(s)D^{-1}(s))^{-1}D_c^{-1}(s)\boldsymbol{N}_c(s)\boldsymbol{V}(s) \tag{8-171}$$

则有

$$\boldsymbol{Y}(s)=\boldsymbol{N}(s)D^{-1}(s)(1+D_c^{-1}(s)\boldsymbol{N}_c(s)\boldsymbol{N}(s)D^{-1}(s))^{-1}D_c^{-1}(s)\boldsymbol{N}_c(s)\boldsymbol{V}(s) \tag{8-172}$$

基于此,导出图 8-6 所示系统Σ_F 的 $m\times m$ 维传递函数矩阵为

$$\begin{aligned}\boldsymbol{W}_F(s)&=\boldsymbol{N}(s)D^{-1}(s)[1+D_c^{-1}(s)\boldsymbol{N}_c(s)\boldsymbol{N}(s)D^{-1}(s)]^{-1}D_c^{-1}(s)\boldsymbol{N}_c(s)\\&=\boldsymbol{N}(s)[D_c(s)D(s)+\boldsymbol{N}_c(s)\boldsymbol{N}(s)]^{-1}\boldsymbol{N}_c(s)\triangleq\boldsymbol{N}(s)D_F^{-1}(s)\boldsymbol{N}_c(s)\end{aligned} \tag{8-173}$$

式中

$$D_F(s)=D_c(s)D(s)+\boldsymbol{N}_c(s)\boldsymbol{N}(s) \tag{8-178}$$

为$(n+k)$次多项式,同式(8-155)一样,令

$$D_F(s)=f_0s^{n+k}+f_1s^{n+k-1}+\cdots+f_{n+k-1}s+f_{n+k} \tag{8-179}$$

比较式(8-156)与式(8-173),可见两者具有类似的 PMD 形式。类似于将式(8-154)转化为关于 $D_F(s)$系数的代数方程(8-157),将式(8-178)也转化为关于 $D_F(s)$系数的代数方程

$$[D_{c,k}\quad \boldsymbol{N}_{c,k}\ \vdots\ D_{c,k-1}\quad \boldsymbol{N}_{c,k-1}\ \vdots\ \cdots\ \vdots\ D_{c,0}\quad \boldsymbol{N}_{c,0}]\boldsymbol{S}_k=[f_{n+k}\quad f_{n+k-1}\quad \cdots\quad f_1\quad f_0]=\boldsymbol{F} \tag{8-180}$$

式中,$\boldsymbol{F}$ 为式(8-179)所示$(n+k)$次多项式 $D_F(s)$升幂系数构成的 $(k+n+1)$ 维行向量,即

$$\boldsymbol{F}=[f_{n+k}\quad f_{n+k-1}\quad \cdots\quad f_1\quad f_0] \tag{8-181}$$

$\boldsymbol{S}_k$ 为根据被控系统传递函数矩阵$\boldsymbol{W}(s)$的分母多项式(8-166)的系数和$\boldsymbol{W}(s)$的分子多项式(8-167)的系数向量,按式(5-106)所示形式构造的 $(m+1)(k+1)\times(k+n+1)$ 维广义 Sylvester 结式矩阵。$\boldsymbol{S}_k$ 共有$(k+1)$个行块,每个行块中包含一行由$\{D_i\}$组成的 D-行及 m 行由$\{\boldsymbol{N}_i\}$组成的 N-行。参照 5.5.4 节的方法,从上到下依次搜索矩阵 $\boldsymbol{S}_k$ 的线性无关行,直至确定出右既约 MFD(式(8-165))的行指数 υ。可以证明,若既约被控系统的 $m\times 1$ 维传递函数矩阵 $\boldsymbol{W}(s)=\boldsymbol{N}(s)D^{-1}(s)$为真(严真)有理函数矩阵,则对于任意期望的$(n+k)$次多项式 $D_F(s)$,存在 k 阶 $1\times m$ 维严真(真)有理补偿器$\boldsymbol{W}_c(s)=D_c^{-1}(s)\boldsymbol{N}_c(s)$,使得反馈系统$\Sigma_F$ 的 $m\times m$ 维传递函数矩阵$\boldsymbol{W}_F(s)=\boldsymbol{N}(s)D_F^{-1}(s)\boldsymbol{N}_c(s)$的充分必要条件为

$$k\geqslant\upsilon(k\geqslant\upsilon-1) \tag{8-182}$$

与上述单输入多输出被控系统采用带串联补偿器的单位输出反馈极点配置问题相对偶,图 8-7中的被控对象为多输入单输出的线性定常系统,其由 $1\times r$ 维真 n 阶左既约 MFD

$$\boldsymbol{W}(s)=D^{-1}(s)\boldsymbol{N}(s) \tag{8-183}$$

完全表征,其中,$D(s)$为多项式,$\boldsymbol{N}(s)$为 $1\times r$ 维多项式向量,记

$$D(s)=D_0s^n+D_1s^{n-1}+\cdots+D_{n-1}s+D_n \tag{8-184}$$

$$\boldsymbol{N}(s)=\boldsymbol{N}_0s^n+\boldsymbol{N}_1s^{n-1}+\cdots+\boldsymbol{N}_{n-1}s+\boldsymbol{N}_n \tag{8-185}$$

其中,D_i 为实数,$\boldsymbol{N}_i$ 为 $1\times r$ 维实数向量,$i=0,1,\cdots,n$ 。

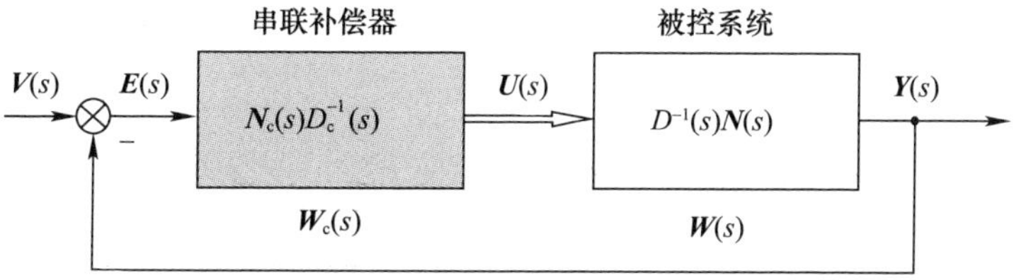

图 8-7　带串联补偿器的单位输出反馈系统（被控对象为多输入单输出）

图 8-7 中，$r\times1$ 维真 k 阶既约补偿器传递函数的右 MFD 为

$$\boldsymbol{W}_c(s)=\boldsymbol{N}_c(s)D_c^{-1}(s) \tag{8-186}$$

式中

$$D_c(s)=D_{c,0}s^k+D_{c,1}s^{k-1}+\cdots+D_{c,k-1}s+D_{c,k} \tag{8-187}$$

$$\boldsymbol{N}_c(s)=\boldsymbol{N}_{c,0}s^k+\boldsymbol{N}_{c,1}s^{k-1}+\cdots+\boldsymbol{N}_{c,k-1}s+\boldsymbol{N}_{c,k} \tag{8-188}$$

其中，$D_{c,i}$ 为实数，$\boldsymbol{N}_{c,i}$ 为 $r\times1$ 维实数向量，$i=0,1,\cdots,k$ 。

由图 8-7 可导出反馈系统 Σ_F 的传递函数为

$$W_F(s)=\boldsymbol{N}(s)\boldsymbol{N}_c(s)[D(s)D_c(s)+\boldsymbol{N}(s)\boldsymbol{N}_c(s)]^{-1}\triangleq\boldsymbol{N}(s)\boldsymbol{N}_c(s)D_F^{-1}(s) \tag{8-189}$$

式中

$$D_F(s)=D(s)D_c(s)+\boldsymbol{N}(s)\boldsymbol{N}_c(s) \tag{8-190}$$

为 $(n+k)$ 次多项式，同式(8-179)一样，令

$$D_F(s)=f_0s^{n+k}+f_1s^{n+k-1}+\cdots+f_{n+k-1}s+f_{n+k} \tag{8-191}$$

将式(8-184)、式(8-185)、式(8-187)、式(8-188)及式(8-191)代入式(8-190)，令等式两边 s 同次幂的系数相等，得方程

$$\overline{\boldsymbol{S}}_k\begin{bmatrix}D_{c,k}\\ \boldsymbol{N}_{c,k}\\ \hdashline D_{c,k-1}\\ \boldsymbol{N}_{c,k-1}\\ \hdashline \vdots\\ \hdashline D_{c,0}\\ \boldsymbol{N}_{c,0}\end{bmatrix}=\begin{bmatrix}f_{n+k}\\ f_{n+k-1}\\ \vdots\\ f_1\\ f_0\end{bmatrix}\triangleq\overline{\boldsymbol{F}} \tag{8-192}$$

式中，$\overline{\boldsymbol{F}}$ 为式(8-191)所示 $(n+k)$ 次多项式 $D_F(s)$ 升幂系数构成的 $(k+n+1)$ 维列向量，即

$$\overline{\boldsymbol{F}}=[f_{n+k}\quad f_{n+k-1}\quad \cdots\quad f_1\quad f_0]^{\mathrm{T}} \tag{8-193}$$

$\overline{\boldsymbol{S}}_k$ 为根据被控系统传递函数矩阵 $\boldsymbol{W}(s)$ 的分母多项式(8-187)的系数和 $\boldsymbol{W}(s)$ 的分子多项式(8-188)的系数向量，按式(5-98)所示形式构造的 $(k+n+1)\times(r+1)(k+1)$ 维广义 Sylvester 结式矩阵。$\overline{\boldsymbol{S}}_k$ 共有 $(k+1)$ 个列块，每个列块包含一列由 $\{D_i\}$ 组成的 D-列及 r 列由 $\{\boldsymbol{N}_i\}$ 组成的 N-列。参照 5.5.4 节的方法，从左到右依次搜索矩阵 $\overline{\boldsymbol{S}}_k$ 的线性无关列，直至确定出左既约 MFD（式(8-183)）的列指数 μ 。可以证明，若既约被控系统的 $1\times r$ 维传递函数矩阵 $\boldsymbol{W}(s)=D^{-1}(s)\boldsymbol{N}(s)$ 为真（严真）有理函数矩阵，则对于任意期望的 $(n+k)$ 次多项式 $D_F(s)$，存在 k 阶 $r\times1$ 维严真（真）有理补偿器 $\boldsymbol{W}_c(s)=\boldsymbol{N}_c(s)D_c^{-1}(s)$，使得反馈系统 Σ_F 的传递函数 $\boldsymbol{W}_F(s)=\boldsymbol{N}(s)\boldsymbol{N}_c(s)D_F^{-1}(s)$ 的充分必要条件为

$$k\geqslant\mu(k\geqslant\mu-1) \tag{8-194}$$

实际上，求 $D_F(s)$ 系数的代数方程式(8-192)与式(8-180)转置后的形式相同，因此式(8-194)与式(8-182)是对偶的。

8.7.3　多输入多输出系统输出反馈极点配置补偿器的综合

1. 被控系统的传递函数矩阵 $\boldsymbol{W}(s)$ 为循环有理矩阵

2.2 节曾定义真或严真 $m\times r$ 维传递函数矩阵 $\boldsymbol{W}(s)$ 的最小多项式 $\phi_W(s)$ 为其所有 1 阶子式(所有元传递函数)的最小公分母；$m\times r$ 维传递函数矩阵 $\boldsymbol{W}(s)$ 所有子式($\boldsymbol{W}(s)$ 所有 1 阶、2 阶、…、$\min(m,r)$ 阶子式)的最小公分母称为 $\boldsymbol{W}(s)$ 的特征多项式 $\rho_W(s)$。

对真或严真 $m\times r$ 维传递函数矩阵 $\boldsymbol{W}(s)$，其为循环有理矩阵的充分必要条件是

$$\rho_W(s)=k\phi_W(s) \tag{8-195}$$

式中，k 为非零常数。

【例 8-7】 给定严真传递函数矩阵分别为

$$\boldsymbol{W}_1(s)=\frac{1}{(s-1)(s-4)}\begin{bmatrix}2 & s-4\\ s-4 & 0\end{bmatrix}$$

$$\boldsymbol{W}_2(s)=\begin{bmatrix}\dfrac{s}{s+1} & \dfrac{1}{(s+1)(s+2)} & \dfrac{1}{s+3}\\ \dfrac{-1}{s+1} & \dfrac{1}{(s+1)(s+2)} & \dfrac{1}{s}\end{bmatrix}$$

由例 2-1 和例 2-2 知

$$\phi_{W1}(s)=(s-1)(s-4)\ ,\ \rho_{W1}(s)=(s-1)^2(s-4)$$
$$\phi_{W2}(s)=s(s+1)(s+2)(s+3)\ ,\ \rho_{W2}(s)=s(s+1)(s+2)(s+3)$$

故 $\boldsymbol{W}_1(s)$ 为非循环传递函数矩阵，$\boldsymbol{W}_2(s)$ 为循环传递函数矩阵。

由循环矩阵的定义，可证明如下结论：任何真或严真 $m\times 1$ 或 $1\times r$ 维传递函数矩阵 $\boldsymbol{W}(s)$ 均为循环矩阵；若真或严真 $m\times r$ 维传递函数矩阵 $\boldsymbol{W}(s)$ 的所有元传递函数没有公共极点，则其为循环矩阵。另外，若真或严真 $m\times r$ 维传递函数矩阵 $\boldsymbol{W}(s)$ 为循环有理矩阵，则几乎对所有 $r\times 1$ 和 $1\times m$ 维实常数向量 $\boldsymbol{t}_c$ 和 $\boldsymbol{t}_r$，有

$$\Delta[\boldsymbol{W}(s)]=\Delta[\boldsymbol{W}(s)\boldsymbol{t}_c]=\Delta[\boldsymbol{t}_r\boldsymbol{W}(s)] \tag{8-196}$$

式中，$\Delta[\boldsymbol{W}(s)]$、$\Delta[\boldsymbol{W}(s)\boldsymbol{t}_c]$、$\Delta[\boldsymbol{t}_r\boldsymbol{W}(s)]$ 分别表示 $m\times r$、$m\times 1$、$1\times r$ 维传递函数矩阵 $\boldsymbol{W}(s)$、$\boldsymbol{W}(s)\boldsymbol{t}_c$、$\boldsymbol{t}_r\boldsymbol{W}(s)$ 的特征多项式。

基于此，可将单输入多输出或多输入单输出被控系统的单位输出反馈极点配置串联补偿器综合方法推广到多输入多输出循环系统。设有图 8-8 所示带串联补偿器的单位输出反馈系统，n 阶多输入多输出被控系统的动态特性可由其 $m\times r$ 维传递函数矩阵 $\boldsymbol{W}(s)$ 完全表征，且 $\boldsymbol{W}(s)$ 为循环真(严真)有理矩阵，串联补偿器 $\boldsymbol{W}_c(s)$ 为 k 阶 $r\times m$ 维严真(真)有理矩阵，若

$$k\geqslant\min(\mu,\upsilon)(k\geqslant\min(\mu-1,\upsilon-1)) \tag{8-197}$$

则单位输出反馈系统的 $(n+k)$ 个极点可任意配置，其中，μ、υ 分别为 $\boldsymbol{W}(s)$ 的列指数、行指数。

图 8-8(a)的串联循环补偿器方案与图 8-8(b)的方案互为对耦。图 8-8(a)中，原补偿器的传递函数矩阵为 $r\times m$ 维真或严真有理矩阵，即

$$\boldsymbol{W}_c(s)=\boldsymbol{t}_c\overline{\boldsymbol{W}}_c(s) \tag{8-198}$$

式中，$\boldsymbol{t}_c$ 为 $r\times 1$ 实常数向量，$\overline{\boldsymbol{W}}_c(s)$ 为综合中需要确定的 $1\times m$ 维真或严真有理矩阵，这可参照单输入多输出被控系统采用带串联补偿器的综合方法进行设计。图 8-8(b)中，原补偿器的传递函数矩阵也为 $r\times m$ 维真或严真有理矩阵，即

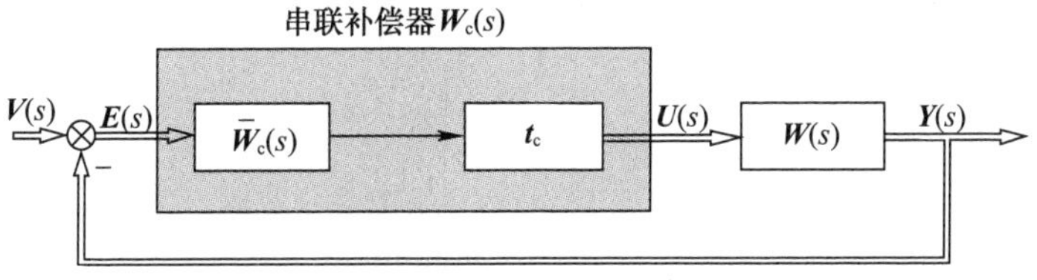

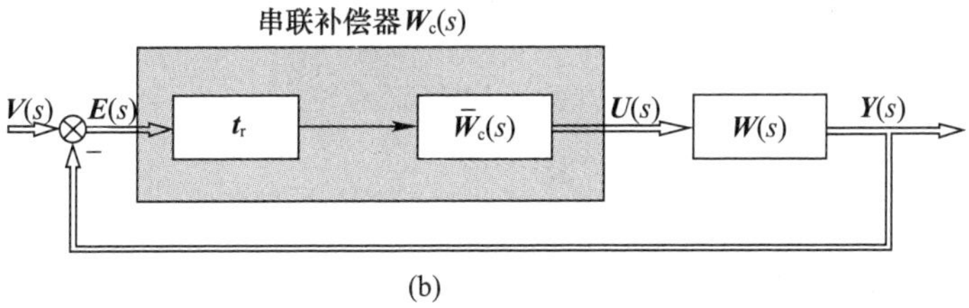

图 8-8 多变量输出反馈系统中串联循环补偿器的两种方案

$$\boldsymbol{W}_c(s)=\overline{\boldsymbol{W}}_c(s)\boldsymbol{t}_r \tag{8-199}$$

式中，$\boldsymbol{t}_r$ 为 $1\times m$ 实常数向量，$\overline{\boldsymbol{W}}_c(s)$为综合中需要确定的 $r\times 1$ 维真或严真有理矩阵，这可参照多输入单输出被控系统采用带串联补偿器的综合方法进行设计。

2. 被控系统的传递函数矩阵 $\boldsymbol{W}(s)$ 为非循环有理矩阵

若被控系统传递函数矩阵为非循环有理矩阵，则可先采用图 8-9 所示线性非动态输出反馈将非循环被控系统改变成循环系统。

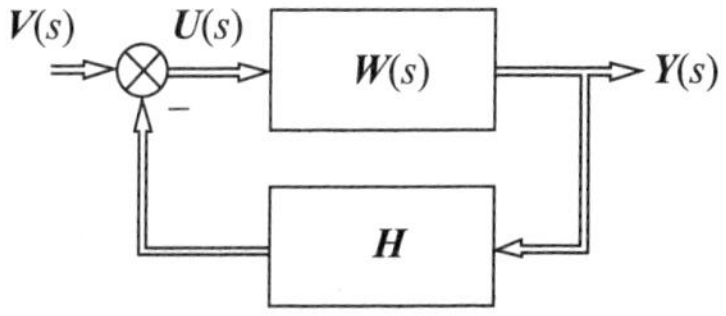

图 8-9 线性非动态输出反馈系统

图 8-9 中，被控系统的 $m\times r$ 维传递函数矩阵 $\boldsymbol{W}(s)$为非循环真或严真有理矩阵，$\boldsymbol{H}$ 为 $r\times m$ 维常数反馈矩阵，可导出其闭环系统$\sum_H$的传递函数矩阵为

$$\boldsymbol{W}_H(s)=[\boldsymbol{I}+\boldsymbol{W}(s)\boldsymbol{H}]^{-1}\boldsymbol{W}(s)=\boldsymbol{W}(s)[\boldsymbol{I}+\boldsymbol{H}\boldsymbol{W}(s)]^{-1} \tag{8-200}$$

可以证明，对几乎所有任意 $r\times m$ 维常数矩阵 $\boldsymbol{H}$，$\boldsymbol{W}_H(s)$为循环传递函数矩阵。

在上述将非循环被控系统改变成循环系统的基础上，可进一步对循环 $\boldsymbol{W}_H(s)$综合补偿器 $\boldsymbol{W}_c(s)$。任意配置非循环既约被控系统极点的单位输出反馈系统补偿器的形式如图 8-10(a)所示，其中，常数反馈矩阵的作用是使

$$\boldsymbol{W}_H(s)=[\boldsymbol{I}+\boldsymbol{W}(s)\boldsymbol{H}]^{-1}\boldsymbol{W}(s)=\boldsymbol{W}(s)[\boldsymbol{I}+\boldsymbol{H}\boldsymbol{W}(s)]^{-1}$$

成为循环有理矩阵。

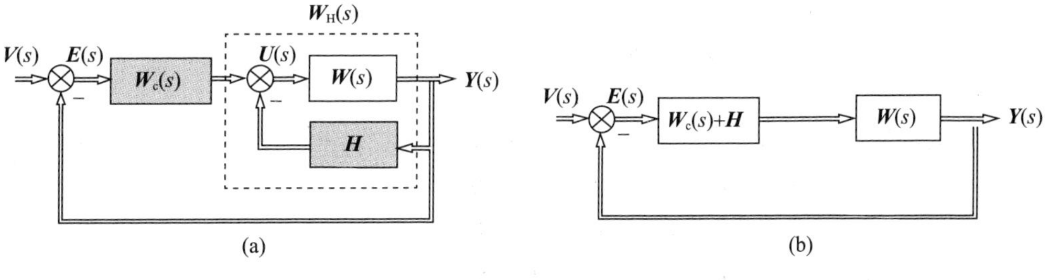

图 8-10 非循环多变量被控系统的补偿器设计

图 8-10(a)输出反馈的结构形式与单位输出反馈系统并不完全一致，为便于工程实现，就相同极点配置意义下可将图 8-10(a)等价地化为图 8-10(b)所示具有串联补偿器的单位输出反馈系统。

【例 8-8】 设既约被控系统的严真传递函数矩阵为

$$\boldsymbol{W}(s)=\begin{bmatrix}\dfrac{1}{s^2} & \dfrac{1}{s} & 0\\[2ex] 0 & 0 & \dfrac{1}{s}\end{bmatrix}$$

其 $\phi_W(s)=s^2$，$\rho_W(s)=s^3$，因此为 $n=3$ 阶非循环系统。

(1) 引入线性非动态输出反馈，导出循环矩阵 $\boldsymbol{W}_{\mathrm{H}}(s)$

任意选取 3×2 维常数反馈矩阵 $\boldsymbol{H}$ 为

$$\boldsymbol{H}=\begin{bmatrix}1 & 0\\ 0 & 1\\ 1 & 0\end{bmatrix}$$

相应的预输出反馈系统闭环传递函数矩阵

$$\boldsymbol{W}_{\mathrm{H}}(s)=[\boldsymbol{I}+\boldsymbol{W}(s)\boldsymbol{H}]^{-1}\boldsymbol{W}(s)=\begin{bmatrix}\dfrac{1}{s^2} & \dfrac{1}{s} & -\dfrac{1}{s^2}\\[2ex] -\dfrac{1}{s^3} & -\dfrac{1}{s^2} & \dfrac{s^2+1}{s^3}\end{bmatrix}$$

保持为严真。易知 $\phi_{W_{\mathrm{H}}}(s)=s^3$，$\boldsymbol{W}_{\mathrm{H}}(s)$的 3 个 2 阶子式为

$$\Delta_2^{1,2}=-\frac{1}{s^4}+\frac{1}{s^4}=0,\Delta_2^{1,3}=\frac{s^2+1}{s^5}-\frac{1}{s^5}=\frac{1}{s^3},\Delta_2^{2,3}=\frac{s^2+1}{s^4}-\frac{1}{s^4}=\frac{1}{s^2}$$

可见，$\rho_{W_{\mathrm{H}}}(s)=s^3=\phi_{W_{\mathrm{H}}}(s)$，$\boldsymbol{W}_{\mathrm{H}}(s)$为循环有理矩阵。

(2) 选取补偿器-输出反馈系统的结构

由于被控系统输出维数 $m=2<$ 输入维数 $r=3$，因此一般情况下，其传递函数矩阵$\boldsymbol{W}(s)$的列指数 $\mu<$ 行指数 υ。基于此，为降低补偿器的阶次，选择图 8-8(b)所示的串联循环补偿器方案。

(3) 综合补偿器 $\boldsymbol{W}_{\mathrm{c}}(s)$

选 1×2 维为实常数向量 $\boldsymbol{t}_{\mathrm{r}}$ 为

$$\boldsymbol{t}_{\mathrm{r}}=[0\quad 1]$$

则有

$$\boldsymbol{t}_{\mathrm{r}}\boldsymbol{W}_{\mathrm{H}}(s)=[1\quad 0]\begin{bmatrix}\dfrac{1}{s^2} & \dfrac{1}{s} & -\dfrac{1}{s^2}\\[2ex] -\dfrac{1}{s^3} & -\dfrac{1}{s^2} & \dfrac{s^2+1}{s^3}\end{bmatrix}=(s^3)^{-1}[-1\quad -s\quad s^2+1]\triangleq D^{-1}(s)\boldsymbol{N}(s)$$

其中

$$D(s)=s^3+0s^2+0s+0\triangleq D_0s^3+D_1s^2+D_2s+D_3$$

$$\begin{aligned}\boldsymbol{N}(s)&=[0\quad 0\quad 0]s^3+[0\quad 0\quad 1]s^2+[0\quad -1\quad 0]s+[-1\quad 0\quad 1]\\ &\triangleq \boldsymbol{N}_0s^3+\boldsymbol{N}_1s^2+\boldsymbol{N}_2s+\boldsymbol{N}_3\end{aligned}$$

显然，$\Delta[\boldsymbol{t}_{\mathrm{r}}\boldsymbol{W}_{\mathrm{H}}(s)]=s^3=\Delta[\boldsymbol{W}_{\mathrm{H}}(s)]$，故所选 $\boldsymbol{t}_{\mathrm{r}}$ 合适。

由 $D(s)$的系数和 $\boldsymbol{N}(s)$的系数向量，按式(5-98)所示形式构造广义 Sylvester 结式矩阵

$$\overline{\boldsymbol{S}}=\left[\begin{array}{cc:cc:cc}D_3 & \boldsymbol{N}_3 & 0 & \boldsymbol{0} & 0 & \boldsymbol{0}\\ D_2 & \boldsymbol{N}_2 & D_3 & \boldsymbol{N}_3 & 0 & \boldsymbol{0}\\ D_1 & \boldsymbol{N}_1 & D_2 & \boldsymbol{N}_2 & D_3 & \boldsymbol{N}_3\\ D_0 & \boldsymbol{N}_0 & D_1 & \boldsymbol{N}_1 & D_2 & \boldsymbol{N}_2\\ 0 & \boldsymbol{0} & D_0 & \boldsymbol{N}_0 & D_1 & \boldsymbol{N}_1\\ 0 & \boldsymbol{0} & 0 & \boldsymbol{0} & D_0 & \boldsymbol{N}_0\end{array}\right]$$

$$
=\left[\begin{array}{cccc:cccc:cccc}
0 & -1 & 0 & 1 & 0 & 0 & 0 & 0 & 0 & 0 & 0 & 0\\
0 & 0 & -1 & 0 & 0 & -1 & 0 & 1 & 0 & 0 & 0 & 0\\
0 & 0 & 0 & 1 & 0 & 0 & -1 & 0 & 0 & -1 & 0 & 1\\
1 & 0 & 0 & 0 & 0 & 0 & 0 & 1 & 0 & 0 & -1 & 0\\
0 & 0 & 0 & 0 & 1 & 0 & 0 & 0 & 0 & 0 & 0 & 1\\
0 & 0 & 0 & 0 & 0 & 0 & 0 & 0 & 1 & 0 & 0 & 0
\end{array}\right]
$$

因 $\text{rank}\,\overline{\boldsymbol{S}}=6$，而 $\overline{\boldsymbol{S}}$ 中所有(共 3 个)D-列均与其前面的列线性无关，故可推断 $\overline{\boldsymbol{S}}$ 中有 3 个线性无关的 N-列，采用从左到右依次搜索，可知存在 1 个线性无关的 $N1$-列、1 个线性无关的$N2$-列和 1 个线性无关的 $N3$-列，即 $\mu_1=1,\mu_2=1,\mu_3=1$，则列指数 $\mu=\max\{\mu_1,\mu_2,\mu_3\}=1$。基于此，根据式(8-194)，补偿器阶数 $k=\mu-1=0$。进而，指定 $n+k=3$ 个期望闭环极点：$s_1^*=-5,s_{2,3}^*=-1\pm \text{j}$，并定出相应的期望特征多项式

$$
\begin{aligned}
D_{\text{F}}(s)&=(s+5)(s+1+\text{j})(s+1-\text{j})\\
&=s^3+7s^2+12s+10\stackrel{\Delta}{=}f_0s^3+f_1s^2+f_2s+f_3
\end{aligned}
$$

基于此，根据式(8-192)，得方程

$$
\overline{\boldsymbol{S}}_0\begin{bmatrix}D_{\text{c},0}\\ \boldsymbol{N}_{\text{c},0}\end{bmatrix}=\begin{bmatrix}0 & -1 & 0 & 1\\ 0 & 0 & -1 & 0\\ 0 & 0 & 0 & 1\\ 1 & 0 & 0 & 0\end{bmatrix}\begin{bmatrix}D_{\text{c},0}\\ \boldsymbol{N}_{\text{c},0}\end{bmatrix}=\begin{bmatrix}f_3\\ f_2\\ f_1\\ f_0\end{bmatrix}=\begin{bmatrix}10\\ 12\\ 7\\ 1\end{bmatrix}
$$

解上述方程，得

$$
\overline{\boldsymbol{S}}_0\begin{bmatrix}D_{\text{c},0}\\ \boldsymbol{N}_{\text{c},0}\end{bmatrix}=\overline{\boldsymbol{S}}_0^{-1}\begin{bmatrix}f_3\\ f_2\\ f_1\\ f_0\end{bmatrix}=\begin{bmatrix}0 & 0 & 0 & 1\\ -1 & 0 & 1 & 0\\ 0 & -1 & 0 & 0\\ 0 & 0 & 1 & 0\end{bmatrix}\begin{bmatrix}10\\ 12\\ 7\\ 1\end{bmatrix}=\begin{bmatrix}1\\ -3\\ -12\\ 7\end{bmatrix}
$$

即有

$$
D_{\text{c},0}=1,\boldsymbol{N}_{\text{c},0}=\begin{bmatrix}-3\\ -12\\ 7\end{bmatrix}
$$

则可确定出

$$
\overline{\boldsymbol{W}}_{\text{c}}(s)=D_{\text{c}}^{-1}(s)\boldsymbol{N}_{\text{c}}(s)=D_{\text{c},0}^{-1}\boldsymbol{N}_{\text{c},0}=\begin{bmatrix}-3\\ -12\\ 7\end{bmatrix}
$$

根据式(8-199)，得

$$
\boldsymbol{W}_{\text{c}}(s)=\overline{\boldsymbol{W}}_{\text{c}}(s)\boldsymbol{t}_{\text{r}}=\begin{bmatrix}-3\\ -12\\ 7\end{bmatrix}\begin{bmatrix}0 & 1\end{bmatrix}=\begin{bmatrix}0 & -3\\ 0 & -12\\ 0 & 7\end{bmatrix}
$$

(4) 确定图 8-10(b)输出反馈系统结构中的串联补偿器 $\hat{\boldsymbol{W}}_{\text{c}}(s)$

$$
\hat{\boldsymbol{W}}_{\text{c}}(s)=\boldsymbol{W}_{\text{c}}(s)+\boldsymbol{H}=\overline{\boldsymbol{W}}_{\text{c}}(s)\boldsymbol{t}_{\text{r}}+\boldsymbol{H}=\begin{bmatrix}0 & -3\\ 0 & -12\\ 0 & 7\end{bmatrix}+\begin{bmatrix}1 & 0\\ 0 & 1\\ 1 & 0\end{bmatrix}=\begin{bmatrix}1 & -3\\ 0 & -11\\ 1 & 7\end{bmatrix}
$$

(5) 校验所配置的闭环极点

整个反馈系统的传递函数矩阵为

$$\begin{aligned}\boldsymbol{W}_{\mathrm{F}}(s)&=[\boldsymbol{I}+\boldsymbol{W}(s)\hat{\boldsymbol{W}}_{\mathrm{c}}(s)]^{-1}\boldsymbol{W}(s)\hat{\boldsymbol{W}}_{\mathrm{c}}(s)\\&=\frac{1}{s^3+7s^2+12s+10}\begin{bmatrix}12s+10 & -11s^2-3s\\ s^2 & 7s^2+11s+10\end{bmatrix}\end{aligned}$$

证实闭环极点已配置在 $s_1^*=-5, s_{2,3}^*=-1\pm \mathrm{j}$。

应该指出，满足式(8-197)的多变量单位输出反馈系统的串联补偿器仅能任意配置闭环极点，但不能任意配置系统的特征结构，即不能任意配置多变量系统的分母矩阵。要实现多变量系统分母矩阵的任意配置，则需要提高补偿器的阶次。

8.8 单位输出反馈系统的串联补偿器解耦

设带串联补偿器的输出反馈系统如图 8-11 所示。

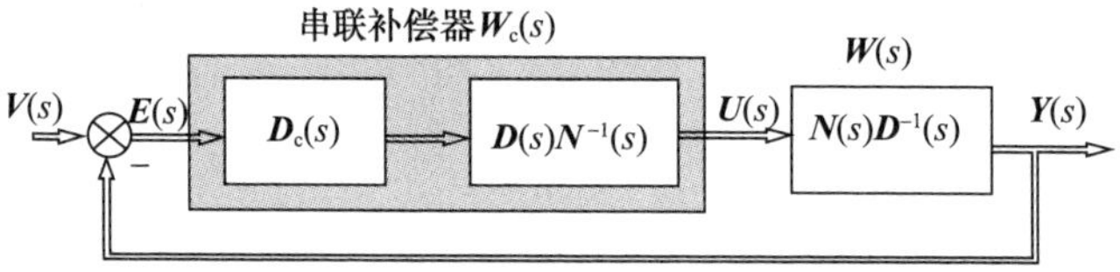

图 8-11 带串联补偿器的输出反馈实现基本解耦控制

图 8-11 中，设被控系统的真或严真 $m\times m$ 维传递函数矩阵 $\boldsymbol{W}(s)$ 能够完全表征其动态特性，其右既约 MFD 为

$$\boldsymbol{W}(s)=\boldsymbol{N}(s)\boldsymbol{D}^{-1}(s) \tag{8-201}$$

其中，$\boldsymbol{N}(s)$稳定，$\boldsymbol{D}(s)$稳定，$\boldsymbol{W}(s)$非奇异。选取串联补偿器为

$$\boldsymbol{W}_{\mathrm{c}}(s)=\boldsymbol{W}^{-1}(s)\boldsymbol{D}_{\mathrm{c}}(s)=\boldsymbol{D}(s)\boldsymbol{N}^{-1}(s)\boldsymbol{D}_{\mathrm{c}}(s) \tag{8-202}$$

式中

$$\boldsymbol{D}_{\mathrm{c}}(s)=\begin{bmatrix}\dfrac{\beta_1(s)}{\alpha_1(s)} & & \\ & \ddots & \\ & & \dfrac{\beta_m(s)}{\alpha_m(s)}\end{bmatrix} \tag{8-203}$$

其中，$\alpha_i(s)$、$\beta_i(s)$为待定多项式，$i=1,2,\cdots,m$。应当从保证串联补偿器 $\boldsymbol{W}_{\mathrm{c}}(s)$为真或严真有理矩阵及解耦控制闭环系统$\Sigma_{\mathrm{F}}$ 的传递函数矩阵

$$\boldsymbol{W}_{\mathrm{F}}(s)=\boldsymbol{W}(s)\boldsymbol{W}_{\mathrm{c}}(s)[\boldsymbol{I}+\boldsymbol{W}(s)\boldsymbol{W}_{\mathrm{c}}(s)]^{-1} \tag{8-204}$$

为真或严真有理矩阵、Σ_{F} 期望极点配置的要求合理选取 $\alpha_i(s)$、$\beta_i(s)$。

将式(8-201)、式(8-202)、式(8-203)代入式(8-204)，得图 8-11 所示解耦控制系统Σ_{F} 的闭环传递函数矩阵为

$$\begin{aligned}\boldsymbol{W}_{\mathrm{F}}(s)&=\boldsymbol{W}(s)\boldsymbol{W}_{\mathrm{c}}(s)[\boldsymbol{I}+\boldsymbol{W}(s)\boldsymbol{W}_{\mathrm{c}}(s)]^{-1}\\&=\boldsymbol{N}(s)\boldsymbol{D}^{-1}(s)\boldsymbol{D}(s)\boldsymbol{N}^{-1}(s)\boldsymbol{D}_{\mathrm{c}}(s)[\boldsymbol{I}+\boldsymbol{N}(s)\boldsymbol{D}^{-1}(s)\boldsymbol{D}(s)\boldsymbol{N}^{-1}(s)\boldsymbol{D}_{\mathrm{c}}(s)]^{-1}\\&=\boldsymbol{D}_{\mathrm{c}}(s)[\boldsymbol{I}+\boldsymbol{D}_{\mathrm{c}}(s)]^{-1}\\&=\begin{bmatrix}\dfrac{\beta_1(s)}{\alpha_1(s)+\beta_1(s)} & & \\ & \ddots & \\ & & \dfrac{\beta_m(s)}{\alpha_m(s)+\beta_m(s)}\end{bmatrix}\end{aligned} \tag{8-205}$$

式(8-205)表明，图 8-11 所示带串联补偿器的输出反馈系统不仅可实现输入-输出动态解耦控制，而且可通过合理选取补偿器中的 $\alpha_i(s)$、$\beta_i(s)$来配置解耦闭环系统 $\sum_F$ 的极点和零点。图 8-11 所示的解耦控制方案也称为输出反馈基本解耦控制问题的串联补偿器综合，其为一般解耦控制综合问题的讨论基础。

应该指出，上述基本解耦控制系统方案实现输入-输出动态解耦的机制是被控系统与补偿器间“极点、零点准确对消”，由式(8-205)可见，被控系统的极点($\det\boldsymbol{D}(s)=0$ 的根)、零点($\det\boldsymbol{N}(s)=0$的根)分别为开环系统 $\boldsymbol{W}(s)\boldsymbol{W}_c(s)$的不能控模态、不能观测模态，故也为闭环系统的不能控模态、不能观测模态，若其中含有不稳定模态，则将导致实际系统非渐近稳定。因此，在基本解耦控制系统中附加了“$\boldsymbol{N}(s)$稳定且 $\boldsymbol{D}(s)$稳定”这一对被控系统的限制条件。

在输出反馈基本解耦控制系统的基础上，可进一步研究被控系统放宽条件后动态解耦控制问题。例如，针对 $\boldsymbol{N}(s)$为不稳定但非奇异、$\boldsymbol{D}(s)$稳定的情况，基本思路是通过合理选取 $\beta_i(s)$，使补偿器极点中不包含 $\det\boldsymbol{D}(s)=0$ 的根；针对 $\boldsymbol{N}(s)$稳定但 $\boldsymbol{D}(s)$不稳定的情况，基本思路是先对不稳定被控系统引入预补偿输出反馈使其镇定，在此基础上再按基本解耦控制问题进一步综合补偿器。

【例 8-9】 已知被控系统的既约传递函数矩阵为

$$\boldsymbol{W}_o(s)=\begin{bmatrix}\dfrac{1}{s} & \dfrac{1}{s^2-s}\\[2ex] 0 & \dfrac{s+1}{s-1}\end{bmatrix}$$

易知，被控系统为 $n=2$ 阶循环系统。因被控系统极点为 0、1，故非渐近稳定，需先引入预补偿输出反馈使其镇定。

经分析，可知 $W_o(s)$的列指数 $\mu=1$，行指数 $\upsilon=1$，故图 8-8 所示的两种串联循环补偿器方案均可用于镇定被控系统。现选择图 8-8(a)所示的方案，则选 2×1 维实常数向量 $\boldsymbol{t}_c$ 为

$$\boldsymbol{t}_c=\begin{bmatrix}0\\1\end{bmatrix}$$

则有

$$\boldsymbol{W}_o(s)\boldsymbol{t}_c=\begin{bmatrix}\dfrac{1}{s} & \dfrac{1}{s^2-s}\\[2ex] 0 & \dfrac{s+1}{s-1}\end{bmatrix}\begin{bmatrix}0\\1\end{bmatrix}=\begin{bmatrix}\dfrac{1}{s^2-s}\\[2ex] \dfrac{s+1}{s-1}\end{bmatrix}=\begin{bmatrix}1\\s^2+s\end{bmatrix}(s^2-s)^{-1}\triangleq\overline{\boldsymbol{N}}(s)\overline{D}^{-1}(s)$$

$$\overline{D}(s)=s^2-s+0\triangleq D_0s^2+D_1s+D_2$$

$$\overline{\boldsymbol{N}}(s)=\begin{bmatrix}0\\1\end{bmatrix}s^2+\begin{bmatrix}0\\1\end{bmatrix}s+\begin{bmatrix}1\\0\end{bmatrix}\triangleq\boldsymbol{N}_0s^2+\boldsymbol{N}_1s+\boldsymbol{N}_2$$

显然，$\Delta[\boldsymbol{W}_o(s)\boldsymbol{t}_c]=s^2-s=\Delta[\boldsymbol{W}_o(s)]$，故所选 $\boldsymbol{t}_c$ 合适。

考虑补偿器的阶次为 0。指定闭环系统 $n+k=2$ 个期望极点为-1、-1，则有

$$D_F(s)=(s+1)^2=s^2+2s+1$$

$$\boldsymbol{F}=[1\quad 2\quad 1]$$

则根据式(8-180)，得方程

$$[\overline{D}_{c,0}\quad \overline{\boldsymbol{N}}_{c,1}]\boldsymbol{S}_0=[\overline{D}_{c,0}\quad \overline{\boldsymbol{N}}_{c,1}]\begin{bmatrix}D_2 & D_1 & D_0\\ \boldsymbol{N}_2 & \boldsymbol{N}_1 & \boldsymbol{N}_0\end{bmatrix}$$

$$=\begin{bmatrix}\overline{D}_{c,0} & \overline{\boldsymbol{N}}_{c,1}\end{bmatrix}\begin{bmatrix}0 & -1 & 1\\ 1 & 0 & 0\\ 0 & 1 & 1\end{bmatrix}=\boldsymbol{F}=\begin{bmatrix}1 & 2 & 1\end{bmatrix}$$

解上述方程，得

$$\begin{bmatrix}\overline{D}_{c,0} & \overline{\boldsymbol{N}}_{c,0}\end{bmatrix}=\begin{bmatrix}-1/2 & 1 & 3/2\end{bmatrix}$$

即

$$\overline{D}_{c,0}=-1/2,\overline{\boldsymbol{N}}_{c,0}=\begin{bmatrix}1 & 3/2\end{bmatrix}$$

则可确定出

$$\overline{\boldsymbol{W}}_c(s)=\overline{\boldsymbol{N}}_c(s)\overline{D}_c^{-1}(s)=\begin{bmatrix}-2 & -3\end{bmatrix}$$

根据式(8-198)，得

$$\hat{\boldsymbol{W}}_c(s)=\boldsymbol{t}_c\overline{\boldsymbol{W}}_c(s)=\begin{bmatrix}0\\1\end{bmatrix}\begin{bmatrix}-2 & -3\end{bmatrix}=\begin{bmatrix}0 & 0\\ -2 & -3\end{bmatrix}$$

则原不稳定的被控系统经预补偿输出反馈控制后的闭环系统为

$$\hat{\boldsymbol{W}}_F(s)=[\boldsymbol{I}+\boldsymbol{W}_o(s)\hat{\boldsymbol{W}}_c(s)]^{-1}\boldsymbol{W}_o(s)\hat{\boldsymbol{W}}_c(s)=\begin{bmatrix}\dfrac{1}{(s+1)^2} & \dfrac{3}{2(s+1)^2}\\ \dfrac{s}{s+1} & \dfrac{3s}{2(s+1)}\end{bmatrix}$$

可见 $\hat{\boldsymbol{W}}_F(s)$ 已渐近稳定，图 8-8 所示的串联循环补偿器方案能够镇定被控系统。但问题是镇定后的 $\hat{\boldsymbol{W}}_F(s)$ 为奇异的，仍不符合基本解耦控制问题的前提条件。

为了使得不稳定的被控系统经镇定补偿器后的闭环系统既渐近稳定又能保持传递函数矩阵非奇异，采用图 8-12 所示的"任意配置分母矩阵的带串联补偿器的单位反馈"系统。

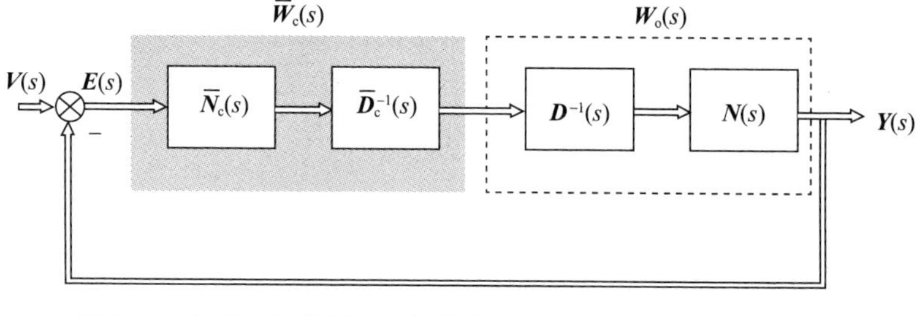

图 8-12　任意配置分母矩阵的带串联补偿器的单位输出反馈系统

图 8-12 中，被控系统的 $m\times r$ 维既约传递函数矩阵的右 MFD 为

$$\boldsymbol{W}_o(s)=\boldsymbol{N}(s)\boldsymbol{D}^{-1}(s) \tag{8-206}$$

串联补偿器的 $r\times m$ 维传递函数矩阵的左 MFD 为

$$\overline{\boldsymbol{W}}_c(s)=\overline{\boldsymbol{D}}_c^{-1}(s)\overline{\boldsymbol{N}}_c(s) \tag{8-207}$$

由图 8-12，得其闭环系统传递函数矩阵为

$$\overline{\boldsymbol{W}}_F(s)=\boldsymbol{W}_o(s)[\boldsymbol{I}_r+\overline{\boldsymbol{W}}_c(s)\boldsymbol{W}_o(s)]^{-1}\overline{\boldsymbol{W}}_c(s) \tag{8-208}$$

将式(8-206)、式(8-207)代入式(8-208)，得

$$\begin{aligned}\overline{\boldsymbol{W}}_F(s)&=\boldsymbol{N}(s)\boldsymbol{D}^{-1}(s)[\boldsymbol{I}_r+\overline{\boldsymbol{D}}_c^{-1}(s)\overline{\boldsymbol{N}}_c(s)\boldsymbol{N}(s)\boldsymbol{D}^{-1}(s)]^{-1}\overline{\boldsymbol{D}}_c^{-1}(s)\overline{\boldsymbol{N}}_c(s)\\ &=\boldsymbol{N}(s)[\overline{\boldsymbol{D}}_c(s)\boldsymbol{D}(s)+\overline{\boldsymbol{N}}_c(s)\boldsymbol{N}(s)]^{-1}\overline{\boldsymbol{N}}_c(s)\triangleq\boldsymbol{N}(s)\overline{\boldsymbol{D}}_F^{-1}(s)\overline{\boldsymbol{N}}_c(s)\end{aligned} \tag{8-209}$$

式中，$r\times r$ 维分母矩阵 $\overline{\boldsymbol{D}}_F(s)$ 为

$$\overline{\boldsymbol{D}}_{\mathrm{F}}(s)=\overline{\boldsymbol{D}}_{\mathrm{c}}(s)\boldsymbol{D}(s)+\overline{\boldsymbol{N}}_{\mathrm{c}}(s)\boldsymbol{N}(s) \tag{8-210}$$

式(8-210)表明，配置图 8-12 所示单位反馈系统的分母矩阵的任务是在已知 $\boldsymbol{D}(s)$、$\boldsymbol{N}(s)$及任意 $\overline{\boldsymbol{D}}_{\mathrm{F}}(s)$的条件下，求解满足式(8-210)的 $\overline{\boldsymbol{D}}_{\mathrm{c}}(s)$、$\overline{\boldsymbol{N}}_{\mathrm{c}}(s)$。

设 $\mu=\max\{k_{cj},j=1,2,\cdots,r\}$，其中，$k_{cj}$为 $\boldsymbol{D}(s)$第 j 列的列次数，记

$$\boldsymbol{D}(s)=\boldsymbol{D}_0 s^{\mu}+\boldsymbol{D}_1 s^{\mu-1}+\cdots+\boldsymbol{D}_{\mu-1}s+\boldsymbol{D}_{\mu} \tag{8-211}$$

$$\boldsymbol{N}(s)=\boldsymbol{N}_0 s^{\mu}+\boldsymbol{N}_1 s^{\mu-1}+\cdots+\boldsymbol{N}_{\mu-1}s+\boldsymbol{N}_{\mu} \tag{8-212}$$

其中，$\boldsymbol{D}_i$、$\boldsymbol{N}_i$ 分别为 $r\times r$ 、$m\times r$ 维实数矩阵，$i=0,1,\cdots,\mu$ 。令

$$\boldsymbol{D}_{\mathrm{c}}(s)=\boldsymbol{D}_{\mathrm{c},0}s^{k}+\boldsymbol{D}_{\mathrm{c},1}s^{k-1}+\cdots+\boldsymbol{D}_{\mathrm{c},k-1}s+\boldsymbol{D}_{\mathrm{c},k} \tag{8-213}$$

$$\boldsymbol{N}_{\mathrm{c}}(s)=\boldsymbol{N}_{\mathrm{c},0}s^{k}+\boldsymbol{N}_{\mathrm{c},1}s^{k-1}+\cdots+\boldsymbol{N}_{\mathrm{c},k-1}s+\boldsymbol{N}_{\mathrm{c},k} \tag{8-214}$$

$$\boldsymbol{D}_{\mathrm{F}}(s)=\overline{\boldsymbol{F}}_{0}s^{\mu+k}+\overline{\boldsymbol{F}}_{1}s^{\mu+k-1}+\cdots+\overline{\boldsymbol{F}}_{\mu+k-1}s+\overline{\boldsymbol{F}}_{\mu+k} \tag{8-215}$$

其中，$\boldsymbol{D}_{\mathrm{c},i}$、$\boldsymbol{N}_{\mathrm{c},i}$分别为 $r\times r$ 、$r\times m$ 维实数矩阵，$i=0,1,\cdots,k$ ；$\overline{\boldsymbol{F}}_i$为 $r\times r$ 维实数矩阵，$i=0,1,\cdots,\mu+k$。

将式(8-211)～式(8-215)代入式(8-210)，令等式两边 s 同次幂的系数相等，得方程

$$[\boldsymbol{D}_{\mathrm{c},k}\quad \boldsymbol{N}_{\mathrm{c},k} \mid \boldsymbol{D}_{\mathrm{c},k-1}\quad \boldsymbol{N}_{\mathrm{c},k-1} \mid \cdots \mid \boldsymbol{D}_{\mathrm{c},0}\quad \boldsymbol{N}_{\mathrm{c},0}]\boldsymbol{S}_k=[\overline{\boldsymbol{F}}_{\mu+k}\quad \overline{\boldsymbol{F}}_{\mu+k-1}\quad \cdots\quad \overline{\boldsymbol{F}}_{0}]\triangleq\overline{\boldsymbol{F}} \tag{8-216}$$

式中，$\boldsymbol{S}_k$为根据被控系统传递函数矩阵 $\boldsymbol{W}_{\mathrm{o}}(s)$的分母多项式矩阵(8-211)和分子多项式矩阵(8-212)的系数矩阵，按式(5-106)所示形式构造的 $(r+m)(k+1)\times(\mu+k+1)r$ 维广义Sylvester 结式矩阵，其共有$(k+1)$个行块，每个行块中包含 r 行由 $\{\boldsymbol{D}_i\}$ 组成的D-行及m行由$\{\boldsymbol{N}_i\}$ 组成的N-行。参照 5.5.4 节的方法，从上到下依次搜索矩阵 $\boldsymbol{S}_k$ 的线性无关行，直至确定出式(8-206) 的行指数 υ。可以证明，若既约被控系统的 $m\times r$ 维传递函数矩阵$\boldsymbol{W}(s)=\boldsymbol{N}(s)\boldsymbol{D}^{-1}(s)$ 为真(严真)有理矩阵，设 k_{ri} 为 $\overline{\boldsymbol{D}}_{\mathrm{c}}(s)$第 i 行的行次数，k_{cj}为 $\boldsymbol{D}(s)$第 j 列的列次数，记

$$\boldsymbol{H}(s)=\begin{bmatrix} s^{k_{c1}} & & & \\ & s^{k_{c2}} & & \\ & & \ddots & \\ & & & s^{k_{cr}} \end{bmatrix},\boldsymbol{H}_{\mathrm{c}}(s)=\begin{bmatrix} s^{k_{r1}} & & & \\ & s^{k_{r2}} & & \\ & & \ddots & \\ & & & s^{k_{rr}} \end{bmatrix} \tag{8-217}$$

若

$$k_{ri}\geqslant\upsilon(k_{ri}\geqslant\upsilon-1),\qquad i=1,2,\cdots,r \tag{8-218}$$

则对于任意满足

$$\lim_{s\to\infty}\boldsymbol{H}_{\mathrm{c}}^{-1}(s)\overline{\boldsymbol{D}}_{\mathrm{F}}(s)\boldsymbol{H}^{-1}(s)=\boldsymbol{J} \tag{8-219}$$

的 $\overline{\boldsymbol{D}}_{\mathrm{F}}(s)$，存在严真(真) $r\times m$ 维有理补偿器 $\overline{\boldsymbol{W}}_{\mathrm{c}}(s)=\overline{\boldsymbol{D}}_{\mathrm{c}}^{-1}(s)\overline{\boldsymbol{N}}_{\mathrm{c}}(s)$满足代数方程

$$\overline{\boldsymbol{D}}_{\mathrm{F}}(s)=\overline{\boldsymbol{D}}_{\mathrm{c}}(s)\boldsymbol{D}(s)+\overline{\boldsymbol{N}}_{\mathrm{c}}(s)\boldsymbol{N}(s) \tag{8-220}$$

的充分必要条件为$\{\boldsymbol{D}(s),\boldsymbol{N}(s)\}$右互质，且 $\boldsymbol{D}(s)$为列既约。

对本例而言，被控系统既约传递函数矩阵的一个右 MFD 为

$$\boldsymbol{W}_{\mathrm{o}}(s)=\begin{bmatrix} \dfrac{1}{s} & \dfrac{1}{s^2-s} \\ 0 & \dfrac{s+1}{s-1} \end{bmatrix}=\begin{bmatrix} 1 & 0 \\ 0 & s+1 \end{bmatrix}\begin{bmatrix} s & -1 \\ 0 & s-1 \end{bmatrix}^{-1}=\boldsymbol{N}(s)\boldsymbol{D}^{-1}(s)$$

显然，$\boldsymbol{D}(s)$第 1 列、第 2 列的列次数分别为 $k_{c1}=1,k_{c2}=1$，$\boldsymbol{D}(s)$为列既约。

$\mu=\max\{k_{cj},j=1,2\}=1$，记

$$\boldsymbol{D}(s)=\boldsymbol{D}_0 s+\boldsymbol{D}_1=\begin{bmatrix}1 & 0\\ 0 & 1\end{bmatrix}s+\begin{bmatrix}0 & -1\\ 0 & -1\end{bmatrix}$$

$$\boldsymbol{N}(s)=\boldsymbol{N}_0 s+\boldsymbol{N}_1=\begin{bmatrix}0 & 0\\ 0 & 1\end{bmatrix}s+\begin{bmatrix}1 & 0\\ 0 & 1\end{bmatrix}$$

真有理传递函数矩阵 $\boldsymbol{W}_o(s)$的行指数 $\upsilon=1$，故根据式(8-218)，取 $\overline{\boldsymbol{D}}_c(s)$第 1 行、第 2 行的行次数分别为 $k_{r1}=1,k_{r2}=1$，又根据式(8-219)及被控系统镇定的要求，选取

$$\overline{\boldsymbol{D}}_F(s)=\begin{bmatrix}s^2+2s+2 & 0\\ 0 & s^2+2s+2\end{bmatrix}=\begin{bmatrix}1 & 0\\ 0 & 1\end{bmatrix}s^2+\begin{bmatrix}2 & 0\\ 0 & 2\end{bmatrix}s+\begin{bmatrix}2 & 0\\ 0 & 2\end{bmatrix}$$

根据式(8-216)，构造代数方程

$$\begin{bmatrix}\overline{\boldsymbol{D}}_{c,1} & \overline{\boldsymbol{N}}_{c,1} & \vdots & \overline{\boldsymbol{D}}_{c,0} & \overline{\boldsymbol{N}}_{c,0}\end{bmatrix}\boldsymbol{S}_1=\begin{bmatrix}\overline{\boldsymbol{F}}_2 & \overline{\boldsymbol{F}}_1 & \overline{\boldsymbol{F}}_0\end{bmatrix}=\begin{bmatrix}2 & 0 & 2 & 0 & 1 & 0\\ 0 & 2 & 0 & 2 & 0 & 1\end{bmatrix}$$

其中，广义 Sylvester 结式矩阵 $\boldsymbol{S}_1$ 为

$$\boldsymbol{S}_1=\begin{bmatrix}\boldsymbol{D}_1 & \boldsymbol{D}_0 & \boldsymbol{0}\\ \boldsymbol{N}_1 & \boldsymbol{N}_0 & \boldsymbol{0}\\ \hdashline \boldsymbol{0} & \boldsymbol{D}_1 & \boldsymbol{D}_0\\ \boldsymbol{0} & \boldsymbol{N}_1 & \boldsymbol{N}_0\end{bmatrix}=\begin{bmatrix}0 & -1 & 1 & 0 & 0 & 0\\ 0 & -1 & 0 & 1 & 0 & 0\\ 1 & 0 & 0 & 0 & 0 & 0\\ 0 & 1 & 0 & 1 & 0 & 0\\ \hdashline 0 & 0 & 0 & -1 & 1 & 0\\ 0 & 0 & 0 & -1 & 0 & 1\\ 0 & 0 & 1 & 0 & 0 & 0\\ 0 & 0 & 0 & 1 & 0 & 1\end{bmatrix}$$

解方程，得

$$\begin{bmatrix}\overline{\boldsymbol{D}}_{c,1} & \overline{\boldsymbol{N}}_{c,1} & \vdots & \overline{\boldsymbol{D}}_{c,0} & \overline{\boldsymbol{N}}_{c,0}\end{bmatrix}=\left[\begin{array}{cccc:cccc}2 & -2 & 2 & 0 & 1 & -\frac{3}{2} & 0 & \frac{3}{2}\\ 0 & -2 & 0 & 0 & 0 & -\frac{3}{2} & 0 & \frac{5}{2}\end{array}\right]$$

基于此，确定镇定补偿器的分母、分子矩阵分别为

$$\overline{\boldsymbol{D}}_c(s)=\overline{\boldsymbol{D}}_{c,0}s+\overline{\boldsymbol{D}}_{c,1}=\begin{bmatrix}1 & -\frac{3}{2}\\ 0 & -\frac{3}{2}\end{bmatrix}s+\begin{bmatrix}2 & -2\\ 0 & -2\end{bmatrix}=\begin{bmatrix}s+2 & -\frac{3}{2}s-2\\ 0 & -\frac{3}{2}s-2\end{bmatrix}$$

$$\overline{\boldsymbol{N}}_c(s)=\overline{\boldsymbol{N}}_{c,0}s+\overline{\boldsymbol{N}}_{c,1}=\begin{bmatrix}0 & \frac{3}{2}\\ 0 & \frac{5}{2}\end{bmatrix}s+\begin{bmatrix}2 & 0\\ 0 & 0\end{bmatrix}=\begin{bmatrix}2 & \frac{3}{2}s\\ 0 & \frac{5}{2}s\end{bmatrix}$$

则镇定补偿器

$$\overline{\boldsymbol{W}}_c(s)=\overline{\boldsymbol{D}}_c^{-1}(s)\overline{\boldsymbol{N}}_c(s)=\begin{bmatrix}s+2 & -\frac{3}{2}s-2\\ 0 & -\frac{3}{2}s-2\end{bmatrix}^{-1}\begin{bmatrix}2 & \frac{3}{2}s\\ 0 & \frac{5}{2}s\end{bmatrix}$$

根据式(8-209)，相应的闭环传递函数矩阵为

$$\bar{\boldsymbol{W}}_F(s)=\boldsymbol{N}(s)\bar{\boldsymbol{D}}_F^{-1}(s)\bar{\boldsymbol{N}}_c(s)=\begin{bmatrix}\dfrac{2}{s^2+2s+2} & \dfrac{3s}{2(s^2+2s+2)}\\ 0 & \dfrac{5s^2+5s}{2(s^2+2s+2)}\end{bmatrix}$$

$$=[\boldsymbol{I}+\boldsymbol{W}_o(s)\bar{\boldsymbol{W}}_c(s)]^{-1}\boldsymbol{W}_o(s)\bar{\boldsymbol{W}}_c(s)$$

可见，$\bar{\boldsymbol{W}}_F(s)$能够完全表征引入镇定补偿器 $\bar{\boldsymbol{W}}_c(s)$后的渐近稳定闭环系统，且 $\bar{\boldsymbol{W}}_F(s)$非奇异。列出 $\bar{\boldsymbol{W}}_F(s)$的一个右既约 MFD 为

$$\bar{\boldsymbol{W}}_F(s)=\begin{bmatrix}2 & \dfrac{3}{2}s\\ 0 & \dfrac{5s(s+1)}{2}\end{bmatrix}\begin{bmatrix}s^2+2s+2 & 0\\ 0 & s^2+2s+2\end{bmatrix}^{-1}=\bar{\boldsymbol{N}}(s)\bar{\boldsymbol{D}}^{-1}(s)$$

可见，$\bar{\boldsymbol{D}}(s)$为稳定，$\bar{\boldsymbol{N}}(s)$为不稳定但非奇异，即引入镇定补偿器 $\bar{\boldsymbol{W}}_c(s)$后的渐近稳定闭环系统 $\bar{\boldsymbol{W}}_F(s)$为非最小相位系统，应通过合理选取串联补偿器中的$\beta_1(s)$、$\beta_2(s)$，消除补偿器传递函数矩阵 $\boldsymbol{W}_c(s)$的表达式

$$\begin{aligned}\boldsymbol{W}_c(s)&=\bar{\boldsymbol{D}}(s)\bar{\boldsymbol{N}}^{-1}(s)\boldsymbol{D}_c(s)\\ &=\bar{\boldsymbol{D}}(s)\bar{\boldsymbol{N}}^{-1}(s)\begin{bmatrix}\beta_1(s) & 0\\ 0 & \beta_2(s)\end{bmatrix}\begin{bmatrix}\alpha_1(s) & 0\\ 0 & \alpha_2(s)\end{bmatrix}^{-1}\end{aligned} \tag{8-221}$$

中的不稳定极点即 $\det\bar{\boldsymbol{N}}(s)=0$ 的不稳定根。对本例而言，$\det\bar{\boldsymbol{N}}(s)=0$ 的不稳定根为 $s=0$。显然，若取 $\beta_2(s)=k_2s$，则可使

$$\bar{\boldsymbol{N}}^{-1}(s)\begin{bmatrix}\beta_1(s) & 0\\ 0 & \beta_2(s)\end{bmatrix}=\begin{bmatrix}\dfrac{1}{2} & \dfrac{-3}{10(s+1)}\\ 0 & \dfrac{2}{5s(s+1)}\end{bmatrix}\begin{bmatrix}\beta_1(s) & 0\\ 0 & k_2s\end{bmatrix}$$

$$=\begin{bmatrix}\dfrac{\beta_1(s)}{2} & \dfrac{-3k_2s}{10(s+1)}\\ 0 & \dfrac{2k_2}{5(s+1)}\end{bmatrix}\triangleq\hat{\boldsymbol{N}}^{-1}(s)$$

的极点中不含有 $\det\bar{\boldsymbol{N}}(s)=0$ 的不稳定根($s=0$)，相应的串联补偿器为

$$\boldsymbol{W}_c(s)=\bar{\boldsymbol{D}}(s)\hat{\boldsymbol{N}}^{-1}(s)\begin{bmatrix}\alpha_1(s) & 0\\ 0 & \alpha_2(s)\end{bmatrix}^{-1}=\bar{\boldsymbol{D}}(s)\begin{bmatrix}\dfrac{\beta_1(s)}{2} & \dfrac{-3k_2s}{10(s+1)}\\ 0 & \dfrac{2k_2}{5(s+1)}\end{bmatrix}\begin{bmatrix}\alpha_1(s) & 0\\ 0 & \alpha_2(s)\end{bmatrix}^{-1}$$

若既要求实现动态解耦且要求将闭环极点配置为$-2\pm\mathrm{j}$、$-1\pm2\mathrm{j}$，则令 $\alpha_1(s)+\beta_1(s)=s^2+4s+5$，选取 $\beta_1(s)=1$、$\alpha_1(s)=s^2+4s+4$；令 $\alpha_2(s)+\beta_2(s)=s^2+2s+5$，选取 $k_2=1$，即 $\beta_2(s)=s$，则 $\alpha_2(s)=s^2+s+5$，从而在对被控系统引入镇定补偿器 $\bar{\boldsymbol{W}}_c(s)$得到 $\bar{\boldsymbol{W}}_F(s)$的基础上，确定出进一步实现动态解耦及闭环极点配置要求的物理可实现的串联补偿器为

$$\boldsymbol{W}_c(s)=\bar{\boldsymbol{D}}(s)\begin{bmatrix}\dfrac{\beta_1(s)}{2} & \dfrac{-3k_2s}{10(s+1)}\\ 0 & \dfrac{2k_2}{5(s+1)}\end{bmatrix}\begin{bmatrix}\alpha_1(s) & 0\\ 0 & \alpha_2(s)\end{bmatrix}^{-1}$$

$$=\begin{bmatrix} s^2+2s+2 & 0 \\ 0 & s^2+2s+2 \end{bmatrix}\begin{bmatrix} \frac{1}{2} & \frac{-3s}{10(s+1)} \\ 0 & \frac{2}{5(s+1)} \end{bmatrix}\begin{bmatrix} s^2+4s+4 & 0 \\ 0 & s^2+s+5 \end{bmatrix}^{-1}$$

$$=\begin{bmatrix} \frac{\frac{1}{2}s^2+s+1}{(s+2)^2} & \frac{-3s(s^2+2s+2)}{10(s+1)(s^2+s+5)} \\ 0 & \frac{2(s^2+2s+2)}{5(s+1)(s^2+s+5)} \end{bmatrix}$$

综上所述，针对本例不稳定被控系统的解耦控制系统结构图如图 8-13 所示。

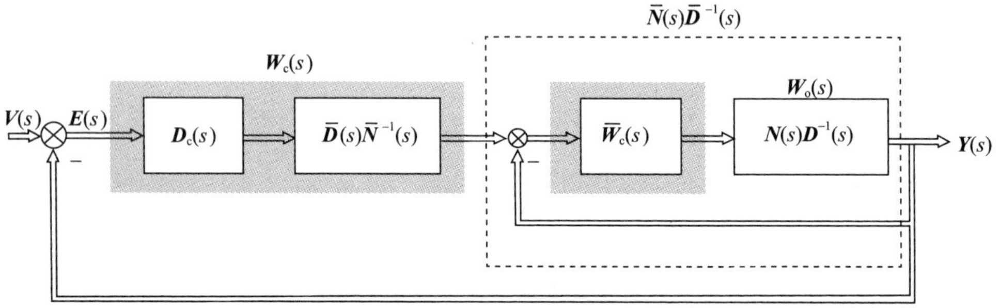

图 8-13　不稳定被控系统的解耦控制系统结构图

可以验证，整个闭环系统的传递函数矩阵为

$$W_F(s)=(I+\overline{W}_F(s)W_c(s))^{-1}\overline{W}_F(s)W_c(s)=\begin{bmatrix} \frac{1}{s^2+4s+5} & 0 \\ 0 & \frac{s}{s^2+2s+5} \end{bmatrix}$$

$$=\begin{bmatrix} \frac{\beta_1(s)}{\alpha_1(s)+\beta_1(s)} & 0 \\ 0 & \frac{\beta_2(s)}{\alpha_2(s)+\beta_2(s)} \end{bmatrix}$$

故既实现了解耦控制，且解耦系统的极点被配置到$-2\pm\mathrm{j}$、$-1\pm2\mathrm{j}$。

小　　结

建立串联、并联、反馈连接 3 种典型组合系统的传递函数矩阵描述和多项式矩阵描述，并采用系统的 MFD 和 PMD，在复频域研究组合系统的能控性、能观测性、稳定性是线性定常系统复频域综合的基础。

状态反馈特性的复频域分析表明，状态反馈不能改变分母矩阵的列次数系数矩阵，可采用包含输入变换的状态反馈系统以扩大状态反馈对分母矩阵的影响力。对状态反馈特征值配置的复频域综合而言，可定义不同的闭环系统分母矩阵，其均有相同的特征多项式。在状态反馈同时配置闭环特征值及其特征向量的复频域综合的问题中，由期望的特征值及相应的满足限制条件的期望特征向量，可完全确定输入变换矩阵和状态反馈增益矩阵。

带动态补偿器的输入-输出反馈闭环系统实质上为带观测器的状态反馈系统的复频域形式。基于多项式矩阵法设计的输入-输出反馈补偿器，不仅可配置系统的特征值和特征向量，保持被控系统的零点不变，而且能够根据需要增设某些零点和极点，以使闭环系统获得更好的动态特性。

若仅要求配置系统的特征结构，对系统的零点位置无要求，则可采用输出反馈补偿器或单位反馈系统串联补偿器，以简化补偿器的形式和降低补偿器的阶次。输出反馈补偿器的设计方法与单位反馈系统串联补偿器的设计方法类似。

输出反馈基本解耦控制问题的串联补偿器综合是一般解耦控制综合问题的讨论基础，其实现动态解耦的机制是被控系统与补偿器间"极点、零点准确对消"，故动态解耦存在对参数变化十分敏感的缺点。在输出反馈基本解耦控制系统的基础上，可进一步研究被控系统放宽条件后的动态解耦控制问题。

习　　题

8-1　已知下列子系统Σ_1和Σ_2按图 8-1(a)、(b)分别进行并联、串联连接构成组合系统。试判别各组合系统的能控性、能观测性、BIBO 稳定性、渐近稳定性。

$$(1)\ \boldsymbol{W}_1(s)=\frac{s-2}{(s+1)^2},\boldsymbol{W}_2(s)=\frac{s+3}{(s-2)(s+1)}\qquad (2)\ \boldsymbol{W}_1(s)=\begin{bmatrix}\frac{s+1}{s+2} & 0\\ 0 & \frac{s+2}{s+1}\end{bmatrix},\boldsymbol{W}_2(s)=\begin{bmatrix}\frac{1}{s-1} & \frac{s+2}{s+1}\\ 0 & \frac{1}{s+1}\end{bmatrix}$$

8-2　试根据定义，证明输出反馈系统能控的充分必要条件式(8-49)。

8-3　推导单位输出反馈系统Σ_{DF}的特征多项式(8-54)。

8-4　已知下列子系统Σ_1和Σ_2按图 8-1(c)进行输出反馈连接构成组合系统。试判别反馈系统是否退化，并判别反馈系统的能控性、能观测性、BIBO 稳定性、渐近稳定性。

$$(1)\ \boldsymbol{W}_1(s)=\begin{bmatrix}\frac{1}{s+1} & \frac{1}{s}\\ 0 & \frac{s+1}{s}\end{bmatrix},\boldsymbol{W}_2(s)=\begin{bmatrix}\frac{1}{s+3} & \frac{1}{s+2}\\ \frac{1}{s+1} & 0\end{bmatrix}\qquad (2)\ \boldsymbol{W}_1(s)=\begin{bmatrix}\frac{1}{s+2} & 1\\ \frac{1}{s^2-4} & \frac{1}{s-2}\end{bmatrix},\boldsymbol{W}_2(s)=\begin{bmatrix}\frac{1}{s+1} & \frac{1}{s+2}\\ \frac{1}{s+1} & \frac{1}{s+3}\end{bmatrix}$$

8-5　已知某既约系统的传递函数矩阵及其一个右 MFD 为

$$\boldsymbol{W}(s)=\begin{bmatrix}\frac{s^2+4s-4}{(s-1)^2(s-2)} & \frac{2}{s-2}\\ \frac{2s^2+s-2}{(s-1)^2(s-2)} & \frac{2}{s-2}\end{bmatrix}=\begin{bmatrix}s+6 & 2\\ 2s+5 & 2\end{bmatrix}\begin{bmatrix}(s-1)^2 & 0\\ -4 & s-2\end{bmatrix}^{-1}$$

试综合一个状态反馈增益矩阵 $\boldsymbol{F}$ 和输入变换矩阵$\boldsymbol{K}$，使带输入变换的状态反馈系统的极点配置为-5、$-1\pm j$。

8-6　对习题 8-5 给出的被控系统和期望闭环极点组，试确定实现极点配置的一个输入-输出反馈动态补偿器，并画出闭环控制系统的结构图。

8-7　对习题 8-5 给出的被控系统和期望闭环极点组，判别其传递函数矩阵是否为循环有理矩阵；若采用带串联补偿器的单位输出反馈控制，试确定实现极点配置的串联补偿器。

8-8　已知图 8-5 所示带串联补偿器的单位输出反馈系统的被控系统的传递函数为

$$W(s)=\frac{s^2+2s+1}{s^2-s}$$

试确定补偿器的一个次数为 2 的严真传递函数，使闭环极点配置为-5、-5、$-1\pm j$。

8-9　设既约被控系统的传递函数矩阵为

$$\boldsymbol{W}(s)=\begin{bmatrix}\frac{s+3}{s^2+3s+2} & \frac{-2}{s^2+3s+2}\\ \frac{-1}{s+1} & \frac{1}{s+1}\end{bmatrix}$$

试判断能否通过单位输出反馈系统的串联补偿器将系统解耦；若能，试求一个串联补偿器使闭环系统的传递函数矩阵为

$$\boldsymbol{W}_F(s)=\begin{bmatrix}\frac{1}{s^2+2s+2} & 0\\ 0 & \frac{1}{s+6}\end{bmatrix}$$

8-10　给定图 8-11 所示带串联补偿器的单位输出反馈系统，设既约被控系统的传递函数矩阵为

$$\boldsymbol{W}_o(s)=\begin{bmatrix}\frac{s}{s+2} & \frac{1}{s^2+3s+2}\\ 0 & \frac{s-1}{s+1}\end{bmatrix}$$

试综合补偿器的一个传递函数矩阵 $\boldsymbol{W}_c(s)$，使闭环控制系统实现动态解耦，且满足如下要求：(1)不涉及任何不稳定的零、极点相消；(2)$\boldsymbol{W}_c(s)$为严真；(3)闭环控制系统的传递函数矩阵 $\boldsymbol{W}_F(s)$为严真；(4)对解耦后 SISO 控制系统，配置 $W_1(s)$的期望极点均为 -3，$W_2(s)$的期望极点均为 -6。

8-11 给定图 8-13 所示不稳定被控系统的解耦控制系统，其中，既约被控系统的传递函数矩阵的一个右 MFD 为

$$\boldsymbol{W}_o(s)=\begin{bmatrix}1 & 0\\ s & -1\end{bmatrix}\begin{bmatrix}s^2 & -s\\ 0 & 1\end{bmatrix}^{-1}$$

试设计补偿器，使整个闭环控制系统实现动态解耦且渐近稳定，并且不涉及任何不稳定零、极点相消。

参考文献

[1] 郑大钟．线性系统理论．2 版．北京:清华大学出版社,2002.

[2] 陈啟宗著．王纪文,杜正秋,毛剑秋译．线性系统理论与设计．北京:科学出版社,1988.

[3] 仝茂达．线性系统理论和设计．2 版．合肥:中国科学技术大学出版社,2012.

[4] 姜长生,吴庆宪,江驹,陈谋．线性系统理论与设计(中英文版)．北京:科学出版社,2008.

[5] 徐和生,陈锦娣．线性多变量系统的分析与设计．北京:国防工业出版社,1989.

[6] 胡克定,郑卫新．线性多变量系统理论与设计．南京:东南大学出版社,1991.

[7] 高黛陵,吴麒．多变量频率域控制理论．北京:清华大学出版社,1998.

[8] 史忠科．线性系统理论．北京:科学出版社,2008.

[9] 庞富胜等．线性多变量系统．武汉:华中理工大学出版社,1992.

[10] 程鹏．多变量线性控制系统．北京:北京航空航天大学出版社,1990.

[11] 段广仁．线性系统理论(上、下册)．3 版．北京:科学出版社,2016.

[12] Chi-Tsong Chen 著．高飞,王俊,孙进平译．线性系统理论与设计．4 版．北京:北京航空航天大学出版社,2019.

[13] 吴麒．自动控制原理(上、下册)．北京:清华大学出版社,1992.

[14] 戴忠达．自动控制理论基础．北京:清华大学出版社,1991.

[15] 夏超英．现代控制理论．2 版．北京:科学出版社,2016.

[16] 刘豹,唐万生．现代控制理论．3 版．北京:机械工业出版社,2007.

[17] 赵明旺等．现代控制理论．武汉:华中科技大学出版社,2007.

[18] 张嗣瀛,高立群．现代控制理论．北京:清华大学出版社,2006.

[19] 王宏华．现代控制理论．3 版．北京:电子工业出版社,2018.

[20] J. M. 莱顿著．黎鸣译．多变量控制理论．北京:科学出版社,1982.

[21] 胡寿松．自动控制原理．4 版．北京:科学出版社,2001

[22] Katsukiko Ogata 著．卢伯英等译．现代控制工程．3 版．北京:电子工业出版社,2000.

[23] 绪方胜彦著．卢伯英等译．现代控制工程．北京:科学出版社,1976.

[24] Franklin,G. F 等著．朱齐丹等译．动态系统的反馈控制．北京:电子工业出版社,2004.

[25] Chi_Tsong Chen. Linear System Theory and Design. New York: Holt, Rinehart and Winston,1984.

[26] 高立群,郑艳,井元伟．现代控制理论习题集．北京:清华大学出版社,2007.

[27] 梁慧冰,孙炳达．现代控制理论基础．北京:机械工业出版社,2006.

[28] 于长官．现代控制理论．2 版．哈尔滨:哈尔滨工业大学出版社,1997.

[29] 王翼．现代控制理论．北京:机械工业出版社,2005.

[30] 蒋静坪．计算机实时控制系统．杭州:浙江大学出版社,1992.

[31] 朱晓青．数字控制系统分析与设计．北京:清华大学出版社,2015.

[32] 蒋珉．控制系统计算机仿真．北京:电子工业出版社,2006.

[33] 张晓华．控制系统数字仿真与 CAD. 3 版．北京:机械工业出版社,2009.

[34] 孙亮．MATLAB 语言与控制系统仿真．北京:北京工业大学出版社,2001.

[35] 陈维曾,韩璞．线性控制系统中的矩阵理论．北京:中国水利水电出版社,2000.

[36] 韩京清,何关钰,许可康．线性系统理论代数基础．沈阳:辽宁科学技术出版社,1985.

[37] 丁学仁,蔡高厅．工程中的矩阵理论．天津:天津大学出版社,1985.

[38] 楼顺天,于卫．基于 MATLAB 的系统分析与设计——控制系统．西安:西安电子科技大学出版社,1998.

[39] 谢克明．现代控制理论基础．北京:北京工业大学出版社,2001.

[40] 韩曾晋．现代控制理论和应用．北京:北京出版社,1987.

[41] 任和生．现代控制理论及其应用．北京:电子工业出版社,1992.

反侵权盗版声明

举报电话：（010）88254396；（010）88258888

传　　真：（010）88254397

E-mail:　　dbqq@phei.com.cn

通信地址：北京市万寿路 173 信箱

　　　　　电子工业出版社总编办公室

邮　　编：100036